J. LEDAY

Manuel de Physique

BREVET SUPÉRIEUR

J. DE GIGORD

ÉDITEUR

Manuel de Physique

Manuel de Physique

TYPOGRAPHIE FIRMIN-DIDOT ET Cie. — MESNIL (EURE).

Manuel

de

Physique

BREVET SUPÉRIEUR

PRÉPARATION AUX BACCALAURÉATS

PARIS

J. DE GIGORD, ÉDITEUR

RUE CASSETTE, 15

PHYSIQUE

PREMIÈRE LEÇON

NOTIONS PRÉLIMINAIRES

Matière. — Corps. — Les trois états des corps. — Phénomènes physiques. — Phénomènes chimiques.

Matière

1. — Généralités. — Tout, dans la nature : l'animal, la plante, le roc, l'air en mouvement, le nuage qui passe, la rivière qui fuit, disparaît et reparaît sans cesse, change constamment d'aspect, mais ne s'anéantit pas, n'augmente pas, ne diminue pas. Tout cela, c'est de la matière qui, sans se lasser, se décompose, et se recompose pour représenter continuellement des objets semblables. Un animal meurt; la matière dont son corps est composé, se dissocie sous forme de gaz qui se répandent dans l'air et de liquides et de solides qui se mélangent à la terre. Certaines de ces substances seront absorbées plus tard par des végétaux, car les végétaux puisent dans l'air par leurs feuilles et dans le sol par leurs racines, les aliments nécessaires à leur développement. A leur tour, ces végétaux serviront de nourriture à un animal herbivore; celui-ci devient la proie d'un animal carnivore et ainsi de suite.

Tout ce qui peut être pesé avec la balance est matière. L'âme seule que Dieu a donnée à l'homme pour en faire un être à part, intelligent et libre, responsable de ses actes, est immatérielle et immortelle. Dès que la mort nous touche, elle s'évade de notre corps.

Corps

2. – Généralités. — On appelle corps toute **portion de matière** qui occupe une place dans l'espace, et que l'on peut constater par un sens; c'est-à-dire voir, toucher, goûter, sentir. Le gaz carbonique qui s'échappe d'un foyer, l'eau puisée à la fontaine, le caillou de la route, une aile d'oiseau, un brin de laine, un morceau de fer, une souris, un poisson, etc., sont des **corps**.

Tous les corps possèdent des propriétés communes dont les principales sont : **l'étendue**, la **divisibilité**, la **compressibilité** et **l'élasticité**.

3. — Étendue. — Les corps quels qu'ils soient, occupent une portion de l'espace; autrement dit, **ils ont une étendue limitée par trois dimensions : longueur, largeur, hauteur** (la profondeur ou l'épaisseur remplacent souvent la hauteur). Étendue est ici synonyme de volume.

4. — Divisibilité. — Les corps peuvent être divisés en parties plus ou moins petites. Ainsi les feuilles d'or qu'on applique au moyen d'un collage sur certains objets pour les dorer, ont une épaisseur qui ne dépasse pas 0,1 *micron* d'épaisseur. Le micron est égal à un millième de millimètre. On le représente par la lettre grecque μ (mu).

On admet cependant qu'il arrive un moment où l'on ne peut plus partager physiquement les dernières particules d'un corps, car la divisibilité ne peut pas être indéfinie. A ces dernières particules on donne le nom de **molécules**. La molécule est donc la plus petite quantité d'un corps qui puisse être isolée, tout en gardant les mêmes propriétés que le corps lui-même. Le chimiste admet que la molécule puisse encore se subdiviser (non plus mécaniquement mais par l'effet de réactions chimiques) en deux, trois... parties appelées **atomes**. Les atomes n'existent pas à l'état libre ou isolé, mais s'unissent entre eux pour former des molécules. On ne peut supprimer aucun atome de la molécule sans la détruire ou sans former une molécule d'un nouveau corps; de même les atomes d'une molécule peuvent être remplacés par d'autres atomes et former une molécule d'une nouvelle substance.

Les molécules sont si petites qu'elles sont invisibles à l'aide des plus puissants microscopes. Il en est naturellement de même des atomes.

5. — Compressibilité. — Tous les corps, lorsqu'ils sont comprimés diminuent de volume. Ce fait est très apparent dans les gaz. Prenons un pistolet de sureau (fig. 1), jouet très connu à la campagne. C'est une courte branche vidée de sa moelle. Un des orifices est bouché fortement avec une boulette de chanvre mouillé. Par l'autre orifice, enfonçons un piston. Pendant un court instant, nous comprimons de plus en plus l'air qui se trouvait dans le tube formé par la branche de sureau, et lorsque la pression est trop forte, la balle de chanvre cède et est projetée au loin.

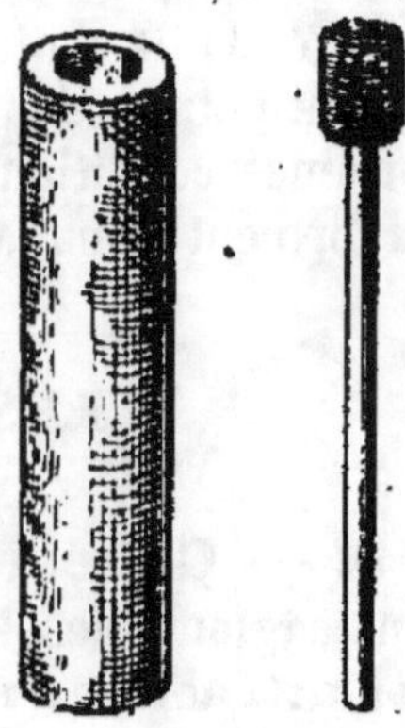

Fig. 1.

Pourquoi les corps sont-ils compressibles, puisque ne pouvant diviser la matière au delà de la molécule, la molécule ne peut pas diminuer de volume? La compressibilité est fondée sur l'hypothèse des **intervalles moléculaires.** Elle ne se conçoit en effet que par la variabilité de ces intervalles.

6. — Élasticité. — L'élasticité est la **faculté qu'a un corps de reprendre sa forme initiale dès que l'action qui le déforme cesse d'agir.** On peut, par exemple, courber un peu une lame droite d'acier d'une certaine longueur, que l'on tient par chaque bout; mais dès qu'on l'abandonne, elle reprend sa forme droite. Les gaz sont les corps les plus élastiques, les liquides le sont très peu.

La réaction que le corps exerce sur la cause de déformation est, comme nous le verrons, appelée **force élastique.** La force élastique est égale à l'effort qui produit la déformation. La force élastique d'un gaz est la pression exercée par ce gaz contre les parois du vase dans lequel il a été comprimé. La force élastique de la vapeur d'eau est employée comme force motrice des machines à vapeur.

CORPS VIVANTS, CORPS BRUTS

7. — Corps vivants. — Les animaux et les végétaux sont des êtres vivants parce qu'ils naissent, respirent, se nourrissent, se développent et meurent.

Les animaux se distinguent des végétaux, en ce qu'ils ont de plus, eux, la sensibilité et le mouvement volontaire. Un arbre est insensible et ne se meut pas lui-même. L'ensemble de l'homme et des animaux constitue le **Règne animal.** L'ensemble des végétaux constitue le **Règne végétal.**

8. — Corps bruts. — Les minéraux sont des corps bruts, c'est-à-dire inanimés. En effet, ils ne naissent pas comme l'animal ni comme le végétal; ils sont, eux, le résultat de la réunion intime de parties infiniment petites de matières que le hasard a mises en contact dans de certaines conditions. Les minéraux ne respirent pas et ne meurent pas. Ils forment dans la nature le **Règne minéral.**

LES TROIS ÉTATS DES CORPS

9. — Cohésion. — Les molécules constitutives d'un corps restent agglomérées, parce qu'elles **exercent les unes sur les autres des attractions** réciproques. La force qui les unit est appelée **cohésion.** Elle est plus grande pour les solides que pour les liquides. C'est ce qui explique la mobilité des liquides; les molécules glissent les unes sur les autres au moindre choc éprouvé par le liquide, ou le plus petit déplacement auquel il est soumis. La cohésion est nulle entre les molécules d'un gaz. On admet que les molécules gazeuses sont constamment en mouvement, se heurtant les unes contre les autres ou contre les parois de l'enceinte qui renferme le gaz. Les molécules gazeuses exercent les unes sur les autres des **forces de répulsion.**

Tous les corps se présentent sous l'un des trois états suivants : **solide, liquide** ou **gazeux.**

10. — État solide. — Considérons une brique (fig. 2). Que nous

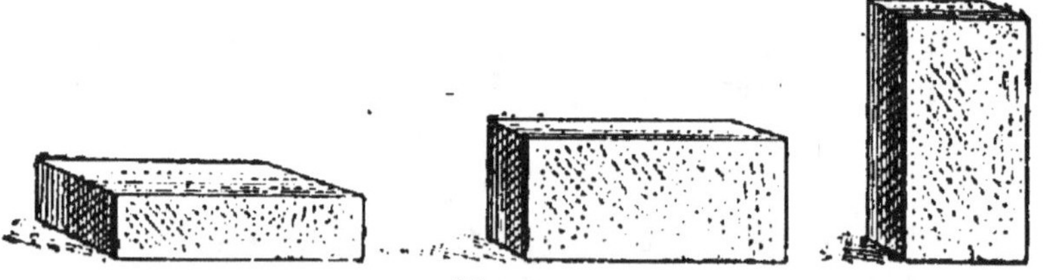

Fig. 2.

la placions debout, à plat ou sur le côté, change-t-elle de forme? Non. Change-t-elle de volume? Non. Qu'elle soit posée n'importe comment et n'importe où, son volume et sa forme restent les-mêmes, c'est-à-dire qu'ils sont déterminés. **Tous les corps dont la forme et le volume sont déterminés, sont des corps solides.**

Les corps solides sont plus ou moins résistants. Ainsi une brique et une éponge sont deux corps solides. On dit que le premier est **dur** et que le second est **mou**.

11. — État liquide. — Voici une bouteille de la contenance d'un litre (fig. 3), et une mesure en étain de la contenance aussi d'un litre. Emplissons la bouteille d'eau et reversons l'eau dans la mesure en étain. Nous re- marquons qu'elle l'emplit parfaitement; il n'en manque pas; il n'y en a point de trop. L'eau a-t-elle changé de volume? Non, puisque le volume est d'un litre dans la bouteille et dans la mesure. La forme de l'eau a-t-elle changé? Oui, puis- que la mesure en étain ne ressemble pas à la bouteille, et que l'eau qui se moulait parfaitement dans l'intérieur de la bou- teille, se moule aussi bien maintenant dans l'intérieur de la mesure en étain.

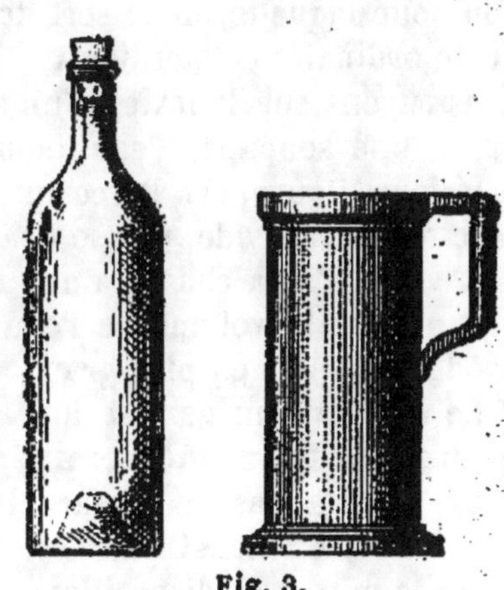

Fig. 3.

Les corps dont le volume est déter- miné, mais dont la forme est changeante, sont des corps liqui- des. Nous avons vu que les molécules d'un corps liquide glissent les unes sur les autres.

12. — État gazeux. — Lorsqu'on examine une bouteille qui ne contient ni corps solide ni corps liquide, on a l'habitude de dire qu'elle est vide. C'est inexact. Elle est vide de solide et de liquide, c'est cer- tain; mais elle est pleine d'air, qui est un corps gazeux. C'est parce que l'air est invisible que la bouteille paraît vide.

Fig. 4.

La portion d'air qui remplit une bouteille de la contenance d'un litre, a présentement le volume d'un litre et la forme de l'intérieur de la bouteille, c'est incontestable. Le volume et la forme de cette portion d'air sont-ils invariables, c'est-à-dire déterminés? Nous allons voir que non.

Tout le monde connaît l'eau gazeuse et piquante qu'on nomme eau de seltz. Elle est enfermée dans un siphon, qui est une espèce de bouteille en verre très épais. Son goulot est muni d'une fermeture en étain, qui porte un tube plongeant dans le liquide, jusqu'au bas.

L'eau de seltz est de l'eau ordinaire dans laquelle on a fait dissoudre un volume de gaz carbonique beaucoup plus grand que le volume de l'eau, en le comprimant fortement à la surface du liquide. C'est la raison pour laquelle on se sert de siphons en verre épais : des siphons en verre ordinaire éclateraient.

Appuyons sur le levier d'un siphon à moitié plein (fig. 4). Ce levier ouvre une soupape, l'eau monte dans le tube et jaillit par le conduit extérieur. Pourquoi? Parce que le gaz qui se trouve dans la partie du vase qui paraît vide, presse l'eau et la chasse jusqu'à ce que le siphon soit vide. S'il la chasse ainsi, c'est que son volume, à lui, augmente à mesure que le volume de l'eau diminue, et remplit tout le vide qui se produit, de plus en plus grand.

Le volume d'un gaz est donc variable. **Tous les corps qui n'ont ni volume ni forme déterminés, sont des corps gazeux.**

Un gaz n'a pas de surface libre, ses molécules n'ont aucune cohésion; il est **expansible**, c'est-à-dire qu'il occupe toujours entièrement la place mise à sa disposition.

13. — Changement d'état des corps. — L'hiver, après

une nuit froide, l'eau restée dans les petits creux de la route disparaît souvent. Une légère feuille de glace, semblable à un enchevêtrement de rubans moirés et d'aiguilles de cristal, l'a remplacée. Mais ensuite, lorsque le soleil est assez chaud, tout cela fond et redevient liquide.

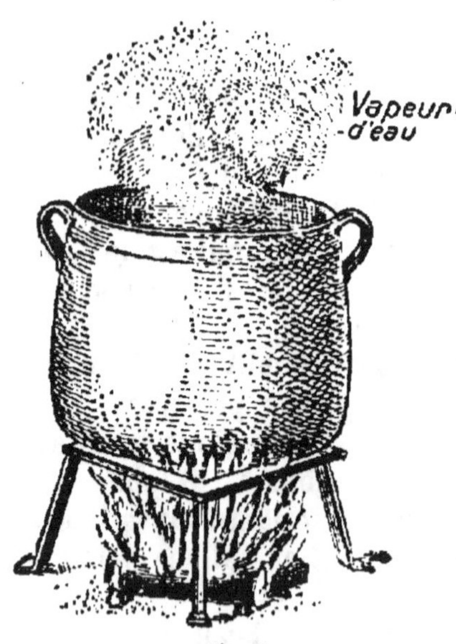

Fig. 5.

De la marmite pleine d'eau qui bout sur le feu (fig. 5), une buée légère s'élève. Cette buée est de l'eau de la marmite, que le feu transforme lentement en vapeur, c'est-à-dire en un corps gazeux, qui monte et disparaît dans l'air. Si l'on tenait une assiette froide au-dessus de la buée, on verrait la vapeur, reprenant l'état liquide, s'y attacher sous la forme de gouttelettes d'eau. Donc **sous l'influence** du froid ou de la chaleur les corps, qu'ils soient solides, liquides ou gazeux, peuvent changer d'état.

PHÉNOMÈNES PHYSIQUES, PHÉNOMÈNES CHIMIQUES

14. — Phénomènes physiques. — Plaçons une barre de fer dans un feu violent; elle rougit. Soudons maintenant ses deux bouts sur l'enclume : nous avons un anneau. Il est en fer, de même substance que la barre.

Exposons de l'eau à un froid suffisant, elle change d'état : de liquide elle devient solide, mais c'est toujours de l'eau. **Le fait qui change l'état ou la forme d'un corps, mais ne modifie pas sa substance, est un phénomène physique.**

En forgeant un anneau ou en faisant congeler de l'eau, nous avons fait des **expériences physiques.**

La physique a pour objet l'étude des phénomènes physiques tels que la **pesanteur**, la **lumière**, le **son**, la **chaleur**, l'**électricité**, etc... qui se manifestent dans les corps, sans déterminer de modification permanente dans leur nature; ils peuvent modifier l'état ou la forme d'un corps, mais non leur substance.

15. — Phénomènes chimiques. — Jetons des clous dans une assiette contenant un peu d'eau. Laissons reposer pendant quelques jours et examinons ce qui s'est passé. Les clous sont devenus bruns; ils se sont recouverts d'une espèce de croûte qui est de la rouille. Cette rouille est du fer altéré, oxydé. C'est un nouveau corps qui n'a aucune des propriétés du fer. Si nous entretenions l'humidité, les clous se transformeraient peu à peu entièrement en rouille : on ne retrouverait après un certain temps dans l'assiette qu'une matière friable, c'est-à-dire pouvant être réduite en poudre au moindre choc. **Le fait qui a changé non seulement la forme ou l'état, mais a modifié profondément aussi la substance d'un corps, est un phénomène chimique.**

En déterminant ainsi la formation de la rouille, nous avons fait une **expérience de chimie.**

DEUXIÈME LEÇON

NOTIONS DE MÉCANIQUE

Mouvement. — Poids d'un corps, masse. — Forces. — Travail d'une force. — Force vive. — Force centripète. — Force centrifuge. — Conservation du travail.

Mouvement

16. — Le mouvement est l'état d'un corps qui occupe successivement dans l'espace des positions différentes. Les positions successives de chaque point d'un corps en mouvement dans l'espace décrivent une ligne rectiligne ou curviligne qu'on nomme **trajectoire.**

On donne au corps qui se déplace le nom de **mobile.**

Il y a deux sortes de mouvements : le **mouvement uniforme** et le **mouvement uniformément varié.**

17. — Mouvement uniforme. — Le mouvement d'un mobile est uniforme lorsqu'il **parcourt des espaces égaux dans les temps égaux** si petits que soient ces temps. L'espace parcouru pendant l'unité de temps est la **vitesse.**

L'unité de temps la plus usitée en physique est la **seconde.**

Le mouvement uniforme s'exprime par la formule suivante : l'espace e est égal au produit de la vitesse v par le temps t :

$$e = vt.$$

En effet, pendant chaque seconde, le mobile parcourt un espace v. Alors en t secondes il parcourt un espace t fois plus grand. Quand on connaît deux termes seulement de cette formule, il est facile de trouver le troisième.

$$\text{Si} \quad e = vt, \quad \text{on a} \quad \frac{e}{t} = v \quad \text{et} \quad \frac{e}{v} = t.$$

Un train parcourt en 6 heures 480 kilomètres. Quelle est sa vitesse?

Rép. : $\dfrac{480}{6} = 80$ kilomètres à l'heure.

Soit 2ᵐ,222 par seconde.

18. — Mouvement varié. — Un mouvement est varié quand il n'est pas uniforme; c'est-à-dire quand **les espaces parcourus en des temps égaux ne sont pas égaux.**

Aucun des mouvements que nous connaissons n'est uniforme; celui qui se rapproche le plus du mouvement uniforme est le mouvement de rotation de la terre, mais les mouvements d'un piéton, d'une locomotive, du meilleur chronomètre, sont variés.

Définition de la vitesse à un instant donné. Supposons qu'un mobile suive une trajectoire rectiligne AB (fig. 6) et qu'à un instant donné t, il se trouve au point M. Supprimons à ce moment la cause agissante; d'après le principe de l'inertie, dont nous parlerons, le mouvement de M devient uniforme : **la vitesse de ce mouvement uniforme s'appellera la vitesse du mouvement varié à l'instant t.**

Fig. 6.

Parmi les mouvements variés, le plus important est le mouvement uniformément varié.

19. — Mouvement uniformément varié. — **Lorsque la vitesse d'un mobile qui se meut en ligne droite augmente ou diminue de quantités égales après chaque unité de temps, le mouvement est dit uniformément varié.**

Si la vitesse augmente, le mouvement est dit **accéléré**; dans le cas contraire, il est **retardé**.

La quantité constante dont augmente ou diminue la vitesse après chaque unité de temps, s'appelle l'accélération.

La notion de l'accélération est donnée par la chute libre des corps. La vitesse d'un corps abandonné à lui-même dans l'espace, augmente à Paris de **981 centimètres parcourus par seconde. C'est l'accélération de la pesanteur.** La chute doit avoir lieu dans le vide. Mais on peut négliger la résistance de l'air lorsqu'il s'agit de petits parcours. **Pendant la 1ʳᵉ seconde le corps ne parcourt que 490 centimètres 5 millimètres,** moitié de l'accélération.

Cela étant donné, un mobile qui tombe librement parcourt (fig. 7) :

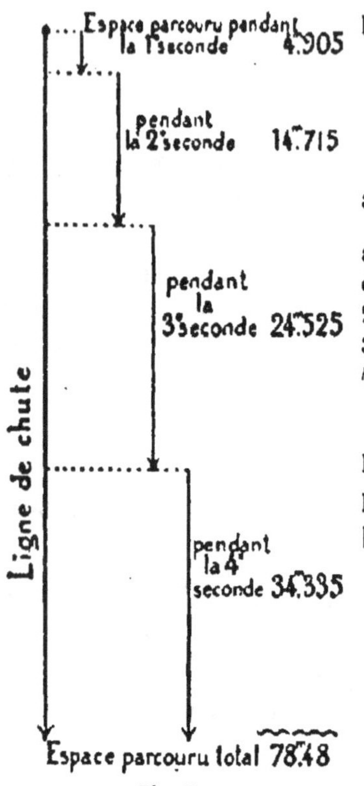

Fig. 7.

pendant la 1re seconde .... $= 4^m,005$

« 2e « $4^m,005+9^m,81=14^m,715$

« 3e « $14^m,715+9^m,81=24^m,525$

« 4e « $24^m,525+9^m,81=34^m,335$

Alors le corps se trouve successivement aux distances suivantes du point initial :

au bout de la 1re seconde (fig. 7), il est éloigné de.............................. $4^m,005$

2e seconde $4^m,905 + 14^m,715 = 4,905 \times 2^2$

3e « $19^m, 62 + 24^m,525 = 4,905 \times 3^2$

4e « $44^m,145 + 34^m,335 = 4,905 \times 4^2$

Donc, **l'espace parcouru est égal à la moitié du produit de l'accélération par le carré du temps** : ce qu'on exprime par la formule

$$e = \frac{1}{2} gt^2.$$

En effet :

$$\frac{981 \times 4}{2} = 78^m,48.$$

Nous voyons d'après cela que la vitesse V d'un mobile partant du repos, est, au bout d'une seconde, égale à g; au bout de 2 secondes, égale à $2g$; au bout de 3 secondes, égale à $3g$, et ainsi de suite. Après t secondes, la vitesse sera

$$V = gt.$$

L'accélération explique pourquoi un homme peut se tuer en tombant d'un toit, et se fait peu de mal en tombant d'une chaise. Il s'écrase sur le sol où il arrive avec une grande vitesse, si la chute a lieu d'un point élevé.

Poids d'un corps, masse

20. — Généralités. — On appelle **poids absolu d'un corps** la force attractive de la Terre sur ce corps.

La masse d'un corps, nommée aussi son poids relatif, dépend uniquement de la quantité de matière qu'il renferme.

Entre le poids P d'un corps, sa masse m et l'accélération g du mouvement uniformément accéléré que lui imprime son poids, on a, par définition

$$P = mg$$

Comme g **est variable** suivant la latitude du lieu et son altitude, que m **est constant**, il s'ensuit que le **poids absolu d'un corps est variable.**

Si l'on plaçait un corps entre la Terre et la Lune, au 9/10 environ de la distance de la Terre à la Lune, ce corps serait attiré également par les deux astres et aurait par conséquent un poids nul; mais sa masse conserverait toujours la même valeur qu'à la surface de notre globe.

La masse d'un corps indique la quantité de matière que renferme ce corps, comparativement à une autre quantité de matière prise pour unité. Cette unité est le **gramme.** C'est la millième partie du poids d'un bloc métallique de un kilogramme, composé de 90 p. cent de platine et 10 p. cent d'iridium, conservé au Bureau international des Poids et Mesures, à Sèvres, près Paris. Ce poids équivaut au poids d'un décimètre cube d'eau distillée, à la température de 4 degrés. **La masse d'un corps est invariable. Le poids absolu d'un corps varie proportionnellement à l'intensité de la pesanteur** qui change avec la latitude et l'altitude.

On obtient le poids absolu d'un corps, non pas comme on obtient la masse, **en comparant,** mais **en mesurant** l'effort exercé par le corps pesant. Dans le même lieu, la masse d'un corps est donnée avec la balance, son poids absolu avec un dynamomètre très sensible. Avec le même dynamomètre, on trouve, pour le même corps, un poids plus grand au pôle qu'à l'équateur.

Soient, en un *même lieu,* deux corps de poids P et P' et de masse m et m'. On a.

$$\left. \begin{matrix} P = mg \\ P' = mg' \end{matrix} \right\} \ \text{d'où} \ \frac{P}{P'} = \frac{m}{m'}$$

Donc en un même lieu, les deux rapports $\dfrac{P}{P'}$ et $\dfrac{m}{m'}$, sont égaux. Si l'on prend pour unités de masse et de poids, la masse et le poids correspondants à un même corps, on a

Mesure de la masse d'un corps = mesure de son poids

ou

masse relative d'un corps = poids relatif.

Forces

21. — Définition. — On appelle **force toute cause de production de mouvement ou de modification du mouvement d'un corps.** Dans toute force, il y a trois choses à considérer :

1º **Le point d'application.** C'est le point d'un corps sur lequel agit la force;

2º **La direction.** C'est la ligne droite le long de laquelle la force tend à déplacer le point d'application;

3º **L'intensité.** C'est la valeur de la force évaluée à l'aide d'une autre force prise pour unité.

22. — Principe de l'inertie. — L'inertie est une propriété qu'ont les corps de rester dans l'état de repos ou de mouvement uniforme tant qu'une cause ou force n'agit pas sur eux pour les en tirer. Autrement dit, c'est la résistance au changement : **un corps ne peut modifier de lui-même son état de repos ou de mouvement.** En effet, une pierre reste immobile sur le chemin tant qu'une cause ou force n'intervient pas pour la mettre en mouvement. Une boule qui roule sur une surface plane, ne s'arrêterait pas si elle n'avait pas à vaincre le frottement de la surface et de l'air.

C'est grâce à l'inertie que les astres circulent sans cesse dans l'espace.

Si un train en marche rencontre un train immobile, le choc est violent; plusieurs wagons peuvent être brisés. Pourquoi? Pour deux raisons : 1º parce que l'inertie s'oppose à ce que le train en marche s'arrête brusquement; 2º parce que le train immobile exerce contre le train en marche une réaction égale à l'action de ce dernier et l'exerce en sens contraire. Chose qu'on exprime ainsi : **l'action et la réaction de deux corps l'un contre l'autre, sont toujours égales et dirigées en sens contraires.** Si j'exerce contre une clôture une poussée égale à 20 kilogrammes, la clôture exercera en même temps contre moi une résistance de 20 kilogrammes. L'inertie donne l'explication d'un grand nombre de faits. Ex. : Un cavalier est projeté en avant lorsque son cheval, qui est lancé au galop, vient à tomber. Il en est ainsi, parce que le cavalier ne peut pas modifier subitement de lui-même le mouvement dans lequel il est entraîné.

23. — Unité de force. — L'unité de force est la **dyne**. C'est une **force capable de communiquer à une masse de 1 gramme, une accélération de 1 centimètre par seconde.** La masse étant mesurée en grammes et l'accélération en centimètres, si l'on désigne la force par la lettre F, la masse par m et l'accélération par la lettre g, on a la formule

$$F = mg.$$

Et si l'on fait $F = 1$ et $g = 1$, on a $F = 1$ dyne. **Une dyne équivaut à la 981° partie d'un gramme.** Un milligramme vaut $0^{dyne},981$. La dyne est une unité de force adoptée en physique et en mécanique. Dans la pratique on a conservé le kilogramme, il vaut 981 000 dynes.

Lorsqu'on a à exprimer un nombre de dynes dépassant un million, on emploie un multiple de l'unité, la **mégadyne**, qui vaut un million de dynes.

Si, en particulier, la force qui agit sur un corps de masse m est son poids P, en désignant par g l'accélération de la pesanteur, on a

$$P = mg.$$

Si P est à Paris le poids de 1 dyne, nous pouvons écrire

$$1 \text{ dyne} = m + 981.$$
$$D'où \ m = \frac{1}{981} = 0 \text{ gr. } 00109.$$

L'unité de force dérivant du système métrique est le **kilogramme-poids.**

24. — Représentation d'une force. — Une force est représentée par une ligne droite, partant de son point d'application, dirigée dans le sens de la force et d'une longueur proportionnelle à l'intensité de la force. Une flèche indique la direction. Supposons que le corps C (fig. 3) soit sollicité au point A par une force de 1 kilogramme, dans la direction de AB. La ligne AB représente cette force. Si la force change d'intensité et devient 3 kilogrammes, au lieu de 1 kilogramme, on prolonge AB de manière que AD = 3 AB.

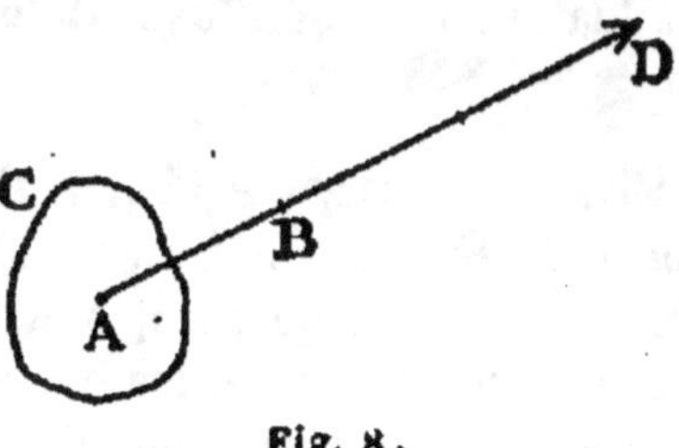

Fig. 3.

25. — Mesure des forces. — On mesure les forces faibles au moyen d'un petit instrument appelé *dynamomètre*. C'est un ressort ABC (fig. 9) en acier, courbé en forme de V. Un arc métallique soudé à chacune des branches, traverse la branche opposée. Si l'on tient le dynamomètre par l'arc D et que l'on suspende un poids de 1 kilogramme à l'arc E, les branches se rapprochent sous l'effort du poids; on marque sur l'arc D le point où s'arrête la branche A. On suspend encore des poids doubles, triples..... et l'on marque de même l'écart des branches. Ces graduations sont subdivisées ensuite en parties égales. Si l'on veut maintenant mesurer une force quelconque, il suffira de lire sur l'arc la graduation qui correspond à l'écartement des branches. Ce dynamomètre est employé sous le nom de *peson* pour peser des objets de quelques kilogrammes au plus, car la lame métallique est faible. Le dynamomètre étant un appareil fondé sur l'élasticité des corps solides, la force que l'on

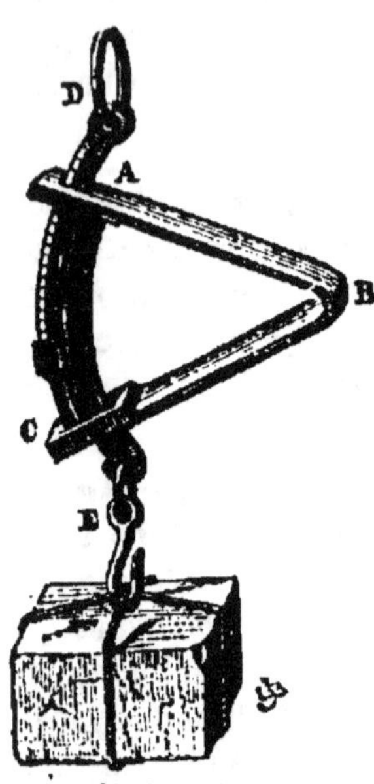

Fig. 9. — Peson.

mesure ne doit imprimer qu'une déformation élastique. Un poids trop lourd déformerait l'appareil.

Pour mesurer des forces importantes, on se sert du *dynamomètre de Poncelet*. Celui-ci se compose de deux ressorts d'acier AB (fig. 10) articulés à chaque bout entre eux, par deux tiges courtes, rigides, CD. La graduation qui se fait avec de gros poids, se marque sur la lame L.

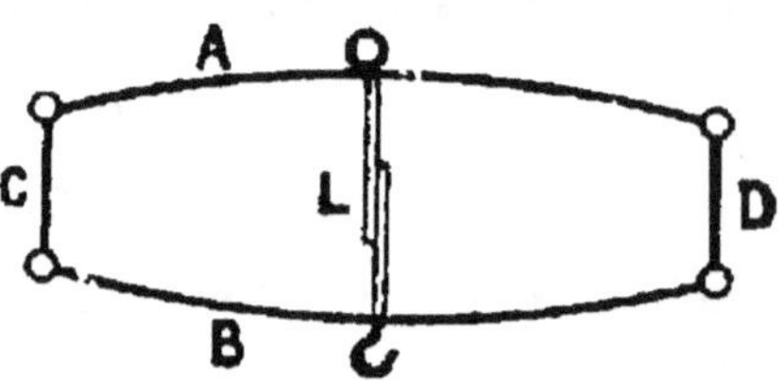

Fig. 10. — Dynamomètre de Poncelet.

26. — Compositions des forces concourantes. — Plusieurs forces concourantes qui agissent simultanément sur un corps, prennent le nom de **composantes**.

Les forces composantes exercent une action totale qui peut être remplacée par une force unique. Celle-ci est la **résultante** des forces composantes.

La résultante des deux forces BA et BC (fig. 11), est représentée en direction et en intensité par la **diagonale BD du parallélogramme construit avec ces deux forces.**

Réciproquement une force unique BD peut être remplacée par deux autres de directions données BA et BC, pour obtenir les composantes, il suffit de mener par D les parallèles aux directions BC et BA et l'on obtient ainsi les forces BA et BC.

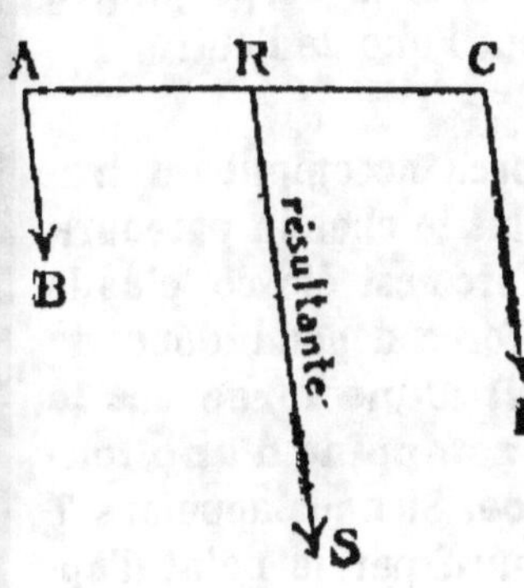

Fig. 12.

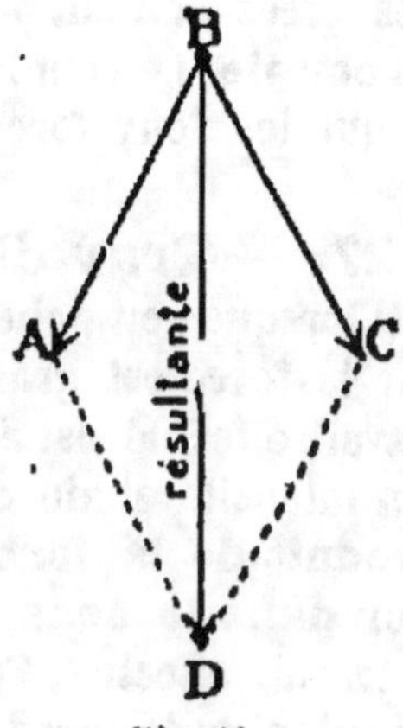

Fig. 11.

Des forces parallèles AB, CD (fig. 12) peuvent, comme des forces concourantes, être remplacées par une résultante.

La résultante des deux forces parallèles et de même sens :

1° **est égale à leur somme;**

2° **a la même direction;**

3° **a un point d'application qui divise la droite joignant les points d'application des deux forces parallèles, en parties inversement proportionnelles à ces forces.** C'est-à-dire qu'on a (fig. 12) :

$$\text{Résultante RS} = \text{parallèles AB} + \text{CD}$$

$$\text{et } \frac{RA}{RC} = \frac{CD}{AB}, \text{ ou RC} \times \text{CD} = \text{RA} \times \text{AB}.$$

La résultante de deux forces parallèles de sens contraires :

1° **est parallèle à ces forces;**

2° **est égale à leur différence;**

3° **son point d'application se trouve sur** le prolongement de la droite qui joint les points d'application des deux autres, du côté de la plus grande force;

4° **son point d'application est distant** des points d'application des deux autres forces, de manière inversement proportionnelle aux intensités de ces deux forces.

C'est-à-dire qu'on a (fig. 13) :

$$\text{Résultante RS} = \text{CD} - \text{AB}$$

$$\text{et } \frac{RC}{RA} = \frac{AB}{CD} \text{ ou RC} \times \text{CD} = \text{RA} \times \text{AB}.$$

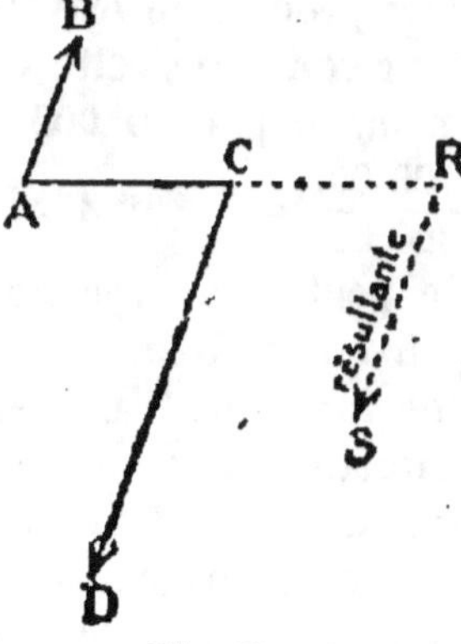

Fig. 13.

Il existe cependant un cas où la règle des forces parallèles et de sens contraire est en défaut : c'est lorsque les forces AB et CD sont égales. Ces forces-là n'ont pas de résultante. Elles constituent ce que l'on nomme un **couple**. Le couple tend simplement à faire tourner un corps jusqu'à ce que les deux forces soient dans le prolongement l'une de l'autre.

27. — Travail d'une force. — Une force accomplit du travail lorsque son point d'application se déplace. Plus le chemin parcouru par la force est grand et plus l'intensité de la force est élevée, plus le travail effectué est important. Le travail d'une force dépend donc de son intensité et du chemin parcouru. **Le travail d'une force est le produit de la force par le déplacement de son point d'application dans le sens de la direction de la force.** Si nous appelons T le travail effectué, F la force, e le chemin parcouru par le point d'application de la force, la formule suivante exprime le travail d'une force :

$$T = Fe.$$

L'unité de travail est un travail accompli par l'unité de force sur une unité de longueur. Ce sera donc le travail de **1 dyne déplaçant son point d'application de 1 centimètre**. On l'appelle **1 erg**.

L'erg est une unité trop petite; on se sert de l'un de ses multiples le **Joule, qui vaut 10 000 000 d'ergs**.

Dans le système métrique, l'unité de travail est le **kilogrammètre**. C'est le travail accompli par une force **capable d'élever le poids de 1 kilogramme à 1 mètre de hauteur.**

Si nous voulons exprimer la valeur du kilogrammètre en ergs, nous dirons :

Le kilogramme valant 981 000 dynes (n° 23), la force de 1 kilogramme qui déplace son point d'application de 1 mètre ou 100 centimètres produit un travail de 981 000 × 100 = 98 100 000 ergs.

Pour convertir cette expression en joules, nous n'aurons qu'à diviser ce nombre par 10 000 000 puisque 1 joule vaut 10 000 000 d'ergs. $\frac{98\ 100\ 000}{10\ 000\ 000}$ = 9^{joules},81. Enfin, si le kilogrammètre est égal à 9^{joules},81 le joule peut être exprimé par la force capable d'élever 102 grammes à 1 mètre de hauteur.

Une force peut agir sur un corps sans produire de mouvement dans sa direction; il peut même arriver que le corps se déplace en sens contraire de la force. Cela tient à ce qu'une autre force supérieure à la première et de sens contraire agit sur le corps. Ainsi quelqu'un soulève un fardeau; sa force musculaire produit un travail appelé **travail** moteur ou **travail positif**. En sens contraire agit l'attraction de la terre, représentée par le poids du fardeau. Ce poids produit encore un travail nommé **travail résistant** ou **travail négatif**.

D'une manière générale, quand une force produit un déplacement dans sa direction, elle produit un travail moteur; dans le cas contraire, elle produit un travail résistant.

28. — Travail d'une force dont le point d'application n'a pas la même direction que la force. Descente sur un plan incliné.

— Considérons un corps M (fig. 14) qui glisse sur un plan incliné AB. A l'aide de la perpendiculaire AC sur l'horizontale CB, construisons un triangle rectangle ACB. La force verticale MP qui agit sur le corps M est égale à son poids. Elle peut être décomposée en deux autres : l'une MN perpendiculaire au plan in-

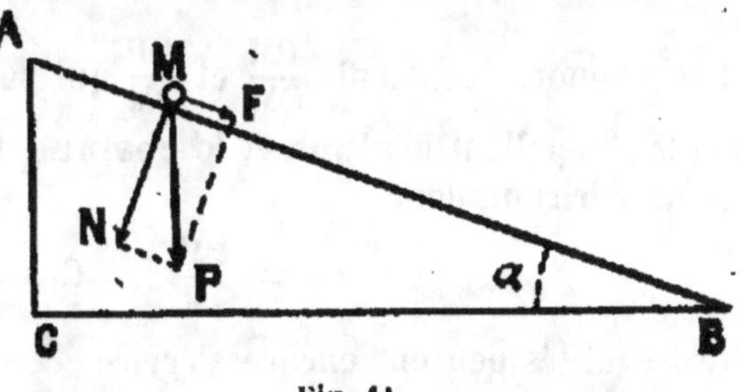

Fig. 14.

cliné, l'autre MF parallèle au dit plan. La force MN ne produisant aucun déplacement dans sa direction, n'accomplit aucun travail; le corps descend par le seul fait de la force MF. Le travail produit est égal à

$$\text{MF} \times \text{AB}$$

Évaluons MF à l'aide du poids MP et de l'inclinaison α du plan incliné.

Les triangles CAB et MPF sont semblables, car les angles en C et en F étant droits, sont égaux et les angles en P et en B ayant leurs côtés perpendiculaires sont encore égaux. On a alors

$$\frac{\text{MF}}{\text{MP}} = \frac{\text{AC}}{\text{AB}}$$

d'où $$\text{MF} = \text{MP} \times \frac{\text{AC}}{\text{AB}}$$

ou $\text{MF} = \text{MP} \sin \alpha$ (voir n° suivant)

Donc nous aurons pour le travail T accompli par le poids du corps

$$T = \text{MP} \sin \alpha \times \text{AB} = \text{MP} \times \text{AB} \sin \alpha$$

29. — Sinus et Cosinus d'un angle.

— Considérons un

angle aigu $xoy = \alpha$ (fig. 15). Prenons un point quelconque M sur l'un des côtés, oy, par exemple, et abaissons la perpendiculaire MP sur ox. Il est facile de voir que les valeurs des rapports $\frac{PM}{OM}$ et $\frac{OP}{OM}$ sont indépendants de la position du point M sur oy. En effet, en considérant les triangles semblables OPM et OP'M' on a les égalités

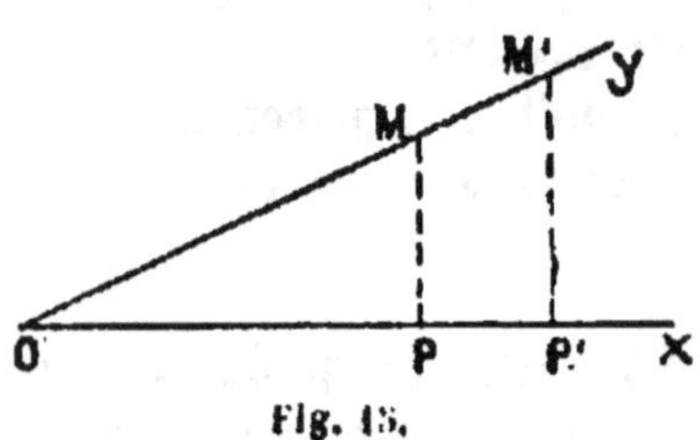

Fig. 15.

$$\frac{PM}{OM} = \frac{P'M'}{OM'} \quad \text{et} \quad \frac{OP}{OM} = \frac{OP'}{OM'}$$

Les rapports constants $\frac{PM}{OM}$ et $\frac{OP}{OM}$ qui se présentent souvent dans les calculs s'appellent le **sinus** et le **cosinus** de l'angle α.

Nous écrirons donc

$$\text{Sin } \alpha = \frac{PM}{OM} \qquad \text{Cos } \alpha = \frac{OP}{OM}$$

Ces égalités peuvent encore s'écrire

$$PM = OM \text{ Sin } \alpha \qquad OP = OM \text{ Cos } \alpha$$

D'où les règles suivantes :

1° Un côté de l'angle droit d'un triangle rectangle est égal au produit de l'hypoténuse par le sinus de l'angle opposé;

2° Un côté de l'angle droit est égal au produit de l'hypoténuse par le cosinus de l'angle aigu adjacent.

Étant donné un angle xoy (fig. 16), le sinus de cet angle est le sinus de l'arc MN compris entre ses côtés, qui appartient à la circonférence, décrite du point O comme centre, avec un rayon OM égal à l'unité de longueur. Le sinus de l'arc MN est le nombre qui mesure la perpendiculaire MP, abaissée de M sur le diamètre AN.

Le cosinus de l'arc de cercle MN est le sinus de l'arc complémentaire MG; c'est-à-dire le nom-

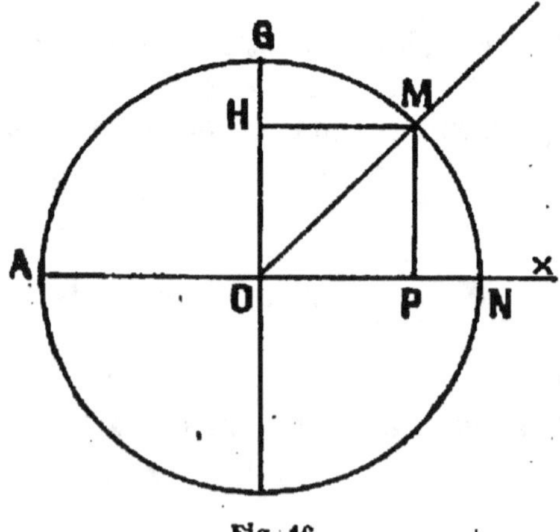

Fig. 16.

tre qui mesure la perpendiculaire MH, abaissée de M sur le diamètre
GL., qui passe par l'extrémité G de l'arc MG.

30. — Travail d'une force dont le déplacement du point d'application n'a pas la même direction que la force. Montée sur un plan incliné.

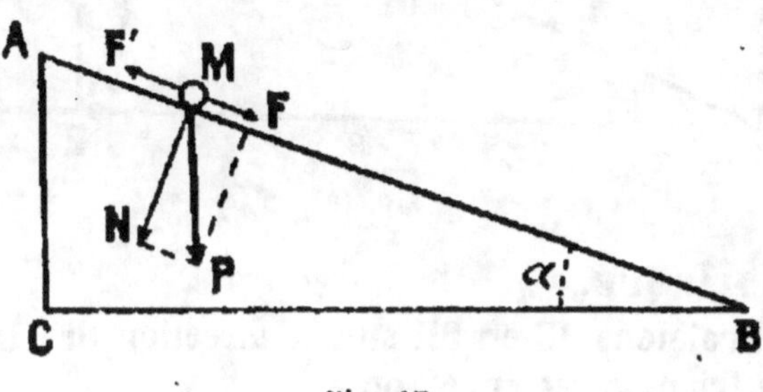

Fig. 17.

Supposons qu'on veuille se servir du plan incliné BA (fig. 17) pour élever un corps M. Décomposons la force P, qui est le poids du corps, en deux forces : MN et MF. Maintenons l'équilibre en appliquant une force F' égale et opposée à F. Nous pourrons alors raisonner comme dans le paragraphe précédent.

Les triangles CAB et MPF sont semblables. On a

$$\frac{MF}{MP} = \frac{AC}{AB} \quad \text{d'où} \quad MF = MP \times \frac{AC}{AB} \quad \text{ou} \quad MF = MP \, \text{Sin} \, \alpha$$

F' étant égal à F

$$MF' = MP \, \text{Sin} \, \alpha$$

31. — Travail d'une force dont le déplacement du point d'application n'a pas la même direction que la force. La direction de la force et la direction du point d'application font un certain angle. — Quand on fait avancer un bateau sur un canal, à l'aide d'une corde que tire un cheval sur une route parallèle, la direction de la force et la direction du déplacement du point d'application font un certain angle. Si e représente le déplacement, F l'intensité de la force et α l'angle fait par la corde et la direction du bateau, le travail T accompli par la force est représenté par la formule

$$T = Fe \, \text{Cos} \, \alpha$$

En effet, soit le bateau B (fig. 18) à faire avancer de B en C au moyen de la force F représentée en intensité et en direction par la ligne BF. Décomposons la force BF en deux : l'une BE dirigée suivant BC, l'autre

BD perpendiculaire à BC. Comme la composante BD ne produit aucun déplacement dans sa direction, le travail dû à cette force est nul. C'est seulement la force BE qui fait avancer le bateau. Or

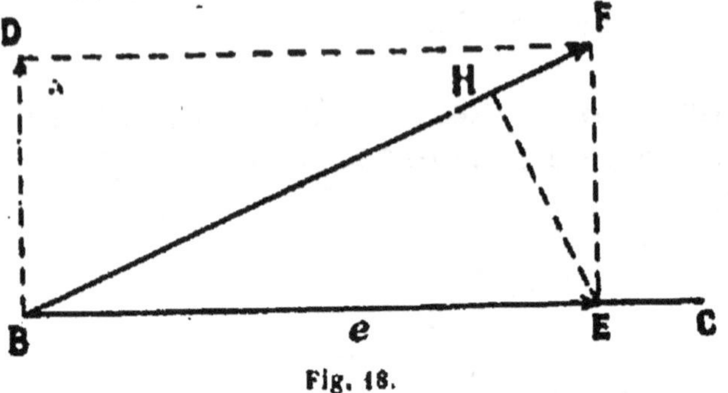

Fig. 18.

$$\text{BE} = \text{F Cos } \alpha$$
$$\text{et } \text{T} = \text{BE} \times e$$

Il en résulte que

$$\text{T} = \text{Fe Cos } \alpha$$

REMARQUE.

Projetons BE en BH sur la direction BF. D'après les règles ci-dessus du triangle rectangle, on a

$$\text{BH} = \text{BE Cos } \alpha \text{ ou BH} = e \text{ Cos } \alpha$$

La formule du travail peut alors s'écrire

$$\text{T} = \text{F} \times \text{BH}$$

C'est-à-dire que **le travail de la force F est égal au produit de cette force par la projection du chemin parcouru sur la force.**

32. — Force vive. — On appelle force vive d'un point matériel en mouvement le produit de la masse de ce point par le carré de sa vitesse. Lorsqu'un boulet de canon vient frapper la plaque de blindage d'un navire, au lieu de s'arrêter à la surface de la plaque, il la pénètre, et le choc engendre une chaleur intense. Il en est ainsi parce que le boulet lancé par le canon, a acquis une certaine énergie que l'on mesure à l'aide de la **force vive.** Si l'on appelle m la masse du boulet et V sa vitesse, la force vive est

$$m\text{V}^2$$

Le choc a anéanti l'énergie possédée par le boulet et l'a transformée en travail, représenté par la pénétration dans la plaque et la chaleur produite. Ce travail est égal à la moitié de la force vive. En l'appelant T, on a

$$\text{T} = \frac{m\text{V}^2}{2}$$

En effet, nous venons de voir que le travail T d'une force F, est égal au produit de la force par l'espace parcouru : $T = Fe$. Nous pouvons dans cette équation remplacer F par sa valeur mg (n° 23), et e par sa valeur $\frac{1}{2} gt^2$ (n° 19). Alors nous avons :

$$T = mg \times \frac{1}{2} gt^2 \text{ ou } T = \frac{m(gt)^2}{2}$$

Mais gt est l'expression de la vitesse V à l'instant t (n° 19), donc nous pouvons écrire encore

$$T = \frac{mV^2}{2}$$

33. — Force centrifuge, force centripète. — Un corps peut être animé d'un mouvement circulaire uniforme. C'est le cas lorsque la trajectoire est une circonférence et que les arcs de cercle parcourus sont proportionnels aux temps employés à les parcourir. Ce mouvement est par exemple celui d'une fronde contenant une pierre, que la main fait tourner avec la même vitesse.

Si le corps qui se meut sur une circonférence n'était soumis à un moment donné qu'à sa vitesse initiale, il abandonnerait à ce moment la circonférence et s'échapperait suivant la tangente. Il ne reste donc à la circonférence que parce qu'il est sollicité constamment par une force dirigée des points successifs où il se trouve, vers le centre de la circonférence. Cette force est en somme la pression que le corps exerce sur la circonférence; on l'appelle **force centripète**.

La réaction de la circonférence aux points où le corps appuie successivement sur elle, est représentée par une force égale et directement opposée à la force centripète; on la nomme **force centrifuge**. C'est en raison de la force centrifuge que, lorsque la main lâche une des ficelles de la fronde, la pierre est lancée au loin, suivant la tangente.

La force centrifuge a la même valeur absolue que la force centripète. Or, on démontre que celle-ci est **proportionnelle à la masse m du corps et au carré de sa vitesse V, et inversement proportionnelle au rayon R de la circonférence.**

$$F = \frac{mV^2}{R}$$

C'est en raison de la force centrifuge que l'essoreuse sèche le linge, chaque goutte d'eau s'échappe par la tangente.

34. — Conservation du travail.

— Nous avons vu que lorsqu'un corps est déplacé par une force, il y a un travail effectué. **Le travail dépend de la grandeur de la force et du déplacement.**

Quand on soulève un poids P à une hauteur h, la force est égale à P et le travail accompli à Ph. Rappelons que c'est un travail moteur et qu'en même temps que le poids est soulevé, il est sollicité par la pesanteur, représentée par une force égale à P mais de sens contraire (travail résistant). Pour élever un poids, il faut donc que le travail moteur soit égal au travail résistant. Il en est de même dans les machines.

Considérons le fléau AC d'une balance (fig. 19). C'est un levier. Dé-

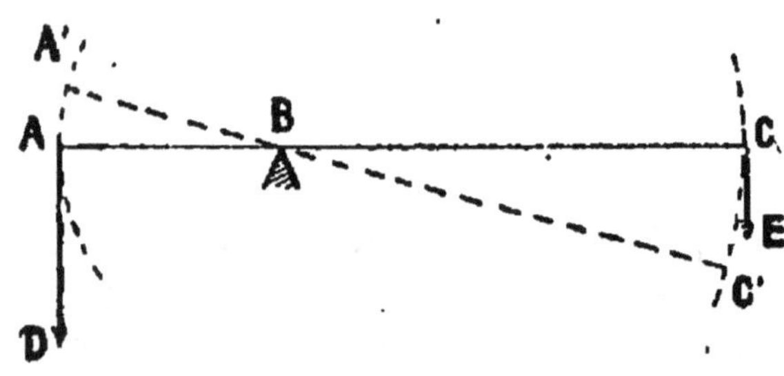

Fig. 19.

plaçons-le de sa position d'équilibre, en B, par exemple. Il faut alors pour que le fléau soit de nouveau équilibré, qu'aux points A et C nous appliquions des forces déterminées AD et CE, dont la résultante sera au point d'appui B. Et nous aurons

$$\frac{AD}{CE} = \frac{CB}{AB} \quad (1)$$

Supposons que sous l'action de la force CE le fléau s'incline très peu et vienne en A'C'. Nous pouvons sensiblement confondre les petits arcs de cercle AA' et CC' avec les tangentes en A et C; de sorte que les triangles semblables BAA' et BCC' donnent

$$\frac{CC'}{AA'} = \frac{CB}{AB} \quad (2)$$

Ou en comparant à l'égalité (1) on obtient

$$\frac{AD}{CE} = \frac{CC'}{AA'}$$

D'où

$$CE \times CC' = AD \times AA'$$

Or CE $\times$ CC' est le travail moteur, AD $\times$ AA' est le travail résistant. Donc dans le déplacement du levier, le travail moteur est égal au travail résistant.

Prenons encore une *pince de maçon*. C'est une barre de fer rigide, que l'on engage par un bout sous une pierre de taille pour relever celle-ci. C'est encore un levier.

Soit la pince AB (fig. 20) engagée par son extrémité plate sous la pierre P. Tout près de la pierre est un rouleau de bois R, qui sert de *point d'appui*. Supposons que le point d'appui divise la barre de manière que RB soit égal à 10 fois RA. L'effort à exercer en B pour soulever la pierre sera 10 fois plus faible que la résistance opposée par la pierre. Si la pierre pèse

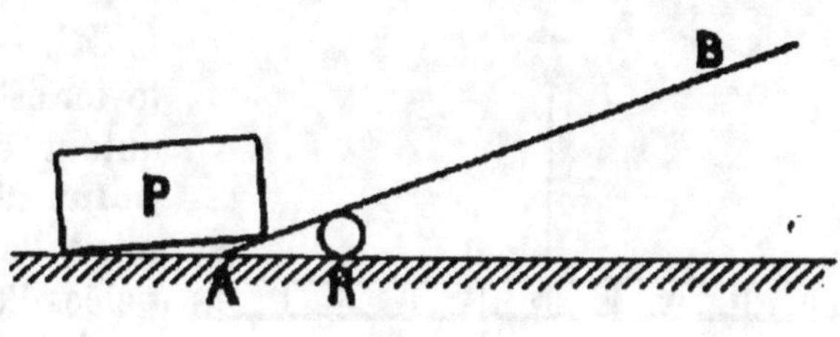

Fig. 20.

100 kilog. l'effort ne sera que de 10 kilog. C'est une application des forces parallèles de même sens.

Nous pouvons admettre encore que la force qui agit en A est égale à AR et que la force qui agit en B est égale à AB. Alors en appliquant la formule T = Fe, nous dirons : Le travail T de A est égal à la force de 100 kilog. multipliée par le déplacement 1 :

$$T = 100 \times 1 = 100$$

Le travail T' de B est égal à la force de 10 kilog. multipliée par le déplacement 10 :

$$T' = 10 \times 10 = 100$$

T est le travail résistant, T' est le travail moteur. Donc le travail moteur est égal au travail résistant.

TROISIÈME LEÇON

NOTIONS DE MÉCANIQUE *(suite)*

Leviers. — Machines simples. — L'énergie. — Dégradation de l'énergie.
Unités C. G. S.

LEVIERS

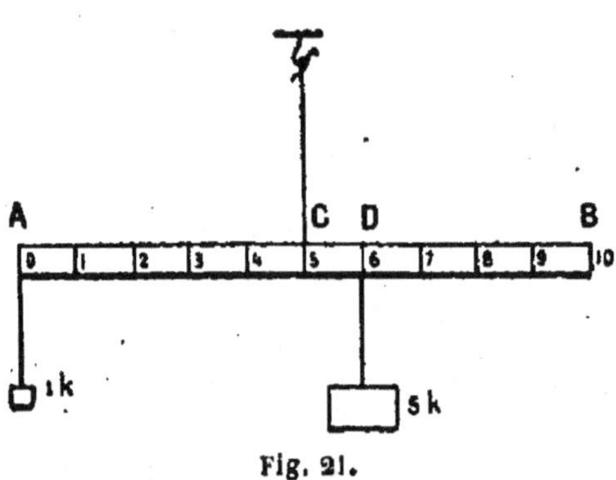

Fig. 21.

35. — Définitions. — Un levier est un corps solide, mobile autour d'un point fixe, appelé **point d'appui**, et qui est soumis à l'action de deux forces appelées l'une **puissance**, l'autre **résistance**.

A l'aide d'un levier, on peut, avec un petit effort, vaincre une grande résistance. Le principe du levier est le suivant :

Soit une barre rigide AB (fig. 21), divisée en 10 parties égales 1, 2, 3... suspendue par son centre C. Attachons au point A un poids de 1 kilogramme. Aussitôt l'extrémité A de la barre s'abaisse et l'extrémité B se relève. Pour remettre la barre en équilibre en attachant des poids au point D, on constate qu'il faut 5 kilogrammes. Cela signifie que les forces qui agissent en A et en D, pour maintenir la barre en équilibre, doivent être en raison inverse des distances AC et CD. En effet

$$AC = CD \times 5$$

Cette barre est un levier.

Il y a trois sortes de leviers.

36. — Levier du premier genre. — Le point d'appui est placé entre la résistance et la puissance.

Les parties de la barre comprises entre le point d'appui et la puissance, d'une part, et entre

Fig. 22. — Levier du premier genre.

le point d'appui et la résistance, d'autre part, sont les **bras du levier**.

Il serait difficile et pénible au tailleur de pierre, réduit à ses propres forces, de retourner le bloc qu'il travaille, s'il n'avait pas à sa disposition un levier qu'il appelle une *pince*. C'est une barre de fer (fig. 22) dont il engage une extrémité coupée en biseau sous la pierre; il fait ensuite reposer la pince sur un rouleau de bois près de la pierre, et il appuie sur l'autre extrémité. La pierre est alors aisément déplacée

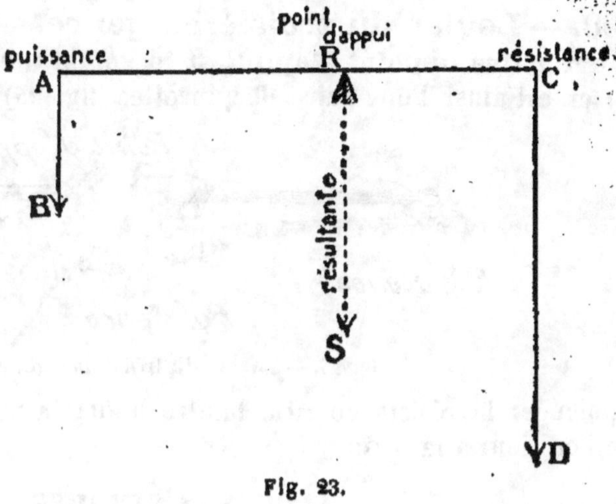

Fig. 23.

parce que le *point d'appui* (rouleau) est beaucoup plus près de la *résistance* (pierre) que de la *puissance* (ouvrier).

C'est encore le cas du fléau d'une balance. C'est un levier à deux bras égaux.

Remarquons que le levier du premier genre est une application de la règle de la composition des forces parallèles : la résultante est au point d'appui. On a (fig. 23) :

$$AB \times AR = CD \times CR$$

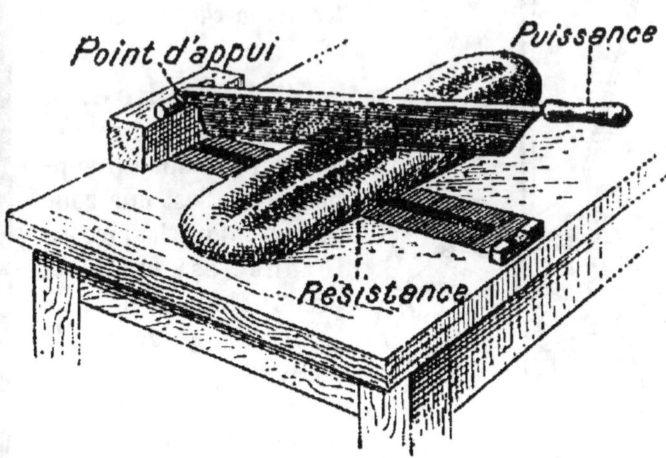

Fig. 24. — Levier du deuxième genre.

37. — Levier du deuxième genre. — La résistance se trouve entre le point d'appui et la puissance.

C'est le cas du couteau de boulanger (fig. 24). L'anneau qui le fixe à la table est le point d'appui; le pain à couper est la résistance; le manche du couteau est la puissance.

C'est aussi le cas d'une brouette et d'un casse-noisette.

38. — Levier du troisième genre. — La puissance se trouve entre le point d'appui et la résistance.

Il en est ainsi d'une paire de pincettes (fig. 25). Le point d'appui est

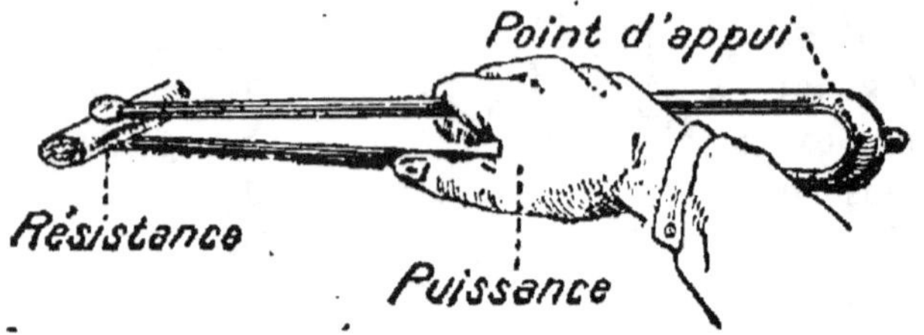

Fig. 25. — Levier du troisième genre.

la poignée; la résistance est à l'autre bout; la puissance est au milieu que l'on tient à la main.

MACHINES SIMPLES

Il y a d'autres machines simples, analogues aux leviers, qui servent à transmettre un travail mécanique. Ce sont des appareils avec lesquels on élève de lourds fardeaux; tels sont la *poulie fixe*, la *poulie mobile*, la *moufle*, le *palan*, le *treuil*, la *chèvre*, etc.

Fig. 26. — Poulie fixe.

39. — Poulie fixe.

— La poulie fixe repose par son axe sur un support fixe. C'est une roue (fig. 26) dont la circonférence est creuse et prend alors le nom de *gorge*. La gorge est le point d'appui; le fardeau attaché à une corde qui passe sur la gorge est la résistance, l'homme qui tire par l'autre bout de la corde est la puissance.

40. — Poulie mobile. — La poulie mobile diffère de la poulie fixe en ce que son axe se déplace lorsque la poulie tourne. Ce n'est pas la corde qui s'appuie sur la poulie, mais la poulie qui repose par sa gorge sur la corde; et le fardeau est fixé par un crochet à l'axe de la poulie (fig. 31).

Dans les poulies en équilibre, la puissance est égale à la résistance pourvu qu'on néglige les frottements. Donc la poulie ne diminue pas l'effort à faire pour vaincre la résistance, mais elle a l'avantage de changer la direction de l'effort. Ainsi un ouvrier au lieu de porter sur son dos un fardeau du bas d'une échelle en haut, et par conséquent de faire gravir son propre poids, a avantage de tirer le fardeau à l'aide d'une poulie en restant au bas de l'échelle.

41. — Moufle. — La moufle est composée d'une poulie mobile et d'une poulie fixe (fig. 27) placées chacune dans un cadre de fer appelé *chape*. C'est à la poulie de la chape inférieure que la résistance (fardeau) est appliquée; à la poulie de la chape supérieure se trouve le point d'appui; la puissance est représentée par l'ouvrier qui tire sur la corde. Deux ou plusieurs moufles réunies entre elles par une même corde, qui passe alternativement de l'une à l'autre, se nomme un *palan*. L'avantage d'un tel système, c'est que s'il y a, par exemple, quatre cordages pour réunir les poulies

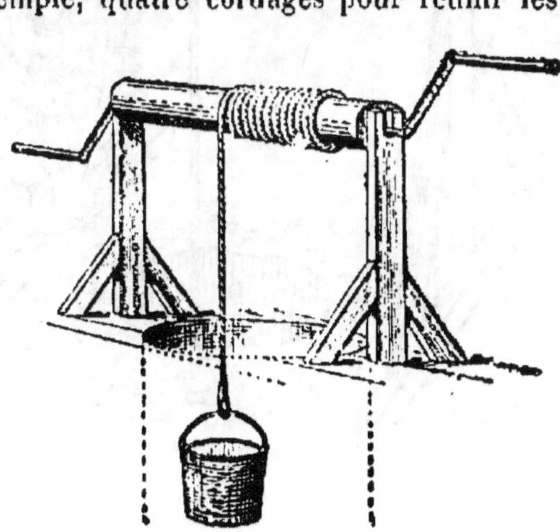

Fig. 27. — Moufle.   Fig. 28. — Treuil.

fixes aux poulies mobiles, la résistance devient quatre fois plus faible que la puissance.

42. — Treuil. — Le treuil (fig. 28) est un cylindre horizontal en bois sur lequel s'enroule une corde. Il sert à monter les fardeaux placés en contrebas, que l'on suspend à la corde. En enroulant la corde sur le rouleau au moyen d'une manivelle fixée à l'un de ses bouts, le fardeau monte. Certains treuils ont une manivelle à engrenage qui en augmente la puissance.

Supposons que le rayon de la circonférence que décrit la manivelle, soit 5 fois plus grand que le rayon de l'arbre sur lequel s'enroule la corde; un effort de 10 kilogrammes pourra, dans ce cas, soulever un poids de 50 kilogrammes.

43. — Treuil des carriers. — Dans le *treuil des carriers* la manivelle est remplacée par une grande roue verticale (fig. 29) garnie de

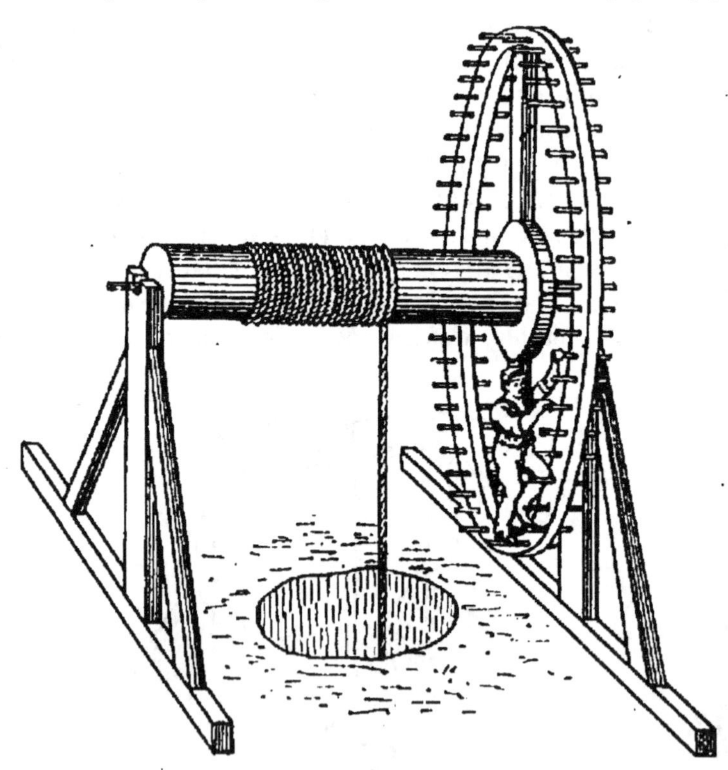

Fig. 29.

chevilles perpendiculaires à son plan, sur lesquelles grimpe sans cesse un ouvrier. A mesure que le grimpeur monte, son poids fait tourner la roue et sa puissance augmente à mesure que l'ouvrier se rap-

proche du diamètre horizontal.

Supposons qu'il y ait équilibre entre le poids P de l'ouvrier et le poids Q du fardeau : alors le treuil peut être regardé comme un levier mobile autour du centre O (fig. 30), avec bras de levier OC et OB. Nous avons l'égalité

$$P \times OC = Q \times OB$$

d'où

$$P = Q \times \frac{OB}{OC}$$

si, par exemple, $OC = 10 \times OB$, on a

$$P = Q \frac{OB}{10 \times OB}$$

et

$$P = \frac{Q}{10}$$

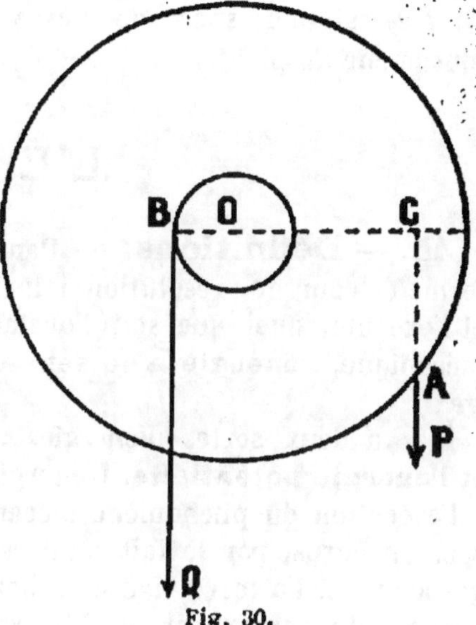

Fig. 30.

44. — Chèvre. — La chèvre (fig. 31) est une espèce d'échelle un peu penchée en avant, large en bas, étroite en haut. Un treuil à engrenage est placé au pied. Une poulie fixe est établie au sommet. Une corde attachée au-dessous de cette poulie descend, supporte une poulie mobile au crochet de laquelle est attaché le fardeau; puis remonte, passe sur la gorge de la poulie fixe au-dessus, et redescend s'enrouler sur le treuil.

En tournant la manivelle du treuil on enroule la corde et en même temps on fait monter le fardeau. C'est avec un appareil de ce genre qu'on décharge les bateaux.

Fig. 31. — Chèvre.

La *grue* est une espèce de chèvre puissante mue par la vapeur et qui tourne sur un pivot.

L'Énergie

45. — Définitions. — Dans le langage courant, énergie signifie fermeté, courage, résolution : un homme énergique sait ce qu'il veut et l'exécute, quel que soit l'obstacle qu'il trouve sur son chemin. En mécanique, **l'énergie a le sens de capacité de produire du travail.**

Il y a deux sortes d'énergies : **l'énergie cinétique** ou **actuelle** et **l'énergie potentielle.** L'énergie est actuelle lorsqu'elle correspond à l'exécution du phénomène mécanique; c'est-à-dire qu'elle est dépensée. Un corps, par le fait qu'il est en mouvement, possède une énergie actuelle. La force vive d'un boulet de canon lancé, qui va trouer la coque d'un navire, est de l'énergie actuelle. L'énergie est potentielle lorsqu'elle n'est pas dépensée immédiatement; qu'elle est mise pour ainsi dire en réserve. Le ressort tendu et maintenu en état de tension, possède de l'énergie dite potentielle, parce que cette énergie ne sera utilisée que lorsqu'on laissera se détendre le ressort. **L'énergie potentielle d'un corps ou d'un système est la quantité de travail que peuvent produire ce corps ou ce système quand on ne leur fournit rien.**

Les forges du Creusot (Saône-et-Loire) qui construisent des canons, des locomotives, des plaques de blindage pour navires cuirassés, etc., possèdent un marteau-pilon de 100 000 kilogrammes. Il est élevé par un mécanisme et on le laisse retomber sur une masse de fer rouge pour en chasser les impuretés qui jaillissent en étincelles. Supposons qu'il ait été élevé à 3 mètres de hauteur. Il a alors acquis une énergie potentielle de $3 \times 100\,000 = 300\,000$ kilogrammètres. Mais dès qu'il est déclenché, il tombe sur la masse de fer, où son énergie potentielle, changée en énergie actuelle, effectue un travail égal à $300\,000$ kilogrammètres.

46. — Formes de l'énergie. — Tous les phénomènes dont nous sommes témoins : le vent qui courbe les arbres, le soleil qui nous chauffe, la vapeur qui actionne la locomotive, le ruisseau qui fait tourner la meule du moulin, l'électricité qui nous éclaire, etc., sont des transformations diverses d'une seule et même chose, inconnue dans son essence, observée seulement dans ses manifestations, qu'on appelle l'énergie.

Les formes principales de l'énergie sont : l'énergie mécanique, l'énergie calorifique, l'énergie chimique et l'énergie électrique. Signalons encore l'énergie transportée par les rayons X et l'énergie rayonnée par le radium.

Une forme d'énergie qui disparaît est aussitôt remplacée par une autre, équivalente. Ainsi, le charbon de terre, en brûlant, libère de l'énergie emmagasinée, qui est de la chaleur; la chaleur à son tour transforme l'eau en vapeur; la vapeur actionne le cylindre d'une locomotive. Voilà plusieurs transformations successives de l'énergie.

Comme la matière qui se décompose et se recompose sans cesse, l'énergie change de forme mais sa quantité dans le monde reste constante. Il y a **conservation de l'énergie** comme il y a conservation de la matière.

47. — Dégradation de l'énergie. — L'énergie ne se conserve

pas d'une manière intégrale. **Dans toutes les transformations de l'énergie, l'énergie se détériore.** On dit qu'elle **se dégrade.**

« L'énergie ne se perd pas; mais dans l'énergie que possède un système isolé, livré à lui-même, il y a *quelque chose* qui se perd... ce n'est pas à coup sûr ce que le physicien appelle *énergie :* de cela la dose reste invariable; ce qui se perd, c'est *l'énergie utilisable;* ce qui diminue sans cesse, c'est la fraction de l'énergie totale susceptible de servir à quelque chose. Si l'on a le droit de parler d'une quantité totale d'énergie fixe dans l'univers, on a le même droit de parler de l'énergie utilisable de l'univers et d'affirmer que cette énergie utilisable est chaque jour moindre qu'elle n'était la veille. Il n'y a pas *déperdition d'énergie,* mais il y a *dégradation de l'énergie* »[1].

Ce n'est pas la **quantité** d'énergie qui diminue, mais la **qualité.** On ne peut pas dire, par exemple, à propos de la circulation de l'eau, que l'énergie mécanique des eaux évaporées, empruntée à la radiation solaire, est restituée par les fleuves à la mer, puisqu'une partie de cette énergie s'est usée notamment à raviner le sol.

48. — Unités C. G. S. — Une unité est une quantité choisie ar-

bitrairement pour mesurer des quantités de même espèce. Mais les uni-

---

1. Bernard BRUNHES, Directeur de l'Observatoire du Puy-de-Dôme. *La dégradation de l'énergie.* Paris, E, Flammarion, éditeur.

tés qui servent à mesurer des quantités de natures différentes, ont été conçues de telle manière, que l'on passe aisément de l'une à l'autre.

Toutes les grandeurs sont mesurées à l'aide de trois **unités fonda-mentales :**

> Unité de longueur : **centimètre**
>   —   masse   : **gramme**
>   —   temps   : **seconde**

A ces unités fondamentales sont créées d'autres unités dites *unités déri-vées.*

Unité de longueur.

L'unité de longueur est le centimètre; centième partie du mètre, qui est approximativement la quarante millionième partie de la circon-férence de la Terre. Un étalon du mètre, sous forme d'une barre de pla-tine est conservé au *Bureau international des Poids et Mesures,* à Sèvres, près Paris.

Unité de masse.

L'unité de masse est le gramme. C'est la millième partie de la masse du kilogramme. Un étalon du kilogramme est conservé à Sèvres. — Le gramme équivaut approximativement à la masse de 1 centimètre cube d'eau distillée, à la température de 4°.

Unité de temps.

L'unité de temps est la seconde. C'est la 86400° partie du jour solaire moyen.

Unité de vitesse.

L'unité de vitesse est celle d'un mobile qui, d'un mouvement uniforme, parcourt l'unité de longueur dans l'unité de temps. L'espace parcouru e étant égal au produit de la vitesse V par le temps V, on a

$$V = \frac{e}{t}$$

Unité d'accélération.

L'unité d'accélération est celle d'un mobile qui, d'un mouve-ment uniformément accéléré, a une vitesse qui croît de l'unité de vitesse dans l'unité de temps. La vitesse V d'un mobile étant au bout d'une seconde égale à g, est, après t secondes, égale à gt.

$$\text{de} \quad V = gt$$
$$\text{on tire} \quad g = \frac{V}{t}$$

A Paris, g est égal à 981 centimètres par seconde.

UNITÉ DE FORCE.

L'unité de force dérive de l'accélération et de la masse. C'est une force F capable de communiquer à une masse de 1 gramme une accélération de 1 centimètre par seconde

$$F = mg$$

L'unité de force est **la dyne**, qui équivaut à la 981e partie du gramme. On obtient le poids P d'un corps en multipliant sa masse par l'accélération

$$P = mg$$

UNITÉ DE TRAVAIL.

L'unité de travail est le travail, accompli par l'unité de force sur l'unité de longueur; c'est-à-dire 1 dyne déplaçant son point d'application de 1 centimètre. On l'appelle **erg**. Le travail T effectué par la force F dans l'espace parcouru e est

$$T = Fe$$

L'erg étant une unité très petite, on se sert dans la pratique du **joule**, qui est un multiple de l'erg. 1 joule vaut 10 millions d'ergs. Le joule sert surtout en électricité. Dans l'industrie, on emploie le **kilogram-mètre**, qui vaut 980 960 000 ergs.

UNITÉ DE PUISSANCE.

On fait correspondre l'unité de puissance au joule : **c'est la puissance d'un moteur produisant 1 joule par seconde;** on l'appelle **watt**. Le watt sert surtout en électricité.

Dans l'industrie, on emploie comme unité de puissance le cheval-vapeur. C'est la puissance d'un moteur **produisant 75 kilogram-mètres par seconde;** c'est-à-dire pouvant élever en 1 seconde et à 1 mètre de hauteur, un poids de 75 kilogrammes. Le cheval-vapeur vaut donc

$$75 \times 9,81 \text{ joules-secondes}$$

c'est-à-dire environ 736 watts.

C'est la puissance d'un fort cheval. La puissance d'un homme est environ d'un dixième de cheval-vapeur. La puissance d'une machine à vapeur varie de 2 à plusieurs milliers de chevaux.

UNITÉ DE PRESSION.

L'unité de pression est la pression de 1 dyne par centimètre carré. On l'appelle **barye**. La barye est peu employée ; on lui substitue dans l'industrie le **kilogramme par centimètre carré**, qui, à Paris, vaut par conséquent 981 000 dynes.

Lorsqu'on dit qu'une chaudière de machine à vapeur est *timbrée* à 10 kilogrammes, cela signifie qu'elle peut supporter une pression de 10 kilog. par centimètre carré.

Une autre unité de pression, nommée **atmosphère, est la pression atmosphérique exercée sur une surface de 1 centimètre carré**. On l'exprime en poids, en disant qu'elle est égale au produit d'une colonne de mercure de 1 centimètre carré de section et de 76 centimètres de hauteur. La densité du mercure étant 13,596, une atmosphère vaut donc

$$76 \times 13,596 = 1^k, 033$$

$$\text{ou } 76 \times 13,596 \times 981 = 1\,013\,633 \text{ dynes}$$

Donc une pression de 1 atmosphère par cm² est sensiblement celle de 1 kilog. par cm².

QUATRIÈME LEÇON

PESANTEUR

La pesanteur. — Centre de gravité. — Équilibre. — Chute des corps. — Plan incliné. — Balances. — Pendule.

49. — Définition. — La pesanteur est la force qui attire les corps vers le centre de la terre.

La direction de la pesanteur est verticale, c'est-à-dire perpendiculaire au plan de l'horizon. En effet, prenons un caillou, élevons-le au-dessus du sol vers un point déterminé et lâchons-le. Le caillou tombe. Marquons sur le sol la place où il est tombé. Prenons maintenant un fil à plomb (fig. 32), comme en emploient les maçons pour dresser les murs, et tenons le fil au point où nous avons abandonné le caillou. Nous constatons que le plomb vient exactement à la place où le caillou est tombé. Le caillou a donc suivi, en tombant, la ligne du fil à plomb. On l'appelle la **verticale du lieu** [1].

La verticale est une direction perpendiculaire à la surface d'un liquide immobile. En effet, suspendons un fil à plomb au-dessus d'un vase plein d'eau (fig. 33), de manière que le plomb baigne dans l'eau; appliquons maintenant une équerre par le côté de son angle droit sur la surface de l'eau : l'autre côté du même angle de l'équerre coïncide exactement avec le fil. Ce fil est donc perpendiculaire au liquide en repos.

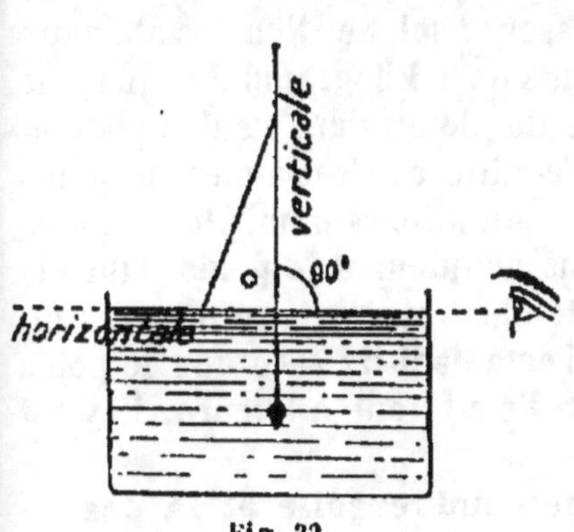

Fig. 33.

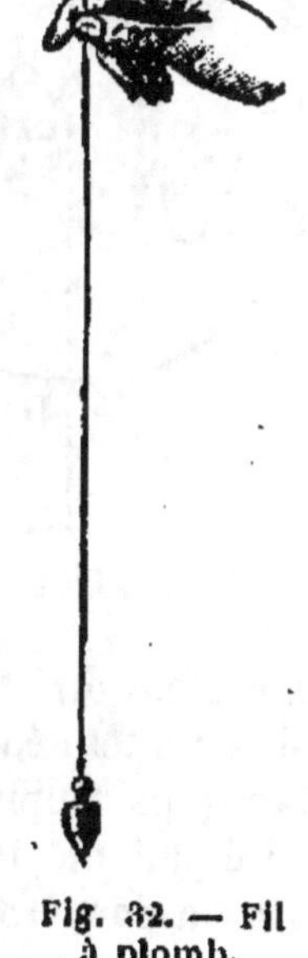

Fig. 32. — Fil à plomb.

1. La rotation de la Terre développe une force centrifuge, qui modifie légèrement la direction d'un corps qui tombe. Il en résulte une petite déviation vers l'ouest. On n'en tient pas compte.

Le prolongement de toute verticale AB (fig. 34) passerait nécessairement par le centre de la terre puisque la terre est ronde. Toutes les verticales étant perpendiculaires à la surface de la terre, ne sont pas parallèles entre elles. Seules les verticales, relativement rapprochées les unes des autres paraissent parallèles à cause de la grande surface de la terre. Puisque la terre est ronde, les verticales, de deux points opposés AB, CD (fig. 34) à l'antipode l'un de l'autre se trouvent sur la même ligne prolongée.

Pourquoi les corps sont-ils ainsi attirés vers le centre de la terre? C'est en raison de l'**attraction universelle** reconnue par Newton, qui avait remarqué les distances relatives des astres et leurs rapports avec les mouvements. Le célèbre physicien anglais a exprimé ce fait par la loi suivante : **Tous les corps s'attirent proportionnellement à leurs masses et en raison inverse du carré de leurs distances.**

Nous pouvons le constater de la manière suivante. Plaçons au sommet d'une haute maison une balance de précision. A l'un des plateaux attachons un long fil métallique, très fin, qui vient raser le sol. Sur l'un des plateaux mettons un poids de 1 kilogramme et plaçons de la grenaille de plomb dans l'autre plateau pour obtenir l'équilibre; c'est-à-dire un poids de grenaille égal au kilogramme, plus le poids du fil. Enlevons maintenant le poids d'un kilogramme du plateau et descendons l'attacher au bout du fil, près du sol. Aussitôt l'équilibre est rompu. A quoi cela tient-il? A ce que le poids étant plus rapproché de la terre qu'il ne l'était tout à l'heure, il y est attiré par une force plus grande.

Il y a donc **identité entre l'attraction universelle et la pesanteur.**

Fig. 34.

50. — Pression exercée par la pesanteur. — Si les objets sont attirés par la pesanteur dans la direction du centre de la terre, ils exercent alors une pression sur la surface des corps qui les empêchent de tomber. Nous sentons très bien qu'une pierre appuie sur notre main qui la tient. Chaque particule d'un corps est attirée, en effet, par une force verticale vers le centre de la terre, et ces forces, parallèles et de même sens, ont une résultante unique, égale à leur somme. Cette résultante est le poids du corps.

L'unité de poids est le kilogramme-poids.

51. — Centre de gravité. — La pesanteur agit sur un corps de telle sorte que la ligne verticale qu'il suit dans sa chute, part toujours d'un point déterminé de ce corps. On l'appelle **centre de gravité**. La position de ce point est **invariable**, quelle que soit la position du corps. Elle est déterminée par la résultante de toutes les forces qui sollicitent chaque particule du corps, comme si celui-ci était infiniment divisé. Supposons qu'un corps qui tombe, attiré vers le sol par une force partant de son centre de gravité, soit divisé en 20 particules égales; chaque particule est par conséquent attirée vers le sol par une force 20 fois moindre. La force qui sollicite le corps entier est donc la résultante de toutes les forces qui sollicitent les particules. Le centre de gravité d'un corps est alors le **point d'application de la résultante des forces parallèles qui sollicitent ce corps à tomber.**

52. — Recherche du centre de gravité. — Prenons une équerre à dessin (fig. 35) et suspendons-la par un point de l'un de ses bords à un fil AB. Prolongeons le fil par un trait AC sur l'équerre. Suspendons maintenant l'équerre par un point D d'un autre bord, traçons encore le prolongement du fil DE sur l'équerre. Les deux traits AC et DE se croisent en K. C'est le centre de gravité de l'équerre. En effet, plaçons-la sur une règle maintenue debout, de manière que le point K soit sur le bout de la règle : elle s'y maintient en équilibre; elle ne peut s'y tenir sur aucun autre point.

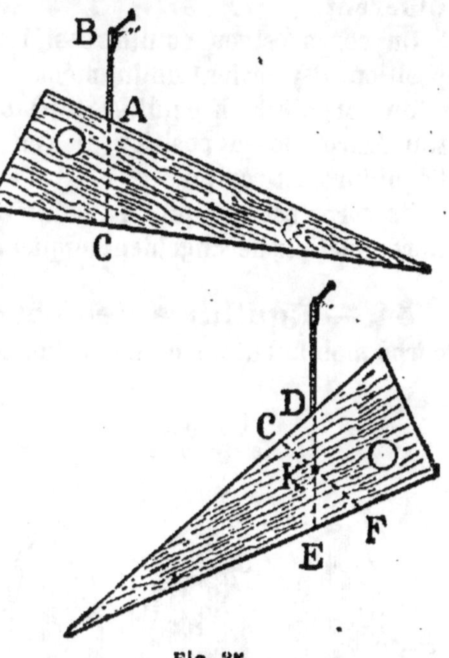

Fig. 35.

Équilibre

53. — Définitions. — Un corps libre soumis à l'action de plusieurs forces, suit le mouvement que lui imprime leur résultante. Lorsque la résultante est nulle, le corps est en équilibre.

Il y a deux cas principaux d'équilibre des corps solides : le corps **est suspendu** ou **il repose** sur un autre corps. Il y a aussi trois sortes d'équilibres : l'équilibre **stable**, l'équilibre **instable**, et l'équilibre **indifférent**.

Un corps est en équilibre stable lorsqu'en l'écartant un peu de sa position, il y revient de lui-même.

Un corps est en équilibre instable lorsqu'étant si faiblement que ce soit écarté de sa position, il s'en écarte alors davantage lui-même, et l'équilibre est rompu.

Un corps est en équilibre indifférent lorsqu'il reste toujours en équilibre, quelque dérangement auquel on le soumette.

54. — Équilibre des corps suspendus. — Supposons un corps mobile autour d'un axe horizontal, et suspendu par cet axe. Par exemple une roue pleine (fig. 36). Lorsque l'axe passe par le centre de gravité de la roue (1) (centre de la circonférence), le poids de la roue est annulé par la résistance de l'axe; alors la roue est en équilibre dans toutes ses positions. C'est l'équilibre indifférent.

Si l'axe, au lieu de passer par le centre de la roue, passe au-dessus de ce centre (2), la roue est alors en équilibre stable. En effet, dès qu'on l'écarte de sa position, elle y revient d'elle-même.

Lorsque l'axe passe au contraire au-dessous du centre de gravité (3), l'équilibre est instable, parce que si la roue est écartée si faiblement que ce soit de sa position d'équilibre, son poids l'en écarte davantage et l'équilibre est rompu.

Pour qu'un corps suspendu soit en équilibre stable, il faut donc que

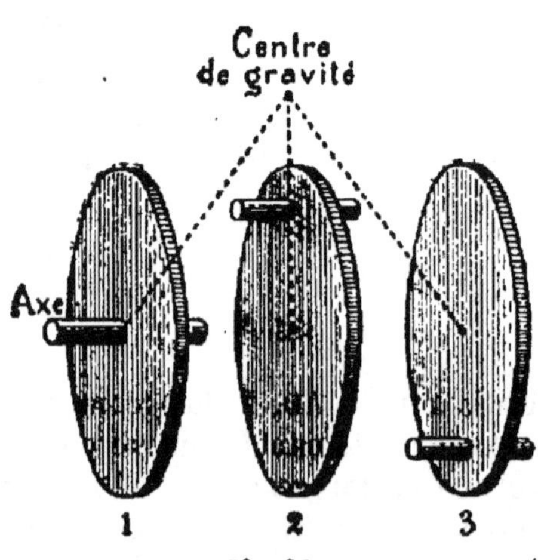

Fig. 36.

le centre de gravité du corps se trouve au-dessous du point de suspension. Plus le centre de gravité est bas, plus l'équilibre est stable.

55. — Équilibre d'un corps reposant sur une surface plane par un seul point de contact. — L'équilibre d'un corps qui repose sur une surface plane par un seul point de contact, n'existe que **si la verticale abaissée du centre de gravité du corps, rencontre le point de contact.** C'est un équilibre instable, car si le corps est un peu écarté de sa position d'équilibre, il s'en écarte alors de lui-même davantage et l'équilibre est rompu. Tel est l'équilibre d'un œuf, posé sur un bout, que l'on pourrait obtenir avec beaucoup de patience. Une boule qui roule, n'a dans toutes ses positions, qu'un point de contact avec le plan horizontal, et elle est constamment en équilibre indifférent, car la verticale abaissée de son centre de gravité (centre de la sphère) rencontre toujours le point de contact.

56. — Équilibre d'un corps reposant sur une surface plane par plusieurs points de contact. — L'équilibre

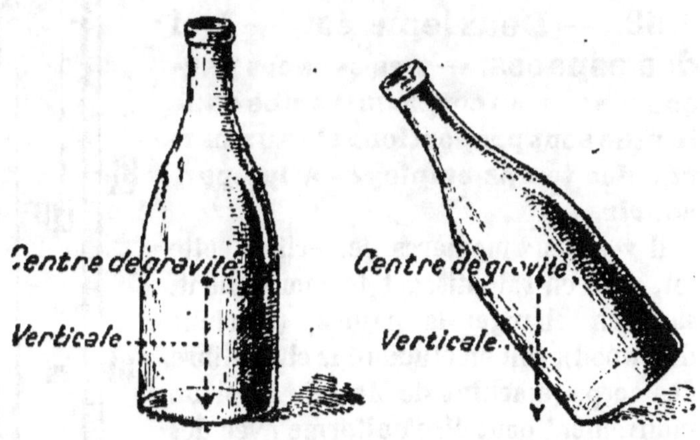

Fig. 37.

d'un corps qui repose sur une surface plane par plusieurs points de contact, existe lorsque la verticale abaissée du centre de gravité, tombe dans le polygone formé par les points de contact sur le plan horizontal. Tel est le cas d'une bouteille (fig. 37). C'est un équilibre stable, car, si la bouteille est légèrement écartée de sa position d'équilibre, elle y revient d'elle-même. Une voiture chargée n'est en équilibre qu'autant que la verticale abaissée de son centre de gravité tombe entre les roues : si la verticale, quand la voiture penche, tombe en dehors des roues, la voiture verse.

Chute des corps

57. — Lois de la chute des corps. — Première loi. —
Tous les corps tombent avec la même vitesse dans le vide.

Une boule de coton et une boule de plomb de surfaces
égales, abandonnées en même temps d'un même point dans
l'espace, n'arrivent pas ensemble à terre. La boule de plomb
touche la première le sol. Cela tient à ce que le coton,
plus léger que le plomb, a plus de difficulté que ce métal à
vaincre la résistance de l'air. Si, comme l'a montré Newton,
on abandonne à la fois, au sommet d'un tube vide d'air
(fig. 38) une plume et une bille de plomb, elles arrivent
ensemble au bas du tube, parce qu'elles
n'ont plus ni l'une ni l'autre aucune
résistance à vaincre.

**58. — Deuxième loi. — Loi
des espaces. — Les espaces parcourus par un corps qui tombe dans
le vide sont proportionnels aux carrés des temps employés à les parcourir.**

Il y a deux manières de vérifier cette
loi, soit en ralentissant le mouvement,
sans en changer la nature, (machine
d'Atwood), soit en étudiant la chute libre
des corps (machine de Morin). Ainsi un
mouvement peut être uniforme avec des
vitesses différentes.

La machine d'Atwood (fig. 39) se compose essentiellement d'une poulie A sur
laquelle passe un fil aux extrémités duquel sont suspendus deux poids égaux
B, C. Le poids du fil étant négligeable,
les poids B, C se font équilibre dans toutes les positions qu'ils occupent. Mais si, sur le poids B, par
exemple, on place une petite masse m, l'équilibre est rompu : le poids
B descend lentement et le poids C monte. On mesure l'espace parcouru

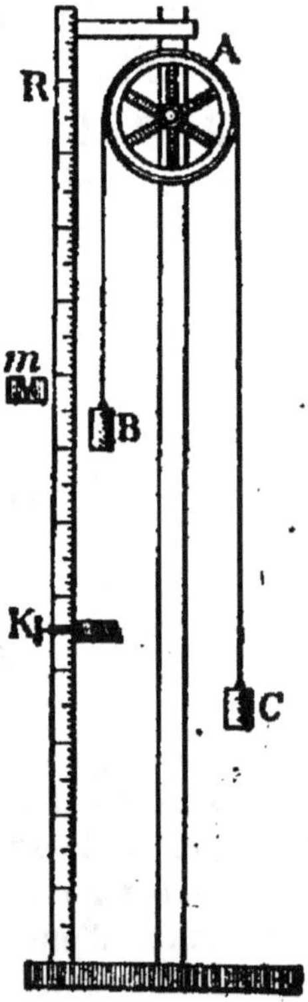

Fig. 38.

Fig. 39. — Machine
d'Atwood.

par le poids B, au moyen d'une règle graduée R, de la manière suivante :
le long de la règle, on fait glisser un curseur K, sur lequel vient s'arrêter le poids B. On cherche en tâtonnant où il faut placer le curseur
pour arrêter le poids B une seconde, puis deux secondes, puis trois
secondes, quatre secondes après sa chute. Et l'on marque ces points
d'arrêt sur la règle. On constate alors, si le poids a franchi 10 centimètres pendant la première seconde, qu'il a parcouru 40 centimètres
au bout de la deuxième seconde, 90 centimètres après la troisième, et
160 après la quatrième. Or,

En 1 seconde	10 centimètres		
En 2 »	40	»	$= 10 \times 2^2$
En 3 »	90	»	$= 10 \times 3^2$
En 4 »	160	»	$= 10 \times 4^2$

Les espaces parcourus sont donc bien proportionnels aux carrés des
temps.

59. — Troisième loi. — Loi des vitesses. — Les vi-
tesses acquises par un corps qui tombe dans le vide, sont proportionnelles aux temps de chute.

Nous avons vu (n° 18) que la vitesse d'un mouvement varié à un instant donné, est la vitesse du mouvement uniforme
que prend le mobile, quand on supprime à cet instant
les forces qui agissent sur lui.

Nous allons voir comment dans la machine d'Atwood, on peut supprimer le poids moteur, et par
conséquent produire le mouvement uniforme à un
instant donné. La règle graduée est munie de deux
curseurs : un curseur troué T (fig. 40) qui laisse

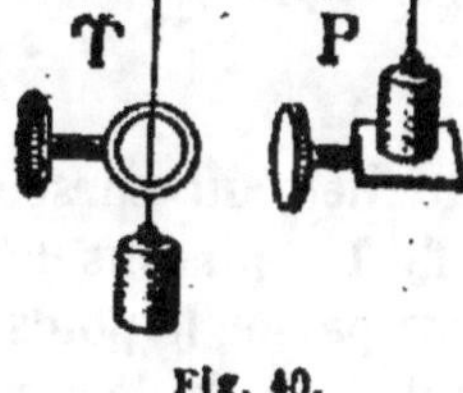

Fig. 40.

passer le poids, mais retient la petite masse, et un curseur plein P placé
au-dessous.

Reprenons l'expérience précédente au moyen de laquelle nous avons
vérifié la loi des espaces (fig. 41).

Après 1 seconde	le poids B surmonté de la masse *m*	arrivé au point T	a franchi 10 centimètres.		
» 2 »	»	» T₂	»	40	»
» 3 »	»	» T₃	»	90	»
» 4 »	»	» T₄	»	160	»

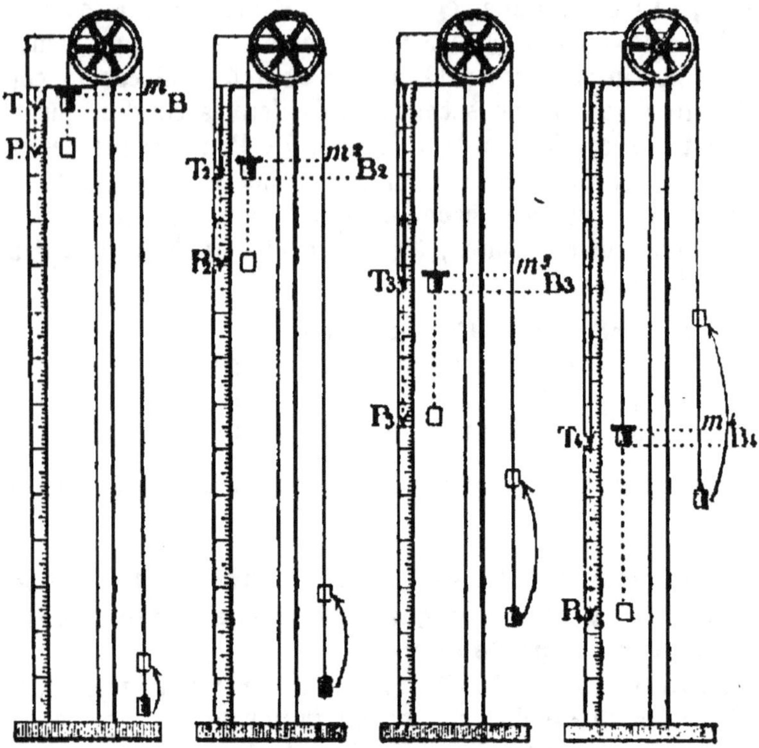

Fig. 11.

Au lieu du curseur plein P, qui a arrêté le petit équipage en T, $T_2 T_3 T_4$, plaçons le curseur troué T. Celui-ci arrête la masse m, mais laisse passer le poids B, qui continue à descendre en raison de la vitesse acquise. A l'aide du curseur plein marquons sur la règle le point où s'arrête le poids B après 1, 2, 3, 4 secondes. Nous trouvons :

Après 1 seconde le poids B est au point P

»	**2 secondes**	»	»	P_2 et $T_2 P_2$ est double de TP
»	3	»	»	» $P_3 — T_3 P_3$ » triple »
»	4	»	»	» $P_4 — T_4 P_4$ » quadruple »

Donc les vitesses acquises par un corps qui tombe sont bien proportionnelles aux temps de chute.

60. — Vérification par l'appareil de Morin. — On représente la constance de l'accélération d'un corps qui tombe au moyen de l'appareil du général Morin.

Cet appareil (fig. 42) se compose essentiellement d'un cylindre vertical pouvant tourner sur
son axe AB, d'un mouvement uniforme, au moyen
d'un mouvement d'horlogerie com-
muniqué par une roue dentée R. Au
moment précis où l'on met en rotation
le cylindre, on laisse tomber le long d'un
fil tendu F, un poids P muni d'un crayon
C, dont la pointe est appuyée par un ressort contre le cylin-
dre. Celui-ci est re-
couvert d'une feuille
de papier quadrillé.
Lorsque le poids est
arrivé en bas du cy-
lindre on développe
la feuille de papier.
On constate alors

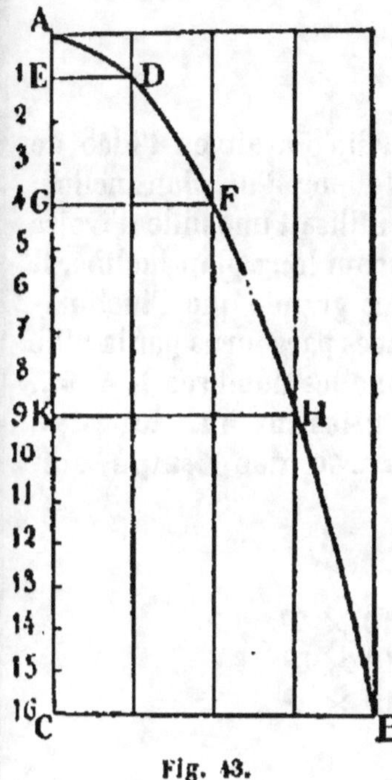

Fig. 43.

Fig. 42. — Appareil de Morin.

(fig. 43) que le crayon a tracé une courbe AB, qui a rencontré des
lignes verticales tracées à l'avance. La rotation du cylindre a été réglée
de manière que le crayon rencontre successivement ces lignes verticales,
écartées également les unes des autres, de seconde en seconde. Si des
points d'intersection de la courbe AB et des verticales, on abaisse des
perpendiculaires, DE, FG, HK, BC, sur AC, on voit que :

AE est le chemin parcouru pendant 1 seconde
AG   »   »   » 2 secondes
AK   »   »   » 3   »
AC   »   »   » 4   »

On constate sur la feuille que

$$AG = 4\ AE = 2^2 \times AE$$
$$AK = 9\ AE = 3^2 \times AE$$
$$AC = 16\ AE = 4^2 \times AE$$

Donc la loi des espaces est bien vérifiée.

On vérifie encore que

$$AE = 4^m,905 = \frac{981}{2} = \frac{1}{2}g$$

De sorte que la formule $e = \frac{1}{2}gt^2$

est bien établie.

61. — Plan incliné. — Avant Atwood, Galilée avait eu l'idée de ralentir la chute des corps en les faisant rouler le long d'un plan incliné. Il comptait le temps à l'aide d'un métronome. Il utilisait une bille d'ivoire placée dans une rainure rectiligne, pratiquée sur un long plan incliné. Il constata que la vitesse de la bille est d'autant plus grande que l'inclinaison du plan est plus forte. Il reconnut que les espaces parcourus par la bille pendant 1, 2, 3… secondes, sont entre eux comme les nombres 1, 4, 9…

Les espaces parcourus par un mobile glissant sur un plan incliné sont donc proportionnels aux carrés des temps employés à les parcourir.

Si la bille

pendant la 1re seconde a parcouru 10^{cm}

au bout de 2 secondes elle a parcouru 40^{cm} = 10×2^2

   »   3   »   »   90^{cm} = 10×3^2

   »   4   »   »   160^{cm} = 10×4^2

Balances

62. — Définitions. — La balance est un instrument qui sert à mesurer la masse d'un corps ou à s'assurer que deux poids sont égaux.

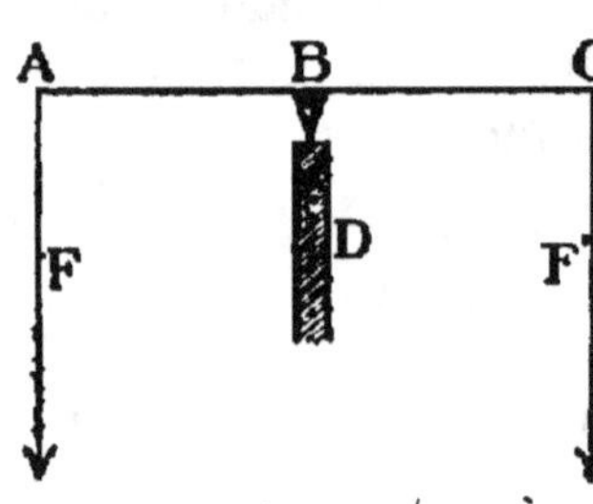

Fig. 44.

On constate avec la balance combien de fois un corps contient **l'unité de poids, qui est le gramme.** Peser est donc comparer.

Une balance (fig. 44) est une barre rigide AC, mobile, appelée *fléau*, qui repose en son milieu, par un couteau B, sur un support vertical D. C'est en somme un levier du premier genre dont les deux bras BA et BC, égaux, sont en équilibre, lorsque deux forces égales ont leur point d'application en A et en C. En effet, on a

$$F \times AB = F' \times CB.$$

d'où $F = F'$

Aux extrémités du fléau sont suspendus deux plateaux F et F' (fig. 45) destinés à recevoir, l'un le corps à peser, l'autre les poids. Lorsque l'équilibre est obtenu, la somme des poids donne le poids du corps. C'est ce qu'on appelle la **simple pesée**.

La balance est **stable** si le **centre de gravité du fléau se trouve au-dessous du point de suspension** (n° 44), qui est ici le couteau. Mais il doit en être rapproché autant que possible.

La balance est **juste** lorsque les plateaux étant vides ou garnis de poids égaux, le fléau conserve la **position horizontale**.

Fig. 45. — Balance.

On le constate à l'aide d'une aiguille soudée au fléau qui oscille devant un petit arc de cercle divisé, attaché sur le pied vertical de la balance.

Lorsque le fléau est horizontal, l'aiguille est verticale et correspond à la division zéro.

La balance n'est juste qu'à la condition que les deux bras du fléau soient rigoureusement égaux. Une balance est d'autant plus **sensible**, que les bras du fléau sont plus légers et plus longs et qu'un **poids plus petit** mis dans un des plateaux, suffit pour le faire pencher. On dit qu'une balance est sensible au milligramme, quand un poids de 1 milligramme mis dans un plateau, suffit pour faire pencher le fléau.

63. — Double pesée de Borda.

— Lorsqu'on n'est pas sûr de la justesse d'une balance, on peut tout de même obtenir une pesée très exacte en procédant comme l'a indiqué le mathématicien Borda. On place l'objet à peser dans l'un des plateaux de la balance et on lui fait équilibre dans l'autre plateau avec de la grenaille de plomb. Cela s'appelle **faire la tare**. On enlève ensuite l'objet et on le remplace par des poids de manière à faire équilibre à la tare qu'on n'a pas touchée.

Ces poids faisant, comme l'objet, équilibre à la tare, sont le poids de l'objet.

64. — Balance de Roberval. — Cette balance (fig. 46) se distingue de la précédente en ce que les plateaux sont posés sur les extrémités des bras du fléau, au lieu d'être suspendus au-dessous.

Pour que les tiges qui portent les plateaux restent verticales, elles sont

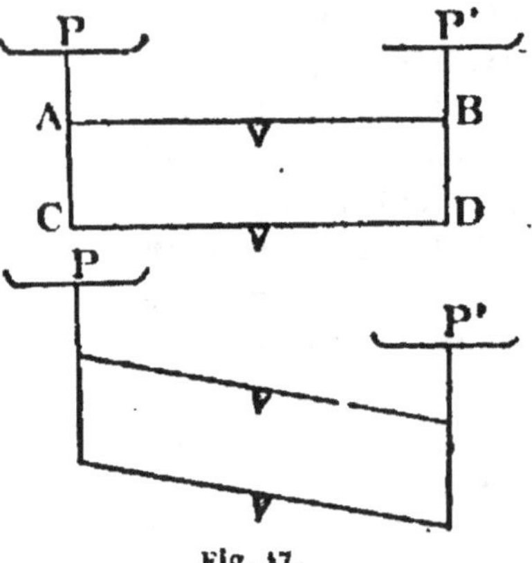

Fig. 46. — Balance de Roberval.

Fig. 47.

fixées à deux fléaux placés l'un au-dessous de l'autre, et le parallélogramme ainsi formé (fig. 47), est articulé en A, en B, en C et en D.

Lorsque le plateau P' est chargé, il s'abaisse et le plateau P s'élève, mais les tiges restent verticales parce que le parallélogramme, grâce aux articulations, se déforme.

65. — Balance romaine. — La balance romaine (fig. 48) est un levier du premier genre. Elle est fondée sur l'inégalité des bras.

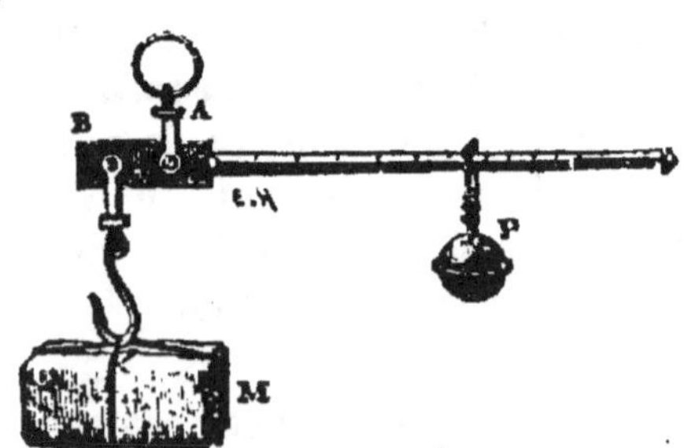

Fig. 48. — Balance romaine.

C'est une balance portative qui n'exige pas de poids marqués. Elle se compose d'un levier muni d'un anneau A, par lequel on tient la balance à la main. L'anneau est très rapproché de l'extrémité B du petit bras, où se trouve un crochet. C'est à ce crochet qu'on suspend le corps à peser. Sur le grand bras d'un levier on fait courir un poids mobile P, jusqu'à ce qu'on obtienne l'équilibre, chose qui se produit quand le levier reste horizontal.

Pour graduer l'appareil on commence par déplacer le poids P jusqu'à ce que la balance étant à vide, le fléau soit horizontal. Au point correspondant, on marque zéro. Ensuite, on suspend au crochet successivement des poids de 1, 2, 3... kilogrammes, et l'on déplace le poids P vers la droite de manière à rétablir chaque fois l'équilibre. Aux points correspondants, on marque les nombres 1, 2, 3...

En particulier, si le poids P est de 1 kilogramme, on vérifie que la distance entre deux marques consécutives est égale à AB.

On subdivise ensuite les espaces 1 à 2, 2 à 3 etc. en parties égales et l'on obtient de la sorte des divisions qui marquent des fractions de kilogramme.

66. — Bascule. — La bascule sert à peser les corps lourds. Elle se composes essentiellement d'un plateau AB (fig. 49) sur lequel sont déposés les objets à peser. Il fait corps avec un panneau vertical BC, auquel est

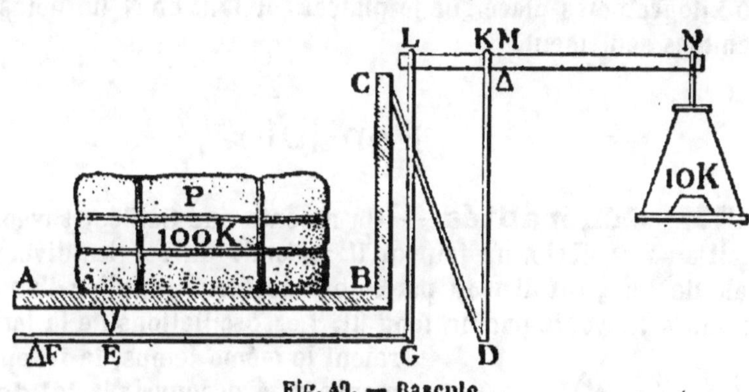

Fig. 49. — Bascule.

fixée une pièce rigide CD, reliée à une tringle DK, qui est suspendue en K, à la barre LN. Le plateau repose : 1° par le point E sur une pièce FG qui oscille autour du point F; 2° par le point D, grâce à l'intermédiaire de la pièce rigide CD. Une tringle GL suspendue en L à la barre LN, soutient la pièce FG.

Ces différentes pièces n'ont pas des longueurs quelconques : elles sont proportionnées entre elles de la manière suivante :

$$LM = 5 \text{ fois } KM$$
$$FG = 5 \text{ fois } EF$$
$$MN = 10 \text{ fois } MK$$

Il résulte de ces dispositions que le poids P de l'objet posé sur le plateau, est supporté par les points E et D, qui transmettent en même temps aux points L et K les portions de charge qu'ils supportent.

La portion de charge supportée par E est transmise en G et de là en L. Or FG étant 5 fois plus long que FE, le point G ne reçoit que le cinquième de la charge supportée en E. En effet, supposons que FG soit une balance romaine dont le point de suspension est en F, et supposons encore que la charge en E fait équilibre au contre-poids placé à gauche de F. Il est évident que si l'on enlève la charge en E pour la remplacer par une autre charge en G, cette charge-là devra être 5 fois plus faible, puisque AG = 5 fois FE. Le cinquième seulement de la portion de charge en E, arrive donc en L. Et comme LM vaut cinq fois KM, c'est comme si la charge agissait en K, puisqu'elle a cinq fois plus d'effet en L qu'en K. Le reste de la charge supporté par le point D, est transmis totalement au point K. Alors nous sommes en présence d'une balance romaine KN. Puisque MN vaut 10 fois MK, pour équilibrer un objet de 100 kilogrammes placé sur le plateau, il faut en N un poids de 10 kilogrammes seulement.

Pendule

67. — Généralités. — On raconte que Galilée, savant italien qui vivait au xvi⁰ siècle, un jour qu'il assistait au service divin à la cathédrale de Pise, fut distrait par le balancement régulier d'une lampe suspendue à la voûte par un long fil. Les oscillations de la lampe qui du-

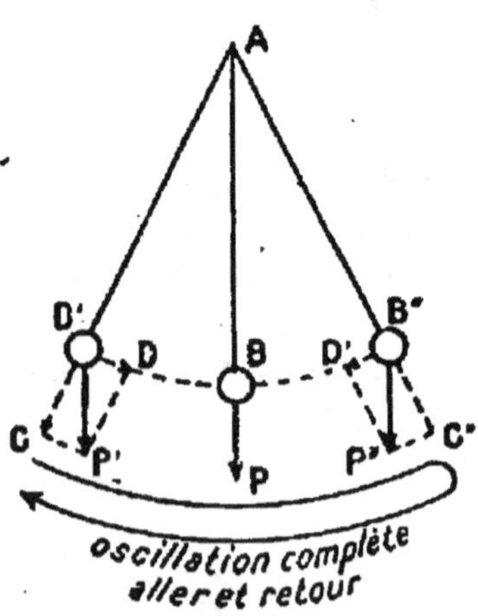

raient le même temps, le frappèrent et l'amenèrent à découvrir la **loi de l'isochronisme des petites oscillations du pendule.** On appelle mouvements isochrones, des mouvements qui s'accomplissent dans des temps égaux.

La démonstration des lois du pendule est faite avec un pendule irréalisable, appelé **pendule simple** ou mathématique. On le définit ainsi : un point matériel pesant B (fig. 50) est suspendu par un fil inflexible, inextensible et sans masse (sans poids relatif) à un point fixe A, autour duquel il peut tourner.

Écartons le pendule de sa position d'équilibre pour l'amener en AB'; le point matériel B' est soumis à deux forces : son poids B'P' et la tension du fil. Décomposons le poids B'P' en deux forces : B'C dans la direction du fil et B'D suivant la tangente à l'arc de cercle B'B B''; la première force B'C a son action annulée par la résislance du fil, la seconde B'D produit le mouvement de B' vers B. Arrivé en B le pendule continue sa marche, et, en vertu du principe de la conservation de l'énergie, il remonte jusqu'en AB", de manière que l'angle B'AB est égal à BAB".

La force B"C" agit comme force retardatrice; c'est elle qui, produisant un travail résistant, arrête le pendule.

On appelle **demi-oscillation**, **l'intervalle de temps compris entre deux arrêts consécutifs du point matériel dans des positions extrêmes B'B".**

L'angle BAB' est l'amplitude de l'oscillation.

Les petites oscillations du pendule sont isochrones, c'est-à-dire qu'elles se font toutes dans le même temps.

La durée des oscillations très petites ne dépend ni de l'amplitude ni de la masse du point matériel; elle est proportionnelle à la racine carrée de la longueur du pendule et inversement proportionnelle à la racine carrée de l'accélération de la pesanteur.

Si la longueur d'un pendule est désignée par l et l'accélération par g, la durée T d'une oscillation complète, c'est-à-dire l'aller du pendule de B' en B" et son retour de B" en B' est donnée par la formule

$$T = 2\,\pi \sqrt{\frac{l}{g}}$$

La lettre π (pi) est le signe abréviatif qui représente le rapport de la circonférence au diamètre : 3,1416.

On utilise l'isochronisme des oscillations du pendule à la mesure du temps, dont l'unité est la seconde.

68. — Mesure de l'accélération g de la pesanteur.

— On peut, à l'aide de la formule

$$T = 2\,\pi \sqrt{\frac{l}{g}}$$

mesurer g en un lieu donné. On n'a qu'à déterminer la durée T d'une oscillation complète et la longueur l du pendule, représenté par un fil, auquel est suspendue une petite sphère métallique. Cette longueur est comprise entre le point fixe du fil et le centre de la sphère métallique.

Élevons les deux membres de la formule au carré

$$T^2 = 4\,\pi^2 \times \frac{l}{g}$$

d'où $\quad gT^2 = 4\,\pi^2 l$

et $\quad g = \dfrac{4\,\pi^2 l}{T^2}$

A Paris, g est 981^{cm}; à l'Équateur il est seulement 978^{cm}.

68 *bis*. — Pendule composé. — Le pendule composé ou physique, réalisable celui-là, est appliqué à l'horlogerie. C'est un **corps pesant qui oscille autour d'un axe fixe horizontal, ne passant pas par son centre de gravité**. Le balancier d'une horloge est le type du pendule composé. En raison des lois du pendule, on règle une horloge de la manière suivante : si l'horloge avance, on allonge le pendule ; on le raccourcit au contraire quand elle retarde.

Fig. 51. — Échappement à ancre.

Une horloge marque le temps qui s'écoule dans un jour de vingt-quatre heures au moyen d'aiguilles qui tracent sur un cadran des angles égaux dans des temps égaux. Elle est mise en mouvement au moyen d'un poids P, (fig. 51) suspendu à un fil enroulé autour de l'axe A d'une roue dentée B. Le poids, en descendant lentement, fait tourner la roue. Pour annuler l'accélération que le poids tend à prendre dans sa chute, la roue dentée n'avance à chaque oscillation du pendule K dépendant de l'appareil, que d'un intervalle compris entre deux dents consécutives, dans lequel se placent tantôt l'une, tantôt l'autre des dents d'un arc D, appelé **échappement à ancre**. Il s'ensuit que l'action du poids cesse à des intervalles égaux, et les aiguilles tournent alors régulièrement.

CINQUIÈME LEÇON

PESANTEUR (*suite*)

Pression. — Hydrostatique. — Capillarité. — Dyalise, diffusion. — Principe de Pascal. — Presse hydraulique. — Principe d'Archimède.

Pression

69. — Pression exercée par un solide. — On appelle pression la force exercée sur 1^{cm^2} d'une surface donnée. La force exercée sur la surface entière porte le nom de **poussée**.

Quand la poussée est uniforme, la pression p est égale au quotient de la poussée P par la surface S.

$$p = \frac{P}{S}$$

Si la poussée est, par exemple, de 200 kilog. sur une surface de 1^{m^2}, on a

$$p = \frac{2\ 000^k}{10\ 000^{cm^2}} = 0,2$$

soit 0,2 kilogramme par centimètre carré.

Il en résulte que lorsqu'un corps repose par sa plus large base, la pression qu'il exerce est plus faible que lorsqu'il repose par sa plus petite base. C'est ce qui explique que dans les Alpes, les montagnards marchent aisément sur la neige en adaptant à leurs chaussures des semelles de bois très allongées, appelées *skis*.

L'unité de pression est la *barye*, qui vaut 1 dyne par cm^2.

Hydrostatique

70. — Propriétés générales des liquides. — Les liquides se distinguent des solides par leur fluidité, et des gaz en ce qu'ils sont presque incompressibles, c'est-à-dire qu'on ne peut pas diminuer leur volume par la compression. La mobilité des liquides est extrême.

Ils **se moulent sur les parois** intérieures des vases dans lesquels ils sont enfermés, et leur surface est toujours horizontale.

Le *Niveau à bulle d'air* (fig. 52), qui sert à vérifier si une surface est horizontale, est une application de l'horizontalité de la surface des liquides. C'est un tube de verre enfermé dans une gaîne de cuivre. Le tube est presque rempli d'eau : il n'y reste qu'une grosse bulle d'air, qui se déplace et suit tous les mouvements du tube. Lorsque l'on pose le tube sur une surface horizontale, la bulle apparaît au milieu du tube, dans un évidement N de la gaine de cuivre. Si la surface n'est pas exactement horizontale, la bulle s'éloigne du centre vers le côté le plus élevé.

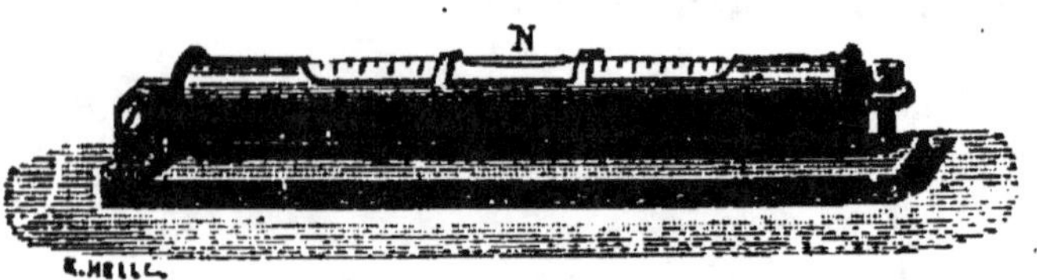

Fig. 52. — Niveau à bulle d'air.

Si l'on verse dans le même vase plusieurs liquides non miscibles, tels que du mercure, de l'eau et de l'huile, les liquides se superposent dans l'ordre de leurs densités, le plus lourd au fond, le plus léger à la surface. Ainsi le mercure va au fond, l'eau repose sur lui et l'huile, liquide le moins dense, reste à la surface. Les surfaces de séparation sont horizontales.

71. — Vases communiquants.

71. — Vases communiquants. — Lorsqu'on verse un liquide dans un vase à deux branches V et 1, 2 ou 3 (fig. 53), qui communiquent entre elles, le liquide monte dans chaque branche **à la même hauteur.** Les deux surfaces sont au même niveau, quelles que soient la forme, la grandeur et la direction des branches.

C'est en raison de l'égalité des niveaux dans les vases communiquants que l'on établit un *Jet d'eau.* Un réservoir d'eau est placé sur une hauteur. Il communique par un tuyau dissimulé, avec un tube vertical, émergeant

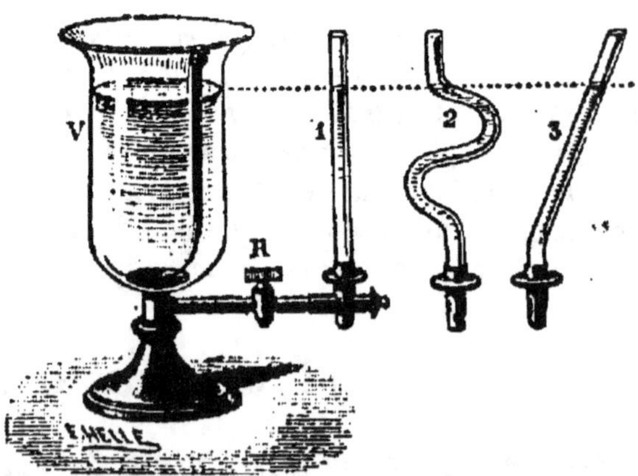

Fig. 53. — Vases communiquants.

d'un bassin situé en contre-bas. Dès qu'on laisse descendre l'eau du réservoir dans le bassin, elle jaillit par le tube vertical. Elle tend à atteindre le niveau du réservoir; si elle n'y arrive pas, c'est à cause de la résistance de l'air et du poids de l'eau qui retombe.

Le *Niveau d'eau* (fig. 54) est une application de l'égalité de niveaux dans les vases communiquants. Cet instrument est composé d'un tuyau en cuivre horizontal où s'élèvent, à ses extrémités, deux tubes de verre AA'. Cet appareil est empli d'eau jusqu'à moitié des tubes de verre. La ligne horizontale du niveau dans chaque tube, sert au nivellement des terrains. Elle marque la différence de hauteur verticale de deux points.

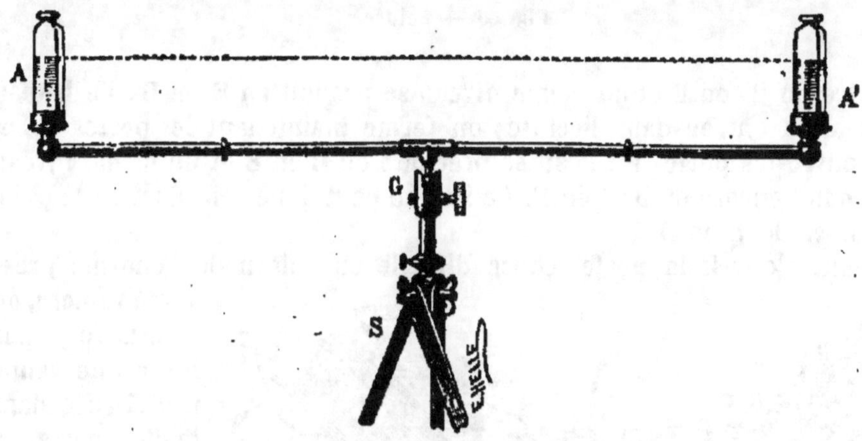

Fig. 54. — Niveau d'eau.

C'est en vertu du principe des vases communiquants que, dans une ville, l'eau accumulée sur un lieu élevé est distribuée dans les habitations.

C'est encore sur le principe de l'égalité des niveaux des vases communiquants, que sont établies les *écluses*.

Lorsque la navigation est difficile sur un cours d'eau, on établit un canal latéral, qui présente sur son parcours des différences de niveaux, appelés *biefs*. Deux biefs consécutifs sont séparés l'un de l'autre par une *écluse*, qui permet de faire passer les bateaux d'un bief dans l'autre.

L'écluse qui réunit deux biefs est un court élément du canal, dont les parois latérales sont revêtues de maçonnerie. A chaque extrémité se trouve une porte à deux vantaux à l'aide de laquelle on livre ou refuse le passage à l'eau.

Soit un canal dont le bief au niveau le plus élevé B (fig. 55) est séparé du bief au niveau le moins élevé B' par l'écluse E aux portes P et P'.

Supposons qu'on veuille faire passer un bateau du bief inférieur B' dans le bief supérieur B.

On ferme les portes P et l'on ouvre les portes P'. Aussitôt l'eau

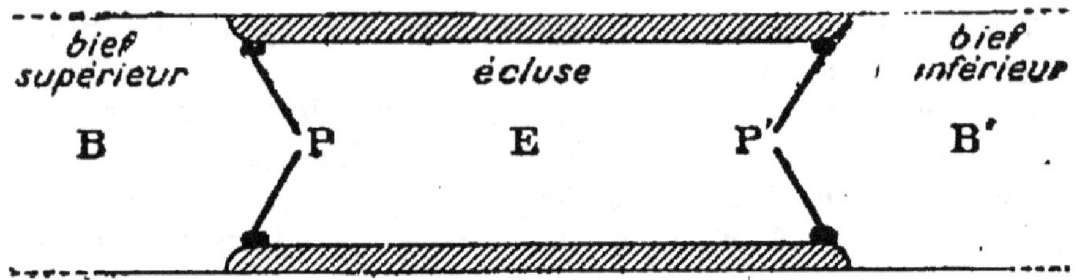

Fig. 55. — Écluse.

pénètre de B' en E et un même niveau se produit en E et B'. Le bateau peut alors entrer dans l'écluse; on ferme maintenant les portes P' et l'on ouvre les portes P : l'eau se précipite de B en E et un même niveau se produit encore en B et en E. Le bateau peut donc continuer sa marche et passer de E en B.

Avant d'ouvrir la porte, chose difficile en raison de l'énorme pression à vaincre, on commence par lever une vanne pratiquée dans ladite porte, à l'aide d'une crémaillère commandée par une manivelle.

Pour faire passer un bateau de B en B', la manœuvre est analogue.

Les puits artésiens sont encore

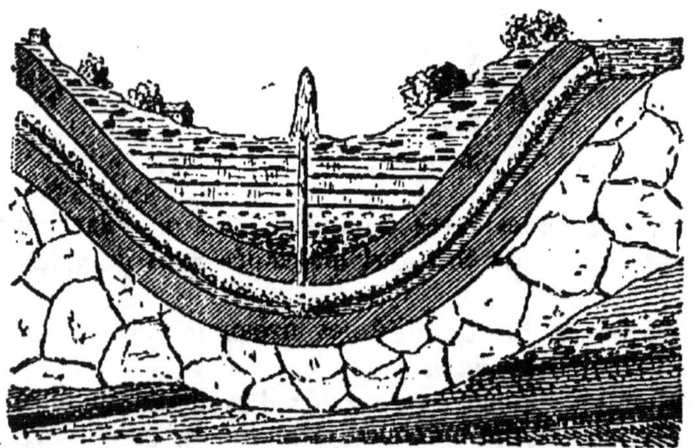

Fig. 56. — Puits artésien.

une application du principe des vases communiquants. Lorsqu'une couche perméable du sol placée entre deux couches imperméables, prend la forme d'un tuyau recourbé (fig. 56), de manière que la courbure soit en bas et que les branches se relèvent, les eaux de pluie s'y infiltrent peu à peu. Perçons un conduit vertical jusqu'à la couche perméable. Aussitôt l'eau monte dans le conduit vertical que l'on vient de creuser, et jaillit.

72. — Équilibre de deux liquides différents. — Si l'on

verse dans la branche A d'un vase à deux branches (fig. 57) qui communiquent entre elles, du mercure, puis de l'eau, liquides non miscibles, le mercure, plus lourd que l'eau, occupe le conduit de communication, et les niveaux E de l'eau, et D, du mercure, sont à une hauteur **inversement proportionnelle aux densités des deux liquides**, au-dessus de la surface CF de séparation.

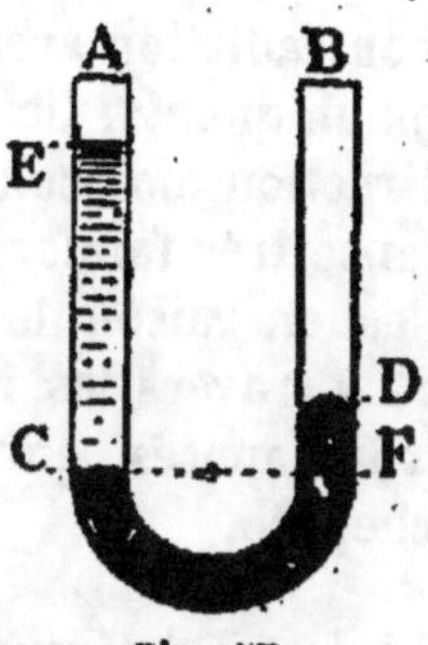

Fig. 57.

En effet, mesurons la hauteur CE de l'eau. Supposons qu'elle soit de 27 centimètres. Mesurons ensuite la hauteur FD de la petite colonne de mercure qui lui fait équilibre. Nous trouvons qu'elle est de 2 centimètres. Nous avons alors

$$\frac{27}{2} = \frac{13,5}{1}.$$

Or, 13,5 est la densité d du mercure [1] et 1 la densité d' de l'eau. Donc

$$\frac{CE}{FD} = \frac{d'}{d}.$$

73. — Capillarité. — Lorsqu'on plonge un corps solide dans un

liquide **qui le mouille**, — c'est-à-dire que l'attraction moléculaire entre le solide et le liquide est plus forte que l'attraction des molécules du liquide entre elles, — le liquide **se soulève** un peu au-dessus de son niveau, au voisinage du corps solide.

Trempons un tube étroit en verre T (fig. 58) dans l'eau. Le niveau NN' de l'eau monte dans le tube, en mn, et une petite

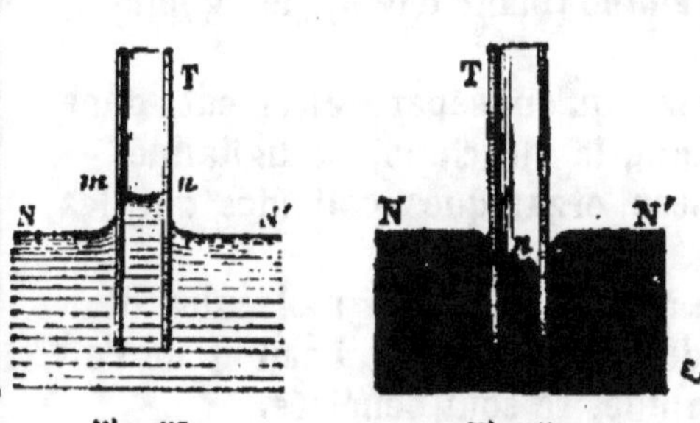

Fig. 58.

Fig. 59.

courbure fait saillie le long du tube. Si le tube n'est **pas mouillé** par le liquide, — c'est-à-dire si l'attraction moléculaire est plus forte entre les molécules du liquide qu'entre le solide et le liquide, — celui-ci, au voisinage du corps solide, **se creuse** au lieu de se soulever. On le constate en trempant le tube T (fig. 59) dans le mercure. Le niveau N du mercure,

---

1. La densité du mercure est exactement 13,596; les nombres 27 et 13,5 sont arrondis pour la clarté de la démonstration.

dans le tube, est au-dessous du niveau normal N N' en dehors du tube.

Ces phénomènes se produisent seulement dans les tubes étroits. Ils sont en contradiction avec le principe de l'égalité de niveaux dans les vases communiquants. On leur donne le nom de **phénomènes capillaires**. L'attraction moléculaire entre le corps solide et le liquide cesse à une distance très faible.

C'est en raison de la capillarité que l'eau monte dans un morceau de sucre à travers les innombrables petits canaux que présentent ses cristaux juxtaposés, que l'huile, dans la lampe, monte entre les fils de la mèche, etc.

74. — Dialyse, diffusion, osmose. — Lorsqu'on mélange

deux liquides miscibles et de densités différentes, tels qu'une dissolution de sel marin et du caramel, et que l'on place le mélange sur une membrane organique mince, la dissolution de sel traverse la membrane, mais le caramel reste dessus. Ce phénomène a reçu le nom de **dialyse**.

Seules les substances **cristalloïdes** traversent la membrane; les substances **colloïdes** ne la traversent pas.

On appelle cristalloïdes, les substances susceptibles de cristallisation, telles que le sel marin, le sucre, etc. On nomme colloïdes les matières qui ne cristallisent pas, telles que l'albumine (blanc d'œuf), les gommes, le caramel, etc.

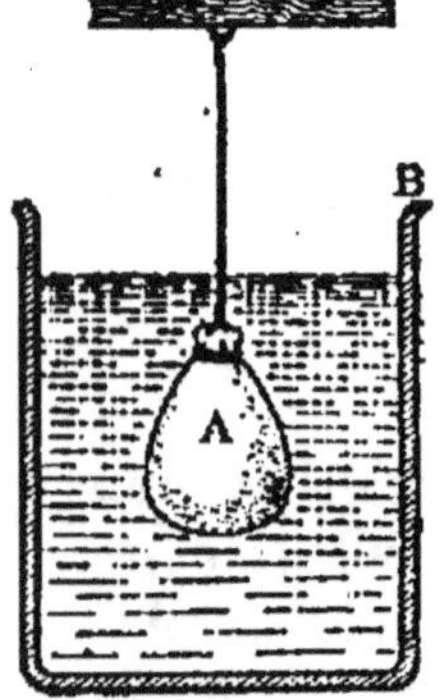

Fig. 60.

C'est par la dialyse qu'on sépare aisément, dans l'analyse toxicologique, la strychnine, la digitaline, — matières cristalloïdes, — des substances organiques colloïdes qui les accompagnent.

La **diffusion** est une force qui tend à faire entrer les molécules d'un liquide dans la masse d'un autre liquide. Mélangeons de l'eau et de l'alcool : au bout d'un instant les deux liquides se sont pénétrés.

L'**osmose** est un phénomène analogue à la dialyse. C'est la diffusion à travers une membrane. Enfermons une dissolution de sucre dans une vessie de porc A (fig. 60) et plongeons la vessie dans un seau d'eau B. Il s'établit bientôt entre la dissolution de sucre et l'eau du seau, à travers la membrane, un double courant : la dissolution de sucre passe en grande partie dans l'eau, de l'eau entre en grande partie dans la vessie. Il en résulte que le liquide renfermé dans la vessie et le liquide du seau sont bientôt aussi sucrés l'un que l'autre. C'est-à-dire qu'ils ont la même densité. On dit qu'il y a **équilibre osmotique**. C'est ainsi qu'on extrait le sucre des fragments de betterave en les faisant macérer dans l'eau.

75. — Principe de Pascal. — Lorsqu'on exerce une pression sur la surface libre d'un liquide enfermé dans un vase (fig. 61), **une pression égale est transmise par le liquide à chaque partie des parois du vase, de même étendue que la surface libre.**

Prenons par exemple un vase à cinq ouvertures identiques et fermées par des pistons de même diamètre. Exerçons sur l'un des pistons une pression de un kilogramme. Il faut alors exercer une semblable pression de un kilogramme sur chacune des quatre autres ouvertures, pour maintenir le liquide en équilibre.

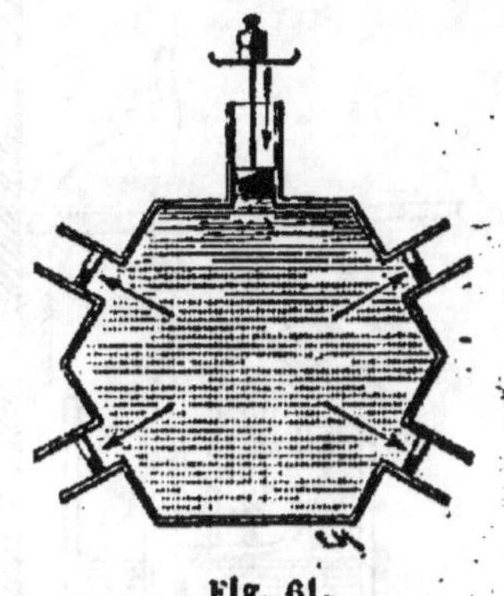

Fig. 61.

76. — Presse hydraulique. — Le principe de Pascal a une application industrielle importante.

Prenons un grand vase communiquant, en fonte, à deux branches (fig. 62), dont les surfaces sont très inégales. Supposons que la surface AB de la grande branche soit cent fois plus grande que la surface CD de la petite branche. Plaçons sur chacune de ces surfaces un piston garni d'un plateau. Mettons sur le petit piston un poids de 10 kilogrammes.

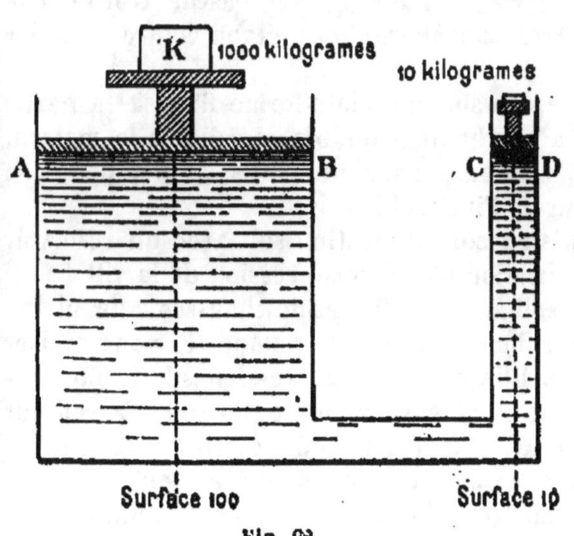

Fig. 62.

La pression qu'il exerce sur la surface CD se transmet partout. Comme la surface AB est cent fois plus grande que CD, il faut mettre sur le grand piston un poids cent fois plus grand que le poids placé sur le petit piston pour lui faire équilibre, c'est-à-dire 1 000 kilogrammes.

En établissant un cadre en fonte D au-dessus du grand piston, on a une *presse hydraulique* (fig. 62). Le grand piston, en effet, exerce sur le cadre une pression proportionnelle aux surfaces.

Le petit piston M est manœuvré par un levier L comme une pompe ordinaire. Il puise de l'eau dans un réservoir N, qu'il refoule à mesure dans le cylindre A, où se trouve le grand piston. Le petit piston appartient en somme à une *pompe aspirante et foulante*. Au bas du cylindre se trouve une soupape S qui se soulève en même temps que le piston M : l'eau est alors aspirée. Quand le piston redescend, la soupape se ferme. Une autre soupape S', qui reste fermée pendant l'ascension du piston, est soulevée par l'eau refoulée, se rendant en A.

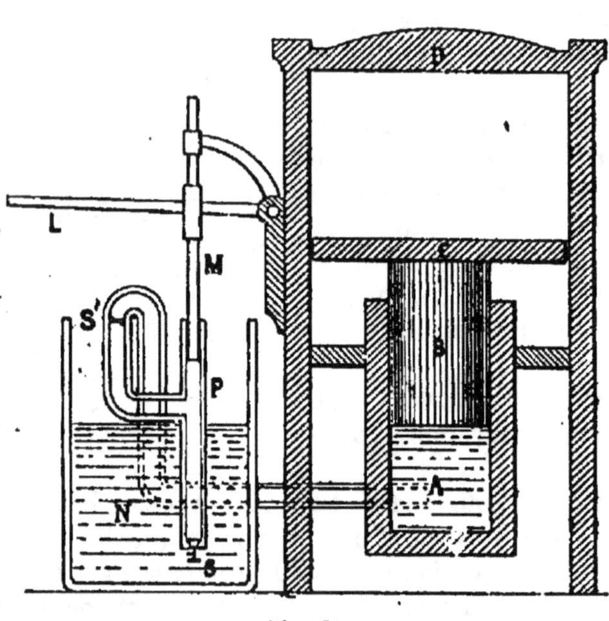

Fig. 63.

Le principe de Pascal trouve encore son application dans l'*Ascenseur hydraulique*, établi contre l'escalier d'une haute maison.

La cabine de l'ascenseur repose sur une plate-forme fixée à la partie supérieure d'un piston, qui a une hauteur double de celle de la maison. Le piston, pour descendre, s'enfonce dans un corps de pompe d'une profondeur égale à la hauteur de l'immeuble.

Le corps de pompe est mis en communication soit avec un réservoir d'eau élevé, soit avec la canalisation d'eau sous pression de la ville.

Supposons que la cabine soit au bas du rez-de-chaussée : le piston est alors au bas de sa course dans le corps de pompe. Faisons arriver l'eau dans le corps de pompe. Elle exerce une pression sur la face inférieure du piston et le soulève : l'ascenseur monte. Lorsque l'ascenseur est élevé, on ouvre un robinet d'échappement qui vide en partie le corps de pompe; l'ascenseur descend aussitôt. Étant donné le poids considérable de la cabine et de la charge qu'on lui confie, on l'équilibre avec le piston par un contre-poids fixé à une chaîne qui passe sur une poulie placée au faîte de la maison.

77. — Pression exercée par un liquide sur le fond d'un vase.

— La pression exercée par un liquide sur le fond d'un vase **est égale, non pas au poids du liquide total renfermé dans le vase, mais au poids seul de la colonne liquide, qui a pour base le fond du vase et pour hauteur la distance du fond du vase au niveau du liquide.** Prenons deux tubes M, A, de largeurs différentes (fig. 64), mais dont les fonds ont la même surface. Le fond peut être bouché avec une planchette *a* suspendue à un fil, qui passe à travers le tube.

Disposons au-dessus d'un vase une tablette fixe, percée d'un trou dans lequel peuvent s'encastrer successivement les deux tubes M, A. Plaçons-y d'abord

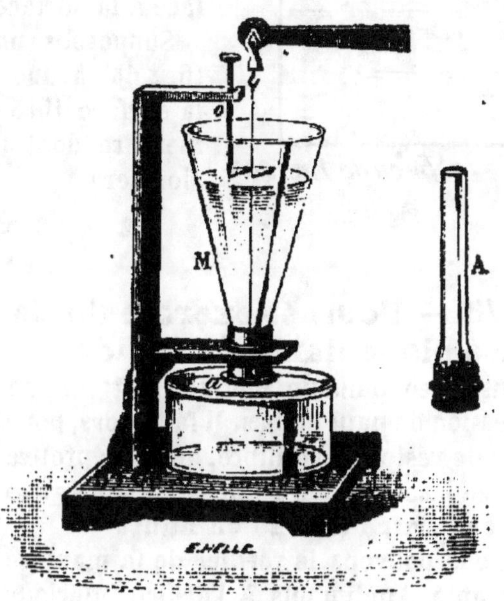

Fig. 64.

le tube M, le plus large. Bouchons son orifice inférieur *c* avec la planchette *a*; le fil qui la soutient passe à travers le tube et est attaché au bras d'une balance. Mettons un poids dans le plateau de l'autre bras de la balance. Il fait pencher la balance de son côté : alors le fil se tend et la planchette appuie contre le tube.

Versons de l'eau dans le tube M jusqu'à ce qu'elle fasse équilibre au poids du plateau. Marquons son niveau avec une vis *o*. Faisons maintenant tomber l'eau du tube M dans le vase placé au-dessous, et remplaçons le tube M par le tube A. Versons de l'eau du vase dans le tube A. Dès que le niveau de la vis *o* est faiblement dépassé, la planchette tombe : l'eau s'écoule. Pourtant la plus grande quantité de l'eau venue du tube M est encore dans le vase. Donc le principe est vérifié.

La pression d'un liquide s'exerce sur chaque portion des parois du vase qui le contient; **mais pour des surfaces égales cette pression change avec la distance de la portion considérée à la**

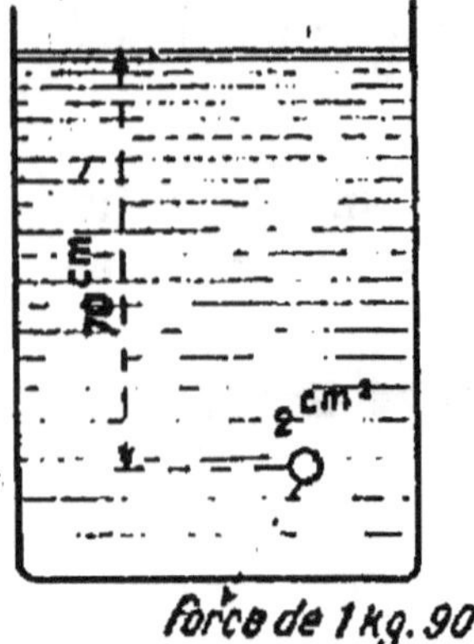

force de 1 kg. 904

Fig. 65.

surface libre du liquide. Ainsi considérons une partie déterminée d'une paroi. Le liquide exerce sur cette partie une pression égale au poids d'une colonne du liquide qui aurait pour base la surface de la partie de la paroi et pour hauteur la distance de cette surface à la surface du liquide.

Supposons une portion de paroi de 2^{cm2} (fig. 65) à une distance de 70 centimètres de la surface libre du liquide. Si le liquide est du mercure dont la densité est 13,596, la pression sera

$$2 \times 70 \times 13,596 = 1\,903 \text{ gr. } 44$$

78. — Poussée exercée de bas en haut sur une surface plane dans un liquide. — Une portion de surface plane considérée dans un liquide, tout comme le fond d'un vase reçoit une pression de haut en bas. Il faut alors, pour qu'elle reste en équilibre, qu'elle éprouve sur sa face inférieure **une poussée égale et contraire de bas en haut.**

Nous pouvons le vérifier de la manière suivante. Appliquons à l'orifice inférieur d'un cylindre de verre T (fig. 66) une petie rondelle de verre mince *a b*, maintenue au moyen d'un fil qui traverse le cylindre. Enfonçons le tout dans un vase plein d'eau, de manière que l'orifice supérieur du cylindre soit hors de l'eau. La rondelle reste collée au cylindre dans lequel l'eau ne pénètre pas. Pourquoi? Parce qu'elle est pressée par le liquide contre le cylindre ; elle reçoit donc une poussée de bas en haut. A quoi est égale cette pression? A

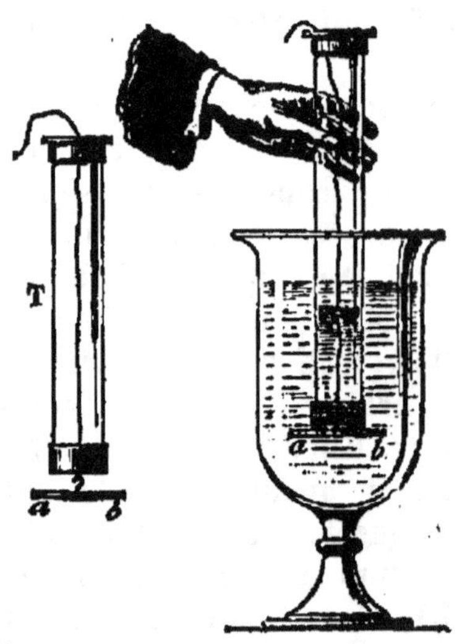

Fig. 66.

la colonne liquide qui a pour base la surface de la rondelle qui ferme le bas du cylindre et pour hauteur la distance de la rondelle au niveau de l'eau. En effet, versons de l'eau dans le cylindre sans le déranger de sa position. Au moment précis où l'eau versée dans le cylindre atteint le niveau de l'eau du vase, la rondelle tombe en vertu de son propre poids. C'est-à-dire lorsque les pressions qu'elle reçoit de haut en bas et de bas en haut sont égales.

79. — Pression latérale.

— La pression s'exerce non seulement sur le fond d'un vase, mais aussi sur ses parois latérales. On le prouve au moyen d'un vase cylindrique A (fig. 67) très léger, empli d'eau, supporté par un liège plat B, qui flotte sur l'eau. Le vase est percé sur le côté d'un orifice C, fermé par un robinet. Dès qu'on ouvre l'orifice C, le vase se meut dans le sens de la flèche, opposé à l'orifice. Pourquoi? Parce que l'eau enfermée dans le vase exerce des pressions perpendiculaires aux parois. Tant que le robinet ferme l'orifice, ces pressions se font équilibre, et le vase reste immobile. Mais aussitôt qu'un écoulement se produit d'un côté, la pression cesse sur ce côté. Alors l'équilibre est rompu et le vase est poussé par la pression qui s'exerce toujours sur la paroi D.

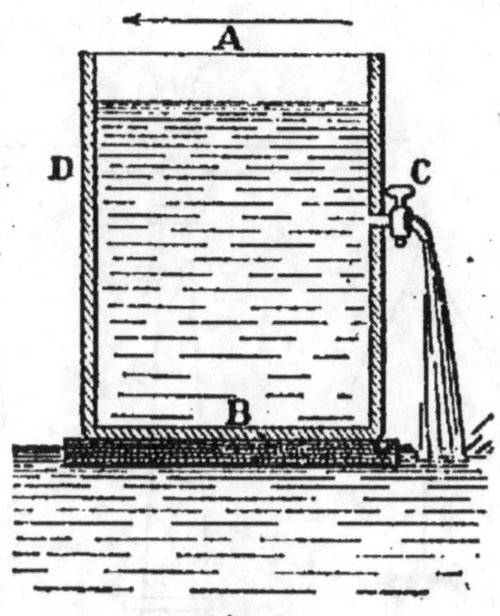

Fig. 67.

Le *Tourniquet hydraulique* (fig. 68) prouve également la pression latérale exercée par un liquide. C'est un vase conique R empli d'eau, mobile autour d'un axe fixé à sa base. Le fond du vase communique avec deux tubes horizontaux *a a* courbés en sens contraire. Dans chaque tube, la pression exercée sur la portion du tube opposée à son ouverture, pousse le tube. Les deux poussées se produisant en sens contraires dans chaque tube, le vase tourne.

Fig. 68. — Tourniquet hydraulique.

Quand on perce un tonneau dont la bonde est ouverte, le vin jaillit. Mais à mesure que le tonneau se vide, le jet diminue d'intensité. C'est que la pression exercée par le vin sur les parois du tonneau, diminue aussi à mesure.

80. — Principe d'Archimède. — Tout corps plongé dans un liquide éprouve verticalement de bas en haut une poussée égale au poids du liquide dont il tient la place.

Attachons au plateau A d'une balance (fig. 69), une pierre suspendue à un fil. Établissons ensuite l'équilibre en mettant des grains de plomb dans le plateau C. Glissons sous la pierre un verre plein d'eau, placé dans une assiette, et élevons l'assiette de manière que la pierre plonge entièrement dans le verre. Une quantité d'eau égale au volume de la pierre tombe alors dans l'assiette; en même temps, l'équilibre est rompu. Le plateau A se relève. Si nous abaissons l'assiette, de manière que la pierre sorte du verre, l'équilibre est rétabli. C'est donc que la pierre recevait dans l'eau une poussée verticale de bas en haut.

Fig. 69. — Principe d'Archimède.

A quoi est égale cette poussée? Voici.

Recueillons l'eau tombée dans l'assiette et versons-la dans le plateau A; nous rompons l'équilibre. Mais si nous faisons plonger la pierre dans l'eau du verre, l'équilibre est rétabli.

C'est donc que la pierre reçoit une poussée égale au poids de l'eau qu'elle a déplacée, recueillie et mise dans le plateau de la balance.

81. — Corps immergés, corps flottants. — Il résulte du principe d'Archimède que tout corps plongé dans un liquide perd une partie de son poids, égale au poids du volume de liquide déplacé. Aussi un corps plongé dans l'eau peut, selon sa nature, flotter sur l'eau, rester immergé au sein du liquide où on l'a placé, ou tomber au fond.

Il flotte sur l'eau, si le poids du corps est **inférieur** au poids du liquide déplacé; c'est-à-dire si le corps est moins dense que le liquide.

Il reste immergé si le poids du corps est **égal** au poids du liquide déplacé; c'est-à-dire si le corps est de même densité que le liquide.

Il tombe au fond si le poids du corps est **supérieur** au poids du liquide déplacé; c'est-à-dire si le corps est plus dense que le liquide.

On peut réaliser ces trois cas à l'aide d'un œuf (fig. 70). 1° Dans l'eau saturée de sel, l'œuf flotte, car il est moins lourd que le liquide déplacé. 2° Dans un mélange convenable d'eau pure et d'eau salée, il reste immergé.

3° Dans l'eau pure, il tombe au fond.

La construction des bateaux est fondée sur le principe d'Archimède.

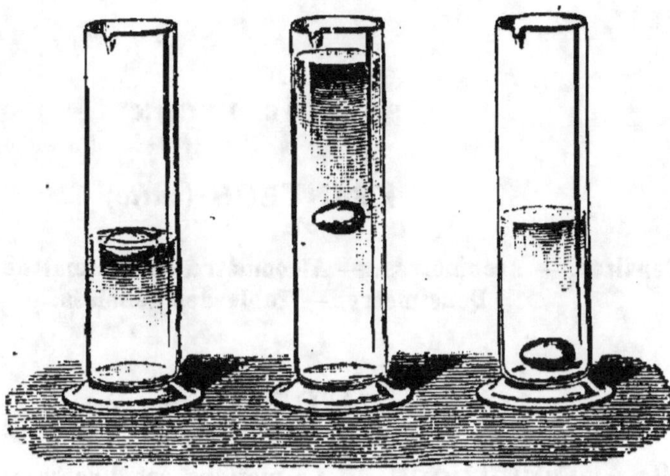

Fig. 70.

Le bateau flotte et reste en équilibre : 1° si le poids de l'eau déplacée est égal au poids total du bateau; 2° si le centre de gravité du bateau et le centre de gravité du volume d'eau déplacée se trouvent tous deux sur la même ligne verticale.

Les bateaux sous-marins sont des bateaux submersibles, c'est-à-dire qu'on peut immerger dans l'eau. Ils possèdent pour cela une double enveloppe qui les ferme de toutes parts. Et l'intervalle qui sépare cette double enveloppe est divisé en cloisons longitudinales.

Ces cloisons sont remplies d'air lorsque le bateau navigue en surface; on les remplit d'eau pour naviguer en plongée. Au moyen de pompes à air comprimé on chasse l'eau des cloisons pour remonter à la surface.

SIXIÈME LEÇON

PESÀNTEUR (*suite*)

Densités. — Aréomètres. — Alcoomètre centésimal de Gay-Lussac.
Densimètre. — Table des densités.

Densités

82. — Définitions. — La matière est diverse : aussi toutes les substances liquides ou solides, prises sous le même volume n'ont pas la même masse, c'est-à-dire le même poids en grammes. On a établi alors un coefficient caractéristique de chaque substance qu'on appelle **densité.**

La densité absolue d'une substance est **le rapport de sa masse à son volume.** Si l'on désigne par D la densité d'une substance, par M sa masse, et par V son volume, on a :

$$D = \frac{M}{V}$$

Ainsi la masse d'un décimètre cube de mercure étant 1359 grammes et son volume 100 centimètres cubes, sa densité est $\frac{1359}{100}$ soit 13,59.

On a trouvé de la même manière que la densité de l'eau est 1, car l'unité de volume étant le centimètre cube et l'unité de masse le gramme, le volume et la masse d'une même quantité d'eau sont représentés par le même nombre.

Cela montre qu'on peut dire encore que la **densité absolue d'une substance est la masse en grammes d'un centimètre cube de cette substance.**

La densité de l'eau étant l'unité, on a l'habitude de comparer la densité d'une substance à celle de l'eau. A vrai dire, la densité par rapport à l'eau est le **rapport de la masse d'une substance à la masse d'un même volume d'eau distillée prise à la température de 4 degrés.** Si l'on appelle D' la densité par rapport à l'eau d'une substance, M la masse de cette substance, M' la masse d'un égal volume d'eau, on a $D' = \dfrac{M}{M'}$. Mais, dans le langage courant, on confond la densité absolue et la densité par rapport à l'eau.

En voici la raison :

1° La densité absolue D du mercure $= \dfrac{\text{Masse de substance.}}{\text{Volume de substance.}}$

2° La densité D' du mercure par rapport à l'eau $= \dfrac{\text{Masse de substance.}}{\text{Masse d'un égal volume d'eau.}}$

Transformons en chiffres ces expressions :

1° $$D = \frac{1359}{100}$$

2° Comme le volume et la masse d'une même quantité d'eau sont exprimés par le même nombre, la masse de 100 centimètres cubes d'eau est exprimée par le nombre 100.

$$\text{Alors } D' = \frac{1359}{100}$$

En conséquence $D = D'$.

Pour établir la densité par rapport à l'eau d'une substance, l'eau est prise à la température de 4° et le fragment de substance à 0°.

83. — Densité d'un gaz. — La densité d'un gaz pris à une température et à une pression déterminées, est le **rapport qui existe entre la masse d'un certain volume de ce gaz et la masse d'un égal volume d'air sec, pris à la même température et à la même pression.** Ainsi la masse d'un litre d'air est égale à 1 gr. 293; la masse d'un litre d'oxygène est égale à 1 gr. 420. Le rapport

$$\frac{1,420}{1,293}$$

donne le quotient 1,1050, qui est la densité de l'oxygène.

84. — Poids spécifique, densité. — Le poid spécifique

absolu d'un corps est le poids absolu de 1^{cm3} de ce corps; ce poids change avec la latitude et l'altitude du lieu.

Pour une substance, son poids spécifique relatif à l'eau est le nombre qui mesure le poids de 1^{cm3} de cette substance en prenant pour unité le poids de 1^{cm3} d'eau à 4° (ou ce qui revient au même le rapport $\dfrac{P}{P'}$ du poids de volumes égaux du corps et d'eau).

La densité absolue d'un corps est la masse de 1^{cm3} de ce corps.

La densité relative d'un corps par rapport à l'eau est le nombre qui mesure la masse de 1^{cm3} de ce corps en prenant pour unité la masse de 1^{cm3} d'eau à 4° (ou ce qui revient au même le rapport $\dfrac{m}{m'}$ des masses de volumes égaux du corps et d'eau).

Comme nous avons prouvé (n° 20) que pour un même lieu on a

$$\frac{P}{P'} = \frac{m}{m'}$$

il s'ensuit que les deux nombres, qui mesurent le poids spécifique relatif et la densité relative d'un corps, sont les mêmes. C'est pourquoi on confond souvent les deux expressions : densité relative et poids spécifique. Ajoutons qu'on dit le plus souvent *densité* au lieu de densité relative.

DÉTERMINATION DES DENSITÉS

Puisque la densité d'un corps est le rapport de sa masse à son volume, on l'obtient en divisant la masse par le volume.

La masse M d'un corps est son poids en grammes.

Comme la masse et le volume d'une même quantité d'eau sont exprimés par le même nombre, nous aurons le volume du corps en déterminant la masse d'un égal volume d'eau. On procède de deux manières : 1° avec la balance hydrostatique; 2° avec un flacon.

85. — Densité d'un corps solide. Méthode de la balance hydrostatique. — Cette méthode est fondée sur le principe d'Archimède (n° 80). Attachons un fil au plateau d'une balance; équilibrons les plateaux et suspendons au fil le corps dont nous recherchons la densité. Faisons la tare sur l'autre plateau. Immergeons maintenant le corps suspendu dans un verre d'eau pure. L'équilibre est rompu. Le plateau s'abaisse du côté de la tare. Rétablissons l'équilibre en mettant des poids dans le plateau auquel est suspendu le corps. Ces poids représentent la masse M' du volume d'eau déplacée, égale au volume du corps.

Alors $\dfrac{M}{M'}$ est la densité du corps.

86. — Densité d'un corps solide. Méthode du flacon. — Prenons un flacon A (fig. 71) à large et haute ouverture bouchée à l'émeri. Le bouchon B est percé d'un petit conduit communiquant avec un tube capillaire K, qui le surmonte, et fait corps avec lui. Le tube terminé par un entonnoir D est marqué d'un trait T, qui sert de point de repère.

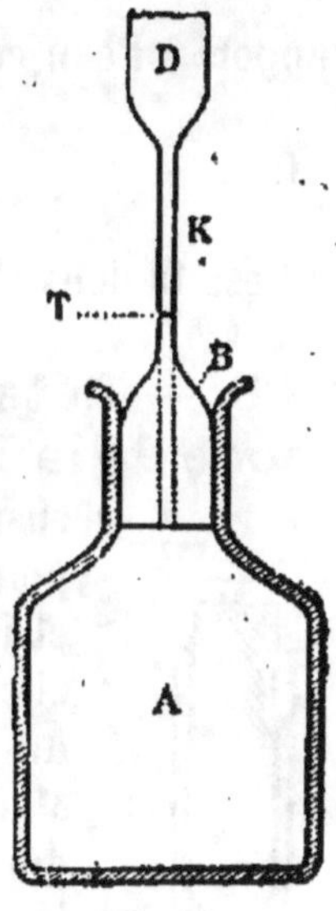

Fig. 71.

1° Emplissons le flacon jusqu'au repère T et portons-le sur le plateau d'une balance (fig. 72), à côté du corps C qui y est déjà placé, dont il faut déterminer la densité. Faisons la tare sur l'autre plateau.

2° Otons le corps et rétablissons l'équilibre avec des poids M : ils représentent par conséquent le poids du corps en grammes par la méthode de la double pesée (n° 63).

3° Enlevons le flacon et les poids M du plateau, puis introduisons le corps C dans le flacon, en évitant qu'il y reste des bulles d'air. Le corps déplace un volume d'eau égal à son propre volume, qui monte dans le tube capillaire et l'entonnoir. Faisons tomber l'eau qui est au-dessus du repère T; le volume de l'eau rejetée est justement le volume du corps. Reportons maintenant le flacon sur la balance et plaçons des poids M' pour faire l'équilibre. Le poids M' représente le

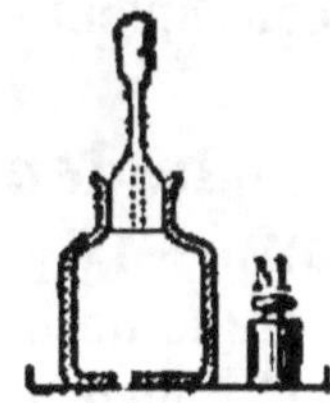
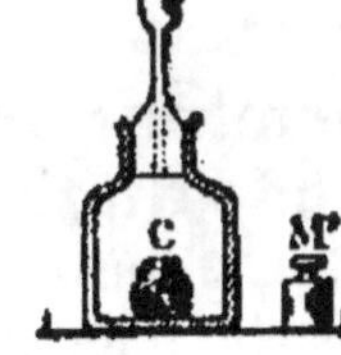

Fig. 72.

poids en grammes du volume d'eau expulsée égal au volume du corps.

Alors $\dfrac{M}{M'}$ est la densité.

87. — Détermination de la densité d'un corps so-

luble dans l'eau. — Si le corps est soluble dans l'eau, on opère avec un autre liquide, d'une densité connue, dans lequel le corps n'est pas soluble : l'huile, l'alcool, etc.; on obtient alors la densité par rapport au liquide choisi. Pour avoir ensuite la densité du corps par rapport à l'eau, on n'a qu'à **multiplier la densité obtenue par la densité du liquide choisi.**

Soient M la masse d'un corps, M' la masse du liquide choisi déplacé, de l'huile par exemple, M″ la masse d'un égal volume d'eau. La densité du corps par rapport à l'huile est $\dfrac{M}{M'}$ et la densité de l'huile par rapport à l'eau est $\dfrac{M'}{M''}$.

Or
$$\frac{M}{M'} \times \frac{M'}{M''} = \frac{M}{M''}$$

qui est la densité du corps par rapport à l'eau.

88. — Détermination de la densité d'un liquide. Méthode de la balance.

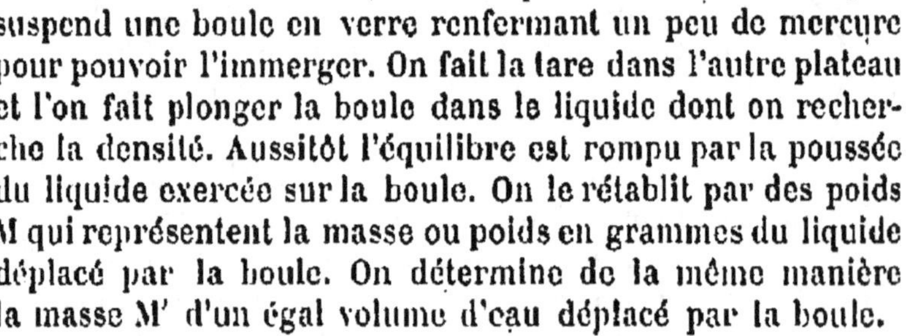

— Au fil attaché au plateau d'une balance, on suspend une boule en verre renfermant un peu de mercure pour pouvoir l'immerger. On fait la tare dans l'autre plateau et l'on fait plonger la boule dans le liquide dont on recherche la densité. Aussitôt l'équilibre est rompu par la poussée du liquide exercée sur la boule. On le rétablit par des poids M qui représentent la masse ou poids en grammes du liquide déplacé par la boule. On détermine de la même manière la masse M' d'un égal volume d'eau déplacé par la boule.

La densité du liquide est par conséquent $\dfrac{M}{M'}$.

89 — Détermination de la densité d'un liquide. Méthode du flacon.

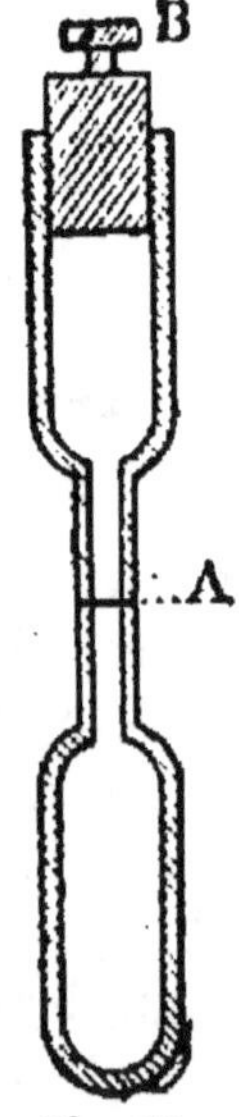

Fig. 73.

— Le flacon est un tube étranglé en A (fig. 73) où est marqué un trait de repère. Il est fermé à sa partie inférieure et bouché à sa partie supérieure à l'aide d'un bouchon B. On l'emplit de liquide dont on recherche la densité, jusqu'au repère A. On le porte ensuite sur le plateau d'une balance et on fait la tare sur l'autre plateau. On vide maintenant le flacon, on le dessèche intérieurement et on le reporte sur le même plateau de la balance. Les poids M qu'il faut placer pour rétablir l'équilibre avec la tare, représentent la masse du liquide. On répète l'expérience avec de l'eau distillée. Les poids M' représentent la masse du même volume d'eau.

Alors $\dfrac{M}{M'}$ est la densité du liquide.

ARÉOMÈTRES

Les Aréomètres sont de petits instruments flotteurs, au moyen desquels on peut déterminer approximativement la densité d'un corps. D'autres aréomètres employés dans le commerce font, par la simple lecture d'une échelle graduée qu'ils portent, connaître le degré de concentration des liquides.

90. — Aréomètre de Nicholson. — Il est employé pour déterminer la densité des corps solides. Il se compose d'un cylindre métallique creux A (fig. 74) fermé à chaque bout par deux cônes B, C. Le cône supérieur est surmonté d'une tige qui porte un petit plateau P. Au cône inférieur est suspendu une corbeille D, lestée d'une balle de plomb R, qui oblige l'appareil à s'enfoncer dans l'eau. La tige porte une ligne d'affleurement O.

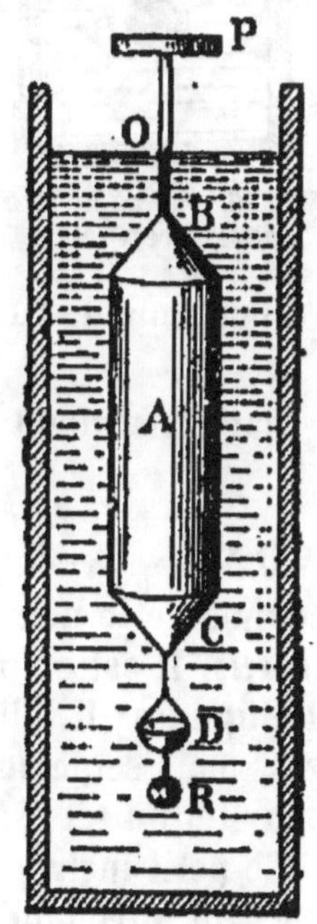

Fig. 74. — Aréomètre de Nicholson.

Pour déterminer la densité d'un corps solide, on procède de la manière suivante :

1º On place sur le plateau P un fragment du corps dont on recherche la densité, et on plonge l'aréomètre dans de l'eau. On ajoute de la grenaille de plomb jusqu'à ce qu'il s'enfonce à la ligne d'affleurement O.

2º On enlève le fragment du corps, on le remplace par des poids M qui doivent reproduire l'affleurement au point O. Ces poids représentent par conséquent la masse du corps.

3º On retire les poids M, on place le fragment du corps dans la corbeille D; comme ce corps éprouve une poussée verticale de bas en haut égale au poids de l'eau déplacée, il faut, pour rétablir l'affleurement, mettre des poids M' sur le plateau P; M' représente le poids d'eau ayant même volume que le corps.

En conséquence, $\dfrac{M}{M'}$ est la densité du corps.

91. — Aréomètre de Fahrenheit. — Il est employé pour déterminer la densité des liquides. Il se compose d'un cylindre de verre A (fig. 75), terminé à sa partie inférieure par une petite boule B creuse, emplie de mercure. Elle lui sert de lest. La partie supérieure est surmontée d'une tige qui supporte un petit plateau P. Sur la tige est gravée une ligne d'affleurement O.

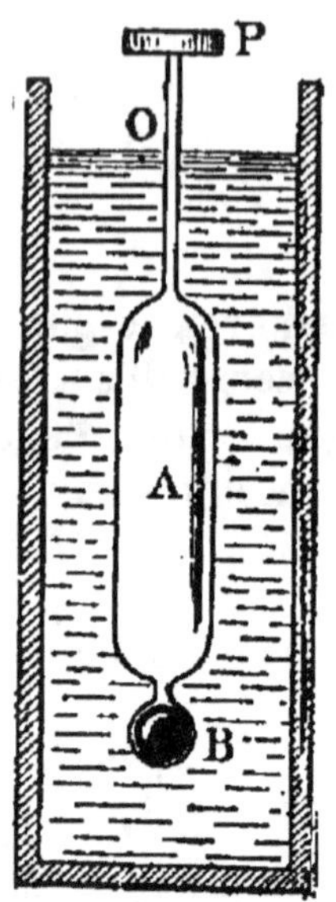

La masse M de l'appareil est obtenue en pesant l'aréomètre; elle est ordinairement gravée sur le verre.

Pour déterminer la densité d'un liquide on procède de la manière suivante :

1° On le plonge dans le liquide dont on recherche la densité et l'on établit l'affleurement de la ligne O, au niveau du liquide, au moyen de poids m mis sur le plateau. La masse du volume de liquide déplacée est égale à $M + m$.

Fig. 75. — Aréomètre de Fahrenheit.

2° On répète cette opération dans l'eau. Il faut cette fois des poids m' pour obtenir l'affleurement. La masse de l'eau déplacée est égale à $M + m'$.

Par conséquent $\dfrac{M + m}{M + m'}$ est la densité du liquide.

Fig. 76. — Aréomètre de Baumé.

92. — Aréomètre de Baumé. — Il porte dans le commerce le nom de *pèse-sels*, *pèse-acides*, *pèse-liqueurs*, *pèse-esprits*. Il est employé pour vérifier le degré de concentration de liquides; il n'indique pas les quantités de liquides mélangés, mais seulement si le mélange est suffisamment concentré pour tel ou tel usage.

Ce petit instrument se compose d'un cylindre de verre creux (fig. 76) surmonté d'une tige graduée. Il est lesté à sa partie inférieure par une boule creuse, en verre, emplie plus ou moins de mercure. On le gradue de deux manières, selon qu'il est employé à vérifier un liquide plus dense que l'eau : sel, acide, liqueur, ou un liquide moins dense que l'eau tel que de l'ammoniaque, de l'éther...

1° Pour les liquides plus denses que l'eau, il est lesté de manière à s'enfoncer dans l'eau pure jusqu'au sommet H du tube, où l'on trace la division zéro. On le plonge ensuite dans un mélange *en poids*, de 85 parties d'eau et de 15 parties de sel marin. A son point d'affleurement B dans cette dissolution, on trace la division 15, et l'on divise l'intervalle HB en 15 parties égales. Sur certains aréomètres on prolonge les divisions au-dessous de la division 15, jusqu'à 70 degrés L'acide sulfurique concentré, par exemple, marque 66°.

2° Pour les liquides moins denses que l'eau, l'aréomètre est lesté de manière à s'enfoncer seulement au point B, à la naissance de la tige, dans un mélange *en poids,* de 90 parties d'eau et de 10 parties de sel marin. On marque à ce point la division 0. On plonge ensuite l'instrument dans l'eau pure et au niveau de l'eau on trace la division 10 sur le tube. On partage l'espace 0 à 10 en 10 parties égales et l'on prolonge au-dessus les divisions. Sur certains aréomètres, on va jusqu'à 70 degrés.

95. — Alcoomètre centésimal de Gay-Lussac. — C'est

un aréomètre à l'aide duquel on connaît par une lecture sur l'échelle graduée qu'il porte, la richesse en alcool des eaux-de-vie. Il se compose d'un cylindre de verre terminé à sa partie inférieure par une boule de verre creuse emplie plus ou moins de mercure. Il est lesté de manière que lorsqu'il est plongé dans de l'alcool pur (alcool absolu) il s'enfonce jusqu'au sommet de la tige; au point d'affleurement on marque 100. La tige est graduée au moyen de plongées successives dans des mélanges d'alcool et d'eau pure établis de la manière suivante : 1° 95 parties *en volume* d'alcool pur et autant d'eau qu'il en faut pour faire 100 parties; comme l'eau et l'alcool en se mélangeant se contractent, c'est-à-dire diminuent de volume, il faut ajouter plus de 5 parties d'eau; mais peu importe la quantité d'eau que l'on ajoute, puisque c'est uniquement le volume d'alcool que l'on veut connaître. Au point d'affleurement on marque 95; 2° 90 parties *en volume* d'alcool pur et autant d'eau qu'il en faut pour faire 100 parties. Au point d'affleurement on marque 90; 3° 85 parties *en volume* d'alcool pur et autant d'eau qu'il en faut pour faire 100 parties. On continue ainsi en diminuant chaque fois le volume d'alcool de 5 parties.

Les plongées doivent être faites à la température de 15°. A chaque plongée on trace sur la tige une ligne au point d'affleurement, et tous les intervalles, entre chaque point d'affleurement, sont divisés en 5 parties égales.

Si à 15° l'instrument plongé dans un tonneau d'alcool marque 60, cela veut dire que sur 100 litres du mélange, il y a 60 litres d'alcool pur par conséquent 60 litres devant, par exemple, payer les droits de régie.

L'alcoomètre étant gradué à 15°, lorsque l'on vérifie à une température plus haute ou plus basse, l'instrument s'enfonce plus ou moins. On corrige l'erreur à l'aide d'une table dressée à cet effet.

94. — Densimètre. — Un densimètre est un tube cylindrique en verre, analogue à un aréomètre, dont le point d'affleurement, lorsqu'il est plongé dans un liquide, indique la densité dudit liquide.

La densité d'une substance étant le quotient d'une masse de cette substance par la masse d'un égal volume d'eau, le densimètre est cons-

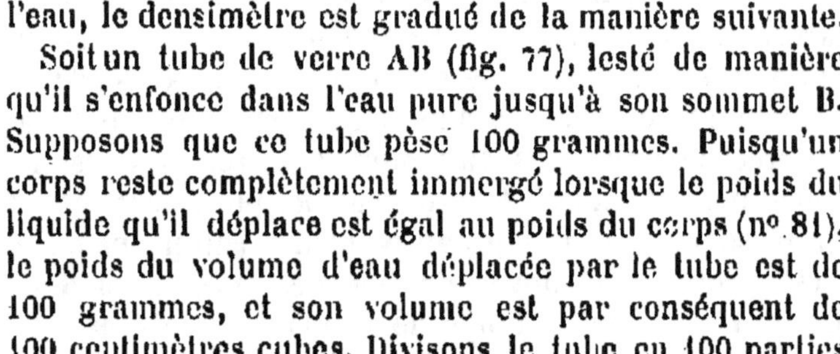

Fig. 77.

truit de manière que lorsqu'il est plongé dans un liquide, le point d'affleurement indique à la fois la masse du liquide déplacé et la masse d'un égal volume d'eau. Le quotient de ces deux masses, — qui est la densité du liquide, — est marqué sur le tube.

Lorsqu'on est en présence d'un liquide plus dense que l'eau, le densimètre est gradué de la manière suivante.

Soit un tube de verre AB (fig. 77), lesté de manière qu'il s'enfonce dans l'eau pure jusqu'à son sommet B. Supposons que ce tube pèse 100 grammes. Puisqu'un corps reste complètement immergé lorsque le poids du liquide qu'il déplace est égal au poids du corps (n° 81), le poids du volume d'eau déplacée par le tube est de 100 grammes, et son volume est par conséquent de 100 centimètres cubes. Divisons le tube en 100 parties égales. Plongeons-le maintenant dans un liquide plus dense que l'eau, et supposons que le niveau affleure la 50° division. Il déplace donc 50 centimètres cubes de liquide qui pèsent autant que 100 centimètres cubes d'eau. La masse du liquide déplacée est alors égale à 100 grammes et la masse d'un semblable volume d'eau est égale à 50 grammes seulement.

La densité sera donc $\frac{100}{50}$ soit 2.

Lorsqu'on est en présence d'un liquide moins dense que l'eau, on se sert d'un densimètre pesant par exemple 100 grammes et divisé en 100 parties égales. Il est construit de manière que, plongé dans l'eau pure, le niveau affleure à la dixième division. Il déplace par conséquent un volume d'eau de 10 grammes et de 10 centimètres cubes. Plongeons-le dans un liquide moins dense que l'eau. Supposons que le niveau affleure la vingtième division. Le densimètre déplace alors 20 centimètres cubes de liquide, d'un poids égal à 10 centimètres cubes d'eau. La masse du liquide déplacée est en conséquence de 10 grammes, et la masse d'un semblable volume d'eau est égale à 20 grammes. Il s'ensuit que la densité du liquide est $\frac{10}{20} = 0,5$.

DENSITÉ DES PRINCIPAUX CORPS

Platine	21,45	Verre	2,50
Or	19,50	Soufre à 800°	2,2
Mercure	13,59	Acide sulfurique . . .	1,84
Plomb	11,37	Gaz carbonique . . .	1,520
Argent	10,50	Acide azotique . . .	1,42
Cuivre	8,92	Acide chlorhydrique . .	1,269
Nickel	9	Oxygène	1,1050
Fer	7,80	Lait	1,03
Étain	7,29	Oxyode de carbone . .	0,967
Zinc	7,15	Azote	0,967
Diamant	3,40	Huile d'olive	0,915
Phosphore blanc . . .	1,84	Alcool absolu	0,793
Aluminium	2,60	Hydrogène	0,0694

SEPTIÈME LEÇON

PESANTEUR (*suite*)

Statique des gaz. — Pression atmosphérique. — Baromètres.
Aérostats. — Aéroplanes.

Statique des gaz

95. — Air atmosphérique. — L'air atmosphérique est un mélange de plusieurs gaz. Il n'a ni odeur ni saveur ni forme ni couleur; toutefois, vu en grande masse, il paraît bleu : c'est l'*azur*. Il est invisible, mais sa présence est manifeste. Essayons d'abaisser rapidement une feuille de carton par une de ses faces, nous éprouvons une résistance; abaissons le carton par sa tranche, la résistance est nulle.

L'air enveloppe la terre. On ne connaît pas exactement l'épaisseur de cette masse gazeuse; on l'estime à environ 120^{km}; elle n'est pas homogène, car les couches inférieures, comprimées par les couches supérieures, sont les plus denses.

96. — Propriétés de l'air et des gaz. — L'air et les gaz sont expansibles, compressibles et élastiques.

On prouve l'expansibilité des gaz au moyen d'un petit ballon rouge d'enfant. On vide à moitié un ballon rempli de gaz. Alors la baudruche se plisse, s'affaisse (fig. 78 — I) car

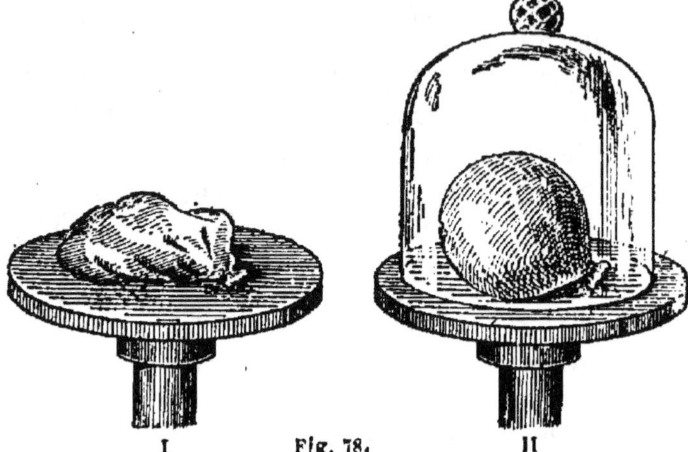

I   Fig. 78.   II

le volume du ballon a diminué de moitié. On le place maintenant sous la cloche d'une machine pneumatique (fig. 78 — II) et l'on fait le vide. Aussitôt le ballon se gonfle de nouveau à mesure que le vide augmente. Il en est ainsi parce qu'un **gaz prend toujours la forme du vase qui le renferme et le remplit sans cesse** quel que soit le degré de raréfaction (raréfier : rendre moins dense) auquel on le soumet. Et, de plus, **un gaz ne présente pas de surface libre.**

On dit qu'un gaz est compressible parce qu'on peut **réduire son volume**, et on dit qu'il est élastique, parce que, lorsqu'il a été comprimé et que la compression cesse, **il reprend son volume initial.**

Enfonçons avec force un piston graissé (fig. 79) dans un cylindre de verre sur les parois duquel il appuie en glissant; il refoule l'air enfermé au-dessous de lui. Nous pouvons réduire ainsi l'air contenu dans le cylindre au

Fig. 79.

dixième de son volume. Abandonnons maintenant le piston, il remonte lentement. C'est que l'air après avoir été comprimé, reprend peu à peu son volume.

97. — Pressions exercées sur l'air et sur les gaz.

— Le principe de Pascal s'applique également aux gaz. **Toute pression subie par un gaz est transmise intégralement dans tous les sens.**

Prenons une sphère creuse A (fig. 80) munie d'une ouverture dans laquelle peut se mouvoir un piston B. La sphère a aussi quatre orifices C, D, E, F auxquels sont adaptés des tubes recourbés, dont la courbure est emplie d'eau colorée. Lorsqu'on enfonce le piston, l'eau colorée monte d'une même quantité dans chacun des tubes. C'est donc que la pression est transmise dans tous les sens.

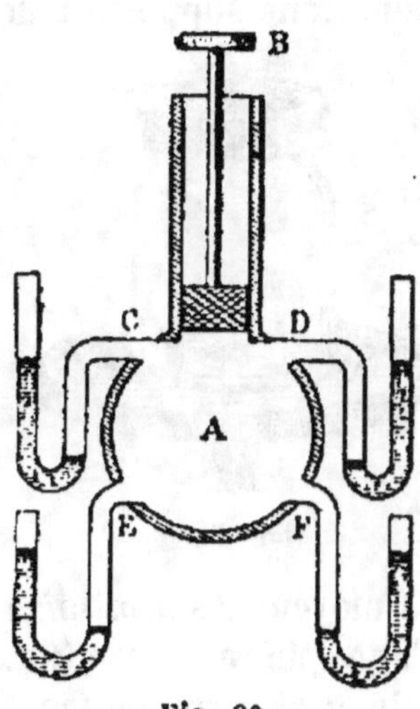

Fig 80.

98. — Pesanteur de l'air et des gaz.

— **L'air et les gaz sont pesants.** — On le prouve de la manière suivante : Prenons un ballon de verre contenant un peu d'eau au fond. Fermons-le parfaitement avec un bouchon traversé par un tube de verre. Plaçons-le sur le feu. L'eau bout bientôt. L'air qui était au-dessus de l'eau, dans le ballon est entraîné hors du ballon par le tube. Enlevons le ballon du feu et fermons le tube avec un tampon de mastic. De cette manière l'air n'y rentrera point lorsque la vapeur qui s'y trouve se sera liquéfiée en grande partie, grâce au refroidissement.

Plaçons le ballon sur le plateau d'une balance sensible et équilibrons l'autre plateau avec des grains de plomb. Cela fait, perçons avec un fil de fer le tampon de mastic qui ferme le tube. On entend aussitôt un petit sifflement : c'est l'air rentrant dans le ballon qui le produit. En même temps, le plateau qui soutient le ballon s'abaisse; c'est que le poids de l'air rentré, s'est ajouté au poids du ballon. Donc l'air est pesant.

99. — Pressions exercées par l'air et par les gaz.

— L'air et les gaz étant pesants, **ils exercent des pressions sur la surface des corps.** On le prouve de plusieurs manières.

Appliquons sur le plateau P d'une machine pneumatique (fig. 81) un cylindre de verre C dont l'ouverture supérieure est fermée par un morceau de vessie de porc V, bien tendue. Faisons le vide dans le cylindre. Aussitôt la membrane se creuse peu à peu et éclate. Pourquoi? C'est qu'avant que le vide ait été fait, la membrane supportait deux pressions égales et contraires qui s'annulaient : à l'extérieur une pression de l'air de haut en bas : à l'intérieur une pression de l'air de bas en haut. Dès que l'air intérieur a disparu, l'équilibre a été rompu. La première preuve de la pression exercée par l'air a été donnée

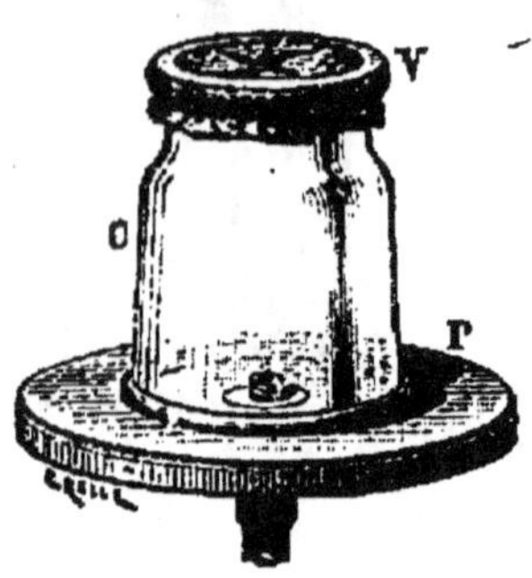

Fig. 81.

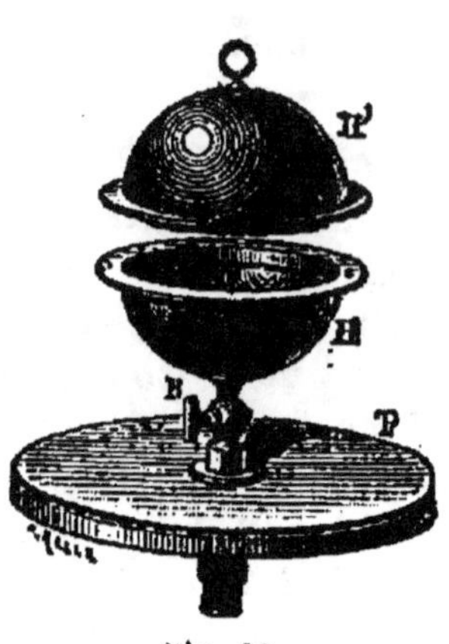

Fig. 82.

au moyen des *hémisphères de Magdebourg*. Ce sont deux moitiés H et H' d'une sphère creuse (fig. 82), pouvant, à l'aide d'une rainure garnie d'un cuir gras, s'appliquer l'une contre l'autre. L'une des deux est munie d'un tube avec robinet. Emboîtons ces deux moitiés et fixons le tube au conduit d'une machine pneumatique. Faisons le vide. Fermons le robinet et retirons l'appareil. Il est impossible maintenant de séparer les deux parties. Pourquoi? C'est que sur la surface extérieure s'exerce la pression de l'air, tandis qu'il n'y a plus de pression sur la surface intérieure, puisque l'air a disparu. Alors l'équilibre est rompu.

La preuve de la pression exercée par l'air est encore donnée par l'expérience suivante : sur un verre complètement plein d'eau plaçons une feuille de papier, de manière qu'elle adhère parfaitement aux bords. Retournons le verre sens dessus dessous, l'eau ne tombe pas : elle est retenue par la feuille de papier sur laquelle s'exerce la pression atmosphérique.

100. — Pression atmosphérique. — C'est en observant les fontainiers de Florence qui ne pouvaient élever l'eau à plus de **10^m,33 de hauteur**, que le physicien italien Torricelli pensa que cette élévation limitée de l'eau, était due à la pression atmosphérique. On expliquait alors que l'eau s'élevait dans les tuyaux d'aspiration des pompes, en disant que *la nature avait horreur du vide*. Torricelli contrôla ce phénomène avec du mercure, qui, pesant environ 13 fois 1/2 plus que l'eau, devrait s'élever à une hauteur environ, 13 fois 1/2 moindre.

Torricelli prit un tube fermé par un bout (fig. 83), l'emplit de mercure, et l'ayant bouché avec le doigt, il le retourna et le plongea dans une cuvette pleine du même métal liquide. Dans le tube ainsi disposé, le niveau du mercure descendit et resta à la hauteur de 760 millimètres, hauteur, en effet, 13 fois et

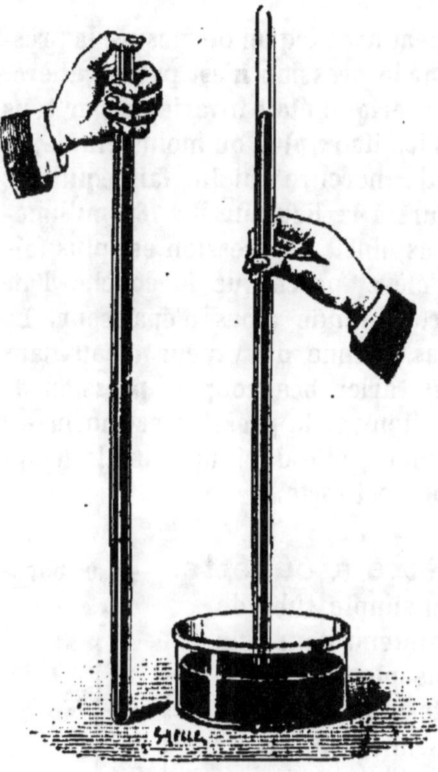

Fig. 83.

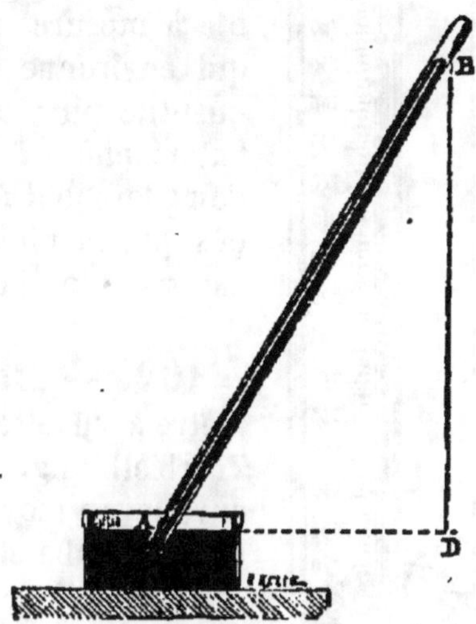

Fig. 84.

1/2 plus petite que 10^m,33. La pression **760 millimètres est la pression normale.**

L'explication donnée par Torricelli fut confirmée par les expérience de Pascal, qui montra que le niveau du vin, de même densité à peu près que l'eau, se maintient dans un tube, à environ 10 mètres de hauteur. Pascal prouva aussi que la pression atmosphérique diminue lorsqu'on s'élève.

La hauteur de la colonne de mercure est **indépendante de la capacité du tube et de sa forme.** Le diamètre intérieur du tube peut être deux ou trois fois plus grand, peu importe : le niveau est toujours le même. Que le tube soit vertical ou incliné, la hauteur verticale BD (fig. 84) est toujours la même, mais non la longueur AB.

BAROMÈTRES

101. — Le baromètre est un instrument avec lequel on mesure la pression atmosphérique. Car la pression n'est pas régulière.

Si la pression atmosphérique était invariable par tous les temps et dans tous les lieux plus ou moins élevés, le niveau de la colonne de mercure qui lui fait équilibre se maintiendrait toujours à la hauteur de 760 millimètres. Mais il n'en est pas ainsi. La pression est plus faible à mesure qu'on s'élève, parce que la couche d'air qui environne la terre diminue alors d'épaisseur. La quantité plus ou moins grande de vapeur d'eau dans l'atmosphère fait aussi varier beaucoup la pression de l'air; lorsqu'il fait beau temps, la pression est normale; dès que la pluie s'annonce, elle diminue. Plus le temps est sec, plus la pression est forte.

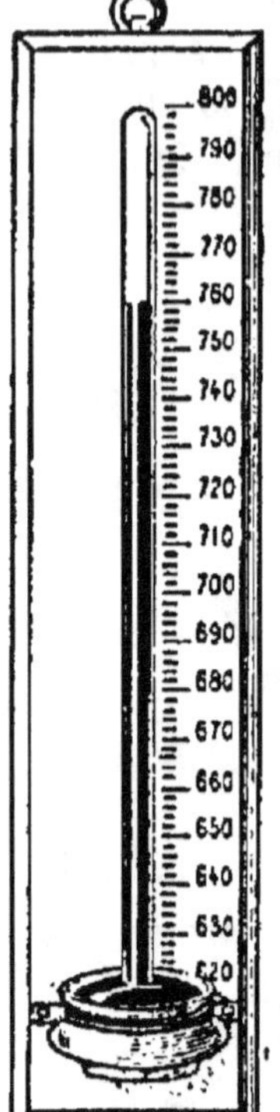

Fig. 85. — Baromètre à cuvette.

102. — Baromètre à cuvette. — Le baromètre à cuvette est un simple tube de Torricelli (fig. 85), maintenu dans une cuvette au moyen d'une planchette sur laquelle tube et cuvette sont attachés.

Il ne doit rester aucune bulle d'air dans le tube. On chasse l'air qui aurait pu entrer en portant le mercure à l'ébullition. Après que le tube a été retourné, et plongé dans la cuvette, on doit le maintenir dans la position verticale. Une échelle graduée en millimètres est appliquée sur la planchette. Le zéro correspond au niveau du mercure de la cuvette. Ce baromètre a le défaut de n'être pas transportable.

103. — Baromètre à siphon. — C'est un baromètre dont la cuvette est remplacée par une courbure du tube (fig. 86), qui en fait un vase à deux branches communiquant entre elles : une grande et une petite.

La grande branche est fermée en A, la petite bran-

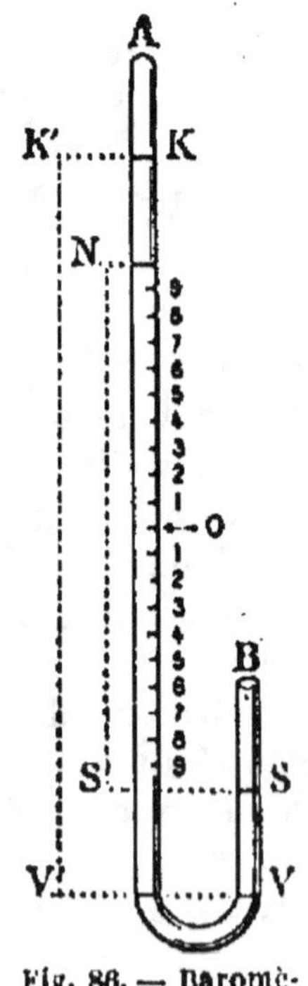

Fig. 86. — Baromètre à siphon.

elle est ouverte en B. On remplit de mercure jusqu'à la courbure et ensuite on redresse lentement le tube. Dans la grande branche, le mercure descend en N, et dans la petite branche il monte au contraire en S. La différence de niveau NS′ fait alors équilibre à la pression atmosphérique qui s'exerce en S.

Supposons qu'une variation de la pression atmosphérique fasse descendre le niveau S en V, et monter par conséquent le niveau N en K. Alors la différence de ce niveau n'est plus NS′ mais K′V′. Pour lire la pression on place alors le zéro de l'échelle, divisée en millimètres, vers le milieu du tube. Au-dessus du zéro, la graduation est ascendante, au-dessous elle est descendante. La somme des deux lectures est la pression.

Le baromètre à siphon n'est pas non plus facilement transportable.

104. — Baromètre de Fortin. — Ce baromètre a l'avantage

d'être transportable. Le tube plonge dans une cuvette en verre à fond mobile F (fig. 87), fait d'une peau de chamois, qu'à l'aide d'une vis V on soulève à volonté. La cuvette est protégée par un manchon en buis. Un disque de laiton D ferme la cuvette à sa partie supérieure. Il livre passage par une ouverture centrale au tube barométrique C. L'extrémité inférieure du tube barométrique ouverte et terminée en pointe, plonge dans le mercure de la cuvette.

Lorsqu'on veut faire une observation, on soulève la peau de chamois, jusqu'à ce que le niveau du mercure arrive en contact avec une

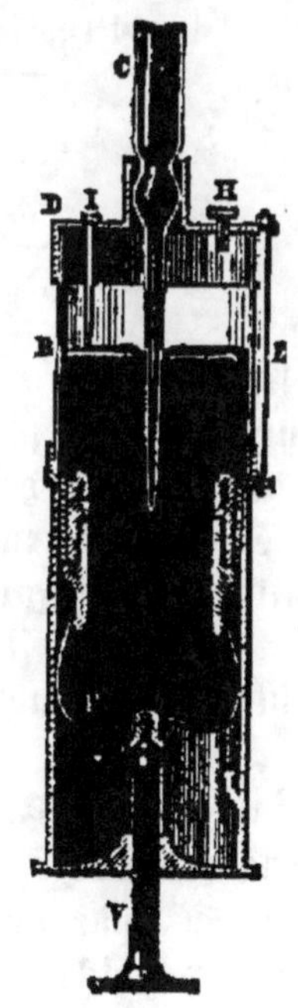

Fig. 87.

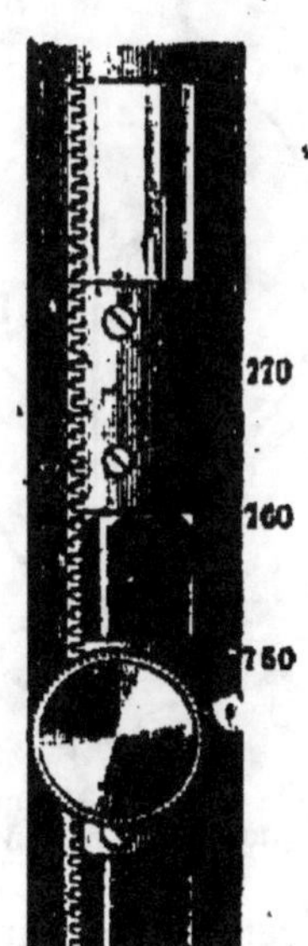

Fig. 87 bis.

pointe d'ivoire I. On voit son image par réflexion. Le zéro de l'échelle correspond au bas de cette pointe. On amène ensuite un curseur (fig. 87 bis) qui entoure le tube barométrique, à être tangent à la surface supérieure du mercure dans le tube. On relève alors la hauteur barométrique.

On peut suspendre ce baromètre contre un mur ou le fixer à un trépied, où son propre poids, à l'aide d'une suspension de cardan, lui fait prendre la position verticale.

105. — **Baromètre à cadran.** — Un baromètre à cadran (fig. 88) est un baromètre à siphon auquel on a adapté un cadran. Le cadran seul est visible. Sur la surface du mercure, dans la petite branche, repose un poids m relié par un fil à un contre-poids n. Le fil passe sur une poulie P qui est le pivot d'une aiguille CD. L'aiguille tourne selon les mouvements de montée et de descente du mercure, dépendant de la pression. La pression est indiquée par l'aiguille sur un cadran divisé en sept parties :

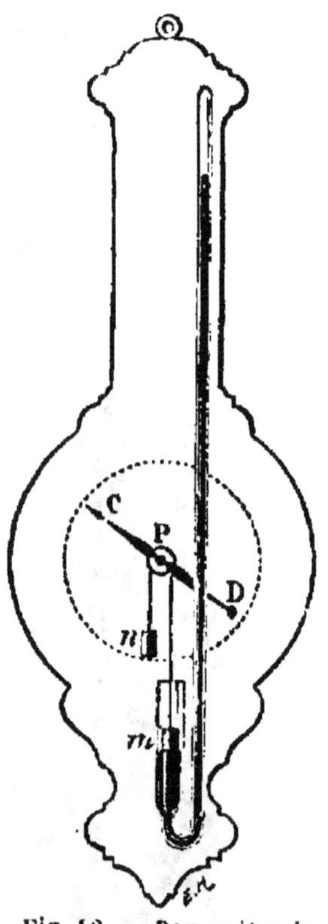

Fig. 88. — Baromètre à cadran vu à l'envers.

Pression de 785ᵐᵐ très sec.
— 776ᵐᵐ beau fixe.
— 767ᵐᵐ beau
— 758ᵐᵐ variable.
— 749ᵐᵐ pluie.
— 740ᵐᵐ grande pluie.
— 732ᵐᵐ tempête.

Le baromètre sert aussi à évaluer les hauteurs, puisque plus on s'élève, plus la pression diminue. La pression décroît environ de 1 millimètre par 10 mètres d'élévation dans la même station d'observation. C'est de cette manière que les ballons et les aéroplanes connaissent les hauteurs auxquelles ils s'élèvent.

106. — **Valeur de la pression atmosphérique.** — La valeur de la pression p exercée par l'atmosphère sur une surface de 1 centimètre carré, exprimée en poids, **est égale au produit d'une colonne barométrique h de même section et de 76 centimètres de hauteur par la densité d du mercure.**

$$p = hd$$

$$76 \times 13,596 = 1 \text{ kil. } 033^{gr}$$

Exprimée en dynes, la pression serait

$$p = hdg$$

$$76 \times 13{,}596 \times 981 = 1\ 013\ 663 \text{ dynes.}$$

A cette pression on donne le nom d'**atmosphère**. On dit une pression de 1 atmosphère; une pression double est une pression de 2 atmosphères.

REMARQUE.

1° Si au lieu du mercure on emploie un autre liquide, le niveau est différent. Les hauteurs sont en raison inverse des densités des liquides. Soient h et h' les hauteurs barométriques de deux liquides de densités d et d'. Comme leurs poids font équilibre à la pression atmosphérique, ils sont égaux et l'on a

$$h\,d = h'\,d'$$

d'où

$$\frac{h'}{h} = \frac{d}{d'}$$

2° Si la pression atmosphérique varie, la hauteur du liquide barométrique varie dans le même rapport. Supposons qu'avec du mercure les pressions p et p' correspondent aux hauteurs h et h'. On peut écrire

$$p = 13{,}596 \times h$$
$$p' = 13{,}596 \times h'$$

d'où

$$\frac{p}{p'} = \frac{h}{h'}$$

107. — **Baromètre métallique**. — Les baromètres métalliques sont beaucoup employés. Le plus simple se compose d'une plaque métallique circulaire, ondulée, C (fig. 89) mince et flexible, qui forme le couvercle d'une boîte métallique B.

Dans la boîte B on a fait le vide. Le couvercle est maintenu par un ressort R, qui lui permet de supporter la pression atmosphérique normale. Une tige articulée T réunit le centre du couvercle à une aiguille A, qui se meut sur un cadran.

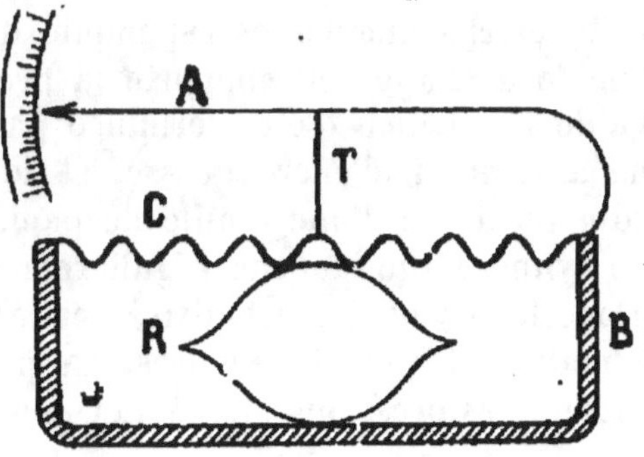

Fig. 89. — Baromètre métallique.

Lorsque la pression atmosphérique augmente, le couvercle s'enfonce plus ou moins et le mouvement est transmis à l'aiguille ; au contraire lorsque la pression diminue, le couvercle se relève plus ou moins et l'aiguille se meut inversement.

108. — Baromètre enregistreur. — Le baromètre enregistreur sert à connaître d'une manière continuelle les variations de la pression atmosphérique. Il se compose de plusieurs boîtes semblables b (fig. 90) vissées les unes sur les autres, semblables à la boîte B du

Fig. 90. — Baromètre enregistreur.

baromètre métallique ci-dessus. Le vide est fait dans chacune des boîtes b, et chacune d'elles est munie d'un ressort intérieur pour que l'ensemble de l'appareil supporte la pression atmosphérique normale. L'aiguille P, au lieu d'être terminée par une flèche, est munie d'une plume à réservoir d'encre grasse, et le cadran est remplacé par un cylindre recouvert d'une feuille de papier quadrillé. La plume appuie sur le cylindre, qui tourne régulièrement au moyen d'un mouvement d'horlogerie. Le papier est divisé verticalement pour les pressions et horizontalement pour les heures. La plume trace une ligne sinueuse qui indique les pressions maxima et minima.

109. — Application du principe d'Archimède aux gaz. — Les gaz étant pesants, un corps placé dans l'air ou dans un gaz,

éprouve comme dans les liquides **une poussée verticale de bas en haut, égale au poids de l'air ou du gaz qu'il déplace.** Il en résulte que, comme pour un corps immergé dans un liquide, il peut se présenter trois cas pour un corps immergé dans l'air ou dans un gaz.

1° Le poids du corps **est supérieur** à la poussée. Dans ce cas, qui est le plus général, le corps tombe.

2° Le poids du corps **est égal** à la poussée. Alors le corps se maintient en place; il ne monte pas, il ne tombe pas, il flotte.

3° Le poids du corps **est inférieur** à la poussée. Dans ce cas, le corps s'élève. S'il est dans l'air, son ascension dure jusqu'à ce qu'il rencontre une couche d'air de densité égale à la sienne. C'est le cas des aérostats.

Aérostats

110. — Aérostats libres. —
Les considérations ci-dessus ont donné lieu à l'invention des *Montgolfières*, du nom des inventeurs, les frères *Montgol-fier*. C'est une espèce de cage en forme de pyramide, recouverte d'étoffe ou de papier et sous laquelle on fait du feu. L'air chaud l'emplit et comme il est beaucoup plus léger que l'air froid, la Montgolfière s'élève dans les airs. La construction des *aérostats* ou *ballons* suivit.

Fig. 91 — Ballon libre.

Un ballon (fig. 91) est gonflé avec de l'hydrogène, gaz qui pèse quatorze fois et demi moins que l'air.

Un ballon se compose d'une énorme sphère confectionnée avec un tissu solide, imperméable aux gaz. La sphère est recouverte entièrement d'un filet, auquel est suspendue une nacelle en osier, où se tiennent les aéronautes.

Les instruments indispensables à un aéronaute sont entre autres, le *guide-rope*, le *lest* et le *baromètre*. De simples sacs de sable servent de lest, que l'aéronaute jette peu à peu par-dessus bord pour **s'élever** davantage.

Le guide-rope est un câble d'une cinquantaine de mètres muni d'une ancre. Il sert à arrêter le ballon sur un point choisi du sol.

On évalue l'ascension à l'aide d'un baromètre spécial appelé *altimètre*.

111. — Ballons dirigeables. — Le ballon libre a donné une première satisfaction au désir de l'homme de s'élever dans les airs.

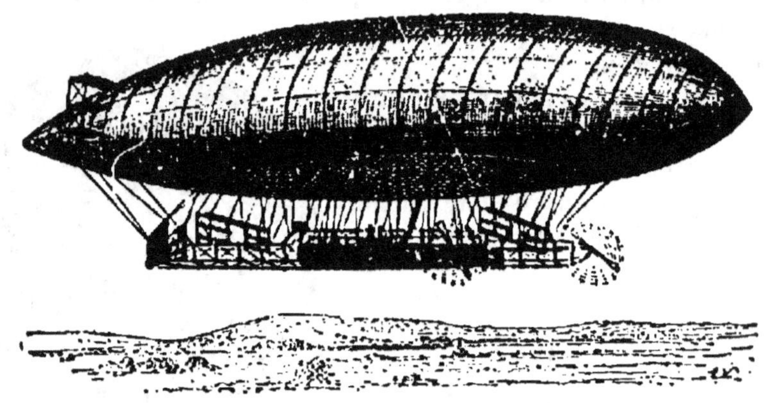

Fig. 92. — Ballon dirigeable.

Cependant cela ne lui a pas suffi ; il a voulu davantage et le ballon dirigeable fut inventé.

Un ballon dirigeable (fig. 92) a la forme d'un fuseau. Son enveloppe est confectionnée avec un tissu imperméable ou elle est construite avec des feuilles rigides d'aluminium. Le ballon est gonflé avec de l'hydrogène. Une nacelle faite de bambou et de fils d'acier, y est suspendue ; elle porte un gouvernail de direction, et un moteur qui actionne une ou plusieurs hélices, composée de deux grandes palettes opposées. À l'arrière du ballon sont fixés des feuillets rigides, disposés de chaque côté comme les parois de deux grandes boîtes sans fond ni couvercle, qui l'empêchent d'osciller.

Les ballons français ont environ 150 mètres de longueur et une capacité de 20 000 à 30 000 mètres cubes.

Aéroplanes

112. — Généralités. — Un aéroplane (fig. 93) est un appareil plus lourd que le poids de l'air qu'il déplace. Il se compose de deux grandes toiles tendues sur un cadre en bois, éployées comme les ailes

d'un gigantesque oiseau. Elles ont environ 2 mètres de largeur et une douzaine de mètres d'envergure, c'est-à-dire de longueur. Elles sont fixées à un châssis en bois léger d'environ 3 mètres. On le nomme *fuselage*. Il représente le corps de l'oiseau. A l'arrière du fuselage sont attachées deux autres petites ailes horizontales, dont les bords d'avant, sur la même ligne, peuvent se relever et s'abaisser. Ces ailes, qui figurent la queue de l'oiseau, donnent de la stabilité à l'appareil. Elles constituent en même temps le *gouvernail de profondeur*. Une autre toile

Fig. 93. — Aéroplane.

de petite dimension est maintenue verticalement au-dessus; elle remplit l'office de *gouvernail de direction*.

Les deux gouvernails sont commandés par des fils d'acier.

A l'aide de petits ailerons placés à l'extrémité des grandes ailes, on assure l'équilibre transversal. Les ailerons sont abaissés ou relevés à l'aide d'un fil d'acier qui traverse chaque aileron et passe au-dessus et au-dessous de l'appareil. Cette opération s'appelle le *gauchissement*. La mobilité de l'extrémité de l'aile est destinée à obtenir la même poussée verticale de l'air sur les deux ailes dans les virages. Car l'aile située à l'intérieur rencontrant l'air avec une vitesse moindre que l'autre, subirait une poussée moindre : alors on augmente son angle d'attaque.

A l'avant du fuselage est placé un moteur qui actionne une hélice composée de deux grandes palettes de bois opposées. L'hélice tourne en général devant l'appareil.

L'aviateur a son siège près du moteur.

L'aéroplane est monté sur trois roues : deux à l'avant, une à l'arrière. La roue d'arrière moins élevée, de manière que les grandes ailes présentent leur bord d'avant relevé, pour offrir une résistance à l'air et être soulevées.

L'aéroplane reposant à terre, le moteur est mis en marche. L'hélice tourne et fait rouler l'aéroplane. Il quitte le sol après avoir parcouru de 40 à 50 mètres. Il se maintient dans la même position, sans se retourner sens dessus dessous, parce que son centre de gravité est situé dans la partie basse de l'appareil, qui est la plus lourde.

L'aéroplane qui est un appareil plus lourd que l'air, se soutient dans l'atmosphère au moyen d'un *plan sustentateur*, constitué par les ailes, et il avance au moyen de l'hélice propulsive. Chez l'oiseau, les ailes sont à la fois sustentatrices et propulsives.

Il y a une certaine analogie entre l'aéroplane et le cerf-volant. L'air qui fait résistance au cerf-volant et le soutient, s'écoule de chaque côté de sa surface inférieure et est remplacé à mesure que le cerf-volant avance.

La résistance de l'air coupé par le plan sustentateur de l'aéroplane est proportionnelle à la surface du plan et au carré de la vitesse. Elle dépend de l'angle d'attaque, qui est l'angle que fait le plan avec la direction du déplacement.

Certains aéroplanes possèdent de doubles ailes placées l'une au-dessus de l'autre. On les appelle des *biplans*. Les autres sont des *mono-plans*.

Il existe encore des aéroplanes munis de *flotteurs* qui leur permettent de se poser sur l'eau, comme sur terre. On les nomme *hydro-aéroplanes*.

HUITIÈME LEÇON

PESANTEUR (*suite*)

Compressibilité des gaz. — Manomètres. — Machine pneumatique. — Pompe à mercure. — Trompe à mercure. — Trompe à eau. — Siphon. — Pompes. — Roue hydraulique. — Turbine hydraulique. — Air comprimé.

Compressibilité des gaz

113. — Loi de Mariotte. — Lorsqu'on enfonce un piston dans un cylindre de verre, on constate qu'il faut, pour diminuer de plus en plus le volume d'air enfermé dans le cylindre, faire un effort de plus en plus grand sur ce piston. On constate encore que lorsqu'on a enfoncé le piston et qu'on l'abandonne, il remonte. Alors le volume du gaz revient peu à peu à ce qu'il était, en même temps que la pression disparaît. Il existe entre la pression exercée et le volume du gaz sur lequel s'exerce la pression, une relation qui a été mise en évidence par l'abbé *Mariotte*. On l'énonce ainsi : **A une même température, le volume d'une masse gazeuse est inversement proportionnel à la pression qu'elle supporte.**

Si l'on désigne par V et V′ les volumes d'une masse gazeuse, sous des pressions P et P′, on a

$$\frac{V}{V'} = \frac{P'}{P} \text{ ou } VP = V'P'$$

114. — Vérification de la loi de Mariotte lorsque la pression est supérieure à la pression atmosphérique.

— Lorsqu'on est en présence d'une pression supérieure à la pression atmosphérique, c'est-à-dire à 1 atmosphère, la variation du volume d'un gaz relativement à la pression, est vérifiée avec le *tube de Mariotte*. C'est un tube de verre recourbé (fig. 94), représentant deux branches très inégales : une petite et une grande. Le sommet de la petite branche est fermé. Le sommet de la grande branche est ouvert. Des divisions sont marquées le long de chaque branche à partir de A et A′. Celles de la grande branche indiquent des *longueurs égales;* celles de la petite branche des *capacités égales.* Versons par la grande branche du mercure, de manière à garnir seulement la courbure du tube aux niveaux A et A′. Puisque les surfaces A et

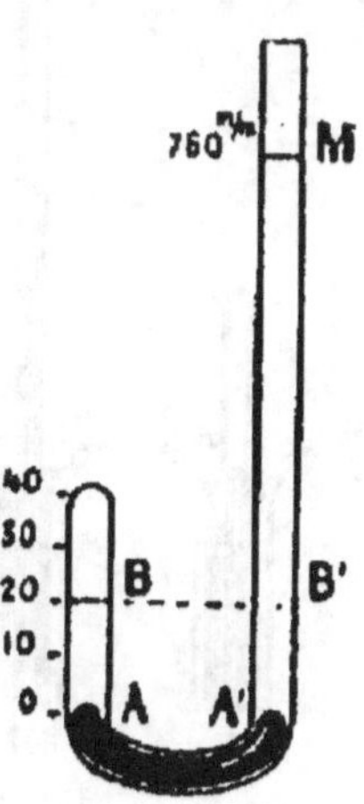

Fig. 94.

A′ du mercure ont les mêmes niveaux, c'est qu'elles subissent des pressions égales. Autrement dit, l'air enfermé dans la petite branche au-dessus de A, fait équilibre à la pression atmosphérique qui s'exerce sur A′. Versons encore du mercure dans la grande branche, de manière que le niveau A vienne en B à la division 20 qui est la moitié de la capacité AC. Si la pression atmosphérique, au moment de l'opération, est de 760 millimètres, nous constaterons que nous avons dû verser du mercure dans la grande branche jusqu'au niveau M, et que B′M = 760 millimètres. Alors sur les mêmes niveaux B et B′ du mercure, il y a la même pression. Or la pression en B′ se compose de la pression de la colonne de mercure B′M et de la pression atmosphérique qui s'exerce en M, ce qui fait deux atmosphères. Donc cela prouve que **pour réduire de moitié un volume de gaz, qui fait équilibre à la pression atmosphéri-**

que, il faut une pression égale au double de la pression atmosphérique, soit deux atmosphères.

115. — Vérification de la loi de Mariotte lorsque la pression est inférieure à la pression atmosphérique.

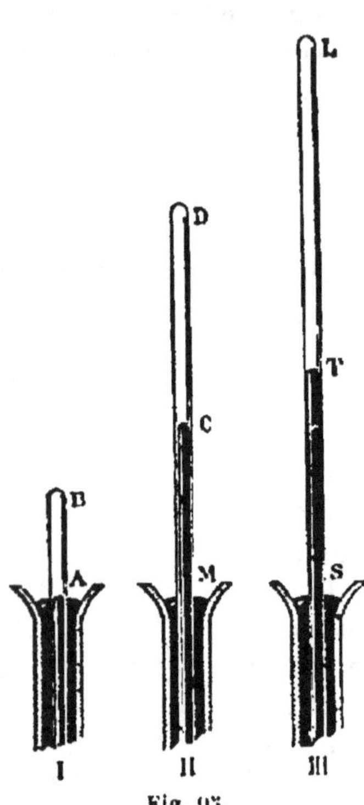

Fig. 95.

— Lorsqu'on est en présence d'une pression inférieure à 1 atmosphère, on vérifie la loi de Mariotte au moyen d'un tube de Torricelli, que l'on peut plonger entièrement dans une cuvette profonde. La cuvette est simplement un autre tube de diamètre assez grand où le tube enfonce.

Après avoir presque entièrement rempli le tube de mercure, on le retourne sur la cuvette profonde, dans laquelle on le fait descendre jusqu'à ce que le mercure dans le tube soit exactement au niveau du mercure dans la cuvette. L'air resté dans la portion AB du tube (fig. 95-I) est à la pression de l'air extérieur, puisque le niveau du mercure dans le tube est le même que le niveau du mercure dans la cuvette. Soulevons le tube jusqu'à ce que le volume d'air AB occupe un espace CD (fig. 95-II) double de AB. En même temps que le volume de l'air augmente, le mercure monte dans le tube. La portion d'air CD ayant maintenant un volume double, sa pression, si la loi de Mariotte est exacte, doit avoir diminué de moitié : elle doit être de 1/2 atmosphère. Cela sera, si la colonne de mercure a une hauteur correspondante à 1/2 atmosphère, puisque l'air CD et la colonne de mercure font ensemble équilibre à la pression atmosphérique. Et justement cela est : la colonne mercurielle a 38 centimètres de hauteur.

Si l'on soulève encore le tube (fig. 95-III) de manière que l'air, au sommet du tube, occupe un espace TL, trois fois plus grand que AB, sa pression ne doit plus être égale qu'à 1/3 d'atmosphère; la colonne de mercure, dans ce cas, doit être les 2/3 de 76 centimètres. En effet, elle mesure 507 millimètres.

116. — Exactitude de la loi de Mariotte. — La loi

de Mariotte ne peut être regardée que comme une loi approchée. Car les gaz facilement liquéfiables, comme l'anhydride carbonique, se compriment davantage que ne l'indique la loi. En outre, à la température ordinaire, tous les gaz, sauf l'hydrogène, sont plus compressibles que ne le dit la loi. Toutefois, l'écart étant assez faible pour les petites pressions entre les données de la loi et la réalité, on peut, dans la pratique, considérer la loi comme suffisamment exacte.

117. — Force élastique des gaz. — En raison de leur expansibilité, les gaz et les vapeurs comprimés exercent à leur tour sur les parois du vase où ils sont renfermés, une pression qu'on appelle **force élastique** ou **tension**.

118. — Mélange des gaz. — Lorsqu'on mélange plusieurs gaz, qui n'ont entre eux aucune affinité, c'est-à-dire aucune tendance à se combiner, **chaque gaz se diffuse dans la masse des autres pour occuper tout l'espace mis à sa disposition comme s'il était seul. La force élastique du mélange est égale à la somme des forces élastiques qu'aurait chacun des gaz**, si ce gaz occupait seul l'enceinte.

MANOMÈTRES

Les manomètres sont des instruments avec lesquels on mesure la force élastique des gaz et des vapeurs. Il en existe de plusieurs sortes.

Les manomètres sont indispensables pour connaître la marche d'une machine à vapeur, qui doit être régulière ; car un excès de force élastique de la vapeur peut amener une explosion.

119. — Manomètre à air libre. — Un manomètre à air libre se compose d'une boîte de fer (fig. 96) emplie à moitié de mercure. Dans le couvercle est assujetti un tube ouvert aux deux bouts. Son extrémité inférieure plonge dans le mercure. Par un conduit débouchant dans la boîte, au-dessus du mercure, on fait arriver, par exemple, de la vapeur de la chaudière d'une machine. Elle

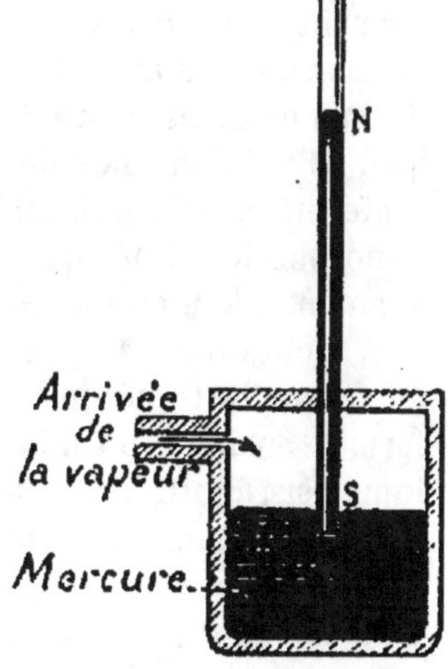

Fig. 96. — Manomètre à air libre.

exerce une pression sur la surface du mercure et celui-ci monte dans le tube. Supposons qu'il s'arrête au niveau N : la pression exercée en S, à la surface du mercure de la boîte, est alors égale au poids de la colonne de mercure SN, augmenté de la pression atmosphérique. L'appareil est construit et gradué de manière à calculer aisément la pression.

110 bis. — Manomètre à air comprimé.

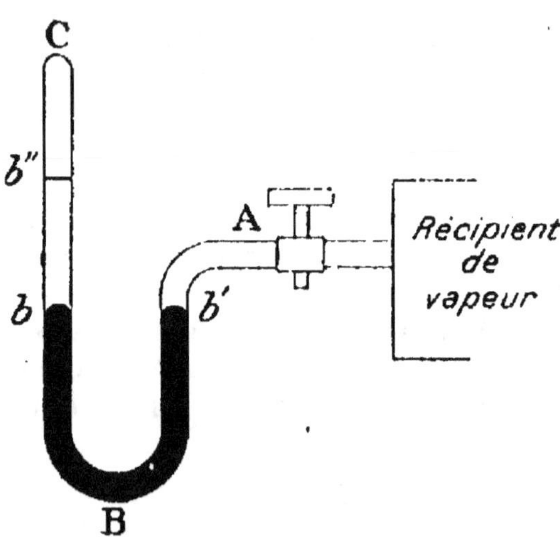

Fig. 90 bis. — Manomètre à air comprimé.

— Le manomètre à air libre offre de trop grandes difficultés d'installation pour pouvoir être employé sur une machine à vapeur. On lui substitue avantageusement le manomètre à air comprimé, dans lequel l'équilibre à la pression atmosphérique est établi à la fois par une colonne de mercure et la force élastique d'une petite masse d'air renfermée au-dessus. L'appareil se compose d'un tube recourbé ABC, adapté en A au récipient de vapeur. Il contient dans ses deux branches verticales du mercure, dont les niveaux sont égaux en b et b', lorsque la pression de la vapeur est égale à la pression atmosphérique. C'est donc la colonne de mercure et l'air renfermé en bC, qui font équilibre à la pression atmosphérique. Dès que la pression de la vapeur augmente, le mercure refoulé dans la petite branche, monte dans la grande, par exemple en b". La force élastique de la petite masse d'air renfermée en bC croît donc à mesure que son volume est réduit. Une échelle graduée l'indique.

Pour graduer le manomètre à air comprimé, on le dispose sur le réservoir d'un manomètre à air libre. On exerce sur le réservoir successivement des pressions différentes, qui font varier

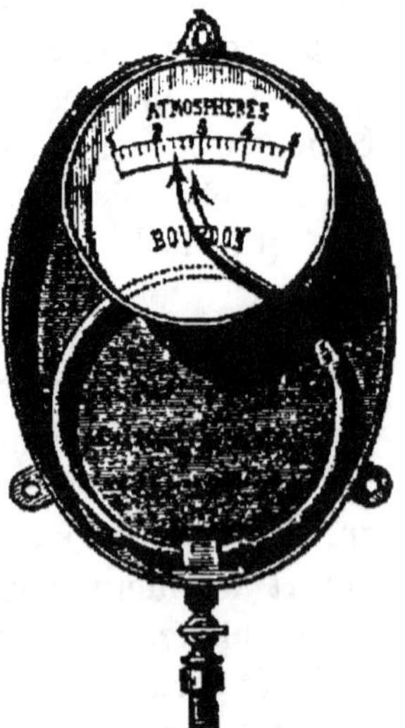

Fig. 97. — Manomètre de Bourdon.

la hauteur du mercure et l'on trace sur le manomètre à air comprimé les indications données par le manomètre à air libre.

120. — Manomètre métallique. — Le *manomètre métallique de Bourdon* (fig. 97), se compose d'un tube aplati à parois minces, très flexible, courbé comme un anneau. L'un de ses bouts communique avec le réservoir à pression d'une chaudière à vapeur. L'autre bout, fermé et libre, est terminé par une aiguille qui se déplace sur un cadran. Lorsque la pression augmente, le tube tend à se dérouler. Alors la position de l'aiguille varie. On lit la pression sur le cadran. Cet appareil est gradué par comparaison avec un manomètre à air libre.

MACHINE PNEUMATIQUE

121. — Définitions. — La machine pneumatique (fig. 98) est une

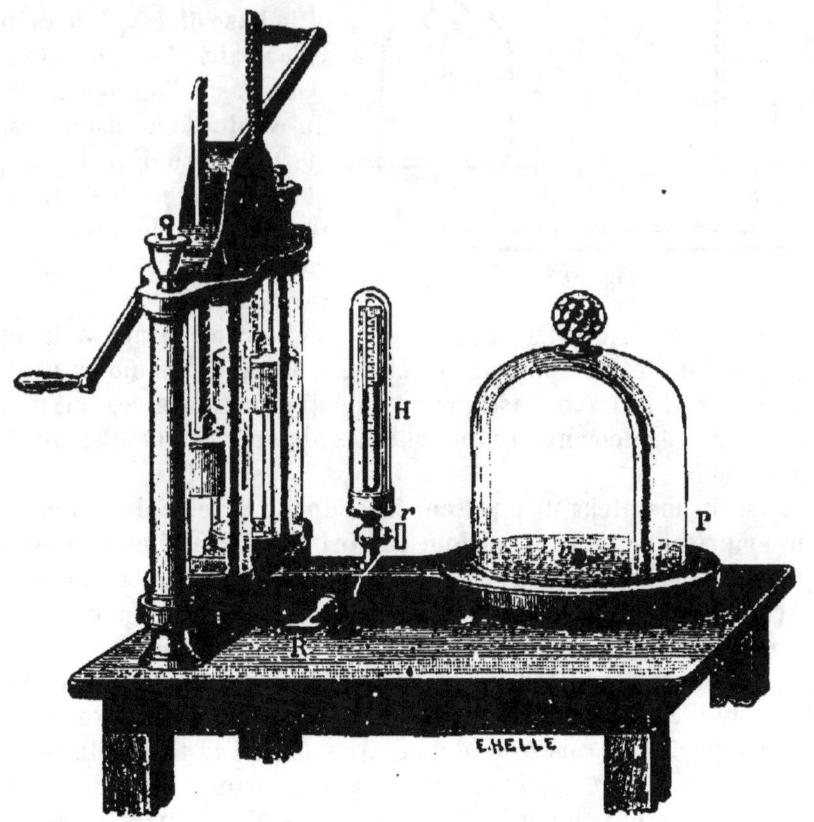

Fig. 98. — Machine pneumatique.

pompe spéciale, qui sert à **raréfier un gaz** contenu dans un récipient mais le plus souvent à raréfier l'air contenu dans une cloche en verre close. Cet appareil se compose d'un corps de pompe C (fig. 99) qui communique par un conduit avec une cloche R, par exemple, posée sur le plateau horizontal où arrive le conduit. Le corps de pompe est muni à sa base, devant l'ouverture du conduit, d'une soupape S, qui s'ouvre de bas en haut. Un piston P, percé d'un trou garni d'une soupape S', qui s'ouvre également de bas en haut, peut être mis en mouvement dans le corps de pompe. Supposons qu'il soit en bas du cylindre, alors les deux soupapes sont abaissées : elles ferment l'ouverture du conduit et l'orifice du piston. Élevons le piston. L'espace qu'il laisse derrière lui, entre sa base et la base du corps de pompe est vide d'air. Mais ce vide ne persiste pas : l'air de la cloche et du conduit, en raison de sa force élastique, soulève la soupape S et se répand partout. Il y a maintenant sous le piston, dans le conduit et dans la cloche de l'air raréfié.

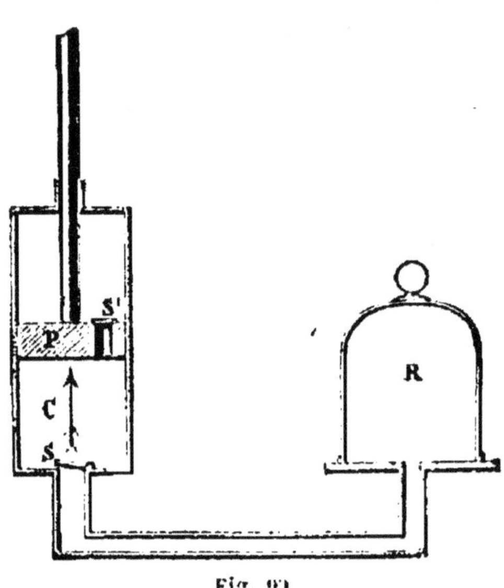

Fig. 99.

Arrêtons le piston. La soupape S' reste fermée grâce à la pression atmosphérique et la soupape S retombe, fermant de nouveau le conduit. En effet, la force élastique de l'air qui l'entoure cessant de décroître, elle est également pressée sur ses deux faces et elle obéit à son propre poids.

Abaissons maintenant le piston. La soupape S reste évidemment close. L'air emprisonné sous le piston, comprimé par celui-ci, soulève la soupape S' et s'échappe au-dessus. On relève le piston et l'air se raréfie encore. En répétant plusieurs fois ces mouvements, la cloche se vide de plus en plus.

Supposons que le piston P soit au bas du corps de pompe C. Soit R le volume du récipient et du tuyau qui réunit le récipient au corps de pompe et C la capacité du corps de pompe. Appelons H la force élastique de la masse gazeuse du récipient. Aussitôt que le piston est soulevé, la masse gazeuse occupe le volume $R + C$. Appelons h_1 la force élastique nouvelle de la masse gazeuse. En raison de la loi de Mariotte, nous avons

$$\frac{H_1}{H} = \frac{R}{R + C}$$

$$\text{d'où } H_1 = H \times \frac{R}{R + C}$$

Abaissons le piston et relevons-le. A ce moment la nouvelle force élastique H_2 sera

$$\frac{H_2}{H_1} = \frac{R}{R + C}$$

$$\text{d'où } H_2 = H_1 \times \frac{R}{R + C} = H \left(\frac{R}{R + C} \right)^2$$

Après n coups de piston, on a

$$Hn = H \left(\frac{R}{R + C} \right)^n$$

Comme $R + C$ est plus petit que l'unité, la force élastique dans le réservoir R devrait toujours diminuer et s'approcher de zéro. Mais dans la pratique, il est loin d'en être ainsi.

121 bis. — Machine pneumatique à double effet. — Il arrive un moment où les mouvements du piston sont très fatigants à exercer, car la pression diminuant sur la surface inférieure du piston, tandis que la pression sur la surface supérieure reste la même, l'opérateur doit faire un effort de plus en plus grand pour remonter le piston. On obvie à cet inconvénient en se servant d'une machine à deux corps de pompe, qu'on appelle

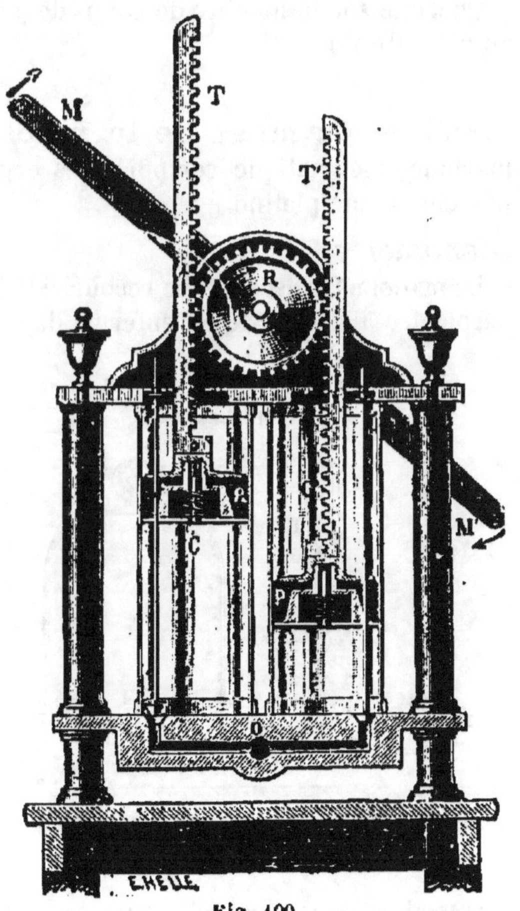

Fig. 100.

machine à double effet. Quand un piston descend, l'autre remonte. Les tiges des deux pistons (fig. 100) sont des crémaillères TT' qui engrènent avec une roue dentée R. Une manivelle MM' à deux bras passe par l'axe de la roue et la met en mouvement. Les deux corps de pompe communiquent à leur partie inférieure avec un seul et même conduit O, qui vient déboucher au centre du plateau.

Avec cette disposition, l'effort à vaincre est très diminué. Il est égal à la différence des pressions sur les surfaces inférieures des deux pistons. En effet, les pressions sur les surfaces supérieures s'équilibrent. La manivelle et les deux pistons peuvent être comparés à une balance. Si l'un des deux plateaux seulement est chargé d'un poids lourd, il faut faire un effort pour le soulever. Si les deux plateaux portent chacun le même poids, ils se font équilibre, l'effort est annulé.

Quel que soit le nombre de coups de pistons donnés, on n'arrive jamais au vide absolu.

122. — Organes de la machine pneumatique. — La machine pneumatique comporte les organes suivants : un manomètre, une clé et une platine.

Manomètre.

Le manomètre est un tube recourbé H (fig. 101) ressemblant à un petit baromètre à siphon. Il est enfermé dans une éprouvette à paroi épaisse, communiquant par un tube à robinet r avec le conduit qui va des corps de pompe au plateau de la machine.

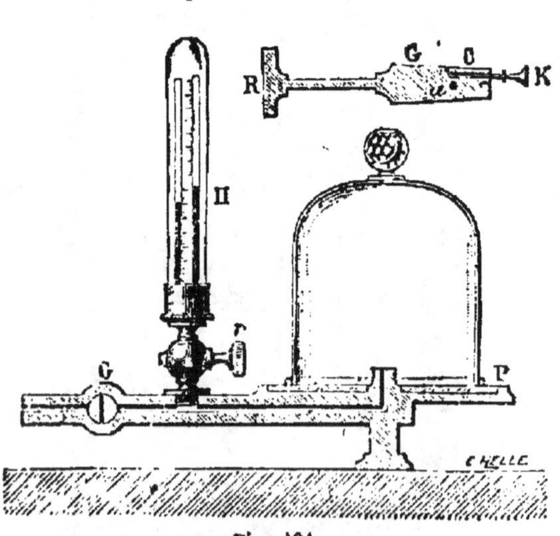

Fig. 101.

Le manomètre a une trentaine de centimètres de hauteur. La colonne de mercure, dans la branche fermée, quand le récipient à vider est plein d'air, touche le sommet du tube; le niveau du mercure est bas dans la branche ouverte. À mesure que l'air est raréfié dans la cloche, le mercure descend dans la branche fermée et monte alors dans la branche ouverte. Plus la raréfaction est poussée, plus les niveaux dans les deux branches tendent à s'égaliser. Le degré du vide est mesuré par les différences des niveaux.

Clé.

La clé R, placée sur le conduit d'aspiration, en G (fig. 101), permet, au moyen de canalisations creusées dans sa masse, d'établir ou de supprimer la communication entre le récipient à vider et les corps de pompe. Elle permet aussi, au moyen d'un petit tube K, tout en conservant le vide dans le récipient, de laisser rentrer l'air dans les corps de pompe, et par suite de rendre l'air au récipient à la fin de l'expérience.

Platine.

La platine P (fig. 101) est un disque en verre dépoli, à surface absolument plane, placé sur le plateau de la machine pneumatique. La cloche dans laquelle on veut faire le vide, a ses bords enduits de suif : ils adhèrent alors à la platine. C'est une sécurité contre la rentrée de l'air extérieur.

125. — Pompe à mercure.

— La pompe à mercure sert aussi à faire le vide. Le mercure qui se déplace y joue le rôle du piston de la machine pneumatique.

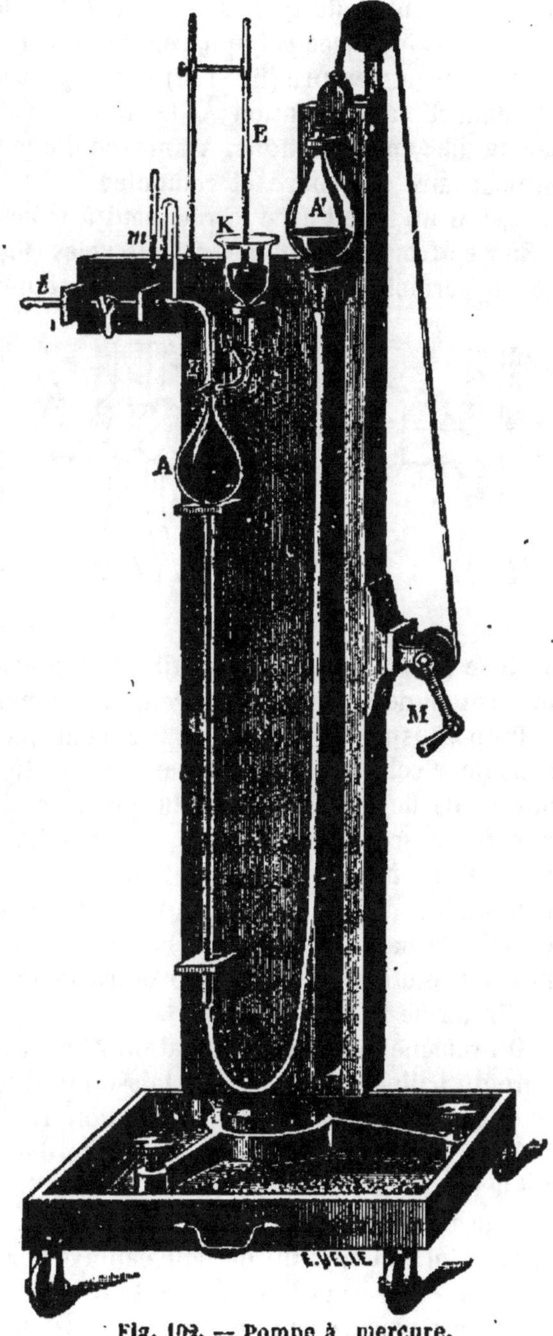

Fig. 102. — Pompe à mercure.

A chaque déplacement du mercure, une

certaine quantité de gaz du récipient à vider est expulsée. Le vide est
poussé plus loin avec cet appareil qu'avec la machine pneumatique.

La pompe à mercure (fig. 102) se compose d'un tube vertical T, terminé
au sommet par un ballon A. Le tube T est relié à un autre ballon A′
par un tube en caoutchouc. Au moyen d'une manivelle M et d'une poulie,
on peut faire descendre et remonter le ballon A′. Le ballon A communique par un tube t avec le récipient à vider (non indiqué sur la figure).

En r se trouve un robinet à trois voies (fig. 102 *bis*), qui, dans la position 1, permet au ballon A de communiquer avec le récipient à vider.

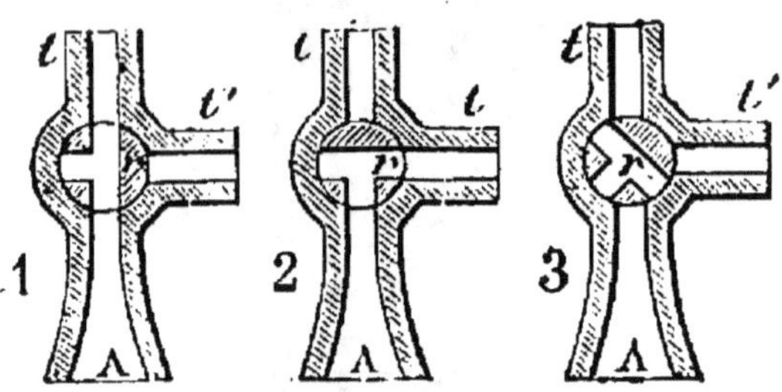

Fig. 102 *bis*.

Dans la position 2 le robinet
permet au ballon A de communiquer avec le réservoir K.

Le tube t′ qui réunit le ballon A au réservoir K, est
muni d'un robinet r′, qui permet de faire communiquer A
avec K.

Supposons que le ballon A′
soit descendu au pied du tube
T; il se trouve alors seul empli de mercure; le ballon A est vide. C'est
la position de repos de l'appareil. Le robinet r est dans la position 3.

Proposons-nous de vider un récipient que l'on a réuni au tube t. Plaçons pour cela le robinet r dans la position 2 et relevons le ballon A′
au-dessus de r′. En raison du principe des vases communiquants, le
mercure descend dans le tube en caoutchouc puis monte par le tube de
verre T et emplit le ballon A. Pour emplir le ballon, le mercure refoule
l'air qu'il a devant lui. En ouvrant avec précaution le robinet r′, l'air
refoulé s'échappe à travers le mercure de K; le mercure suit et il n'y a
plus de solution de continuité entre le mercure de A et le mercure de
K. On ferme le robinet r′.

On ramène maintenant le ballon A′ au bas de l'appareil. Alors le mercure du ballon A descend : il laisse un vide au-dessus de lui. Cela fait,
on place le robinet r dans la position 1. Il en résulte qu'une partie de
l'air du récipient à vider se précipite dans le ballon A. On met aussitôt le robinet r dans la position 2 et on relève le ballon A′ au-dessus de r′.
Le mercure revient dans le ballon A où il refoule encore l'air qu'il a
devant lui. En ouvrant de nouveau avec précaution le robinet r′ le gaz
s'échappe à travers le mercure de K et l'on referme r′.

On recommence cette manœuvre plusieurs fois de suite. Le récipient se
vide peu à peu.

Le tube t qui fait communiquer le récipient à vider avec le ballon A, est muni : 1° d'un manomètre m, qui indique le degré du vide; 2° d'un tube contenant des fragments de potasse pour dessécher le gaz du récipient à vider, de manière que le mercure soit maintenu sec.

L'espace compris entre les positions extrêmes du ballon A' doit être supérieur à 76^{cm}, de façon à produire le vide barométrique.

Lorsque l'appareil est au repos, on met le robinet r dans la position 3.

124. — Trompe à mercure. — Les trompes sont des appareils

qui produisent le vide au moyen de l'écoulement d'un liquide. Elles fonctionnent avec du mercure ou de l'eau sous pression.

La trompe à mercure (fig. 103) se compose d'un réservoir A contenant du mercure. Il communique par un tube en caoutchouc C avec un tube de verre recourbé t, qui s'engage dans une ampoule a. La partie engagée dans l'ampoule est effilée. L'ampoule est soudée au sommet d'un tube B, qui, par son autre extrémité ouverte, plonge dans une cuve à mercure. L'ampoule a, par un robinet r, communique avec le récipient à vider V.

L'écoulement du mercure est réglé de manière qu'il tombe goutte à goutte dans l'ampoule. Chaque goutte agit comme un piston qui refoule devant lui une petite partie de l'air environnant. La petite portion d'air entraînée et la goutte de mercure descendent dans le tube B et, arrivés dans la cuve à mercure se séparent : l'air disparaît.

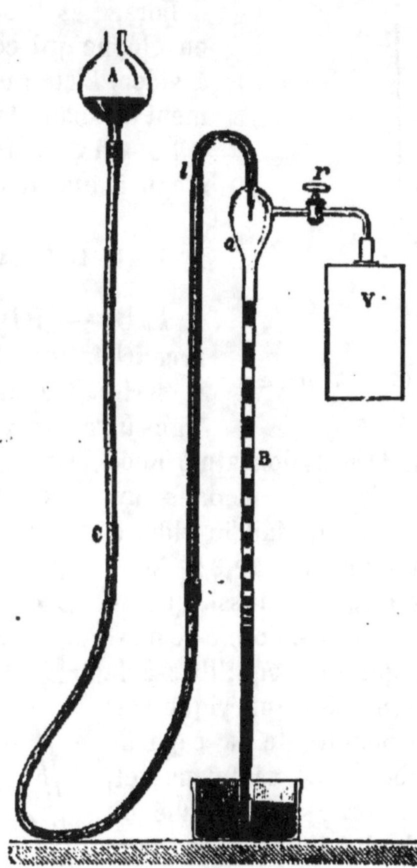

Fig. 103. — Trompe à mercure.

Le récipient V se vide de cette manière jusqu'à la limite de la pression de la vapeur de mercure.

Lorsque le mercure est tombé du réservoir A dans la cuve, on descend le réservoir au-dessous de ladite cuve et l'on vide celle-ci dans le réservoir.

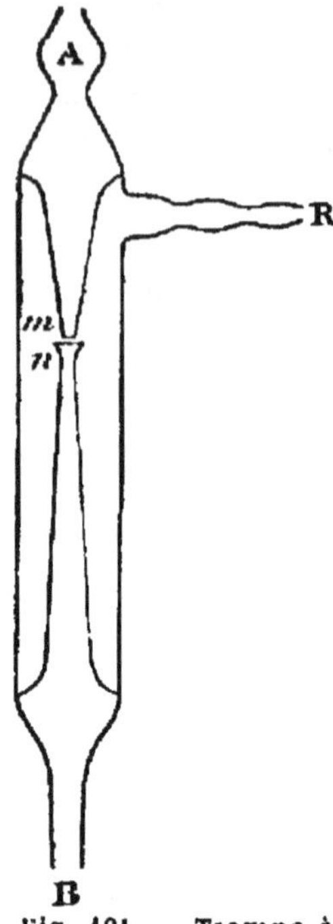

Fig. 104. — Trompe à eau.

La trompe à mercure est employée pour faire le vide dans les lampes à incandescence, les tubes à gaz raréfiés, les baromètres, etc.

125. — Trompe à eau. — La trompe à eau (fig. 104) se compose de deux tubes terminés en cônes allongés m, n, opposés orifice contre orifice. L'eau s'écoule par le réservoir A, passe du tube m dans le tube n et se répand ensuite au dehors. Les tubes m, n, sont enfermés dans une enveloppe qui communique en R avec le récipient à vider. L'air du récipient est aspiré par l'écoulement de l'eau, de m en n, et est entraîné au dehors.

Le vide va jusqu'à la pression de la vapeur d'eau à une température moyenne.

APPLICATIONS DE L'AIR RARÉFIÉ

126. — Siphon. — Un siphon est un tube recourbé, dont les deux branches sont inégales. Il sert à transvaser un liquide d'un vase élevé ans un autre vase placé en contre-bas. Nous avon vu que la pression atmosphérique élève l'eau dans un tuyau où l'on fait le vide, à la hauteur de 10m,33. Nous avons constaté aussi que la hauteur de la colonne de mercure, qui fait équilibre à la pression atmosphérique est indépendante de la capacité du tube et de sa forme; et, que le tube soit penché ou non, la hauteur est toujours considérée verticalement.

Soit un siphon ABC (fig 105).

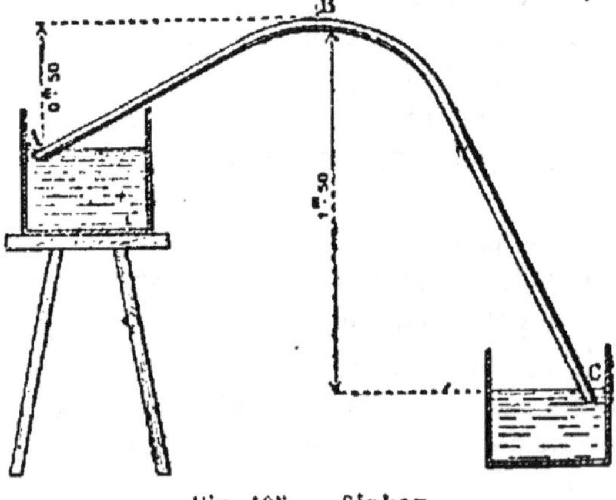

Fig. 105. — Siphon.

Supposons qu'il soit amorcé, c est-à-dire rempli d'eau; les deux branches plongent alors chacune dans un vase où les niveaux sont différents.

Supposons encore, pour un instant, que le siphon soit coupé en deux parties AB et BC.

Considérons la branche AB. La pression atmosphérique qui s'exerce sur la surface A de l'eau du vase, tend à faire monter l'eau dans le petit tube jusqu'à 10^m,33 de hauteur verticale. Si la hauteur verticale de la branche AB est de 50 centimètres, l'eau sera sollicitée de s'écouler vers la droite par une pression représentée par 1033 — 50 = 983.

Considérons maintenant la branche BC. La pression qui s'exerce sur la surface C de l'eau du vase, tend à faire monter également l'eau dans le grand tube jusqu'à 10^m,33 de hauteur verticale. La hauteur verticale de la branche CB étant de 1^m,50, l'eau sera sollicitée de s'écouler vers la gauche par une pression représentée par 1033 — 150 = 883.

Revenons à la réalité : le siphon n'est pas coupé au point B. La pression exercée du côté de la petite branche, de gauche à droite, est 983. La pression exercée du côté de la grande branche, de droite à gauche, est 883. L'équilibre est donc impossible, Alors l'eau s'écoule de la petite branche vers la grande branche, en C.

127. — Pipette.

La pipette est un tube (fig. 106) renflé en son milieu, terminé à sa partie inférieure par une pointe effilée, et à sa partie supérieure par un orifice plus large, que l'on peut boucher avec le doigt. Plongeons la pipette dans un liquide. Le liquide pénètre à l'intérieur. Fermons l'orifice supérieur avec le doigt et retirons la pipette. Un peu de liquide tombe. Il en résulte que l'air resté dans la pipette a maintenant une force élastique moindre, puisque son volume a augmenté. Et comme l'air extérieur ne peut pas rentrer dans la pipette, ni par le haut qui est fermé avec le doigt, ni par le bas, car la pointe effilée est bouchée par le liquide, il arrive un moment où le liquide de la pipette ne s'écoule plus. C'est lorsque la pression atmosphérique qui s'exerce contre l'orifice inférieur fait équilibre à l'air intérieur de la pipette, augmenté du poids du liquide.

Avec la pipette on peut puiser dans un tonneau plein, par la bonde, sans être obligé de percer le tonneau.

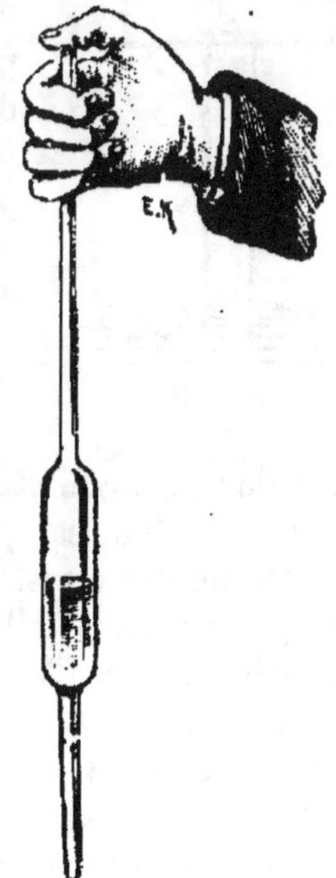

Fig. 106. — Pipette.

POMPES

128. — Si, dans un long tuyau qui plonge dans l'eau, on élève, depuis la surface du liquide qu'il

touche, un piston placé dans le tuyau, on fait le vide dans ce tuyau. Aussitôt l'eau s'y précipite; elle monte; elle suit le piston qui s'élève. L'eau est poussée de l'extérieur dans le tuyau par la pression atmosphérique. Mais dès que la colonne liquide atteint la hauteur de 10^m,33 l'eau s'arrête : elle ne monte plus. C'est qu'à ce moment elle fait équilibre à la pression de l'air extérieur.

Les pompes sont une application de ce principe. Il y a trois sortes de pompes.

120. — Pompe aspirante.

— Elle se compose d'un cylindre A en métal (fig. 107), dans lequel on fait mouvoir un piston B. Celui-ci est percé d'un orifice C, près duquel une soupape peut l'ouvrir ou le fermer. Le corps de pompe communique par un tuyau avec un puits. Ce tuyau est également muni à son orifice supérieur d'une soupape G.

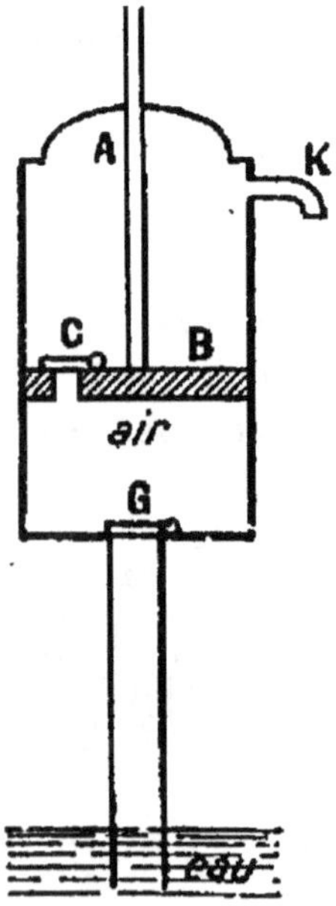

Supposons que le piston soit au bas du cylindre. Les deux soupapes ferment les orifices. Au moyen d'une poignée et d'une articulation en relation avec la tige du piston, soulevons le piston. La soupape C reste appuyée sur l'orifice du piston en raison de son propre poids. En montant, le piston fait le vide au-dessous de lui : alors la soupape G se soulève et l'air se précipite par l'ouverture. Comme il occupe un volume plus grand, sa pression diminue et ne fait plus équilibre à la pression atmosphérique et l'eau monte dans le tuyau.

Fig. 107.

Le piston est maintenant en haut de sa course, et la partie inférieure du cylindre, sous le piston, est pleine d'air et d'eau (fig. 108). Redescendons le piston. La soupape G se ferme par son propre poids; elle clôt l'orifice et empêche l'eau de redescendre. L'air et l'eau étant comprimés soulèvent la soupape C et se répandent au-dessus du piston. Relevons le piston. L'eau qui se trouve au-dessus de lui, oblige la soupape C à s'abaisser et l'orifice du piston est fermé. Toute cette eau est alors entraînée au-dessus du piston qui monte.

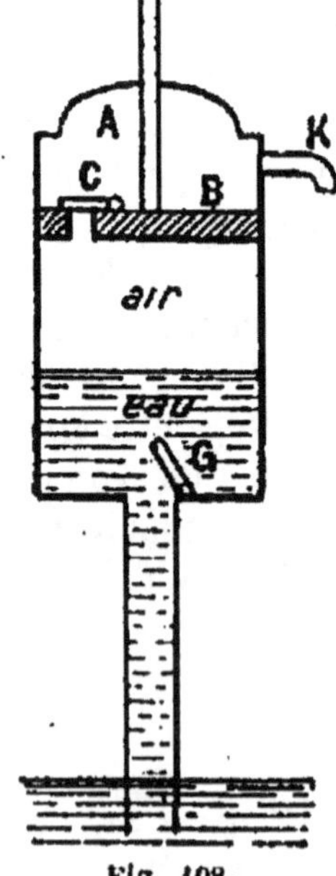

Fig. 108.

Dès qu'elle rencontre le tuyau de sortie K, elle s'écoule au dehors.

En même temps que le piston monte, il fait le vide, une nouvelle masse d'eau monte avec lui, le suit. On n'a qu'à redescendre le piston pour faire passer cette nouvelle masse d'eau au-dessus de lui, et à le remonter ensuite pour la faire écouler. Le débit du liquide se poursuit ainsi par allées et venues du piston.

L'extrémité du tuyau qui plonge dans le puits, est garnie d'un treillage pour qu'il n'y rentre rien.

150. — Pompe foulante.

— Le cylindre de la pompe foulante (fig. 109) est plongé dans l'eau; le piston n'a point d'orifice et le tuyau d'écoulement est fixé au pied du cylindre. Voilà toute la différence avec la pompe aspirante.

L'orifice du tuyau d'écoulement est muni d'une

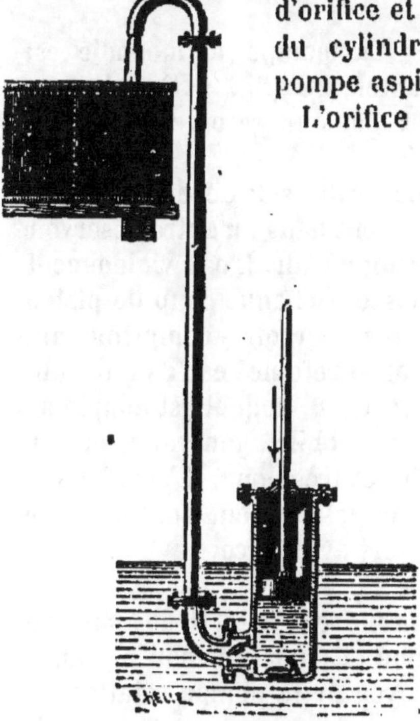

Fig. 100. — Pompe foulante.

soupape qui s'ouvre dans le tuyau même, de manière à fermer l'orifice du cylindre de dehors en dedans. La partie inférieure du cylindre est percée d'un orifice muni d'une soupape, comme la pompe aspirante.

Supposons que le piston soit en bas

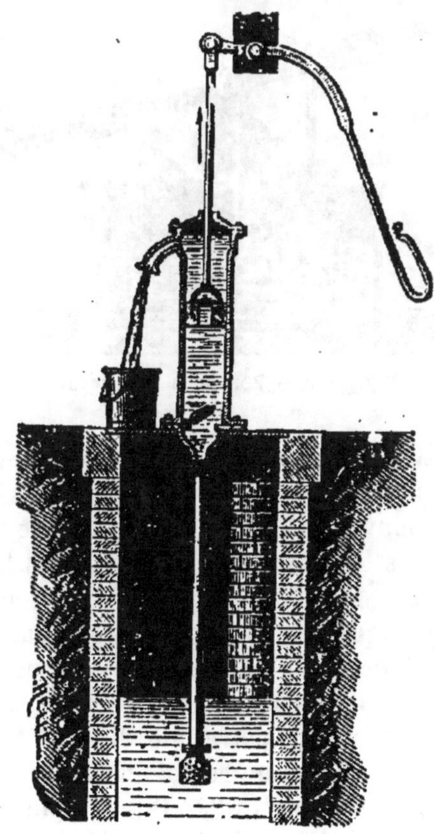

Fig. 110. — Pompe aspirante et foulante.

du cylindre. Élevons-le. Le vide se fait au-dessous de lui. La soupape du tuyau d'écoulement s'abat et ferme l'orifice de ce tuyau. Au contraire, la soupape du cylindre se soulève et l'eau rentre dans le cylindre. Abaissons maintenant le piston. L'eau refoulée abaisse la soupape du cylindre et soulève celle du tuyau. Il en résulte que l'eau monte dans le tuyau d'écoulement et se répand au dehors.

131. — Pompe aspirante et foulante. — Lorsqu'on veut élever au-dessus d'un corps de pompe l'eau d'un puits profond, on emploie une pompe à la fois aspirante et foulante (fig. 110). Elle se compose d'un cylindre de pompe aspirante, et d'un écoulement de pompe foulante.

132. — Pompe à incendie. — La pompe à incendie est un accouplement de deux pompes foulantes CC' (fig. 111) qui plongent dans un réservoir commun AA'.

Les orifices de déversement débouchent dans un autre réservoir R rempli d'air. L'eau violemment chassée à chaque coup de piston dans ce réservoir, y comprime l'air, qui alors refoule l'eau dans un tube de sortie D, auquel est adapté un tuyau mobile, généralement en toile et très long. L'écoulement est nécessairement continu et le jet sort avec force.

Fig. 111. — Pompe à incendie.

133. — Pompe rotative. — Pour rendre le débit de l'eau fourni par une pompe régulier et continu, on imprime à l'eau puisée par la pompe, un mouvement continu et uniforme, au moyen de la pompe rotative.

Dans la pompe rotative (fig. 112) le piston est un tambour T garni de palettes mobiles P_1, P_2, P_3, P_4, excentré par rapport au corps de pompe dans lequel on le fait tourner. L'axe A du tambour ne passe pas par conséquent par l'axe du corps de pompe dans lequel il est logé.

Lorsqu'il tourne, le tambour engendre d'un côté un accroissement de volume et de l'autre une diminution. Il s'ensuit d'une part une aspiration, de l'autre un refoulement.

Les palettes P_1, P_2, P_3, P_4, glissent dans des rainures pratiquées à l'intérieur du tambour, qui le divisent en quatre quadrants. Un disque

D, fixé dans le fond du corps de pompe et concentrique avec lui, empêche les palettes de venir toucher l'axe A du tambour. Il arrive alors par ce dispositif, que les palettes sont deux à deux alternativement repoussées de leurs rainures. Lorsqu'elles sont repoussées, tel est le cas de P_2 et P_3 sur la figure, elles font saillie à la surface du tambour et viennent s'appliquer contre la paroi du corps de pompe, qu'elles obturent; au contraire les palettes P_1 et P_4 rentrent dans le tambour.

Lorsque le tambour tourne dans le sens de la flèche F, les palettes

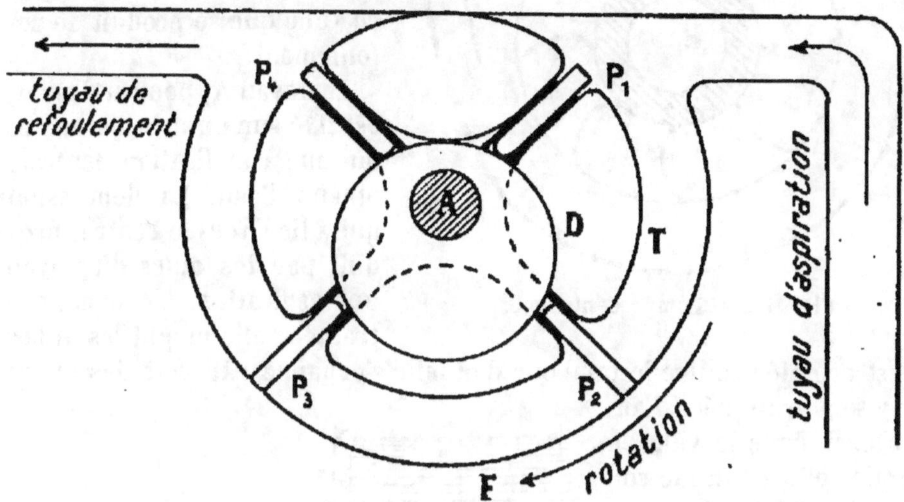

Fig. 112. — Pompe rotative.

P_1 et P_2 emportent un volume d'eau, du tuyau d'aspiration, qui se trouve par suite enfermé dans l'espace compris entre les palettes P_3 et P_2, puis repoussé enfin dans le tuyau de refoulement par la palette P_3.

134. — Pompe centrifuge.

La pompe centrifuge est une pompe rotative où la force centrifuge produit l'aspiration et le refoulement. Elle repose sur le principe suivant : Des ailettes formant entre elles des augets égaux et dont les plans passent par le même axe central, tournant rapidement, soumettent le milieu dans lequel elles sont plongées à une force centrifuge, qui croît avec la vitesse et avec la distance de l'axe à la circonférence limitant les bords extérieurs des ailettes. Lorsque l'on fait tourner violemment une masse liquide, il se développe en effet, des forces centrifuges en vertu desquelles le liquide se porte à la circonférence; il se produit en même temps une dépression au centre.

La pompe centrifuge (fig. 113) se compose d'un noyau creux A qui

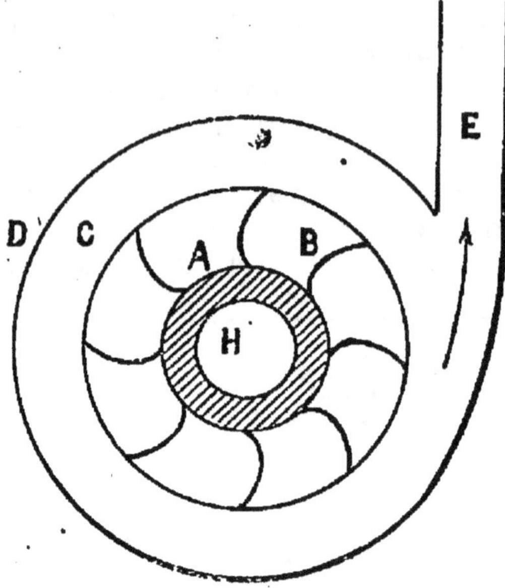

Fig. 113. — Pompe centrifuge.

porte à sa circonférence des palettes courbes ou aubes B. Ce système peut tourner dans un tambour C, logé dans un corps de pompe D. Entre le tambour C et le corps de pompe D est un vide en spirale qui se termine par un tube tangentiel E. C'est par ce tube que se produit le refoulement.

Le noyau A, pourvu *d'ouïes*, est fixé sur un arbre creux H, où une canalisation centrale amène l'eau. La dépression qui a lieu vers le centre, produit par les ouïes du noyau une aspiration. L'eau est entraînée ; elle emplit les aubes et est projetée contre le tambour d où elle s'échappe à travers des fentes qui y sont pratiquées. Lancée ainsi dans le vide en spirale, elle continue son mouvement, et, tel un mobile qui s'échappe par la tangente, elle est refoulée dans le tube tangentiel E.

135. — Roues hydrauliques. — Il y a trois sortes de roues hydrauliques : la roue hydraulique *en-dessus*, la roue hydraulique *en-dessous* et la roue *de côté*.

La roue hydraulique en-dessus est une roue verticale à augets ou aubes, disposés autour d'un tambour (fig. 114). L'eau

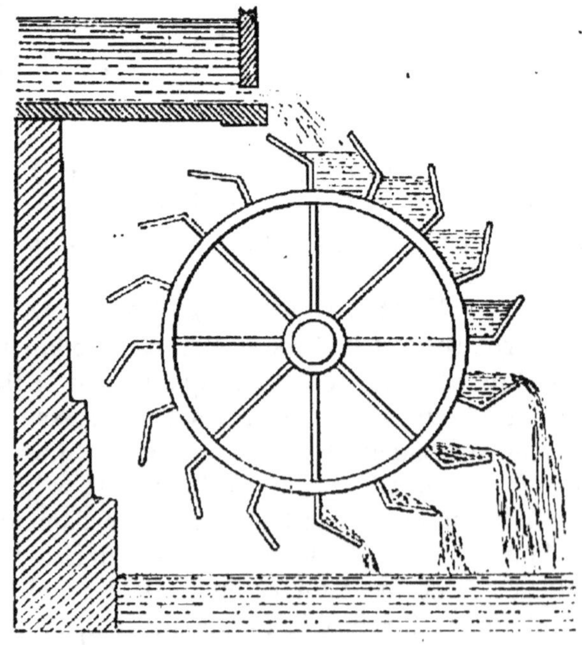

Fig. 114. — Roue hydraulique en-dessus.

est amenée à la partie supérieure de la roue par un canal. Elle tombe dans les augets. Son poids fait tourner la roue autour de son axe. Les augets compris dans la partie descendante de la roue sont toujours pleins d'eau; ils se vident à mesure qu'ils descendent. Les augets compris dans la partie ascendante sont vides. Le travail recueilli par la roue est transmis par son axe à un arbre à engrenages.

La roue hydraulique en-dessous est

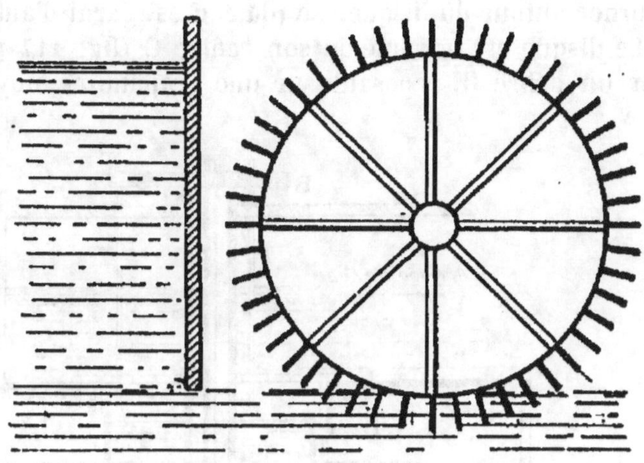

Fig. 115. — Roue hydraulique en-dessous.

à aubes planes ou palettes. Celle-ci sont disposées dans le prolongement des rayons (fig. 115). La roue est placée en avant d'une vanne qu'on lève un peu de manière que l'eau coule avec force à la partie inférieure de la roue. L'eau exerce une pression sur les aubes et la roue est entraînée.

La roue en-dessous est généralement placée entre deux murs.

La roue de côté est analogue à la roue en-dessous. Elle est emboîtée dans un chemin circulaire creusé entre un bief d'amont et un bief d'aval. L'eau frappe les palettes sur le côté, un peu au-dessous de l'arbre de la roue. Le chemin circulaire oblige l'eau à rester emprison-

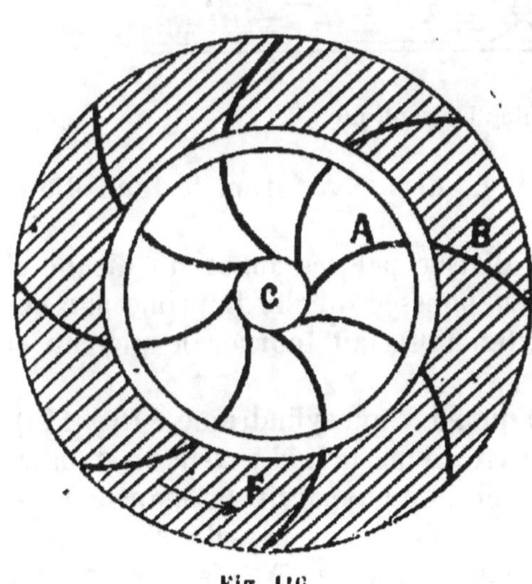

Fig. 116.

née un court instant entre deux palettes consécutives.

156. — Turbine hydraulique. — La turbine Fourneyron

est analogue à la roue qu'elle remplace avantageusement. Elle se compose d'un disque *distributeur* fixe A (fig. 116 projection horizontale), garni d'aubes directrices, et d'un plateau circulaire *récepteur* B, pouvant tourner autour du disque. Le plateau est garni d'aubes réceptrices.

Le disque est traversé en son centre C (fig. 117 projection verticale) par un arbre H, reposant sur une crapaudine noyée E. Le plateau B

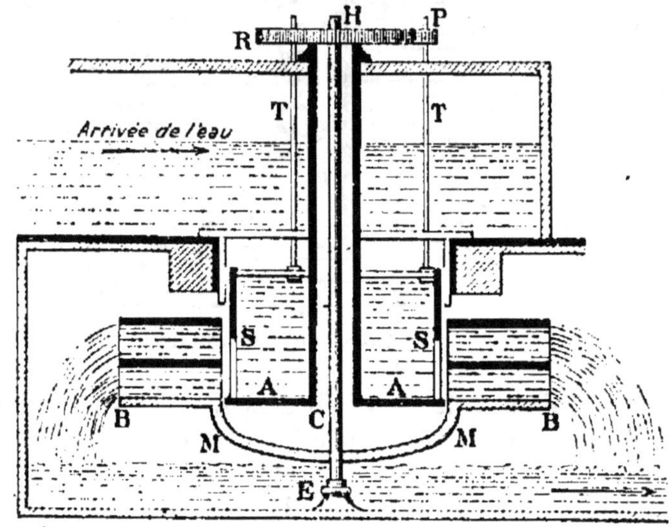

Fig. 117. — Turbine hydraulique.

est réuni à l'arbre par une calotte M. Le disque A forme le fond d'une cuve circulaire.

L'eau qui arrive dans la cuve, est divisée par les aubes du disque et dirigée vers les aubes du plateau. La poussée qu'elle imprime sur ces aubes, dans le sens de la flèche F (fig. 116), fait tourner le plateau et par suite l'arbre dont il est solidaire.

Le vannage est réalisé au moyen d'un manchon cylindrique S (fig. 117), qui glisse contre les parois de la cuve; il permet d'ouvrir un nombre variable d'orifices qui modifient le débit de l'appareil. Le manchon est manœuvré à la main par une roue dentée R sur laquelle s'engrènent trois pignons P. Chaque pignon est réuni à une tige T fixée au manchon. Leur disposition fait qu'on n'en voit que deux sur la figure et qu'un pignon.

Air comprimé

137. — Généralités. — Nous venons de voir d'importantes applications de l'air raréfié et du vide; l'air comprimé a également de nombreuses applications. Car si l'air peut être raréfié, son volume peut être, au contraire, très réduit.

Lorsque de l'air à la pression atmosphérique normale est comprimé, il tend à réagir contre la force qui le comprime; c'est-à-dire que la masse comprimée prend une pression inversement proportionnelle à son volume initial.

L'air est comprimé dans un appareil appelé *compresseur*. C'est un large corps de pompe (fig. 117 *bis*), muni de quatre soupapes ABCD. La tige du piston P qui se meut dans le corps de pompe, est reliée à un moteur quelconque. Les soupapes D et B sont des prises d'air. Supposons que le piston descende. L'air qui est au-dessous est comprimé; il presse la soupape C qu'il ouvre et il est chassé dans le tuyau T, qui le conduit où il doit être rendu. Pendant que le piston descendait, le vide s'est fait au-dessus de lui; alors, sous le poids de la pression atmosphérique, la soupape B s'ouvre et l'air rentre dans la partie supérieure du corps de pompe.

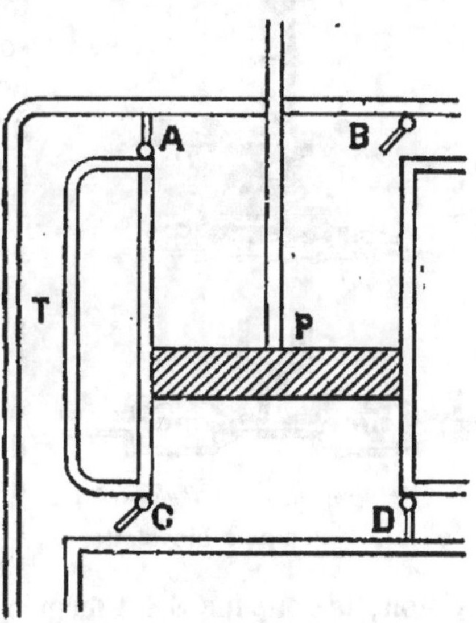

Fig. 117 *bis*. — Compresseur.

Lorsque le piston remonte, c'est l'effet inverse qui se produit : L'air est comprimé au-dessus du piston; il ouvre alors la soupape A et l'air est encore chassé par le tuyau T. Le vide se produit maintenant au-dessous du piston et l'air rentre par la soupape D qui s'ouvre sous le poids de la pression atmosphérique.

L'air comprimé est accumulé dans un réservoir et distribué par une canalisation. Pour employer l'air comprimé comme force motrice, sur un point où l'on ne peut pas établir de machine, comme par exemple dans une mine, l'air comprimé arrive à un petit moteur spécial, ressemblant au cylindre d'une machine à vapeur; il agit successivement sur les deux faces du piston. On transporte de cette manière de l'énergie à distance.

158. — Applications de l'air comprimé.

Pompe à bicyclette.

La *pompe à bicyclette,* qui sert à gonfler les pneus, est aussi une machine de compression. Elle comprime de l'air dans le tuyau de caoutchouc et y accroît peu à peu la pression.

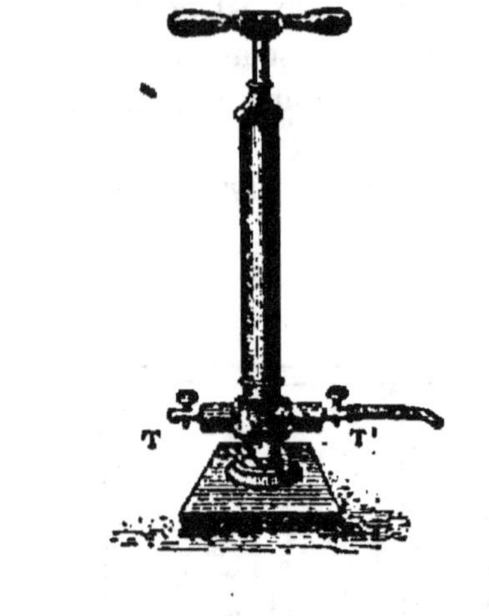

La pompe à bicyclette est composée d'un corps de pompe long et étroit (fig. 118) dans lequel se meut un piston. A la base du corps de pompe, sont soudés deux tubes TT' qui contiennent chacun une soupape conique SS', maintenues par des ressorts à boudin. La soupape d'aspiration S s'ouvre de l'extérieur vers l'intérieur; la soupape de refoulement S' s'ouvre de l'intérieur vers le récipient où l'on doit comprimer l'air.

Supposons que le piston soit au bas du cylindre. Soulevons-le. Le vide produit ouvre la soupape S et l'air entre dans le corps de pompe. La soupape S' reste fermée par la seule pression de l'air du récipient. Abaissons maintenant le piston; la soupape S est fermée par la pression de l'air refoulé et, au contraire, la soupape S' est ouverte : alors l'air aspiré par le piston rentre dans le récipient. Il en est de même à chaque coup de piston.

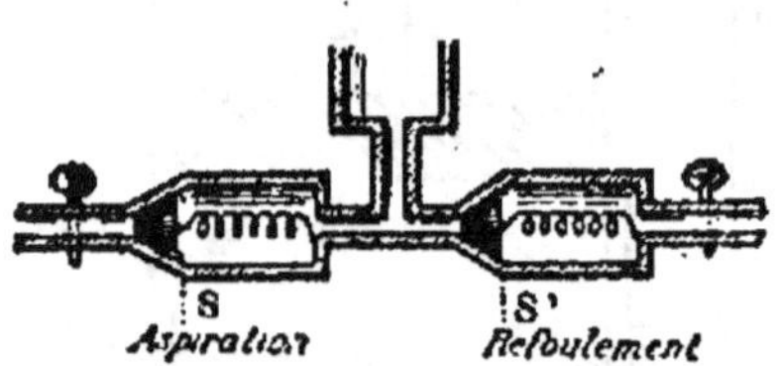

Fig. 118. — Pompe à bicyclette.

Frein Westinghouse.

Le frein Westinghouse sert à arrêter les trains en marche, au moyen d'un bloquage automatique de toutes les roues à la fois. De l'air comprimé est envoyé d'une machine de compression placée sur la locomotive. Chaque voiture possède un frein placé sous le wagon. Le frein se compose d'un petit moteur et d'un réservoir à air comprimé avec lequel il peut communiquer. D'autre part, tous les freins peuvent communiquer entre eux au moyen d'un tube relié d'une voiture à l'autre; la communiration générale est obtenue par la manœuvre d'un simple volant. Lorsque le train doit être arrêté, le mécanicien donne un coup de volant : immédiatement le piston de chaque moteur commande un levier qui porte une pièce de bois appelée *sabot*; celui-ci s'appuie fortement sur la roue et la serre.

Cloche à plongeur.

La caisse à plongeur est une énorme caisse en tôle que l'on descend dans un profond cours d'eau pour permettre à des ouvriers de travailler à la construction d'un pont, d'un tunnel, etc. La caisse est divisée en trois compartiments : le supérieur sert de vestibule pour l'entrée des ouvriers; dans le compartiment intermédiaire, les ouvriers son tmis graduellement en équilibre de pression avec l'air comprimé; le compartiment inférieur est la chambre de travail, où l'air comprimé chasse l'eau et met le sol à nu, que l'on peut alors aisément creuser. Les compartiments communiquent entre eux par des trappes et des échelles.

Scaphandre.

Le scaphandre est un vêtement de caoutchouc, surmonté d'un casque en cuivre étamé, muni de fenêtres qui permettent de voir dans l'eau. Le casque est vissé sur un dispositif adapté au col de manière que le vêtement est complètement étanche. Le casque est muni de deux tubes dont les extrémités restent hors de l'eau : l'un amène l'air comprimé au scaphandrier, l'autre sert à l'expiration.

Ce n'est pas de l'air à la pression normale qu'on envoie au scaphandrier, car il faut qu'il y ait équilibre entre l'air qui rentre dans les poumons et la pression du liquide que le corps supporte. A mesure, en effet, que le scaphandrier descend, la pression environnante augmente.

Autres applications de l'air comprimé.

Le percement des tunnels s'exécute au moyen d'une lance perforatrice actionnée encore par un moteur à air comprimé. Un mécanisme spécial à vis sans fin et engrenages divers permet de transformer le mouvement circulaire de rotation de l'arbre en mouvement hélicoïdal.

A Paris, l'heure, sur les grandes voies, est donnée par des horloges pneumatiques, mises toutes à la fois en mouvement par l'air comprimé.

L'air comprimé sert aussi au transport des dépêches, lorsque la distance est peu considérable. Les bureaux de poste, dans certaines grandes villes, sont reliés entre eux par des tubes où on lance l'air d'un réservoir. Il pousse un piston sur lequel on a pla.é bout à bout des étuis qui renferment les télégrammes.

Certains tramways sont mus par l'air comprimé accumulé dans un réservoir placé sur la voiture. A chaque station, le réservoir est empli de nouveau.

La production du froid est réalisée enfin par la détente de l'air comprimé. C'est ainsi qu'on fabrique l'air liquide, la glace artificielle, etc.

NEUVIÈME LEÇON

CHALEUR

Dilatation. — Thermomètres. -- Coefficient de dilatation des corps solides. — Coefficient de dilatation des liquides. — Maximum de densité de l'eau. — Coefficient de dilatation des gaz.

139. — Définitions. — La chaleur est une forme de l'énergie. Elle est, dit-on, la qualité de ce qui est chaud. Mais cela dépend de la sensation que chacun éprouve. Un objet est **chaud** ou est **froid**, selon l'impression qu'on ressent en le touchant. Cette impression est déterminée par la différence entre la température de notre corps et la température de l'objet touché. Trempons la main dans de l'eau à 35 degrés; elle nous paraît tiède parce que notre corps, a, lui, une température de 37 degrés. De l'eau à 10 degrés est fraîche. A 2 ou 3 degrés nous disons qu'elle est froide. De l'eau à 40 degrés est déclarée *chaude*; à 50 degrés, elle est dite très chaude; au dessus, nous la trouvons brûlante. La chaleu est donc la cause des sensations que nous appelons le chaud ou le froid.

Dilatation

140. — Effets de la chaleur. — La chaleur va d'un corps chaud à un corps froid, jamais d'un corps froid à un corps chaud.

Lorsqu'ils sont chauffés convenablement, tous les corps, qu'ils soient solides, liquides ou gazeux, se dilatent, c'est-à-dire qu'ils éprouvent un accroissement dans leurs dimensions. En se refroidissant, ils reviennent à leur volume primitif.

La dilatation des corps solides est très faible; elle n'est appréciable que dans les métaux. Les liquides se dilatent remarquablement; les gaz sont encore plus dilatables que les liquides.

Un corps **se contracte lorsqu'il se refroidit.**

141. — Dilatation des corps solides. — La dilatation des corps solides est très faible, on peut néanmoins la constater par diverses expériences. On prouve par exemple à l'aide du *pyromètre à cadran* qu'une barre métallique s'allonge lorsqu'on la chauffe. Cet instrument est une tige de cuivre (fig. 119) placée horizontalement sur un foyer. Elle est fixée d'un bout

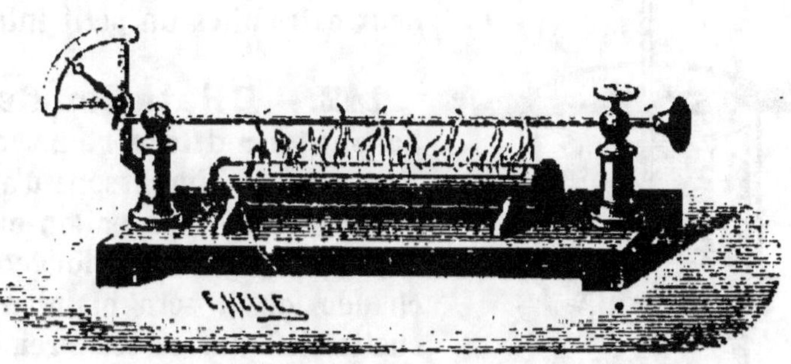

Fig. 119. — Pyromètre.

par une vis, et l'autre bout est appuyé contre la petite branche d'un levier à angle droit, mobile au sommet de l'angle. La grande branche est une aiguille qui peut se déplacer le long d'un cadran. Lorsqu'on enflamme le foyer placé sous la barre, celle-ci s'échauffe, et au bout d'un instant on voit l'aiguille avancer sur le cadran. C'est donc que la barre s'allonge, puisqu'elle pousse la petite branche du levier.

On prouve de même, au moyen de l'anneau de S' *Gravesand*, qu'un corps solide accroît ses dimensions dans tous les sens, c'est-à-dire augmente de volume lorsqu'il est soumis à la chaleur. Cet instrument se compose d'une sphère de cuivre (fig. 120), suspendue par une chaînette au-dessus d'un anneau métallique. Le diamètre intérieur de l'anneau est un peu plus grand que le diamètre de la sphère. La sphère passe alors aisément dans l'anneau. Mais lorsqu'on a chauffé suffisamment la sphère, elle ne peut plus passer à travers l'anneau.

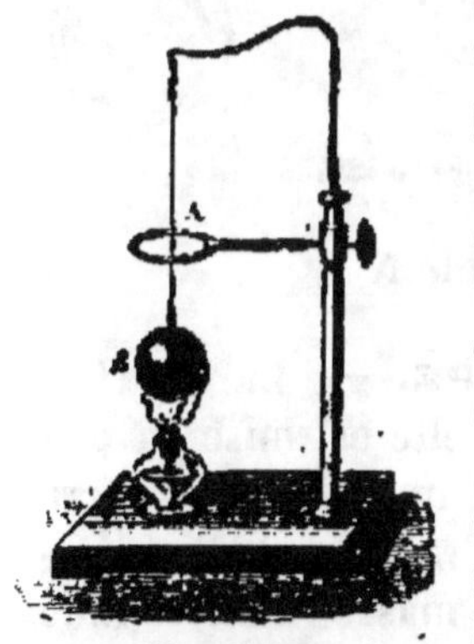

Fig. 120.
Anneau de S'Gravesand.

C'est donc que son volume a augmenté. Les corps solides, lorsqu'ils subissent une élévation ou un abaissement de température, **se dilatent ou se contractent plus ou moins.**

Pour appliquer fortement le cercle de fer sur la roue, le forgeron choisit un cercle d'un diamètre intérieur un peu plus faible que le diamètre extérieur de la roue. Il chauffe fortement le cercle de fer. Celui-ci se dilate et par conséquent s'agrandit. Il entre alors aisément sur la roue. Lorsqu'il se refroidit, il se contracte; en se rétrécissant il se serre sur le bois.

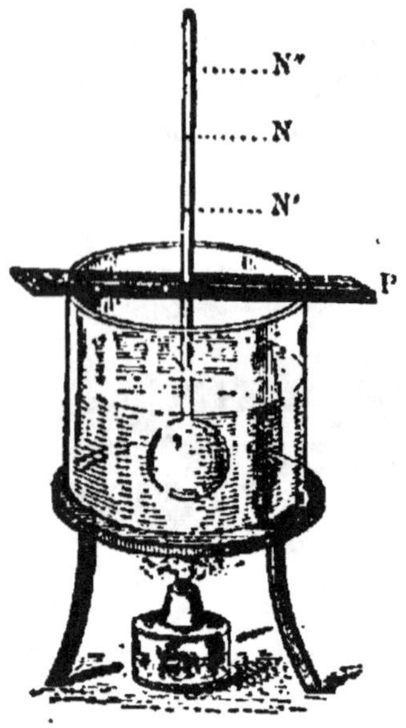

Fig. 121.

Les charpentes en fer, dans les constructions, s'allongent pendant l'été et se raccourcissent pendant l'hiver. On fixe, pour cette raison, bout à bout les rails en laissant entre deux extrémités un petit intervalle.

142. — Dilatation des liquides. — La chaleur dilate remarquablement les liquides. — Emplissons d'alcool coloré jusqu'au niveau N un ballon en verre surmonté d'un tube (fig. 121). Plongeons-le dans l'eau chaude où il sera maintenu par une planchette. Échauffées les premières, les parois du ballon se dilatent les premières, et il en résulte que le niveau N de l'alcool descend en N'; mais aussitôt que le liquide s'échauffe à son tour, on le voit monter rapidement et dépasser de beaucoup le niveau initial. Il s'arrête, par exemple, en N".

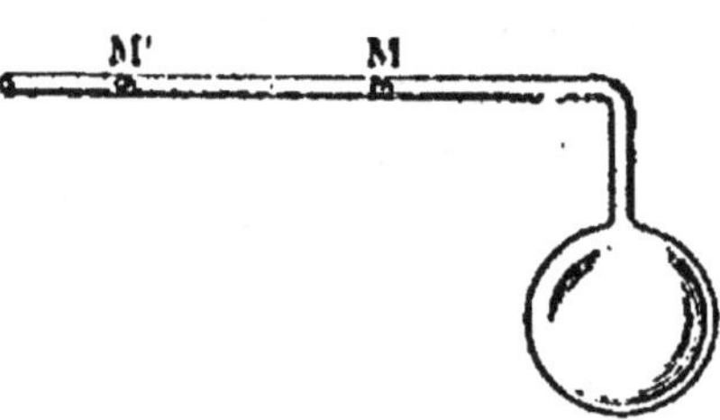

Fig. 122.

143. — Dilatation des gaz. — La dilatation des gaz est considérable; elle est mise en évidence de la manière suivante. Soit un ballon de verre surmonté d'un tube coudé à angle droit (fig. 122). Introduisons dans le tube une petite masse d'un liquide coloré M. Le liquide M sépare l'air contenu dans le ballon, de l'air extérieur. Si nous prenons le ballon à pleines mains, il s'échauffe, et la chaleur qui lui est communiquée, suffit à déplacer la petite masse du liquide; elle est repoussée par exemple en M'. Dès qu'on abandonne le ballon, il se refroidit et la masse liquide revient en M. L'air enfermé dans le ballon se dilate sans que sa force élastique varie puisqu'il fait toujours équilibre à la pression atmosphérique qui s'exerce de l'autre côté de la petite masse liquide.

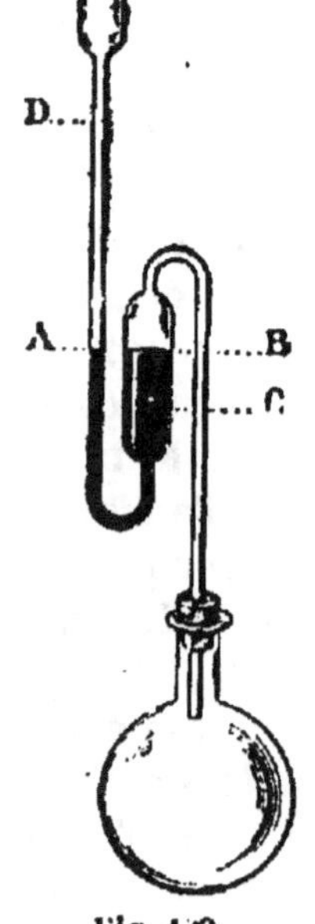

Fig. 123.

La chaleur augmente la force élastique d'un gaz lorsqu'on empêche le volume de ce gaz de s'accroître. En effet, prenons un tube deux fois recourbé (fig. 123), renflé entre les deux courbures. Adaptons son extrémité inférieure à un ballon de verre. Versons du mercure dans le tube, par son orifice O de manière que les niveaux, dans la grande branche et dans la petite branche, s'arrêtent à la ligne AB. Chauffons le ballon : l'air enfermé dans le ballon se dilate et le mercure descend un peu dans la petite branche, par exemple en C; il monte dans la grande branche en D. Mais si l'on ajoute du mercure par l'orifice O on ramène le niveau en B, sa position primitive.

La force élastique de l'air enfermé dans le ballon est donc accrue, puisqu'elle fait équilibre maintenant à la pression atmosphérique, augmentée de la petite colonne de mercure qui se trouve au-dessus du niveau A.

THERMOMÈTRES

144. — La température **n'est pas une grandeur** mesurable, c'est un état. Quand on dit, par exemple, qu'un liquide est à la température de 50 degrés, on n'exprime pas une mesure, mais une comparaison fondée sur l'adoption de nombres conventionnels. Pour établir ces nombres conventionnels, on admet que l'augmentation de volume d'un corps croît proportionnellement à l'élévation de sa température et décroît proportionnellement à l'abaissement de sa température. Alors les volumes successifs d'un même corps constatés à des températures de plus en plus élevées ou de plus en plus basses, peuvent être exprimés par des nombres qui caractérisent ces températures.

145. — Remplissage du thermomètre. — Un thermomètre a l'aspect d'un baromètre, mais il en diffère en ce que le tube est hermétiquement fermé aux deux bouts. Après avoir choisi un tube

Fig. 121.

capillaire à parois épaisses, et bien calibré, on l'emplit de mercure de la manière suivante : A l'extrémité du tube (fig. 124), on soude à la lampe un réservoir de verre. A l'autre extrémité, on soude une ampoule à pointe effilée, ouverte, d'une capacité un peu plus grande que celle du réservoir et du tube. On chauffe un peu le tube et l'ampoule pour chasser une partie de l'air, et l'on plonge l'ampoule dans un bassin rempli de mercure. En raison du refroidissement du tube, la force élastique de l'air qui y est resté diminue sensiblement. Aussi la pression atmosphérique qui s'exerce sur la surface du mercure du bassin, y fait entrer du mercure. Dès que cela est fait, on retourne le tube, de manière que l'ampoule soit en haut. Le mercure tend à descendre, mais l'air resté au-dessous contrarie cette descente. On chauffe de nouveau et des bulles d'air s'échappent. Alors la force élastique de l'air est assez diminuée pour que la pression atmosphérique pousse le mercure jusque dans le réservoir. On porte le tube sur une grille inclinée, garnie de charbons incandescents. Le mercure entre en ébullition et les vapeurs qui se dégagent entraînent le reste de l'air. On n'a plus qu'à plonger le tube dans un liquide de température supérieure à celle que devra indiquer le thermomètre : le mercure se dilate et monte jusque dans l'ampoule. On brise alors le tube au-dessous de l'ampoule et l'on soude l'orifice en ayant soin qu'il n'entre pas d'air. Lorsque le tube se refroidit, le mercure redescend laissant au-dessus de lui un espace vide.

Fig. 125.

146. — Détermination du point zéro et du point 100.

Le point zéro représente la température de la glace fondante. Pour le marquer sur un tube thermométrique, on place le tube dans un vase à fond troué, empli de glace pilée. L'eau de fusion s'échappe à mesure par le fond du vase. Le mercure se contracte et diminue de volume. Son niveau baisse par conséquent dans le tube. Lorsqu'il reste stationnaire, on fait un trait à la lime à son point d'arrêt. Ce sera le 0 de l'échelle thermométrique.

Le point **100** représente la température de la vapeur d'eau bouillante, à la pression de **760 millimètres**. Le thermomètre (fig. 125), est suspendu un peu au-dessus d'un récipient d'eau soumise à l'ébullition. Il est placé dans un manchon métallique fixé lui-même dans un cylindre un peu plus grand. La vapeur est obligée de passer par le manchon central et de redescendre par le cylindre pour s'échapper au dehors. Cette disposition évite le refroidissement de l'air extérieur. L'ébullition doit avoir lieu à la même pression que la pression extérieure; un manomètre montre s'il en est bien ainsi par les niveaux du mercure, qui doivent être les mêmes dans ses deux branches. La vapeur échauffe le thermomètre; le mercure se dilate et monte dans le tube. Il arrive un moment où son niveau reste stationnaire, parce que, dès que l'eau bout, quelle que soit l'intensité du feu, sa température n'augmente plus et la température de sa vapeur lui est égale. On marque encore un trait sur le tube au niveau du mercure. Ce sera le point 100. On divise en 100 parties égales la hauteur 0 à 100, et l'on prolonge les divisions au-dessus du point 100 et au-dessous du point 0. Le niveau du mercure dans le thermomètre indiquera maintenant la température, soit au-dessous, soit au-dessus de 0.

Si la graduation est faite à une pression atmosphérique de 760 millimètres, on marque 100°; si non on se base sur cette remarque que pour une variation de pression de 27 millimètres la température varie de 1°.

147. — Échelles thermométriques diverses. — La graduation que nous venons de faire est une échelle centigrade. Le degré du thermomètre centigrade correspond à la centième partie de l'espace marqué par la dilatation du mercure, passant, dans un tube de verre, sous la pression normale de 760 millimètres, de la température de la glace fondante à la température de la vapeur d'eau bouillante. On néglige la dilatation du tube de verre. Aussi ce n'est pas la **dilatation absolue** du mercure (dilatation du liquide considéré seul) que l'on constate, mais sa **dilatation apparente** (dilatation du liquide dans l'enveloppe). La dilatation absolue est plus grande que la dilatation apparente. On l'observe dans une enveloppe dont la dilatation est inappréciable, un tube en porcelaine, par exemple.

Dans l'échelle de **Réaumur**, le zéro est le point de la température de la glace fondante, et au lieu d'un point 100, on marque le point 80 à la température de la vapeur. L'intervalle est divisé en 80 degrés.

Dans l'échelle de **Fahrenheit**, on marque 32 et 212 au lieu de 0 à 100 et l'on divise l'intervalle en 180 degrés.

148. — Thermomètre à alcool.

— Pour remplir d'alcool coloré au lieu de mercure un tube thermométrique, on chauffe le réservoir ; l'air enfermé dans le tube se dilate et s'échappe en partie ; on verse ensuite un peu d'alcool dans le tube. Dès que l'air resté dans le tube se refroidit, il diminue par conséquent de volume, et l'alcool, poussé par la pression atmosphérique, descend dans le réservoir. On fait bouillir maintenant l'alcool. Les vapeurs d'alcool qui s'échappent entraînent l'air restant. On retourne le tube et on le plonge dans un bain d'alcool. Le liquide monte et emplit le tube. On ferme enfin le tube à la lampe en laissant une très petite quantité d'air au-dessus de l'alcool.

La graduation du thermomètre à alcool se fait par comparaison avec le thermomètre à mercure. L'alcool entrant en ébullition à 78°, ce thermomètre ne peut pas être employé pour mesurer une température supérieure à 78°.

149. — Thermomètre à maxima et à minima.

— Pour fixer avec le plus de précision possible la prévision du temps, il est nécessaire de connaître la température la plus élevée (maxima) et la température la plus basse (minima) de la journée. On utilise pour cela le thermomètre de *Bellani*. Cet instrument réunit à lui seul un thermomètre à maxima et un thermomètre à minima. Il se compose (fig. 126) d'un tube thermométrique, coudé de manière à présenter trois branches A, B, C. Le réservoir B et la partie coudée au-dessus, contiennent de l'alcool ; une colonne de mercure suit, jusque dans la branche C, et enfin, au-dessus du mercure de la branche C, se trouve encore de l'alcool jusqu'au trop-plein G. En somme, une colonne de mercure se trouve placée entre deux colonnes d'alcool. Aux deux extrémités de la colonne mercurielle, en A et en C, ont été amenés deux petits index I et I' en émail, traversés chacun par une aiguille d'acier. Chaque index frotte contre le tube.

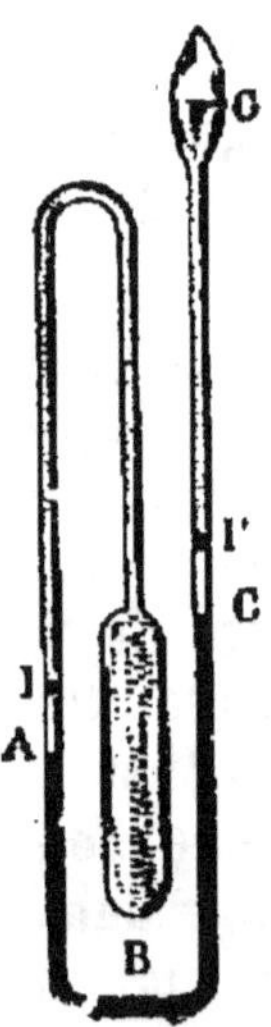

Fig. 126.
Thermomètre à maxima et à minima.

Supposons que la température s'élève : le niveau du mercure baisse dans la colonne A et monte dans la colonne C. Alors le mercure abandonne l'index I et repousse l'index I'. L'extrémité inférieure de l'index I' correspond à une graduation qui donne la température maximum. Quand, au contraire, la température baisse, c'est l'index I' que le mercure abandonne et l'index I qui est repoussé. L'extrémité inférieure de l'index I cor-

espond à une autre graduation, qui donne la température minimum.
On remet l'index au contact du mercure au moyen d'un aimant.

COEFFICIENT DE DILATATION
DES CORPS SOLIDES

Tous les corps ne se dilatent pas d'une manière égale. Des barres
métalliques de même longueur, mais de nature différente, subissent pour
une même élévation de température des allongements inégaux. Il est
utile de connaître ces variations dans un grand nombre d'applications
industrielles : constructions d'édifices, de machines, etc.

150. — Coefficient de dilatation linéaire. — On appelle
coefficient de dilatation linéaire d'un corps, **l'allongement éprouvé
par l'unité de longueur de ce corps, pour une élévation de température de 1 degré.** On détermine le coefficient de dilatation linéaire
d'une barre métallique de 0° à
$t°$ à l'aide d'un *comparateur*.
Cet appareil (fig. 127) se compose d'une caisse C pleine
d'eau, entourée de glace fondante. La température de l'eau
est ainsi maintenue à 0°.

Fig. 127.

On place dans la caisse un
mètre étalon et l'on amène la caisse en face de deux microscopes verticaux A, B. On vise avec les microscopes les points extrêmes D, E,
distants exactement l'un de l'autre de 1 mètre, et l'on substitue au mètre
la barre dont on doit étudier la dilatation. On y grave deux traits qui
correspondent aux extrémités du mètre étalon. On vide maintenant la
caisse et l'on y fait arriver de l'eau à la température $t°$, mesurée avec
des thermomètres placés le long de la barre métallique. On déplace
alors latéralement les microscopes A et B de manière à retrouver les
repères marqués sur la barre; le déplacement L mesure l'allongement
qu'a subi 1 mètre de la barre pour une élévation de $t°$; le coefficient de
dilatation A vaut donc

$$\frac{L}{t}$$

Soit Lo la longueur d'une barre à 0°, A son coefficient de dilatation linéaire. Proposons-nous d'obtenir sa longueur à t^o. Nous dirons :

$$1^m \text{ pour } 1^o \text{ s'allonge de } A$$
$$\text{Lo}^m \quad \text{»} \quad t^o \text{ s'allongent de Lo } At$$
$$\text{Lo}^m \quad \text{à} \quad t^o \text{ deviennent Lo} + \text{Lo } At$$

donc on a la formule

$$L = \text{Lo} + \text{Lo } At$$
$$\text{ou} \quad L = \text{Lo} + (1 + At)$$

La quantité $(1 + At)$ est désignée sous le nom de **binôme de dilatation.**

Le coefficient de la dilatation du fer   est   0,000012
      »   »   cuivre   »   0,000017
      »   »   argent   »   0,000019
      »   »   verre   »   0,00008

151. — Coefficient de dilatation cubique. — On appelle coefficient de dilatation cubique d'un corps, **l'augmentation de son unité de volume pour une élévation de température de 1 degré.** Le coefficient de dilatation cubique d'un corps est très sensiblement le **triple de son coefficient de dilatation linéaire.**

En effet, considérons un cube qui, à 0°, a pour dimensions le centimètre; son volume est alors 1^{cm3}. En le portant à la température de 1°, chaque arête devient $1 + A$, A étant le coefficient de dilatation linéaire de la substance; de sorte que le volume étant le cube de l'arête est devenu $(1 + A)^3$. D'autre part, en appelant K le coefficient de dilatation cubique, l'unité de volume est devenue $1 + K$; on a donc l'égalité

$$1 + K = (1 + A)^3$$
$$\text{ou } 1 + K = 1 + 3A + 3A^2 + A^3$$

or si A est par exemple égal à 0,00002, on a

$$A^3 = 0,000\ 000\ 004$$

A^2 est donc négligeable ainsi que $3A^2$ et à plus forte raison A^3. L'égalité ci-dessus devient alors

$$1 + K = 1 + 3A$$
$$\text{d'où } K = 3A$$

Le volume V d'un corps dont le coefficient de dilatation cubique est K, et le volume à 0° Vo, sera, à la température t, donné par la formule suivante :

$$V = Vo (1 + Kt)$$

152. — Variation de la densité d'un corps avec la température. — Lorsqu'on élève la température d'un corps, son **volume augmente, mais sa masse n'est pas modifiée. Il en résulte que sa densité diminue à mesure que son volume augmente.**

Soit la masse M d'un corps de volume Vo à 0°, de densité Do à 0°; Vt et Dt son volume et sa densité à t°. Nous avons

$$M = Vo \times Do = Vt \times Dt$$

ou

$$Vo \times Do = Vo (1 + Kt) Dt$$

d'où

$$Do = (1 + Kt) Dt$$

et

$$Dt = \frac{Do}{1 + Kt}$$

Les densités d'un corps prises à deux températures différentes, sont **inversement proportionnelles aux binômes de dilatation** (n° 150) relatifs à ces deux températures.

COEFFICIENT DE DILATATION DES LIQUIDES

153. — Lorsqu'au moyen d'un tube de verre on observe la dilatation d'un liquide soumis à une élévation de température, ce n'est pas la dilatation vraie ou absolue du liquide que l'on mesure, mais sa dilatation apparente. Car il faut considérer que le tube de verre se dilate en même temps que le liquide : sa capacité augmente comme augmenterait le volume d'une même masse de verre.

Les physiciens *Dulong* et *Petit* ont réalisé une méthode qui permet de déterminer le coefficient de dilatation absolue d'un liquide sans s'occuper de celle de l'enveloppe. Elle est fondée sur le principe des vases communiquants. La mesure des volumes y est remplacée par la mesure des hauteurs.

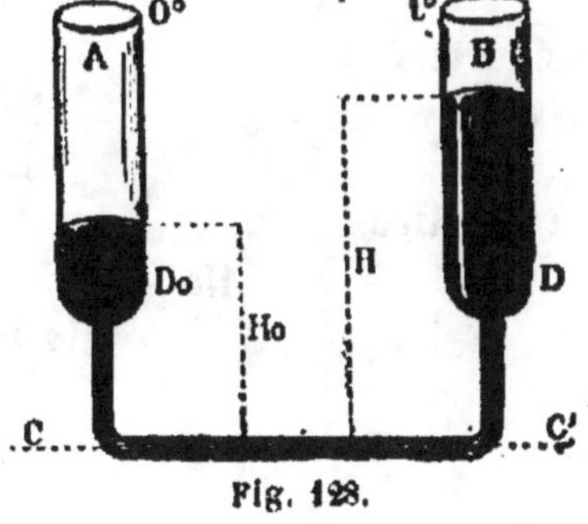

Fig. 128.

L'appareil (fig. 128) se compose de deux larges tubes verticaux A, B, réunis à leur partie inférieure par un tube étroit afin d'éviter les échanges de chaleur et de froid entre A et B. Ils contiennent du mercure. Le tube A est placé dans un manchon plein de glace fondante; le mercure de ce tube est alors à la température $0°$. Le tube B plonge dans un bain d'huile à la température $t°$. Le mercure de ce tube est alors à la température $t°$. La dilatation des tubes peut être négligée, car les différences de niveaux, dans les vases communiquants, sont indépendantes de la capacité des vases.

Le mercure dans la branche B étant à $t°$ a une densité plus faible que le mercure à $0°$ de la branche A; aussi se dilate-t-il, et il s'établit entre les deux branches une différence de niveau.

Le coefficient de dilatation du mercure est calculé de la manière suivante : Étant donné que les liquides dans chaque branche sont à des températures $0°$ et $t°$, leurs densités D_0 et D sont inversement proportionnelles aux binômes de dilatation correspondants (n° 152). Alors en appelant m le coefficient de dilatation du mercure, on a

$$\frac{D}{D_0} = \frac{1}{1 + mt}$$

Mesurons les hauteurs de l'axe du tube de communication CC' aux niveaux du mercure. Désignons-les par H_0 et H. Les hauteurs sont comme les volumes, en raison inverse des densités.

Nous pouvons écrire $\dfrac{H_0}{H} = \dfrac{D}{D_0}$.

Remplaçons $\dfrac{D}{D_0}$ par la valeur que nous avons trouvée plus haut, nous aurons

$$\frac{H_0}{H} = \frac{1}{1 + mt}$$

D'où l'on tire

$$H_0 + H_0\, mt = H$$
$$H_0\, mt = H - H_0$$

et

$$m = \frac{H - H_0}{H_0 t}$$

Supposons que

$$H - H_0 = 30 \text{ millimètres.}$$
$$H_0 = 555 \qquad »$$
$$t = 300 \text{ degrés.}$$

Nous aurons

$$m = \frac{30}{555 \times 300} = 0,00018$$

0,00018 est la dilatation absolue du mercure.

MAXIMUM DE DENSITÉ DE L'EAU

154. — En général, tout liquide, le mercure, par exemple, quelle que soit sa température, se dilate lorsqu'il est chauffé, et se contracte lorsqu'il est refroidi. Mais l'eau prise à la température de 4 degrés, se dilate si elle est chauffée, et elle se dilate encore au lieu de se contracter, si elle est refroidie à partir de 4 degrés jusqu'à zéro.

Étant donné que la densité d'un liquide diminue lorsque sa dilatation augmente, on voit que le **maximum de densité de l'eau est à 4 degrés.** Autrement dit, un litre d'eau prise, par exemple, à 2 degrés, et un litre d'eau prise, par exemple, à 7 degrés, sont un peu moins lourds chacun qu'un litre d'eau à 4 degrés. Il résulte de cette observation que l'eau acquiert aussi à 4° **son minimum de volume.**

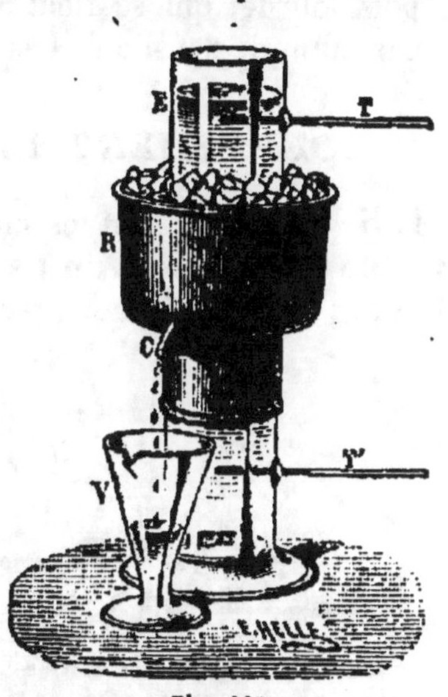

Fig. 129.

Cette propriété de l'eau a une conséquence qui montre combien est prévoyante la Providence. Pour que les poissons puissent vivre, l'eau des lacs, des rivières, etc., conserve toujours au delà d'une certaine profondeur la température invariable de 4°, même lorsque la surface est congelée. Voici pourquoi :

Si les couches superficielles s'échauffent au-dessus de 4°, ou se refroidissent au-dessous de 4°, elles se dilatent dans les deux cas. Elles ont par conséquent une densité plus faible que la densité des couches profondes et sont par suite plus légères. Alors les couches superficielles ne se mélangent pas avec les couches profondes. L'hiver, les couches voisines de la surface peuvent se congeler, mais les couches du fond gardent leur température normale : la glace forme alors un écran protecteur contre le froid extérieur.

Le maximum de densité de l'eau est mis en évidence par l'expérience suivante :

Prenons un vase en verre E (fig. 129), rempli d'eau, garni dans sa partie moyenne d'une galerie métallique R, contenant de la glace concassée. Dans la partie supérieure du vase E pénètre un thermomètre T et dans sa partie inférieure un autre thermomètre T'. Supposons qu'au moment où l'on remplit de glace la galerie métallique, l'eau du vase soit à la température de 10°. Bientôt les deux thermomètres indiquent que la température de l'eau s'abaisse. Le thermomètre T' baisse le plus vite. Cela prouve que l'eau en s'abaissant au-dessous de 10° augmente de densité, et gagne le fond du vase. Mais dès que le thermomètre T marque 4°, il reste stationnaire. Au contraire, le thermomètre supérieur T descend à 4°, à 3°, à 2°, à 1°, puis à 0°. Cela montre que lorsque la température d'une couche d'eau descend au-dessous de 4°, cette couche devient la plus légère et monte à la surface. Au contraire, la couche la plus lourde, qui se tient au fond, a une température de 4°. Donc le maximum de densité de l'eau est sa densité à 4°.

COEFFICIENT DE DILATATION DES GAZ

155. — Les gaz sont les plus dilatables des corps. — La dilatation modifie le volume d'un gaz s'il est maintenu à la même pression ou, au contraire, augmente sa force élastique lorsque son volume est maintenu invariable. La dilatation détermine aussi un changement de densité. La dilatation d'un gaz est proportionnelle à l'élévation de la température.

Le coefficient de dilatation d'un gaz est l'accroissement de l'unité de volume de ce gaz pour une élévation de température de 1 degré sous pression constante.

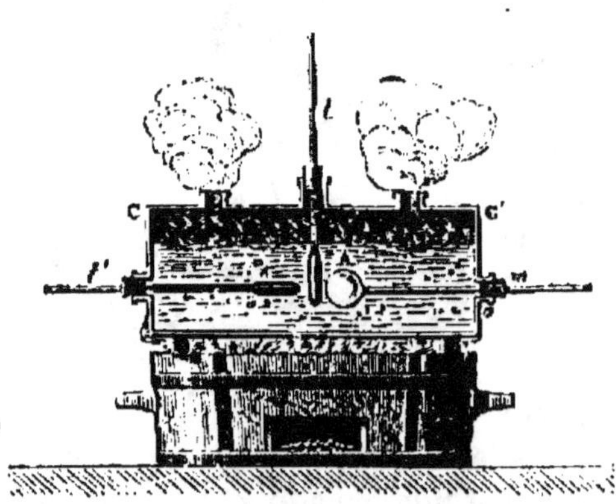

Fig. 130.

Ce fut Gay-Lussac, physicien et chimiste français, qui mesura le premier l'accroissement de volume d'un gaz sous pression constante. Il se servit de l'appareil suivant :

Un ballon A (fig. 130) surmonté d'un tube, après avoir été rempli de mercure sec, est vidé. On laisse seulement dans le tube un petit index de mercure m qui limitera la quantité d'air sec, que l'on aura laissé entrer. L'appareil est placé horizontalement dans une caisse métal-

, lique CC', remplie de glace fondante; l'extrémité du tube traverse un bouchon et sort au point d'affleurement de l'index. Deux thermomètres *t* et *t'* sont fixés dans la caisse pour constater la température. Elle est en ce moment à 0°.

On observe le point d'affleurement de l'index sur le tube. Il marque, par exemple, que le volume d'air est Vo. La caisse est placée ensuite sur un foyer. La glace fond et l'eau de fusion s'échauffe. L'index avance peu à peu vers l'extérieur, parce que l'air enfermé dans le ballon se dilate et son volume s'accroît. Au moment où l'eau entre en ébullition, on observe la position de l'index, position qui ne varie plus, du reste, puisque l'eau bouillante conserve dès lors la température de 100°. L'air dilaté occupe maintenant un volume V. Le volume Vo d'air, à la température 0° s'est accru à la température 100° de V — Vo.

Si l'on appelle A le coefficient de dilatation de l'air, à la pression 76, on a

$$V = Vo\,(1 + A \times 100)$$

A la pression H et à la température t°, le volume V' d'une masse gazeuse est alors donné par la loi de Mariotte : V'. H = V. 76 En remplaçant V par sa valeur ci-dessus, on a

$$V'H = Vo\,(1 + At)\,76$$
$$\text{d'où } V' = Vo\,(1 + At)\,\frac{76}{H}$$

Le coefficient de dilatation de l'air est 0,00367.

DIXIÈME LEÇON

CHALEUR (*suite*)

Calorimétrie. — Changement d'état. — Vaporisation.

Calorimétrie

156. — La calorimétrie a pour objet la **mesure des quantités de chaleur** fournies à un corps ou cédées par un corps, sous une influence quelconque, soit pour élever ou abaisser sa température, soit pour déterminer un changement d'état. Pour élever une masse d'eau de la température 10° à la température 100°, il faut une quantité de chaleur plus grande que pour l'élever seulement de 10° à 50°.

L'unité de mesure des quantités de chaleur est appelée **calorie**. Il y a deux unités de mesure :

1° **La petite calorie qui est la quantité de chaleur qu'il faut céder à 1 gramme d'eau pure pour élever sa température de 1 degré;**

2° **La grande calorie qui est la quantité de chaleur qu'il faut céder à 1 kilogramme d'eau pure pour élever sa température de 1 degré.** Donc, 1 grande calorie = 1000 petites calories.

En multipliant le nombre de grammes d'eau par le nombre de degrés dont l'eau s'est échauffée, on obtient le nombre de calories nécessaire pour réaliser cet échauffement. Ainsi 100 grammes d'eau chauffés à 10° consomment $100 \times 10 = 1000$ calories.

Si m est la masse d'un corps, t la température, le nombre de calories nécessaire pour l'élever à la température t' est égal à

$$m (t' - t)$$

157. — Chaleur spécifique. — On appelle chaleur spécifique d'un corps le **nombre de calories nécessaires pour élever de 1° la température de 1 gramme de ce corps**. Car plusieurs corps de même masse ont besoin de quantités de chaleur différentes, pour éprouver une même variation de température.

En effet, prenons une boule de fer, une boule de cuivre et une boule de plomb, de même masse chacune, et donnons-leur la même tempéra-

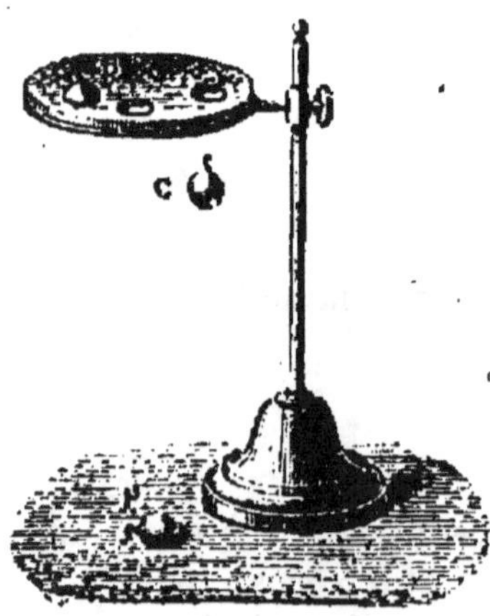

ture en les chauffant ensemble dans un bain d'huile. Retirons-les et déposons-les aussitôt sur un gâteau de cire (fig. 131) suspendu horizontalement. Nous constatons que la boule de fer F fait fondre la première la cire et arrive à terre la première; que la boule de cuivre C la suit de près et que la boule de plomb P reste engagée dans le gâteau, qu'elle n'a pas réussi à trouer tout à fait.

Il résulte de la définition de la calorie que la chaleur spécifique de l'eau est égale à l'unité.

Fig. 131.

158. — Détermination des cha-

leurs spécifiques. Méthode des mélanges. — Nous savons que la chaleur spécifique d'un corps est le nombre de calories nécessaires pour élever de 1° la température de 1 gramme de ce corps. Pour avoir la quantité Q de calories nécessaires pour élever un poids P du corps de $t°$ à $t'°$ nous dirons :

Pour élever 1 gr. du corps de 1°   il faut C   calories.
  » P   » » 1°   » PC   »
  » P   » » $t' - t$ » PC$(t' - t)$ »

$$\text{Donc} \qquad Q = PC\,(t' - t)$$

La quantité de chaleur perdue par le même corps pour s'abaisser de la température t' à la température t, est représentée par la même expression.

Cela posé, voyons comment on détermine la chaleur spécifique d'un corps.

Dans une quantité E d'eau à 0° versons une quantité M de mercure à 100°. La température de l'eau s'élève et celle du mercure s'abaisse. Il arrive un moment où ces deux températures deviennent égales. Supposons que ce soit lorsque la température du mélange est à 9°. L'eau a donc gagné 9 degrés, et le mercure en a perdu 91. Par conséquent la quantité de chaleur qui a élevé l'eau de 9 degrés est égale à la quantité de chaleur perdue par le mercure.

Désignons la chaleur spécifique du mercure par C. Nous savons que la chaleur spécifique de l'eau est égale à l'unité. Alors nous avons

$$\text{Chaleur gagnée par l'eau} \brace E \times 9 \times 1 \quad = \quad {\text{Chaleur perdue par le mercure} \brace M \times 91 \times C}$$

$$\text{d'où } C = \frac{E \times 9}{M \times 91}$$

Pour que l'eau gagne 9 degrés et que le mercure perdé au contraire 91 degrés, il faut prendre 1000 grammes d'eau et 3000 grammes de mercure. On a

$$C = \frac{1000 \times 9}{3000 \times 91} = 0,03296$$

Soit en arrondissant 0,033. Ce nombre est la chaleur spécifique du mercure. C'est-à-dire que pour élever de 1 degré la température de 1 gramme de mercure, il faut 0 calorie 033.

169. — **Appareil de Regnault.** — L'appareil de Regnault

(fig. 132) sert à déterminer la chaleur spécifique d'un corps. Il se compose d'une corbeille de laiton G (fig. 132bis), suspendue dans une étuve

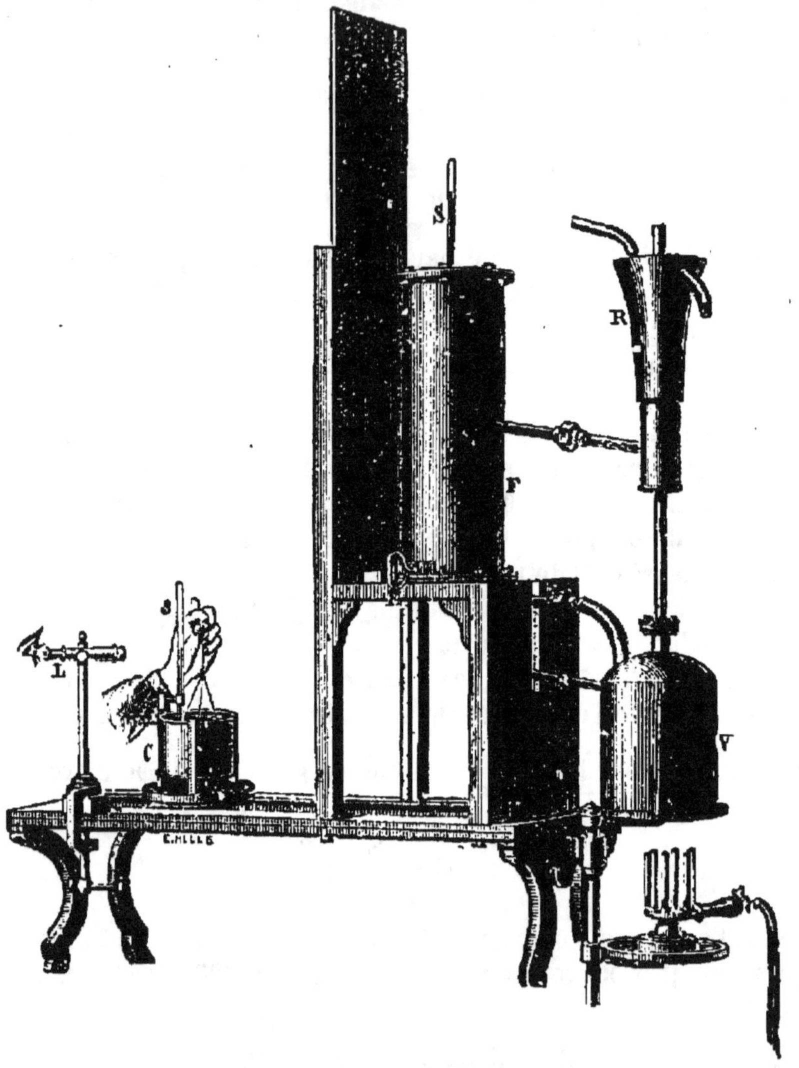

Fig. 132. — Appareil de Régnault.

F (fig. 132). La température de l'air que contient l'étuve est mesurée par le thermomètre S. L'étuve est enfermée dans un cylindre où circule de la vapeur d'eau. Enfin le cylindre est entouré lui-même d'une enveloppe extérieure pleine d'air. Ces dispositions évitent la conductibilité.

A côté de l'étuve se trouve un calorimètre C, composé d'un vase de laiton à parois minces, plein d'eau, qui repose sur des pointes de liège; celles-ci suppriment la conductibilité. Le rayonnement est atténué par la diminution du pouvoir émissif du calorimètre : à cet effet, sa surface extérieure est polie. Le rayonnement est encore intercepté au moyen d'un second vase concentrique au calorimètre, à parois intérieures polies, qui réfléchissent sur le calorimètre la chaleur rayonnée par celui-ci.

La température de l'eau du calorimètre est égalisée au moyen d'un agitateur. Un thermomètre S plonge dans l'eau.

On marque la température t de l'eau du calorimètre.

Lorsque le corps placé dans la corbeille a pris dans l'étuve une température stationnaire T, on amène le calorimètre sous l'étuve et on y fait descendre la corbeille. On ramène maintenant le calorimètre à sa place et on observe le thermomètre S. Supposons qu'il indique la température t'. Négligeons les accessoires de l'appareil : corbeille, vase du calorimètre et thermomètre.

Fig. 132 bis.

Le corps a perdu T — t' degrés

L'eau a gagné   t' — t degrés

Appelons M la masse du corps et C sa chaleur spécifique. La chaleur abandonnée par le corps est égale à

$$MC\ (T - t')$$

Désignons par E la masse de l'eau. La chaleur gagnée par l'eau est égale à

$$E\ (t' - t)$$

puisque la chaleur spécifique de l'eau est 1.

Alors $$MC\ (T - t') = E\ (t' - t)$$

d'où $$C = \frac{E\ (t' - t)}{M\ (T - t')}$$

On fait intervenir dans les calculs les poids de la corbeille, du calorimètre, du verre, du mercure et la chaleur spécifique de ces corps. Mais malgré toutes les précautions, il se produit une certaine perte de chaleur par conductibilité et rayonnement. On corrige la température en prenant non pas la température finale, mais la température qui se produirait s'il n'existait aucune perte de chaleur.

Le calorimètre de Berthelot réalise le minimum de perte de chaleur. Dans cet appareil, le calorimètre est enfermé dans un vase garni extérieurement de feutre. Le vase est plein d'eau, maintenue pendant l'opération à la même température.

160. — Capacité calorifique. — La capacité calorifique d'un corps est exprimée par l'une des trois définitions suivantes :

1° C'est le produit PC du poids du corps par sa chaleur spécifique;

2° C'est le nombre de calories nécessaire pour élever de 1 degré la température du corps;

3° C'est la masse d'eau qui, pour être élevée de 1 degré, demande le nombre de calories nécessaire pour élever aussi de 1 degré la température du corps. On dit quelquefois pour cette raison que la capacité calorifique est *l'équivalent en eau* du corps.

Changement d'état

161. — Lorsqu'un corps solide est porté à une température suffisamment élevée, il se transforme généralement en un liquide. Ce phénomène est appelé **fusion**.

Un liquide refroidi suffisamment devient au contraire solide. Ce phénomène porte le nom de **solidification**.

Si un liquide est soumis à une chaleur convenable, il se transforme en un corps gazeux, que l'on désigne sous le nom de **vapeur**. Ce phénomène est nommé **vaporisation**.

Lorsque les vapeurs sont soumises au froid, elles reprennent l'état liquide. Ce phénomène est appelé **condensation**.

162. — Fusion. — Faisons fondre de l'étain coupé en morceaux; plaçons un thermomètre spécial dans la masse et examinons la température. La fusion commence à 233 degrés et cette température reste invariable jusqu'à ce que l'étain soit entièrement fondu. Recommençons l'expérience avec une autre masse d'étain; la fusion commence encore à 233 degrés et cette température se maintient jusqu'à la fin.

Cela montre que la fusion est soumise à deux lois :

1° Un même corps entre toujours en fusion à la même température, que l'on appelle son point de fusion;

2° Cette température reste invariable jusqu'à ce que le corps soit entièrement fondu.

Le nombre de calories qu'absorbe 1 gramme d'un corps pour fondre, sans variation de température, est appelé la **chaleur de fusion de ce** corps. La chaleur de fusion de la glace est de 80 calories ; elle est beaucoup plus grande que celle des autres corps solides.

Point de fusion de	l'étain	....	233°
»	du plomb	....	325°
»	du zinc	....	433°
»	de la fonte	....	1 100°

163. — Solidification. — Après avoir fait fondre de l'étain élevons encore sa température, puis retirons l'étain du feu. Introduisons le thermomètre dans la masse et examinons les variations de la température. A mesure que l'étain se refroidit, la température descend. Au moment où le thermomètre marque 233 degrés, l'étain commence à se solidifier ; cette température reste fixe jusqu'à la solidification complète du métal. Cette expérience recommencée donne les mêmes résultats.

La solidification est donc soumise à deux lois :

1° Un même corps liquide se solidifie toujours à la même température (qui est sa température de fusion) ;

2° Pendant tout le temps que dure la solidification, la température du corps reste invariable.

164. — Surfusion. — Dans certains cas, un corps reste momentanément liquide à une température inférieure à son point de fusion. Ce phénomène a reçu le nom de **surfusion**. Mais une parcelle solide du même corps projetée dans le corps liquide détermine la solidification immédiate. Cette expérience est réalisée, par exemple, avec le phosphore.

165. — Changement de volume au moment de la fusion ou de la solidification. — Les corps liquides diminuent de volume en se solidifiant. Leur densité par conséquent s'accroît. **L'eau fait exception : elle augmente de volume et alors sa densité diminue.** C'est ce qui explique que la glace flotte à la surface de l'eau.

On voit certaines pierres de construction se fendre pendant l'hiver sous l'action de la gelée. L'accroissement du volume de l'eau qui s'y est infiltrée, dû à la congélation, en est la cause ; d'où l'expression : *geler à pierre fendre*. Quelquefois les tuyaux remplis d'eau se rompent pour la même cause.

166. — Dissolution. — Il ne faut pas confondre la fusion avec la dissolution. La fusion est le passage de l'état solide à l'état liquide sous l'action de la chaleur. La dissolution est le **passage d'un corps**

solide à l'état liquide dû à l'influence d'un corps liquide. Aussi la dissolution considérée comme phénomène qualitatif est indépendante de la température. La dissolution absorbe de la chaleur.

Lorsque la quantité de liquide diminue par suite d'évaporation, le sel que le dissolvant ne peut plus contenir, se dépose : **il cristallise.** En se solidifiant, un corps dégage de la chaleur.

167. — Mélanges réfrigérants.

— Toute substance qui passe de l'état solide à l'état liquide, de l'état liquide à l'état gazeux ou lorsqu'à l'état gazeux elle change de volume et de pression, **absorbe ou libère une quantité de chaleur déterminée,** selon le sens dans lequel s'opère la transformation.

C'est sur l'absorption de chaleur produite par un tel changement d'état, qu'est fondée la production artificielle du froid. On provoque ces changements d'état au moyen de réactions chimiques obtenues par le mélange de certaines substances. On constitue ainsi des **mélanges réfrigérants.**

Une partie de sel marin et deux parties de glace forment un mélange qui détermine la fusion de la glace en produisant un abaissement de température de — 19°. Il en est ainsi (chaleur de fusion, n° 137) parce que pour fondre, 1 gramme de glace absorbe 80 calories.

Une dissolution de sulfate de sodium dans de l'acide chlorhydrique concentré constitue un mélange réfrigérant qui abaisse la température du mélange à — 15°.

Une dissolution de chlorhydrate d'ammoniaque (sel ammoniac) dans l'eau abaisse également la température. C'est ainsi qu'on obtient le froid dans des caisses spéciales appelées *glacières.*

168. — Regel.

— Deux fragments de glace se soudent lorsqu'on les presse l'un contre l'autre. La pression fond la glace aux points de contact, et le liquide qui en résulte s'infiltre dans les interstices des deux fragments. Cette eau se congèle à mesure, parce que la température, à l'intérieur d'un morceau de glace, est inférieure à 0°.

169. — Cristallisation.

— Lorsqu'un corps passe lentement de l'état liquide à l'état solide, il prend l'aspect de masses géométriques plus ou moins régulières qu'on nomme **cristaux.** Ces cristaux forment des polyèdres convexes. Chaque substance a une forme cristalline spéciale. La forme cristalline n'est pas toujours apparente, mais on la reconnaît dans la cassure. Celle-ci a lieu suivant des faces planes, appelées faces de **clivage**. Quelques corps ne cristallisent pas. Telles sont les résines. On les nomme corps **amorphes**.

170. — Sursaturation.

170. — Sursaturation. — En général, les liquides dissolvent une plus grande quantité d'une matière à chaud qu'à froid. Aussi lorsqu'on laisse refroidir l'eau de dissolution, un dépôt solide représentant l'excès dissous à chaud, se précipite dans l'eau refroidie. Mais, si l'eau est mise à l'abri du contact de l'air, il arrive que l'excès dissous à chaud reste dissous. On dit alors que la solution est **sursaturée**. Si l'on fait bouillir de l'eau dans un tube effilé où l'on fait dissoudre, par exemple, en même temps, du sulfate de sodium, en quantité plus grande que le même volume d'eau froide en dissoudrait, et que l'on ferme le tube à la lampe, la dissolution se refroidit et reste claire. Mais dès qu'on brise le tube, l'air rentre et un dépôt solide de sulfate de sodium se précipite dans l'eau.

VAPORISATION

171. — Lorsqu'un liquide se transforme en un gaz, on dit qu'il se vaporise et on donne au gaz le nom de **vapeur**. Les liquides, qui sans le secours de la chaleur se transforment rapidement en vapeur à la température ordinaire, sont appelés **liquides volatils**.

172. — Formation des vapeurs dans le vide. — **Tout liquide volatil se vaporise instantanément dans le vide**. Il donne naissance à des vapeurs douées d'une force élastique comparable à celle des gaz. On le démontre en introduisant dans un baromètre, à l'aide d'une pipette recourbée, quelques gouttes d'éther. Le liquide plus léger que le mercure, monte au sommet du tube et disparaît. Aussitôt la colonne barométrique s'abaisse sous l'influence de la force élastique de la vapeur formée. Lorsqu'on fait arriver d'autres gouttes d'éther dans le baromètre, elles se volatilisent et le mercure baisse encore. La force élastique de la vapeur formée a donc augmenté. Cette vapeur-là est dite **non saturante**, parce qu'elle n'est pas en contact avec un excès d'éther; sa force élastique est encore susceptible d'augmenter.

Il arrive un moment où l'éther introduit cesse de se volatiliser; il reste à l'état liquide à la surface du mercure. C'est que la chambre barométrique renferme la quantité de vapeur qu'elle peut contenir. Alors la force élastique de cette vapeur qui reste en contact avec l'excès d'éther, ne peut plus augmenter. Dans ce cas, la vapeur est appelée **saturante**.

173. — Vapeurs saturantes. — Lorsqu'un espace tel qu'une chambre barométrique est saturé de vapeur à une température déterminée et que l'espace contient un excès de liquide, la vapeur possède son **maximum de tension.**

Introduisons comme tout à l'heure de l'éther dans un baromètre, de manière qu'après la vaporisation qui va se produire, il reste un peu de liquide au-dessus du mercure. Alors la chambre barométrique est saturée. Et nous disons qu'à ce moment la vapeur occupant l'espace AB (fig. 133) possède son maximum de tension. En effet, si nous enfonçons le baromètre dans la cuvette profonde C pour réduire à A'B' l'espace que la vapeur occupait, nous voyons qu'une partie de la vapeur s'est liquéfiée. Au contraire, si nous élevons le baromètre pour agrandir l'espace initial, en A″ B″ par exemple, la couche de liquide diminue. **La tension d'une vapeur saturante est constante et maxima à la température de l'expérience.** La hauteur du mercure dans le tube, que le tube soit enfoncé ou soulevé, ne varie pas.

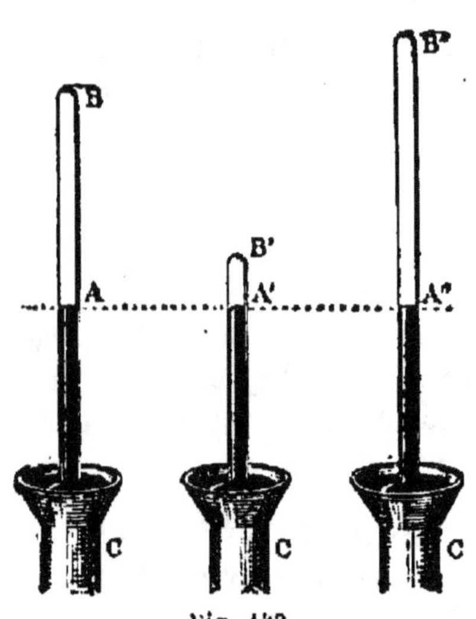

Fig. 133.

Les forces élastiques des vapeurs saturantes de différents liquides, tels que l'alcool, l'éther, le sulfure de carbone, etc., à une même température, **sont différentes.** Ce fait est démontré à l'aide de plusieurs tubes barométriques plongés dans la même cuvette, dans lesquels on introduit, dans l'un de l'alcool, dans l'autre de l'éther, dans le troisième du sulfure de carbone. Le mercure s'abaisse inégalement dans chaque tube. C'est donc que les forces élastiques des vapeurs sont différentes.

174. — Vapeurs non saturantes. — Lorsqu'il ne reste aucun excès de liquide introduit dans la chambre barométrique, autrement dit lorsque la vapeur est non saturante, cette vapeur suit la loi de Mariotte (n° 113) : **à une même température le volume d'une masse gazeuse est inversement proportionnel à la pression qu'il supporte.** Si le volume de la vapeur devient deux fois plus petit, sa force élastique devient deux fois plus forte.

Pour le vérifier, faisons passer de l'éther dans la chambre d'un baromètre (fig. 134), assez peu pour que la vapeur soit non saturante. Supposons que la colonne de mercure soulevée soit de 60^{cm}, alors que le baromètre accuse une pression de 76^{cm} : la vapeur a alors une pression de $76 - 60 = 16^{cm}$. Cela fait, enfonçons le tube dans la cuve : la colonne diminue de hauteur, et quand le volume A'B' de la vapeur non saturante est devenu moitié de ce qu'il était en AB, la colonne soulevée est de 44^{cm}. De sorte que la pression de la vapeur est de $76 - 44 = 32^{cm}$. Elle a doublé. Si $AB = 2$, $A'B' = 1$.

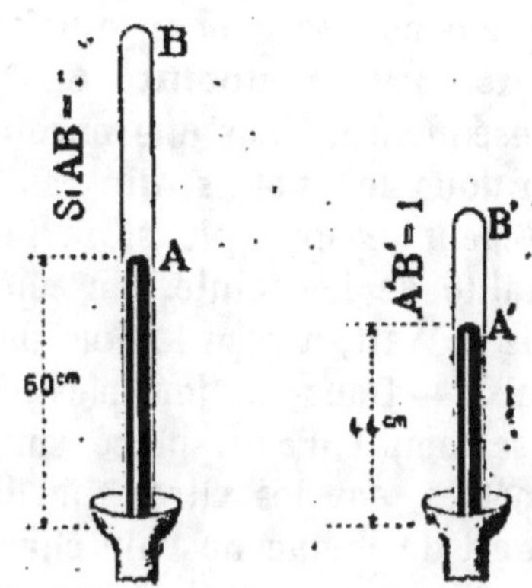

Fig. 134.

175. — Vaporisation dans un gaz.

— Un liquide se vaporise instantanément dans le vide. Il se vaporise aussi dans une enceinte remplie par un gaz, mais plus lentement. **La tension maximum de la vapeur est la même dans un gaz que dans le vide.**

Dans un flacon A (fig. 135), à deux tubulures, rempli d'air, où l'on a versé un peu de mercure, plonge un tube T. Un autre tube t fixé à la seconde tubulure est terminé par un réservoir d'éther. Au moyen d'un robinet r adapté à ce tube, faisons tomber un peu d'éther dans le vase, de manière qu'il en reste un excès non vaporisé sur le mercure. Aussitôt le mercure monte dans le tube T, grâce à la force élastique de la vapeur d'éther, et s'arrête, par exemple, au niveau h. On vérifie que la hauteur h, c'est-à-dire que la pression de la vapeur dans l'air, est la même que celle de la vapeur dans le vide (pour une même température).

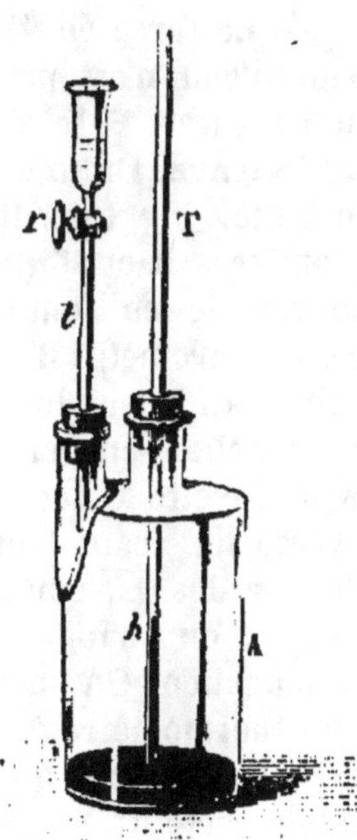

Fig. 135.

176. — Principe de la paroi froide.

— Quand une enceinte est occupée par une vapeur saturante, la tension de ladite vapeur est la tension maxima qui correspond à la température des parois de l'enceinte. Mais si un point de l'enceinte présente une température inférieure à la température des autres points, il y a condensation sur le point froid et la tension de la vapeur **devient dans toute l'enceinte égale à sa tension sur le point froid.** En conséquence, dans une enceinte dont la température n'est pas la même sur tous les points, qui renferme un liquide et sa vapeur, l'équilibre ne peut exister que si la tension de la vapeur est la même dans la totalité de l'enceinte. Ce phénomène, montré par le mécanicien écossais J. Watt, a reçu le nom de *principe de la paroi froide.*

Ex. — Dans les journées froides, la vapeur d'eau qui s'échappe d'un vase rempli d'eau, placé sur le feu, va se condenser sur les vitres des fenêtres, car les vitres sont les parties les plus froides de la pièce. Il en est de même de l'air chargé de vapeur d'eau, expiré de la poitrine. On voit également de la vapeur d'eau contenue dans l'air se condenser sur les parois d'une carafe d'eau fraîche apportée dans la pièce.

177. — Mesure de la force élastique maximum de la vapeur d'eau.

— La force élastique maximum de la vapeur d'eau n'est pas la même à toutes les températures. **Elle augmente avec la température.** On le constate avec l'appareil de Dalton (fig. 136). Il se compose de deux baromètres B et B' plongeant dans la même cuvette en fonte C, contenant du mercure. Le baromètre B' renferme une petite masse d'eau E, sur le sommet du mercure. Un manchon en verre M plongeant aussi dans la cuvette C, entoure les baromètres. On verse de l'eau dans le manchon jusqu'au-dessus des baromètres, et, au moyen du foyer F, on chauffe progressivement l'eau du manchon. On note sa température à l'aide du thermomètre T. On agite l'eau de temps en temps pour qu'une chaleur égale se répande partout. A mesure que la température s'élève, l'eau E contenue dans le baromètre B' se vaporise, et le niveau du mercure descend. La comparaison des niveaux dans les deux baromètres, indique la force élastique croissante de la vapeur d'eau. Quand la température atteint 100 degrés, le niveau du mercure dans

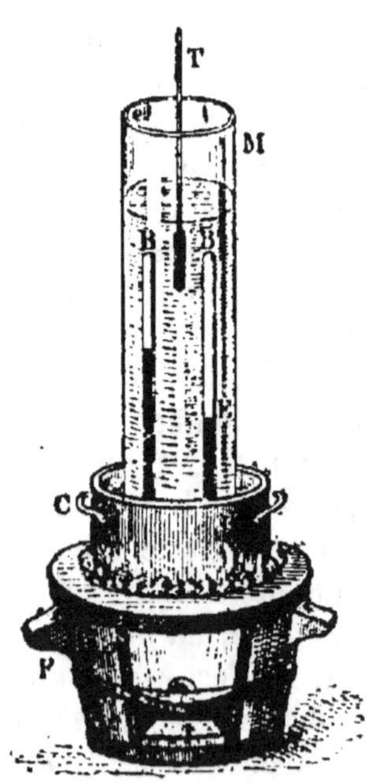
Fig. 136.

le baromètre B' est au niveau du mercure de la cuvette. C'est donc la
force élastique de la vapeur d'eau, augmentant avec la température, qui
fait descendre le niveau du mercure. Et puisque ce niveau descend jusqu'au niveau du mercure de la cuvette, cela prouve de plus que la **force
élastique de la vapeur d'eau bouillante à 100 degrés est égale
à la pression atmosphérique.**

On a mesuré d'une manière analogue avec un autre appareil dû au
physicien Regnault, les forces élastiques de la vapeur d'eau au-dessus
de 100°. Des tables ont été établies.

La pression de la vapeur d'eau ne peut être effective que jusqu'à la
température de 365°, qu'on appelle **point critique.** La pression est, à
cette température, de 200 atmosphères. A partir de 365° la vapeur ne
peut plus être saturante; autrement dit, l'eau ne peut plus subsister en
présence de sa vapeur.

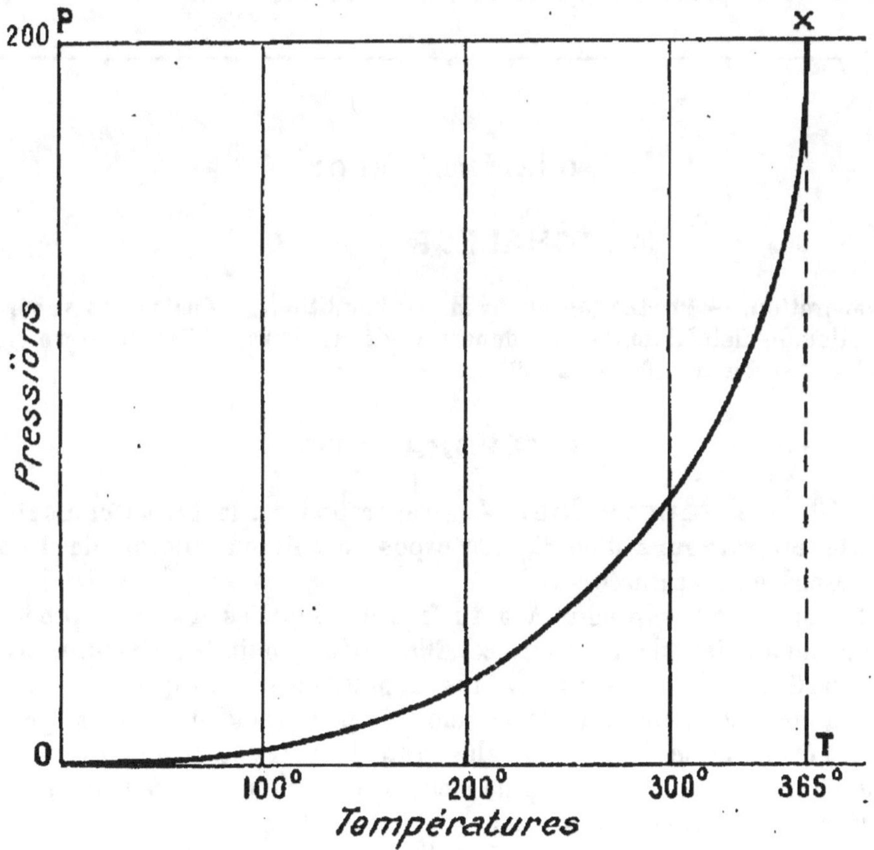

Fig. 137.

FORCES ÉLASTIQUES DE LA VAPEUR D'EAU EXPRIMÉES EN CENTIMÈTRES DE MERCURE.

à	0°	0^{cm},46	
»	20°	1 ,74	
»	50°	9 ,20	
»	80°	35 ,46	
»	100°	76	1 atmosphère
»	120°	152	2 atmosphères
»	135°	228	3 »
»	150°	760	10 »

On représente ces données par des courbes. Les températures sont portées en *abscisses* et les pressions correspondantes en *ordonnées*. OT est l'abscisse du point X (fig. 137), OP son ordonnée.

ONZIÈME LEÇON

CHALEUR (*suite*)

Évaporation. — Production du froid. — Ébullition. — Chaleur de vaporisation. — Caléfaction. — Condensation des vapeurs. — Température critique. — Air liquide. — Distillation.

ÉVAPORATION

178. — Évaporation. — L'évaporation est la **transformation lente en vapeurs** d'un liquide exposé à l'air ou enfermé dans une atmosphère non saturée.

L'évaporation se produit à la surface des liquides et elle est proportionnelle à l'étendue de la surface. Elle a lieu à toute température, mais elle croît avec la température. Plus la pression de la vapeur au-dessus du liquide est faible, plus le liquide s'évapore rapidement. C'est pourquoi l'évaporation de l'eau est plus grande à l'air sec qu'à l'air humide; que le linge mouillé sèche plus facilement dans un courant d'air, qui enlève la vapeur d'eau produite.

Lorsqu'un liquide passe à l'état de vapeur, il absorbe une certaine quantité de chaleur qu'il emprunte à lui-même et au corps avec lequel il est en contact.

Plus l'évaporation est rapide, plus l'abaissement de la température du liquide est sensible.

Versons sur la main quelques gouttes d'éther, le liquide s'évapore presque instantanément. Le froid éprouvé est très appréciable. Versons au contraire quelques gouttes d'un liquide non volatil, de l'huile, par exemple, on ne ressent rien.

Lorsqu'on est en transpiration, c'est l'évaporation de la sueur qui produit le refroidissement du corps. Aussi, dans ce cas, il est dangereux de rester dans un cou‑rant d'air, qui active l'évaporation.

179. — Congélation de l'eau dans le vide.

— On verse quelques gouttes d'eau dans une capsule de liège a légèrement calcinée (fig. 138), placée au-dessus d'un vase C contenant de l'acide sulfurique; puis on dispose le tout sous la cloche d'une machine pneumatique et l'on fait le vide.

Une partie de l'eau s'évapore rapidement et le

Fig. 138

froid produit congèle ce qui reste d'eau. La chaleur de vaporisation est empruntée à l'eau, car le liège est mauvais conducteur de la chaleur. L'acide sulfurique empêche la saturation de la cloche en absorbant la vapeur d'eau.

Partant de cette expérience, on congèle de petites quantités d'eau au moyen de l'appareil *Carré*. Il se compose d'un corps de pompe de machine pneumatique T (fig. 139). Le récipient est une

Fig. 139. — Appareil Carré.

carafe C emplie à moitié d'eau. Sur le trajet du tube A qui fait communiquer la carafe avec le corps de pompe se trouve un réservoir R où l'acide sulfurique absorbe à mesure les vapeurs formées, lorsqu'on fait le vide. Dès que la pression est assez basse, l'eau entre en ébullition et se congèle. L'eau bout pendant un court instant, grâce à l'absence de la pression que produit la machine pneumatique.

180. — Production mécanique du froid. — La production mécanique du froid est facile à réaliser. Prenons un exemple très simple. On sait qu'une pompe à bicyclette s'échauffe lorsqu'elle travaille au gonflement d'un tube pneumatique. Cela tient à la compression des molécules d'air les unes sur les autres. Dès que cet air est soumis à la dilatation, le phénomène inverse se produit : il y a abaissement de la température. La compression suivie d'une dilatation est donc un travail nul pendant lequel la chaleur produite est absorbée. Pour produire le froid, il n'est alors besoin que d'une pompe aspirante et foulante qui, d'une part, produit la vaporisation d'un liquide, et de l'autre la compression de la vapeur, ramenée ainsi à l'état liquide.

Les machines qui servent à la fabrication artificielle de la glace sont fondées sur ce principe. Ce sont des machines à compression et à évaporation d'un gaz liquéfié tel que l'ammoniaque, l'anhydride sulfureux, le gaz carbonique, etc. Elles sont composées de trois organes essentiels : un *compresseur*, un *condenseur* et un *réfrigérant*. Les vapeurs, à mesure qu'elles sont formées sont aspirées et liquéfiées. Le même gaz subit sans cesse ces transformations sans aucune perte. La circulation des vapeurs traverse un liquide incongelable composé d'eau plus ou moins saturée de chlorure de magnésium ou de sodium. Dans la saumure dont la température est maintenue à environ — 5° plongent des récipients remplis d'eau à congeler. La congélation dans les moules dure de 8 à 24 heures, selon le volume desdits moules.

ÉBULLITION

181. — Ébullition. — L'ébullition est provoquée par la chaleur. Elle est caractérisée, quand on chauffe un liquide, par des bulles de vapeur qui se forment (fig. 140), et viennent crever à la surface; la vapeur disparaît ensuite dans l'air.

Les premières bulles sont formées par de l'air en dissolution dans l'eau, qui se dégage. Ensuite, les bulles de vapeur s'élèvent et viennent

crever dans les couches supérieures plus froides que les couches inférieures ; en se condensant, elles produisent un certain bruissement qu'on
exprime en disant que l'eau *chante*. Ce n'est qu'après que les bulles
s'élèvent à la surface : l'eau bout.

Quand on chauffe de l'eau à la pression atmosphérique normale de
760 millimètres, par définition
de la température 100°, elle bout
à 100 degrés. C'est ce qu'on appelle son **point d'ébullition**.
Plus la pression sur un liquide
chauffé augmente, plus l'ébullition est retardée ; mais le liquide
s'échauffe de plus en plus. A une
pression de 2 atmosphères, l'eau
ne bout qu'à 120°. Si la pression
diminue, l'eau bout au contraire
plus tôt. La pression n'étant sur
le Puy de Dôme, en Auvergne,
que de 630 millimètres, l'eau y
bout à 93 degrés. A cette température, certains aliments subi-
raient une cuisson imparfaite
dans l'eau.

La force élastique des vapeurs
produites augmente avec la température.

La température des vapeurs
d'un liquide en ébullition est sensiblement la même que la tem-

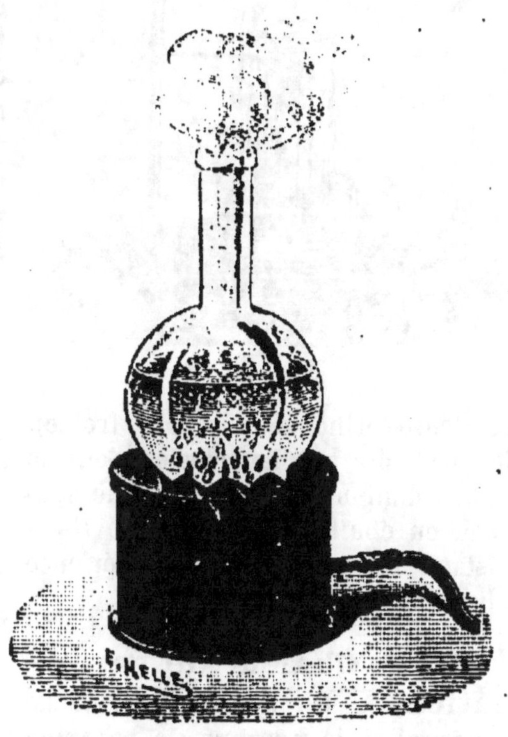

Fig. 140. — Ebullition.

pérature du liquide lui-même. Le point d'ébullition n'est pas le même
pour tous les liquides : l'eau bout à 100°, l'alcool à 78°, l'eau saturée
de sel marin à 109°.

L'ébullition est soumise aux lois suivantes :

1° Un même liquide, sous la même pression atmosphérique,
commence toujours à bouillir à la même température ;

2° Dès que l'ébullition est commencée, la température du
liquide reste constante pendant toute la durée de l'ébullition ;

3° L'ébullition ne peut se produire que lorsque la force élastique de la vapeur qu'il émet est égale à la pression extérieure
qui agit sur le liquide.

Cette troisième loi a permis au physicien américain Franklin de réaliser une curieuse expérience. De l'eau est mise à bouillir dans un ballon de verre (fig. 141). Dès que la vapeur qui sort du ballon a entraîné tout l'air qui s'y trouvait, on bouche le ballon, on le retourne et l'on fait plonger le col dans l'eau pour éviter les rentrées de l'air.

Le liquide du ballon cesse évidemment de bouillir. Mais si l'on verse de l'eau froide sur le ballon, la vapeur dont il est plein se

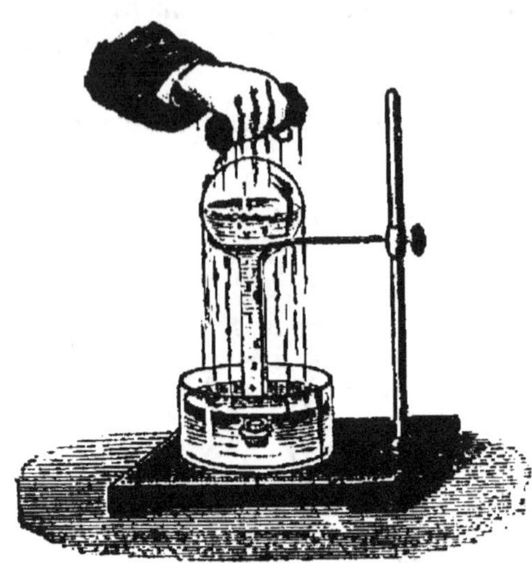

Fig. 141.

condense (principe de la paroi froide). Il en résulte que la pression dans le ballon diminue et l'eau entre de nouveau en ébullition pendant un court instant. On peut répéter l'expérience plusieurs fois de suite.

182. — Chaleur de vaporisation.

— On appelle chaleur de vaporisation le **nombre de calories qu'absorbe à une température donnée un gramme d'un liquide pour se transformer à cette même température en vapeur saturante.** La quantité de chaleur nécessaire à la formation d'une vapeur, est égale à la quantité de chaleur abandonnée par ladite vapeur pour se liquéfier. Ainsi dans un alambic, la vapeur qui vient se condenser dans le réfrigérant, échauffe rapidement l'eau de ce dernier; il faut la renouveler sans cesse.

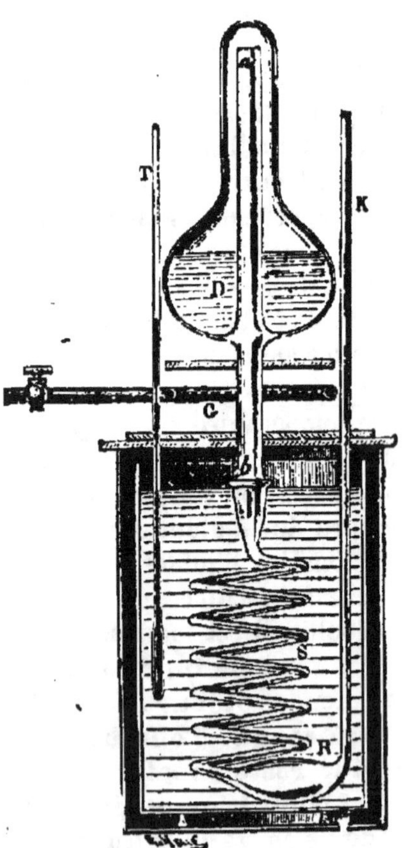

Fig. 142.

On détermine la chaleur de vaporisation au moyen de l'appareil de Berthelot (fig. 142). C'est un récipient en verre D, en forme de poire, dans l'axe duquel est soudé un tube ouvert aux deux bouts. L'orifice du récipient est alors en b. A cet orifice est adapté un serpentin S qui plonge dans l'eau d'un calorimètre. Le serpentin se termine par un renflement R, mis en communication avec l'atmosphère par le tube K.

Le liquide est introduit dans le récipient et porté à l'ébullition pendant un certain temps au moyen d'un fourneau à gaz G.

Soit C la capacité calorifique du calorimètre, du serpentin, du thermomètre, etc.; t la température et m la masse de l'eau du calorimètre.

Faisons bouillir pendant un instant l'eau du récipient D, puis arrêtons l'ébullition.

Soit t' la température finale de l'eau du calorimètre.

L'augmentation de la masse du serpentin et du calorimètre, donne la masse M du liquide condensé. Ce liquide a abandonné au calorimètre sa chaleur de vaporisation X, plus la quantité de chaleur qu'il a perdue en tombant de sa température d'ébullition T à t'.

La chaleur perdue par le liquide vaporisé est donc

$$M X + M (T - t')$$

La chaleur gagnée par le calorimètre est

$$(m + c) (t' - t)$$

Comme la quantité de chaleur perdue par le liquide vaporisé est égale à la quantité de chaleur gagnée par le calorimètre, on a

$$M X + M (T - t') = (m + c) (t' - t)$$

d'où

$$X = \frac{(m + c) (t' - t) - M (T - t')}{M}$$

On trouve ainsi, par exemple, que la chaleur de vaporisation de l'eau à 100° est de 537 calories.

185. — Caléfaction. — Lorsqu'on jette un peu d'eau sur le couvercle rougi d'un poêle en fonte, cette eau se divise en globules qui roulent sur la plaque sans la toucher. Ce phénomène a reçu le nom de *caléfaction*. Les globules caléfiés ne touchent pas la plaque parce qu'ils en sont séparés par des vapeurs qui forment comme un matelas entre le globule et la plaque. Ces globules animés d'un mouvement rapide diminuent peu à peu de volume et disparaissent sans avoir été le siège d'aucune ébullition.

On explique le phénomène de la caléfaction par la vaporisation superficielle seulement des globules et continue, jusqu'à ce qu'il ne reste plus de liquide. C'est le dégagement de cette vapeur qui produit les mouvements des globules.

La caléfaction donne la raison des explosions qui se produisent quelquefois dans les chaudières de machines après l'extinction du foyer. Voici ce qui se passe : A la faveur des incrustations calcaires qui s'y produisent souvent, les parois d'une chaudière ne sont pas en contact avec l'eau, et sont amenées par suite à une température élevée. Si lorsque le foyer a été éteint, une partie de paroi se dégarnit de son incrustation, l'eau entre en contact avec elle et comme cette paroi est encore très chaude, la caléfaction se produit. Le dégagement considérable de la vapeur fait une pression telle que la chaudière éclate.

CONDENSATION DES VAPEURS

184. — Condensation des vapeurs. — Lorsqu'on fait arriver dans un vase refroidi les vapeurs d'un liquide en ébullition, elles se condensent.

Nous avons vu (Principe de la paroi froide) que dans une enceinte qui renferme un liquide et sa vapeur, l'équilibre est rompu dès que sur un point de l'enceinte il y a abaissement de la température. Et la vapeur se condense.

Les vapeurs abandonnent au vase refroidi la chaleur qu'elles avaient absorbée pour se vaporiser. Il en résulte qu'il faut entretenir le refroidissement, autrement le vase s'échaufferait et les vapeurs ne se condenseraient plus.

La condensation de la vapeur d'eau contenue dans l'air d'un appartement est très apparente, l'hiver, sur les vitres refroidies par le froid extérieur; elle y forme une buée.

Les lois sur la formation des vapeurs montrent que si l'on comprime une vapeur, elle se condense. Il en est ainsi parce que la compression rend une vapeur saturante. Alors, à ce moment, un excès de pression suffit pour produire la condensation. Lorsqu'on veut condenser une vapeur par la pression, il faut, à une température donnée, soumettre la vapeur à une pression égale à sa pression maximum. Plus la température est basse, plus la pression pourra diminuer.

185. — Liquéfaction du gaz. — Nous avons vu n° 173 que les vapeurs non saturantes se comportent comme les gaz ; on en a conclu que les gaz sont des vapeurs éloignées de leur point de liquéfaction, et qu'on peut les liquéfier.

Les gaz sont en effet liquéfiables, soit par compression, soit par refroidissement, soit encore par compression et refroidissement combinés.

Liquéfaction par refroidissement.

Produisons par exemple du gaz sulfureux en plaçant dans un ballon

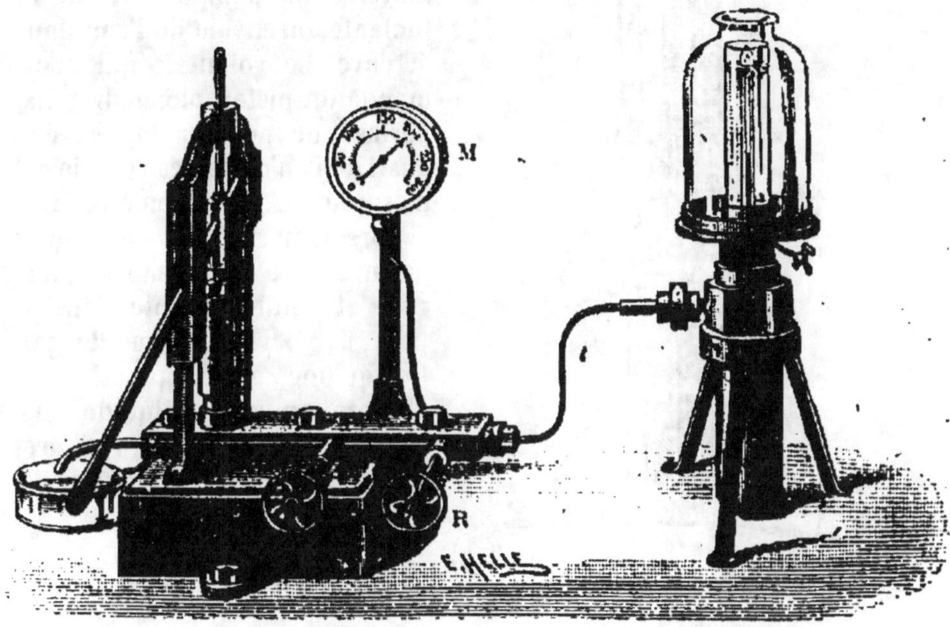

Fig. 143.

de la tournure de cuivre et de l'acide sulfurique. Faisons passer le gaz produit, dans un tube empli de chlorure de calcium pour le dessécher et faisons-le arriver ensuite dans un réfrigérant. Il s'y liquéfie à la température de — 8°. C'est le point d'ébullition normal du gaz sulfureux liquide.

Liquéfaction par compression.

Elle se fait au moyen d'une pompe spéciale qui aspire le gaz et le comprime dans un récipient métallique entouré d'eau pour le refroidir. Car la compression dégage de la chaleur. Pris à la température de 10° le gaz sulfureux est liquéfié par une pression de 2 atmosphères 1/2.

Liquéfaction par refroidissement et compression combinés.

Elle est obtenue avec l'appareil de Cailletet (fig. 143). Il se compose d'une cuve en fer B (fig. 144), à moitié pleine de mercure, dans laquelle plonge un tube T en verre épais, rempli de gaz à liquéfier. La partie inférieure du tube, qui baigne dans le mercure, est recourbée et ouverte. La partie supérieure, fermée au sommet, est entourée d'un mélange réfrigérant.

Par le tube t (fig. 143), au moyen d'une pompe aspirante et foulante, on envoie de l'eau dans a cuve. Le volant R qui commande un piston plongeur à vis, permet de pousser la pression aussi loin qu'on le désire ; elle est mesurée par le manomètre M.

Lorsqu'on refoule l'eau dans la cuve, elle comprime le mercure et celui-ci monte dans le tube T. Il y comprime le gaz. Lorsqu'une certaine pression est atteinte, on voit un liquide ruisseler sur les parois intérieures du tube : c'est le gaz qui se liquéfie.

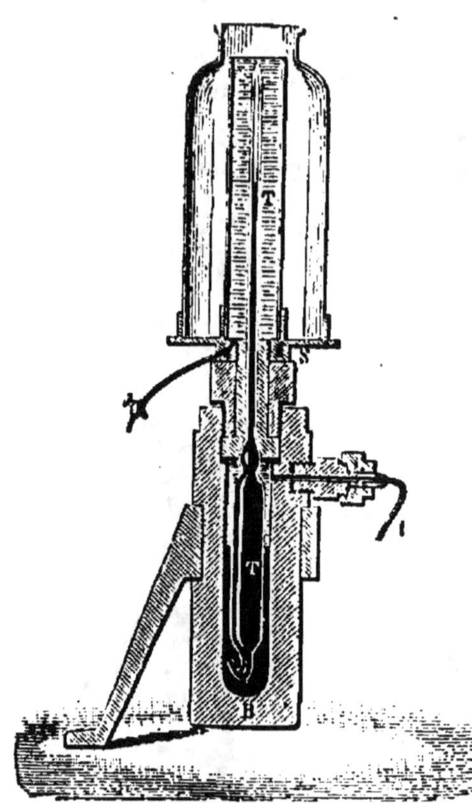

Fig. 144.

DÉTENTE

186. — Détente. — La détente est l'expansion d'un gaz soumis préalablement à la pression. Nous savons que la compression élève la température d'un gaz. Réciproquement la détente abaisse sa température. Elle est considérablement abaissée lorsque la détente est brusque. Le gaz peut être ainsi liquéfié.

La quantité de chaleur qui disparaît par la détente, équivaut au travail accompli pendant la détente. Il en résulte que plus est élevé le travail effectué par l'air comprimé pendant sa détente, plus grand est le refroidissement.

La pression d'un gaz peut être abaissée brusquement de 300 à 1 atmosphère. Dans ce cas, la température tombe à 200° au-dessous de la température constatée au début de l'expérience.

187. — Température critique. La pression à laquelle il faut soumettre un gaz pour le liquéfier, croît avec la température. D'autre part, la liquéfaction d'un gaz donné **n'est possible qu'au-dessous d'une température déterminée, appelée température critique.** Si l'on comprime un gaz à une température au-dessus de sa température critique, la liquéfaction ne se produit pas.

Soumettons, par exemple, de l'anhydride carbonique à la pression pour le liquéfier.

À 13° la liquéfaction commence, sous la pression de 48 atmosphères. On voit dans le tube une ligne de séparation nette entre le gaz et la portion liquide.

À 25° une pression de 65 atmosphères est nécessaire.

À 31° et sous la pression de 76 atmosphères, la ligne de démarcation disparaît et le tube est entièrement rempli d'un fluide homogène.

Si l'on recommence l'expérience en portant l'anhydride carbonique à une température supérieure à 31°, la liquéfaction ne se produit pas, quelle que soit la pression exercée.

Les températures critiques des corps sont différentes. Ex.

Éther	$+\ 194°$
Anhydride carbonique	$+\ \ 31°$
Oxygène	$-\ 118°$
Hydrogène	$-\ 241°$

188. — Air liquide. — L'air dont la température critique est $-140°$ ne peut être liquéfié que sous l'influence simultanée de la compression et du refroidissement par la détente.

L'industrie utilise des machines diverses pour liquéfier les gaz : des machines dites *à cascades,* qui produisent l'abaissement de température par des évaporations successives de liquides à volatilité croissante; des machines à détente sans travail extérieur; des machines à détente avec travail extérieur. Nous ne donnerons que le principe de la liquéfaction de l'air par la machine Claude à détente avec travail extérieur. Ce procédé donne un rendement frigorifique supérieur aux précédents. Dans la machine Claude, l'air comprimé restitue le travail qu'il est susceptible de produire, en poussant le piston d'un moteur.

L'installation d'un atelier à air liquide doit être établie dans une région atmosphérique aussi pure que possible. Elle comprend, sur la conduite d'aspiration :

1° Un *appareil à décarbonatation*, tours à soude dans lesquelles l'air abandonne son gaz carbonique;

2° Un *compresseur* qui comprime l'air et le refoule dans un appareil à dessication;

3° Un *appareil à dessiccation* où l'air abandonne sa vapeur d'eau dans des tubes remplis de chlorure de calcium;

4° Un *échangeur de température*;

5° Une *machine à détente*.

L'air comprimé à 40 atmosphères seulement, venant du compresseur

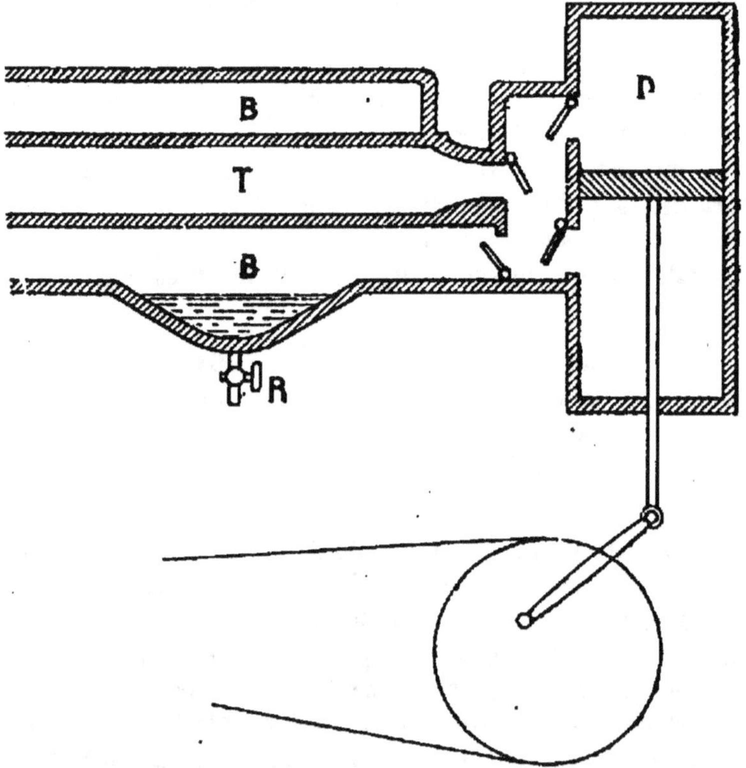

Fig. 145.

(n° 137), traverse le tube central T (fig. 145) de l'échangeur de tempéra ture, et va se détendre dans la machine à détente D. Après y avoir travaillé et s'être refroidi, il est renvoyé au compresseur par le tube B concentrique au tube T. Ces deux tubes, l'un dans l'autre, constituent l'échangeur de température. Dans le tube B, l'air circule maintenant en sens contraire de sa venue par le tube T. Il refroidit par conséquent la nouvelle charge d'air comprimé qui arrive encore par le tube T.

Cette nouvelle portion d'air comprimé qui pénètre dans la machine D, déjà refroidie dans l'échangeur de température, va produire par sa détente, une température un peu plus basse que celle de l'air comprimé précédent; alors l'air détendu, ramené encore par le tube B, refroidira un peu plus l'air comprimé suivant et ainsi de suite. De telle sorte que le froid s'accentue de lui-même jusqu'à ce qu'il atteigne la température de liquéfaction de l'air.

Dès ce moment, une partie de l'air détendu se liquéfie et l'air liquide peut être recueilli par le robinet R.

L'ammoniaque et l'anhydride sulfureux, indispensables à toute installation frigorifi- que et l'anhydride car- bonique utilisé dans la préparation et la conservation de la bière, sont liquéfiés de la même manière.

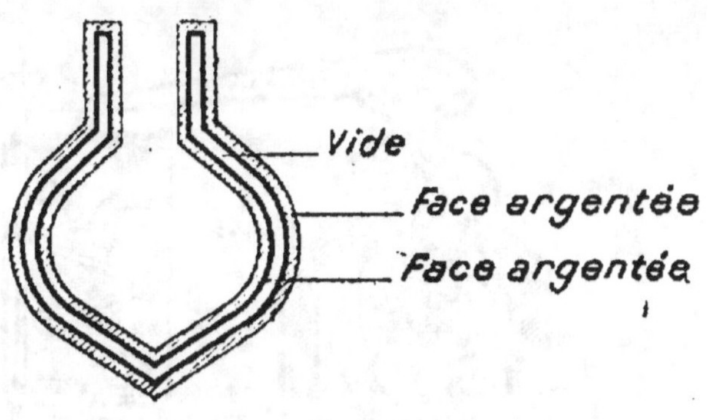

. Fig. 146.

L'air liquide aban- donné à la température ambiante s'évapore instantanément. S'il est soustrait à la chaleur qu'il reçoit par conductibilité et par rayonnement, on peut le conserver pendant une quinzaine de jours. On l'enferme pour cela dans un récipient en verre, constitué par deux enveloppes concen- triques, argentées sur leurs deux faces en regard (fig. 146). Les deux enveloppes sont séparées par un espace annulaire dans lequel on a fait le vide.

On ne peut pas conserver l'air liquide dans un récipient fermé, car lorsqu'en s'échauffant peu à peu, il atteint sa température critique — 140°, il passe à l'état gazeux sous une pression d'environ 1.000 atmos- phères.

L'air liquide est très mobile. Il est opalescent. L'alcool projeté dans l'air liquide se prend en gelée. Le caoutchouc y devient cassant comme le verre. Un fruit, un morceau de viande y deviennent friables.

DISTILLATION

189. — C'est sur le principe de la condensation des vapeurs qu'est fondée la distillation. Distiller un liquide, c'est le séparer des parties solides qu'il peut contenir en dissolution.

On distille les liquides dans un appareil appelé *alambic* (fig. 147). Il se compose d'une *chaudière* surmontée d'un gros tuyau nommé *col de*

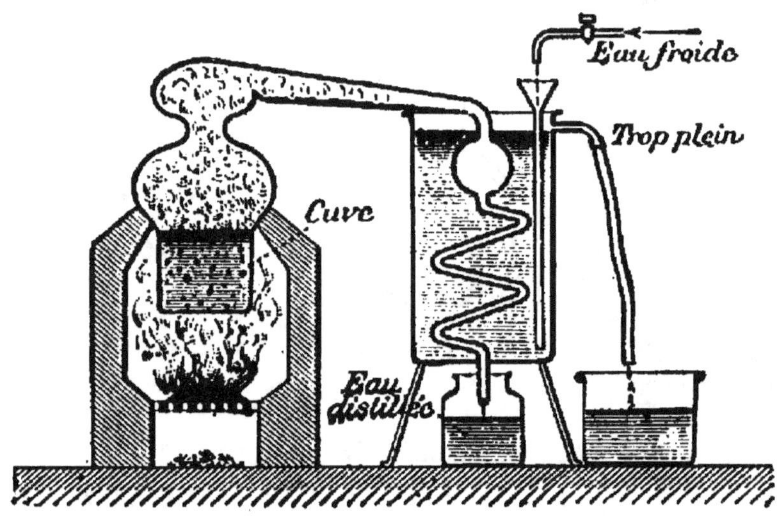

Fig. 147. — Alambic.

cygne. Celui-ci communique avec un *réfrigérant.* C'est une espèce de réservoir empli d'eau froide, renouvelée sans cesse pour éviter qu'elle ne s'échauffe. Un tube sinueux, appelé *serpentin,* fait suite au col de cygne et plonge entièrement dans le réfrigérant.

Les vapeurs montent de la chaudière, passent dans le col de cygne et arrivent dans le serpentin où elles se condensent. Le liquide produit par cette condensation est recueilli au bas du réfrigérant. On obtient ainsi de l'eau pure. Les matières salines que l'eau pouvait contenir restent dans la chaudière.

DOUZIÈME LEÇON

CHALEUR (*suite*)

Propagation de la chaleur. — Absorption de la chaleur. — Émission de la chaleur. — Équivalent mécanique de la calorie. — Hygrométrie. — Météorologie. — Appareils de chauffage.

Propagation de la chaleur

190. — La propagation de la chaleur a lieu par **conductibilité**, par **rayonnement** et par **convection**.

Conductibilité.

La conductibilité n'est appréciable que dans les corps solides. C'est la propriété qu'ils possèdent de transmettre la chaleur de proche en proche dans leur masse. La conductibilité n'est pas égale dans tous les corps. Les uns sont **bons conducteurs** de la chaleur, comme les métaux, les autres, comme le bois, sont **mauvais conducteurs**.

La blanchisseuse a besoin d'entourer la poignée de son fer à repasser d'un épais tissu replié plusieurs fois sur lui-même, pour ne point se brûler. Le fer, en effet, ne s'est pas échauffé seulement sur sa surface plate : la chaleur s'est propagée dans tous les sens et a gagné la poignée. Elle s'est transmise sur tous les points par **conductibilité**. Il en est ainsi parce que le fer est bon conducteur de la chaleur.

Un corps est mauvais conducteur de la chaleur, lorsque, étant chauffé sur un point, la chaleur ne se propage pas sur ses autres points. Ainsi le bois est mauvais conducteur de la chaleur. En effet, une allumette enflammée, est froide à l'autre bout.

Les **métaux sont les meilleurs conducteurs** de la chaleur; les liquides et les gaz sont mauvais conducteurs, surtout les gaz; l'hydrogène est le seul gaz dont la conductibilité est un peu appréciable. C'est parce que les gaz sont mauvais conducteurs de la chaleur qu'on double les fenêtres pour protéger mieux un appartement du froid : la couche d'air entre les deux fenêtres s'oppose au refroidissement. Lorsqu'on touche successivement un morceau de fer et un morceau de bois, le fer parait plus froid que le bois parce que le fer est meilleur conducteur de la chaleur que le bois. La chaleur communiquée par la main au fer, se répand immédiatement dans toute la masse de fer et par conséquent ne l'échauffe pour ainsi dire point; tandis que la chaleur communiquée au bois ne se disperse pas : elle reste au point touché.

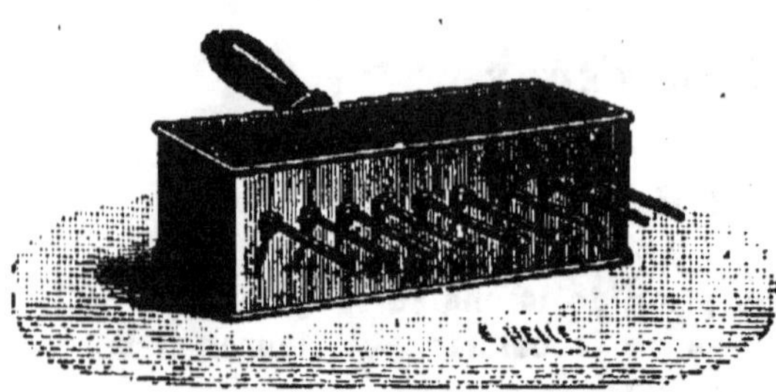

Fig. 148. — Appareil d'Ingenhousz.

La différence de conductibilité des corps est mise en évidence à l'aide de l'appareil d'*Ingenhousz.* C'est une caisse métallique (fig. 148) dans laquelle pénètrent à travers l'une des parois des tiges d'égale longueur, mais faites de substances différentes : fer, argent, plomb, etc. La partie extérieure des tiges est enduite de cire. On emplit la caisse d'eau bouillante. Les tiges s'échauffent et la chaleur se propage de l'intérieur à l'extérieur. On constate que la cire fond plus ou moins vite. Elle est fondue sur l'argent lorsqu'elle est encore entière sur le plomb.

PROPRIÉTÉ DES TOILES MÉTALLIQUES.

Les toiles métalliques, en raison de la grande conductibilité des métaux,

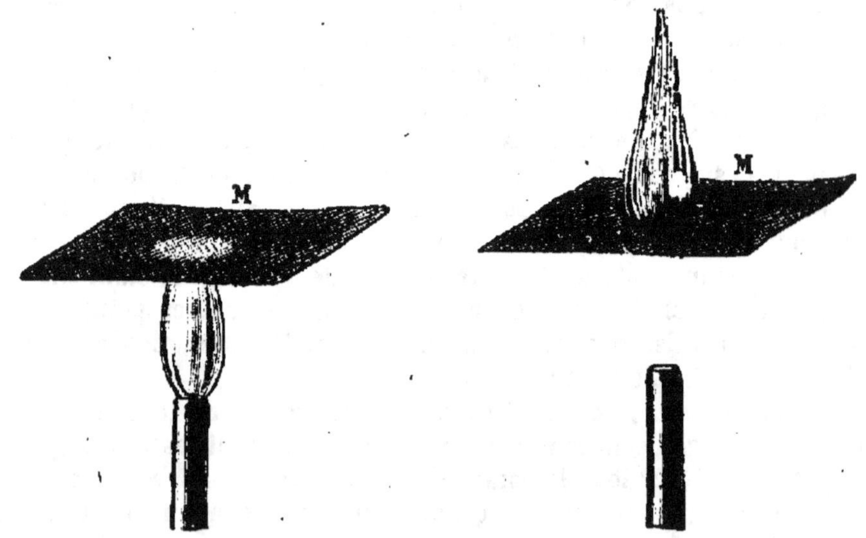

Fig. 149. — Propriété des toiles métalliques.

ont la propriété d'arrêter la flamme. Couchons sur une flamme (fig. 149) une toile métallique à mailles serrées. La flamme s'écrase au-dessous : elle ne traverse pas la toile. Cela tient à la conductibilité de la toile métallique qui enlève aux gaz combustibles une grande quantité de leur chaleur. Alors ces gaz refroidis, après leur passage au-dessous de leur température de combustion, ne brûlent pas. Mais si l'on approche une allumette, la chaleur redevenue suffisante enflamme les gaz au-dessus de la toile.

Cette propriété des toiles métalliques a reçu son application dans la *lampe de Davy* (fig. 150) qui sert aux mineurs à s'éclairer, sans craindre les explosions de *grisou*. Le grisou est un gâz qui, au contact du feu, s'enflamme, explose et produit souvent de terribles catastrophes. La lampe est entourée de deux manchons: un manchon en verre et au-dessus un manchon en toile métallique. Si une poche de grisou vient à être crevée dans la mine, le gaz entre par la toile métallique à l'intérieur de la lampe, forme avec l'air un mélange qui détone faiblement au contact de la flamme et éteint celle-ci. Mais grâce à la conductibilité de la toile, la combustion ne se propage pas en dehors de la lampe : le mineur est alors averti et s'enfuit.

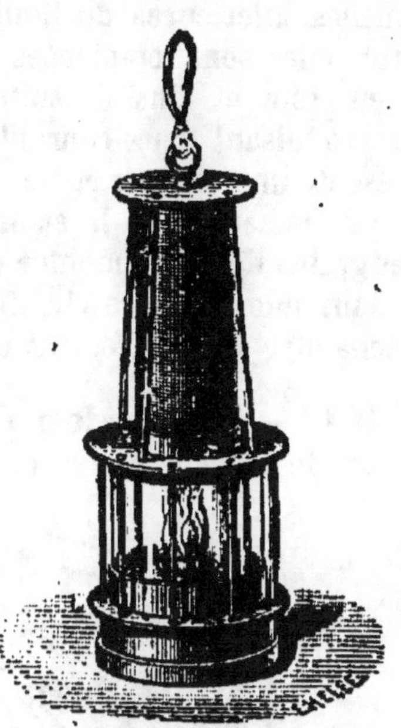

Fig. 150. — Lampe des mineurs.

De puissantes souffleries sont installées dans les mines pour chasser les gaz dangereux dès qu'ils sont ainsi découverts.

Rayonnement.

Le rayonnement est la propagation de la chaleur à distance, sans qu'il soit nécessaire que le milieu intermédiaire soit échauffé.

Dans un milieu homogène, la chaleur se propage en ligne droite, comme la lumière. Le rayonnement est soumis aux mêmes lois que la lumière.

La vitesse de propagation de la chaleur est égale à la vitesse de propagation de la lumière : 300 000 kilomètres par seconde.

C'est par **rayonnement** que nous parvient la chaleur solaire, qui traverse 1° les espaces interplanétaires, où il n'existe aucune matière pondérable; 2° l'atmosphère qui enveloppe la terre. L'air traversé n'est pas échauffé : plus on s'élève au-dessus du sol, plus les couches d'air, en effet, sont froides. Nos aviateurs sont obligés, pour s'élever à de fortes altitudes, de se couvrir de fourrures.

Convection.

La convection est le mode de propagation de la chaleur dans les liquides et les gaz. La propagation se fait par transport, par déplacement des molécules. Dans un vase plein d'eau, placé sur un foyer, les couches inférieures du liquide s'échauffent d'abord et montent vers le haut; elles sont remplacées par les couches supérieures qui s'échauffent à leur tour et ainsi de suite. Tout le liquide s'échauffe ainsi par parties en produisant deux courants contraires, jusqu'à ce que toute la masse présente une chaleur égale. Pour mettre ces courants en évidence, il n'y a qu'à mélanger de la sciure de bois à l'eau que l'on chauffe : on voit des grains de sciure monter pendant que d'autres descendent.

Dans une chambre chauffée par un poêle, les couches d'air viennent s'échauffer successivement d'une manière analogue au contact du foyer.

191. — Réflexion de la chaleur. — Toutes les fois qu'un

rayon de chaleur arrive sur un corps à surface polie, **il se réfléchit,** c'est-à-dire qu'il est renvoyé dans une autre direction. Le rayon direct et le rayon réfléchi forment avec la perpendiculaire élevée au point de contact, deux angles égaux. On les appelle **angle d'incidence** et **angle de réflexion.**

Fig. 151.

La réflexion de la chaleur est surtout remarquable sur les miroirs concaves. On dit qu'un miroir est concave, lorsqu'au lieu de présenter une surface plane comme les miroirs qui servent à faire notre toilette, il présente une surface creuse. Un miroir concave est une petite portion de sphère.

Lorsque l'axe d'un miroir concave (fig. 151) est placé en face du soleil, le miroir est frappé par des rayons de chaleur qui sont renvoyés un peu en avant du miroir. Ces rayons réfléchis se concentrent en un point appelé **foyer.** On peut y enflammer certains corps combustibles tels que de l'amadou, et y fondre même des métaux.

Disposons à deux ou trois mètres de distance, en face l'un de l'autre, deux miroirs concaves, conjugués, c'est-à-dire placés de façon que leurs axes soient sur la même ligne. Installons maintenant au foyer de l'un la flamme d'une bougie. Si nous mettons une allumette phosphorée au foyer de l'autre, elle est aussitôt enflammée.

Le pouvoir réflecteur d'un corps est le rapport qui existe entre la quantité de chaleur réfléchie, et la quantité de chaleur incidente.

Sous la même incidence, l'argent est le corps qui a le plus grand pouvoir réflecteur.

192. — Diffusion de la chaleur. — Lorsqu'un corps présente une **surface polie** et qu'un faisceau calorifique tombe sur cette surface, la chaleur est réfléchie dans une **direction unique**, mais si le faisceau calorifique tombe sur une **surface non polie**, la chaleur est renvoyée **dans toutes les directions**. On dit que la chaleur se diffuse.

Le pouvoir diffusif d'un corps est le rapport qui existe entre la quantité de chaleur que le corps reçoit et la quantité de chaleur qu'il diffuse.

193. — Absorption de la chaleur. — Lorsqu'un corps reçoit une quantité de chaleur, une partie se diffuse ou se réfléchit et le reste est absorbé.

Le pouvoir absorbant d'un corps est le rapport qui existe entre la quantité de chaleur que le corps reçoit et la quantité de chaleur qu'il absorbe.

Les corps transparents ne s'échauffent pas sur le trajet de la chaleur rayonnante. Les corps opaques, au contraire, lorsqu'ils absorbent de la chaleur, s'échauffent et la chaleur s'y propage lentement. Les substances transparentes telles que le verre se laissent traverser par la chaleur lumineuse, mais elles absorbent une partie de la chaleur obscure. Le verre est transparent pour la chaleur lumineuse, telle que la chaleur solaire, opaque pour la chaleur obscure, telle que la chaleur d'un calorifère. Les jardiniers mettent à profit ce phénomène : au moyen d'une cloche en verre, ils emmagasinent la chaleur solaire pour hâter la maturité de certains légumes.

Les corps qui, comme le verre, laissent passer la chaleur rayonnante sans s'échauffer, sont appelés **diathermanes**. Ceux qui ne laissent pas passer la chaleur rayonnante, comme les métaux, sont dits **athermanes**.

A épaisseur égale, les vêtements de couleur foncée absorbent davantage de chaleur que les vêtements blancs; ils sont par conséquent plus chauds.

194. — Émission de la chaleur. — Les corps chauds émettent de la chaleur, et plus la température des corps augmente, plus la quantité de chaleur émise grandit. A une même température la quantité de chaleur émise varie avec la nature de la surface. Les corps ont donc un *pouvoir émissif*.

Étant donné que le noir de fumée est le corps qui émet le plus de chaleur, on dit que **le pouvoir émissif d'un corps x est le rapport qui existe entre la quantité de chaleur émise par le corps x et la quantité de chaleur émise par le noir de fumée à la même température.**

Les corps polis ont un pouvoir émissif faible puisqu'ils réfléchissent la chaleur. Les corps qui émettent le plus de chaleur sont ceux qui en absorbent le plus. C'est la raison pour laquelle un liquide se conserve chaud pendant plus longtemps dans un vase en métal poli que dans un vase en terre cuite.

ÉQUIVALENT MÉCANIQUE DE LA CALORIE

194 *bis*. — L'équivalent mécanique de la calorie est le **travail qui correspond à l'apparition ou à la disparition de l'unité de chaleur.** Car il existe une relation entre la chaleur et l'énergie mécanique, comme nous allons le voir.

195. — Transformation d'énergie. — Laissons tomber d'une certaine hauteur une bille d'ivoire sur une table horizontale en marbre; à cause de son élasticité la bille rebondit et remonte sensiblement à la même hauteur d'où elle est descendue. Donc, dans son mouvement, elle conserve son énergie totale. Mais si nous laissons tomber une bille de plomb, celle-ci s'aplatit sur la table où elle reste en repos; son énergie semble avoir disparu. Il n'en est rien, car nous constatons que le plomb s'est échauffé : l'énergie mécanique s'est transformée en énergie calorifique.

Les expériences où le travail se transforme en chaleur sont nombreuses. En frappant avec un marteau une pièce métallique, le marteau et la pièce s'échauffent fortement. L'essieu mal graissé d'une roue peut s'échauffer jusqu'à rougir. Le frottement dégage assez de chaleur pour

allumer deux morceaux de bois mort ; le phosphore d'une allumette s'enflamme dès qu'il est frotté.

Réciproquement l'énergie calorifique peut se transformer en énergie
mécanique. Exemples : machines à vapeur.

196. — Équivalent mécanique de la chaleur. — Il existe
une relation entre l'énergie mécanique disparue ou produite et la chaleur correspondante. Une grande calorie équivaut toujours à 426 kilogrammètres ; c'est-à-dire qu'une grande calorie produit un travail de
426 kilogrammètres. Inversement pour produire une chaleur d'une
grande calorie, il faut dépenser un travail de 426 kilogrammètres.

Donc entre le travail T et la chaleur correspondante Q on a toujours
la relation

$$T = 426 \times Q$$

Comme 1 kilogrammètre vaut 9 joules 81

1 Grande calorie équivaut à $426 \times 9^{\text{joules}}\,81$

1 Petite calorie -- à $\dfrac{426 \times 9,81}{1000} = 4^{\text{joules}}\,18$.

Donc l'équivalent de la petite calorie est $4^{\text{joules}}\,18$

Inversement l'équivalent calorifique du joule est

$$\frac{1}{4,18} = 0,24 \text{ petite calorie}$$

**197. — Détermination de l'équivalent mécanique
de la chaleur.** — De ce qui précède, il résulte qu'on peut suivre
deux méthodes pour déterminer l'équivalent mécanique de la chaleur.

1° Transformer du travail T en chaleur Q et vérifier si le rapport $\dfrac{T}{Q}$ est
constant ;

2° Transformer de la chaleur Q en travail T et voir encore si le
rapport $\dfrac{T}{Q}$ est constant et égal au précédent.

I. Transformation du travail en chaleur.

Le physicien anglais Joule est le premier qui ait fait des expériences
permettant d'établir la relation entre le travail T et la chaleur correspondante Q. Ces expériences consistent à produire du travail, par exemple
au moyen du frottement d'une masse d'eau par des palettes en laiton.

L'appareil se compose essentiellement d'un calorimètre à eau C (fig. 152) dans lequel un arbre muni de palettes est mis en rotation au moyen de deux cordons enroulés en sens contraires sur un treuil T. Le treuil est réuni à l'arbre par une cheville. Un cylindre b en bois, au-dessous de la cheville, empêche l'échange de chaleur entre le calorimètre et le treuil T. Les extrémités des deux cordons sont fixées chacune à une poulie A. L'axe de chaque poulie est traversé par une tige e sur

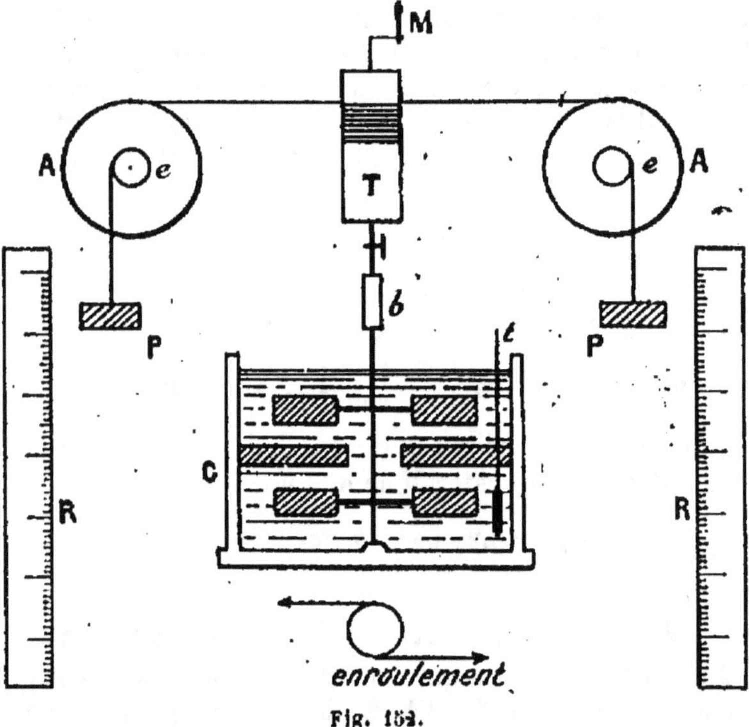

Fig. 152.

laquelle s'enroule un autre cordon. A ces deux cordons-là sont suspendus deux disques P, de poids égaux.

Les disques, par leur propre poids descendent le long des règles R. Il s'ensuit que les poulies tournent et l'arbre également. Alors les palettes de l'arbre frappent l'eau qui s'échauffe.

Lorsque les disques sont au bas des règles, on les remonte à leur position initiale, au moyen de la manivelle M. Mais, on interrompt pendant cette montée le mouvement de l'arbre, en enlevant la cheville, qu'on remet en place après. On fait encore redescendre les disques, puis on les remonte de la même manière et ainsi de suite, jusqu'à ce que l'eau du calorimètre ait atteint une température appréciable.

Représentons par P le poids des disques et par h la hauteur de leurs chutes successives, additionnées. Le travail produit est égal à

$$2\ Ph \text{ kilogrammètres}$$

Or ce travail est détruit par la résistance de l'eau qui s'échauffe à mesure. Il est donc transformé en chaleur.

Supposons que l'élévation de température du calorimètre (contenant et contenu) soit égale à t^o. Si la capacité calorifique du calorimètre (contenant et contenu) est égale à C, la chaleur dégagée est égale à

$$Ct$$

et le travail correspondant à 1 calorie, c'est-à-dire à l'équivalent mécanique de la chaleur, est

$$\frac{2\ Ph}{Ct}$$

En répétant ses expériences, Joule a toujours trouvé sensiblement

$$\frac{2\ Ph}{Ct} = 426 \text{ kilogrammètres}$$

II. Transformation de la chaleur en travail.

Des expériences ont été faites sur des machines à vapeur de 200 chevaux. On mesurait la quantité de chaleur Q, possédée par la vapeur en arrivant dans le cylindre, puis la quantité Q' cédée au condenseur; on trouvait toujours qu'on avait

$$Q' < Q$$

Donc la vapeur ne rapportait pas au condenseur toute la chaleur qu'elle possédait. La différence Q — Q' correspondait au travail T produit par la vapeur sur le piston. On a encore trouvé sensiblement

$$\frac{T}{Q} = 426 \text{ kilogrammètres.}$$

Hygrométrie

108. — Existence de la vapeur d'eau dans l'air. —

L'existence de la vapeur d'eau dans l'atmosphère est mise en évidence :

1° par la formation des nuages, des brouillards, de la pluie, de la rosée;

2° par la condensation de la vapeur d'eau sur un objet froid, par exemple, une carafe remplie d'eau froide;

3° par l'augmentation de poids de certaines substances avides d'eau comme le chlorure de sodium (sel de cuisine), la chaux vive, etc.

Cette vapeur d'eau contenue dans l'air provient de l'évaporation de l'eau qui se trouve à la surface du sol.

199. — État hygrométrique de l'air. — La quantité de vapeur d'eau contenue dans un volume déterminé d'air ne suffit pas pour nous indiquer si l'air est plus ou moins humide; le degré d'humidité dépend encore de la température de l'air. Pour nous, l'atmosphère est *humide* quand la vapeur d'eau qui y est contenue est voisine de son point de condensation ou de saturation; c'est-à-dire quand la tension f de la vapeur d'eau est voisine de la tension maxima F de la vapeur à la température de l'air; dans le cas contraire, l'air est *sec*.

C'est pourquoi le degré d'humidité de l'air est parfaitement déterminé par son *état hygrométrique* ou rapport $\frac{f}{F}$ de la pression de la vapeur contenue dans l'air à la pression maxima qu'aurait cette vapeur, si elle devenait saturante à la température de l'air. L'état hygrométrique $\frac{f}{F}$ n'est jamais supérieur à l'unité : quand il est voisin de 1 l'air est humide; quand il est notablement inférieur à 1, l'air est sec.

Voici quelques données contrôlées par l'expérience.

TEMPÉRATURES	TENSION MAXIMA DE LA VAPEUR D'EAU	MASSE DE VAPEUR SATURANTE DANS 1^{m3}
0°	$4^{mm},6$	$4^{gr},8$
5°	6 ,5	6 ,7
10°	9 ,2	9 ,3
20°	17 ,4	17 ,1
30°	31 ,5	30

Supposons qu'en été la température de l'air soit de 30° et la pression de la vapeur contenue dans ledit air de $17^{mm}4$; le poids de cette vapeur renfermée dans 1^{m3} d'air est de $17^{gr}1$; son état hygrométrique

$$\frac{f}{F} = \frac{17,4}{31,5} = 0,5 \text{ environ.}$$

D'autre part, supposons qu'en hiver la température soit de 10° et que la pression de la vapeur d'eau contenue dans l'air soit $6^{mm}5$. Le poids de cette vapeur renfermée dans 1^{m3} d'air est de $6^{gr}7$ et l'état hygrométrique

$$\frac{f}{F} = \frac{6,5}{9,2} = 0,7 \text{ environ.}$$

Dans le second cas, la quantité de vapeur contenue dans l'air est moindre que dans le premier cas, et cependant dans ce second cas l'air est plus humide, c'est-à-dire la vapeur d'eau est plus voisine de son point de condensation.

200. — Détermination de l'état hygrométrique. —

Pour obtenir l'état hygrométrique de l'air $\frac{f}{F}$, il faut connaître les deux nombres f et F; or le nombre F se trouve dans les tables des pressions maxima de la vapeur d'eau; de sorte que tout revient à déterminer le nombre f de la tension de la vapeur d'eau dans l'air au moment où l'on opère. Les instruments qui servent à obtenir f s'appellent des *hygromètres.* Le plus utilisé est l'*hygromètre à condensation.*

Pour obtenir f avec un hygromètre à condensation, le principe consiste à refroidir une pièce métallique bien polie et l'air environnant, jusqu'à ce qu'il se produise une condensation de la vapeur sur la pièce métallique. **Dans ce refroidissement la tension f de la vapeur ne change pas.**

Supposons que la température de l'air soit de 30°; alors $F = 31,5$. Supposons de plus qu'en refroidissant l'air à 20°, nous observions une condensation de la vapeur; c'est que la force élastique f de cette vapeur est de $17^{mm}4$, nombre que l'on trouve dans les tables. Nous en conclurons que l'état hygrométrique est

$$\frac{17,4}{31,5}$$

201. — Hygromètre à condensation d'Alluard. — L'hygro-

mètre d'Alluard se compose d'un récipient carré (fig. 153), dont la paroi A est en argent poli. Cette paroi est entourée d'un cadre BB également en argent poli, qui

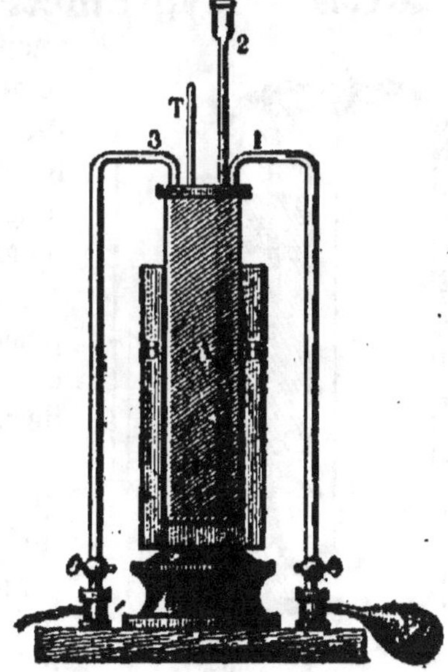

Fig. 153. — Hygromètre d'Alluard.

ne la touche pas. Le récipient A est empli à moitié d'éther. Un thermomètre T plonge dans le récipient.

Trois autres tubes communiquent par le couvercle avec le même récipient : le premier 1, qui va jusqu'au fond, sert, au moyen d'une poire de caoutchouc P, à refouler de l'air dans l'éther; un autre 2, sert à introduire l'éther; le troisième 3, sert au dégagement des vapeurs. Les tubes 2 et 3 s'arrêtent à la partie supérieure du récipient. La température ambiante au moment de l'observation, est donnée par un thermomètre T' (que l'on ne voie pas sur la figure) fixé à l'appareil.

Pressons la poire P. De l'air est refoulé dans le récipient et barbote dans l'éther. Une certaine quantité de liquide s'évapore et en même temps le récipient se refroidit. L'air et la vapeur d'éther sortent par le tube 3. On voit la face A du récipient se ternir, car elle se couvre de buée. Cela est très apparent, car le cadre B qui ne la touche pas, reste brillant. On note la température indiquée par le thermomètre T, température nommée **point de rosée**. C'est la température à laquelle la vapeur d'eau de l'atmosphère est saturante; on cherche dans les tables de tension, la valeur maximum de la vapeur d'eau qui correspond à cette température. Appelons-la f. Appelons maintenant F la tension de la vapeur d'eau correspondant à la température marquée par le thermomètre T'. Alors $\frac{f}{F}$ exprime l'état hygrométrique de l'air.

201 *bis*. — Hygromètres à cheveu.

— Ces instruments n'ont aucune précision scientifique; ils donnent seulement des indications sur le degré d'humidité de l'air. Ils sont fondés sur ce fait que les cheveux dégraissés ont la propriété de s'allonger quand l'humidité de l'air augmente et de se raccourcir quand l'humidité diminue.

L'hygromètre de *Saussure* (fig. 154) se compose essentiellement d'un cheveu AB dégraissé, attaché d'un bout par un crochet A, à un cadre de cuivre. Son autre extrémité est fixée à une des gorges d'une poulie à double gorge. Un fil qui passe sur la seconde gorge de la poulie maintient, au moyen d'un poids C, le cheveu tendu. L'axe de la poulie porte une aiguille qui peut se déplacer sur un cadran. La longueur du cheveu tendu est calculée de manière que

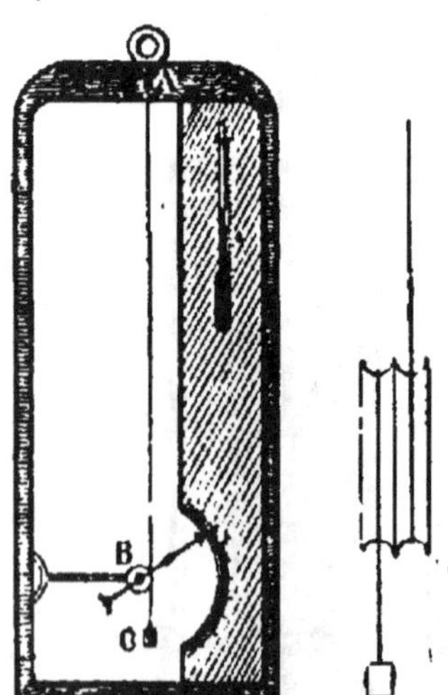

Fig. 154. — Hygromètre de Saussure.

l'aiguille, par un temps très sec, s'arrête au point zéro du cadran. Dans une enceinte saturée de vapeur d'eau, le cheveu s'allonge et l'aiguille se déplace; on marque le degré 100 à son point d'arrêt. On divise ensuite l'arc de cercle en 100 degrés. Un thermomètre est fixé à l'appareil. Les déplacements de l'aiguille font connaître que l'air est plus ou moins humide. Pour avoir le degré hygrométrique, il faut alors avoir recours à des tables spéciales qui correspondent aux degrés de l'instrument.

202. — Distribution de la vapeur d'eau dans l'atmosphère. — L'air, à la surface des terres et des mers contient partout de la vapeur d'eau en proportions constamment variables. La vapeur d'eau n'existe que dans les couches d'air rapprochées du sol. On n'en trouve plus au delà de 10 000 mètres;

La vapeur d'eau dans l'air est entretenue par l'évaporation des eaux de la mer. La vapeur fournie par l'évaporation des rivières et des fleuves est insignifiante. L'évaporation donne par sa condensation naissance aux nuages, qui se résolvent en pluie; la pluie recueillie par les fleuves retourne à la mer. L'eau, sous forme de vapeurs, de nuages et de pluie, circule sans cesse. Elle entretient la vie des plantes et des animaux; elle joue aussi le rôle de modérateur de la température, car elle atténue l'échauffement qui produit son évaporation et elle restitue ailleurs, sous forme de pluie, la chaleur de vaporisation qu'elle a absorbée. Ajoutons que les nuages protègent les plantes contre l'abaissement de température dû au rayonnement nocturne qui cause des gelées; ils leur servent d'écrans protecteurs.

Météorologie

La météorologie a pour objet l'étude des phénomènes qui se produisent dans l'atmosphère. La météorologie comprend les météores aqueux : *nuages, pluie,* etc.; et les météores aériens : *vents.*

203. — Nuages. — Ce sont des réservoirs d'eau chargés de féconder la terre. Un nuage est une masse de vapeur d'eau devenue visible, parce qu'elle s'est condensée en gouttelettes très fines, groupées les unes à côté des autres. Les nuages se forment généralement de la manière suivante : l'air échauffé pendant le jour à la surface du sol se dilate; il devient alors plus léger et s'élève. La vapeur d'eau qu'il contient s'élève avec lui. Si cette colonne d'air arrive dans une région froide, sa vapeur se condense et forme un nuage.

Il y a quatre sortes de nuages : les **cirrus** qui ressemblent à des panaches effilés; les **cumulus** d'une blancheur neigeuse, arrondis et entassés; les **stratus** pareils à des écharpes; les **nimbus**, gris, noirâtres, sans contours précis, confondus entre eux. Ce sont ceux-ci qui se résolvent en pluie.

Si les nuages, qui sont plus lourds que l'air, paraissent se soutenir dans l'atmosphère, c'est qu'ils sont le jouet des vents; que leur chute est lente, et qu'ils disparaissent et se reforment sans cesse. Il arrive, en effet, qu'un nuage pénètre partiellement dans une couche d'air moins froide que lui; aussitôt, la partie pénétrée se vaporise et devient invisible. Le nuage est alors diminué. Au contraire, un nuage se soude souvent à un nuage voisin, le nuage est alors augmenté. Tantôt diminution, tantôt augmentation, voilà la raison de la forme sans cesse changeante des nuages.

Brouillards.

Les brouillards se forment d'une manière analogue aux nuages. Dès qu'une couche d'air se refroidit au contact du sol, sa vapeur se condense. Il se forme un nuage, en somme. Il rampe à terre comme une poussière liquide. Les brouillards s'observent surtout avant le lever du soleil.

204. — Pluie, Neige, Verglas, Grêle. — Les gouttelettes de vapeur d'eau condensée qui constituent un nuage, se maintiennent dans l'atmosphère à la condition qu'elles soient très fines. Si, au con-

Fig. 155. — Cristaux de neige ou de glace.

traire, la condensation est abondante, les gouttelettes se soudent entre elles par petits groupes. Ce sont alors de lourdes gouttelettes qui ne peuvent plus se soutenir et qui tombent à terre sous forme de pluie.

Si la condensation de la vapeur d'eau a lieu à une température au-dessous de zéro, ce ne sont plus des gouttelettes qui se forment, mais de la neige. Les flocons de neige (fig. 155) se présentent sous la forme de petits cristaux réguliers, très variés.

La grêle se produit par les temps orageux, surtout au printemps et pendant l'été. Lorsqu'une colonne d'air chaud qui s'élève du sol rencontre brusquement une couche d'air au-dessous de zéro, il y a condensation abondante en grosses gouttelettes et ensuite congélation de la vapeur d'eau contenue dans cette colonne d'air.

Le verglas est une mince couche de glace qui se forme sur le sol, lorsque sa température étant au-dessous de zéro, il tombe seulement un peu de pluie.

205. — Rosée. — On appelle rosée les gouttelettes d'eau qui, la nuit, par un ciel clair et une atmosphère calme, se déposent à la surface des plantes et des objets qui recouvrent le sol. La rosée est produite par le rayonnement nocturne.

Qu'est-ce que le rayonnement nocturne? Voici. Tous les corps échauffés émettent en se refroidissant plus ou moins de chaleur rayonnante, et ils se refroidissent plus ou moins vite. Les plantes, surtout les plantes vertes, se refroidissent pendant la nuit beaucoup plus vite que la terre. Il en résulte que la température de l'air, pendant la nuit, s'abaisse davantage au contact des plantes qu'au contact de la terre. Si la température décroît suffisamment pour que la vapeur devienne saturante, celle-ci **se dépose** alors sur la surface des plantes. La rosée **ne tombe pas.**

Le dépôt de rosée ne se produit pas à la surface des métaux polis dont le pouvoir rayonnant est très faible.

Le rayonnement nocturne ne se produit pas si le ciel est couvert ou si l'air est en mouvement. Si le ciel est couvert, les nuages renvoient, en effet, la chaleur rayonnée par les plantes et par la terre, autrement dit le refroidissement des plantes et de la terre est annulé. Si l'air est agité par le vent, la vapeur d'eau dans de l'air constamment déplacé ne peut pas se condenser.

206. — Gelée blanche. — Si le rayonnement est bienfaisant pendant l'été, parce qu'il apporte aux plantes une fraîcheur fécondante, il est redoutable au moment de la floraison printanière. Il peut arriver, en effet, qu'après la formation de la rosée, la température nocturne s'abaisse au-dessous de zéro : alors la rosée se congèle. Elle se change en petits cristaux de glace qui constituent la gelée blanche. Ces cristaux de glace détruisent les fleurs et les bourgeons. Lorsque la température s'abaisse assez pour faire craindre la gelée blanche, on peut préserver les espaliers en fleurs en les garnissant de toiles.

207. — Vent. — La pression atmosphérique est non seulement variable sur le même point, mais elle varie d'un point à un autre. Cette inégalité est due surtout à l'inégal échauffement de la surface du globe et par suite de l'atmosphère. La terre et l'océan n'absorbent pas, en effet, la même quantité de chaleur solaire. La mer est la plus lente à s'échauffer, et elle échauffe alors plus lentement la couche d'air au-dessus d'elle. Le soleil, d'autre part, verse plus de chaleur verticalement qu'obliquement. Enfin, les nuages qui masquent souvent le soleil, privent d'échauffement la portion terrestre comprise dans leur ombre. Toutes ces inégalités d'échauffement du globe et par suite de pressions produisent des mouvements de l'air plus ou moins vifs qu'on appelle les *vents.*

Supposons entr'ouverte une porte qui fait communiquer une salle chauffée avec une salle froide. Si le long de la porte on promène de bas en haut une bougie allumée, on constate que dans le bas, la flamme s'infléchit dans la direction de la salle chauffée, tandis que dans le haut elle s'incline au contraire vers la salle froide. A mi-hauteur de la porte, la flamme reste verticale. C'est que, dans la salle chaude, l'air échauffé se dilate, devient plus léger, s'élève; et que la portion absorbée par la cheminée est remplacée par de l'air froid venant de la salle sans feu.

La même chose se passe sur la terre. D'un point échauffé du sol, l'air dilaté s'élève; il est remplacé par de l'air froid. Celui-ci s'échauffe à son tour, s'élève aussi et est encore remplacé, et ainsi de suite, tant que dure la source d'échauffement de ce point du sol.

A une certaine hauteur dans l'atmosphère, la colonne d'air chaud se courbe et se dirige en sens contraire, parallèlement à la masse d'air froid qui rase le sol.

208. — Vents réguliers. — Les vents se font sentir régulièrement sur les côtes en raison de l'inégalité d'échauffement des mers et des continents. Le jour, dès que la température de la terre est supérieure à celle de la mer, le vent souffle de la mer vers la terre; on l'appelle *brise de mer*. Au commencement de la nuit, au contraire, la température de la terre étant inférieure à celle de la mer, le vent souffle de la terre vers la mer; on le nomme *brise de terre*.

Dans la mer des Indes et dans la mer de Chine, il existe un vent régulier remarquable bien connu des navigateurs. On l'appelle la *mousson*. D'avril à octobre, la température étant plus élevée sur le continent, il souffle de la mer vers la terre; pendant les autres mois, la température s'abaissant au contraire sur le continent, il souffle de la terre vers la mer.

La région torride du globe comprise entre les Tropiques, est aussi le siège de vents constants. Ils y sont entretenus par l'échauffement régulier du sol. Sans cesse, l'air chaud qui s'élève est remplacé par deux courants d'air tropicaux de chaque côté de l'équateur. On les nomme les *alizés*.

Si la terre était immobile les alizés souffleraient perpendiculairement à l'équateur, mais en raison de la rotation du globe, ils sont déviés dans chaque hémisphère.

Ces deux courants qui se dirigent vers l'équateur forment une colonne d'air ascendante, qui, à une certaine hauteur, se divise et se courbe en deux branches opposées. On les nomme les *contre-alizés*.

On constate quelquefois dans l'air des tourbillons animés d'une vitesse considérable. Ils sont redoutables par leur violence. Ils prennent généralement naissance dans les parages de l'équateur. On les appelle des *cyclones*. Leur marche assez régulière permet qu'ils soient signalés au loin. Aussi certains navires modifient leur route ou atermoient leur départ. On voit souvent à La Havane (Ile de Cuba, Antilles) des passagers qui refusent de prendre le paquebot à l'annonce d'un cyclone.

Appareils de chauffage

200. — Cheminées. — Le plus simple des appareils de chauffage est la cheminée. Le tirage d'une cheminée a lieu en raison de l'élévation de l'air chaud. L'air chauffé, en effet, se dilate, par conséquent devient plus léger que l'air ambiant et s'élève dans la cheminée T (fig. 156). Il est constamment remplacé dans le foyer par de l'air froid, qui rentre dans la salle par les fissures des portes et des fenêtres. Pour obtenir un tirage régulier, il faut que la cheminée soit terminée à l'extérieur par un tuyau, qui l'élève au-dessus de la toiture, et que l'orifice du tuyau présente une partie mobile, dont l'ouverture se tourne toujours à l'opposé du vent. Il faut que le corps de cheminée, qui monte jusqu'à la toiture, ne soit pas trop large, autrement il se produit des courants descendants d'air froid. Et la salle enfin ne doit pas être trop bien close, sans quoi l'appel d'air est insuffisant : le foyer fume.

La cheminée assure la ventilation, c'est-à-dire le renouvellement d'air de la salle. Mais une faible portion de chaleur seulement est utilisée : celle que rayonnent les parois du foyer, portion la plus importante, se dissipe par le tuyau de cheminée.

La cheminée la plus employée est la cheminée Rumford (fig. 156); l'âtre est peu profond et étroit; un rideau mobile à contrepoids est abaissé ou relevé de manière à fermer à volonté partiellement ou totalement l'ouverture. Lorsque le rideau est baissé, l'air attiré est obligé de passer sur le combustible et il active la combustion.

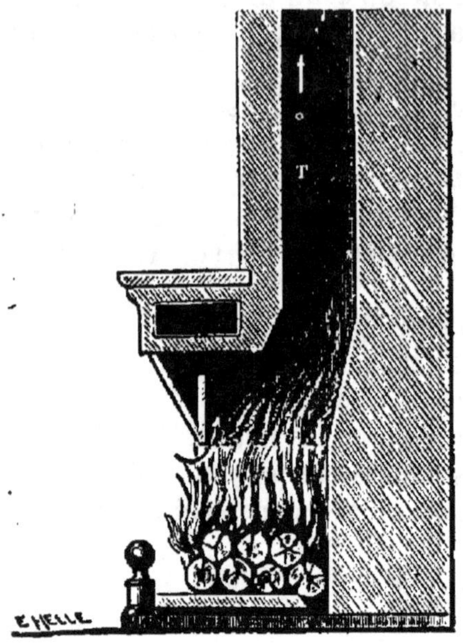

Fig. 156.

210. — Poêles.

210. — Poêles. — Il y a deux espèces de poêles : le poêle ordinaire sans circulation d'air et le poêle avec circulation intérieure d'air.

Le poêle sans circulation d'air est une caisse en fonte, de forme variable à deux compartiments, l'un supérieur, l'autre inférieur séparés par une grille et présentant chacun une porte pour le chargement de combustible et le déchargement des cendres. Le compartiment supérieur est le foyer, l'inférieur est le cendrier.

L'air nécessaire à la combustion pénètre par la porte; l'air chaud, les gaz et la fumée s'échappent par un tuyau qui va généralement rejoindre un corps de cheminée.

La salle est chauffée par le rayonnement des parois du poêle.

Le poêle avec circulation intérieure d'air a une double enveloppe en fonte ou en faïence, entre lesquelles circule l'air froid de l'appartement. Ce poêle est supérieur aux premiers quant à la salubrité, car la fonte rougie est traversée par certains gaz nocifs.

Les poêles ci-dessus avec ou sans circulation d'air sont à **combustion** vive. Il existe encore des poêles à **combustion lente**, que l'on appelle *poêles mobiles*, parce qu'on peut les rouler facilement d'une chambre à l'autre. Dans ces poêles, l'oxyde de carbone se dégage généralement en grande quantité et n'est pas toujours brûlé. Dans ce cas, ce mode de chauffage offre un véritable danger. Après les maux de tête et les vertiges qu'il provoque, l'oxyde de carbone se combine à l'hémoglobine du sang et celui-ci devient par suite incapable de fixer l'oxygène de la respiration. L'asphyxie suit et souvent la mort.

Les poêles mobiles produisent beaucoup d'oxyde de carbone, parce que l'épaisse couche de charbon dont on les garnit ne brûle qu'à la partie inférieure, au niveau de la grille. La combustion donne là du gaz carbonique, et celui-ci en traversant la couche supérieure de charbon non embrasé, s'incorpore du carbone et se transforme en oxyde de carbone. Il faudrait mettre peu de charbon à la fois dans ces sortes de poêles.

L'oxyde de carbone, se forme, du reste dans tous les poêles qui tirent mal, où la combustion est incomplète; surtout si l'on ferme la clé du tuyau d'échappement de la fumée, sous prétexte de modérer la combustion.

211. — Calorifères. — Un mode de chauffage qui se répand de plus en plus est le chauffage au moyen du calorifère. Le calorifère chauffe à la fois toutes les pièces d'une maison.

Il y a trois sortes de calorifères : Le

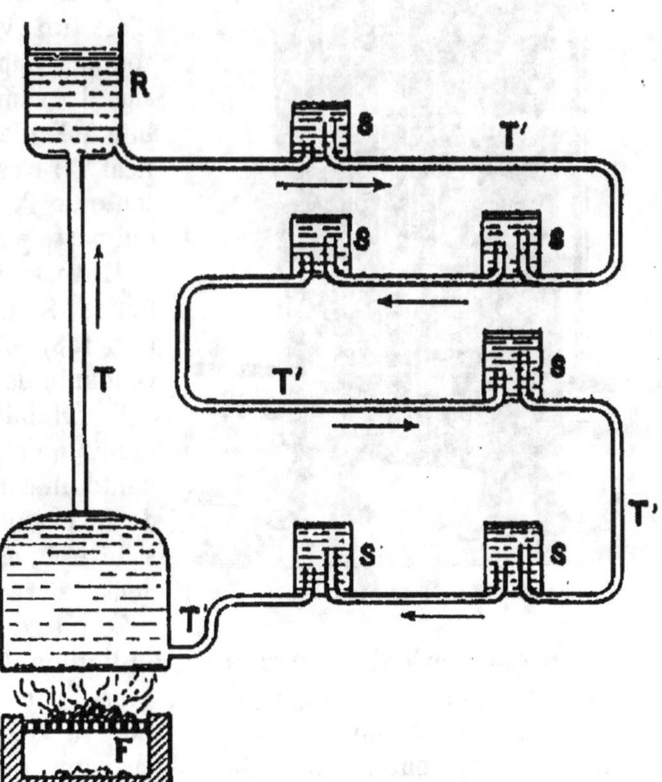

Fig. 137. — Calorifère à eau.

calorifère à air chaud, le calorifère à eau chaude, le calorifère à vapeur.

Dans le calorifère à air chaud, l'air de l'extérieur arrive dans de gros cylindres en tôle, soumis à la chaleur d'un foyer intense. Des tuyaux qui partent de ces cylindres, conduisent l'air échauffé dans toutes les pièces.

Dans le calorifère à eau, une chaudière remplie d'eau est en communication avec des tuyaux également remplis d'eau, qui circulent dans toute la maison.

Le calorifère à eau repose sur le principe suivant : lorsque deux tuyaux remplis d'eau à des températures différentes, communiquent entre eux, il s'établit en raison de la différence de densité des tranches de liquide, un mouvement de l'eau dans la canalisation.

Cet appareil se compose d'une chaudière C (fig. 157) remplie d'eau, placée dans la cave d'une maison. Elle est chauffée par un foyer F. On fait communiquer la chaudière C avec un réservoir ouvert R, placé au sommet de la maison. C'est un vase de sûreté, en somme, appelé *vase d'expansion*. La communication est établie à l'aide 1° d'un tuyau vertical T : c'est la conduite montante de l'eau ; 2° d'un tuyau T' qui passe par tous les étages où il traverse des surfaces chauffantes S, nommées *radiateurs* (fig. 158): c'est la conduite descendante de l'eau.

Il s'établit entre la conduite montante et la conduite descendante un courant continu. L'eau de la chaudière, moins dense, s'élève et l'eau du réservoir, plus dense, descend à la chaudière.

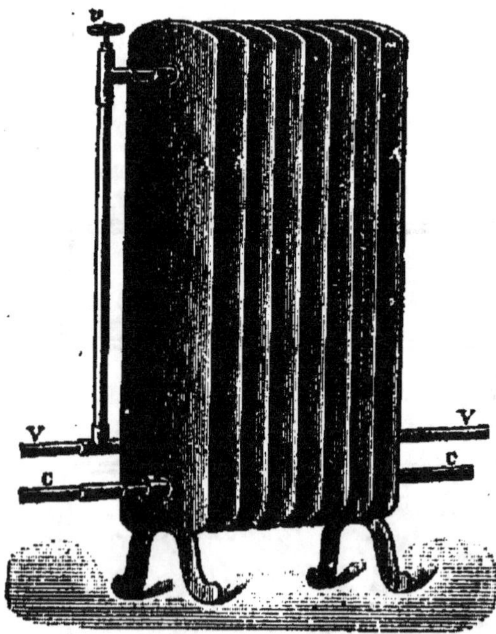

Fig. 158. — Radiateur.

Le vase d'expansion sert à recevoir l'eau qui provient des dilatations du liquide. Il évite des ruptures qui ne seraient pas sans danger, dans le cas d'une canalisation fermée.

Le radiateur se compose d'un groupe de tuyaux rapprochés, garnis d'ailettes, qui augmentent la surface du rayonnement. On y modère le courant d'eau chaude à l'aide d'un robinet.

TREIZIÈME LEÇON

CHALEUR (*suite*)

**Machines à vapeur. — Turbine à vapeur. — Puissance d'une
machine à vapeur. — Moteurs à explosion.**

Machines à vapeur

212. — Les machines à vapeur sont de puissants appareils, qui, par
l'intermédiaire de la force élastique de la vapeur d'eau, transforment la
chaleur en travail.

La température de l'eau placée sur un foyer augmente jusqu'à ce que
l'eau entre en ébullition et la tension de la vapeur qu'elle émet à partir
de ce moment est égale à la pression atmosphérique. La température du
liquide qui est de 100° reste invariable et par conséquent la tension de
sa vapeur ne varie pas non plus. Mais si l'on retarde le point d'ébullition
de l'eau, sa température augmente et alors la tension de la vapeur augmente aussi (n°ˢ 172 et 173).

À la température de 121°
la force élastique de la vapeur est de 2 atmosphères ;
à 180°, elle est de 10 atmosphères. Plus la température
est élevée, plus on déve-
loppe par conséquent la
force motrice.

**213. — Marmite de
Papin.** — La pression
exercée par la vapeur est
montrée avec la *marmite de
Papin* (fig. 159). L'inventeur
de cet appareil avait pour
but de porter l'eau à une
température supérieure à

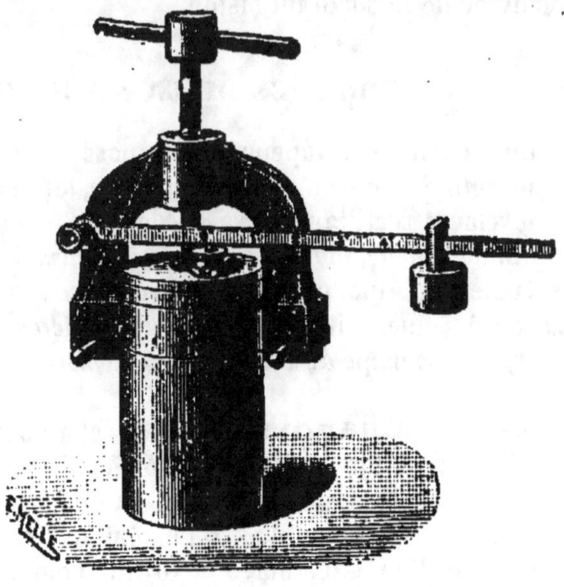

Fig. 159. — Marmite de Papin.

100°, pour cuire les viandes en moins de temps et à meilleur marché. La marmite n'eut aucun succès, mais elle conduisit Papin à chercher à utiliser la vapeur comme force motrice.

C'est une chaudière en bronze à parois très épaisses, munie d'un couvercle maintenu par une vis, qui la ferme hermétiquement. Le couvercle porte une petite ouverture fermée par une soupape de sûreté, sur laquelle s'appuie un levier du deuxième genre. Celui-ci est muni d'un poids qui le tient baissé. La marmite incomplètement remplie d'eau est placée sur un foyer. La vapeur formée s'accumule dans l'espace vide, exerce une pression de plus en plus forte à mesure que la température augmente et finit par soulever la soupape pour s'échapper.

Le poids, qui peut être éloigné ou rapproché de la soupape, a pour rôle d'augmenter ou de diminuer la pression de la vapeur, en faisant peser plus ou moins le levier sur la soupape.

Denis Papin fut le premier qui eut l'idée d'employer la vapeur comme force motrice. La vapeur d'eau, disait-il, occupant un volume considérablement plus grand que le liquide qui l'a engendrée (un litre d'eau produit à la pression atmosphérique environ 1 600 litres de vapeur), si dans un tube fermé par en bas, on chauffe de l'eau, sa vapeur pourra soulever un piston; si l'on condense ensuite la vapeur formée, un vide se produira et le poids de la pression atmosphérique agissant sur le piston le fera redescendre. Il construisit un corps de pompe et y fit, en effet, manœuvrer de la sorte un piston.

ORGANES DE LA MACHINE A VAPEUR

Une machine à vapeur se compose essentiellement d'une *chaudière*, d'un *cylindre* ou mécanisme moteur, et d'organes transformateurs du mouvement rectiligne de va-et-vient du piston en mouvement de rotation continue : *bielle, manivelle, arbre de couche.*

Toute machine possède encore un *excentrique*, un *volant*, un *régulateur à boules*, un appareil pour la *détente* de la vapeur, un *condenseur*, une *soupape de sûreté*, un *manomètre*, un *niveau d'eau*, etc.

214. — Chaudière. — La chaudière d'une machine fixe, est généralement un récipient en tôle épaisse, construite de manière à utiliser le plus de chaleur possible. La chaudière d'une locomotive est une chaudière tubulaire, due à l'ingénieur français Marc Séguin. Elle est composée d'un assemblage de tuyaux communiquant entre eux par leurs extrémités, et autour desquels circule la flamme du foyer.

Aujourd'hui, on emploie beaucoup la *chaudière à bouilleurs*. Elle se compose d'un gros cylindre G (fig. 160) appelé *générateur*, placé au-dessus de deux cylindres plus petits BB, qui sont les *bouilleurs*. Le générateur communique avec les bouilleurs au moyen de conduits transversaux C. Les bouilleurs seuls sont en contact avec le foyer. La vapeur qui monte des bouilleurs vient se condenser dans l'eau du générateur qu'elle échauffe à mesure et celle-ci à son tour entre bientôt en ébullition : la vapeur est alors fournie directement par le générateur.

215. — Cylindre. — Le cylindre est un corps de pompe dans lequel on fait arriver la vapeur. Par sa force élastique considérable, elle soulève et abaisse alternativement un piston, qui devient de ce fait l'organe moteur de la machine.

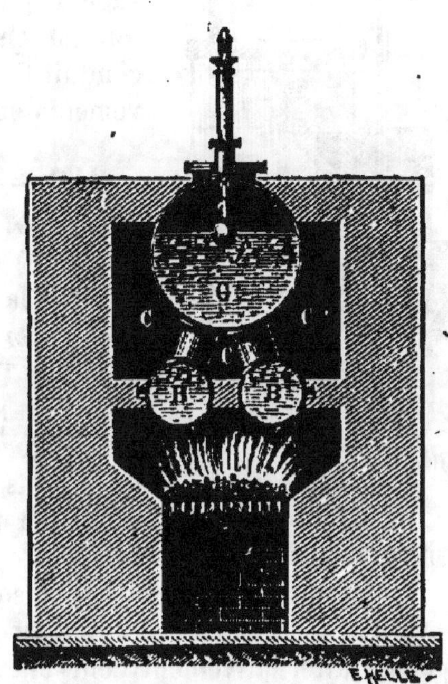

Fig. 160. — Chaudière à bouilleurs.

La vapeur est amenée tantôt au-dessus, tantôt au-dessous du piston (fig. 161) par une ouverture K ou une ouverture P, au moyen d'un *tiroir* T en fonte, qu'une tige fait glisser le long du cylindre. Le tiroir est placé dans une boîte B fixée contre le cylindre.

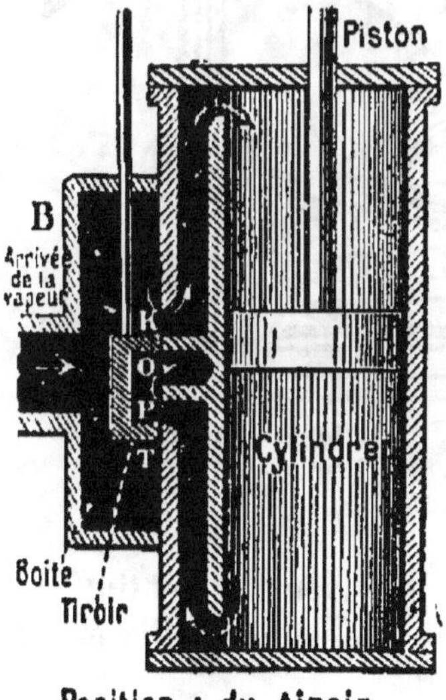

Supposons que le tiroir soit dans la position 1. Le chemin K est ouvert, le chemin P est fermé. La vapeur entrant par le chemin K se répand au-dessus du piston. Elle exerce une pression et refoule par conséquent le piston au bas du cylindre. A ce moment le tiroir remonte et prend la position 2 (fig. 162). Alors le chemin K est fermé à son tour et le chemin P est ouvert.

La vapeur entrant par le chemin P exerce maintenant une pression contre la surface inférieure du piston et le fait remonter. La

Position 1 du tiroir

Fig. 161.

vapeur qui s'était accumulée au-dessus du piston est chassée et s'écoule au dehors par un conduit O, qui contourne le cylindre. Ces mouvements se répètent alternativement.

216. — Bielle, manivelle, arbre de couche. — La bielle est une longue barre D (fig. 163) qui, avec une manivelle M, met en relation la tige du piston sortant du cylindre C avec *l'arbre de couche*. Sur le cylindre est fixé le tiroir T. La bielle est réunie à la tige du piston au moyen d'une articulation qui fait que cette tige est maintenue toujours horizontalement dans une *glissière*. La manivelle est fixée à un axe métallique E ressemblant à un essieu de voiture, appelé arbre de couche.

En raison de ce mouvement de va-et-vient, la tige du piston articulée avec la bielle, tire et repousse alternativement celle-ci. Et, d'autre part, la bielle articulée

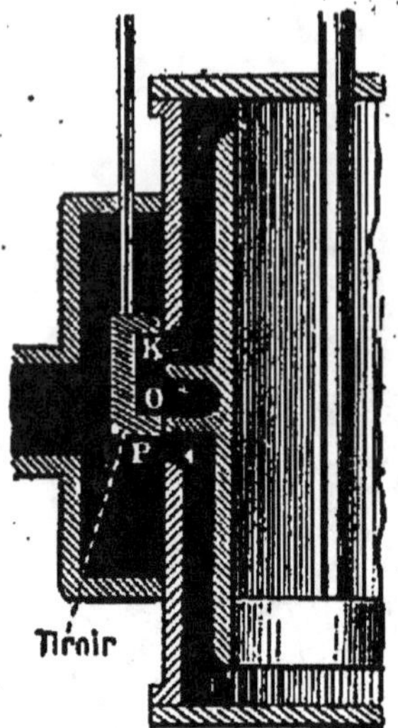

Fig. 162.

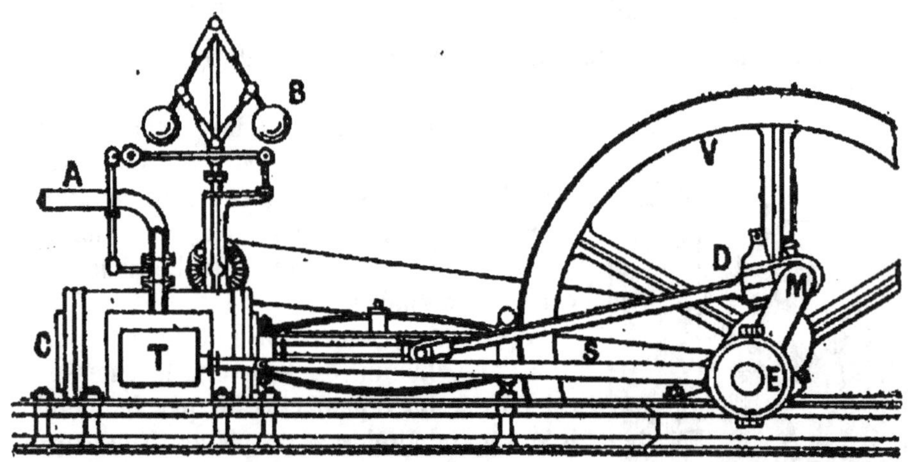

Fig. 163. — Appareils d'une machine à vapeur. — D Bielle, M manivelle, V volant, S excentrique, B régulateur à boules, C cylindre, T tiroir, E arbre, A arrivée de la vapeur.

avec la manivelle en M, imprime à celle-ci un mouvement continu de rotation. Alors l'arbre, entraîné par la manivelle, tourne régulièrement toujours dans le même sens.

A chaque mouvement de va-et-vient du piston, l'arbre fait un tour complet. Il porte une poulie sur laquelle passe une courroie sans fin, qui transmet le mouvement à des engrenages divers.

217. — Volant. — Le volant est une roue V (fig. 163) de grand diamètre, très lourde, calée sur l'arbre de couche. Il régularise l'allure de la machine animée d'un mouvement rectiligne alternatif, qui doit

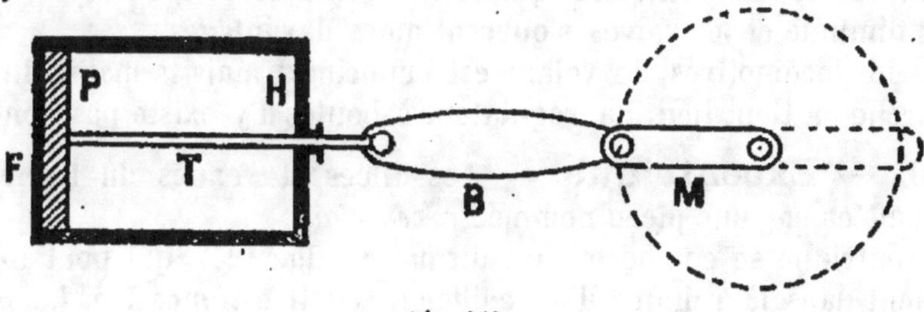

Fig. 164.

être transformé en mouvement rotatif et qui présente des *points morts*. Qu'est-ce qu'un point mort? Voici.

Lorsque le piston P (fig. 164) est au fond F du cylindre, la manivelle M, la bielle B et la tige du piston T sont placées bout à bout sur la même ligne droite. Alors quelle que soit la pression de la vapeur, le piston ne peut de lui-même revenir en H.

Il en est de même lorsque le piston est en H. Cela se reproduit naturellement à chaque demi-tour de la manivelle. Il faut par conséquent qu'une force extérieure annule l'effet de ces deux positions du piston. On a recours au volant qui, dès qu'il tourne, est maintenu en rotation régulière et continue par sa vitesse acquise. Alors aux points morts, le volant entraîne le piston.

218. — Régulateur à boules. — Le régulateur à boules est une application de la force centrifuge. Cet instrument complète l'action du volant dans la régularisation

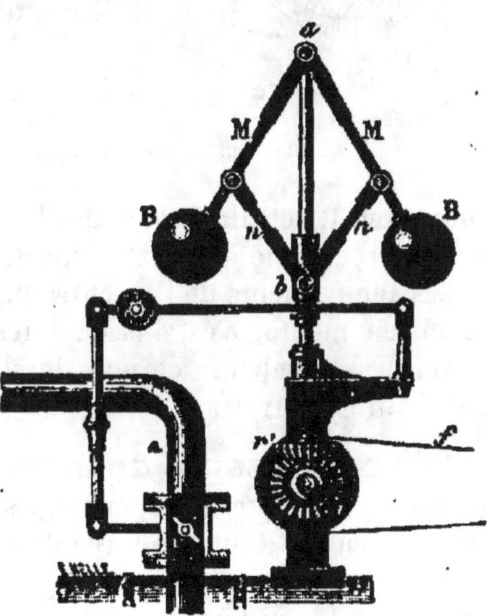

Fig. 165. — Régulateur à boules.

de la marche de la machine. Au moyen de valves qu'il ouvre ou ferme plus ou moins, il augmente ou diminue l'entrée de la vapeur dans le cylindre. Le régulateur se compose d'un arbre vertical mû par la machine. Il porte deux bras mobiles M, M, terminés chacun par une boule B de métal (fig. 165). Lorsque l'arbre tourne, les boules s'écartent, en raison de la force centrifuge qui tend à éloigner du centre. Si la vitesse de la machine croît, l'écartement plus grand des boules ferme de plus en plus les valves; au contraire, quand la vitesse décroît, l'écartement des boules diminue et les valves s'ouvrent alors davantage.

Dans les locomotives, le volant est supprimé; mais la masse du train en marche en tient lieu. Le régulateur à boules n'y existe pas non plus.

219. — Excentrique. — Les allées et venues du tiroir sont commandées par une pièce nommée *excentrique*.

L'excentrique se compose d'un disque A (fig. 166), qui peut tourner librement dans la rainure d'un collier K, où il est encastré. Le disque est fixé sur l'arbre, de manière que son centre ne coïncide pas avec le centre de la section de l'arbre T. Lorsque l'arbre tourne, le disque tourne avec lui, mais le collier, retenu à la tige S du tiroir, ne tourne pas, lui. Il est seulement déplacé alternativement en avant et en arrière de l'arbre : en K, puis en R. Il revient en K, retourne en R, et ainsi de suite. La tige S subit en conséquence un mouvement rectiligne de va-et-vient qu'elle communique au tiroir.

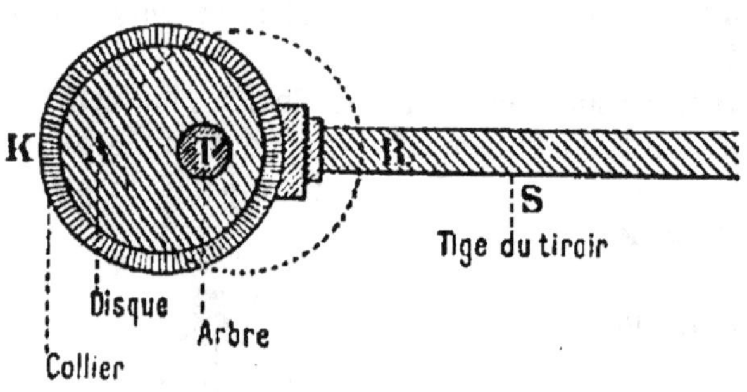

Fig. 166. — Excentrique.

Les mouvements de l'excentrique sont calculés de manière que lorsque le piston monte, c'est l'issue inférieure P, qui, dans le cylindre, est ouverte à la vapeur; et que, lorsque le piston redescend, c'est l'autre issue qui est ouverte.

220. — Détente de la vapeur. — Dans ce qui précède, nous avons supposé que la vapeur agissait à pleine pression sur une face du piston, pendant toute la durée de sa course, puisqu'elle était mise brusquement en communication avec l'atmosphère. La pression qui existe à la fin de la course du piston n'étant pas utilisée, il y a une perte sèche. C'est pour éviter cette perte et par conséquent économiser le charbon, qu'on produit la *détente*.

On admet la vapeur, par exemple pendant un tiers de la course du piston, puis on coupe la communication de la chaudière avec le piston. A partir de ce moment, la vapeur continue à pousser le piston en augmentant de volume, c'est-à-dire en se *détendant*. Donc sa pression diminue notablement et, à la fin de la course du piston, elle est loin d'avoir celle qu'elle possède dans la chaudière. De là l'économie réalisée.

La détente de la vapeur est réglée dans les locomotives au moyen de la *coulisse de Stephenson* (Stephenson : ingénieur anglais, inventeur de la locomotive). Cet appareil (fig. 167) est simplement un arc de cercle AB dans lequel viennent s'adapter les extrémités des tiges de deux

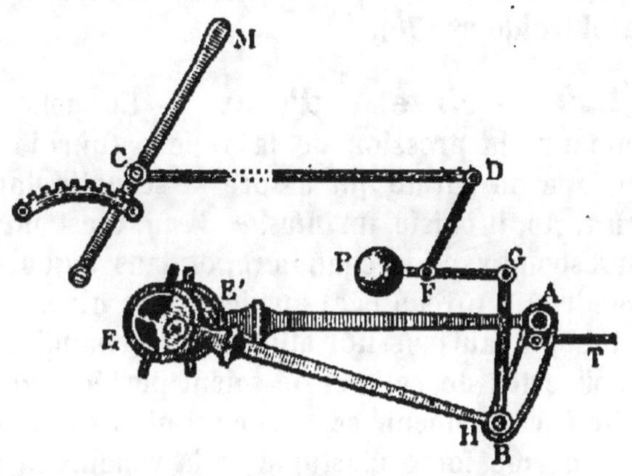

Fig. 167. — Coulisse de Stephenson.

excentriques EE'. L'extrémité de la tige T du tiroir, est encastrée dans la coulisse AB, de manière à pouvoir aller et venir. Une manivelle M est reliée par des articulations CDFGH au point B de la coulisse. Un contre-poids P maintient l'appareil en équilibre. Le levier M permet d'abaisser ou d'élever la coulisse. Il en résulte que c'est tantôt un excentrique tantôt un autre qui commande le tiroir. On fait varier la détente en déplaçant plus ou moins la tige T du tiroir. C'est à l'aide de la coulisse que l'on dirige la machine en arrière. Aussi, en cours de route, en cas de danger, on obtient un arrêt rapide, en « renversant la vapeur » brusquement.

Lorsque la détente doit être un peu forte, il y a avantage à employer plusieurs cylindres, de plus en plus grands, que la vapeur traverse successivement. On dit d'une machine à deux ou à trois cylindres, que c'est une machine à *double* ou à *triple expansion*.

221. — Condenseur. — Nous avons supposé que la vapeur introduite dans le cylindre s'échappe au dehors, lorsqu'elle est devenue inutile. Il n'en est pas ainsi, car il y aurait dans le cylindre une perte de tension égale à la pression atmosphérique. En effet, supposons que la pression de la vapeur, qui s'exerce sur une des faces du piston, soit de 15 atmosphères; l'autre face du piston supportant en même temps la pression atmosphérique antagoniste, la tension de la vapeur sera

15 — 1 = 14 atmosphères. On obvie à cette perte de tension à l'aide du *condenseur*. C'est un récipient où de l'eau froide est constamment injectée à l'aide d'une pompe actionnée par la machine. La vapeur vient s'y condenser. L'eau réchauffée du condenseur retourne à la chaudière. La pression de la vapeur de la chaudière n'est alors diminuée que de la pression de la vapeur d'eau à la température du condenseur (Principe de la paroi froide n° 170).

222. — Niveau d'eau. — En dehors du manomètre, qui fait connaître la pression de la vapeur fournie par la chaudière, et de la soupape de sûreté qui assure la sécurité dans le cas d'une pression un peu forte, il existe un *niveau d'eau*. C'est un tube de verre vertical, qui correspond avec la chaudière, et dans lequel l'eau de la chaudière vient prendre un niveau égal au sien. Si le niveau de l'eau s'abaisse trop dans le tube, il faut aussitôt alimenter la chaudière pour éviter que les parois découvertes de celle-ci ne soient portées au rouge. Car de l'eau introduite à ce moment, se vaporiserait instantanément, et sous la poussée de l'énorme force élastique de la vapeur, la soupape de sûreté ne suffisant plus, une explosion se produirait.

Le niveau d'eau n'est en usage que dans les machines fixes.

223. — Injecteur Giffard. — La pompe alimentaire amenant

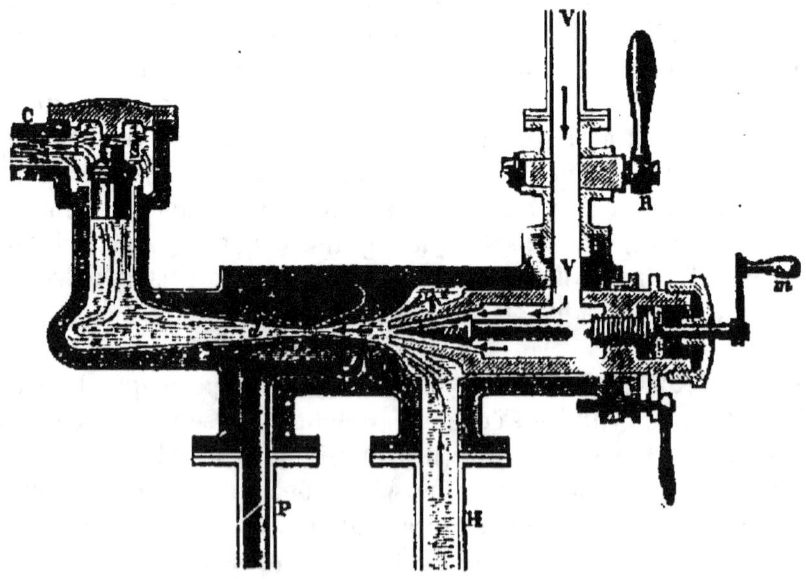

Fig. 168. — Injecteur Giffard.

à la chaudière de l'eau qui est en réserve dans le tender, est remplacée dans les locomotives actuelles et dans la plupart des machines par l'*injecteur Giffard*. C'est une trompe à vapeur à l'aide de laquelle la chaudière s'alimente automatiquement.

Nous avons vu (n° 125) que lorsqu'un liquide s'écoule dans une canalisation dont la section se rétrécit à l'orifice de sortie, il se produit à la partie rétrécie un accroissement de vitesse et une aspiration de l'air environnant. C'est sur ce principe qu'est fondé l'injecteur.

Par le tuyau V (fig. 168) communiquant avec la chaudière, la vapeur arrive dans un espace terminé par l'orifice conique F. Il se produit alors une aspiration vers les parois e e du tube qui suit F. Or en face de cette région débouche un tube H en communication avec le réservoir d'eau : l'eau est donc aspirée. La vapeur aussitôt se condense et communique sa force vive au jet liquide qui est alors chassé dans la chaudière par le tube C. Une soupape de retenue S empêche l'eau de rétrograder quand l'appareil ne fonctionne pas. L'arrivée de la vapeur est réglée par la manivelle m, qui commande la tige à vis a. Le débit est régularisé par le trop-plein P.

224. — Turbine à vapeur.

— Les organes divers, bielle, manivelle, etc., qui, dans les machines à vapeur, transforment les mouvements alternatifs du piston en mouvement continu, sont une cause de

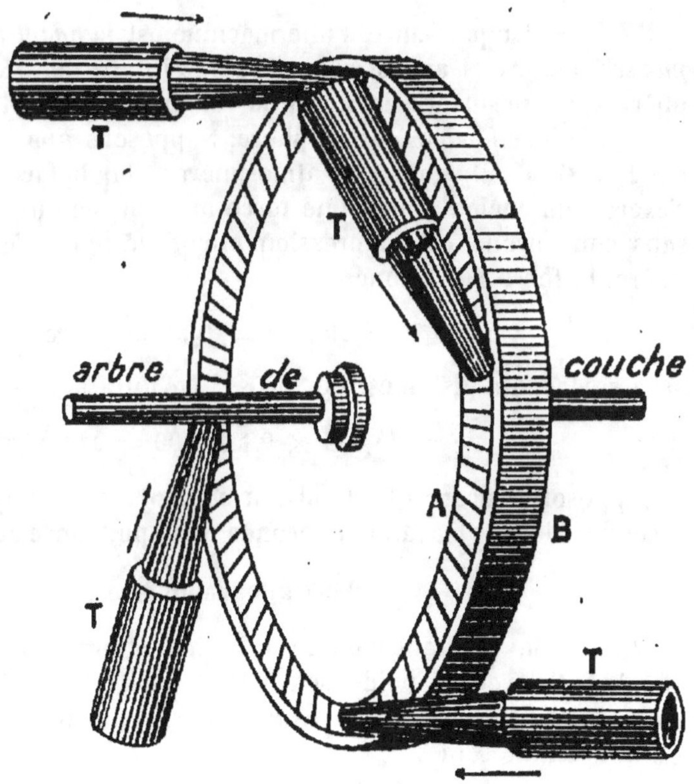

Fig. 169. — Turbine à vapeur.

perte de travail. Aussi dans certaines machines, principalement celles qui font tourner les dynamos et les hélices des navires, le cylindre est remplacé par une turbine.

La turbine à vapeur est un disque vertical dont la périphérie est pourvue d'ailettes courbes A (fig. 169). La tranche des ailettes, opposée à l'axe du disque, est recouverte d'un anneau B semblable au cercle de fer d'une roue de voiture. Un certain nombre de gros tubes T à orifices rétrécis, en communication avec la chaudière, sont placés presque parallèlement au disque. La vapeur arrive par ces tubes et frappe directement les ailettes. Le disque tourne alors avec une vitesse considérable; il pourrait faire 30.000 tours par minute. Mais on utilise des vitesses moins grandes. L'axe du disque est l'arbre de couche. Le mouvement est donc continu.

PUISSANCE D'UNE MACHINE A VAPEUR

225. — La puissance d'une machine est la *quantité de travail fourni par seconde*. Nous avons vu n° 106 que la pression exercée par l'atmosphère sur une surface de 1^{cm2} a la valeur de $1^k,033$ et qu'elle est égale à une quantité appelée : atmosphère. Supposons que la force F qui agit sur le piston soit égale à 10 atmosphères. Sur la face opposée du piston s'exerce en même temps une force antagoniste qui, dans les machines sans condenseur, est la pression atmosphérique, c'est-à-dire 1 atmosphère, la force F est donc

$$F = 10 - 1 = 9 \text{ atmosphères.}$$

si la surface du piston est de 1000^{cm2} on aura donc

$$F = 1^k,033 \times 9 \times 1000 = 9297^{kilogr.}$$

Supposons encore que le piston se déplace à chaque coup de 1^m par seconde. Alors le travail par seconde ou la puissance de la machine est de

$$9297 \text{ kilogrammètres.}$$

L'unité de puissance d'une machine étant le *cheval-vapeur*, force capable d'élever un poids de $75^{\text{kilogr.}}$ à 1^m de hauteur en 1 seconde; c'est-à-dire d'accomplir un travail égal à 75 kilogrammètres, la puissance de la machine sera

$$\frac{9297}{75} = 123^{\text{chev.-vap.}}, 72.$$

Les constructeurs d'automobiles expriment la puissance du moteur par la valeur du cheval-vapeur anglais (Horse-Power) qui vaut 75^{kilogrammètres},9. On écrit par abréviation HP. Un moteur de 30 HP, par exemple.

Les machines à vapeur ont une puissance qui varie de 3 à 30 000 chevaux. Elles n'utilisent qu'un dixième environ de la chaleur fournie par le charbon; le reste est perdu par conductibilité et par rayonnement. Ce sont des machines à faible rendement.

Nous avons vu que l'unité de puissance du système CGS est le **Watt**, qui équivaut à 1 joule par seconde ou 10 millions d'ergs par seconde. Nous savons que le joule est la force capable d'élever 102 grammes à 1^{m} de hauteur. Par conséquent

$$1 \text{ Watt} = 0 \text{ kilogrammètre } 102$$

et

$$1 \text{ cheval-vapeur} = \frac{75}{0^{\text{k}}, 102} = 736 \text{ Watts}$$

Moteurs à explosion

226. — **Généralités.** — Les moteurs à explosion sont des machines qui transforment aussi la chaleur en travail. Ce sont des transformateurs d'énergie des gaz. Nous savons que les gaz sont très compressibles, éminemment extensibles et que leurs changements de volume s'effectuent avec des variations considérables de température. On utilise la force explosible des gaz dans une machine analogue à la machine à vapeur. On obtient dans un cylindre une pression suffisante pour chasser un piston dont la tige, par l'intermédiaire d'une bielle et d'une manivelle, est reliée à un arbre. Celui-ci est animé par suite d'un mouvement alternatif rectiligne, transformé en mouvement circulaire continu. Un volant est nécessaire, car les positions extrêmes du piston, comme dans la machine à vapeur, sont aussi des points morts.

Le fonctionnement d'un moteur à explosion est assuré au moyen d'un mélange d'air et d'un hydrocarbure : benzine, benzol, essence, etc.

Le mélange d'air et d'un hydrocarbure est amené dans un cylindre au-dessous du piston. Le piston le comprime. Le mélange est alors enflammé par une étincelle électrique. Les gaz provenant de la combustion, portés à une très haute température et par conséquent à une très forte pression, poussent le piston en se détendant.

Les phases nécessaires au fonctionnement du moteur sont appelées *cycles*. Deux sont employés : le *cycle à deux temps* et le *cycle à quatre temps.* Le plus répandu est le cycle à quatre temps dont voici le principe :

Premier temps : Aspiration.

Le piston étant en A (fig. 170), entraîné par le volant, descend vers B.

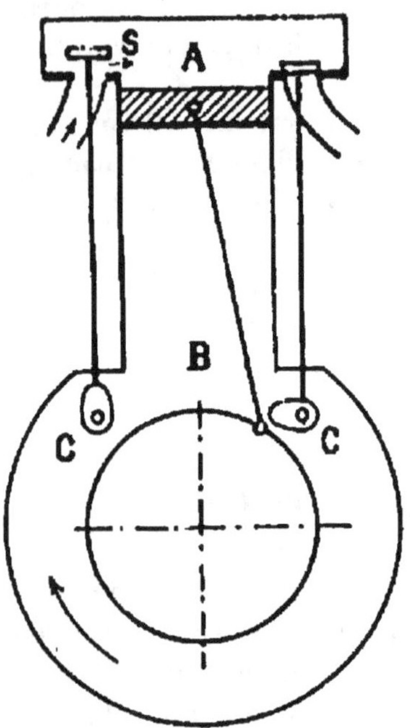

Fig. 170. — Moteur à explosion.
Premier temps.

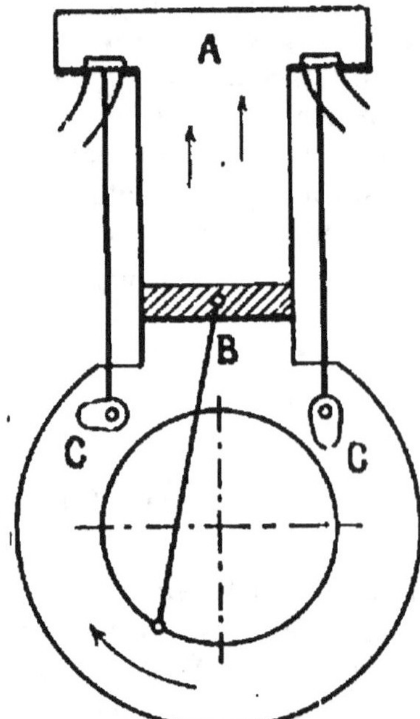

Fig. 171. — Moteur à explosion.
Deuxième temps.

Il aspire par la soupape S, qui s'ouvre automatiquement au moyen d'une came C, le mélange d'air et d'hydrocarbure. Lorsque le piston est en B, la soupape S se ferme.

Deuxième temps : Compression.

Le piston toujours entraîné par le volant étant en B (fig. 171) revient vers A. Il comprime alors le mélange gazeux dont s'est rempli précédemment le cylindre. La chaleur du mélange a augmenté.

Troisième temps : Explosion.

Le piston revenu en A (fig. 172) a comprimé le mélange gazeux dans un très petit espace appelé *chambre d'explosion*. Au moyen d'une *magnéto à haute tension* on fait éclater une étincelle dans la chambre d'explosion, aussitôt le mélange gazeux s'enflamme en produisant une détonation. Il en résulte une grande élévation de température. Les gaz brûlés se détendent et exercent par suite une forte pression sur le piston qui est refoulé en B.

C'est le temps moteur qui donne la puissance à l'appareil.

Quatrième temps : Échappement.

Entraîné encore par le volant, le piston revient en B (fig. 173); la soupape S' s'ouvre comme il a été dit pour la soupape S et les gaz brûlés sont expulsés au dehors.

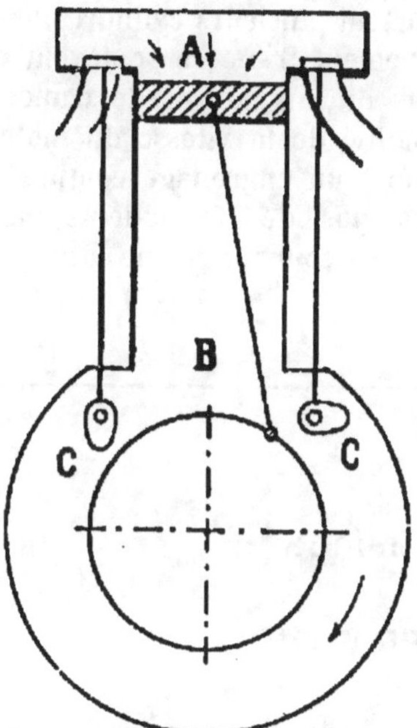

Fig. 172. — Moteur à explosion.
Troisième temps.

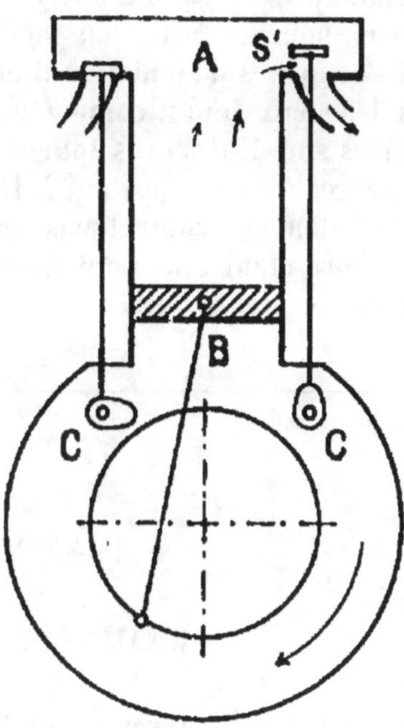

Fig. 173. — Moteur à explosion.
Quatrième temps.

REMARQUE.

Le moteur fait donc deux tours complets pour accomplir son cycle et sur ces deux tours, il n'y a qu'un temps moteur, le troisième. Mais pendant ce temps il produit assez d'énergie. Les trois autres temps, qui peuvent être considérés comme des résistances passives, nécessitent l'emploi d'un volant.

Le moteur ne peut se mettre en marche lui-même; il est *embrayé*, c'est-à-dire qu'on lui communique à la main le premier mouvement. La communication se fait en pressant avec un levier un cône situé à l'intérieur d'une cavité conique creusée dans le volant. Le cône d'embrayage est entraîné par le frottement.

Le mélange d'hydrocarbure et d'air se fait dans un appareil assez compliqué, nommé *carburateur*. L'hydrocarbure arrive pulvérisé en fines gouttelettes d'un récipient spécial, par un petit tube percé d'un trou capillaire. Celui-ci débouche dans la tuyauterie d'aspiration.

Une circulation d'eau est établie dans la paroi creuse du cylindre, pour empêcher un trop grand échauffement.

Les moteurs à explosion sont utilisés dans l'industrie. Les voitures automobiles, les ballons dirigeables et les aéroplanes en sont pourvus. Ceux-ci, pour les fortes puissances, comportent plusieurs cylindres.

Les soupapes d'admission S et d'échappement S' ne se soulèvent que tous les deux tours, comme nous l'avons dit, au moyen do cames C, montées sur des arbres tournant à la moitié de la vitesse du moteur. Ces arbres à cames portent à leur extrémité un engrenage composé de 2 fois n dents en contact avec un pignon composé de 1 fois n dents, monté sur l'arbre manivelle. Ce dispositif permet aux soupapes de ne se soulever que tous les deux tours.

QUATORZIÈME LEÇON

MOUVEMENT VIBRATOIRE

Propagation des mouvements vibratoires. — Ondes stationnaires. — Ondes liquides. — Ondes sonores. — Résonance.

227. — Définitions. — Tous les corps élastiques : cordes, lames métalliques, etc., vibrent sous l'influence d'un choc; c'est-à-dire exécutent un tremblement rapide. Les molécules d'un corps vibrant écartées brusquement de leur position de repos, oscillent de chaque côté de cette position. Elles reviennent peu à peu à leur position d'équilibre, lorsque cesse la cause de leur déplacement.

Fixons une lame métallique D (fig. 174) par un bout C dans un étau. Tirons-la par exemple en D' et lâchons-la brusquement. Elle exécute aussitôt un mouvement d'aller de D' en D", puis revient de D" en D'. Elle retourne en D", revient encore en D'; mais peu à peu les distances D'D et D"D diminuent jusqu'à devenir nulles : les vibrations ont cessé.

Les mouvements d'aller de D' en D" et de retour de D" en D' représentent une **vibration complète**.

Le mouvement d'aller seul de D' en D" est une **vibration simple**; le mouvement de retour de D" en D' est aussi une vibration simple.

La distance du point D au point D' ou du point D au point D" est appelée **l'amplitude** d'une molécule de la lame, située en D.

Lorsque les amplitudes se font en des temps égaux, comme sont les mouvements du pendule, on dit qu'elles sont **isochrones**.

La durée T d'une vibration complète porte le nom de **période**. La durée d'une vibration simple est une **demi-période**.

Le mouvement qui se reproduit à des intervalles de temps égaux (vibration complète) est un **mouvement périodique**.

Le nombre de périodes par seconde constitue la **fréquence** F. Entre la fréquence F et la période T, on a évidemment la relation

Fig. 171.

$$F = \frac{1}{T}$$

228. — Mouvement périodique. —

Le mouvement périodique est représenté par le mouvement pendulaire ou oscillatoire et par le mouvement vibratoire.

Le mouvement pendulaire est le mouvement d'un pendule. Nous en avons parlé au début. Le mouvement pendulaire est dit aussi oscillatoire.

Le mouvement oscillatoire est celui d'une molécule d'un corps qui décrit, lorsqu'elle est en activité, toujours la même portion de droite ou de courbe. Elle va d'une extrémité à l'autre de la droite ou de la courbe, revient au point de départ et recommence.

Le mouvement vibratoire peut être celui d'une lame métallique, fixée par un bout et déplacée de sa position d'équilibre. Ce mouvement s'amortit rapidement.

Lorsque deux sources de mouvements périodiques ont la même période on dit qu'ils sont **synchrones**.

229. — Phase, différence de phase. — On dit que deux

mouvements oscillatoires de même période sont en **phase**, lorsqu'ils commencent tous les deux en même temps, au même moment. Lorsque les deux mouvements ne commencent pas ensemble, ils offrent une **différence de phase**. La différence de phase est le temps qui sépare leur entrée en action.

Lorsque le second mouvement entre en activité, par exemple 1/4 de période après le premier, si l'on appelle T la période, le second mouvement est en retard de $\frac{T}{4}$ sur le premier.

Quand le retard est de $\frac{T}{2}$ c'est-à-dire une demi-période, le mouvement est nul; les deux mouvements s'annulent. On dit qu'il y a **interférence**. Nous verrons que l'expression *interférence* est plus générale : deux mouvements vibratoires de même période *interfèrent* quand, en se croisant, il en résulte qu'ils s'annulent en certains points et s'ajoutent en d'autres points.

230. — Propagation des mouvements vibratoires.

— Le mouvement vibratoire se propage dans un milieu élastique en se transmettant successivement à tous les points dudit milieu.

Propagation par ondes transversales.

Tendons légèrement un tube de caoutchouc AB (fig. 175) de quelques mètres de longueur.

Sur son extrémité A, donnons un choc brusque. Il se produit aussitôt

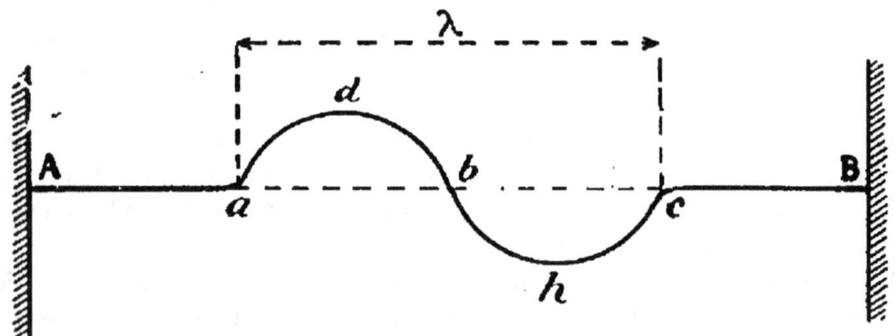

Fig. 175.

dans le tube une sinuosité qui se propage d'un mouvement uniforme de A vers B. Sur la figure nous avons représenté (exagérément) seulement en a b c la déformation sinueuse à un instant quelconque. Cette sinuosité est une **onde**; elle se reproduit nécessairement en tous les points du tube en cheminant de A en B.

Arrivée en B, l'onde se réfléchit et chemine maintenant de B vers A. La vitesse de propagation, dans un sens comme dans l'autre reste la même, ainsi que la **longueur d'onde**, que l'on désigne par la lettre grecque λ (lambda).

$$\lambda = a\,c$$

Mais les *élongations* après la réflexion changent de signe. Autrement dit, la saillie représentée à l'aller par la sinuosité a d b (fig. 175), au-

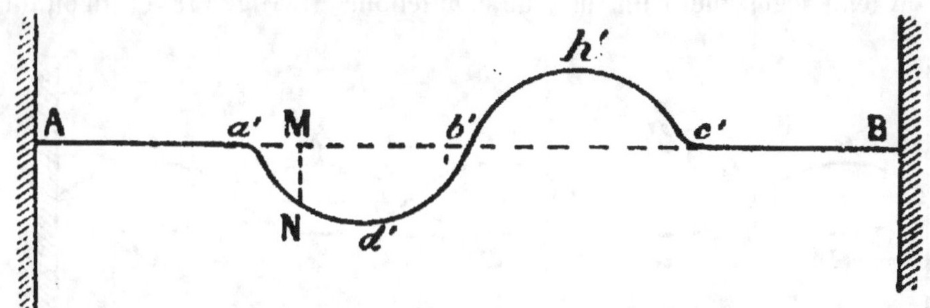

Fig. 176.

dessus de la ligne AB se trouve maintenant au-dessous en a' d' b' (fig. 176); et le creux b h c (fig. 175) au-dessous de la ligne AB, se trouve maintenant au-dessus en b' h' c' (fig. 176).

On appelle élongation l'écart entre la position d'un point d'un corps à un certain moment, quand le corps vibre, et sa position avant le mouvement vibratoire. Ainsi l'élongation du point M (fig. 176) est MN.

Propagation par ondes longitudinales.

Prenons un ressort à boudin de 4 à 5^m de longueur et dont le fil à

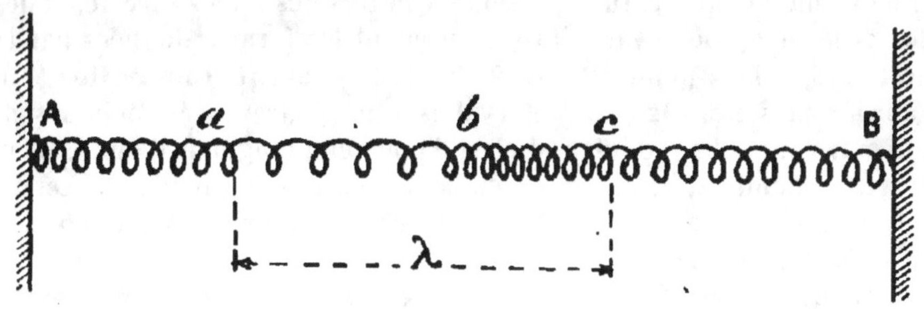

Fig. 177.

2^{mm} environ de diamètre. Attachons ses extrémités AB (fig. 177), en les tendant légèrement.

Dans le voisinage de A, comprimons à la main une douzaine de spires, puis abandonnons-les brusquement. Les spires comprimées se détendent et compriment les suivantes. Le phénomène se répète jusqu'à l'extrémité de B, où la réflexion se produit.

La compression et la dilatation dans une position sont indiquées sur la figure en a b c ; elles représentent une onde; la longueur d'onde est a c.

231. — Ondes stationnaires.

— Nous avons vu que lorsqu'on tend légèrement un tube de caoutchouc AB (fig. 178) et qu'on lui

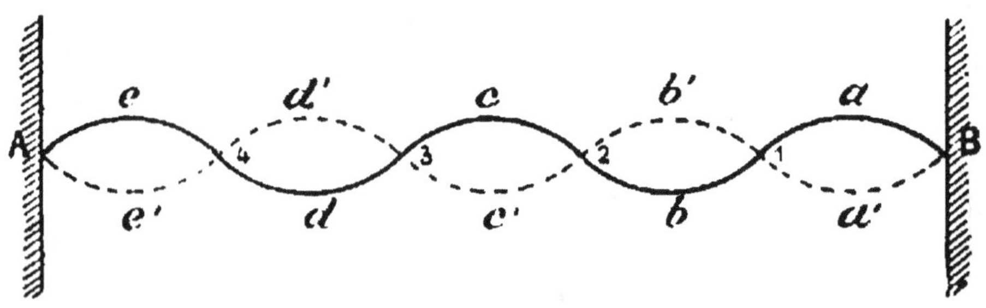

Fig. 178.

imprime un choc brusque, il se produit des ondes de A vers B, qui se réfléchissent ensuite de B vers A.

Supposons que, par un artifice quelconque, nous entretenions d'une manière très régulière le mouvement vibratoire du tube. Nous constaterons alors que les ondes réfléchies et les ondes incidentes donnent au tube un mouvement différent de celui qui se produit dans le cas seulement de la propagation d'ondes directes. Dans ce dernier cas, **chaque point du tube est animé d'un mouvement vibratoire.** Il n'en est plus de même lorsque le tube présente à la fois des ondes directes et des ondes réfléchies : le tuyau vibre en prenant les formes données par la figure (178). Les points B, 1, 2, 3, 4.... **restent immobiles.** On les appelle des **nœuds.** Les intervalles qui séparent ces points sont égaux entre eux. Chaque intervalle est d'une demi-longueur d'onde. D'autre part, les points a, b, c, d.... chacun placé entre deux nœuds successifs et à égale distance de ces deux nœuds, vibrent au maximum d'amplitude. On les nomme **ventres.**

Ces ondes sont obtenues par **interférences des ondes incidentes et des ondes réfléchies.** Les points d'attache A et B restent en repos.

La réflexion se faisant avec changement de signes et les mouvements incidents et réfléchis étant toujours égaux, le tube prend la forme de fuseaux identiques dont les nœuds sont 1, 2, 3... et les ventres a a′, b b′, c c′.... Ce sont ces ondes dues à l'interférence qu'on appelle **ondes stationnaires.**

ONDES LIQUIDES

232. — Définitions. — Lorsqu'on jette une pierre dans une eau

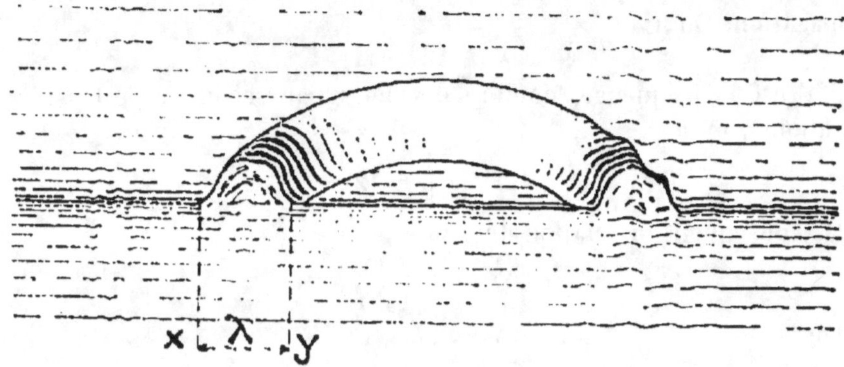

Fig. 179.

tranquille, il se forme à la surface des rides qui s'écartent circulairement du point frappé. Ces rides ont la forme d'anneaux concentriques, qui vont en s'agrandissant et en s'amortissant. Ce sont des ondes transversales.

La figure (179) montre une portion d'un des anneaux formés. La lon-

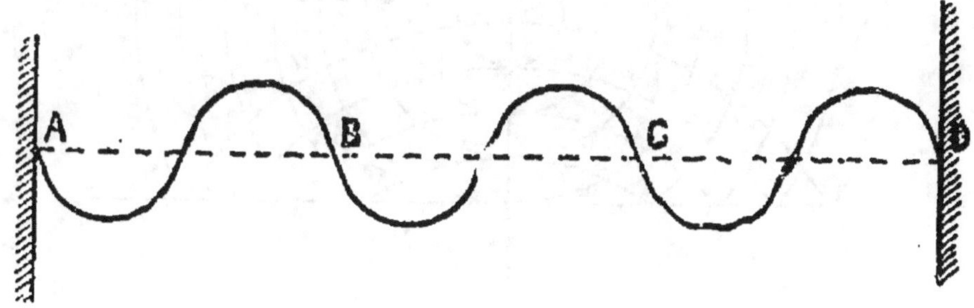

Fig. 180.

gueur de l'onde est XY. Il semble que l'eau fuit le point frappé. Il n'en est rien; un bouchon de liège déposé à la surface qui ondule, ne se transporte pas d'un point à un autre; il oscille tout simplement de haut en bas et de bas en haut sans quitter le point où il a été déposé.

Si, au lieu d'un seul choc de pierre à la surface de l'eau, on produit des chocs rythmés, dans des intervalles de temps assez rapprochés, il se produit une série d'ondes qui se propagent du point frappé jusqu'au bord du bassin, par exemple de A vers D (fig. 180). La figure montre trois ondes successives AB, BC, CD. Chaque onde présente un relief et un creux.

Désignons par λ la longueur d'une onde, par T l'intervalle de temps qui sépare deux chocs successifs et par conséquent le temps que met le mouvement à se propager sur une longueur λ, enfin par V la vitesse de propagation. On a

$$\lambda = VT \quad (1)$$

Si F est la fréquence (nombre de chocs par seconde, c'est-à-dire F vibrations), on a

$$T = \frac{1}{F} \quad (2)$$

Par conséquent la relation devient

$$\lambda = V \left(\frac{1}{F} \right)$$

D'où
$$V = F\lambda \quad (3)$$

235. — Réflexion des ondes liquides. — Lorsque dans un

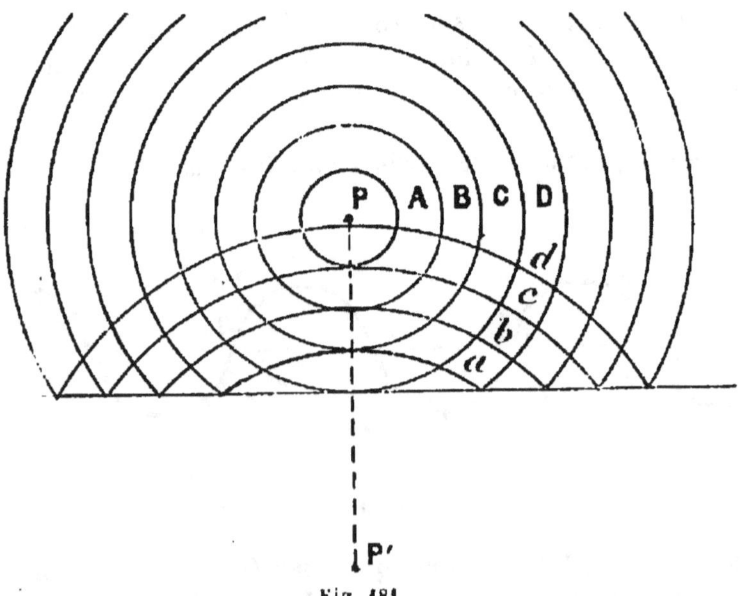

Fig. 181.

bassin dont l'eau est tranquille, on jette une pierre, des ondes concentriques A, B, C... (fig. 181) se forment autour du point frappé P. Les dernières qui touchent la paroi du bassin, se réfléchissent sur cette paroi et il naît de ce fait une série d'ondes réfléchies a, b, c... qui semblent produites au point P . Les ondes directes et les ondes réfléchies se croisent sans être altérées. Le système des ondes directes et le système des ondes réfléchies se propagent chacun d'une manière indépendante.

254. -- Interférences des ondes liquides. — Lorsque, dans l'eau tranquille d'un bassin, on jette deux pierres en même temps, sur des points voisins, il naît des ondes autour de chaque point frappé. Les deux systèmes d'ondes ayant leurs centres voisins, des ondes de l'un et de l'autre s'entrecroisent. Les points de croisement sont les points d'interférence.

Quand le relief d'une onde d'un système se rencontre avec le relief d'une onde de l'autre système, l'eau s'élève à une hauteur égale à la somme des deux reliefs; si ce sont deux creux au contraire qui se rencontrent, la dépression est égale à la somme des dépressions des deux creux. Est-ce le relief d'une onde d'un système qui rencontre le creux d'une onde de l'autre système? le relief et le creux s'annulent.

Soit R (fig. 182) le lieu de rencontre d'un creux d'une onde d'un système et du relief d'une onde de l'autre système, aux distances RP de l'un des points frappés et RP' de l'autre point frappé. La différence entre ces deux distances est toujours égale à un **nombre impair de demi-longueur**

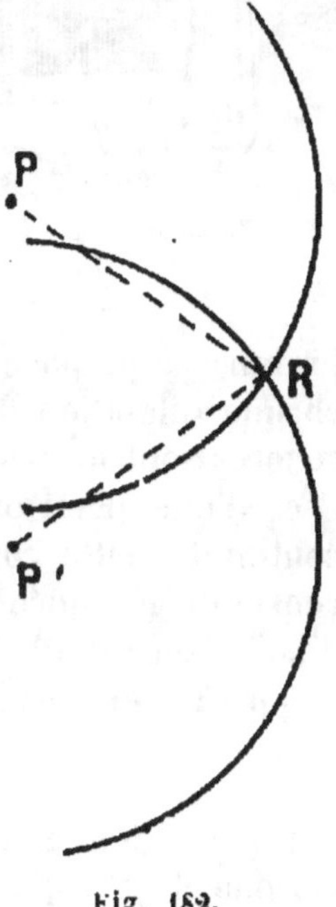

Fig. 182.

d'onde. Si ce sont deux saillies ou deux creux qui se rencontrent, la différence des distances aux deux sources d'ébranlement est égale à **un nombre pair de demi-longueurs d'onde.**

ONDES SONORES

255. — Définitions. — Dans les fluides (liquides ou gaz), le mouvement vibratoire d'un corps sonore se propage **longitudinalement par ondes**, tandis que dans les corps solides il se propage **longitudinalement ou transversalement.**

Soit un tuyau sonore rempli d'air. Plaçons devant l'une de ses extrémités ouvertes une lame rigide L (fig. 183) soudée à la branche d'un diapason D. Faisons vibrer le diapason en le frappant avec une tige métallique. Aussitôt l'air du tuyau est alternativement comprimé et aspiré. Lorsque l'aspiration se produit, l'air se dilate. Les compressions et les dilatations s'effectuent dans des temps égaux. Le mouvement vi-

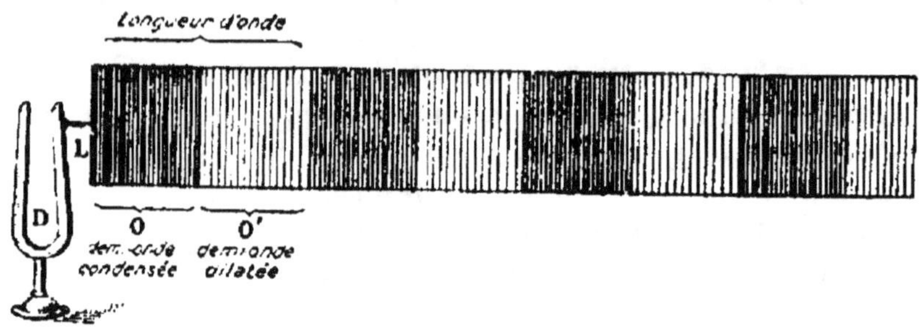

Fig. 183.

bratoire se propage par ondes d'égale épaisseur. Chaque compression et chaque dilatation durant un temps égal à une demi-période, les ondes sonores sont formées chacune d'une demi-onde comprimée ou condensée O et d'une demi-onde dilatée O'. (Elles n'offrent pas une solution de continuité nette comme l'indique la figure schématique). La longueur constante marquée par une demi-onde condensée et une demi-onde dilatée constitue la longueur d'onde λ.

Nous retrouvons ici la formule (1) du paragraphe n° 232

$$\lambda = V\,T$$

puisque le temps nécessaire à la propagation d'une onde est égal à la période T. Chaque onde sonore est une couche de forme cylindrique dont l'épaisseur est égale à λ.

Dans une atmosphère indéfinie, le mouvement vibratoire se propage dans tous les sens et donne lieu à des ondes sphériques dont le centre est le point vibrant. Le son se propageant à des couches de plus en plus grandes s'atténue rapidement.

Supposons qu'un corps situé dans l'atmosphère soit le siège d'un mouvement périodique. Considérons le premier choc sur l'air environnant. Le point frappé oscille; il frappe à son tour un point voisin qui n'avait pas été ébranlé par le premier choc. Ce second point frappe aussi un troisième point qui lui est voisin; celui-ci fait de même sur un quatrième et ainsi de suite. Comme le corps est animé d'un mouvement périodique, le phénomène recommence au second choc produit, puis au troisième, au quatrième.... enfin à chaque période. Le phénomène, de proche en proche, gagne le milieu environnant.

230. — Interférences des sons.

— Lorsque deux centres voisins d'ébranlement dans l'espace créent deux systèmes d'ondes sonores, celles-ci se propagent et s'entre-croisent. Comme cela se passe pour les ondes liquides, en certains points de croisements les sons s'ajoutent, en d'autres points ils se détruisent.

Supposons que des ondes sonores émanant d'un point O (fig. 181) et se propageant dans l'espace, soient arrêtées par un obstacle AB. Elles se réfléchissent. La réflexion donne naissance à un second système d'ondes, ondes réfléchies, qui semblent venir d'un point O′ situé de l'autre côté de l'obstacle. Le point O′ est symétrique du point O. Les ondes directes parties de O et les ondes réfléchies semblant venir de O′ se propagent en sens contraire. Alors elles s'entre-croisent en avant de l'obstacle AB.

Promenons en avant de l'obstacle une membrane

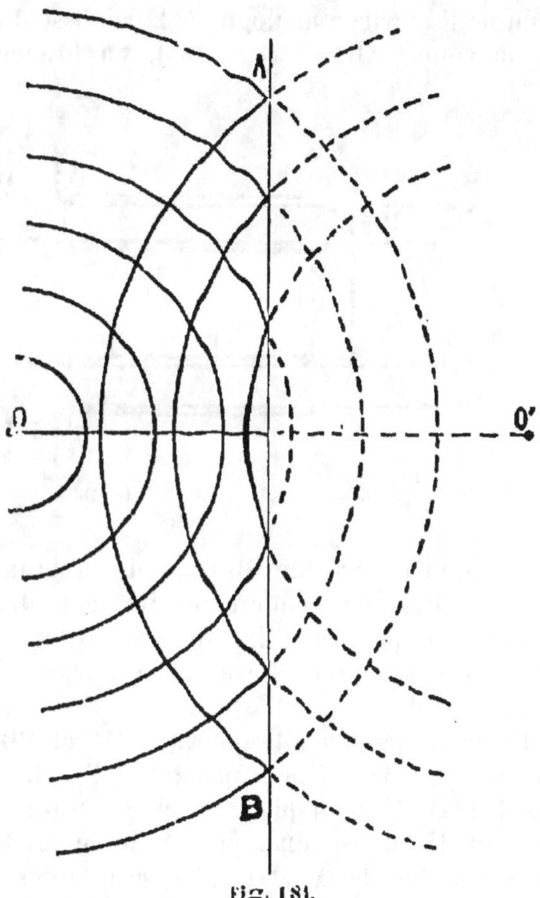

Fig. 181.

tendue sur un cadre, tenue verticalement, et le long de laquelle tombe un pendule de liège. Lorsque la membrane se trouve à un croisement des ondes où est un ventre, le pendule exécute une série de petits mouvements : c'est que la membrane vibre. Au contraire, quand la membrane se trouve à un croisement où est un nœud, elle ne vibre pas et le pendule reste en repos.

Nous avons vu que lorsqu'il y a interférence entre deux ondes liquides, la différence entre les deux distances calculées du lieu de rencontre aux points d'origine des ondes, est égale à un **nombre impair** de demi-longueur d'onde. Lorsqu'il s'agit d'ondes sonores, la règle est contraire : les nœuds se trouvent à une distance de l'obstacle représentée par un **nombre pair** de demi-longueur d'onde.

On peut constater encore les interférences des ondes sonores à l'aide d'un petit appareil analogue à la coulisse d'un trombone. C'est un long tuyau coudé ABA'B' (fig. 185). La branche ACA' est exactement la

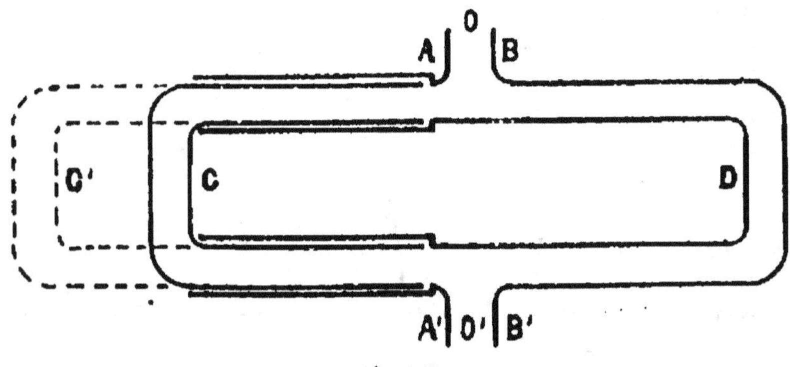

Fig. 185.

même que la branche BDB'; mais la branche ACA' est construite en deux parties, de manière qu'elle peut être agrandie au moyen d'une coulisse : C peut être tiré un peu en deçà de AA', par exemple en C'. Dans ce cas, la capacité de AC'A' devient évidemment plus grande que celle de BDB'.

Lorsque les deux branches ACA' et BDB' sont égales, c'est-à-dire qu'elles ont la même capacité, si l'on fait vibrer un diapason devant l'orifice O et qu'on place l'oreille devant O', on entend un son net et intense. Il en est ainsi parce que les ondes sonores qui sont parties concordantes de O, arrivent concordantes en O'. Les condensations ou les dilatations qu'elles apportent périodiquement, arrivent en même temps en O'. Une demi-onde condensée par exemple, chemine par A et une autre demi-onde condensée chemine par B; elles arrivent ensemble en O' et par conséquent s'ajoutent.

Faisons varier maintenant la longueur de ACA', en allongeant la coulisse C, de manière que ACA' soit plus long d'une demi-longueur d'onde du mouvement vibratoire propagé, que BDB'. Plaçons un diapason vibrant en O et écoutons en O'. Le son n'arrive plus. Il en est ainsi parce que les deux trains d'ondes qui arrivent maintenant en O' présentent une différence de marche égale à une demi-longueur d'onde et sont dans des phases opposées. Les dilatations de l'une sont annulées par les condensations de l'autre. Autrement dit, lorsqu'une demi-onde condensée chemine par A, une demi-onde dilatée chemine par B. Elles arrivent en même temps en O' et il y a interférence.

On peut placer près de la branche AC une règle divisée et mesurer par conséquent la distance à laquelle on doit tirer la coulisse pour que le son s'éteigne. Cette distance multipliée par 4 donne la longueur d'onde.

Nota.

Les ondes lumineuses, qui demandent une étude préparatoire, sont traitées à la fin de l'*Optique*.

Résonance

257. — Généralités. — Lorsqu'une cloche lourde est mise en mouvement, le sonneur doit rythmer ses efforts de traction sur les oscillations de la cloche; c'est-à-dire que les tractions exercées doivent être synchrones avec le mouvement oscillatoire de la cloche. De cette manière le sonneur anime peu à peu la cloche d'un mouvement de grande amplitude. On dit alors qu'il y a résonance par rapport à la traction. La résonance est donc le résultat d'une synchronisation.

Ce phénomène a lieu parce que la cloche peut être assimilée à un pendule et présente par conséquent une *période propre*.

Une balançoire aussi peut être assimilée à un pendule. Pour lancer la balançoire dont le siège est occupé, une personne auprès doit exercer sur la balançoire des poussées rythmées sur l'oscillation propre de ladite balançoire. Les poussées dirigées dans le sens de la descente augmentent la vitesse, et la balançoire monte avec une amplitude de plus en plus grande.

Lorsque des soldats marchent au pas sur un pont suspendu, ils lui impriment des oscillations rythmées, qui prenant des amplitudes de plus en plus grandes, risqueraient de le rompre. Aussi fait-on cesser la cadence du pas.

QUINZIÈME LEÇON

ACOUSTIQUE

Production et propagation du son. — Vitesse du son. — Réflexion
du son. — Qualités du son.

Production et propagation du son

238. — Production du son. — Le son est dû au **mouvement vibratoire** produit par un corps et transmis à l'oreille, par l'intermédiaire d'un **milieu élastique pesant** (air, eau, bois, fer, etc.).

Vibration des corps solides.

Fig. 186.

Fixons par un bout une lame d'acier dans un étau (fig. 186). Tirons à nous le bout libre D jusqu'en D' et lâchons-le. La lame exécute une série de mouvements de va-et-vient de D' et D'', et de D'' en D', qui vont en décroissant jusqu'à ce que la lame revienne au repos en D. Si la lame est assez courte, ses vibrations rendent un son qui va en s'affaiblissant, et cesse dès que la lame est au repos.

Une corde élastique tendue et pincée exécute des vibrations rapides qui la font paraître se renfler en son milieu; en même temps elle produit un son. Le son disparaît avec l'illusion du renflement.

Le mouvement vibratoire est mis encore en évidence à l'aide du diapason. C'est une espèce de petite fourche en acier (fig. 187), de la forme de la lettre U. Faisons-le vibrer en passant brusquement entre ses branches une baguette plus forte que leur écartement; si l'on met aussitôt en contact avec l'une des branches une bille d'ivoire suspendue à un fil, la bille est projetée en avant; elle revient, le diapason la projette de nouveau, et ainsi de suite jusqu'à ce que les vibrations du diapason cessent.

Vibration des gaz.

Les corps gazeux vibrent également et produisent des sons. Dans un tuyau d'orgue, c'est l'air qui vibre. Adaptons à la place d'un tuyau d'orgue un même tube garni d'une paroi en verre (fig. 188) et faisons-le *parler*. Toutes les fois qu'un tuyau sonore rend des sons, on dit qu'on le

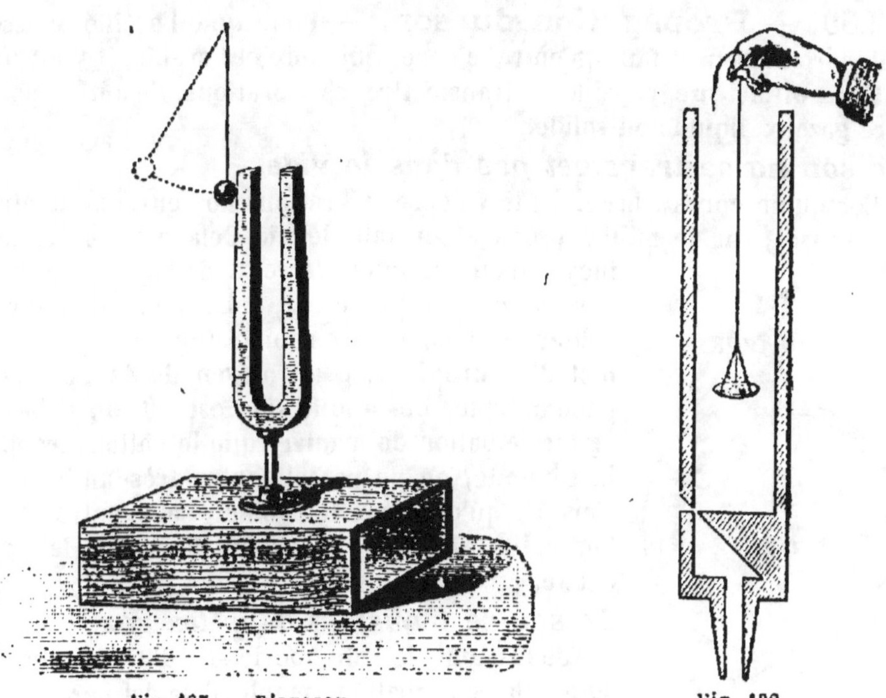

Fig. 187. — Diapason.

Fig. 188.

fait *parler*. A l'aide d'un fil, descendons dans ce tube une petite membrane tendue sur un anneau, et sur laquelle on a mis une pincée de sable. Nous voyons les grains de sable sautiller sur la membrane. Pourquoi? Parce que les vibrations de l'air font vibrer la membrane.

Vibration des liquides.

On peut faire *parler* des tuyaux sonores plongés dans l'eau en y injectant un courant d'eau. On fait de même chanter dans l'eau la *sirène* de *Cagniard de Latour* (nous verrons plus loin la description de cet appareil).

REMARQUE.

Tous les corps ne sont pas sonores; c'est-à-dire ne rendent pas des sons. Frappons légèrement un verre, nous entendons un son; mais en frappant sur un morceau de laine, on n'entend rien.

Les sons ne sont perçus qu'entre certaines limites. Les vibrations trop lentes ou trop rapides ne donnent lieu à aucun son perceptible. Seules les vibrations comprises entre 16 et 24 000 par seconde produisent des sons.

259. — Propagation du son.

— Pour que l'oreille puisse entendre un son, il faut qu'entre le corps qui vibre et l'oreille, il y ait un **milieu élastique**, capable de transmettre les vibrations. Ce milieu peut être gazeux, liquide ou solide.

Le son ne se transmet pas dans le vide.

Lorsqu'un corps vibre dans le vide, ses vibrations ne peuvent pas être transmises, car le milieu propagateur fait défaut. Cela est montré au moyen d'un ballon en verre, dans lequel est suspendue une clochette. Le ballon est garni d'un collier mécanique avec robinet (fig. 189) qui permet d'y faire le vide au moyen de la machine pneumatique. Dès que le vide est fait, on a beau agiter le ballon de manière que le battant frappe la sonnette, on ne perçoit qu'un très faible son. Mais dès qu'on ouvre le robinet, l'air rentre et si l'on agite le ballon l'on entend le son de la clochette.

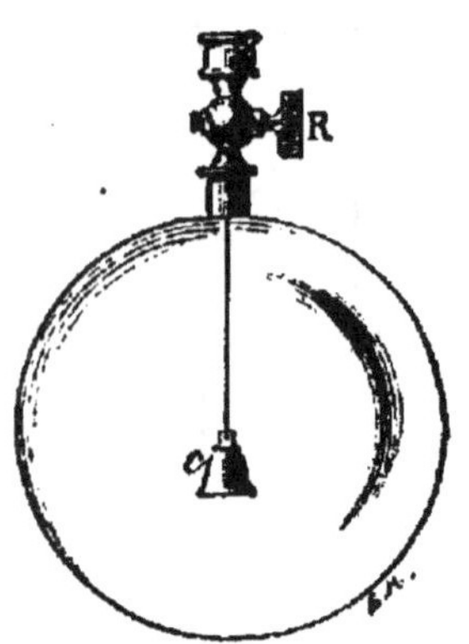

Fig. 189.

Le son se transmet dans les gaz.

Nous venons de voir que le son d'une clochette agitée dans un ballon rempli d'air est perçu par l'oreille. Si l'on remplace l'air par un autre gaz, le résultat est le même. L'air est le véhicule ordinaire des vibrations sonores.

Le son se transmet dans les solides.

Lorsque quelqu'un frappe l'extrémité d'une longue poutre, le bruit est perçu par l'oreille appliquée contre l'autre extrémité. Si l'on applique l'oreille contre le sol, on entend le galop d'un cheval éloigné, que, debout, l'on n'entend pas.

Le son se propage dans les liquides.

Comme les gaz, les liquides transmettent le son. Les poissons, au bruit fait sur la rive, descendent au fond de l'eau. Les scaphandriers qui, au moyen d'un tuyau de prise d'air adapté à un casque entourant la tête, peuvent respirer dans l'eau et y travailler, entendent les bruits voisins.

240. — Mode de propagation du son.

— Nous avons vu dans la leçon précédente que le mouvement vibratoire d'un corps sonore se propage dans les fluides par ondes longitudinales, tandis que dans les corps solides il se propage longitudinalement ou transversalement. Reportons-nous au n° 235, qui étudie les mouvements vibratoires de l'air dans un tuyau sonore. Ajoutons que dans un tuyau cylindrique, la masse d'air étant constante, le son se propagerait intégralement à toute distance, si l'air n'avait à vaincre la résistance du frottement contre la paroi du tuyau. Ce fait a été mis à profit par l'usage du *tuyau acoustique*. C'est un tube en caoutchouc que l'on fait courir d'un lieu à un autre. A chaque bout du tube se trouve une embouchure mobile à sifflet. A un bout quelqu'un enlève l'embouchure et souffle. A l'autre bout le sifflet résonne : c'est un signal d'appel. Deux personnes alors peuvent converser.

VITESSE DU SON

241. — Chacun a pu constater que le son met un certain temps à se propager. Ainsi on voit la fumée produite par le coup de feu d'un fusil, avant d'avoir entendu la détonation.

Vitesse du son dans l'air.

Pour obtenir la vitesse du son dans l'air, on procède de la manière suivante.

Deux observateurs A et B sont placés à une distance D l'un de l'autre ; l'observateur A tire un coup de canon et l'observateur B note le temps écoulé entre l'apparition de l'éclair de feu et la perception du coup. Ce temps est celui que le son met à parcourir la distance D, car la lumière met un temps négligeable pour parcourir quelques kilomètres. On recommence plusieurs fois l'expérience et l'on prend la moyenne t des durées.

Nous avons vu (n° 17) que l'espace e est égal au produit de la vitesse v par le temps t

$$e = vt$$

$$\text{d'où } v = \frac{e}{t}$$

$$\text{alors } v = \frac{D}{t}$$

On a trouvé qu'à une température de 15° la vitesse du son dans l'air est de 340^m par seconde.

Dans toutes les expériences faites, on a trouvé que la vitesse de propagation du son dans l'air est de

$$340^m \text{ à } 10°$$
$$331^m \text{ à } 0°$$

La vitesse dépend donc de la température. Elle dépend aussi de la densité du gaz où se propage le son.

Vitesse du son dans l'eau.

Pour mesurer la vitesse du son dans l'eau, on a procédé comme pour

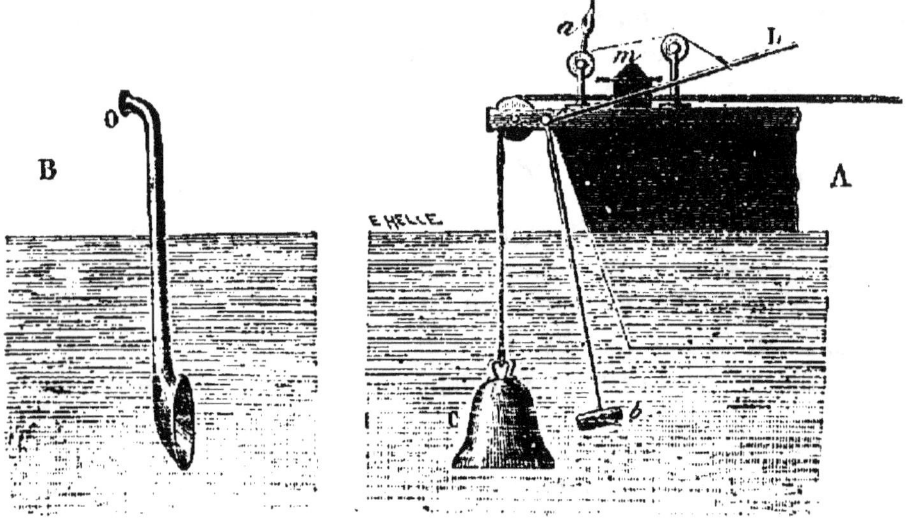

Fig. 190.

l'air. On a placé sur le lac de Genève deux bateaux en A et en B (fig. 190), éloignés d'environ 13 kilomètres l'un de l'autre. Au bateau A on a disposé une cloche C immergée et à l'autre bateau B un cornet acoustique est également immergé. L'embouchure du cornet est tournée du côté de la cloche O. Au moyen d'un levier L et d'un marteau immergé b on peut frapper la cloche. Au moment du choc, une mèche allumée enflamme un petit tas de poudre m. On note sur le bateau B la différence de temps entre l'inflammation de la poudre et la perception du son donné par la cloche, au moyen du cornet. Cette différence est le temps que le son met à parcourir dans l'eau la distance qui sépare les deux bateaux. En divisant la distance par le temps, on a la vitesse. Elle est de 1435ᵐ par seconde.

Vitesse du son dans les solides.

Prenons, par exemple, un tuyau en fonte servant de conduite d'eau et ayant 1^m de longueur. A l'une des extrémités on produit un son; à l'autre extrémité on perçoit deux sons différents et successifs : le premier transmis par la fonte, l'autre par l'air.

On note l'intervalle de temps t qui sépare l'audition de ces deux sons. En désignant par V et v les vitesses du son dans la fonte et dans l'air, on a

$$\text{Temps de propagation dans la fonte} = \frac{1}{V}$$

$$\text{Temps de propagation dans l'air} = \frac{1}{v}$$

d'où

$$t = \frac{1}{V} - \frac{1}{v}$$

de cette égalité on tire

$$t + \frac{1}{v} = \frac{1}{V}$$

ou

$$\frac{v\,t + 1}{v} = \frac{1}{V}$$

ou, en renversant les rapports

$$\frac{V}{1} = \frac{v}{v\,t + 1}$$

d'où enfin

$$V = \frac{1\,v}{1 + v\,t}$$

on a trouvé :

$$\text{Pour la fonte } \quad V = 3570^m$$
$$-\quad \text{le cuivre } \quad V = 3700^m$$
$$-\quad \text{le verre } \quad V = 5000^m$$

RÉFLEXION DU SON

242. — Les ondes sonores nées par exemple d'un choc, oscillent da l'air tout autour du point où a eu lieu le choc, et décroissent à mesure qu'elles se propagent dans toutes les directions. Si ces ondulations de l'air rencontrent un obstacle, elles sont renvoyées par lui, comme le sont, par le bord du bassin, les ondulations à la surface d'une eau tranquille.

Considérons un rayon sonore oblique, frappant une surface plane; il est réfléchi obliquement. Si l'on élève au point frappé une perpendiculaire à la surface plane, le rayon direct et le rayon réfléchi forment chacun avec la perpendiculaire deux angles égaux. On les appelle **angles d'incidence** et de **réflexion**. Dans une salle close aux murs nus, les rayons multiples du son, réfléchis de cette manière, contribuent à renforcer le son. C'est pourquoi les personnes qui ont « l'ouïe dure » entendent mieux dans une salle qu'en plein air.

243. — Écho. — L'écho est la répétition d'un son réfléchi par un obstacle assez éloigné, de manière que le son réfléchi ne soit pas confondu avec le son initial. L'expérience montre que l'on ne peut distinguer deux sons que s'ils sont séparés par un intervalle d'au moins un dixième de seconde. Puisque le son parcourt 340^m par seconde, il en résulte que si un observateur est placé à moins de 17^m d'un obstacle ($17 \times 2 = 34^m$ en $\frac{1}{10}$ de seconde), le son direct qu'il émet et le son réfléchi par l'obstacle se mélangent, les syllabes d'un mot ne sont pas distinguées. L'écho sera nettement distingué au contraire, si l'observateur est à plus de 17^m de l'obstacle.

Qualités d'un son

Les sons se distinguent les uns des autres par leurs **qualités**. Ce sont l'**intensité**, la **hauteur** et le **timbre**.

244. — Intensité. — On dit qu'un son est **intense** quand il est fort, c'est-à-dire qu'il s'entend de loin. L'intensité du son dépend de l'**amplitude** des vibrations du corps sonore.

L'amplitude est l'étendue des vibrations. Les grandes amplitudes produisent les sons forts; les petites amplitudes produisent les sons faibles. C'est pourquoi le son décroît et s'éteint lorsque le mouvement vibratoire non entretenu, s'affaiblit et cesse. Ainsi le son d'un instrument à bord d'un navire, entendu de la côte, s'affaiblit à mesure que le navire s'éloigne, parce que les ondes sonores qui partent du navire, communiquant leur mouvement à des masses d'air de plus en plus grandes, l'amplitude de ces masses diminue à mesure.

L'intensité du son pour un même corps sonore dépend donc des variations de l'amplitude. Ajoutons que le son se propage mieux dans l'air calme que dans l'air agité. La direction opposée du vent, empêche quelquefois d'entendre une sonnerie de cloche.

245. — Hauteur. — Quand nous entendons un son bas, nous disons qu'il est **grave** ; nous appelons un son haut un son **aigu**. Ces expressions caractérisent la **hauteur** d'un son. Celle-ci dépend simplement du nombre des vibrations par seconde exécutées par le corps sonore. Par conséquent, **plus les vibrations sont rapides, plus le son est aigu.**

En effet, faisons vibrer une lame d'acier fixée par un bout dans un étau : elle fait entendre un son. Raccourcissons-la : ses vibrations deviennent alors d'une durée plus courte et en même temps le son est moins grave. Raccourcissons-la encore : les vibrations sont maintenant très rapides et le son est aigu.

Quels que soient les corps sonores qui les rendent, **deux sons de même hauteur correspondent au même nombre de vibrations par seconde.**

On mesure la hauteur d'un son, c'est-à-dire le nombre de vibrations par seconde auquel il correspond, par la méthode graphique ou par la méthode acoustique.

Mesure de la hauteur par la méthode graphique.

La méthode graphique consiste à faire inscrire au corps vibrant lui-même, tel qu'un diapason, son mouvement sur un cylindre que l'on fait tourner devant lui. Le corps vibrant est garni d'une pointe, qui, sur une feuille enduite de noir de fumée, enroulée autour du cylindre, trace une ligne ondulée AB (fig. 190 *bis*). Chaque sinuosité 1, 2, 3, — 3, 4, 5, — 5,

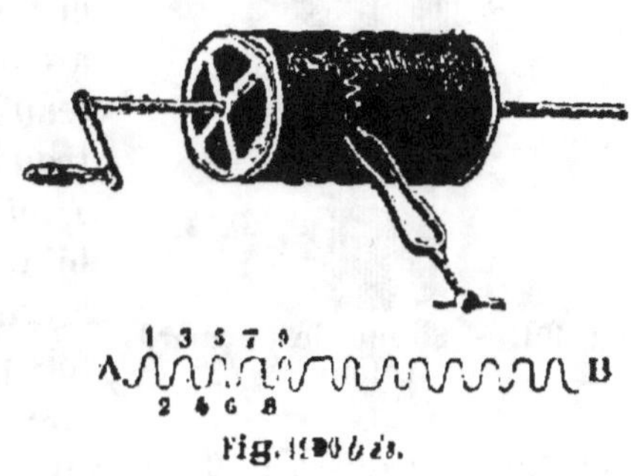

6, 7, etc... correspond à une vibration double. On n'a alors qu'à compter le nombre de sinuosités tracées en une seconde, pour avoir la hauteur du son du corps sonore.

Mesure de la hauteur par la méthode acoustique.

Cette méthode est réalisée avec la *sirène* inventée par le physicien *Cagniard de Latour*. Elle se compose d'une caisse cylindrique A (fig. 191) munie d'un tuyau inférieur B qui peut être placé sur une soufflerie. La caisse est fermée à sa partie supérieure par un plateau C fixe. Sur le plateau repose un disque en cuivre E, qui, au moyen d'un pivot à son centre, peut tourner sur le plateau. Au centre du disque et fixée à lui, s'élève une tige D. Elle tourne par conséquent avec le disque. Le plateau est percé de trous obliques à égale distance les uns des autres, formant entre eux une circonférence. Le disque E présente également des trous obliques, qui correspondent en sens contraire aux trous du plateau. Deux

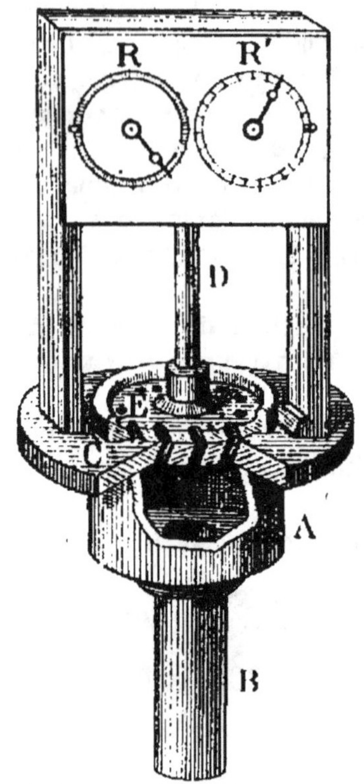

Fig. 191. — Sirène de Cagniard de Latour.

trous en face l'un de l'autre forment un petit tuyau, ressemblant à une ligne brisée.

Portons l'appareil sur une soufflerie. L'air passe par les trous du plateau, rencontre obliquement les parois des trous du disque, et leur imprime par conséquent une poussée. Les poussées produites dans les trous du disque alternativement ouverts et fermés font tourner le disque.

Supposons qu'il n'y ait qu'un trou dans le plateau fixe et 10 trous dans le disque mobile. Lorsque l'un des trous du disque se trouve en face de l'unique trou du plateau, l'air passe, il communique à l'air ambiant une poussée qui cesse aussitôt qu'il n'y a plus coïncidence entre les trous, et il se produit une vibration complète : on a donc 10 vibrations par tour. Si le plateau fixe a 10 trous correspondant aux 10 trous du plateau mobile, *il n'y a encore que 10 vibrations par chaque tour* du plateau mobile, mais le son est plus intense et la poussée de l'air sur le disque mobile étant 10 fois plus forte qu'avec un seul trou, la vitesse de rotation sera 10 fois plus grande.

Le nombre des vibrations est compté au moyen de deux roues dentées R, R', situées au-dessus de la caisse, engrenées différemment avec la tige D. L'une R a 100 dents. Une révolution entière de cette roue correspond donc à 100 tours du disque. L'autre R' avance seulement d'une dent après un tour entier de la roue R. L'avance d'une seule dent de la roue R' correspond alors, elle aussi à 100 tours du disque. Ces deux roues mettent en mouvement les aiguilles de deux cadrans.

Pour connaître la hauteur d'un son déterminé, on n'a donc qu'à produire le même son avec la sirène et compter les vibrations. Supposons que l'appareil ait fonctionné pendant 14 secondes, que l'aiguille du cadran correspondant à la roue R ait avancé de 20 divisions, et que l'aiguille du cadran correspondant à la roue R' ait avancé de 4 divisions.

Le disque mobile a donc accompli

$$20 + 400 = 420 \text{ tours}$$

Le nombre de vibrations produites sera en 14 secondes

$$420 \times 10 = 4200$$

et en 1 seconde

$$\frac{4200}{14} = 300 \text{ vibrations}$$

246. — Timbre. — Le timbre est un caractère qui distingue deux sons de même hauteur, produits par deux instruments différents. Un violon, un piano, un piston et une flûte peuvent donner tous les quatre des sons de même hauteur, mais qui ne font pas la même impression sur l'oreille, car ils diffèrent par leur timbre.

L'étude physique du timbre est donnée plus loin.

SEIZIÈME LEÇON

ACOUSTIQUE (*suite*)

Sons musicaux. — Vibrations transversales des cordes. — Son fondamental, harmoniques. — Renforcement des sons. — Analyse des sons. — Tuyaux sonores. — Phonographe.

Sons musicaux

GAMME

247. — Intervalle. — Dans le langage courant, le mot *intervalle* signifie *différence*; en acoustique, il a la signification de **quotient** ou **rapport**.

On appelle **intervalle de deux sons le rapport de leurs hauteurs**; c'est-à-dire le rapport des nombres de vibrations produits en une seconde.

L'usage veut que l'on prenne pour numérateur la plus grande des deux hauteurs. Ainsi l'intervalle i de deux sons qui produisent 522 et 587 vibrations dans le même temps est

$$i = \frac{587}{522}$$

Or, l'audition simultanée de deux sons produit une impression qui dépend non pas de leurs hauteurs respectives, mais de leur intervalle.

L'intervalle le plus simple est l'intervalle 1 qui caractérise **l'unisson**; puis vient l'intervalle 2 qui caractérise **l'octave**.

Quand deux sons sont à l'octave, le plus élevé est **l'octave aiguë**, l'autre est **l'octave grave**.

On appelle intervalles musicaux ceux qui sont utilisés en musique.

248. — Gamme majeure. — C'est une série de **huit sons ou notes**, formant une mélodie type dont les extrêmes sont à l'octave et dont les intermédiaires par rapport à la première note ou **tonique** ont des intervalles déterminés par les rapports simples suivants :

Tonique	Seconde majeure	Tierce majeure	Quarte	Quinte	Sixte	Septième	Octave
Do	Ré	Mi	Fa	Sol	La	Si	Do
1	$\dfrac{9}{8}$	$\dfrac{5}{4}$	$\dfrac{4}{3}$	$\dfrac{3}{2}$	$\dfrac{5}{3}$	$\dfrac{15}{8}$	2

C'est-à-dire que si nous supposons que la tonique fait une vibration par seconde et l'octave 2 vibrations, les autres notes font dans le même temps : le ré $\dfrac{9}{8}$ de vibration, le mi $\dfrac{5}{4}$ de vibration, etc. En réalité, la tonique fait 522 vibrations simples par seconde et les notes suivantes un nombre de vibrations qui correspond aux rapports ci-dessus :

Tonique	do		522 vibrations
Seconde	ré	$522 \times \dfrac{9}{8} =$	587 »
Tierce	mi	$522 \times \dfrac{5}{4} =$	652 »
Quarte	fa	$522 \times \dfrac{4}{3} =$	696 »
Quinte	sol	$522 \times \dfrac{3}{2} =$	783 »
Sixte	la	$522 \times \dfrac{5}{3} =$	870 »
Septième	si	$522 \times \dfrac{15}{8} =$	978 »
Octave	do	$522 \times 2 =$	1044 »

249. — Tons, demi-tons. — Calculons les intervalles qui existent entre une note et la note précédente. Nous dirons : puisque le ré fait $\frac{9}{8}$ de vibrations dans le même temps que le do, l'intervalle de ré à do sera $\frac{9}{8} : 1 = \frac{9}{8}$

Faisons de même pour les autres notes.

$$\text{Intervalle de ré à do} = \frac{9}{8} : 1 = \frac{9}{8} \quad \text{Ton majeur}$$

$$\text{» mi à ré} = \frac{5}{4} : \frac{9}{8} = \frac{10}{9} \quad \text{Ton mineur}$$

$$\text{» fa à mi} = \frac{4}{3} : \frac{5}{4} = \frac{16}{15} \quad \text{Demi-ton majeur}$$

$$\text{» sol à fa} = \frac{3}{2} : \frac{4}{3} = \frac{9}{8} \quad \text{Ton majeur}$$

$$\text{» la à sol} = \frac{5}{3} : \frac{3}{2} = \frac{10}{9} \quad \text{Ton mineur}$$

$$\text{» si à la} = \frac{15}{8} : \frac{5}{3} = \frac{9}{8} \quad \text{Ton majeur}$$

$$\text{» do à si} = 2 : \frac{15}{8} = \frac{16}{15} \quad \text{Demi-ton majeur}$$

La gamme majeure possède donc des degrés de trois sortes :

$$\text{le ton majeur} \quad \frac{9}{8} \quad \text{répété trois fois}$$

$$\text{le ton mineur} \quad \frac{10}{9} \quad \text{»} \quad \text{deux »}$$

$$\text{le demi-ton majeur} \quad \frac{16}{15} \quad \text{»} \quad \text{deux »}$$

Mais comme l'intervalle entre un ton majeur et un ton mineur est

$$\frac{9}{8} : \frac{10}{9} = \frac{81}{80}$$

nombre très voisin de l'unité, appelé **comma**, qui équivaut environ à $\frac{1}{10}$ de ton, il peut être négligé. Alors on peut dire que la gamme se compose de 2 tons entiers T, de 1 demi-ton t, de trois tons entiers T et de 1 demi-ton t

$$\text{Do}_1 \quad \text{ré} \quad \text{mi} \quad \text{fa} \quad \text{sol} \quad \text{la} \quad \text{si} \quad \text{do}_2$$
$$\text{T} \quad \text{T} \quad \text{t} \quad \text{T} \quad \text{T} \quad \text{T} \quad \text{t}$$

250. — Échelle musicale. — La gamme à laquelle appartient le **la normal (la 3)** est la **gamme fondamentale majeure** ou *gamme naturelle*. Elle est caractérisée par l'indice 3. Les gammes qui lui font suite sont distinguées au moyen d'un indice 4,5,6... affecté à toutes les notes de la même gamme. Les gammes précédentes sont caractérisées par les indices 2,1,0.

251. — Gammes dérivées de la gamme majeure. — Pour certaines voix, la tonique est trop basse ou trop haute. Il faut alors prendre une autre note pour tonique, autrement dit *transposer* le morceau. Mais il est indispensable que les intervalles de la nouvelle gamme, soient les mêmes que dans la gamme majeure; c'est-à-dire que les tons et demi-tons se reproduisent dans le même ordre.

Or dans la gamme majeure l'ordre est

$$\text{do}_1 \quad \text{ré} \quad \text{mi} \quad \text{fa} \quad \text{sol} \quad \text{la} \quad \text{si} \quad \text{do}_2$$
$$\text{T} \quad \text{T} \quad \text{t} \quad \text{T} \quad \text{T} \quad \text{T} \quad \text{t}$$

et dans la gamme de sol où la tonique est sol

$$\text{sol}_1 \quad \text{la} \quad \text{si} \quad \text{do} \quad \text{ré} \quad \text{mi} \quad \text{fa} \quad \text{sol}_2$$
$$\text{T} \quad \text{T} \quad \text{t} \quad \text{T} \quad \text{T} \quad \text{t} \quad \text{T}$$

Il n'y a identité, que jusqu'à l'intervalle fa-mi, qui est t (demi-ton) au lieu d'être T (un ton); c'est-à-dire, comme disent les musiciens, que le fa est trop rapproché du mi de un demi-ton, et trop éloigné du sol également de un demi-ton. Alors en **haussant le fa d'un demi-ton**, on régularise la gamme. On l'indique par le signe ♯ appelé *dièse*, placé près de la note. La gamme régulière de sol est

$$\text{sol} \quad \text{la} \quad \text{si} \quad \text{do} \quad \text{ré} \quad \text{mi} \quad \text{fa}\sharp \quad \text{sol}_2$$
$$\text{T} \quad \text{T} \quad \text{t} \quad \text{T} \quad \text{T} \quad \text{T} \quad \text{t}$$

On hausse le fa d'une certaine quantité x pour avoir T au lieu de t, de manière que

$$t \times x = T \quad \text{ou} \quad \frac{16}{15} \times x = \frac{10}{9}; \text{ d'où } x = \frac{25}{24}$$

Multiplier fa par $\frac{25}{24}$, cela s'appelle diéser la note. Elle est ainsi élevée d'un demi-ton

Le fa de la gamme majeure correspondant à 696 vibrations.

$$\text{fa} \ \sharp = 696 \times \frac{25}{24} = 725 \text{ vibrations.}$$

Il peut arriver avec une autre tonique, qu'il faille baisser au contraire une note de la gamme d'un demi-ton. On dit dans ce cas qu'on la **bémolise**. Sol bémolisé, par exemple, s'exprime ainsi : sol ♭.

Pour bémoliser une note, on divise le nombre de vibrations qui lui correspond par $\frac{25}{24}$ ou l'on multiplie par $\frac{24}{25}$, ce qui revient au même.

$$\text{sol } \flat = 783 \times \frac{24}{25} = 751 \text{ vibrations}$$

Remarquons que lorsque deux notes se suivent, si la première est diésée et la seconde bémolisée, les nombres de vibrations qu'elles donnent dès lors sont presque les mêmes. Aussi dans certains instruments à sons fixes, tels que le piano, ces deux notes sont rendues par un seul appareil; la note noire qui sépare le do du ré, répond au do ♯ et au ré ♭.

252. — Gamme tempérée.

252. — Gamme tempérée. — Si dans une gamme on dièse et on bémolise toutes les notes, on obtient de la sorte 21 notes : 7 notes naturelles, 7 notes diésées et 7 notes bémolisées. On donne à cette nouvelle gamme le nom de *gamme tempérée*.

La gamme tempérée n'est pas utilisée dans les instruments à sons fixes tels que le piano, car la construction en serait trop compliquée. Dans le piano, l'intervalle d'octave est divisé en 12 demi-tons égaux. L'intervalle d'octave est conservé; l'intervalle de tierce et l'intervalle de quinte, les plus importants en musique, ont sensiblement la même valeu. que dans la gamme majeure.

253. — Gamme mineure.

253. — Gamme mineure. — Dans la gamme majeure, l'intervalle de la première à la troisième note do-mi, contient deux tons. C'est un **intervalle de tierce majeure**. Dans la gamme mineure, l'intervalle de la première à la troisième note contient seulement un ton et un demi-ton. On l'appelle **intervalle de tierce mineure**.

La gamme majeure a pour tonique do; la gamme mineure a pour tonique le la de celle-ci.

La gamme mineure, comme la gamme majeure, se compose de 5 tons T et de 2 demi-tons t.

$$\begin{array}{cccccccc} \text{la} & \text{si} & \text{do}_2 & \text{ré}_2 & \text{mi}_2 & \text{fa}\,\sharp_2 & \text{sol}\,\sharp_2 & \text{la}_2 \\ \text{T} & \text{t} & \text{T} & \text{T} & \text{T} & \text{T} & & \text{t} \end{array}$$

L'intervalle fa-mi, dans la gamme majeure est égal à un demi-ton. Il faut donc, dans la gamme mineure, diéser le fa pour que, dans cette gamme, l'intervalle fa-mi soit égal à un ton. Il faut aussi diéser le sol pour que l'intervalle sol-fa soit égal à un ton. Car

$$\text{sol} - \text{fa}\,\sharp = 1 \text{ demi-ton}$$
$$\text{sol}\,\sharp - \text{fa}\,\sharp = 1 \text{ ton}$$

Il en résulte que le dernier intervalle la-sol $\sharp$ est égal à un demi-ton.

253 bis. — Accords. — Un accord est le résultat de la production simultanée de deux ou de plusieurs sons. Si l'impression est agréable à l'oreille, l'accord est **consonant**; dans le cas contraire, il est **dissonant**. Les accords les plus consonants sont ceux **d'octave, de tierce majeure** et **de quinte**.

Reprenons les rapports qui marquent les intervalles dans la gamme majeure.

Tonique	Seconde	Tierce	Quarte	Quinte	Sixte	Septième	Octave
do	ré	mi	fa	sol	la	si	do$_2$
1	$\frac{9}{8}$	$\frac{5}{4}$	$\frac{4}{3}$	$\frac{3}{2}$	$\frac{5}{3}$	$\frac{15}{8}$	2

Le plus simple de ces rapports est $\frac{3}{2}$ qui exprime l'intervalle entre la quinte et la tonique. On l'appelle **intervalle de quinte**. La production simultanée de la tonique et de la quinte forme l'accord le plus consonant.

Après l'intervalle de quinte, vient l'**intervalle de tierce** $\frac{5}{4}$

Un accord est d'autant plus consonant que les termes du rapport qui l'expriment sont plus petits. Toutefois, l'accord le plus agréable à l'oreille, résulte de la production simultanée de trois sons dont les nombres de vibrations sont entre eux comme les nombres entiers 4,5,6. Tel est l'accord parfait majeur :

Tonique	Tierce majeure	Quinte
do	mi	sol
1	$\frac{5}{4}$	$\frac{3}{2}$

$$1 \qquad \frac{5}{4} \quad \frac{3}{2} \quad \text{ou} \quad \frac{4}{4} \quad \frac{5}{4} \quad \frac{3}{2}$$

réduits au même dénominateur, donnent : $\quad \frac{32}{32} \quad \frac{40}{32} \quad \frac{48}{32}$

Ces fractions sont entre elles comme les nombres 4, 5, 6 puisque

$$32 = 4 \times 8; \; 40 = 5 \times 8; \; 48 = 6 \times 8$$

Si l'on substitue la tierce mineure à la tierce majeure, on a un accord parfait mineur. Les nombres de vibrations sont entre eux comme les nombres 10, 12, 15 :

Tonique	Tierce mineure	Quinte
la	do_2	mi_2
$\frac{5}{3}$	2	$\frac{10}{4}$

$$\text{ou} \qquad \frac{5}{3} \quad \frac{20}{10} \quad \frac{10}{4}$$

réduites au même dénominateur donnent $\quad \frac{200}{120} \quad \frac{240}{120} \quad \frac{300}{120}$

$$\text{or} \qquad 200 = 10 \times 20; \; 240 = 12 \times 20; \; 300 = 15 \times 20$$

Vibrations transversales des cordes

254. — Les cordes sont des fils métalliques ou des boyaux finement tordus, fixés par leurs deux extrémités, et tendus, que l'on peut faire vibrer transversalement en les frottant avec un archet, chose que

l'on fait sur un violon; soit en les frappant, chose que l'on fait sur un piano; soit en les pinçant, chose que l'on fait sur une harpe.

Le nombre des vibrations effectuées en une seconde par une corde est :

1º **En raison inverse de la longueur de la corde.**

2º **En raison inverse du diamètre de la corde.**

3º **Proportionnel à la racine carrée de la tension de la corde.**

4º **En raison inverse de la racine carrée de la densité de la corde.**

Ces lois sont vérifiées à l'aide d'un appareil appelé *sonomètre* (fig. 192).

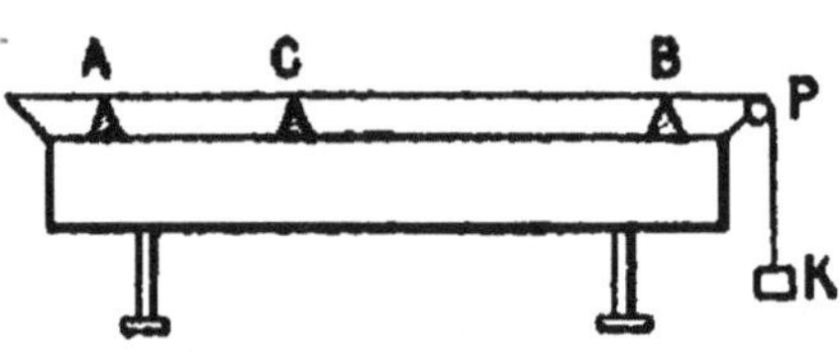

Fig. 192. — Sonomètre.

C'est une caisse plate rectangulaire, d'environ un mètre de longueur. Les parois sont minces et élastiques. La caisse est par conséquent capable de renforcer les sons. Elle porte à chaque extrémité deux chevalets AB et une poulie P sur laquelle passe une corde tendue par un poids K. La corde peut donc vibrer entre A et B. Un troisième chevalet C, mobile, peut glisser de A en B, de manière à diminuer à volonté la longueur AB de la corde et obtenir en conséquence des sons différents.

Loi des longueurs.

On fait vibrer la corde à l'aide d'un archet.

Supposons qu'on veuille obtenir la série des notes de la gamme majeure, dont les rapports des vibrations sont

do	ré	mi	fa	sol	la	si	do₂
1	$\frac{9}{8}$	$\frac{5}{4}$	$\frac{4}{3}$	$\frac{3}{2}$	$\frac{5}{3}$	$\frac{15}{8}$	2

On trouve qu'il faut déplacer le chevalet C de manière à donner à chaque portion vibrante de la corde, des longueurs inversement proportionnelles à ces intervalles.

$$1 \qquad \frac{8}{9} \qquad \frac{4}{5} \qquad \frac{3}{4} \qquad \frac{2}{3} \qquad \frac{3}{5} \qquad \frac{8}{15} \qquad \frac{1}{2}$$

Loi des diamètres.

Deux cordes de même nature, de même longueur, mais de diamètres différents sont fixées sur le sonomètre. Au moyen de deux poids égaux, on leur donne la même tension. On les fait vibrer et à l'aide d'une sirène on compte les nombres de leurs vibrations. On constate que les nombres donnés sont en raison inverse des diamètres des cordes.

Loi des tensions.

Deux cordes de même nature, de même longueur et de même diamètre sont fixées sur le sonomètre. Au moyen de poids différents on leur donne des tensions différentes. On les fait vibrer et l'on constate avec la sirène que les nombres de leurs vibrations exécutées dans le même temps, sont proportionnels à la racine carrée de la tension de la corde poids tenseur).

Loi des densités.

Deux cordes de même longueur, de même diamètre, mais de densités différentes, sont fixées sur le sonomètre et tendues d'une manière égale. On les fait vibrer et l'on constate que les nombres de vibrations exécutées dans le même temps sont inversement proportionnels aux racines carrées des densités des cordes.

255. — Nœuds, ventres. — Lorsqu'on pince en son milieu une corde tendue AB (fig. 193), elle vibre; elle prend des positions successives rapides, qui la font ressembler à un fuseau. Le milieu de la corde est un **ventre**.

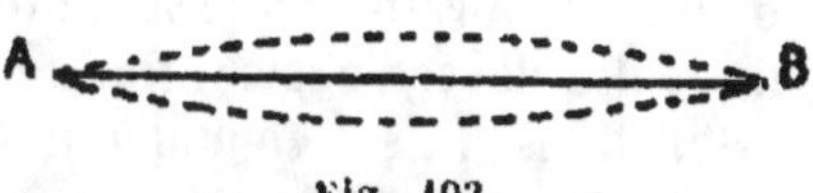

Fig. 193.

Au moyen d'un chevalet placé en C, divisons la corde en deux portions égales. Les deux parties AC et CB (fig. 194) vibrent, excitées chacune par un archet, mais le milieu C reste insensible. Le point C est un **nœud**. Les extrémités A et B sont aussi des nœuds.

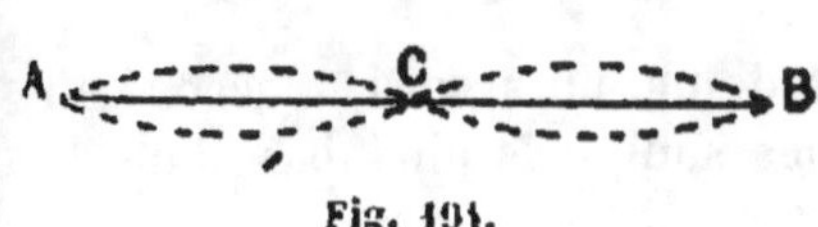

Fig. 194.

Plaçons maintenant deux chevalets D, E (fig. 195), de manière à diviser la corde en trois parties égales. Nous pourrons faire vibrer les portions AD, DE et EB, mais les points D, E, restent insensibles. Ce sont des nœuds. Dans ce cas nous avons trois ventres V, V', V" et deux nœuds D, E.

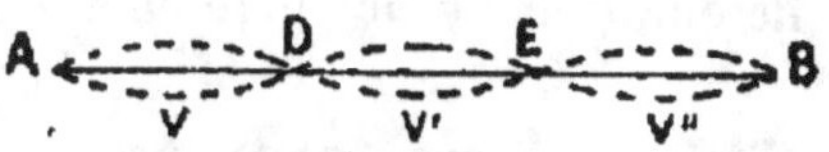

Fig. 195.

Les nœuds et les ventres sont mis en évidence par des cavaliers de papier. Les cavaliers sont jetés par terre aux ventres; ils restent à cheval aux nœuds.

SON FONDAMENTAL, HARMONIQUES

256. — Une corde tendue que l'on fait vibrer peut rendre plusieurs sons. Le son le plus grave qu'on obtient en pinçant la corde par le milieu est le **son fondamental**. La tension de la corde étant constante, la hauteur du son fondamental varie en raison inverse de la longueur de la corde. Si la tension augmente, le son devient plus aigu. Plus la corde est lourde plus le son est grave.

Lorsqu'on pince en son milieu la corde AB (fig. 193) on obtient le son fondamental. Quand un chevalet est fixé au milieu de la corde en C (fig. 194) on constate que la portion AC excitée, exécute deux fois plus de vibrations dans le même temps que AB. Le son produit est dit à l'octave aiguë du son fondamental.

Si la corde est divisée par deux chevalets D, E (fig. 195), en trois parties égales, on constate que AD excité, produit dans le même temps trois fois plus de vibrations que AB, qui donne le son fondamental.

Il résulte de ces observations que si l'on représente par 1 le nombre de vibrations du son fondamental donné par AB, le nombre de vibrations donné par AC est représenté par 2 et le nombre de vibrations donné par AD est représenté par 3. Ces différents sons qui sont entre eux comme les nombres 1, 2, 3... sont appelés **harmoniques du son fondamental**.

La superposition de deux harmoniques donne un accord. L'accord est d'autant plus parfait que les harmoniques sont pris plus bas dans la série.

Les deux premiers harmoniques donnent l'octave.

Le second et le troisième donnent la quinte.

Le troisième et le quatrième donnent la quarte.

Le quatrième et le cinquième donnent la tierce.

257. — Sons composés. — Un diapason émet un son simple. Il en est de même d'une sphère creuse, d'un cylindre creux. Mais lorsqu'une corde vibre, on perçoit à la fois le son fondamental et plusieurs harmoniques du son fondamental. En même temps que la totalité de la corde exécute des vibrations qui donnent le son fondamental, des parties séparées de ladite corde, séparées par des nœuds, produisent les harmoniques. Le son fondamental et les harmoniques se faisant entendre simultanément, il en résulte un son composé.

RENFORCEMENT DES SONS

258. — L'intensité d'un son est augmentée par le voisinage d'un corps sonore, lorsque le corps sonore est capable de rendre un son de même hauteur. Plaçons par exemple près l'un de l'autre deux diapasons identiques, dès qu'on fait vibrer l'un, l'autre vibre aussi par influence, sous l'action des vibrations de l'air environnant.

On a donné à ce phénomène le nom de *résonance*. On met encore en évidence le même phénomène, en faisant vibrer un diapason près de l'orifice d'une éprouvette à pied V (fig. 196).

Lorsque l'éprouvette est vide, le son perçu est celui-là seul du diapason, comme s'il n'y avait

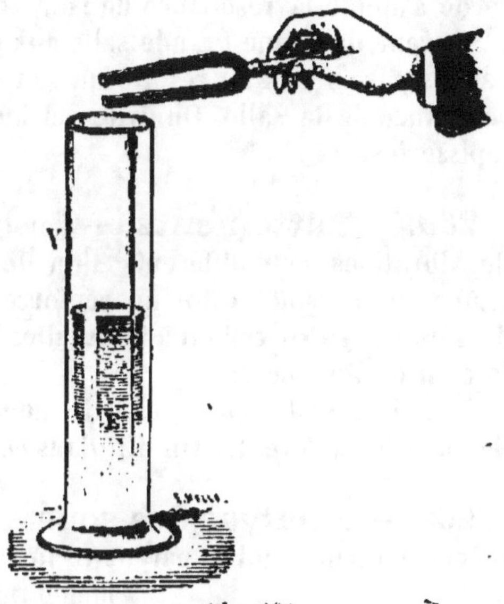
Fig. 196.

point d'éprouvette. Mais si l'on verse lentement de l'eau dans l'éprouvette, la colonne d'air qui l'emplissait diminue peu à peu et il arrive un moment où le son du diapason augmente tout à coup, parce qu'il est renforcé. Si l'on continue à verser de l'eau le renforcement disparaît et l'on n'entend plus de nouveau que le son propre du diapason.

Le renforcement du son ne se produit donc, que lorsque la colonne d'air dans l'éprouvette a un volume déterminé par rapport à l'éprouvette.

Le renforcement du son est très remarquable, lorsqu'on fait vibrer un diapason placé sur une caisse de dimensions convenables. Faisons vibrer le diapason lorsqu'il est isolé puis, au moment où le son n'est presque plus

Fig. 197.

perceptible, portons le diapason sur une caisse sonore (fig. 197). Aussitôt le son prend de l'ampleur; il semble renaître.

Le phénomène de résonance est mis à profit dans la vibration des cordes de violon tendues sur une caisse sonore. Au son propre de la corde s'ajoute la résonance de l'air contenu dans la caisse.

Souvent, dans une grande salle aux murs nus, le son direct est réfléchi par les parois et il en résulte un son confus. On dit que cela est dû à la résonance de la salle. On évite cet inconvénient en tendant les murs de tapisseries.

259. — Battements.

— Lorsque deux sons dus à des nombres de vibrations peu différents l'un de l'autre, se produisant en même temps, on perçoit tantôt un renforcement et tantôt un affaiblissement du son, qui se succèdent à intervalles égaux. Les renforcements ont reçu le nom de *battements*.

Si les intervalles entre les battements sont trop longs, l'impression est désagréable à l'oreille. On dit, dans ce cas, qu'il y a dissonance.

260. — Analyse des sons.

— Nous avons dit que deux sons de même hauteur rendus par deux instruments différents, ne font pas la

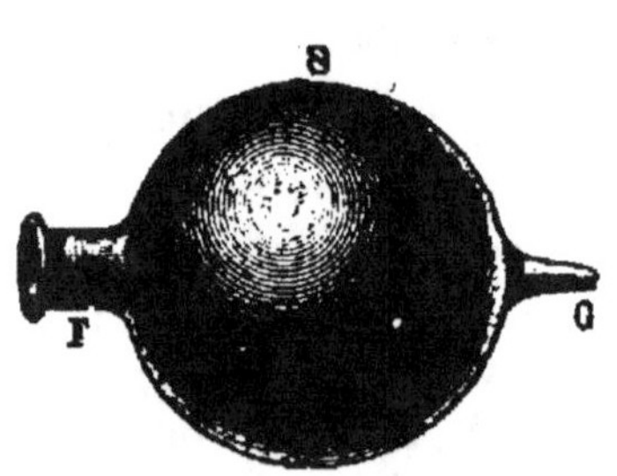

Fig. 198.

même impression sur l'oreille, et que cela tient à la différence de leur timbre. C'est que les harmoniques de la même note rendue par chacun des instruments ne sont pas les mêmes. On peut les analyser.

On fait l'analyse d'un son au moyen de sphères métalliques creuses S (fig. 198). Une sphère est munie de deux orifices, l'un F en pavillon évasé au dehors, qui reçoit les sons; l'autre G allongé, que l'on introduit dans l'oreille, une telle sphère porte le nom de *résonateur*.

Chaque sphère contient une masse d'air qui n'entre évidemment en résonance que pour un son déterminé, comme nous l'avons vu dans l'éprouvette à pied. Pour analyser un son, on constitue par conséquent une série de résonateurs, qui se rapportent l'un au son fondamental du son à analyser, les autres à ses harmoniques.

Plaçons devant un piano une série préparée de résonateurs et touchons le la de la gamme majeure. Quelques résonateurs vibrent. Portons-les à l'oreille; ils donnent chacun un son. Les autres résonateurs restent silencieux.

Si un seul résonateur vibrait, on pourrait dire que le son de la corde qui donne le la est simple; mais comme plusieurs résonateurs vibrent, le son est évidemment composé. L'un des résonateurs est à l'unisson du son fondamental, les autres à l'unisson de ses harmoniques.

Faisons maintenant devant la même série de résonateurs, rendre la même note la par un violon. C'est le même résonateur qui vibre pour donner le son fondamental, mais ce sont d'autres résonateurs qui vibrent pour donner les harmoniques. Les harmoniques du la du piano ne sont donc pas les mêmes que les harmoniques du la du violon.

Timbre des sons

261. — Le timbre est le caractère qui distingue deux sons de même hauteur émis par deux instruments différents.

Le timbre d'un instrument est la résultante de sons simultanés de même hauteur rendus par le dit instrument. Car tout son est la réunion de plusieurs sons simples : Le son le plus grave est le son fondamental et les sons plus élevés sont ses harmoniques.

Le timbre d'un son est dû aux harmoniques. Or comme les harmoniques d'une même note rendus par deux instruments différents varient, l'impression éprouvée par l'oreille n'est plus la même : de là le timbre de l'instrument.

Le son d'un diapason est simple. Le son de la flûte a peu d'harmoniques. Le violon est riche en harmoniques. Ces trois instruments rendront la même note qui fera sur l'oreille une impression différente de l'un à l'autre.

Tuyaux sonores

262. — **Définitions.** — Un tuyau sonore est un tube étroit à parois polies et résistantes, dans lequel on fait vibrer différemment l'air qu'il renferme. Les vibrations sont produites à l'aide d'une *embouchure* adaptée au tuyau. L'embouchure se compose d'un tube T (fig. 199) par lequel est insufflé l'air. L'embouchure, selon l'instrument, est portée à la bouche ou fixée sur une soufflerie. L'air passe par la fente L, appelée *lumière*. En face de la lumière se trouve une ouverture transversale B, taillée en biseau.

Lorsque l'air pénètre par le tuyau T, il passe par la lumière L et vient se briser contre le biseau B. C'est ce brisement qui produit les vibrations de la colonne d'air A, et par suite des sons.

Les tuyaux à bouche sont, selon que leur extrémité E est ouverte ou fermée, des *tuyaux ouverts* ou des *tuyaux fermés*.

Il existe encore des tuyaux sonores dans lesquels les vibrations de la colonne d'air ne sont pas produites de la même manière que dans les tuyaux à bouche. Ce sont les *tuyaux à anche*. Les vibrations y sont produites à l'aide d'une petite lame élastique appelée anche, fixée à une espèce de bouchon que l'on place au sommet du tuyau. L'anche est battante ou elle est libre.

L'anche battante (fig. 200) se compose d'une rigole c sur laquelle peut osciller, en l'ouvrant et en la fermant alternativement, la lame élastique l. Un fil de fer r, appelé *rasette*, règle l'écartement de la lame.

Fig. 199.

L'anche libre (fig. 201) se compose d'une petite boîte portant une ouverture longitudinale F, sur laquelle est appliquée la lame élastique l. Celle-ci oscille librement du dedans au dehors, en rasant les bords de l'ouverture.

Le son est rendu plus agréable à l'oreille lorsqu'il est renforcé par un cornet évasé placé à l'ouverture extérieure du bouchon.

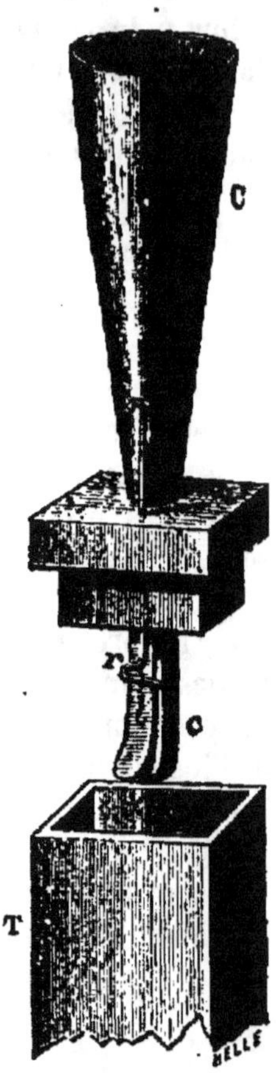

Fig. 200.

Les grandes orgues d'église comprennent des tuyaux à bouche ou des tuyaux à anche, prismatiques ou cylindriques. Les divers instruments légers tels que la flûte, le flageolet, la clarinette, etc., se rapportent également à l'un ou à l'autre type.

La nature des parois d'un tuyau sonore est sans influence sur la hauteur du son. Le gaz seul qui emplit l'instrument vibre. Le gaz de l'éclairage, par exemple, donne une note différente de celle que produit l'air. Le gaz qui emplit le tuyau est mis en vibrations par le phénomène de résonance, produit par le son rendu à l'embouchure.

Fig. 201.

Lorsque la colonne d'air d'un tuyau sonore entre en vibrations, elle prend la forme d'ondes stationnaires longitudinales avec ventres et nœuds équidistants. Ces ondes sont dues à l'interférence des ondes directes et des ondes réfléchies à l'extrémité du tuyau, ouvert ou fermé. Les ondes se réfléchissent même à l'extrémité ouverte d'un tuyau, parce qu'à l'extrémité du tuyau ouvert, il existe une pression constante égale à la pression atmosphérique. C'est un ventre qui s'établit à l'extrémité d'un tuyau ouvert, un nœud à l'extrémité d'un tuyau fermé. L'embouchure de l'un ou de l'autre est le siège d'un ventre.

On détermine facilement la position des nœuds et des ventres au moyen d'une membrane mince tendue horizontalement, saupoudrée d'un peu de sable fin et suspendue à un fil. On la descend lentement dans un tuyau dont l'air est en vibration. Aux ventres, le sable sautille sur la membrane; aux nœuds, il reste en repos.

Soit un tuyau ouvert (fig. 202). Supposons que le sable sautille partout sauf en N. Cela signifie que N est un nœud et que les deux segments N V et NV' sont des ventres. C'est au milieu de chacun des ventres que le sable sautille davantage. C'est là que l'élongation est au maximum.

Les ventres vibrent à l'unisson, c'est-à-dire qu'ils produisent les mêmes sons.

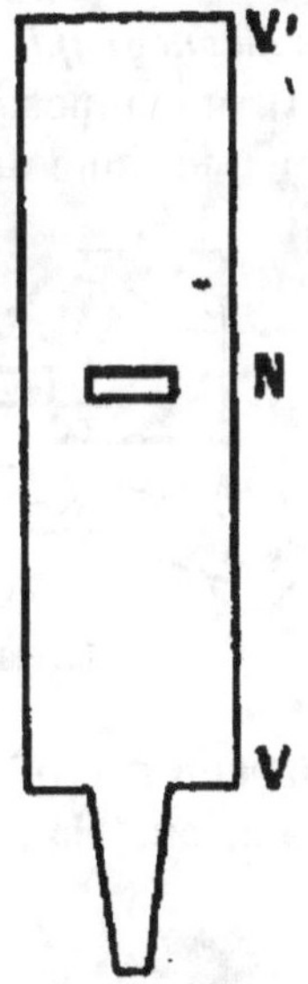

Fig. 202.

Le son le plus grave que rend un tuyau sonore est le son fondamental. Si l'on augmente le nombre des vibrations en augmentant la vitesse de l'air, les sons qui en résultent, plus ou moins aigus, sont les harmoniques.

263. — Lois des tuyaux sonores.

Loi des longueurs.

La hauteur du son fondamental varie en raison inverse de la longueur du tuyau (le diamètre n'y est pour rien). Supposons que la hauteur du son soit 1 dans un tuyau; si l'on raccourcit de moitié la longueur de ce tuyau, la hauteur du son deviendra 2. Il sera élevé d'une octave.

Lois des harmoniques.

Un tuyau ouvert peut produire toute la série des harmoniques, 1, 2, 3, 4.... un tuyau fermé ne produit que les harmoniques impairs, 1, 3, 5, 7...

Relation entre les tuyaux ouverts et les tuyaux fermés

Le son fondamental rendu par un tuyau fermé est à l'octave du son fondamental rendu par un tuyau ouvert de même longueur.

Phonographe

204. — On peut enregistrer les vibrations et les reproduire au moyen du *phonographe*.

Il se compose d'un cornet B (fig. 203) dont l'orifice inférieur est fermé par une lame de verre excessivement mince *aa*. Au-dessous, une pointe métallique *p* fixée à un ressort attaché au cornet par une vis *f*, appuie d'un côté sa tête contre la lame et de l'autre côté sa pointe contre la surface garnie de cire d'un cylindre A. Une manivelle creusée d'un pas de vis V engagé dans un écrou E (fig. 204), fait tourner sur lui-même et avancer ou reculer le cylindre.

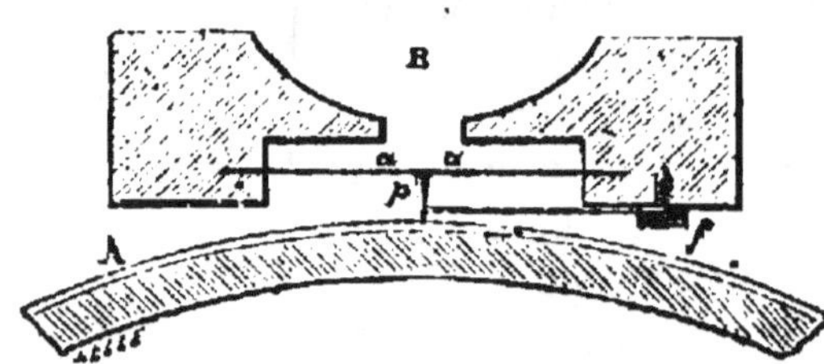

Fig. 203. — Phonographe.

Parlons dans le cornet B en tournant la manivelle. L'air du cornet

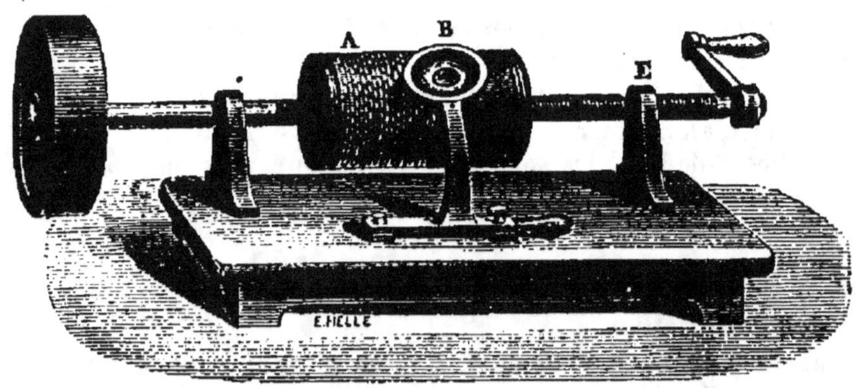

Fig. 204. — Phonographe.

vibre, et la lame de verre vibre à l'unisson. Alors la pointe poussée par la lame de verre, s'enfonce plus ou moins profondément dans la cire du cylindre. Elle trace sur la cire un sillon sinueux, varié en direction et en profondeur. Lorsque le cylindre est au bout de sa course, cessons de parler et ramenons-le en avant en tournant la manivelle en sens contraire. La pointe repasse alors par le même sillon. Dans les parties les plus creuses, elle s'enfonce; dans les parties les moins creuses, elle se relève. En s'abaissant et en se relevant successivement, elle communique des pressions plus ou moins sensibles à la lame de verre. Celle-ci vibre et fait vibrer l'air du cornet. La parole est reproduite.

DIX-SEPTIÈME LEÇON

OPTIQUE

Lumière. — Propagation de la lumière. — Vitesse de la lumière. — Photométrie. — Réflexion de la lumière. — Miroirs plans.

Lumière

265. — Définitions. — L'optique a pour objet l'étude de la lumière. On appelle lumière ce qui éclaire, rend les objets visibles. La lumière provoque sur la rétine des sensations lumineuses faibles, fortes, blanches ou colorées.

Les sensations lumineuses sont produites par les corps lumineux. On appelle corps lumineux ceux qui émettent de la lumière par eux-mêmes. Tels sont le soleil, la flamme, les corps incandescents. Les corps, visibles seulement lorsqu'ils renvoient à nos yeux la lumière qu'ils reçoivent, sont appelés **corps éclairés.** Telle est la Lune qui brille grâce à la lumière du soleil qu'elle reçoit et qu'elle réfléchit.

La lumière est le résultat de vibrations extrêmement rapides, qui se comptent par trillons à la seconde, exécutées par les corps lumineux. Le mouvement vibratoire périodique d'un corps lumineux donne naissance à des ondes lumineuses qui se propagent à travers un fluide impondérable, l'*éther*, qui emplit l'espace, les intervalles moléculaires des corps et même le vide.

266. — Corps transparents, corps translucides, corps opaques. — Un corps est **transparent** lorsque la lumière peut le traverser. Ainsi une lame de verre interposée entre l'œil et un objet, laisse voir l'objet.

Un corps **translucide** est un corps à travers lequel la lumière se diffuse; c'est-à-dire se répand dans toutes les directions. Il en résulte que l'œil ne peut distinguer aucune forme d'un objet vu à travers un corps translucide. Le papier huilé est un corps translucide.

Un corps **opaque** est celui qui intercepte complètement la lumière. Le bois est un corps opaque. L'opacité dépend de l'épaisseur du corps. Les corps opaques réduits à une très faible épaisseur deviennent translucides et même transparents. Tel est l'or réduit en feuilles minces.

267. — Propagation de la lumière.

— Dans un milieu homogène, la lumière se propage en ligne droite. Plaçons sur une table au

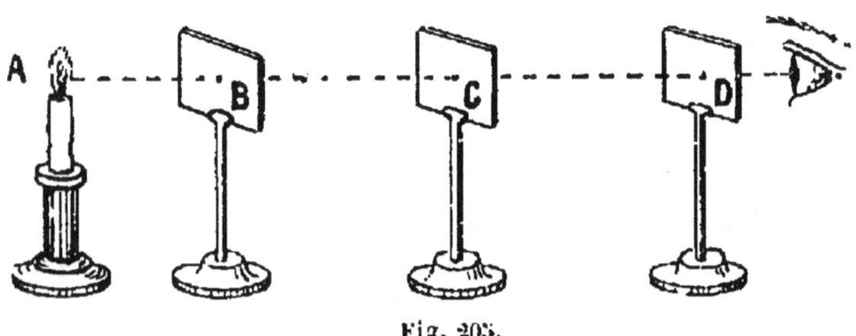

Fig. 205.

point A une bougie allumée (fig. 205) et devant la flamme trois cartons percés chacun de trous B, C, D en ligne droite. L'œil derrière le carton D n'aperçoit la flamme de la bougie, que lorsqu'elle est située sur la ligne droite qui passe par les ouvertures B, C, D. Si l'on écarte un peu l'un des cartons, la ligne droite est rompue et l'on ne voit plus la flamme.

Une **ligne droite suivie par la lumière** est un **rayon lumineux**; un groupe de rayons est un **faisceau lumineux**.

268. — Chambre noire.

— Fermons les volets pleins de la fenêtre d'une chambre exposée au soleil. L'intérieur de la chambre est alors plongé dans l'obscurité. A l'aide d'une vrille, faisons un trou dans un volet. Aussitôt le trou laisse passer un faisceau lumineux rectiligne, qui vient former une tache lumineuse sur le mur. On voit nettement le faisceau, grâce aux poussières qui flottent dans l'air : les grains qui se trouvent sur le trajet du faisceau brillent. On dirait une baguette lumineuse droite.

Si, à l'extérieur, au devant de l'orifice du volet, se trouve, par exemple, un arbre, on peut recevoir son image (fig. 206) dans la chambre, en plaçant un carton blanc à peu de distance du trou. Sur le carton qui sert d'écran, on voit en effet **l'image renversée** de l'arbre. Une telle

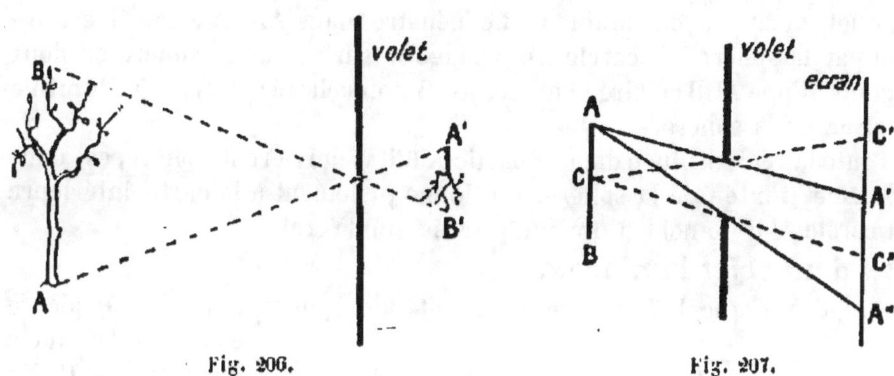

Fig. 206.　　　　　Fig. 207.

image que l'on peut recevoir sur un écran est dite **réelle**. Elle est renversée parce que le point A se reproduit en A' et le point B en B'.

On ne peut obtenir de semblables images que lorsque l'orifice est très réduit. En effet, si l'ouverture pratiquée dans le volet est trop grande, un point quelconque A de l'objet (fig. 207) produit sur l'écran une multitude d'images réparties en A' et A"; de même, un point C forme des images situées entre C' et C". Les images ne sont plus réduites sensiblement à un point et de plus empiètent les unes sur les autres : l'image de AB **n'est plus nette**.

269. — Ombres. — La formation des ombres résulte de la propagation rectiligne de la lumière et de l'interposition d'un corps opaque sur le trajet d'un faisceau lumineux; le corps opaque arrête les rayons qui le rencontrent.

Cas d'un point lumineux.

Soit un point lumineux L et une sphère opaque AB (fig. 208). Du point

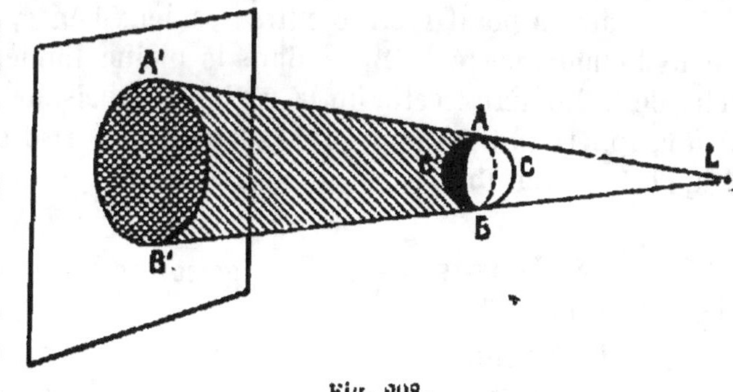

Fig. 208.

L menons deux tangentes à la sphère, prolongées jusqu'à un écran E. Si la droite LAA′, pivotant autour du point L se mouvait autour de la sphère, en lui restant tangente, elle engendrerait un cône tangent à la sphère, le long d'un cercle AB. Ce cercle partage le cône en deux parties : LAB qui est un cône éclairé, et ABB′A′ qui est un cône d'ombre. En effet, aucun rayon lumineux ne pénètre dans ABB′A′, car il est arrêté par la sphère. Le cercle AB partage la surface de la sphère en deux régions : l'une ACB éclairée l'autre, AC′B non éclairée et appelée **l'ombre propre** de la sphère.

Toute la région située dans la partie A′B′BA, derrière la sphère, est dans **l'ombre portée** de la sphère. On donne justement à la partie intérieure du cercle A′B′ le nom **d'ombre portée** sur l'écran.

Cas d'un objet lumineux.

Supposons que l'objet lumineux soit une sphère L (fig. 209) placée devant une autre sphère opaque O. En menant les tangentes communes extérieures aux deux sphères, nous formons le cône d'ombre AA′B′B projeté par la sphère O. Aucun rayon partant de la sphère L ne pénètre dans cette région.

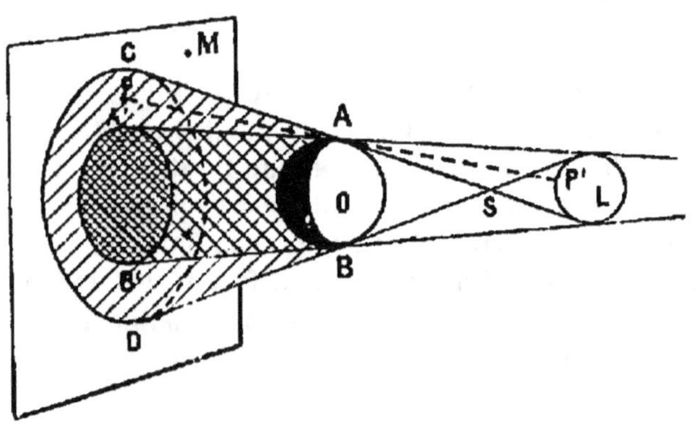

Fig. 209.

En menant les tangentes communes intérieures, nous formons un nouveau cône de sommet S, soit SCD. Tout point M situé à l'extérieur de ce cône est complètement éclairé; mais un point P situé entre les deux cônes, c'est-à-dire qui n'est ni dans l'ombre portée A′B′ ni dans la pleine lumière, ne reçoit qu'une partie de la lumière : celle de la région comprise entre P′ et la tangente A′A à la sphère L. C'est pourquoi la partie comprise entre les deux cônes, est appelée **pénombre**.

270. — Éclipses. — La propagation rectiligne de la lumière donne l'explication des éclipses.

Éclipse de Lune.

Les éclipses de Lune sont dues à l'ombre portée par la Terre sur la

Lune. La Lune tourne autour de la Terre, mais le plan du cercle décrit par la Lune ne contient que rarement le Soleil; cependant il arrive parfois que la Terre se trouve entre le Soleil et la Lune. A ce moment-là, comme le montre la fig. 210, la Lune traverse le cône d'ombre de la

Fig. 210. — Éclipse de lune.

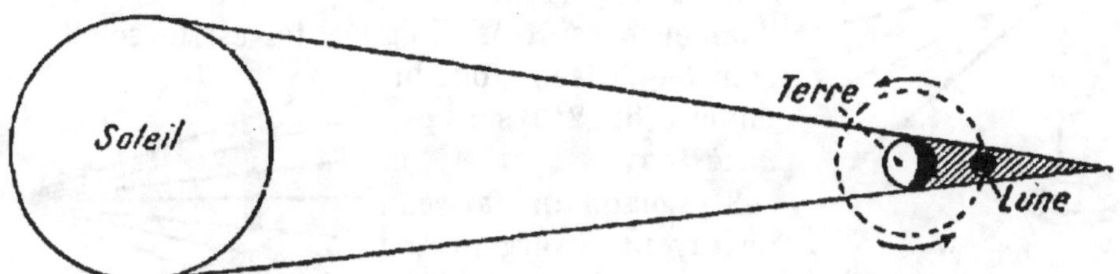

Terre et dans ce cône d'ombre elle disparaît totalement ou partiellement. Il y a, selon le cas, éclipse de Lune totale ou partielle.

Éclipse de Soleil.

Les éclipses de Soleil résultent de l'interposition de la Lune entre le Soleil et la Terre. Lorsque la Lune se trouve entre le Soleil et la Terre, le cône d'ombre de la Lune forme sur la Terre un cercle d'ombre. Sup-

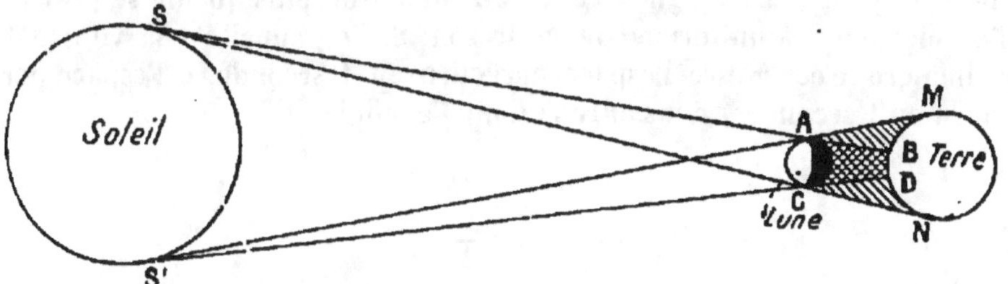

Fig. 211. — Éclipse de soleil.

posons que le cône d'ombre de la Lune rencontre la Terre suivant les droites AB, CD (fig. 211). Tous les points situés dans le cercle d'ombre BD sont dans l'obscurité. Pour ces points, **l'éclipse est totale.** Il existe une pénombre formée par le cercle MBDN autour du cercle d'ombre BD. Le cercle MBDN est déterminé par les tangentes intérieures communes à la Lune et au Soleil S'AM et SCN. Les points qui se trouvent dans la pénombre, n'éprouvent qu'une éclipse partielle.

271. — Faisceau de rayons lumineux. — Il existe trois sortes de faisceaux lumineux.

1° Le faisceau issu d'une source lumineuse S (fig. 212) et qui se propage dans un milieu homogène, a la forme d'un cône dont le sommet est à la source S. C'est un faisceau à rayons **divergents**;

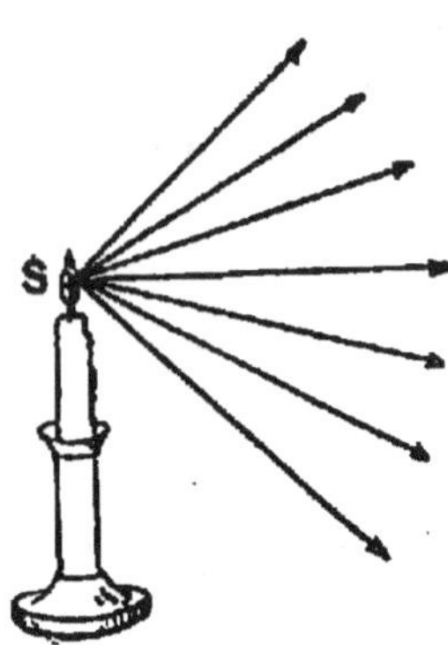

Fig. 212.

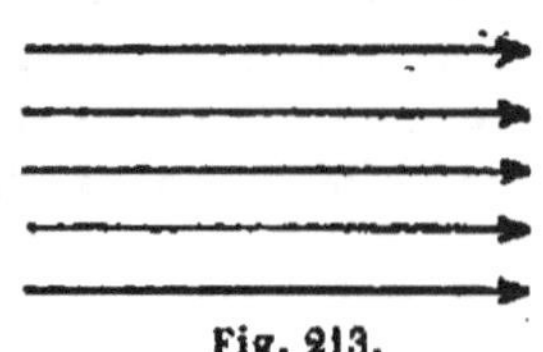

Fig. 213.

2° Lorsque la source lumineuse est très éloignée, tel est le soleil, on admet que les rayons lumineux (fig. 213) sont **parallèles**;

3° Lorsqu'un faisceau de rayons divergents ou parallèles traversent certains milieux transparents, ils peuvent, après le passage, converger vers un point. Dans ce

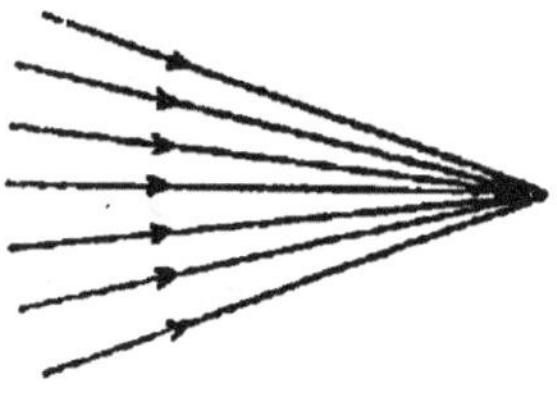

Fig. 214.

cas, le faisceau qui a traversé un tel milieu (fig. 214) devient un faisceau **convergent**.

272. — Vitesse de la lumière.

— Nous savons que la lumière se propage en ligne droite; on admet de plus qu'elle se propage d'un mouvement uniforme comme le son. Si l'on appelle v la vitesse de la lumière, c'est-à-dire l'espace parcouru en 1 seconde, e l'espace parcouru en t secondes, nous aurons donc l'égalité

$$e = vt$$

d'où
$$v = \frac{e}{t}$$

Or la lumière se propage très rapidement, c'est-à-dire parcourt des espaces considérables en des temps très courts; d'où la difficulté de la mesure de v. On y est arrivé cependant.

Méthode de la roue dentée de Fizeau.

DESCRIPTION.

L'appareil est formé d'une roue R (fig. 215), mobile à l'aide d'un mouvement d'horlogerie autour d'un axe horizontal oo', avec un mouvement accéléré. Cette roue porte n dents et n creux, la largeur d'une dent étant égale à celle d'un creux. Un dispositif permet de compter le nombre de tours en 1 seconde.

Une source lumineuse S est placée sur l'axe vertical d'une lentille L, convergente, qui fournirait une image S_1 si l'on n'arrêtait pas les rayons réfractés par une glace sans tain M, placée à 45° sur l'axe de la lentille. Cette glace réfléchissant en partie les rayons, donne une image S_2 symétrique de S_1 par rapport au miroir M. L'image S_2 est au foyer d'une lentille L_2 à axe horizontal, de sorte que le faisceau lumineux conique es

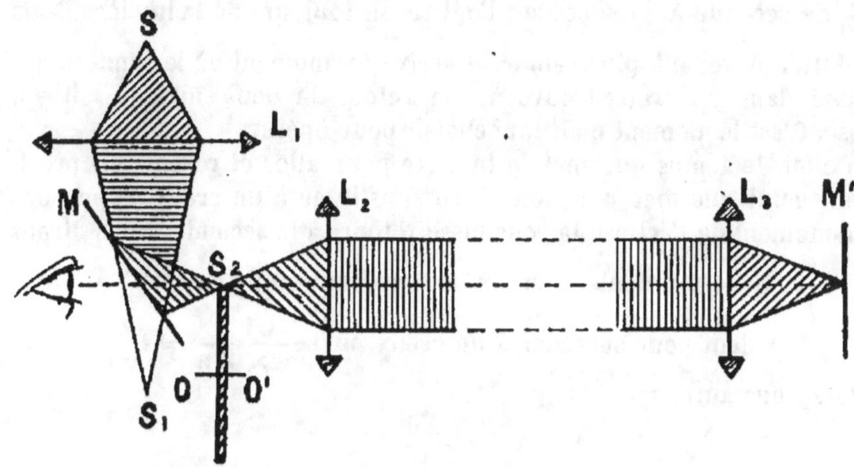

Fig. 215.

transformé en un faisceau cylindrique horizontal. Ce faisceau vient tomber sur une autre lentille L_3 parallèle à L_2 et située à quelques kilomètres de L_2; les rayons lumineux sont convergés au foyer où se trouve un miroir M_1 vertical.

Les rayons sont donc renvoyés et suivent le même chemin qu'à l'aller, jusque sur M où une partie traverse la glace sans tain M et frappe l'œil de l'observateur placé derrière.

Le foyer S_2 est situé sur le pourtour de la roue, de sorte que le faisceau lumineux est transmis ou arrêté, suivant qu'en ce point, il y a un creux ou une dent.

Détermination de V.

On conçoit que la distance d entre l'œil de l'observateur et le miroir M_1 est facile à mesurer. Le chemin parcouru par la lumière à l'aller et au retour est donc 2 d et l'on a

$$V = \frac{2\,d}{t}$$

Tout revient alors à déterminer le temps t que prend la lumière pour parcourir la distance 2 d. Pour cela on met la roue R en mouvement. Au début, la rotation est assez lente pour que la lumière qui passe par un creux, repasse à son retour par le même creux. De sorte que l'œil aperçoit de la lumière d'une manière continue et non intermittente, comme on pourrait le croire. En effet, la rétine conserve une sensation pendant un dixième de seconde, et comme deux creux consécutifs mettent moins de $\frac{1}{10}$ de seconde à se succéder, l'œil reçoit toujours de la lumière. Mais la rotation devenant plus rapide, il arrive un moment où la lumière qui a passé dans un creux trouve à son retour la dent suivante : il y a éclipse. C'est le moment qu'il faut choisir pour opérer.

En effet, le temps que met la lumière pour aller et revenir est précisément celui que met une dent à se substituer à un creux. Supposons qu'au moment de l'éclipse la roue fasse N tours à la seconde. Nous dirons

$$N \times 2\,n \text{ dents et creux se succédant en } S_2 \text{ en } 1^{sec}$$

$$1 \text{ dent pour succéder à un creux, met } \frac{1}{N \times 2\,n} = t$$

Alors nous aurons

$$V = \frac{2\,d}{\dfrac{1}{2\,N\,n}}$$

Multiplions haut et bas par $2\,N\,n$

$$V = 4\,N\,n\,d$$

RÉSULTATS.

Fizeau fit ses expériences entre les hauteurs de Montmartre et de Suresnes; il trouva

$$d = 8633^{m} \qquad N = 12,6 \qquad n = 732$$

donc $\qquad V = 313\,000^{km}$ environ.

De nouvelles expériences avec la même méthode perfectionnée ont été faites, et l'on a trouvé

$$V = 300\,000 \text{ kilomètres}$$

C'est-à-dire environ 7 fois 1/2 le tour de la terre

Dans le vide la vitesse est la même que dans l'air.

Dans l'eau $\qquad - \qquad$ est $\dfrac{3}{4} \times 300\,000 = 225\,000^{km}$

La lumière met $8^{minutes}$ $20^{secondes}$ à nous parvenir du Soleil.

La lumière met 3 ans à nous parvenir de l'étoile la plus rapprochée.

273. — Intensité de la lumière. — La quantité de lumière reçue directement sur une surface déterminée, est **en raison inverse du carré de la distance à laquelle la source lumineuse est placée.**

Soit le point A (fig. 216) au centre d'une sphère de rayon AB. Toute la surface de cette sphère est éclairée par le point lumineux. Si l'on fait disparaître cette sphère et qu'on la remplace par une autre sphère, plus grande, de manière que son rayon AB' soit deux fois plus grand que AB, la surface de cette seconde sphère est éclairée encore totalement par le point lumineux A. Sa surface étant quatre fois plus grande que la surface de la première sphère, elle reçoit par conséquent 4 fois moins de lumière. Donc, l'éclairement d'une source lumineuse

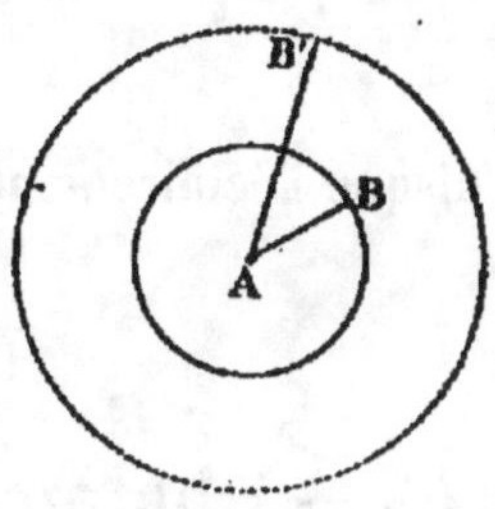

Fig. 216.

produit à des distances diverses, est en raison inverse du carré des distances.

L'expérience montre qu'un lecteur placé à 20 centimètres d'une lampe, voit 4 fois plus clair que si la lampe est éloignée de 40 centimètres.

Si l'on appelle I la quantité de lumière d'une source lumineuse placée à l'unité de distance, reçue par l'unité de surface, et Q la quantité de lumière reçue par la même surface à la distance D, on a

$$Q = \frac{IA}{D^2}$$

l'éclairement E est égal à
$$\frac{Q}{A}$$

mais
$$\frac{Q}{A} = \frac{I}{D^2}$$

donc
$$E = \frac{I}{D^2}$$

274. — Photométrie. — La *photométrie* a pour objet la comparaison des intensités de deux sources lumineuses. Elle est faite à l'aide du *photomètre*. La photométrie repose sur le théorème suivant :

Si deux sources lumineuses placées à des distances D et D' de deux surfaces semblables, produisent le même éclairement sur chaque surface, les intensités I et I' des deux sources sont **proportionnelles aux carrés de leurs distances respectives à ces surfaces.**

En effet, la quantité de lumière envoyée par la source d'intensité I, est :

$$\frac{I}{D^2}$$

de même la quantité de lumière envoyée par la source d'intensité I' est

$$\frac{I'}{D'^2}$$

Puisque l'éclairement est le même sur les deux surfaces on a :

$$\frac{I}{D^2} = \frac{I'}{D'^2} \quad \text{d'où} \quad \frac{I}{I'} = \frac{D^2}{D'^2}.$$

275. — Photomètre de Foucault. — Cet appareil se compose essentiellement d'une plaque de porcelaine translucide AB (fig. 217), qui forme le fond d'une boîte CABD, dont les parois latérales sont noircies. La boîte est séparée en deux, par une cloison mince et opaque PG, qui ne touche pas le fond AB. De cette manière, lorsque ce fond est éclairé du côté de l'ouverture de la boîte, il n'y a pas d'intervalle obscur entre AG et GB. On place deux bougies semblables en X et Y, à des distances d et d' égales de la plaque AB. Chaque moitié de la plaque AB est alors également éclairée.

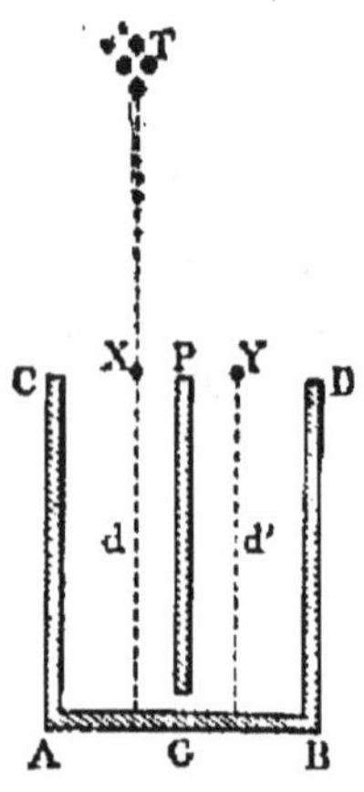

Fig. 217. — Photomètre de Foucault.

Supposons que chaque bougie soit à 30 centimètres. Si nous plaçons la bougie X à 60 centimètres en T, l'éclairement de la partie AG devient quatre fois plus faible. Pour que l'éclairement soit le même en AG qu'en GB, il faut mettre 4 bougies au lieu d'une en T.

Ainsi une bougie à 30 centimètres et quatre bougies à 60 centimètres donnent le même éclairement.

Le rapport des intensités de ces deux sources lumineuses est

$$\frac{60^2}{30^2} = 4.$$

Si, à la place des 4 bougies, on met une lampe d'intensité lumineuse égale, on dit que cette lampe vaut 4 bougies.

276. — Unités photométriques. — Les anciennes unités pour la mesure de la lumière sont le **carcel** et la **bougie**.

Le carcel est la mesure donnée par une lampe Carcel, qui brûle par heure 42 grammes d'huile de colza épurée.

La bougie équivaut à $\frac{1}{10}$ de carcel. C'est à peu près l'intensité lumineuse d'une bougie ordinaire.

On a choisi une unité plus précise, le **violle**, du nom du physicien qui la proposa. C'est l'intensité lumineuse que donne, dans une direction normale, 1^{cm^2} de la surface d'un bain de platine fondu, pendant que se produit sa solidification.

$$1 \text{ violle} = 2 \text{ carcels } 08$$

Le carcel équivaut donc à $\frac{1}{2}$ violle et la bougie à $\frac{1}{20}$ de violle.

En pratique, on mesure les éclairements au moyen d'une unité appelée le **carcel-mètre**. C'est l'éclairement produit par un carcel sur une surface placée à 1^m. La **bougie-mètre** est, par suite, l'éclairement produit par une bougie sur une surface placée à 1^m. Une bougie-mètre vaut $\frac{1}{10}$ de carcel-mètre.

Réflexion de la lumière

MIROIRS PLANS

277. — Définitions. — Les rayons lumineux qui tombent sur un corps mat, tel qu'une feuille de papier, sont renvoyés dans toutes les directions : on dit que le faisceau se diffuse. Le faisceau qui tombe sur un corps transparent, tel qu'une lame de verre, le traverse. Mais lorsque le faisceau tombe sur une surface polie, les rayons sont renvoyés dans une autre direction. C'est ce changement de direction du faisceau qu'on appelle **réflexion de la lumière**.

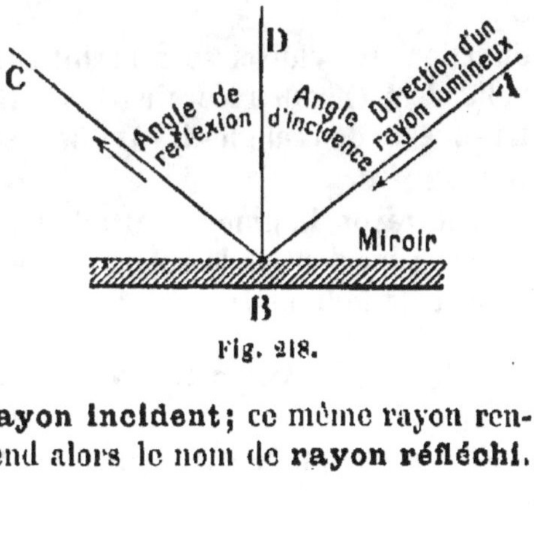

Fig. 218.

Le rayon AB (fig. 218) qui tombe sur une surface polie, est appelé **rayon incident**; ce même rayon renvoyé par la surface polie en BC, prend alors le nom de **rayon réfléchi**.

Le plan dans lequel se trouve le rayon incident et la normale BD au miroir, au point d'incidence, porte le nom de **plan d'incidence**.

L'angle ABD que fait le rayon AB avec la normale BD, est **l'angle d'incidence**; l'angle DBC fait par la normale BD avec le rayon réfléchi BC est **l'angle de réflexion**.

Un rayon incident qui tombe perpendiculairement sur un miroir, se réfléchit sur lui-même.

278. — Lois de la réflexion. — 1° Le rayon réfléchi reste dans le plan d'incidence.

2° L'angle d'incidence est égal à l'angle de réflexion.

On vérifie ces lois avec l'appareil de Silbermann (fig. 219). C'est un cercle monté verticalement sur un support. Le limbe du cercle est divisé en degrés à partir de la verticale. Au centre se trouve un miroir horizontal A. Deux règles métalliques AR, AS se meuvent sur le cercle autour du centre. Elles portent deux alidades ou tubes percés à leurs extrémités de deux petits trous en ligne droite avec le centre du cercle; la lumière qui traverse une alidade forme un faisceau cylindrique étroit. Les deux alidades sont dans le même plan.

Par l'une des alidades AS, au moyen d'un miroir M, on fait passer un rayon lumineux venant de la direction a; celui-ci se réfléchit sur le miroir A, et en faisant pivoter l'alidade AR, pour recevoir dans cette alidade le rayon réfléchi, on constate que les deux angles BAS et BAR sont égaux; ce qui vérifie les deux lois.

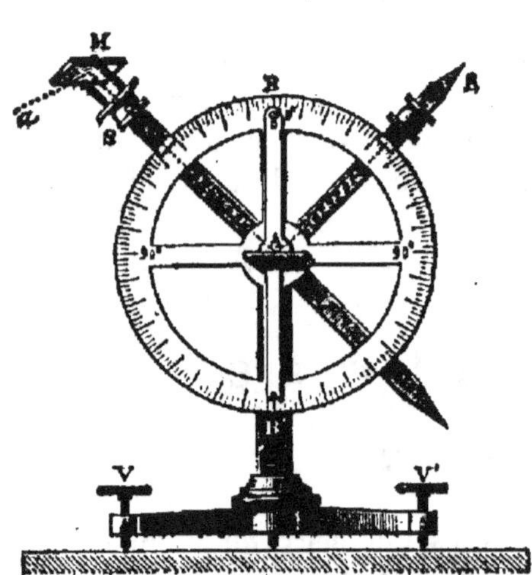

Fig. 219. — Appareil de Silbermann.

REMARQUE.

Si le rayon lumineux partait de R au lieu de S, le rayon RA serait le rayon incident et le rayon AS serait le rayon réfléchi. C'est le retour inverse de la lumière.

279. — Miroirs plans. — Un miroir plan est formé d'une surface polie.

Nous avons pu constater maintes fois qu'en plaçant un objet x devant un miroir plan, notre œil croit voir derrière celui-ci un autre objet x' semblable au premier et de mêmes dimensions. x' est dit l'image de x; mais cette image n'existe pas en réalité et ne peut être reçue sur un écran. On dit alors qu'elle est **virtuelle**. Si l'on rapproche l'objet x du miroir, son image x' s'en rapproche aussi et chaque point de l'objet semble être à la même distance du miroir que son image. Cela

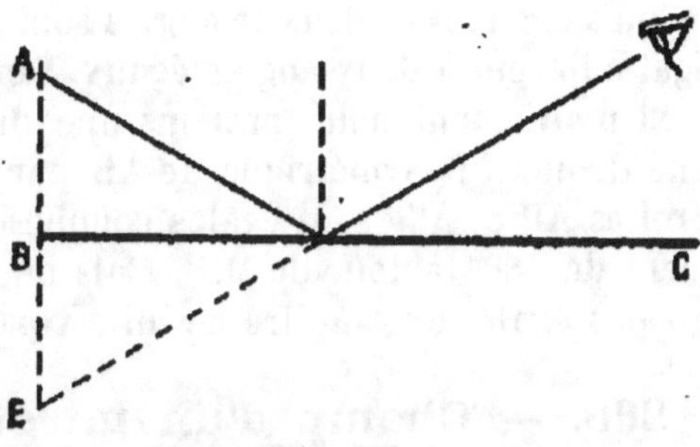

Fig. 220.

nous amène à énoncer et démontrer la propriété fondamentale des miroirs plans : **l'image d'un objet par rapport à un miroir plan est symétrique de l'objet par rapport au miroir.**

Rappelons d'abord que deux points A et E sont dits symétriques par rapport à un plan BC (fig. 220) quand ce plan est perpendiculaire sur

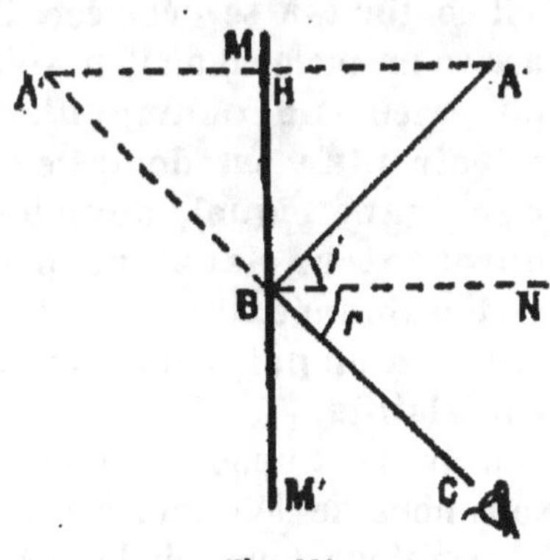

Fig. 221.

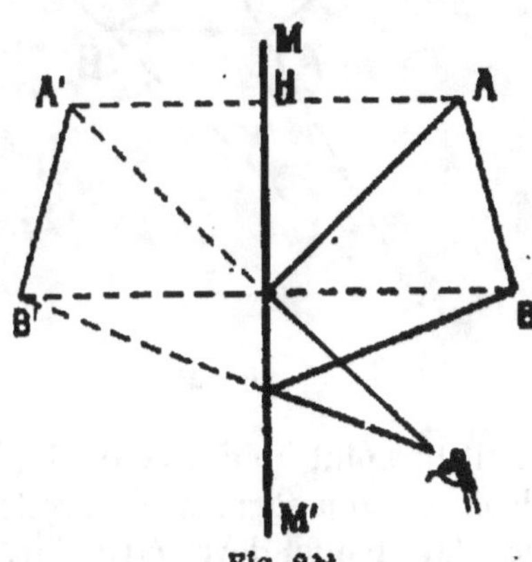

Fig. 222.

AE en son milieu. Deux figures sont symétriques quand leurs points sont deux à deux symétriques.

Cela posé, soit A un point lumineux (fig. 221), AB un rayon tombant sur le miroir MM' et se réfléchissant suivant BC dans l'œil de l'observateur, en faisant avec la normale BN un angle d'incidence i égal à l'angle de réflexion r. La direction du rayon réfléchi BC rencontre en A' la perpendiculaire AH sur MM'.

Tout revient à prouver que HA = HA'

En effet, les deux triangles BHA et BHA' sont égaux, car ils ont BH commun, les angles en H égaux comme droits, enfin les angles en B valent respectivement 90° — i et 90° — r et comme $i = r$, ils sont eux-mêmes égaux. Les deux triangles sont donc égaux comme ayant un côté égal adjacent à deux angles égaux. Donc HA′ = HA.

Si maintenant nous prenons une droite AB (fig. 222), son image est une droite A′B′ symétrique de AB par rapport au miroir MM′. Les deux droites AB et A′B′ sont égales comme étant superposables par un repliement de 180° autour de MM′. Mais en général, l'image d'un objet ne lui est pas égale, c'est-à-dire ne lui est pas superposable.

280. — Champ d'un miroir plan.

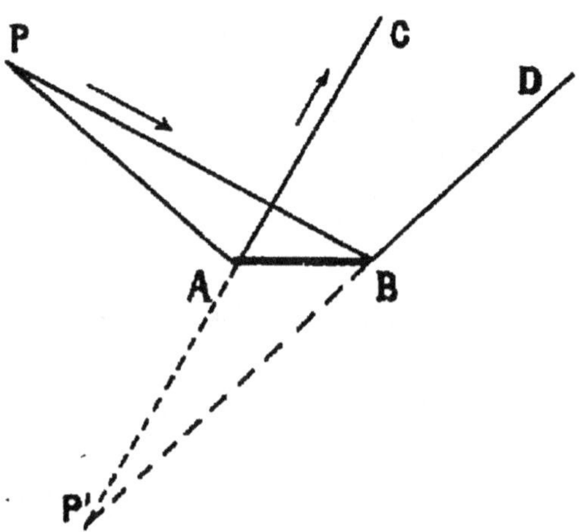

Fig. 223.

— Lorsque l'observateur voit l'image virtuelle d'un objet lumineux dans un miroir plan, c'est que l'œil de l'observateur est dans le *champ* du miroir. Si l'observateur se déplace un peu, il est possible qu'il voie encore l'image; mais s'il continue à se déplacer, il arrive un moment où il ne voit plus rien. **Le champ d'un miroir plan est donc l'espace dans lequel, pour un observateur dans une position donnée, l'image virtuelle d'un point lumineux est visible.**

Soit le point lumineux P (fig. 223) et le miroir AB. Supposons que le miroir soit un segment de droite et proposons-nous de déterminer l'espace dans lequel devra être placé l'œil de l'observateur pour voir l'image virtuelle P′. Les rayons qui, du point P, tombent sur le miroir, sont tous contenus dans le triangle PAB. Construisons les rayons réfléchis AC et BD; ils circonscrivent une région qui contient tous les rayons réfléchis pour la lumière venant de P. Donc pour voir le point P′ l'œil doit se trouver dans la région CABD, qui est le champ du miroir.

281. — Image d'un objet lumineux placé entre deux miroirs parallèles.

— Un objet placé entre deux miroirs plans parallèles, donne derrière chacun d'eux une série d'images virtuelles, qui vont en s'affaiblissant et qui disparaissent par la perte de la lumière

qui se produit
à chaque ré-
flexion.

Ce phéno-
mène est très
visible dans
une salle, où
sur des murs
opposés, deux
glaces sont pla-
cées l'une en
face de l'autre.
Les rayons ré-
fléchis sur un

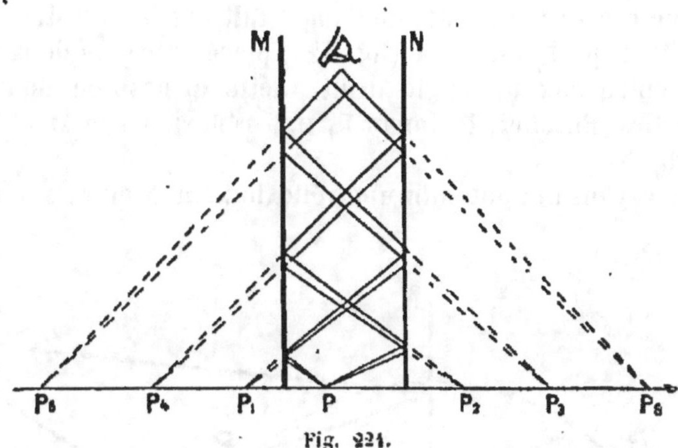

Fig. 224.

premier miroir vont tomber sur le miroir opposé, sont renvoyés, re-
tournent et ainsi de suite. Toutes les images sont échelonnées symétriquement de chaque côté, sur une ligne qui est le prolongement de la
perpendiculaire menée de l'objet à chaque miroir et sont équidistantes.

Soient deux miroirs MN (fig. 224) et le point lumineux P situé entre
eux. Les rayons lumineux qui partent du point P et tombent sur le
miroir M forment une image virtuelle en P_1 et les rayons qui, partant
aussi du point P, tombent sur le miroir N forment une image virtuelle
en P_2.

L'image P_1 joue le rôle d'un point lumineux par rapport au miroir
N et les rayons censés partir de P_1 pour tomber sur N forment une image
virtuelle en P_3.

L'image P_2, à son tour, fait de même par rapport au miroir M. Les
rayons censés partir de P_2 tombent sur le miroir M et forment une
image virtuelle en P_4.

L'image P_3 fait encore de même par rapport au miroir M et forme une
image virtuelle en P_6. L'image P_4 forme aussi une image virtuelle en P_5
et ainsi de suite.

282. — Image d'un objet lumineux placé entre deux miroirs inclinés.

— Lorsqu'un objet lumineux est placé
entre deux miroirs qui font entre eux un certain angle, l'image de l'objet
est reproduite plusieurs fois. Le nombre d'images virtuelles est limité
pour un angle déterminé. Plus l'angle est aigu, plus le nombre d'images
augmente. On démontre que si l'angle est compris un nombre entier de
fois dans 360°, par exemple n fois, il y a n-1 images.

Les images sont situées sur une circonférence passant par l'objet, qui a pour centre le sommet de l'angle fait par les miroirs.

Soit l'objet lumineux P (fig. 225) placé entre les deux miroirs MN, qui font entre eux un angle droit. Cette disposition donne trois images virtuelles. En effet, P donne P_1 par réflexion sur M et P_2 par réflexion sur N.

Les rayons qui ont subi une réflexion sur N en a, et qui retombent sur

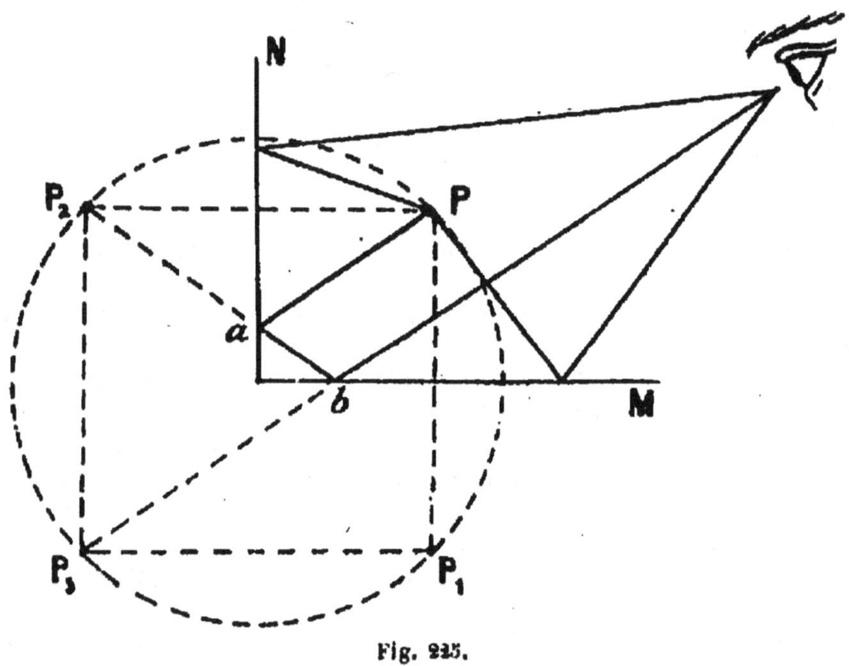

Fig. 225.

M, en b, comme s'ils venaient de P_2, forment l'image virtuelle P_3, symétrique P_2, par rapport au miroir M. Comme les rayons semblant émaner de P_3 et réfléchis sur M, ne peuvent plus rencontrer le miroir N, les images cessent.

L'image P_3 peut provenir de même des rayons qui ont subi une première réflexion sur M et retombent sur N.

Deux miroirs inclinés à 90° donnent donc trois images virtuelles. Si l'inclinaison est égale à 45°, il se forme sept images.

283. — Miroirs tournants. — Lorsqu'on fait tourner un miroir autour d'un axe situé dans son plan, l'image d'un rayon incident fixe subit un déplacement angulaire double du déplacement angulaire du

miroir. Autrement dit le rayon réfléchi tourne de 2 degrés lorsque le miroir tourne de 1 degré.

Soit le point lumineux R (fig. 226) fixe. Supposons que le miroir MM' tourne autour de son axe O d'un angle égal à α et prenne la position $M_1 M'_1$. La normale ON prend la position ON' de manière que l'angle NON' : α. Le rayon incident AO ne bouge pas, lui, mais le rayon réfléchi OB, qui en résulte, prend la position OB'. Nous disons que BOB' $= 2 \alpha$.

En effet,

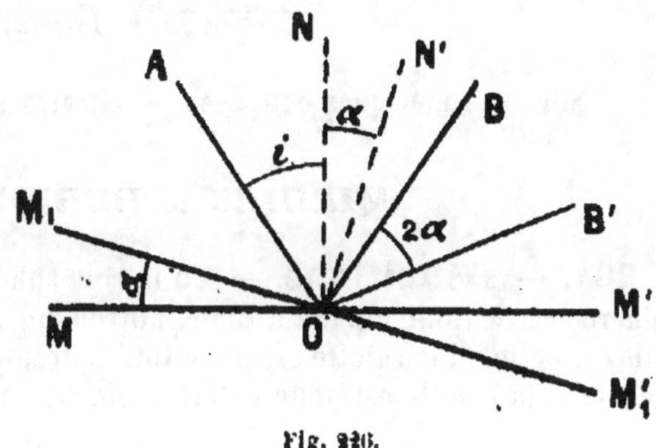

Fig. 226.

$$BOB' = B'OA - BOA \quad (1)$$

Appelons i l'angle d'incidence AON. Le nouvel angle d'incidence AON' $= i + \alpha$ Et puisque l'angle de réflexion est égal à l'angle d'incidence, nous pouvons écrire

$$BOA = 2(i + \alpha)$$

Or BOA est égal à 2 fois l'angle d'incidence AON. Nous pourrons donc écrire encore

$$BOA = 2 i$$

Par conséquent l'égalité (1) peut être exprimée ainsi

$$BOB' = 2(i + \alpha) - 2 i$$

D'où

$$BOB' = 2 \alpha$$

Pendant que le miroir a tourné d'un angle α, le rayon réfléchi a donc tourné d'un angle 2α; c'est-à-dire d'un angle double.

Le miroir tournant adapté aux galvanomètres sert à mesurer de petits déplacements angulaires. Il a sa principale application dans le *sextant*, appareil qui sert aux navigateurs à mesurer la hauteur d'un astre au-dessus de l'horizon.

DIX-HUITIÈME LEÇON

OPTIQUE (*suite*)

Miroirs sphériques concaves. — Miroirs sphériques convexes.

MIROIRS SPHÉRIQUES

284. — Définitions. — Un miroir sphérique est une portion de sphère creuse limitée par un plan; autrement dit une calotte sphérique. Elle est polie. Si la calotte est polie intérieurement, le miroir est dit concave; si la calotte est polie extérieurement, le miroir est dit **convexe**.

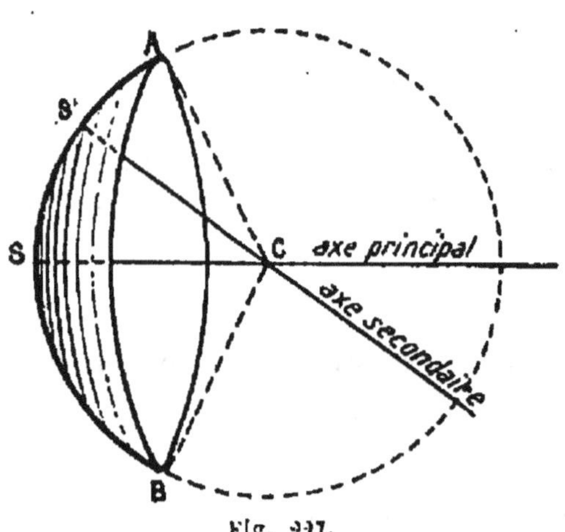

Fig. 227.

Le centre C de la sphère (fig. 227) est appelé le **centre de courbure** du miroir.

Le diamètre CS perpendiculaire sur la base, AB est l'**axe principal** du miroir. Tout autre diamètre tel que CS' est un **axe secondaire**.

Le **sommet** S du miroir est l'intersection de l'axe principal avec le miroir. On peut encore dire que le sommet S est le pôle de la calotte.

On appelle **angle d'ouverture** du miroir, l'angle ACB, sous lequel on voit du centre C un diamètre de la base. Dans la théorie, on considère que cet angle est très faible.

Une **section principale** est l'arc de cercle obtenu en coupant le miroir par un plan passant par l'axe principal. La marche des rayons est étudiée dans une section principale.

MIROIRS SPHÉRIQUES CONCAVES

285. — Principe fondamental. — L'image d'un point lumineux est sensiblement un autre point.

Vérification expérimentale.

Devant un miroir S, plaçons une tôle mince T (fig. 228) percée d'un trou de faible diamètre.

Derrière la tôle, en face du trou, mettons la flamme d'une bougie. Le trou éclairé formera sensiblement un point lumineux P. En promenant devant le miroir et sur la droite CS un petit carton blanc, on voit, après quelques tâtonnements, apparaître sur le carton une image P', très nette, réduite sensiblement à un point. En dehors de la position P' l'image n'est plus nette.

Réciproquement, si le point lumineux est placé en P' les rayons lumineux qui partent de P' et tombent sur le miroir, par exemple en M et en M', se réfléchissent et vont se croiser en P. C'est là qu'il faudra placer le carton blanc pour recevoir l'image de P'. Les points P et P' étant l'image l'un de l'autre, on dit qu'ils sont **conjugués**.

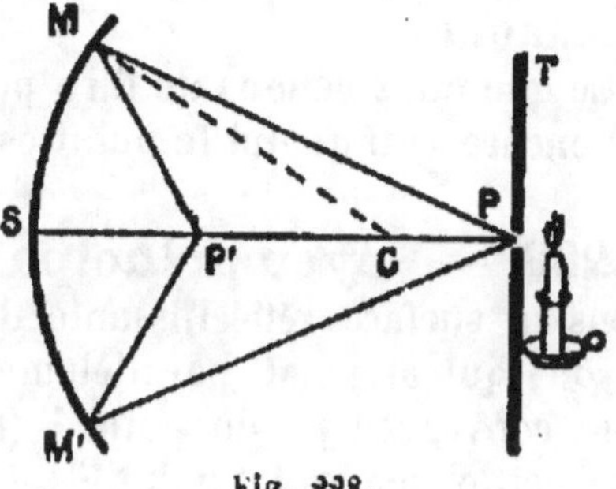
Fig. 228.

Démonstration théorique.

Considérons un rayon quelconque PM (fig. 228). En M il se réfléchit suivant MP', faisant avec la normale MC un angle de réflexion CMP' égal à l'angle d'incidence CMP. La droite MC étant bissectrice du triangle PMP', on a

$$\frac{CP'}{CP} = \frac{MP'}{MP}$$

Le miroir étant d'ouverture très faible, le point M est nécessairement très rapproché du sommet S; il en résulte que les distances MP' et MP diffèrent très peu des distances SP' et SP, et qu'alors on peut écrire

$$\frac{CP'}{CP} = \frac{SP'}{SP}$$

or
$$CP' = SC - SP' \text{ et } CP = SP - SC$$

alors on a
$$\frac{SP - SP'}{SC - SC} = \frac{SP'}{SP}$$

Mais SC c'est le rayon de courbure R du miroir. Alors

$$\frac{R - SP'}{SP - R} = \frac{SP'}{SP}$$

Cette équation étant du premier degré par rapport à SP', nous fournit une seule valeur pour SP' et cela, quel que soit le rayon incident PM considéré. Donc, après réflexion, tous les rayons viennent passer sensiblement par un point unique P', qui est l'image du point P. (Nous disons sensiblement, car nous avons fait dans notre calcul une approximation.)

REMARQUE.

Ce que nous venons de dire pour un point P situé sur l'axe principal, est encore vrai quand le point est sur un axe secondaire.

286. — Foyer principal d'un miroir concave. — Tournons la surface réfléchissante d'un miroir concave vers le soleil. Les rayons qui arrivent parallèlement à l'axe principal se réfléchissent et vont converger en un point F (fig. 229) au milieu de SC et y forment une petite image. Le point F est le **foyer principal**. Les rayons solaires y forment, en effet, un véritable foyer de chaleur.

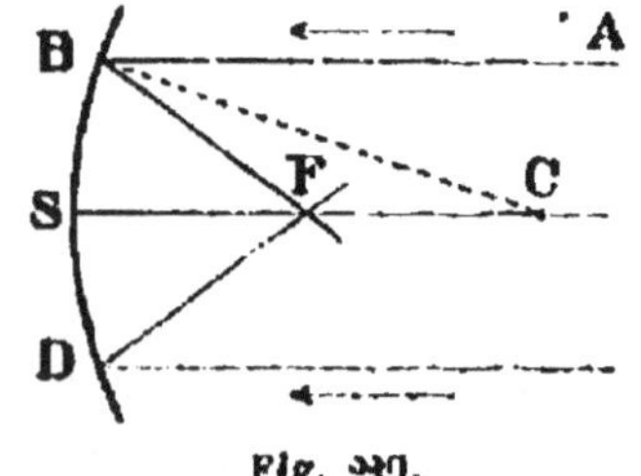

Fig. 229.

Inversement, quand un point lumineux est placé en F, les rayons sont réfléchis parallèlement à l'axe principal et l'image est rejetée à l'infini.

Nous pouvons démontrer que F est au milieu de SC.

Considérons le triangle BFC. Il est isocèle, car, d'une part, l'angle de réflexion CBF étant égal à l'angle d'incidence ABC, et d'autre part les angles ABC et SCB étant égaux comme alternes internes, formés par des parallèles, les deux angles FBC et FCB sont égaux. Alors

$$BF = FC$$

Mais comme dans les miroirs de petite ouverture FS est sensiblement égal à BF

$$SF = FC$$

La distance SF est appelée **distance focale principale**. On la désigne par f. Le rayon de courbure du miroir étant désigné par R, on a

$$f = \frac{R}{2}$$

287. — Foyer secondaire d'un miroir concave. —

Soient deux rayons lumineux incidents R, R' (fig. 230) parallèles entre eux et parallèles à l'axe secondaire AC. Leurs rayons réfléchis se croisent en un point F'. C'est un **foyer secondaire**. Il est situé au milieu de AC.

Tous les foyers secondaires se trouvent sur une petite calotte sphérique K dont le centre est en C et de rayon $\frac{R}{2}$. Lorsque la direction des rayons est peu inclinée sur l'axe principal, la calotte sphérique peut être considérée comme un **plan qui lui est tangent**.

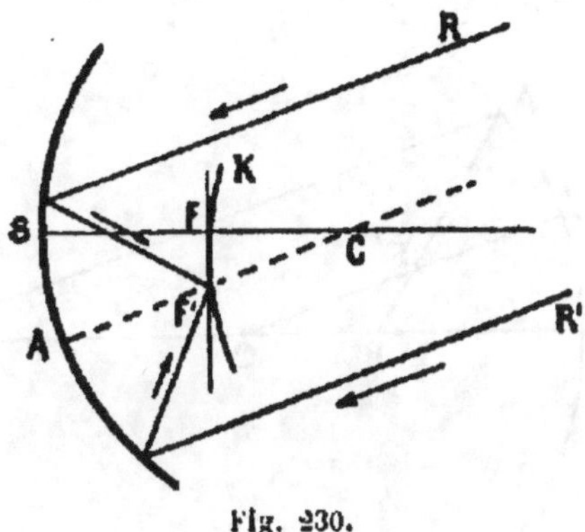

Fig. 230.

Ce plan passe par le foyer principal F et est perpendiculaire à l'axe principal. On le nomme **plan focal**.

288. — Image d'un point lumineux. — Supposons

d'abord le point lumineux A (fig. 231) non situé sur l'axe principal. Nous allons considérer les rayons émanant de A dont nous savons construire les rayons réfléchis.

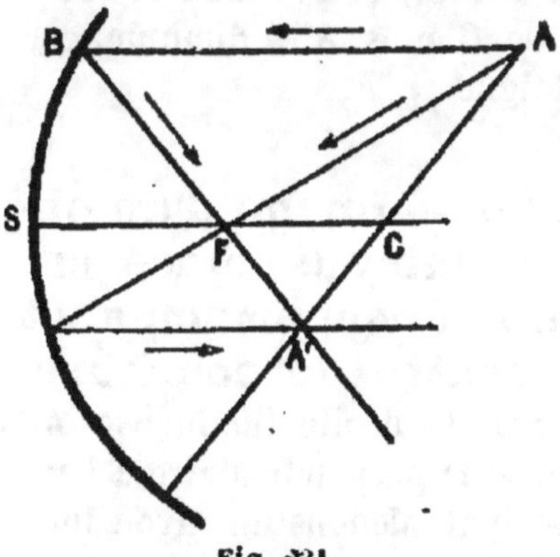

On mène ordinairement deux des trois rayons suivants :

1° Le rayon AC passant par le centre de courbure du miroir; il revient sur lui-même;

2° Le rayon AB parallèle à l'axe principal; il est réfléchi vers le foyer F;

3° Le rayon AF qui se réfléchit parallèlement à l'axe principal.

Fig. 231.

Les rayons réfléchis convergent en A', image de A.

Si le point lumineux P est sur l'axe principal (fig. 232) on mène :

1° Le rayon PCS qui se réfléchit sur lui-même;

2° Le rayon PA parallèle à l'axe secondaire CS'; il se réfléchit en passant par le foyer secondaire F'. On a en P' l'image de P.

289. — Image d'une droite lumineuse perpendicu-

laire à l'axe principal. — Soit PA (fig. 233) la droite lumineuse perpendiculaire à l'axe principal. On construit l'image A' du point A,

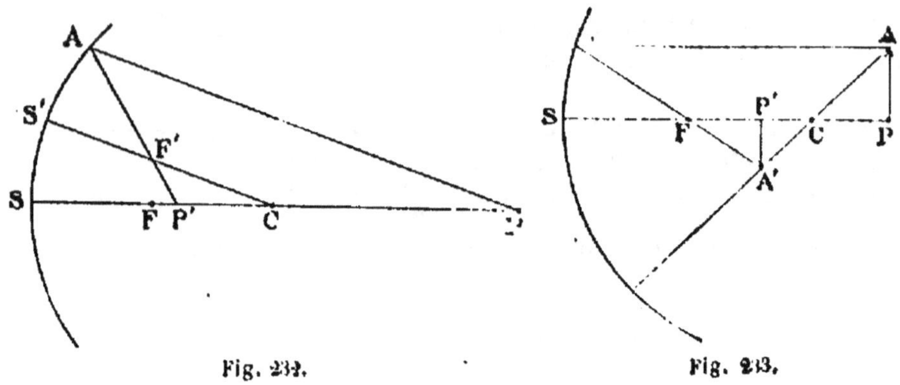

Fig. 232.   Fig. 233.

comme il a été dit ci-dessus; puis on abaisse la perpendiculaire A'P' sur l'axe principal. A'P' est l'image de AP.

REMARQUE.

La droite lumineuse AP est placée au delà du centre de courbure du miroir. Il en résulte que son image A'P' est **réelle, renversée et inférieure à l'objet** AP. Plus AP s'éloigne de C plus A'P' diminue, car l'angle P'CA' diminue à mesure que AP s'éloigne.

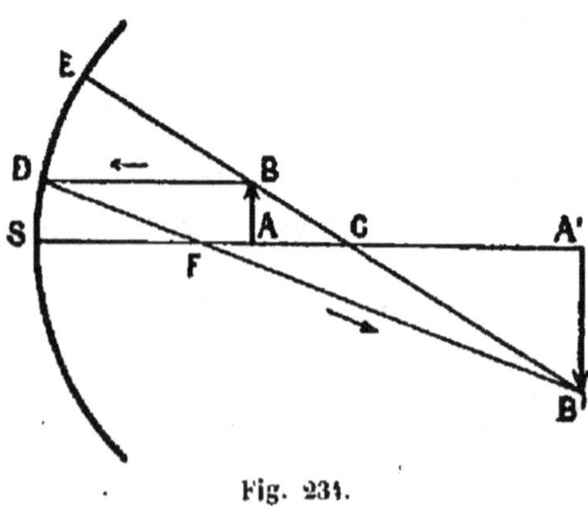

Fig. 234.

290. — Image d'un objet lumineux placé entre le foyer principal et le centre de courbure. — Soit la droite lumineuse AB (fig. 234) perpendiculaire à l'axe principal. Menons un rayon incident BD parallèle à l'axe; il se réfléchit en DB' en passant par le foyer principal. Menons maintenant l'axe secondaire BE, qui se réfléchit sur lui-même. Cet axe secondaire et le rayon réfléchi DB' se coupent en B' et y donnent l'image du point B. Abaissons de B' une perpendiculaire B'A' sur l'axe principal. B'A' est l'image de AB. Elle est **réelle, renversée et supérieure à l'objet.**

291. — Image d'un objet placé au centre de courbure.

— Soit la droite lumineuse AC (fig. 235) placée au centre de courbure et perpendiculaire à l'axe principal.

Déterminons l'image du point A. Elle est située en A', à l'intersection de l'axe secondaire CA' et du rayon réfléchi BF donné par le rayon incident AB parallèle à l'axe principal. CA' est l'image de CA; elle est **réelle, renversée et égale à l'objet.**

Nous pouvons le démontrer.

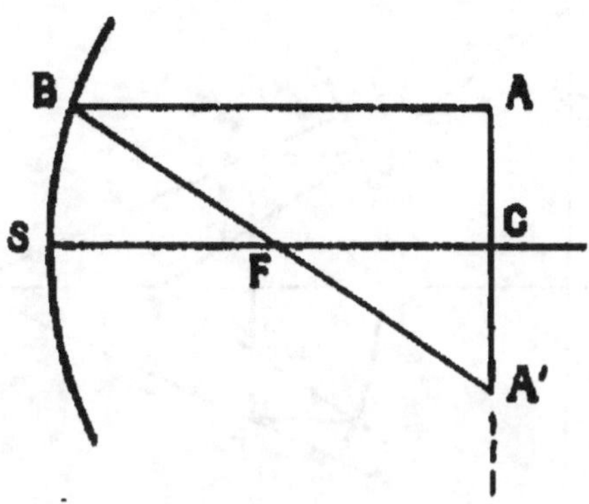

Fig. 235.

Considérons le triangle ABA' dans lequel la droite CF est parallèle au côté AB. Nous avons

$$\frac{AB}{CF} = \frac{AA'}{A'C}$$

Mais $$AB = SC = 2\,CF$$

Donc $$A'A = 2\,A'C$$

Alors $$AC = CA'$$

292. — Cas où il ne se produit aucune image.

— Cela a lieu lorsque l'objet est situé dans le plan focal.

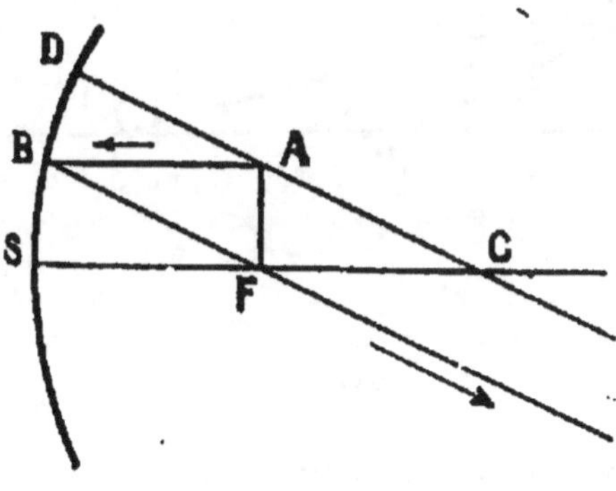

Fig. 236.

Soit la droite lumineuse FA (fig. 236) située au foyer principal et perpendiculaire à l'axe, par conséquent située dans le plan focal. Son image est rejetée à l'infini. En effet, l'image du point A devrait se trouver à l'intersection de l'axe secondaire CD et du rayon réfléchi BF issu de l'incident AB. Or la figure ABFC est très sensiblement un parallélogramme, car AB est parallèle à CF et égal FS ou CF donc DC et BF sont parallèles.

203. — Image d'un objet lumineux placé entre le miroir et le foyer principal.

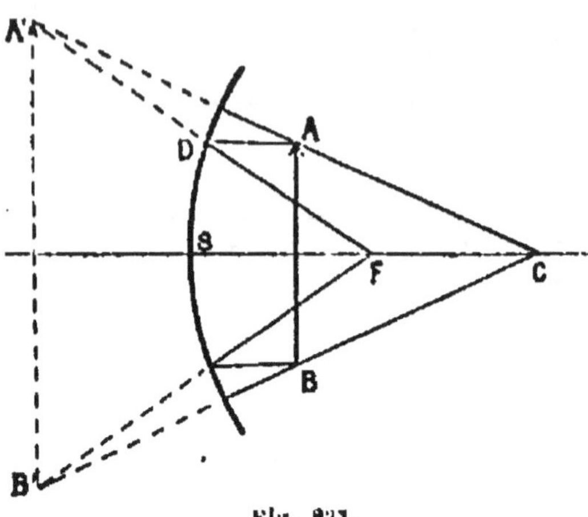

Fig. 237.

— Soit la droite lumineuse AB (fig. 237) placée entre S et F. Menons le rayon incident AD, parallèle à l'axe principal. Le prolongement du rayon réfléchi DF, en arrière du miroir, et le prolongement du même côté de l'axe secondaire AC, se coupent en A'. Ce point est l'image de A. On obtient de même l'image B' de B. Et en joignant A' à B', on a l'image de AB. Elle est virtuelle, droite et supérieure à l'objet.

REMARQUE.

A mesure que l'objet se rapproche du miroir, son image s'en rapproche également et diminue.

294. — Relation entre un point lumineux et son foyer conjugué. —

Soit un point lumineux P (fig. 238) situé sur l'axe principal d'un miroir concave. Menons un rayon incident PA qui se réfléchit en AP'. Le point d'intersection P' est le conjugué de P. Considérons le triangle PAP'. Les angles d'incidence PAC et de réflexion CAP' sont égaux, la bissectrice AC divise la base du triangle en parties proportionnelles aux côtés,

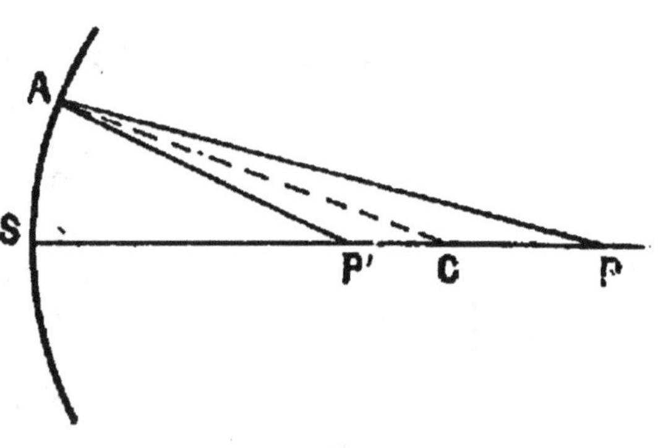

Fig. 238.

$$\frac{P'C}{PC} = \frac{P'A}{PA} \quad (1)$$

Remarquons que P'C = SC — P'S

et PC = PS — SC

Faisons PS = p et P'S = p'
Rappelons que SC = 2 f
Nous pourrons alors écrire

$$P'C = 2 f - p'$$
$$PC = p - 2 f$$

Comme on peut dire que dans les miroirs de petite ouverture

$$P'A = P'S \text{ ou } p'$$
$$\text{et } PA = PS \text{ ou } p$$

l'égalité (1) peut en conséquence s'écrire

$$\frac{2 f - p'}{p - 2 f} = \frac{p'}{p}$$

Nous savons que lorsqu'on a une suite de rapports égaux, on obtient un rapport égal à chacun d'eux en divisant la somme des numérateurs par celle des dénominateurs. Alors

$$\frac{2 f - p'}{p - 2 f} = \frac{p'}{p} = \frac{2 f - p' + p'}{p - 2 f + p}$$

Simplifions cette dernière fraction, il vient

$$\frac{2 f}{2 p - 2f} \text{ ou } \frac{f}{p - f}$$

Et alors

$$\frac{p'}{p} = \frac{f}{p - f}$$

D'où

$$p' = \frac{pf}{p - f}$$

Exercice.
Supposons que SC = 40^{cm} alors f = 20^{cm} et si P est à 60^{cm} de S, p = 60^{cm} Par conséquent

$$p' = \frac{20 \times 60}{60 - 20} = 30^{cm}$$

295. — Formule des miroirs concaves. — Nous avons vu

qu'il est facile de déterminer la position de l'image P' d'un point P placé devant un miroir concave. Soit le point lumineux P (fig. 239) situé sur l'axe principal. Lorsque le point P, éloigné du miroir, s'en rapproche graduellement, l'angle d'incidence et l'angle de réflexion diminuent en même temps et l'image P' se rapproche de C. Les points P et P' vont l'un vers l'autre. Si P continue à se rapprocher du miroir, il arrive un

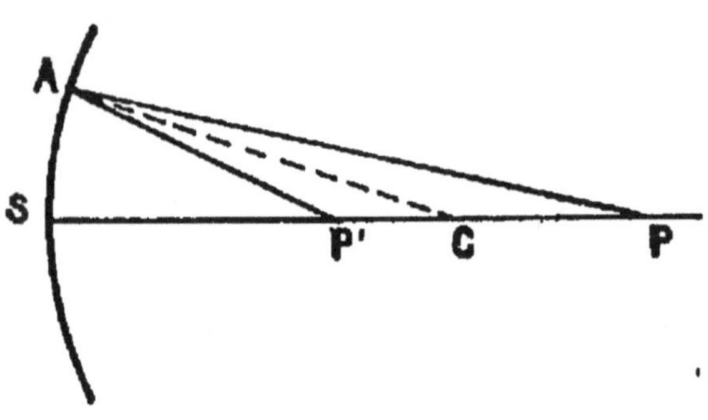

Fig. 239.

moment où P et P' se rencontrent. La rencontre a lieu au point C, centre de courbure. Là, le rayon se réfléchit sur lui-même.

SP est représenté par p, SP' par p' et SC par R; il existe une relation étroite entre ces trois grandeurs.

Nous avons

$$\frac{R - SP'}{SP' - R} = \frac{SP'}{SP}$$

qui devient

$$\frac{R - p'}{p - R} = \frac{p'}{p}$$

Transformons cette formule difficile à appliquer.
Le produit des extrêmes égal au produit des moyens donne

$$(R - p')\, p = (p - R)\, p'$$

ou

$$pR - pp' = pp' - R$$

d'où

$$p'R + pR = 2\, pp'$$

Divisons les deux membres par pp'R

$$\frac{p'R}{pp'R} + \frac{pR}{pp'R} = \frac{2\, pp'}{pp'R}$$

Simplifions chaque terme, il vient

$$\frac{1}{p} + \frac{1}{p'} = \frac{2}{R}$$

Mais $R = 2 f$, Alors

$$\frac{2}{R} = \frac{2}{2f} = \frac{1}{f}$$

Et enfin

$$\frac{1}{p} + \frac{1}{p'} = \frac{1}{f}$$

Cette formule établie dans un cas particulier devient générale à la condition de convenir que les distances p et p' sont comptées à partir du sommet S **positivement dans le sens de la lumière réfléchie,** c'est-à-dire de S vers C, et **négativement dans le sens contraire.**

Connaissant p et f on calcule aisément p'. En effet, on en déduit

$$\frac{1}{p'} = \frac{1}{f} - \frac{1}{p}$$

Mais

$$\frac{1}{f} - \frac{1}{p} = \frac{p}{fp} - \frac{f}{fp} = \frac{p-f}{fp}$$

Alors

$$\frac{1}{p'} = \frac{p-f}{f\,p}$$

Renversons les rapports, nous avons

$$p' = \frac{f\,p}{p-f}$$

Exercice où p' est positif.

Soit le point P (fig. 210) à 30^{cm} de S. Alors p = 30^{cm}; R est égal à 20^{cm}. Il en résulte que f = 10^{cm}

Nous dirons

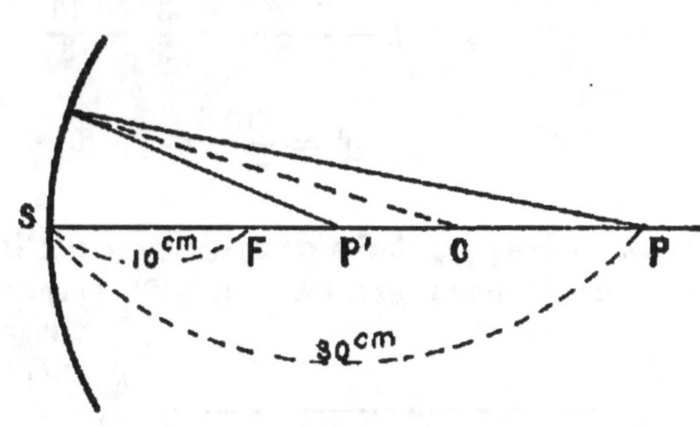

Fig. 210.

$$p' = \frac{10}{1 - \dfrac{10}{30}} = \frac{10}{1 - \dfrac{1}{3}} = \frac{10}{\dfrac{2}{3}}$$

Multiplions les deux termes de la fraction par 3, nous obtenons

$$p' = \frac{30}{2} = 15^{cm}$$

Exercice où p' est négatif.

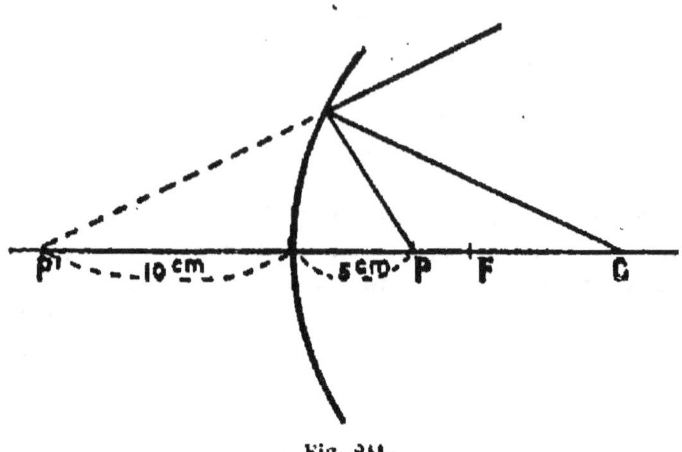

Fig. 241.

Soit le point P (fig. 241) à 5ᶜᵐ de S.
Alors p = 5ᶜᵐ, R = 20ᶜᵐ et f = 10ᶜᵐ
On a

$$p' = \cfrac{10}{1 - \cfrac{10}{5}} = \cfrac{10}{\dfrac{5}{5} - \dfrac{10}{5}} = \cfrac{10}{\dfrac{5}{5}}$$

$$p' = \frac{10}{-1} = -10^{\text{cm}}$$

296. — Rapport de grandeur de l'image à l'objet. —

Soit la droite lumineuse PA (fig. 242) perpendiculaire à l'axe. Les triangles CPA et CP'A' donnent la proportion

$$\frac{P'A'}{PA} = \frac{CP'}{CP}$$

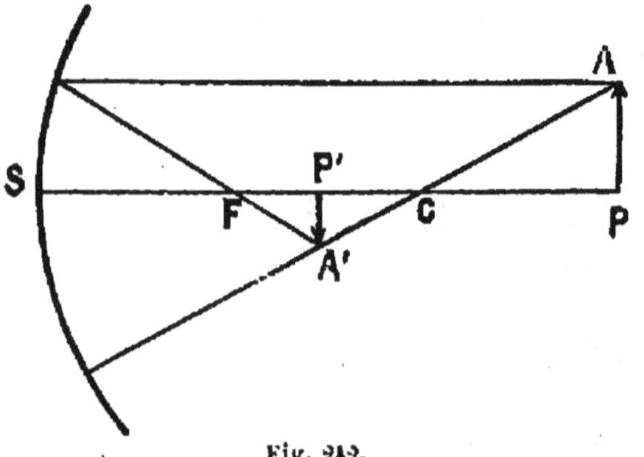

Fig. 242.

Nous avons démontré (nᵒ 285, Principe fondamental) que

$$\frac{CP'}{CP} = \frac{SP'}{SP}$$

De sorte qu'en appelant I et O les grandeurs de l'image et de l'objet nous avons

$$\frac{I}{O} = \frac{SP'}{SP}$$

ou

$$\frac{I}{O} = \frac{p'}{p}$$

Nous avons trouvé (n° 205, Formule des miroirs)

$$p' = \frac{f\,p}{p - f}$$

D'où

$$\frac{p'}{p} = \frac{f}{p - f}$$

On a donc

$$\frac{I}{O} = \frac{f}{p - f}$$

Les rapports $\frac{I}{O}$ s'appellent le **grossissement** ou mieux le **grandissement**.

Exercice où p' est positif.

Devant un miroir concave, de rayon de courbure de 12^{cm} on place une droite lumineuse de 4^{cm}, perpendiculaire à l'axe, et à 18^{cm} du miroir. Calculer la position de l'image et sa grandeur.

$$f = \frac{12}{2} = 6$$

D'après la formule

$$p' = \frac{fp}{p - f}$$

on a

$$p' = \frac{6 \times 18}{18 - 6} = \frac{108}{12} = 9^{cm}$$

D'autre part

$$\frac{I}{O} = \frac{p'}{p} = \frac{9}{18} = \frac{1}{2}$$

L'image est à 9 centimètres du miroir et égale à la moitié de l'objet.

Exercice où p' est négatif.

Une droite lumineuse de 2^{cm} est placée devant un miroir de rayon 10^{cm} et à 4^{cm} de ce miroir, perpendiculaire sur l'axe. Trouver sa position et sa grandeur.

Nous avons
$$f = \frac{10}{2} = 5^{cm}$$

Appliquons la formule
$$p' = \frac{fp}{p - f}$$

Nous avons
$$p' = \frac{5 \times 4}{4 - 5} = \frac{20}{-1} = -20^{cm}$$

L'image est donc virtuelle et à 20^{cm} derrière le miroir. Pour avoir sa grandeur nous écrirons

$$\frac{I}{O} = \frac{p'}{p} = \frac{20}{2} = 10$$

D'où
$$I = 10^{cm}$$

297. — Variations des positions et grandeurs de l'image.

— La position et la grandeur de l'image sont aisément trouvées au moyen des formules que nous avons établies.

$$p' = \frac{fp}{p - f}$$

ou en divisant les deux membres de la fraction par p

$$p' = \frac{f}{1 - \dfrac{f}{p}}$$

et d'autre part
$$\frac{I}{O} = \frac{f}{p - f}$$

d'où
$$I = \frac{f}{p - f} \times O$$

Cas où l'objet est à l'infini.

1° Dans la formule
$$p' = \frac{f}{1 - \dfrac{f}{p}}$$

si l'on fait $p = \infty$, $\dfrac{f}{p}$ devient nul et l'on a

$$p' = \frac{f}{1 - \text{Zéro}}$$

Mais
$$\frac{1 - \text{Zéro}}{f} = \frac{f}{1} = f$$

Alors $p' = f$.

C'est-à-dire que l'image P' du point lumineux P, située à l'infini se trouve au foyer principal.

2° Dans la formule
$$\frac{I}{0} = \frac{f}{p - f}$$

si l'on fait $p = \infty$ on a
$$\frac{I}{0} = \frac{f}{\infty - f}$$

d'où
$$= \frac{}{\infty - f} \times 0$$

Mais dans cette expression $\infty - f$, f est négligeable. En effet, quelques gouttes d'eau prises à l'océan ne modifient pas le volume de l'océan. On peut donc écrire
$$1 = \frac{f}{\infty} \times 0$$

Or f divisé par l'infini est égal à zéro et zéro multiplié par 0 égal zéro. Donc
$$1 = \text{zéro}$$

Cela signifie que l'image P' de l'objet P, à l'infini, se réduit à zéro, c'est-à-dire à un point, au foyer principal.

Cas où p diminue de l'infini à 2 f.

1° Nous venons de voir que $\frac{f}{\infty} = $ zéro

alors dans la formule
$$p' = \frac{f}{1 - \dfrac{f}{p}}$$

$\frac{f}{p}$ augmente depuis zéro à $\frac{f}{2f}$ ou $\frac{1}{2}$, car en divisant les deux termes de la fraction par f ou a $\frac{1}{2}$

Donc $\frac{f}{p} = \frac{1}{2}$

Il en résulte que $1 - \dfrac{f}{p}$

diminue depuis 1 jusqu' à $1 - \dfrac{1}{2} = \dfrac{2}{2} - \dfrac{1}{2} = \dfrac{1}{2}$

On peut donc écrire

$$p' = \dfrac{f}{\dfrac{1}{2}}$$

Pour diviser f par $\dfrac{1}{2}$ il faut multiplier f par 2. En conséquence

$$p' = 2\,f$$

C'est-à-dire que l'objet et son image sont tous deux au centre de courbure.

2° Dans la formule

$$I = \dfrac{f}{p - f} \times O$$

$p - f$ diminue depuis l'infini à $2\,f - f = f$

Donc I augmente depuis zéro jusqu'à $\dfrac{f}{f} \times O = O$

C'est-à-dire que l'image est égale à l'objet, tous deux étant placés au centre de courbure et symétriquement par rapport au centre.

Cas où p diminue de 2 f à f.

1° Dans la formule $\qquad p' = \dfrac{f}{1 - \dfrac{f}{p}}$

$\dfrac{f}{p}$ augmente depuis $\dfrac{f}{2\,f}$ ou $\dfrac{1}{2}$ jusqu'à $\dfrac{f}{2}$ ou 1

$1 - \dfrac{f}{p}$ diminue depuis $1 - \dfrac{1}{2}$ ou $\dfrac{1}{2}$ jusqu'à $1 - 1$ ou zéro.

Donc p' augmente depuis $\dfrac{f}{\dfrac{1}{2}}$ ou $2\,f$ jusqu'aux valeurs les plus grandes :

l'objet est rejeté à l'infini.

Si l'objet était en P'A' (fig. 243) l'image serait en PA, réelle, renversée et supérieure à l'objet.

2° Dans la formule $\qquad I = \dfrac{f}{p - f} \times O$

I augmente depuis O jusqu'aux valeurs les plus grandes.

Cas où p diminue de f à zéro.

Dans la formule

$$p' = \frac{f}{1 - \dfrac{f}{p}}$$

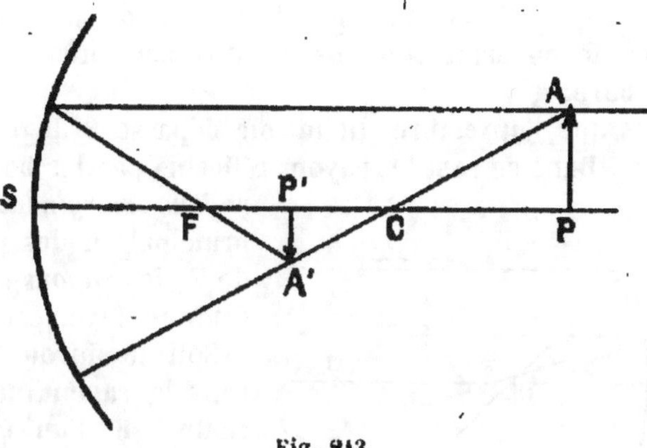

Fig. 243.

$\dfrac{f}{p}$ augmente encore

depuis $\dfrac{f}{f}$ ou 1 jusqu'aux valeurs les plus grandes.

$1 - \dfrac{f}{p}$ diminue négativement depuis zéro jusqu'à $-\infty$.

Donc p' augmente depuis $-\infty$ à zéro. On obtient une image A'B' (fig. 244) virtuelle, droite et supérieure à l'objet. Inversement l'objet étant en A'B' (objet qu'on peut obtenir par l'image d'un second miroir), l'image serait en AB.

REMARQUE GÉNÉRALE.

Il résulte de ce qui précède, que les deux points P et P' sont toujours d'un même côté de F; l'un est entre S et C et l'autre en dehors.

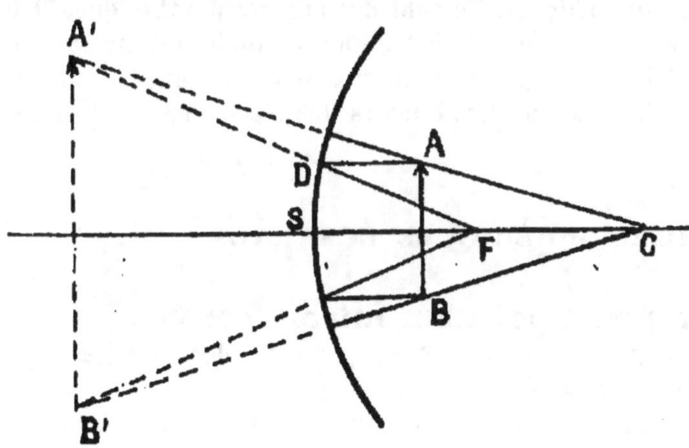

Fig. 244.

298. — **Aberration de sphéricité des miroirs concaves.** — Nous avons dit que les rayons réfléchis issus d'un faisceau de rayons incidents, parallèles à l'axe principal, viennent converger en un point, où ils coupent l'axe, appelé foyer principal. Et nous avons montré que dans les miroirs de petite ouverture, le foyer est à peu près au milieu du rayon de courbure.

Dès que l'ouverture du miroir dépasse 8 degrés, il n'en est plus de même. Dans ce cas, les rayons réfléchis par les bords du miroir, appelés *rayons marginaux*, vont croiser l'axe principal en des points éloignés un peu de F ; les *rayons centraux*, eux, se croisent au foyer central.

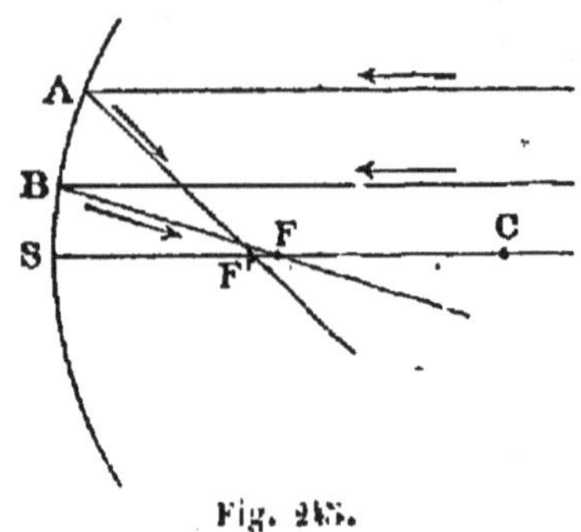

Fig. 245.

Soit le miroir S (fig. 245). Considérons le rayon marginal A et le rayon central B d'un faisceau lumineux parallèle à l'axe principal. L'expérience montre que le rayon central se réfléchit en BF, coupant l'axe en F, et que le rayon marginal se réfléchit en AF' coupant l'axe en F'. Les rayons réfléchis des autres rayons incidents du faisceau lumineux, compris entre A et B, coupent l'axe entre F et F'. Il en résulte une série de foyers dont l'ensemble est nommé **aberration longitudinale**.

Si l'on place un écran dans le plan focal, on y voit un cercle lumineux dont le rayon est l'**aberration transversale**.

L'aberration de sphéricité produit des images déformées. On l'évite en se servant de miroirs *aplanétiques*. Ce sont des miroirs paraboliques. La courbure est engendrée par la révolution d'une parabole autour de son axe. Les rayons réfléchis d'un point lumineux placé devant le miroir coupent l'axe en un point unique. Les miroirs des télescopes sont aplanétiques.

MIROIRS SPHÉRIQUES CONVEXES

209. — Foyer principal d'un miroir convexe. — La théorie des miroirs convexes est la même que celle des miroirs concaves : leurs propriétés sont seulement opposées.

Lorsque les rayons d'un faisceau lumineux tombent parallèlement à l'axe principal sur un miroir convexe, ils forment, en se réfléchissant, un faisceau conique divergent, comme s'ils émanaient d'un point situé derrière le miroir, à égale distance du centre et du foyer du miroir. C'est le **foyer principal**.

Soit un rayon AB (fig. 246) tombant sur un miroir convexe. Il se réfléchit en BE, en faisant avec la normale BD, élevée sur le plan tangent, un angle de réflexion EBD égal à l'angle d'incidence ABD. Le rayon réfléchi ne peut pas rencontrer l'axe principal en avant du miroir; mais son prolongement le rencontre en arrière, en un point F, situé à égale distance du sommet S et du centre C.

En effet, le triangle CFB est isocèle. CS et BA étant parallèles, l'angle BCF est égal à l'angle DBA correspondant; d'autre part, les angles CBF et EBD sont égaux comme opposés par le sommet. Or les

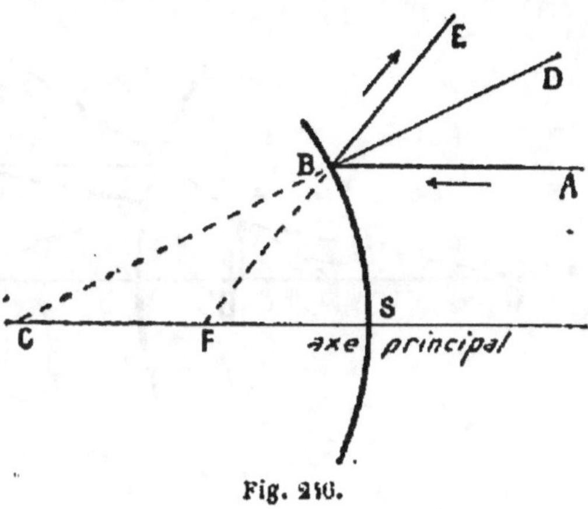

Fig. 246.

angles EBD et DBA sont égaux. Donc l'angle BCF est égal à l'angle CBF et par suite CF = FB. Mais dans les miroirs de petite ouverture FB est sensiblement égal à FS, donc CF = FS. Le point F, au milieu de CS, est le foyer principal.

300. — Image d'un point lumineux.

— Un point lumineux situé devant un miroir convexe, donne toujours une image **virtuelle**.

Soit un point lumineux P (fig. 247) placé devant un miroir convexe. Menons le rayon incident PA parallèle à l'axe principal; il se réfléchit en AB. Le prolongement de BA, en arrière du miroir, passe par le foyer principal F. Menons l'axe secondaire PC dont le prolongement passe par le centre C. L'image virtuelle de P se trouve en P' à l'intersection du rayon réfléchi et de l'axe secondaire prolongés.

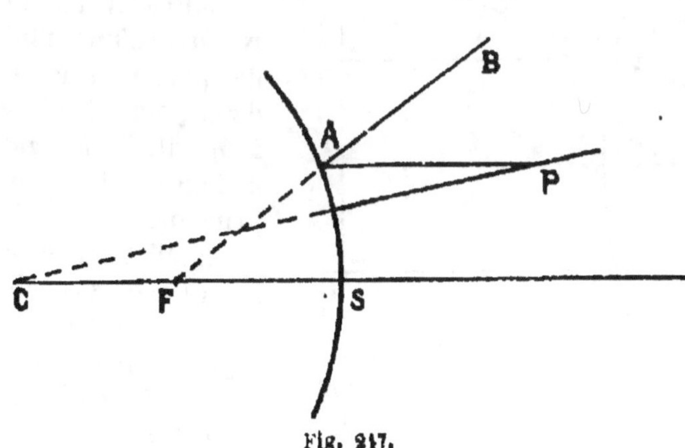

Fig. 247.

301. — Image d'un objet lumineux.

— Soit la droite lumineuse AB (fig. 248) placée devant un miroir convexe. Construisons l'image du point A, comme nous avons fait précédemment. Elle se trouve en A'. Abaissons la perpendiculaire A'B' sur l'axe et nous avons

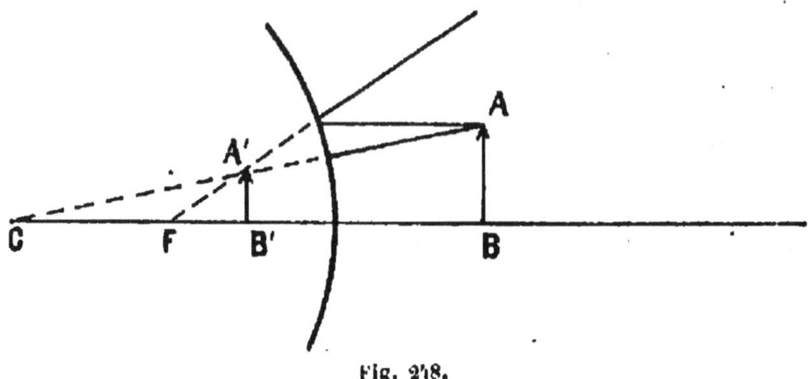

Fig. 248.

ainsi l'image de la droite AB. Elle est **virtuelle droite et inférieure à l'objet.**

L'image est située entre le miroir et le foyer.

Inversement si la droite lumineuse était située en A'B' son image, en raison du retour inverse de la lumière, serait réelle en AB.

502. — Distance focale principale d'un miroir convexe.

— Pour déterminer la distance focale principale d'un miroir convexe, on le recouvre d'une feuille de papier, sauf en deux points MN (fig. 249) situés à égale distance de l'axe principal.

On fait tomber sur la surface réfléchissante un faisceau de rayons solaires RR', par conséquent parallèles à l'axe princi-

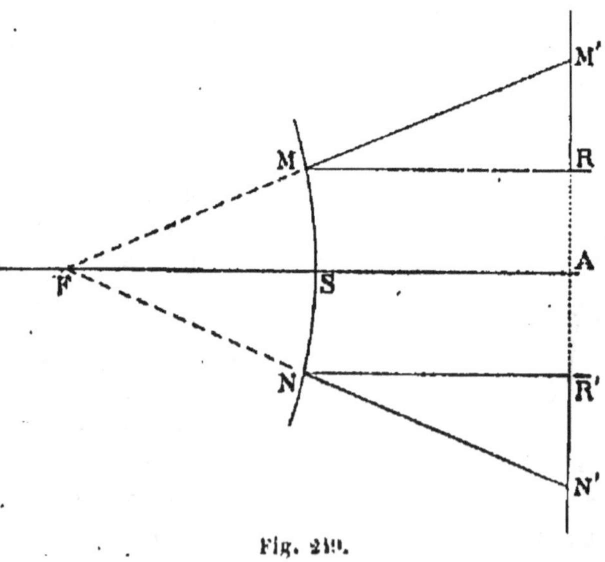

Fig. 249.

pal. Ils sont renvoyés sur un écran M'N', placé de telle manière que la distance M'N' soit le double de MN. La distance AS est égale à SF. En effet, nous avons deux triangles semblables MNF et M'N'F qui donnent

$$\frac{MN}{M'N'} = \frac{AF}{AS}$$

Comme
$$M'N' = 2\,MN$$

$$AF = 2\,FS$$

Alors
$$AS = FS$$

La distance focale est AS.

DIX-NEUVIÈME LEÇON

OPTIQUE (*suite*)

Réfraction de la lumière. — Prisme.

Réfraction de la lumière

303. — Définitions. — Toutes les fois qu'un rayon lumineux passe d'un milieu transparent dans un autre milieu transparent, sa direction est déviée. Ce changement de la marche des rayons se nomme **réfraction**.

Pour qu'un rayon soit dévié, il faut qu'il tombe obliquement sur la surface de séparation des deux milieux. S'il tombe perpendiculairement, il pénètre dans le second milieu et le traverse sans déviation.

Supposons un rayon lumineux AB (fig. 250), qui, de l'air, passe dans une masse d'eau. Au lieu de suivre sa direction première, il est dévié en BC. Le rayon AB est nommé **rayon incident**; le rayon BC, **rayon réfracté**. Le point B est le **point d'incidence**. Lorsque le second milieu est plus réfringent que le premier, —

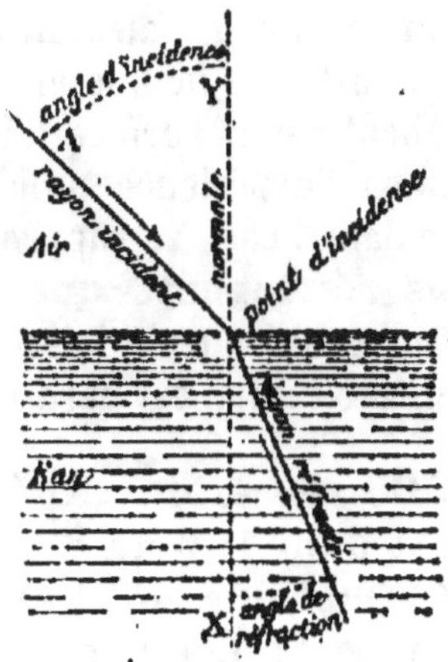

Fig. 250.

comme c'est le cas : l'air est moins réfringent que l'eau, — le rayon réfracté se rapproche de la normale XY élevée au point d'incidence. Au contraire, il s'en éloigne si le second milieu est moins réfringent.

Si le point lumineux était en C au lieu d'être en A et émettait un rayon lumineux CB, celui-ci se réfracterait en BA, plus écarté de la normale, puisque l'air est moins réfringent que l'eau. C'est la loi du **retour inverse de la lumière**.

L'angle ABY formé par le rayon incident et la normale élevée au point d'incidence, est appelé **angle d'incidence**. L'angle XBC formé par le rayon réfracté et la même normale est nommé **angle de réfraction**.

304. — Vérification.

— Nous pouvons constater expérimentalement la réfraction de la lumière. Prenons une cuve en verre AB (fig. 251) remplie d'eau, et plaçons-la sur le trajet d'un faisceau lumineux solaire tombant par un petit orifice pratiqué dans le volet d'une chambre obscure. On voit nettement le faisceau incident I à cause des poussières en suspension qui brillent sur son trajet. Il tombe sur la surface de l'eau en S; il se réfracte en SS' et sur le fond de la cuve,

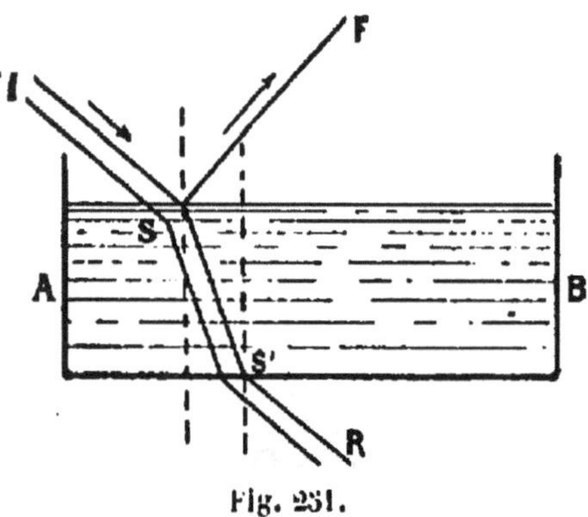

Fig. 251.

en S', il se réfracte encore en S'R.

REMARQUE.

Une partie du faisceau incident se réfléchit sur la surface de l'eau en SF. C'est que la lumière incidente ne se réfracte pas tout entière en tombant sur la surface d'un milieu différent.

Dans l'expérience précédente on constate que la lumière passant de l'air dans l'eau, se rapproche de la normale; on dit alors que **l'eau est plus réfringente que l'air**.

On vérifie que le faisceau IS venant d'un milieu pour retourner dans le même milieu est parallèle à S'R.

305. — Lois de la réfraction.

— 1° Le rayon réfracté **reste dans le plan d'incidence**.

2° Quel que soit l'angle d'incidence, le sinus de l'angle d'incidence et le sinus de l'angle de réfraction sont dans un rapport constant.

Vérification de la première loi.

Cette loi est vérifiée avec l'appareil de Silbermann qui nous a déjà servi à vérifier les lois de la réflexion; mais le miroir placé au centre du cercle, est remplacé par une cuve demi-cylindrique R en verre, (fig. 252) remplie d'eau jusqu'au centre du cercle.

Au moyen du miroir M faisons passer un rayon lumineux par le tube de l'alidade A, de manière qu'il tombe sur la surface de l'eau de la cuve en O, au centre du cercle. Le rayon AO se réfracte et se propage dans l'eau suivant un rayon du cercle; il est normal à la paroi cylindrique de la cuve. Par conséquent, il ne se réfracte pas à la sortie : il est simplement prolongé.

En donnant à l'alidade K une position convenable, le rayon

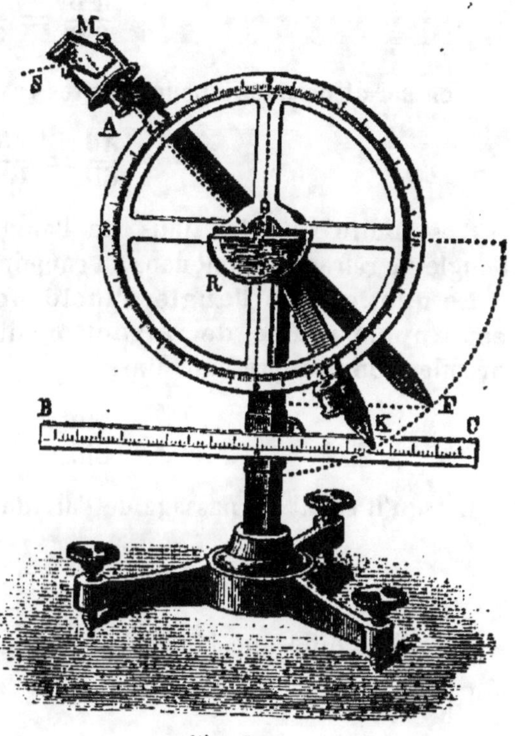

Fig. 252.

réfracté dans l'eau passe par le tube d'alidade K.

Le rayon réfracté reste donc dans le plan d'incidence qui est parallèle au plan du cercle.

Vérification de la deuxième loi.

Soit le rayon AO (fig. 253) qui se réfracte en OC. Élevons la normale NN'. Le sinus de l'angle d'incidence NOA est la perpendiculaire AB abaissée sur la normale; le sinus de l'angle de réfraction N'OC, en supposant OA = OC = 1, est la perpendiculaire CD abaissée sur NN'.

On trouve que

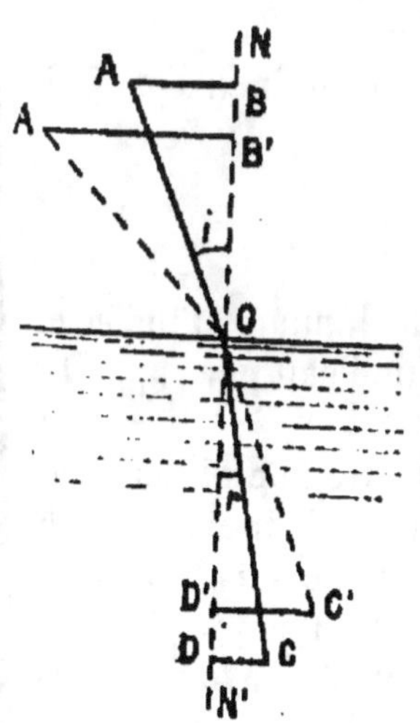

$$\frac{AB}{CD} = \frac{4}{3}$$

Si l'on considérait un autre rayon incident A'O, qui se réfracterait suivant OC', on trouverait encore que

$$\frac{A'B'}{C'D'} = \frac{4}{3}$$

en serait de même pour tous les rayons incidents. Donc

$$\frac{AB}{CD} = \frac{A'B'}{C'D'}$$

C'est-à-dire que le sinus de l'angle d'incidence et le sinus de l'angle de réfraction sont dans un rapport constant.

Le quotient de l'angle d'incidence par l'angle de réfraction est appelé indice de réfraction du second milieu par rapport au premier. On le représente ainsi

$$\frac{\text{Sin } i}{\text{Sin } r} = n$$

Lorsqu'il s'agit du passage de l'air dans l'eau,

$$n = \frac{4}{3} = 1,333$$

Ce qui signifie que l'indice de réfraction de l'eau par rapport à l'air est $\frac{4}{3}$ ou 1,33.

L'indice du verre par rapport à l'air est $\frac{3}{2}$ ou 1,5

Si, au lieu de passer de l'air dans l'eau, le rayon lumineux passe de l'eau dans l'air, on trouve

$$\frac{\text{Sin } i}{\text{Sin } r} = \frac{3}{4}$$

C'est-à-dire qu'en raison du retour inverse de la lumière, l'indice de l'air, par rapport à l'eau, est l'inverse de l'indice de l'eau par rapport à l'air.

La deuxième loi peut encore être vérifiée par l'appareil de Silbermann. Les sinus sont mesurés au moyen de la règle graduée BC, mobile dans le sens vertical. On la fait jouer de manière qu'elle touche successivement la pointe de l'alidade F, qui est dans le prolongement du rayon incident, et la pointe de l'alidade K, qui présente la position du rayon réfracté. Les perpendiculaires abaissées de F et de K sur le diamètre vertical du cercle, qui est la normale, sont les sinus de l'angle d'incidence et de l'angle de réfraction.

La règle BC montre que si la longueur des sinus de l'angle d'incidence est, par exemple, 4, la longueur des sinus de l'angle de réfraction est 3.

On trouve donc encore le même rapport $\frac{4}{3}$.

REMARQUE.

Lorsque le second milieu est plus réfringent que le premier, n est plus grand que 1 ; au contraire, si le second milieu est le moins réfringent, n est plus petit que 1.

306. — Passage de la lumière d'un milieu dans un autre milieu plus réfringent.

— Lorsqu'un faisceau lumineux tombe sur la surface d'une nappe d'eau, les rayons incidents sont transmis et réfractés dans l'eau. Il en est ainsi parce que l'angle de réfraction que fait chaque rayon réfracté est plus petit que l'angle d'incidence fait par le rayon incident correspondant. Le rayon AB (fig. 254) perpendiculaire à la surface de séparation, continue son chemin en ligne droite suivant BA'. Un rayon oblique CB se réfracte suivant BC' de manière qu'on a

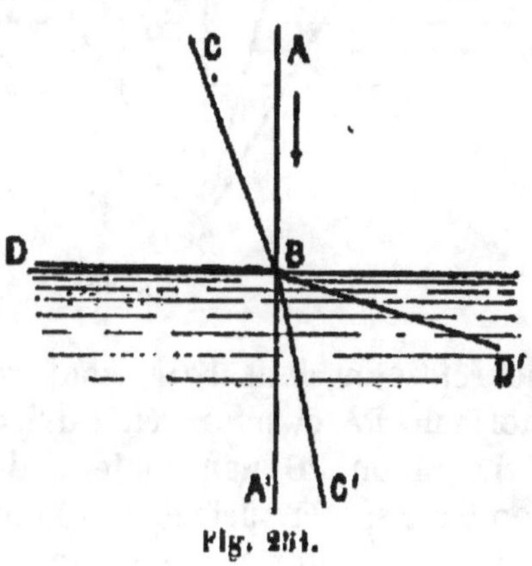

Fig. 254.

$$\frac{\text{Sin } ABC}{\text{Sin } A'BC'} = \frac{4}{3}$$

Enfin, le rayon DB, qui rase la surface de l'eau, et qui peut faire un angle d'incidence sensiblement égal à 90 degrés, est réfracté en BD' pour donner encore

$$\frac{\text{Sin } 90°}{\text{Sin } A'BD'} = \frac{4}{3}$$

ou

$$\frac{1}{\text{Sin } A'BD'} = \frac{4}{3}$$

d'où

$$\sin A'BD' = \frac{3}{4}$$

Dans ce dernier cas, l'angle de réfraction A'BD' mesure 48°35 ; on l'appelle **angle limite.**

307. — Passage de la lumière d'un milieu dans un autre milieu moins réfringent. Réflexion totale. —

Supposons un point lumineux P (fig. 255) situé dans l'eau. Il émet un faisceau lumineux. Considérons quelques-uns des rayons de ce faisceau.

Le rayon PA normal à la surface de séparation des deux milieux.

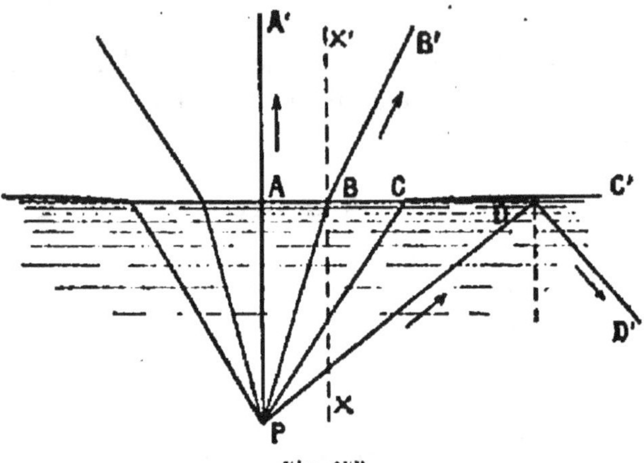

Fig. 255.

continue son chemin en ligne droite en AA'.

Le rayon PB est réfracté en BB'. L'angle de réfraction B'BX' est plus grand que l'angle d'incidence PBX.

Le rayon PC, qui fait avec la normale PA' un angle égal à 48° 35 (angle limite) sort suivant C C', en rasant la surface de l'eau.

Tous les rayons émis par le point P pouvant se réfracter dans l'air, sont contenus dans le cône ayant pour axe la normale PA et pour génératrice la droite PC.

Le rayon PD non contenu dans le cône engendré comme il est dit, tombant sur la surface de séparation en D, se réfléchit sur cette surface, comme s'il tombait sur un miroir. Et comme l'angle d'incidence est égal à l'angle de réflexion, il retourne dans l'eau. On dit qu'il y a **réflexion totale**.

308. — Démonstration expérimentale de la réflexion totale. —

Pour mettre en évidence le phénomène de la réflexion totale, on se sert d'une épingle AB (fig. 256) piquée verticalement dans un disque de liège L de 6ᶜᵐ de diamètre. La portion de l'épingle hors du liège doit être de 2ᶜᵐ. On fait flotter le liège sur l'eau, de manière que l'épingle soit en bas, plongeant dans l'eau.

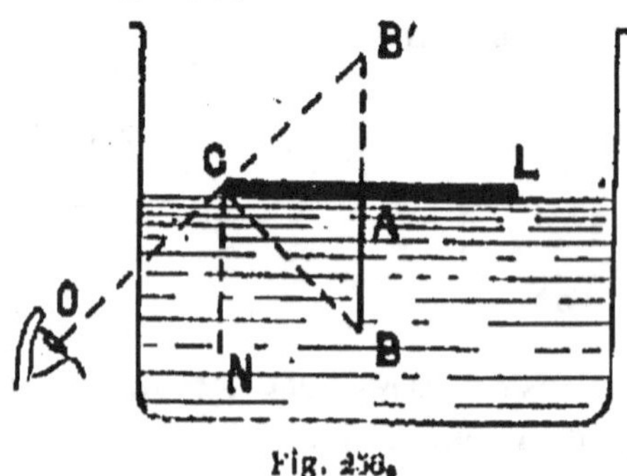

Fig. 256.

Le vase dans lequel on place le petit équipage est en verre. L'œil de l'observateur placé en O voit évidemment l'épingle en AB, mais s'il dirige son regard au-dessus du liège, il voit encore apparaître l'image de l'épingle en AB'. Cela tient à ce que l'angle ABC ou son égal NCB vaut 48°35; c'est un angle limite de réfraction. Par conséquent, les rayons qui frappent sur la surface de l'eau sont réfléchis totalement.

309. — Prisme à réflexion totale. — On utilise le phénomène de réflexion totale pour faire jouer à un prisme de verre le même rôle qu'un miroir plan.

Lorsqu'un rayon lumineux R (fig. 257) tombe normalement sur la face AB d'un prisme en verre, dont la section droite ABC est un triangle rectangle isocèle, il entre sans déviation et rencontre l'hypoténuse AC sous l'incidence de 45°. L'angle limite pour le verre étant de 41°, 50, le rayon subit la réflexion totale : il est réfléchi suivant la direction ER'. Il fait avec la normale un angle de 45°.

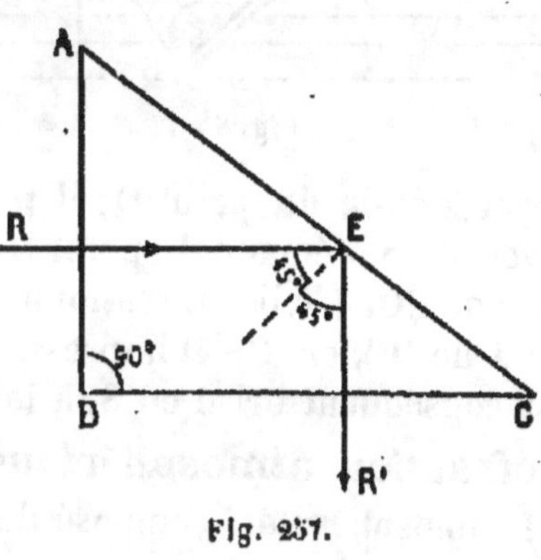

Fig. 257.

L'angle RER' vaut donc 90°. Le rayon ER' tombe normalement sur la face BC et sort sans déviation.

Le prisme à réflexion totale est utilisé par les dessinateurs, dans un appareil appelé *chambre claire*, pour substituer à un objet son image virtuelle, portée sur le papier, et dont on peut aisément et rapidement de la sorte dessiner les contours.

Le prisme à réflexion totale constitue aussi le *périscope* des sous-marins. On l'emploie même dans les tranchées où s'abritent les soldats de première ligne en face de l'ennemi. C'est un tube dans lequel un prisme transmet sur un écran, placé à l'intérieur, l'image des objets de la région voisine qui lui fait face. Dans les sous-marins, le tube reste en partie hors de l'eau.

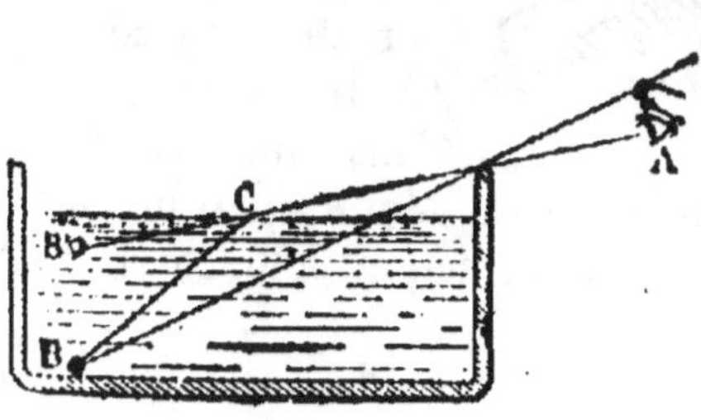

Fig. 258.

310. — Phénomènes expliqués par la réfraction. Objet immergé.

Plaçons devant nous une cuvette

vide (fig. 258) de façon que l'œil, en A, voie le bord supérieur d'une bille B, mise au fond. Prions quelqu'un d'emplir d'eau la cuvette. Aussitôt, sans déranger l'œil de sa position en A, on voit la bille en B',

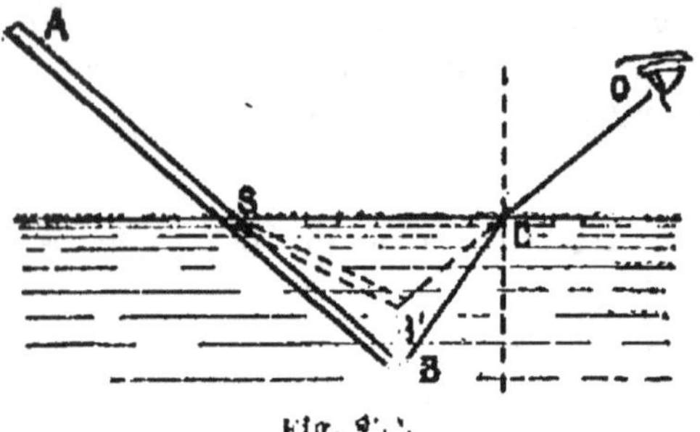

Fig. 258.

comme si elle était relevée. C'est que l'œil, impressionné par le rayon incident BC, réfracté en CA, reporte dans le prolongement de AC, en B' l'impression qu'il ressent. C'est alors de B' que le rayon semble émaner.

Bâton brisé.

Soit un bâton AB (fig. 259) plongé partiellement dans l'eau. Regardons-le du point O; il paraît brisé en S. En effet, considérons le rayon BC qui émane du point B. Lorsqu'il sort de l'eau en C, il se réfracte suivant CO. L'œil impressionné par ce rayon reporte dans le prolongement de OC, en CB' l'impression reçue, et le bâton paraît relevé en B', par conséquent brisé en S, à la surface de séparation des deux milieux.

Réfraction atmosphérique.

L'atmosphère est composée de couches d'air de moins en moins denses,

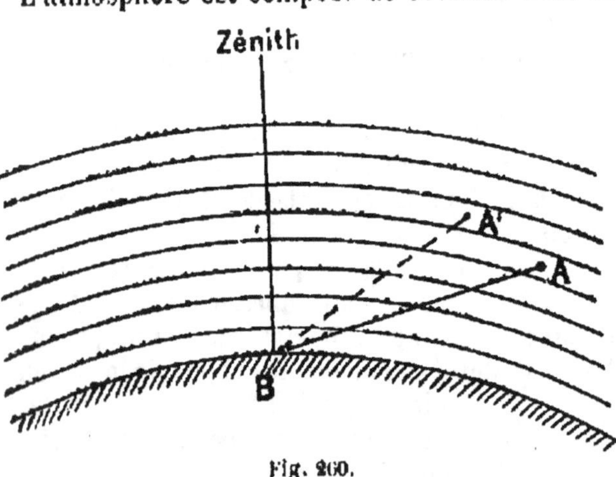

Fig. 260.

à mesure qu'on s'élève. Elles sont par conséquent inégalement réfringentes. Il en résulte qu'un rayon lumineux issu d'un astre A (fig. 260) se réfracte dans les couches successives qu'il traverse pour arriver à l'œil de l'observateur placé en B. L'astre semble être dans une position A' plus rapprochée de la verticale, c'est-à-dire du zénith, qu'il ne l'est en réalité. Il existe précisément des tables de réfraction pour corriger les observations astronomiques.

Mirage.

La réfraction des rayons lumineux dans des couches d'air inégalement chaudes, par conséquent inégalement réfringentes, produit un phénomène qu'on appelle le *mirage*. Ce phénomène est observé surtout dans les déserts sablonneux de l'Afrique, fortement échauffés par le soleil, où l'air est échauffé à son tour par le sol, par couches parallèles. On voit

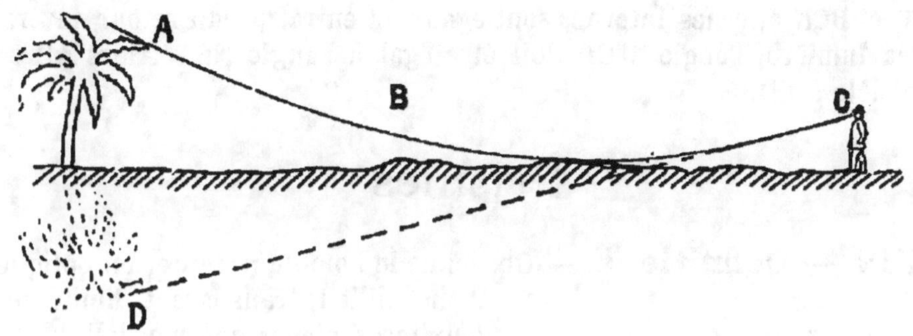

Fig. 201.

l'image d'objets lointains, un palmier, par exemple (fig. 201) dans une position renversée, qui fait croire à un observateur éloigné, que l'arbre est au bord d'une pièce d'eau.

Il en est ainsi parce que les rayons lumineux qui partent de l'arbre pour arriver à l'œil de l'observateur traversent des couches d'air de densités différentes et par conséquent se réfractent en s'éloignant de plus en plus de la normale. Ils se rapprochent de l'horizontale jusqu'à ce que ne se réfractant plus, ils éprouvent la réflexion totale et se dirigent dès lors vers l'œil de l'observateur. Tel est le rayon lumineux partant du point A. Il suit le chemin ABC. L'observateur aperçoit alors le point A dans la direction rectiligne CD, direction du rayon lumineux au moment où il pénètre dans son œil. L'observateur croit voir en D l'image du point A. Les parties de l'arbre de plus en plus près du sol donnent des rayons de moins en moins déviés et leur image est vue ainsi de plus en

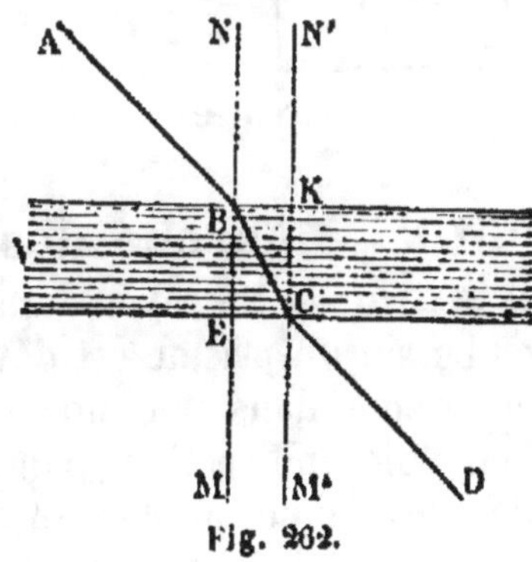

Fig. 202.

plus près du sol. De telle sorte que l'image de l'arbre paraît renversée.

311. — Réfraction à travers une lame transparente à faces parallèles. — Lorsqu'un rayon lumineux tombe sur une

lame transparente à faces parallèles, **il la traverse en se déplaçant parallèlement à lui-même, mais il n'est pas dévié.**

Considérons une lame de verre V (fig. 262) et un rayon lumineux AB, parti du point A, qui tombe en B. Au lieu de cheminer directement, le rayon BC se déplace dans le verre. Ce n'est qu'à sa sortie en C, qu'il reprend en CD une direction parallèle à la première. En effet, les angles EBC et BCK alternes internes sont égaux, et en raison du retour inverse de la lumière, l'angle M'CD doit être égal à l'angle NBA. Alors AB est parallèle à CD.

Prismes

312. — Définitions. — On donne le nom de **prisme**, en optique,

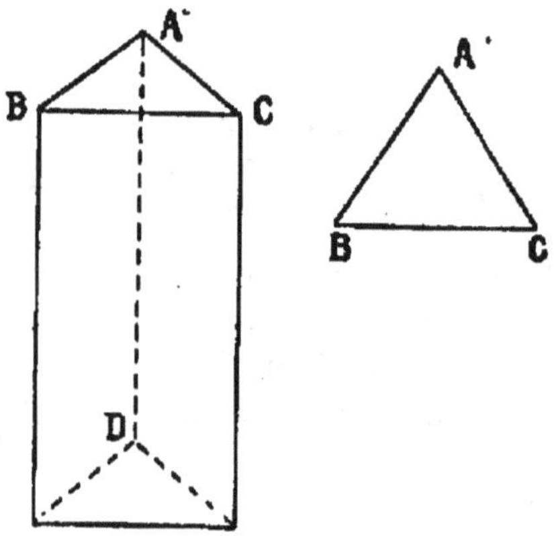

Fig. 263.

à un milieu transparent limité par deux faces planes non parallèles.

L'intersection AD des deux faces planes (fig. 263) est **l'arête réfringente** du prisme.

L'angle BAC fait par les deux faces BA et CA est **l'angle du prisme**.

La surface opposée à l'arête est la **base du prisme**.

Un plan ABC perpendiculaire à l'arête est une **section principale** ou **section droite du prisme**. Dans le solide appelé en géométrie prisme triangulaire, elle a la forme du triangle APC.

313. — Marche des rayons lumineux à travers un prisme. — Un rayon lumineux qui tombe sur un prisme est dévié; il sort du prisme dans une nouvelle direction. Soit une section principale ABC (fig. 264) d'un prisme et un rayon incident RI tombant sur la face AB. Pénétrant dans un milieu plus réfringent que l'air, le rayon est dévié; il se rapproche de la normale NS dans la direction II'. En I' le rayon se réfracte

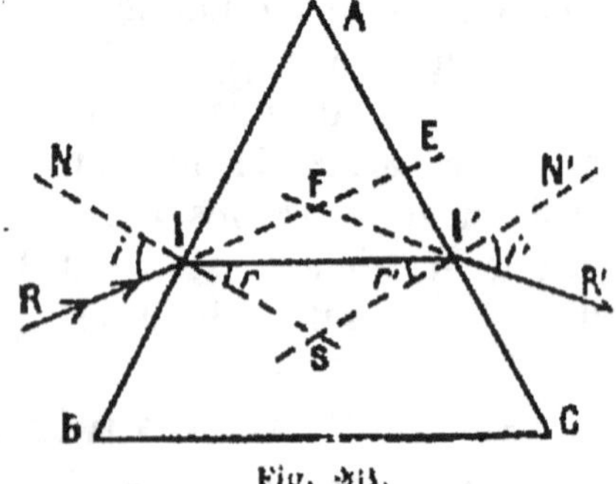

Fig. 264.

de nouveau, pourvu que l'angle r' soit moindre que l'angle limite de réfraction. Mais alors il s'écarte maintenant de la normale SN' dans la direction I'R'.

Les directions RIE et FI'R' du rayon incident et du rayon émergent font un angle EFR' qu'on appelle la **déviation du rayon incident.**

La réfraction en II' que subit le rayon R dans le prisme et sa nouvelle réfraction en I'R', à la sortie du prisme, ont pour effet de rapprocher le rayon lumineux de la base du prisme.

Si nous appliquons les lois de la réfraction, nous trouvons que l'entrée du rayon en I est déterminée par la relation

$$\text{Sin } I = n \times \text{Sin } r$$

et la sortie en I' par la relation

$$\text{Sin } I' = n \times \text{Sin } r'$$

Si nous comparons les angles du quadrilatère AISI' et du triangle ISI' nous trouvons encore

$$A = r + r'$$

Lorsqu'on connaît A et n, ces trois équations permettent d'obtenir les valeurs de r, r' et i'.

514. — Objet vu à travers un prisme.

— Soit un point A de l'objet (fig. 265) examiné à travers un prisme. Le faisceau parti du point A est dévié de B en BCD, et l'œil, au point D, voit le point A, en A', sur le prolongement de DC.

L'observateur ne voit pas le point lumineux A, mais son image virtuelle, formée par les rayons émergents, prolongés en sens inverse de leur propagation.

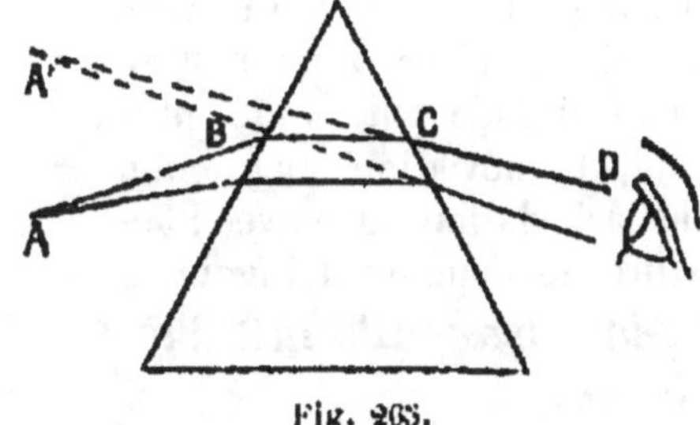

Fig. 265.

515. — Variations de la déviation.

Variation avec la nature du prisme.

La nature du prisme influe sur la valeur de la déviation. On le démontre au moyen du *polyprisme* (fig. 266), appareil composé de plusieurs prismes égaux taillés dans des verres d'indices différents. Les prismes sont accolés les uns aux autres, selon une section principale. Toutes les arêtes sont sur la même ligne, en prolongement les unes des autres.

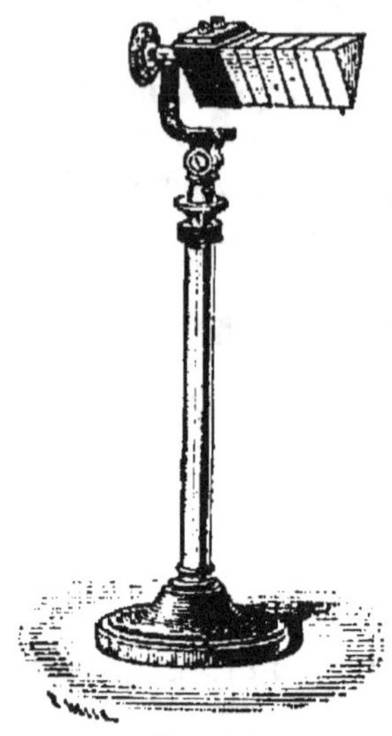

Fig. 266.

Si dans une chambre obscure on fait tomber sur une face du polyprisme et parallèlement à l'arête commune, un faisceau plat de rayons solaires, pour que l'angle d'incidence soit le même pour tous les prismes partiels, on voit qu'à la sortie de chaque prisme, les rayons ont des directions différentes.

Variation avec l'angle réfringent.

L'influence de l'angle réfringent est constatée au moyen d'un vase en forme d'éventail (fig. 267). Ses plus larges côtés sont deux parois métalliques, et ses petits côtés deux parois en verre m, n, mobiles autour de charnières fixées au fond. Les parois en verre glissent contre les parois métalliques à frottement suffisant pour que le vase soit étanche.

En disposant les parois de verre obliquement et en sens contraire, on a, lorsque le vase est plein d'eau, un prisme liquide

Supposons qu'un rayon incident S tombe sur la paroi n; il se réfracte et sort par la paroi m. Si l'on fait mouvoir la paroi m (en laissant n immobile, pour que l'angle d'incidence ne change pas), de manière à donner au prisme liquide un angle plus grand, la déviation augmente. Donc la déviation varie avec l'ouverture de l'angle réfringent.

Variation avec l'angle d'incidence.

Soit le prisme ABC (fig. 268) dont l'arête A est horizontale et perpendiculaire au plan de la figure. On voit donc une section principale du prisme.

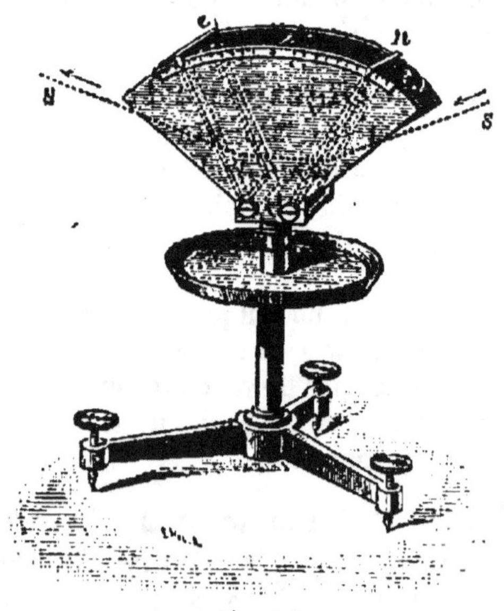

Fig. 267.

Recevons sur la face AB, dans une chambre obscure, un faisceau lumineux S. Mais avant qu'il tombe sur le prisme, faisons-lui traverser

un verre rouge V pour obtenir une lumière monochromatique (car nous
verrons plus loin que la lumière solaire est composée de sept couleurs).

Le prisme est disposé de manière à couper en deux le faisceau lu-

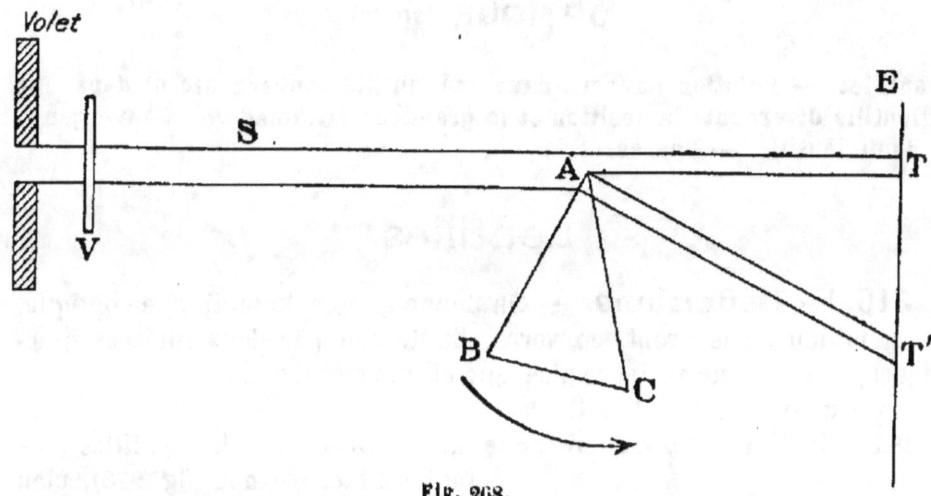

Fig. 268.

mineux. Il en résulte qu'une partie du faisceau tombe sur l'écran E, où
elle forme une image en T, et que l'autre partie, déviée, forme ailleurs
une image T'. La distance TT' mesure la déviation.

sons dans le sens de la flèche, tourner un peu le prisme autour de
l'arète A. L'angle d'incidence
diminue alors graduellement
et l'on voit l'image T' se rapprocher de l'image T. A mesure que l'incidence décroît,
la déviation décroît aussi. Mais
il arrive un moment où l'i-
mage reste stationnaire, puis
revient à la place qu'elle occupait au début de l'expérience. La déviation a donc
un minimum. Le minimum
est atteint lorsque le rayon

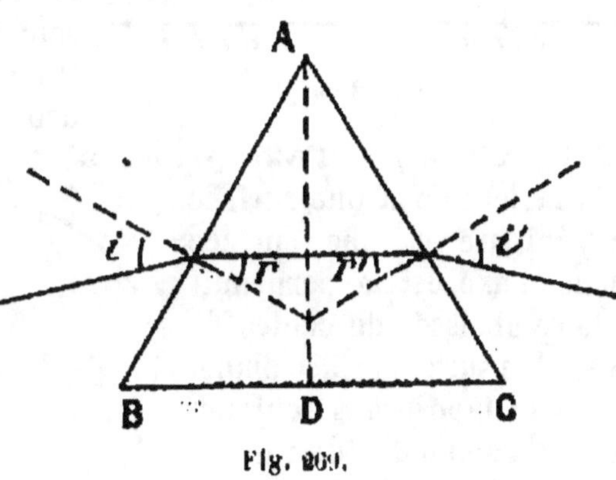

Fig. 269.

réfracté dans le prisme est perpendiculaire à la bissectrice AD (fig. 269)
de l'angle ABC. On a alors à ce moment

$$i = i'$$

et

$$v = v'$$

VINGTIÈME LEÇON

OPTIQUE (*suite*)

Lentilles. — Relation donnant dans une lentille convergente et dans une lentille divergente la position et la grandeur de l'image. — Convergence d'une lentille. — Phares.

Lentilles

316. — Définitions. — On donne le nom de lentille, en optique, à un milieu transparent, en verre, limité soit par deux surfaces sphériques, soit par une surface sphérique et une surface plane.

Il y a deux sortes de lentilles :

1° **Les lentilles à bords minces**, qui comprennent les lentilles suivantes : biconvexe A (fig. 270), plan convexe B, concave-convexe C. Elles sont **convergentes;**

2° **Les lentilles à bords épais** (fig. 270), qui comprennent les lentilles suivantes : biconcave D, plan-concave E, convexe-concave F. Elles sont **divergentes.**

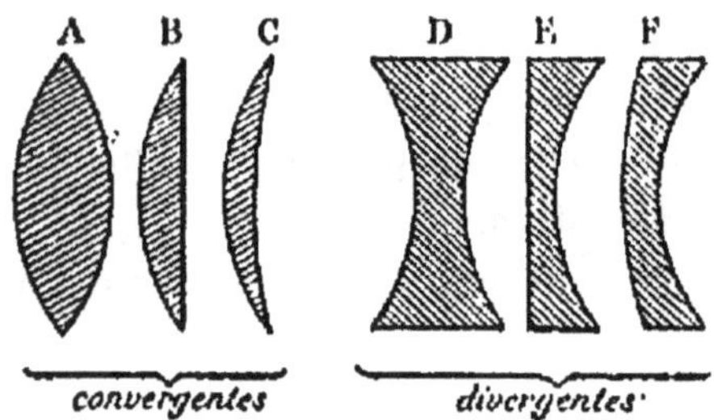

Fig. 270.

La ligne qui joint les centres de deux sphères limitant une lentille AB (fig. 270 *bis*) est **l'axe principal de la lentille.**

Si la lentille a une surface sphérique et une surface plane, l'axe est la perpendiculaire abaissée du centre de la sphère sur la surface plane.

Nous supposerons toujours pour la commodité du raisonnement dans l'étude qui va suivre, que l'épaisseur de la lentille est négligeable. Nous

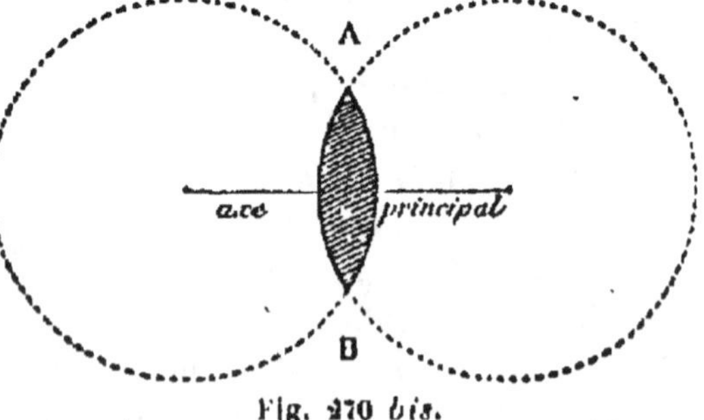

Fig. 270 *bis.*

représenterons les lentilles par une ligne amorçant à chaque extrémité un bord mince ou un bord épais.

317. — Principe fondamental.

Lentilles biconvexes.

Lorsqu'un faisceau de lumière solaire tombe sur une lentille biconvexe, et que les rayons lumineux sont parallèles à l'axe principal de la lentille, tous les rayons se réfractent et convergent sur l'axe principal.

Pour le vérifier, considérons un faisceau de rayons lumineux (fig. 271) qui tombent sur la lentille biconvexe AB. Ils se réfractent et convergent tous en un point F, sur l'axe principal, qui est le **foyer** de la lentille.

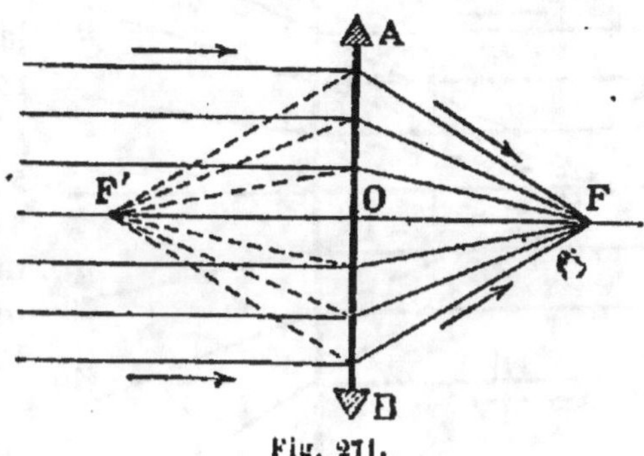

Fig. 271.

Comme les rayons peuvent tomber sur l'une ou sur l'autre face de la lentille, il existe un autre foyer en F'. Les points F et F' à égale distance du centre O de la lentille sont symétriques.

Le point O, centre de la lentille, est appelé **centre optique. Aucun rayon qui passe par le centre optique n'est dévié.**

La distance OF ou la distance OF' est la **distance focale de la lentille.**

Si le faisceau lumineux tombe obliquement sur la lentille (fig.

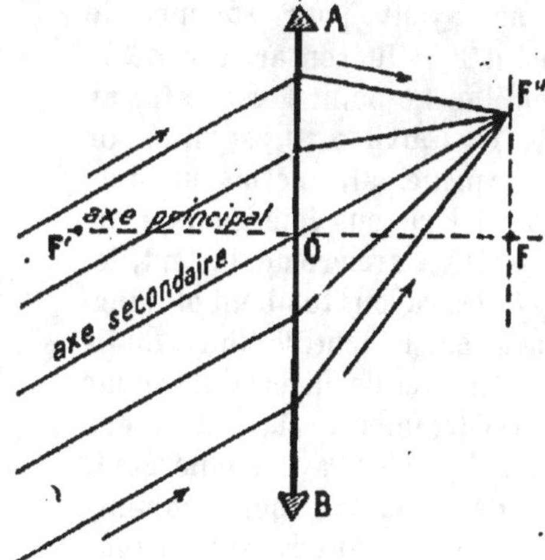

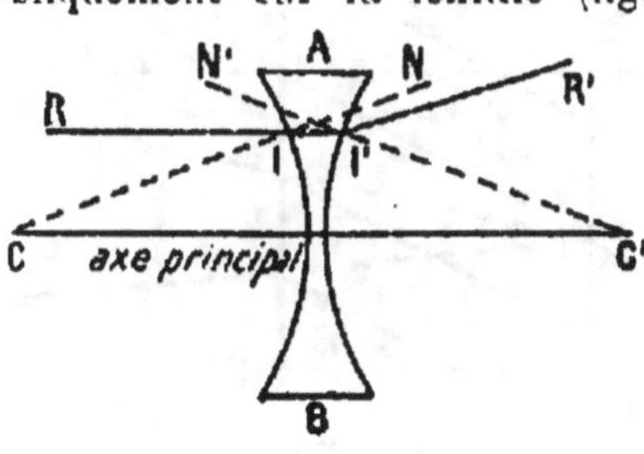

Fig. 273.

Fig. 272.

272) les rayons convergent en un point F'' situé sur le plan focal FF''.

Le rayon OF'' n'est pas dévié, parce qu'il passe par le centre optique O.

Lentilles biconcaves.

Dans une lentille biconcave AB (fig. 273) un rayon lumineux R, parallèle à l'axe principal, est réfracté également deux fois : 1° dans la lentille en II' et à la sortie de la lentille en I'R'. Au lieu d'être rapproché de l'axe par la réfraction, il en est éloigné.

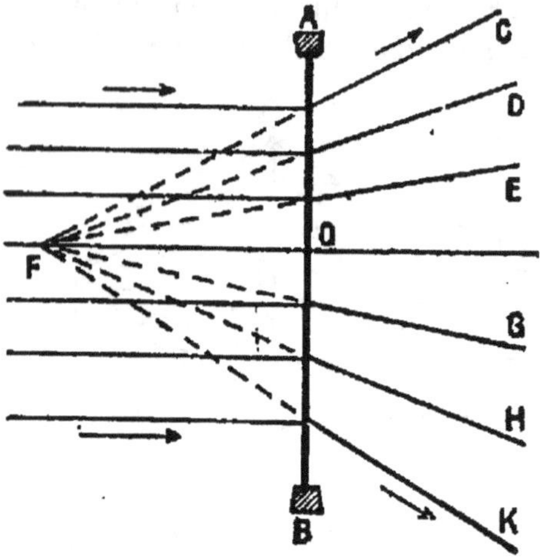

Le rayon RI après avoir traversé la première face de la lentille, se rapproche de la normale CN, se réfractant en II'. En arrivant à la seconde face de la lentille, en I', il s'éloigne au contraire de la normale C'N' et prend la direction I'R' qui l'éloigne encore davantage de l'axe principal.

Considérons un faisceau lumineux (fig. 274) dont les rayons sont parallèles à l'axe principal d'une lentille biconcave AB, sur laquelle il est dirigé. Les rayons se réfractent puis divergent en C, D, E, G, H, K de manière que les rayons extérieurs C et H, qui limitent un cône ayant pour sommet le point F, situé en arrière de la lentille. Le point F est le **foyer de la lentille**. Il est situé sur l'axe principal, au croisement de tous les rayons émergents, prolongés en arrière de la lentille.

Si les rayons tombent obliquement sur la lentille (fig. 275) ils se réfractent et divergent comme précédemment. Mais le cône formé par les rayons émergents a, dans ce cas, pour sommet un point F' situé dans le plan focal FF'.

Fig. 274.

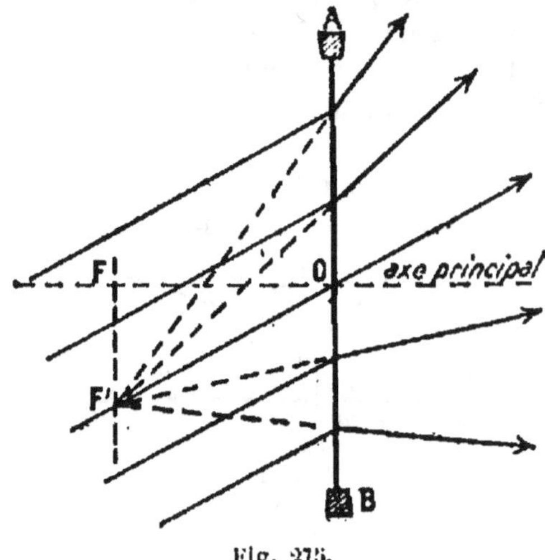

Fig. 275.

548. — Centre optique. — Les rayons lumineux qui tombent sur une lentille et en sortent en ligne droite, sans déviation, passent tous par un point fixe, le **centre optique.**

Soit, par exemple, une lentille biconvexe AB (fig. 276) dont les poin

C'C' sont les centres des sphères qui limitent chaque face. Menons de
ces points deux rayons parallèles CD, C'D'. Joignons D et D'. La droite DD' coupe l'axe CC' au point O. Les éléments de surface en D et D' étant perpendiculaires sur les rayons parallèles CD et C'D', sont eux-mêmes parallèles. Or parmi tous les rayons qui tombent en D', il y en a un qui est réfracté suivant D'D; par conséquent,

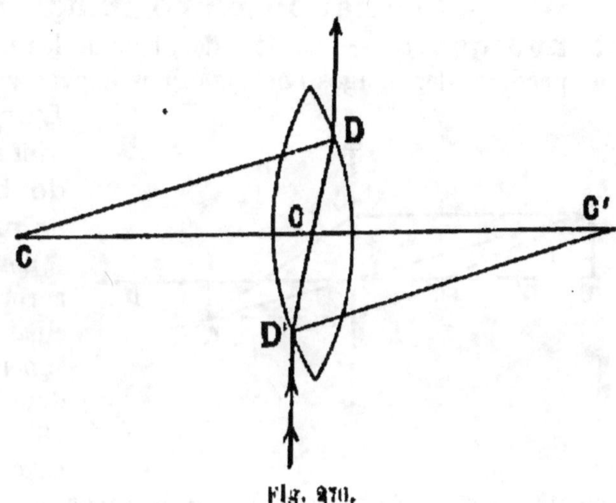

Fig. 270.

d'après ce que nous avons dit sur les lames à faces parallèles (n° 315) le rayon DM émergent en D est parallèle au rayon incident ND'.

Nous allons prouver que quelles que soient les droites CD et C'D' le point O est fixe.

Les triangles CDO et C'D'O ayant leurs angles égaux sont semblables et donnent

$$\frac{CO}{C'O} = \frac{CD}{C'D'}$$

Or $\frac{CD}{C'D'} = \frac{R}{R'}$ est un rapport constant, par conséquent $\frac{CO}{C'O}$ est également un rapport constant et le point O est toujours le même, quels que soient les rayons parallèles choisis, autres que CD et C'D'.

On ferait une démonstration analogue pour les autres lentilles.

Pour les lentilles infiniment minces, en désignant par O le point de rencontre de l'axe principal avec la lentille on a (fig. 277) CO = R et C'O = R' et par conséquent

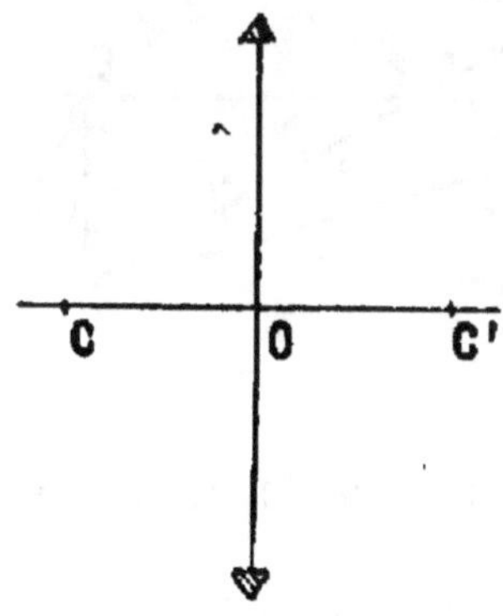

Fig. 277.

$$\frac{CO}{C'O} = \frac{R}{R'}$$

Donc le point O est le centre optique de la lentille.

319. — Formation d'une image dans une lentille convergente.

— Les lentilles, comme les miroirs, sont susceptibles de produire des images **réelles** et des images **virtuelles**.

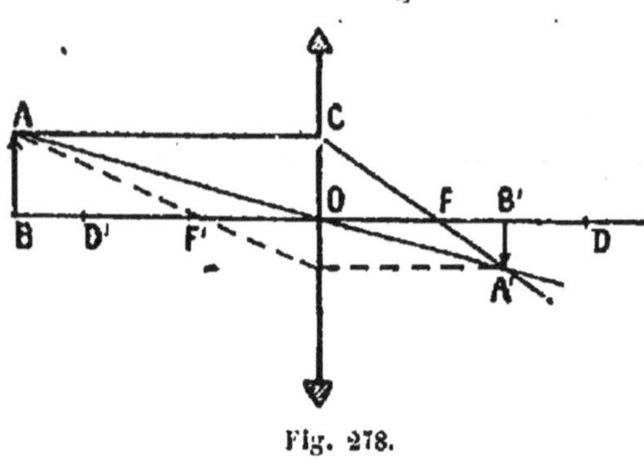

Fig. 278.

L'objet est placé à une distance supérieure au double de la distance focale.

Soit la droite AB (fig. 278) perpendiculaire à l'axe principal, placée à une distance supérieure à D'O, qui est le double de la distance focale F'O. Nous savons que tout rayon parallèle à l'axe principal, passe, après réfraction, par le foyer et que tout rayon qui passe par le centre optique n'est pas dévié. Menons alors l'axe secondaire AOA', puis le rayon AC, dont le rayon émergent CF passe par le foyer F. L'intersection de CFA' et de AOA' donne en A' l'image du point A. En abaissant de A' une perpendiculaire sur l'axe principal, nous obtiendrons l'image A'B' de AB. Elle est **réelle, renversée et inférieure à l'objet.**

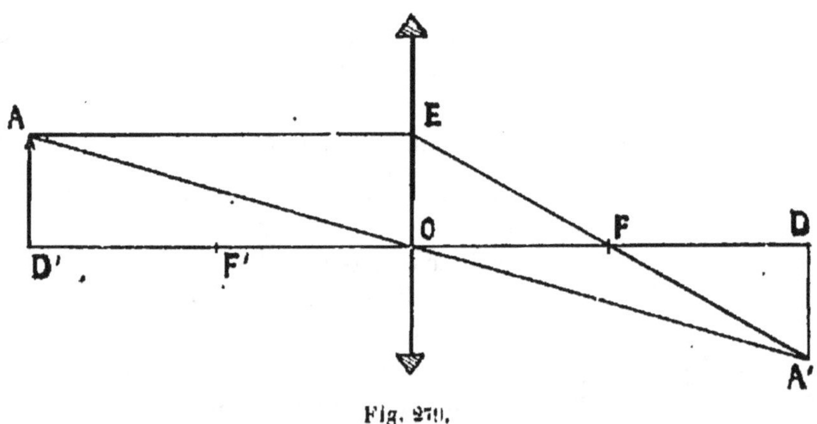

Fig. 279.

L'objet est placé à une distance égale au double de la distance focale.

Soit la droite AD' (fig. 279) perpendiculaire à l'axe principal. Construisons l'image. Elle se forme à une distance égale; elle est **réelle, renversée et égale à l'objet.** En effet, on a AE = OD' = 2OF'' = 2OF

donc la droite OF étant parallèle à AE et AE double de OF, les points O
et F sont les milieux de AA' et de EA'. C'est-à-dire OA = OA'. Alors les
deux triangles rectangles OAD' et OA'D ayant leurs hypoténuses OA et
OA' égales, leurs angles aigus en O sont égaux. On en déduit que OD =
OD' et DA' = D'A.

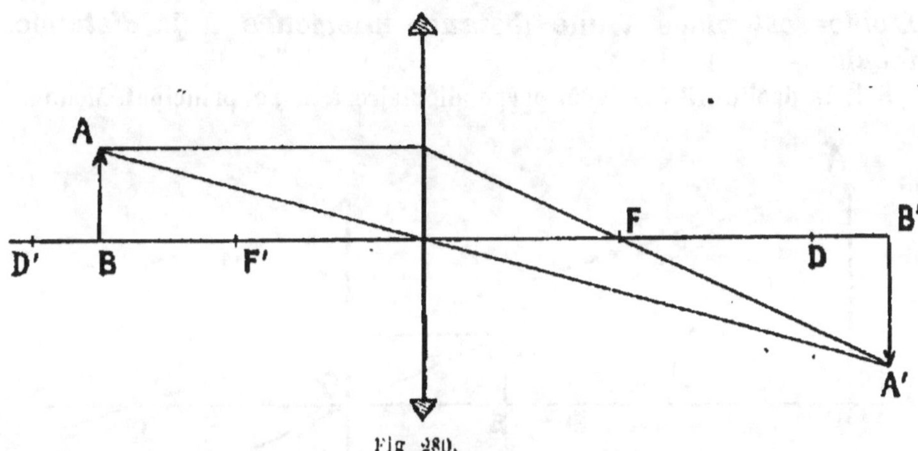

Fig 280.

**L'objet est placé à une distance inférieure au double de la
distance focale, mais supérieure à la distance focale.**

Soit la droite AB (fig. 280) perpendiculaire à l'axe principal. Construisons l'image comme précédemment. Elle est encore **réelle, renversée, mais supérieure à l'objet.**

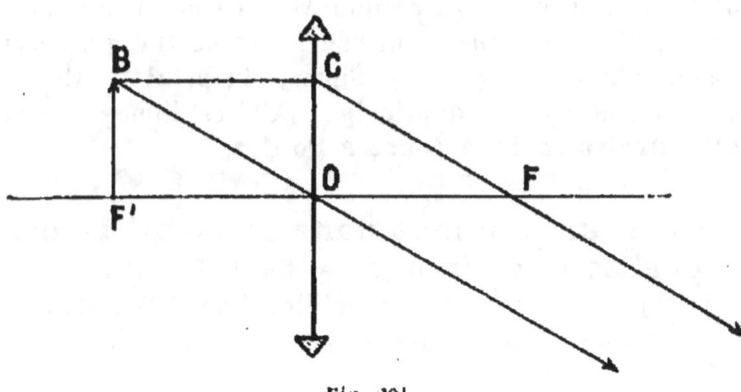

Fig. 281.

L'objet est placé dans le plan focal.

Soit la droite F'B (fig. 281) placée au foyer F' et perpendiculaire à l'axe principal. Elle est par conséquent placée dans le plan focal. Menons le rayon BC, parallèle à l'axe; il se réfracte suivant CF. Menons aussi l'axe secondaire BO. Il est parallèle à CF. En effet, la figure FCBO est un parallélogramme, car BC est parallèle à OF et étant égal à F'O l'est par suite à OF. Il n'y a alors aucun concours de rayons à aucune distance. L'image est rejetée à l'infini; il n'y a pas d'image réalisée.

L'objet est placé à une distance inférieure à la distance focale.

Soit la droite AB (fig. 282) perpendiculaire à l'axe principal. Menons

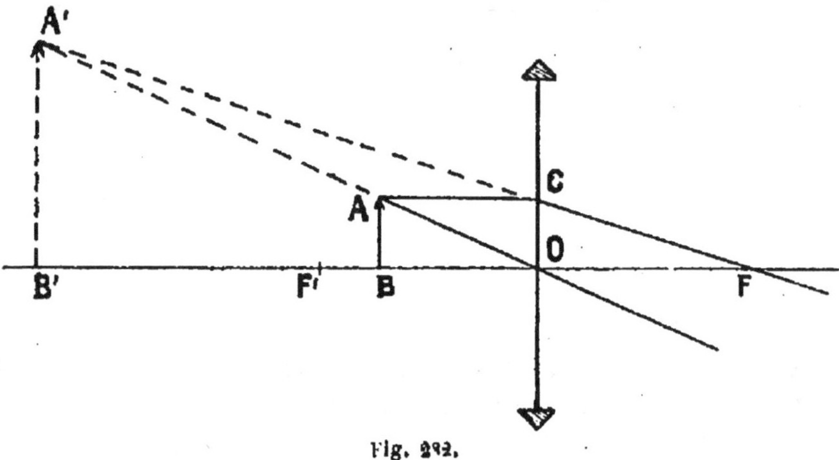

Fig. 282.

le rayon AC parallèle à l'axe principal; il se réfracte en CF. Le rayon AO ne peut pas le rencontrer parce que AC ou OB est inférieur à OF. Ce sont seulement les prolongements de FC et de OA qui se croisent en A'. Le point d'intersection A' est l'image du point A. Abaissons de A' une perpendiculaire sur l'axe principal; A'B' est l'image de AB. Elle est **virtuelle, droite et supérieure à l'objet.**

320. — Relation donnant dans une lentille convergente la position de l'image. — En désignant par p et p' les distances de l'objet et de l'image à la lentille, et par f la distance focale, on a pour les lentilles convergentes, comme pour les miroirs concaves, la relation fondamentale

$$\frac{1}{p} + \frac{1}{p'} = \frac{1}{f}$$

Soit la droite AB (fig. 283) perpendiculaire à l'axe principal. Son image est A'B'.

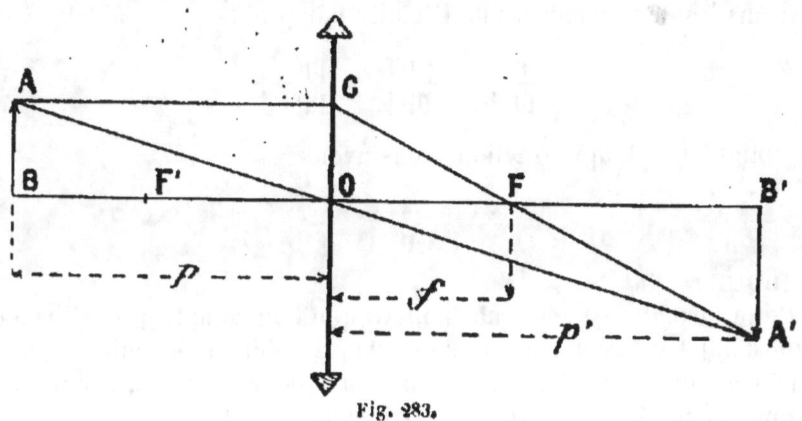

Fig. 283.

Posons que $BO = p$, $B'O = p'$ et $OF = f$. Nous avons deux triangles semblables ABO, A'B'O, qui donnent

$$\frac{A'B'}{AB} = \frac{B'O}{BO}$$

Par suite

$$\frac{A'B'}{AB} = \frac{p'}{p} \quad (1)$$

Nous avons encore le triangle COF, dans lequel $CO = AB$ et le triangle A'B'F.

Ils sont semblables et donnent

$$\frac{A'B'}{CO} = \frac{B'F}{OF}$$

ou

$$\frac{A'B'}{AB} = \frac{B'F}{OF}$$

or

$$B'F = B'O - OF$$

On peut donc écrire

$$\frac{A'B'}{AB} = \frac{p' - f}{f} \quad (2)$$

En comparant les égalités (1) et (2) nous déduisons

$$\frac{p'}{p} = \frac{p' - f}{f} \quad (3)$$

d'où
$$p'f - pp' = pf$$

ou
$$pf + p'f = pp'$$

Divisons les deux membres de l'égalité par $p\,p'\,f$

$$\frac{pf}{pp'f} + \frac{p'f}{pp'f} = \frac{pp'}{pp'f}$$

En simplifiant chaque fraction, nous avons

$$\frac{1}{p} + \frac{1}{p'} = \frac{1}{f}$$

REMARQUE.

1° Cette formule est générale pourvu que l'on compte p positivement lorsque l'objet est réel (cas où nous avons établi la formule), et négativement lorsqu'il est virtuel. Si l'on trouve pour p' une valeur positive, on a une image réelle, sinon elle est virtuelle.

2° La distance focale d'une lentille convergente biconvexe ou d'une lentille biconcave est donnée par la formule

$$\frac{1}{f} = (n - 1)\left(\frac{1}{R} + \frac{1}{R'}\right)$$

dans laquelle n est l'indice du verre de la lentille par rapport à l'air, R et R' les rayons des sphères limitant la lentille.

321. — Relation dans une lentille convergente entre la grandeur de l'image et celle de l'objet.

— Représentons dans la figure précédente (283) la distance BO par p, la distance B'O par p', l'objet AB par O et son image A'B' par I.

Remarquons que CO = AB.

Les deux triangles semblables ABO, A'B'O donnent

$$\frac{A'B'}{AB} = \frac{B'O}{BO}$$

que nous pouvons écrire

$$\frac{I}{O} = \frac{p'}{p}$$

D'où d'après la formule (2) paragraphe ci-dessus

$$\frac{I}{O} = \frac{p' - f}{f}$$

322. — Formation d'une image dans une lentille divergente. — Les lentilles divergentes ne donnent que des images virtuelles, quelle que soit la position de l'objet réel.

Soit la droite AB (fig. 284) perpendiculaire à l'axe principal. Pour avoir l'image du point A, menons l'axe secondaire AO; puis le rayon AC parallèle à l'axe principal; il se réfracte en CD. Le prolongement de CD vient passer par le foyer F'. Son

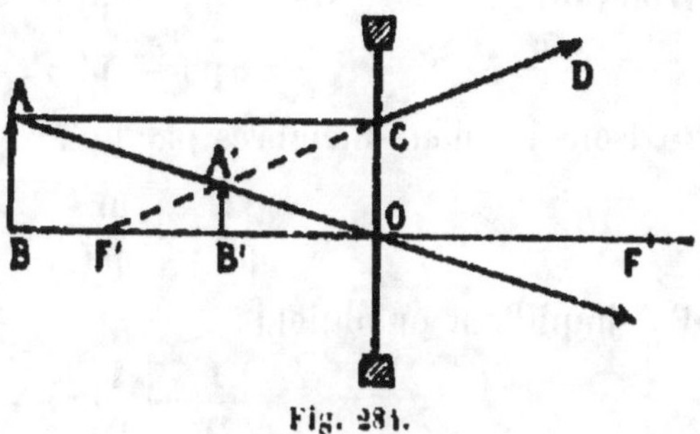

Fig. 284.

intersection avec l'axe AO donne en A' l'image du point A. En abaissant de ce point une perpendiculaire sur l'axe principal, on a A' B' image de AB. Elle est **virtuelle, droite et inférieure à l'objet.**

323. — Relation donnant dans une lentille divergente la position et la grandeur de l'image. — Représentons dans la figure ci-dessus (284) la distance OB par p, la distance OB' par p', l'objet AB par O et son image A'B' par I. Les triangles semblables ABO et A'B'O donnent

$$\frac{A'B'}{AB} = \frac{OB'}{OB}$$

qu'on peut écrire

$$\frac{I}{O} = \frac{p'}{p}$$

Considérons maintenant les triangles semblables

$$COF' \text{ et } A'B'F'$$

Ils donnent

$$\frac{A'B'}{CO} = \frac{F'B'}{F'O}$$

Or

A'B' c'est I

CO = AB c'est O

F'B' c'est F'O — B'O ou f — p'

F'O c'est f

On peut donc écrire

$$\frac{I}{O} = \frac{f - p'}{f}$$

278   MANUEL DE PHYSIQUE.

Par conséquent $$\frac{p'}{p} = \frac{f - p'}{f}$$

D'où l'on tire $$p'f = pf - pp'$$

$$p'f - pf = - pp'$$

Divisons les deux membres par $pp'f$

$$\frac{p'f}{pp'f} - \frac{pf}{pp'f} = - \frac{pp'}{pp'f}$$

En simplifiant on obtient

$$\frac{1}{p} - \frac{1}{p'} = - \frac{1}{f}$$

Il y a lieu de faire sur cette formule, la même remarque que pour les lentilles convergentes.

324. — Convergence ou puissance d'une lentille. —

Les rayons parallèles d'un faisceau lumineux qui tombent sur une lentille, convergent d'autant plus que la distance focale est plus petite.

On convient de mesurer la convergence d'une lentille par l'inverse $\frac{1}{f}$ de sa distance focale.

La puissance d'une lentille convergente est **positive**. En l'appelant P, on a

$$P = \frac{1}{f}$$

La puissance d'une lentille divergente est **négative**. En l'appelant P', on a

$$P' = - \frac{1}{f}$$

On a adopté le mètre comme unité de longueur pour mesurer la puissance des lentilles. L'unité de convergence est appelée **dioptrie**. C'est la convergence d'une lentille qui a une distance focale de 1^m. En conséquence, la convergence d'une lentille dont la distance focale est de

1^m correspond à 1 dioptrie
50^{cm} »   2 dioptries
25^{cm} »   4   »
10^{cm} »   10   »

On voit que plus le foyer est rapproché de la lentille, plus le nombre de dioptries qui exprime la convergence est élevé.

328. — Convergence de deux lentilles superposées.

— Lorsqu'on accole l'une à l'autre deux lentilles convergentes minces, elles se comportent comme une lentille unique, qui a pour convergence la somme algébrique des convergences des deux lentilles.

Soient deux lentilles A et B (fig. 285). Considérons un rayon lumineux

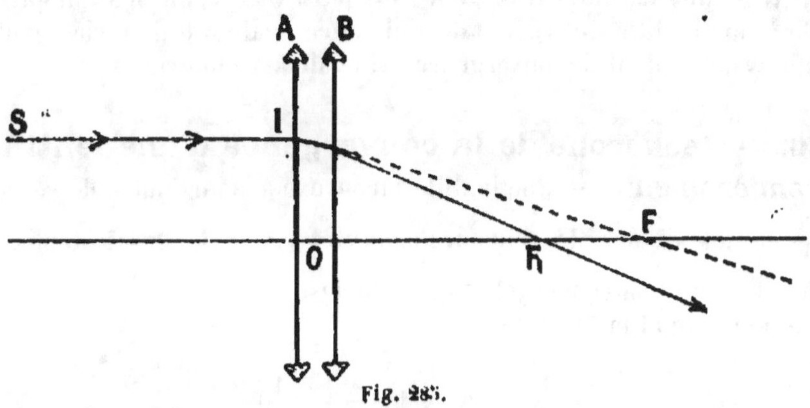

Fig. 285.

SI parallèle à l'axe principal commun des deux lentilles. S'il n'y avait que la lentille A, il serait convergé vers le foyer F de cette lentille. Mais la seconde lentille le converge à son tour en un point F_1.

Nous allons prouver que ce point F_1 est le même, quel que soit le rayon SI, parallèle à l'axe principal. De sorte que c'est le point F_1 qui va jouer le rôle de foyer du système.

En effet, appliquons à la lentille B la formule

$$\frac{1}{p} + \frac{1}{p'} = \frac{1}{f'}$$

dans laquelle f' désigne sa distance focale,

p = — f puisque F sert d'objet et est virtuel; alors nous trouvons

$$\frac{1}{-f} + \frac{1}{p'} = \frac{1}{f'}$$

d'où

$$\frac{1}{p'} = \frac{1}{f} + \frac{1}{f'}$$

ou

$$\frac{1}{OF} = \frac{1}{f} + \frac{1}{f'}$$

Par conséquent si l'on accole une lentille d'une convergence de 10 dioptries à une lentille d'une convergence de 5 dioptries, on obtient un système dont la convergence est de 15 dioptries

On peut accoler à une lentille convergente, une lentille divergente. Dans ce cas, la convergence du système, est égale à la convergence de la lentille convergente diminuée de la convergence de la lentille divergente. Ainsi une lentille convergente de puissance égale à 12 dioptries accolée à une lentille divergente de puissance égale à 8 dioptries, constitue un système dont la convergence est égale à 4 dioptries.

526. — Recherche de la convergence d'une lentille.

Premièrement. — Une lentille biconvexe a pour indice de réfraction $\frac{3}{2}$ et des rayons de courbure égaux et égaux à 80^{cm}; calculer sa distance focale et sa convergence en dioptries.

1° En appliquant la formule

$$\frac{1}{f} = (n - 1)\left(\frac{1}{R} + \frac{1}{R'}\right)$$

on a

$$\frac{1}{f} = \left(\frac{3}{2} - 1\right)\left(\frac{1}{(80)} + \frac{1}{80}\right)$$

$$\frac{1}{f} = \frac{1}{2} \times \frac{1}{80} = \frac{1}{80}$$

donc

$$f = 80^{cm}$$

2° La convergence de la lentille est égale à $\frac{1}{f}$, f étant exprimé en mètres. Donc

convergence

$$= \frac{1}{0,8} = \frac{10}{8} = 1,25 \text{ dioptrie}$$

convergence

$$= 1 \text{ dioptrie } 1/4$$

Deuxièmement. — Devant la lentille précédente et à 2^m on place perpendiculairement à l'axe principal, un objet de 50^c de haut, déterminer la position et la grandeur de l'image.

1° Pour avoir la position de l'image, on applique la formule

$$\frac{1}{p} + \frac{1}{p'} = \frac{1}{f}$$

On a, en exprimant les longueurs en centimètres

$$\frac{1}{200} + \frac{1}{p'} = \frac{1}{80}$$

d'où

$$\frac{1}{p'} = \frac{1}{80} - \frac{1}{200} = \frac{5-2}{400} = \frac{3}{400}$$

d'où

$$p' = \frac{400}{3} = 133^{cm} \text{ environ}$$

2° D'autre part on a

$$\frac{1}{O} = \frac{p'}{p}$$

ou en remplaçant

$$\frac{1}{50} = \frac{\frac{400}{3}}{200} = \frac{4}{6} = \frac{2}{3}$$

Donc

$$1 = \frac{50 \times 2}{3} = \frac{100}{3} = 33^{cm} \text{ environ}.$$

527. — Applications des lentilles. — Les lentilles servent
à la construction des lunettes, des microscopes, des appareils photographiques, des jumelles, des phares, etc.

Phare.

Un phare est un appareil composé d'une puissante lentille convergente et d'une forte source lumineuse placée au foyer, de manière que la lentille projette au loin des rayons lumineux parallèles. Les phares sont placés sur les côtes pour guider les navigateurs jusqu'à plusieurs kilomètres.

La lentille d'un phare n'est pas un disque unique (fig. 286). Elle est composée de portions de lentilles plan-convexes, juxtaposées les unes contre les autres. Autour de ce disque spécial sont disposés en arcs de cercles, formant des échelons, des prismes à réflexion totale. Le tout, monté sur une armature en cuivre, porte le nom de *panneau lenticulaire*.

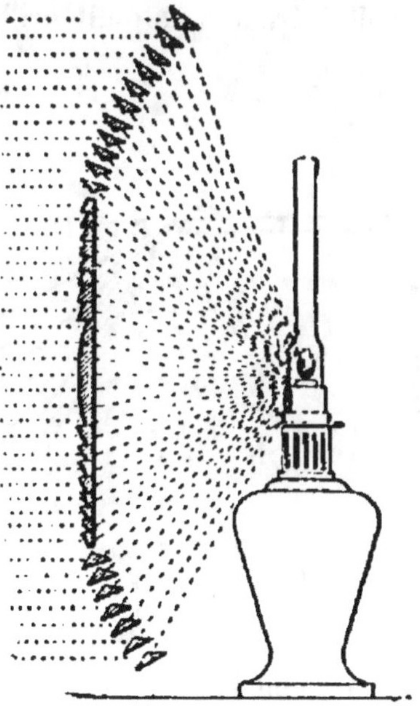

Fig. 286.

VINGT ET UNIÈME LEÇON

OPTIQUE (*suite*)

Dispersion de la lumière. — Lentille achromatique. — Couleurs des corps. — Couleurs complémentaires. — Spectroscopie. — Radiations infra-rouges et ultra-violettes. — Phosphorescence. — Vision.

Dispersion de la lumière

528. — Définitions. — La lumière solaire est appelée **lumière blanche** parce qu'elle paraît blanche. Ce n'est pourtant pas une lumière simple : elle est le résultat de la superposition d'une infinité de lumières simples, que l'on range en sept principales, de couleurs diverses : **rouge, orangé, jaune, vert, bleu, indigo, violet.**

529. — Spectre solaire. — Si, dans une chambre obscure, on reçoit à travers un petit orifice pratiqué dans un volet V (fig. 287) un faisceau de lumière solaire A, il forme sur un écran E, en B, une tache ronde et blanche. Intercalons sur le trajet du faisceau lumineux un prisme P disposé horizontalement. Aussitôt le faisceau de lumière est dévié et décomposé en sept couleurs, qui se forment sur l'écran à un autre endroit que B. La bande lumineuse formée DC présente toujours les mêmes couleurs étagées dans le même ordre : rouge, orangé, jaune, vert, bleu, indigo, violet.

Ce phénomène a reçu le nom de **dispersion de la lumière.**

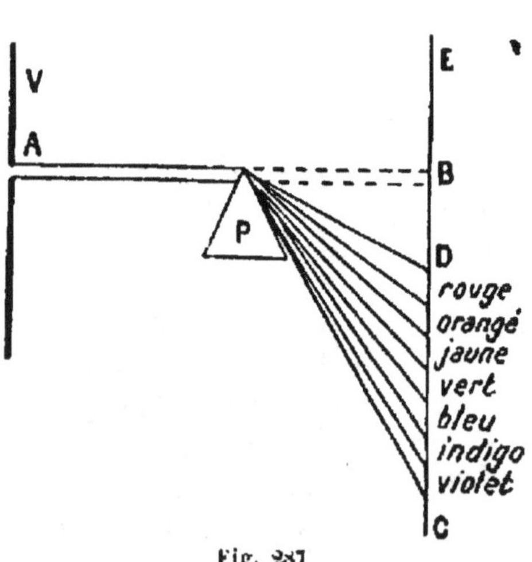

Fig. 287

Car, en effet, le faisceau réfracté va en s'élargissant en se dispersant. L'image colorée est le **spectre solaire.**

La couleur la moins déviée est le rouge, la couleur la plus déviée est le violet.

Arc-en-ciel.

L'arc-en-ciel, ce splendide arc coloré que l'on voit dans l'espace après la pluie dont des gouttes tombent encore, alors que le soleil brille de nouveau, est aussi l'image du spectre solaire. Elle est due à la réfraction et à la réflexion des rayons solaires dans les gouttes d'eau. Il faut, pour voir ce phénomène, que le soleil soit un peu élevé sur l'horizon et que l'observateur lui tourne le dos.

330. — Les couleurs du spectre sont simples. —

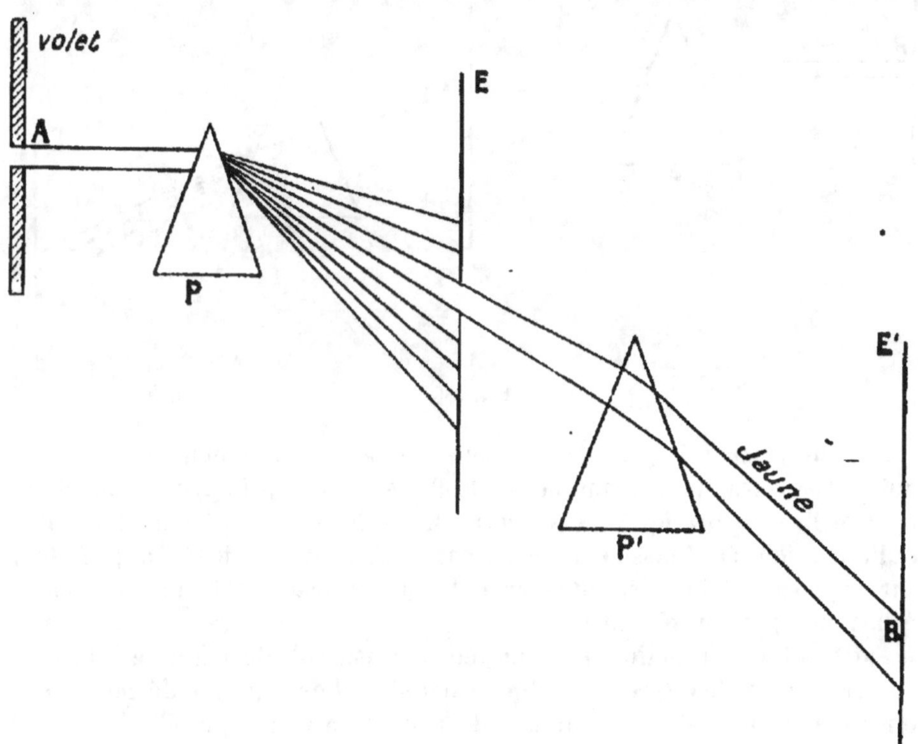

Fig. 288.

Les sept couleurs du spectre sont simples; c'est-à-dire non décomposables. En effet, devant l'écran E (fig. 288) sur lequel se forme le spectre, ménageons une petite ouverture qui laisse passer seulement l'une des bandes colorées, le jaune, par exemple. Faisons tomber cette

radiation jaune sur un second prisme P′ et recevons la radiation émer-
gente sur un écran E′. L'image B du faisceau est toujours jaune. Donc
le faisceau partiel n'a pas été décomposé. La lumière partielle jaune est
simple. Il en est de même pour les autres couleurs du spectre.

531. — Les radiations colorées du spectre sont inégalement réfrangibles.

— Le spectre montre par sa forme
allongée que la réfrangibilité des radiations différentes croît depuis le
rouge jusqu'au violet. On peut le démontrer de la manière suivante.

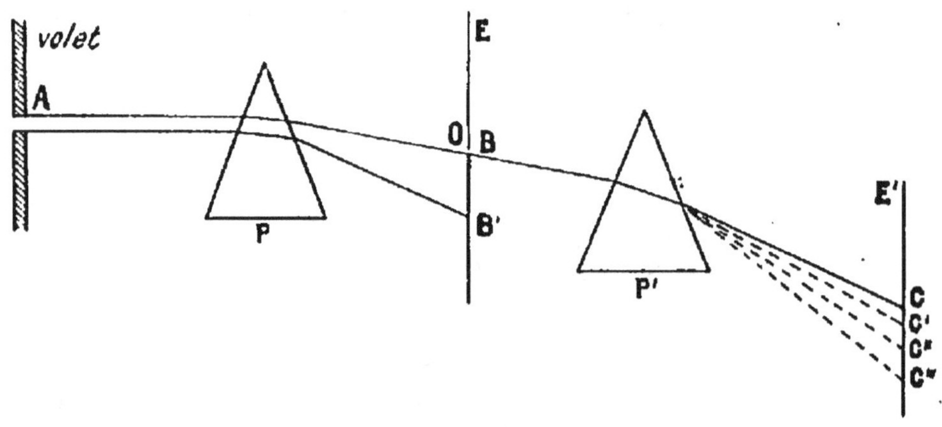

Fig. 289.

Sur un prisme P (fig. 289) faisons tomber un faisceau lumineux A.
qui, après réfraction, forme la bande BB′ sur l'écran E. Au moyen d'un
petit orifice O, pratiqué dans l'écran E, isolons successivement chaque
radiation colorée. Laissons d'abord passer le rouge en le faisant tomber
sur un prisme P′. Le faisceau émergent, après réfraction, forme une image
rouge en C, sur un écran E′.

Faisons tourner maintenant un peu le prisme P, de manière à laisser
passer par l'orifice O la radiation suivante : l'orangé. La déviation est
un peu plus accusée : une image de couleur orangée prend place près
du rouge en C′; il en est de même pour le jaune qui vient en C″ et ainsi
de suite. La radiation violette, la dernière, forme son image en C‴. Les
radiations du spectre sont donc inégalement réfrangibles.

532. — Recomposition de la lumière blanche.

— On
démontre que c'est bien à la superposition de lumières simples qu'est

due la lumière blanche, par l'expérience du prisme renversé. On choisit deux prismes P et P' (fig. 290) de même substance, de même angle réfringent et on les place l'un contre l'autre, faces parallèles.

Considérons un rayon A de lumière blanche, qui tombe sur le prisme P. Il se réfracte en BC, puis en CD, et il pénètre dans le prisme P'. Mais la disposition de ce prisme fait que ce rayon s'y réfracte en sens contraire. Alors il se redresse successivement en DE et EF. De cette manière, DE est parallèle à BC et EF est parallèle à AB. Il en est de même pour toutes les radiations

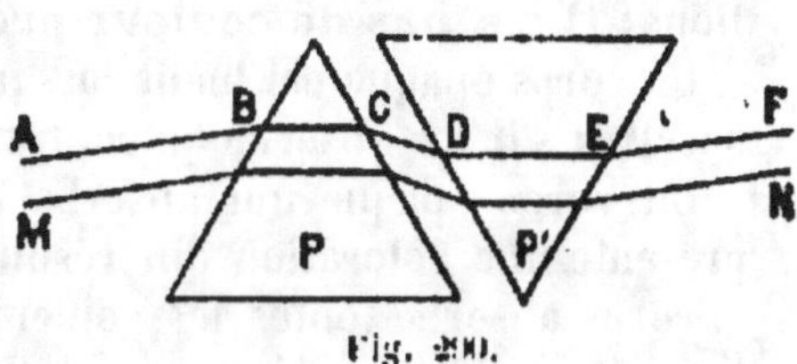

Fig. 290.

depuis le rouge jusqu'au violet. Il en résulte qu'elles se confondent entre elles à la sortie du prisme P', dans la plus grande partie de leur largeur. Aussi le faisceau émergent FN est un faisceau de lumière blanche, comme le faisceau incident AM. On voit seulement quelques irisations aux bords supérieur et inférieur du faisceau.

333. — Disque de Newton. — On montre encore la reconstitution de la lumière blanche de la manière suivante :

On colle, dans l'ordre des couleurs du spectre solaire, sur un disque de carton, des secteurs de papiers colorés. Autant que possible chaque secteur doit avoir une surface proportionnelle à la couleur correspondante du spectre. On perce le centre du disque d'un petit trou dans lequel on engage une tige d'un diamètre plus petit que le trou, et l'on fait tourner rapidement le disque; il paraît blanc.

334. — Lentille achromatique. — L'inégale réfrangibilité des rayons du spectre, fait que, dans une lentille convergente, tous les

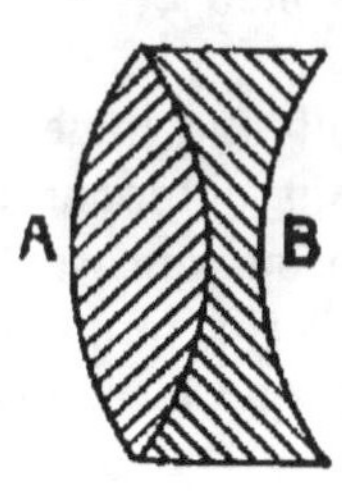

rayons ne concourent pas au même foyer. Cela nuit à la netteté de l'image. On diminue notablement cet inconvénient en réunissant deux ou plusieurs lentilles de formes et de verres différents. Par exemple, une lentille convergente A (fig. 291), en crown, est associée à une lentille divergente B en flint, de puissance moindre.

Le crown est un verre léger où il entre de la potasse et de la chaux; le flint est un verre lourd où il entre de la potasse et de l'oxyde de plomb.

Fig. 291.

Certaines lorgnettes jumelles sont rendues achromatiques par la juxtaposition de trois lentilles : une lentille divergente entre deux lentilles convergentes. Toutes les lunettes et microscopes de valeur sont achromatiques.

335. — Couleurs des corps. — Un corps n'est visible que par la lumière qu'il diffuse, c'est-à-dire qu'il renvoie dans toutes les directions; **il n'a pas de couleur propre.**

Un corps opaque est blanc lorsqu'il réfléchit tous les rayons colorés du spectre; s'il les absorbe au contraire tous, il paraît noir.

Un corps opaque qui absorbe certains rayons et diffuse les autres, présente une coloration qui résulte du mélange des rayons diffusés. Si le corps absorbe toutes les couleurs sauf une, le corps a la couleur de la couleur diffusée. Ainsi une étoffe éclairée par la lumière solaire nous paraît rouge, parce que cette étoffe absorbe tous les rayons, sauf les rayons rouges qu'elle diffuse.

La couleur d'un corps transparent résulte de l'absorption que ce corps exerce sur la lumière qui le traverse. **S'il laisse passer toutes les couleurs, il est incolore;** s'il laisse passer seulement certaines radiations et absorbe les autres, il présente la couleur qui résulte de la superposition des radiations non retenues.

336. — Couleurs complémentaires. — Lorsqu'on fait tomber un faisceau de lumière blanche sur une lame de verre rouge, par exemple, la radiation rouge traverse la lame; les autres radiations sont absorbées ou réfléchies. Ce n'est pas la lame de verre qui a coloré la lumière : elle n'a laissé passer que la radiation correspondante à son pouvoir de sélection; elle a filtré la lumière.

Nous avons vu qu'en superposant les sept couleurs du spectre on peut reconstituer la lumière blanche. On s'est aperçu que trois couleurs suffisent pour constituer la lumière blanche. Le rouge, le bleu et le vert superposés donnent du blanc.

Réunissons sur un écran les radiations qui traversent une lame de verre bleu et les autres une lame de verre rouge, nous obtenons un mélange coloré. Si à ce mélange coloré nous superposons encore les radiations qui traversent une lame de verre de couleur verte, immédiatement le mélange apparaît blanc. On dit, dans ce cas, que la couleur verte est complémentaire.

Une couleur complémentaire est donc celle qui, superposée à une autre, donne la sensation du blanc. Le vert est la couleur complémentaire du rouge et du bleu; le rouge est la couleur complé-

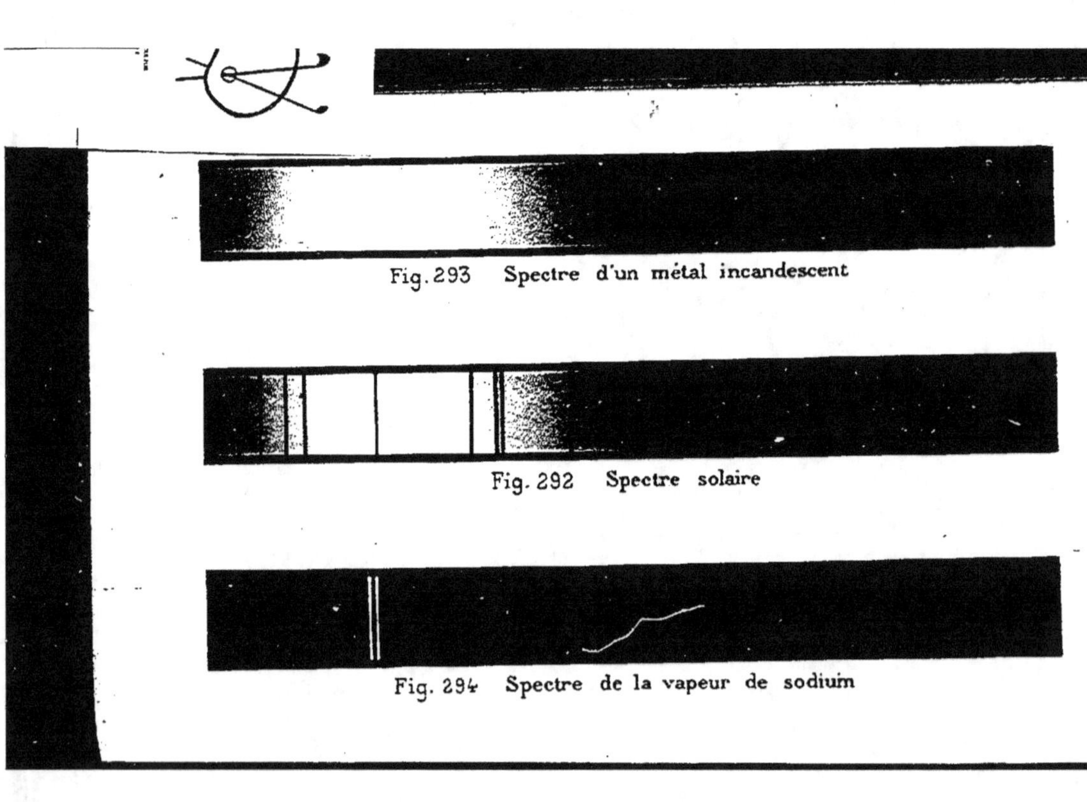

Fig. 293   Spectre d'un métal incandescent

Fig. 292   Spectre solaire

Fig. 294   Spectre de la vapeur de sodium

mentaire du vert et du bleu; le bleu est la couleur complémentaire du rouge et du vert.

Spectroscopie

557. — Définitions. — La spectroscopie a pour but l'étude des spectres des diverses sources lumineuses. Car ces spectres ne sont pas semblables.

Le spectre solaire présente des bandes obscures auxquelles on donne le nom de **raies du spectre**. Ce sont des bandes obscures, très fines, parallèles aux bandes colorées (fig. 292).

Dans les spectres des autres sources lumineuses, les raies sont différentes : elles n'occupent pas la même place; elles ne sont pas en même nombre.

Pour obtenir le spectre d'une substance, on la volatilise dans une flamme incolore. Toutes les substances, même en quantité infinitésimale, donnent chacune des raies fixes.

558. — Spectres d'émission continus des solides et des liquides. — Les corps solides ou liquides incandescents donnent un spectre continu s'étendant du rouge au violet. Vers 500° le spectre ne présente encore que la couleur rouge; mais si la température est élevée, le spectre s'étend : les autres couleurs apparaissent successivement jusqu'au violet, à 1200° où le spectre est complet.

Ainsi la lumière émise soit par un bec Auer, soit par le filament d'une lampe électrique ou par les charbons de l'arc électrique, donnent des spectres continus (fig. 293). Il en est de même de la lumière émise par le fer, le cuivre.... en fusion.

559. — Spectres d'émission des vapeurs et gaz incandescents. — Ces spectres sont formés de raies brillantes parallèles sur un fond obscur.

Pour obtenir le spectre d'un gaz, on introduit celui-ci dans un tube en verre, sous une très faible pression (tube de Geissler); puis on le fait traverser par une étincelle électrique, qui le rend incandescent.

Pour obtenir une vapeur métallique incandescente, on introduit dans la flamme presque invisible, mais très chaude, d'un bec Bunsen, un fil de platine préalablement trempé dans une dissolution d'un sel du métal.

Chaque gaz, chaque vapeur a ses **raies** particulières et caractéristiques. Ainsi la vapeur de sodium présente deux raies jaunes (fig. 294).

REMARQUE.

Un bec Bunsen est composé d'un support dans lequel le gaz est amené. Le gaz sort par un petit tube court qui surmonte le support. Autour de ce petit tube on visse un plus long tube sur le support. Ce long tube est percé à sa partie inférieure de quelques trous par lesquels arrive de l'air. Lorsque le gaz est amené et s'échappe par le petit tube à l'intérieur, il entraîne l'air qui arrive par les trous pratiqués au pied d'un grand tube et le mélange, allumé à l'orifice supérieur du grand tube, brûle avec une flamme bleue. La flamme n'est pas éclairante, mais très chaude, en raison de la combustion totale du carbone qu'elle contient et qui se produit au fur et à mesure. La combustion du carbone a lieu grâce à l'oxygène de l'air entraîné.

Une flamme est d'autant plus éclairante qu'elle contient plus de carbone. Plaçons une soucoupe sur la flamme d'une bougie, elle se recouvre de noir de fumée. Celui-ci est produit par les carbures d'hydrogène mis en liberté par la chaleur de la flamme. La flamme du bec Bunsen ne produit point de noir de fumée, parce que le carbone est brûlé à mesure. C'est sur ce principe que sont construits les petits appareils portatifs de chauffage à gaz ou à pétrole, dits « à flamme bleue ».

540. — Spectre d'absorption.

540. — Spectre d'absorption. — Un corps manifeste sa présence par certaines raies brillantes dans son spectre; mais lorsque le faisceau de lumière qu'il émet traverse un milieu transparent (flamme d'un autre corps dans de certaines conditions), il absorbe une partie de ses radiations. Le spectre présente alors des raies noires de même forme et situées à la même place que les raies brillantes. On donne à ce phénomène le nom de **renversement des raies**. Le nouveau spectre prend le nom de **spectre d'absorption**.

La flamme de sodium prise comme source de lumière, donne un spectre discontinu, qui présente deux raies jaunes. Lorsque cette flamme est traversée par un faisceau lumineux, produit, par exemple, par une boule métallique incandescente, qui donne un spectre continu, on ne voit plus les raies jaunes dans le spectre du sodium, mais deux raies noires de même forme et à la même place que les jaunes. La flamme de sodium a absorbé, dans ce cas, une partie des radiations qu'elle émet.

Il nous est maintenant facile d'expliquer l'existence des raies noires dans le spectre solaire. En effet, l'étude du soleil a montré que celui-ci est formé d'une partie centrale portée à 4000° au moins. A cette température, aucun corps composé ne peut exister : tous les solides et liquides sont vaporisés. Donc le noyau solaire est formé d'un mélange de gaz et de vapeurs à haute température et émettant très peu de lumière et très peu de chaleur. Sur le pourtour de ce noyau se trouvent des poussières solides ou liquides qui nous envoient de la chaleur et de la lumière, car ce sont les poussières de charbon en suspension dans une flamme, qui la rendent chaude et éclairante.

Les poussières répandues autour du noyau solaire donneraient un spectre continu, mais la lumière qu'elles émettent, traverse une couche extérieure de gaz et de vapeurs, qui absorbent les radiations correspondantes, et il en résulte des raies noires dans le spectre solaire.

341. — Spectroscope. — Le spectroscope sert à observer un spectre et à en mesurer les raies. Il se compose de trois lunettes A, B, C

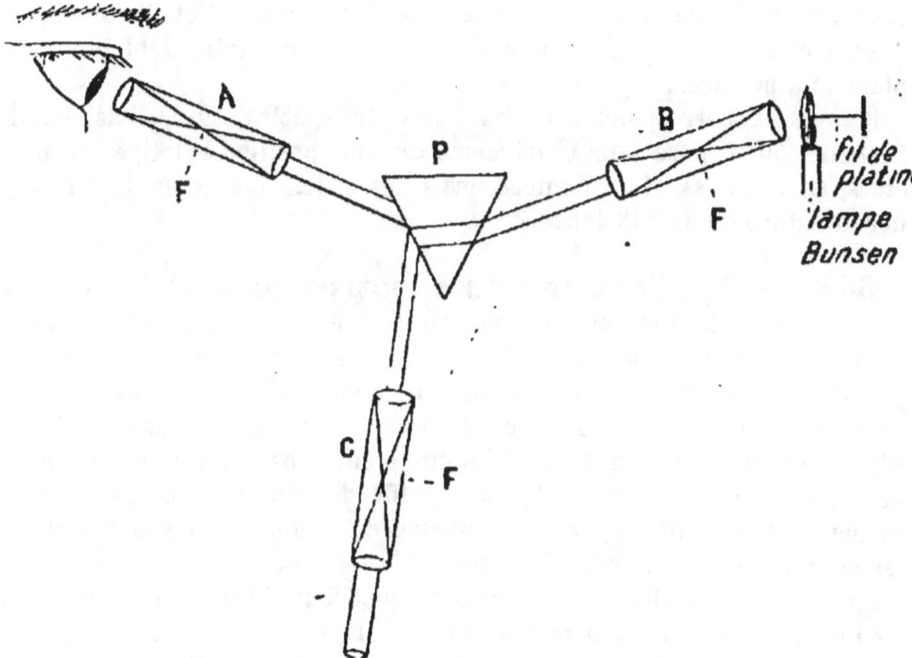

Fig. 295. — Spectroscope.

(fig. 295) qui convergent en un prisme P. Chaque lunette est munie à chacune de ses extrémités d'une lentille convergente, soit deux lentilles par lunette, qui ont la même distance focale. Leurs foyers coïncident par conséquent en F.

Les rayons lumineux qui ont traversé une lunette, sortent parallèlement à l'axe principal.

La lunette A est mobile; elle peut tourner autour du prisme et s'incliner ou se relever. C'est avec celle-là qu'on examine le spectre.

La lentille B, appelée *collimateur*, envoie sur le prisme un faisceau de lumière dont le foyer est une lampe Bunsen D, à flamme incolore. C'est dans la flamme de la lampe, que l'on volatilise la substance dont on veut examiner le spectre. — Le collimateur présente à son extrémité placée devant la lampe une plaque métallique, percée d'une fente verticale, située dans le plan focal de la lentille voisine de la plaque. On peut écarter plus ou moins la fente à l'aide d'une vis.

La lunette C, nommée *micromètre,* sert à mesurer le spectre, c'est-à-dire l'amplitude des raies ou leur écartement. A cet effet, elle projette sur l'image du spectre une échelle graduée de 1^{cm} de longueur, divisée en 100 parties égales. L'échelle est gravée sur une plaque transparente, éclairée par la flamme d'une bougie. — L'image de l'échelle se superpose à celle du spectre, comme si l'on plaçait un mètre déplié sur une planche à mesurer.

D'après la correspondance des raies du spectre, aux divisions de l'échelle, on mesure leur écartement ou leur position relative. On peut alors, en connaissant le nombre des raies et leur écartement, déterminer la nature d'une substance.

342. — Applications du spectroscope. — La spectroscopie a donné à la chimie un nouveau procédé d'analyse, l'*analyse spectrale.* Ce procédé a décelé l'existence de corps dont on ne soupçonnait pas l'existence, tels que les métaux suivants : rubidium, caesium, thallium, indium, gallium. Ce procédé montre la présence infinitésimale d'une substance que l'analyse chimique n'eût constaté que difficilement et après plusieurs heures. Ainsi il suffit de placer dans une flamme moins de *trois milliardièmes de gramme* de sodium pour voir nettement les deux raies jaunes caractéristiques de ce corps.

L'analyse spectrale est précieuse en médecine légale; elle permet de distinguer la présence ou non du sang, dans certaines taches suspectes, chose dont on saisit l'importance dans le cas d'inculpation d'assassinat.

L'analyse spectrale joue un rôle important en astronomie; elle fait connaître la composition des astres. On lui doit la découverte, dans le soleil, d'un gaz léger, l'*hélium.* Elle a montré que l'atmosphère du soleil contient de l'hydrogène, du sodium, du calcium, du magnésium, du chrome, du fer, du zinc.

343. — Radiations infra-rouges et ultra-violettes.

— De même qu'il existe des sons imperceptibles à notre oreille, il existe dans la lumière solaire d'autres radiations que celles dont nous avons parlé, invisibles à notre œil. Mais si ces rayons mystérieux échappent à la vue, ils sont constatés par les investigations scientifiques. Ce sont les rayons **ultra-violets** et **infra-rouges.**

Si l'on promène un thermomètre très sensible dans la région d'un spectre solaire, on constate qu'au bord du rouge et un peu au delà, il indique une petite élévation de température. Il y a donc dans cette région voisine du spectre visible, des rayons calorifiques invisibles. On les a nommés rayons infra-rouges; leur ensemble forme le *spectre infra-rouge.*

D'autre part, étant donné que certaines substances, le chlorure d'argent, par exemple, sont décomposées par la lumière, si l'on reçoit l'image du spectre solaire sur une plaque enduite d'une faible couche de chlorure d'argent, on constate que le sel est légèrement décomposé dans le bleu, davantage dans le violet et beaucoup plus au bord du violet et un peu au delà. Il y a donc en dehors du violet des rayons chimiques qu'on ne voit pas. On les a nommés ultra-violets; leur ensemble forme le *spectre ultra-violet.*

Le spectre solaire présente donc trois espèces de radiations : calorifiques, lumineuses et chimiques.

Phosphorescence

344. — Généralités. — La phosphorescence est la propriété qu'ont certains corps de rester lumineux dans l'obscurité, pendant quelque temps, quand au préalable on les a exposés à une vive lumière. Les corps les plus remarquables qui présentent cette propriété sont le diamant et les sulfures alcalino-terreux : sulfures de calcium, de baryum, de strontium, etc.

La phosphorescence est, pour ainsi dire, produite par un emmagasinement de la lumière. Elle est due à l'effet des rayons lumineux sur certains corps. Après une insolation plus ou moins longue, ces corps émettent dans l'obscurité la lumière qu'ils ont reçue. La durée de la phosphorescence est très variable : de quelques secondes à quelques heures, selon le corps.

On donne aussi le nom de phosphorescence à l'éclat dans l'obscurité, de certaines substances qui émettent de la lumière sans en avoir reçu.

Cet éclat est dû à une oxydation de la substance. Tel est le phosphore.

On appelle encore phosphorescence la propriété qu'ont certains animaux de briller dans l'obscurité. Tels sont le *Ver luisant* et les *Noctiluques*. Les·Noctiluques en nombre infini dans l'océan, produisent, lorsque les flots agités les portent à la surface, de grandes nappes lumineuses, qu'on appelle la « phosphorescence » de la mer.

Fluorescence.

La fluorescence est la propriété qu'ont quelques corps d'émettre des lueurs intenses, lorsqu'ils sont vivement éclairés. C'est de l'énergie lumineuse absorbée, qu'ils transforment immédiatement en lueurs. Un fragment de *fluorine* (fluorure de calcium) exposé à la lumière électrique, répand aussitôt une lueur éclatante. Le platino-cyanure de baryum, le sulfate de quinine, le tournesol, les sels d'uranium, etc., sont fluorescents.

Une goutte d'une solution de sulfate de quinine laisse sur le papier une tache invisible. Cette tache devient fluorescente, dès qu'elle est éclairée par un faisceau de lumière électrique.

La fluorescence, comme la phosphorescence est produite par les radiations violettes et ultra-violettes. Ainsi un spectre invisible ultra-violet projeté sur le verre d'urane produit la fluorescence et devient visible : d'où un excellent procédé pour étudier les spectres ultra-violets.

Vision

345. — Structure de l'œil. — L'œil (fig. 296) est logé dans l'orbite. Il a la forme d'une sphère irrégulière. La partie antérieure sort un peu de l'orbite.

L'œil est composé de plusieurs éléments : le *corps vitré*, le *cristallin* et trois membranes enveloppantes : la *sclérotique,* la *choroïde* et la *rétine.*

Le corps vitré B est une masse de consistance gélatineuse, qui remplit l'espace intérieur.

Le cristallin K est un corps transparent, qui a la forme d'une lentille biconvexe. Il est essentiellement élastique : il se déforme et reprend sa forme aisément.

La sclérotique S est une membrane fibreuse qui recouvre la presque totalité du corps vitré, sauf à la partie antérieure, où la *cornée* R lui fait suite. Celle-ci est transparente : elle laisse passer les rayons lumineux.

La choroïde est une tunique vasculaire nourricière de l'organe. Elle s'applique contre la face intérieure de la sclérotique. En avant, elle est terminée par la zone ciliaire Z. Celle-ci est un anneau soudé à la choroïde. L'une de ses parties, le muscle ciliaire est l'agent de l'*accommodation*. L'*iris* I soudé à l'appareil ciliaire est une membrane circulaire percée au centre d'un orifice circulaire O, qu'on appelle la *pupille*. Sous l'influence de la lumière, la pupille se rétrécit ou s'élargit. C'est un véri-

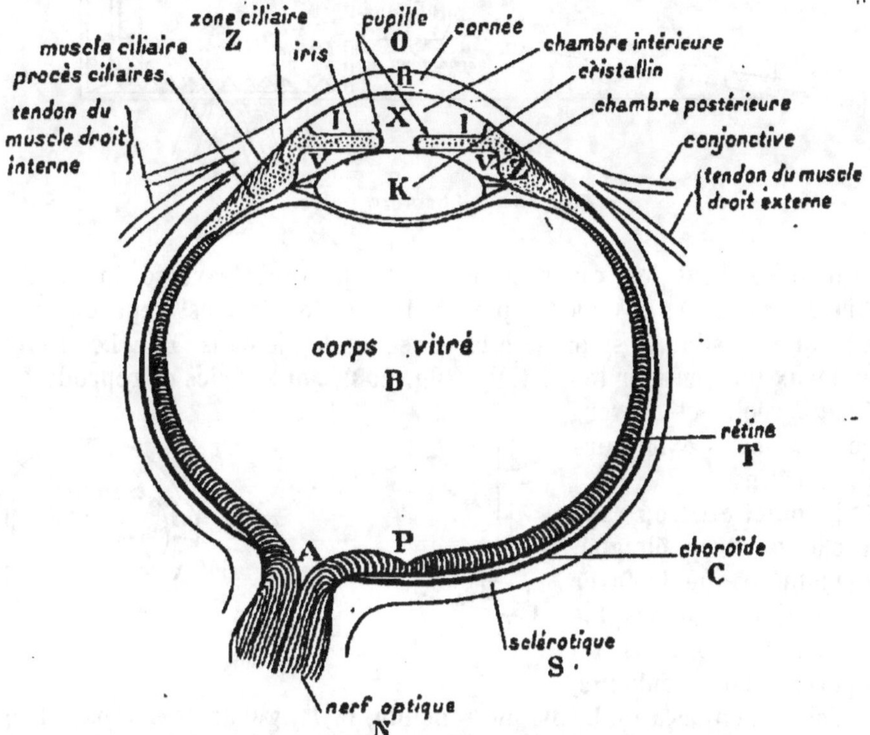

Fig. 296. — Représentation schématique d'une section horizontale de l'œil droit.

table diaphragme, qui ne laisse passer que les rayons lumineux utiles.

La rétine T est une membrane nerveuse appliquée contre la choroïde. Elle est constituée par l'épanouissement du nerf optique N, qui pénètre excentriquement dans l'œil, non en face du centre optique du cristallin.

346. — Dioptrique oculaire. — On appelle dioptrique la partie de la physique qui étudie l'action des milieux sur la lumière, lorsque la lumière les traverse en se réfractant.

L'œil peut être comparé à la chambre noire d'un appareil photogra-

phique (fig. 297). La chambre noire est une caisse percée d'une ouverture, qui laisse entrer la lumière à travers une lentille biconvexe. Au
fond de la caisse, en face de l'ouverture, est une plaque sensible, sur

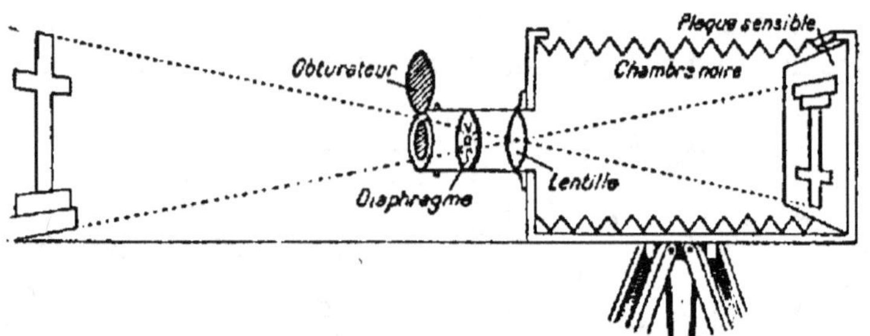

Fig. 297. — Chambre noire.

laquelle tombent les rayons lumineux, qui ont traversé la lentille
L'image renversée des objets placés devant l'orifice, est reproduite sur
la plaque sensible. Il se passe une chose analogue dans l'œil. Les rayons
lumineux tombent sur le cristallin (fig. 298), sont déviés et reproduisent
l'image réelle et renver-
sée des objets extérieurs
sur la rétine.

Si l'objet est trop rap-
proché ou trop éloigné,
de manière que le foyer
principal des rayons lu-
mineux tombe dans un
appareil photographique,

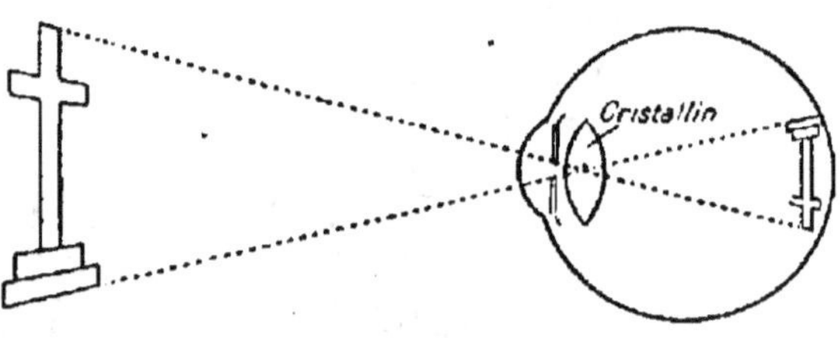

Fig. 298.

au delà ou en deçà de la plaque sensible, la longueur de l'appareil, qui
est à soufflet, est augmentée ou diminuée. Changer la lentille reviendrait
au même. L'œil procède comme le photographe, il accommode son cristallin, c'est-à-dire l'aplatit ou le bombe, de manière que l'image se
produise sur la rétine.

Le point le plus éloigné qui est encore distingué nettement, est nommé
punctum remotum.

Le point le plus rapproché qui est encore distingué nettement, est
appelé **punctum proximum.**

La distance du punctum proximum au centre optique de l'œil est
appelée la **distance minimum de vision distincte.** Le centre optique
de l'œil est le centre optique du cristallin.

Dans l'œil normal nommé **emmétrope** A (fig. 299), l'image tombe toujours sur la rétine. L'œil emmétrope peut voir les objets à l'infini : son punctum remotum est donc à l'infini; mais pour voir un objet à une petite distance, il doit faire varier la courbure du cristallin, ce qui fait diminuer par conséquent la distance focale.

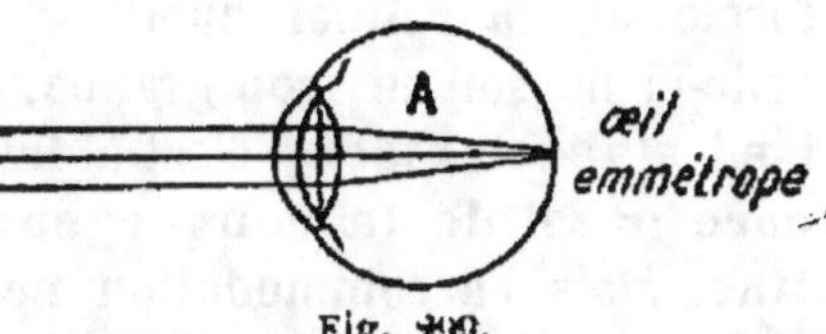

Fig. 299.

Il existe des yeux dans lesquels la déviation des rayons lumineux est trop faible : l'image se forme en arrière de la rétine. Ces yeux sont dits **hypermétropes** B (fig. 300), la distance focale est supérieure à la distance du cristallin à la rétine.

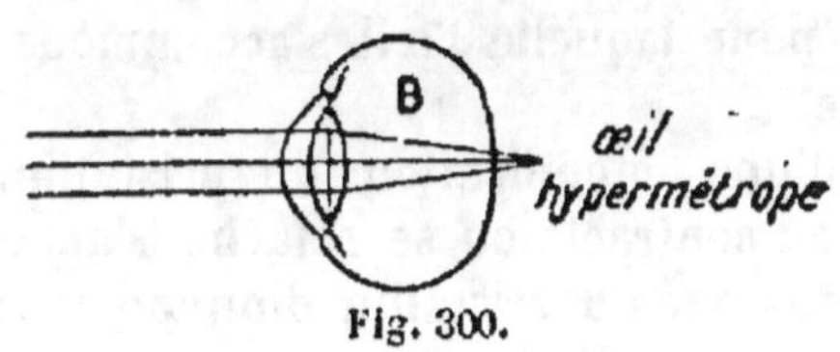

Fig. 300.

Il est d'autres yeux dans lesquels la déviation des rayons lumineux est trop forte : l'image se forme en avant de la rétine. Ce sont les **myopes** C (fig. 301). La distance focale est inférieure à la distance du cristallin à la rétine.

L'image ne se fait jamais sur la rétine de l'œil hypermétrope quelle que soit la distance de l'objet, car plus l'objet se rapproche, plus l'image s'éloigne de la rétine. Au contraire, si l'objet est rapproché de l'œil myope, elle finit par se former sur la rétine.

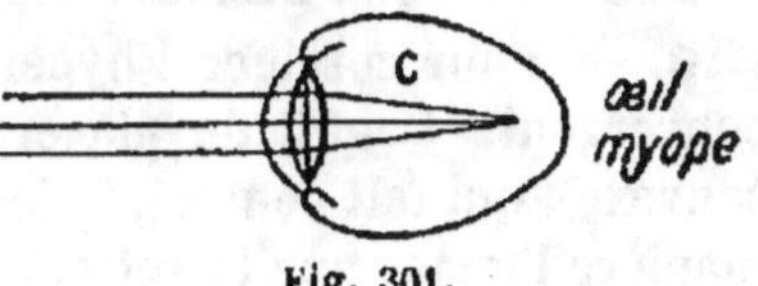

Fig. 301.

347. — Accommodation.

— L'œil dans son ensemble est assimilable à une lentille convergente L (fig. 302). Soit A un objet situé au delà du foyer et soit A' son image. Si l'objet vient en A_1 plus près de la lentille, son image s'éloigne en A'_1; au contraire, si l'image s'éloigne en A_2, son image se rapproche en A'_2. Il en résulte que

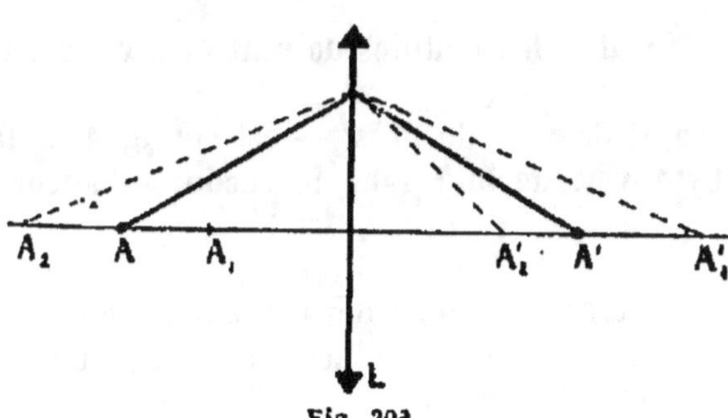

Fig. 302.

si l'œil était indéformable, les images des objets ne se feraient sur la rétine que pour une distance déterminée des objets par rapport à l'œil.

Autrement dit, l'œil ne verrait les objets qu'à une certaine distance. Or, notre œil voit à des distances très différentes. C'est que l'image se forme sur la rétine, quelle que soit la distance, à la condition que celle-ci ne soit ni trop grande, ni trop petite. Il en est ainsi parce que l'œil **s'accommode**, c'est-à-dire **que le muscle ciliaire rend encore possible la convergence des rayons lumineux sur la rétine.** Mais l'accommodation ne se produit évidemment que pour des distances où la vision est possible. Au delà, la vision est troublée. Il n'y a pas d'accommodation à l'infini.

La distance minimum de vision distincte est alors, comme nous l'avons dit plus haut, la plus petite distance pour laquelle l'œil s'accommode. Elle est variable pour chaque personne.

L'accommodation est le résultat d'une modification du cristallin. Celui-ci, grâce au muscle ciliaire qui se contracte ou se relâche, s'aplatit ou se bombe. Le pouvoir accommodateur du cristallin diminue avec l'âge, car le cristallin se durcit peu à peu. On dit, dans ce cas, que l'œil est atteint de **presbytie.** Il faut éloigner désormais le livre pour pouvoir lire. La presbytie apparaît plus tôt lorsque l'œil est hypermétrope.

348. — Correction de l'hypermétropie et de la myopie.

pie. — Pour corriger l'hypermétropie, état de l'œil qui n'est pas assez convergent, il suffit de placer contre l'œil une lentille convergente (biconvexe), qui fait converger le faisceau reçu par l'œil et ramène de cette manière l'image sur la rétine.

La myopie est corrigée par une lentille divergente (biconcave), qui fait diverger le faisceau reçu par l'œil et reporte par conséquent l'image en arrière, sur la rétine.

Bien entendu, les distances focales des lentilles doivent être convenablement choisies.

La presbytie, — lorsqu'il s'agit de voir de près, — est corrigée de la même manière. L'œil presbyte voit de loin sans le secours d'aucune lentille.

349. — Vision binoculaire.

— Regardons avec un seul œil ou avec les deux yeux, nous n'avons qu'une sensation unique; nous ne voyons pas un objet double. Il en est ainsi parce que l'image se reproduit toujours en des points correspondants des deux rétines.

350. — Vision droite.

— L'image des objets que nous regardons, se reproduit sur la rétine, dans une position renversée. Or nous voyons les objets dans leur position normale. Cela tient à ce que nous transportons à l'extérieur, dans la direction inverse que les rayons ont suivie pour impressionner la rétine, tous les points de l'image qui ont formé ces rayons lumineux. Autrement dit, nous redressons l'image.

351. — Sensation du relief. — La sensation que nous éprouvons, quand nous voyons un objet, n'est pas la même si nous regardons avec les deux yeux ou avec un œil seulement. Ainsi plaçons sur une table un dé à jouer, de manière que le rayon visuel soit sensiblement perpendiculaire à la face que nous avons devant nous, c'est-à-dire que le cube soit exactement placé à la même distance de l'un et de l'autre œil. Nous voyons pleinement deux faces : la face supérieure et la face en avant; puis très légèrement les faces latérales; ne bougeons pas et fermons l'œil droit; nous ne voyons plus, des deux faces latérales, que la face latérale de gauche, sans relief. Ce sera le contraire en fermant l'œil gauche. Ce sont ces deux sensations simultanées qui donnent l'impression du relief.

352. — Astigmatisme. — L'astigmatisme est un trouble de la vision résultant d'un défaut de courbure de la cornée : la courbure n'est pas la même dans tous les méridiens. Un méridien est emmétrope, un autre est myope, un troisième est hypermétrope. Alors l'astigmate voit tantôt mieux les lignes horizontales que les lignes verticales et vice-versa. On corrige l'astigmatisme à l'aide de lentilles cylindriques plan-convexes, de réfringence et d'orientation déterminées.

Une lentille cylindrique est une portion de cylindre coupée par un plan parallèle à l'axe et dont chaque face est parallèle audit axe.

VINGT-DEUXIÈME LEÇON

OPTIQUE (*suite*)

Diamètre apparent d'un objet. — Loupe. — Microscope composé. — Lunette astronomique. — Lunette terrestre. — Lunette de Galilée. — Téléscope de Newton.

Instruments d'optique

355. — Diamètre apparent d'un objet. — Le diamètre apparent d'un segment de droite pour une position de l'œil, est l'angle

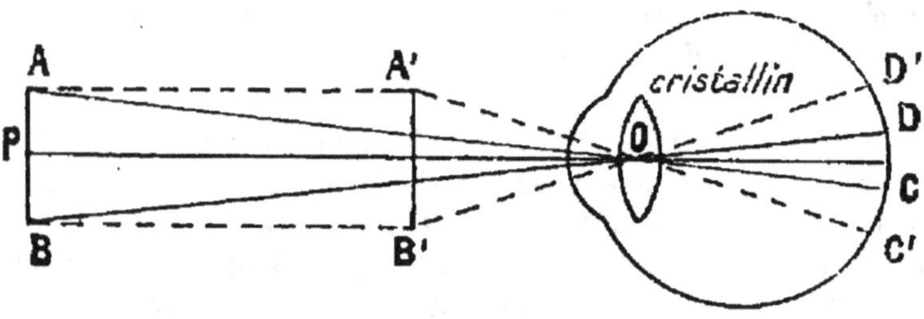

Fig. 303.

formé par les deux rayons visuels allant de l'œil aux extrémités du segment.

Soit un objet AB, (fig. 303), placé à la distance D de la rétine, où il forme son image en CD. Rapprochons l'objet de l'œil, en A'B'; son image se forme maintenant sur la rétine en C'D'; c'est-à-dire qu'elle est

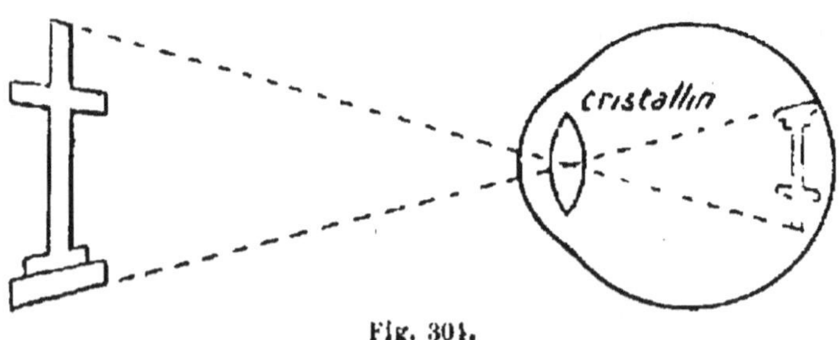

Fig. 304.

agrandie. Les dimensions de l'image sont donc d'autant plus grandes que l'objet est plus rapproché de l'œil.

Lorsque l'objet est en AB, l'angle AOB est le diamètre apparent; s'il est en A'B', le diamètre apparent est l'angle A'OB'. L'image qui se forme sur la rétine est renversée (fig. 304), mais elle est vue droite (n° 350).

354. — Loupe ou microscope simple. — La loupe est une lentille convergente de très court foyer, qui permet de voir les détails de l'objet qu'elle grossit. Selon sa puissance elle permet de distinguer plus ou moins ce que l'on ne pourrait pas voir à l'œil nu.

La lentille étant près de l'œil, l'objet à examiner

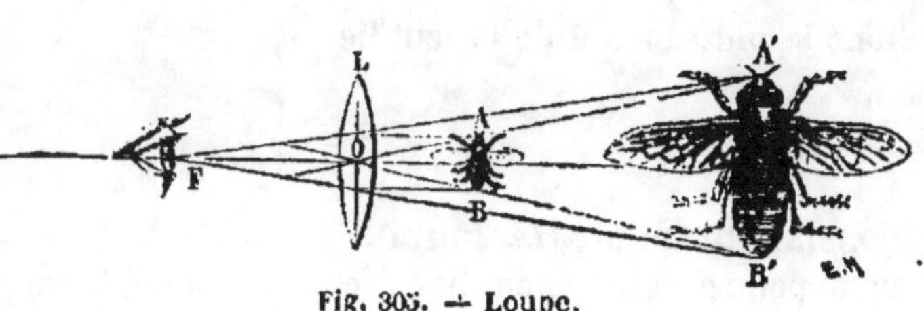
Fig. 305. — Loupe.

doit être placé à une distance de la lentille moindre que la distance focale. La loupe donne de l'objet une image (fig. 305) **virtuelle, droite et supérieure à l'objet.**

Puissance d'une loupe.

La puissance d'une loupe est représentée par l'angle sous lequel elle permet de voir **l'unité de longueur** de l'objet.

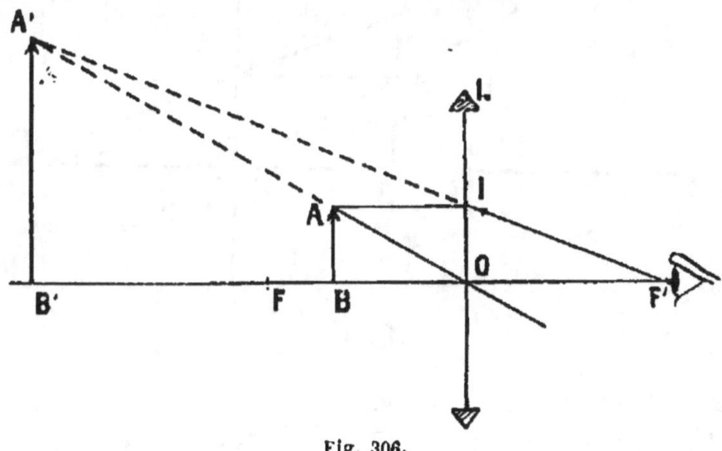
Fig. 306.

Supposons que l'œil soit placé au foyer F' (fig. 306) et que l'objet AB ait une longueur égale à l'unité (par exemple 1 millimètre). La puissance sera mesurée par l'angle A'F'B' et par suite par l'angle IF'O, qui lui est égal. Comme l'angle IF'O est toujours très petit, on peut considérer que la droite IO se confondra avec l'arc de cercle décrit du point F' comme centre et F'O pour rayon. L'angle IF'O a donc sensiblement pour mesure le rapport de la longueur de l'arc IO à la longueur du rayon F'O. Alors on peut écrire

$$\text{IF'O} = \frac{\text{IO}}{\text{OF'}} \text{ ou } \frac{1}{f}.$$

Donc la puissance P de la lentille est

$$P = \frac{1}{f}$$

Grossissement de la loupe.

On appelle grossissement linéaire d'une loupe, le rapport des diamètres apparents de l'image et de l'objet, vus tous deux à la distance minima de vision distincte.

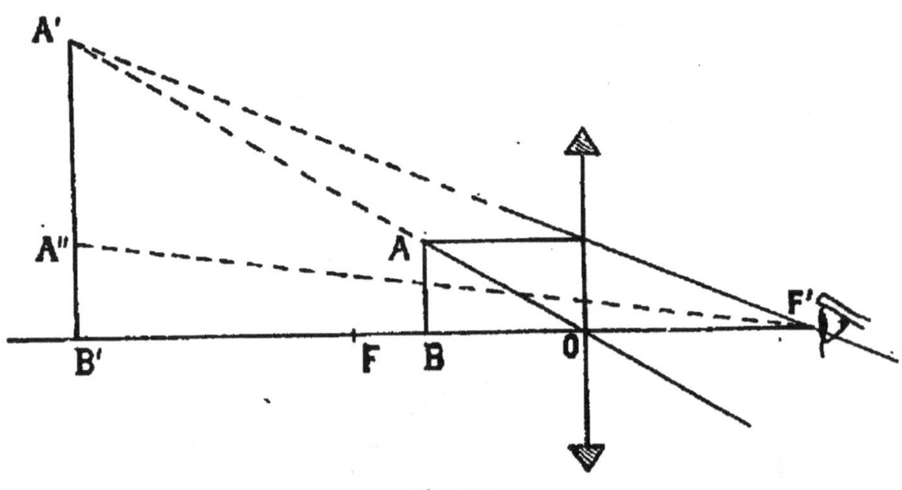

Fig. 307.

Soit la lentille L près de l'œil (fig. 306).

L'objet à examiner est placé à une distance BO plus petite que la distance focale FO. La construction montre que l'image se forme en A'B'.

Reportons l'objet AB en A''B' (fig. 307) à la distance minima de vision distincte pour l'œil supposé placé en F'.

Par définition, nous avons pour valeur G du grossissement

$$G = \frac{\widehat{A'F'B'}}{\widehat{A''F'B'}} \quad (1)$$

Or, en supposant $AB = 1$, l'angle $A'F'B'$ n'est autre que la puissance P de la loupe; d'autre part, en faisant un calcul analogue à celui qui a été fait pour la puissance, on a

$$\widehat{A''F'B'} = \frac{A''B'}{F'B'} \text{ ou } \frac{1}{d}$$

Donc l'égalité (1) devient

$$G = \frac{P}{\frac{1}{d}} \cdot = P\,d$$

Autrement dit, le grossissement linéaire d'une loupe est égal **au produit de sa puissance par la distance minima de vision distincte de l'observateur.**

355. — Microscope composé.

— Le microscope composé est un instrument qui accroît la visibilité des détails dans une proportion infiniment plus considérable que la loupe. Des détails invisibles à la loupe sont distingués avec un microscope.

Le microscope se compose de deux lentilles convergentes, placées de manière que l'axe principal de l'une se confond avec l'axe principal de l'autre. L'un L (fig. 308) à très petite distance focale est *l'objectif*, l'autre L' est *l'oculaire*.

L'objet AB se place devant l'objectif L, à une distance comprise entre la distance focale et le double de cette distance. Alors l'objectif donne de l'objet une image A'B', réelle, renversée et supérieure à l'objet.

L'oculaire L' joue le rôle d'une loupe par rapport à l'image A'B' qui, par conséquent, doit être entre L' et son foyer F_1. Elle en donne une image agrandie en A''B'', droite par rapport à A'B', mais renversée par rapport à AB. Lorsque l'œil est placé près de l'oculaire L', il ne voit que l'image A''B''.

Mise au point.

La distance entre les deux lentilles L et L' reste invariable; de sorte que la mise au point se fait soit en déplaçant l'objet par rapport à l'instrument, soit le plus généralement en déplaçant l'instrument par rapport à l'objet fixe.

Puissance d'un microscope composé.

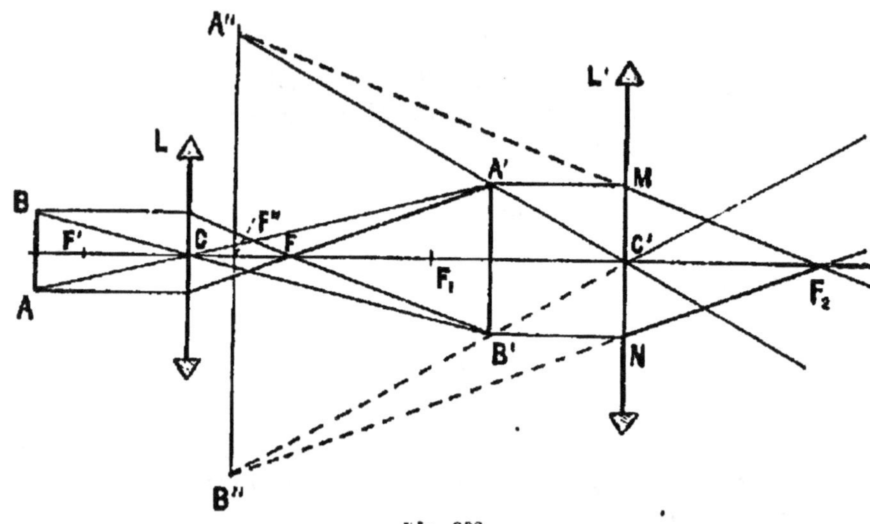

Fig. 308.

La puissance d'un microscope composé est caractérisée par l'angle sous lequel est vue dans l'image formée **l'unité de longueur** d'un objet mis au point.

Supposons que l'œil de l'observateur soit placé au foyer F_2 de l'oculaire. L'angle $A'' F_2 B''$ a sensiblement pour mesure

$$\frac{A'' B''}{F_2 F''} \text{ ou } \frac{MN}{C'F_2}$$

Mais $C'F_2$, c'est la distance focale f de l'oculaire et MN est égal à A'B'. Nous pouvons donc dire que l'angle $A'' F_2 B''$ a pour mesure

$$\frac{A'B'}{f}$$

ou

$$A'B' \times \frac{1}{f}$$

Qu'est-ce que A' B'? C'est le grossissement x produit par l'objectif, dans sa position par rapport à l'objet.

Qu'est-ce que $\frac{1}{f}$? C'est la puissance P de l'oculaire.

La puissance du microscope composé est donc

$$P \times$$

Elle est égale au produit du grossissement de l'objectif par la puissance de l'oculaire. Elle est d'autant plus forte que les distances focales de l'oculaire et de l'objectif diminuent et que la distance entre le foyer F de l'objectif et le foyer F_1 de l'oculaire augmente.

Détails complémentaires sur la construction du microscope.

L'objectif est formé de plusieurs lentilles dont l'ensemble équivaut à une lentille convergente. Elles peuvent n'être pas employées toutes à la fois. Un dispositif spécial R appelé *révolver* (fig. 309) permet de les séparer ou de les grouper.

L'oculaire A est formé de deux lentilles convergentes fixées à l'extrémité d'un tuyau qui glisse à frottement doux dans le tube du microscope.

Le tube du microscope, qui porte le révolver et le tuyau à oculaire, peut être élevé ou abaissé au moyen d'une *crémaillère* C.

L'objet à examiner, qui doit être très mince, est placé sur une lame de verre dite *lame porte-objet* et recouvert par une autre lame de verre nommée *lame couvre-objet*. Le tout repose sur une petite table P qui porte le nom de *platine*. Elle est percée au centre d'un orifice, qui laisse passer la lumière donnée par un *miroir d'éclairage* M, situé au-dessous et incliné convenablement. L'objet est alors éclairé par transparence.

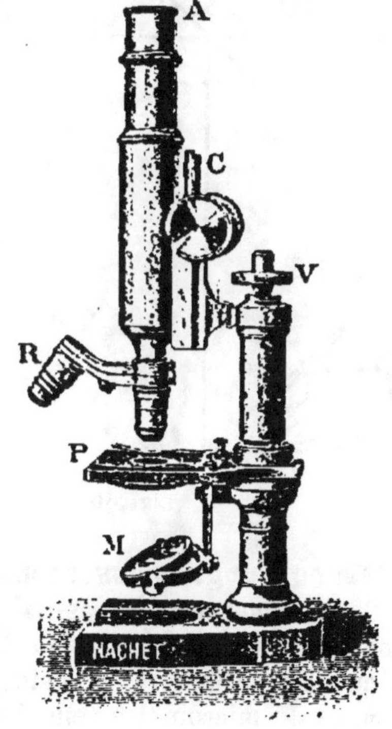

Fig. 309.

Une *vis micrométrique* V permet de déplacer le microscope par rapport à la platine.

La mise au point est réalisée à la fois à l'aide de la crémaillère et de la vis micrométrique.

Chambre claire.

Certains microscopes sont munis d'une chambre claire, qui permet de reproduire exactement par le dessin les détails de l'objet.

Un petit prisme à réflexion totale A (fig. 310) placé au-dessus de l'oculaire O dont il ne recouvre que la moitié. Un second prisme à réflexion totale B est placé auprès du premier, au-dessus d'une feuille de papier P et de la main qui tient le crayon. Les deux prismes sont disposés de manière que le faisceau lumineux issu du papier P est réfléchi à angle droit par le prisme B et tombe sur le prisme A qui le renvoie dans l'œil. De cette manière, l'œil reçoit en même temps le faisceau lumineux issu du microscope et celui qui vient de la feuille de papier. L'image de l'objet, pour l'œil, se superpose à l'image de la feuille de papier, sur laquelle, alors il est aisé de reproduire les détails de l'objet. Le crayon n'a qu'à suivre.

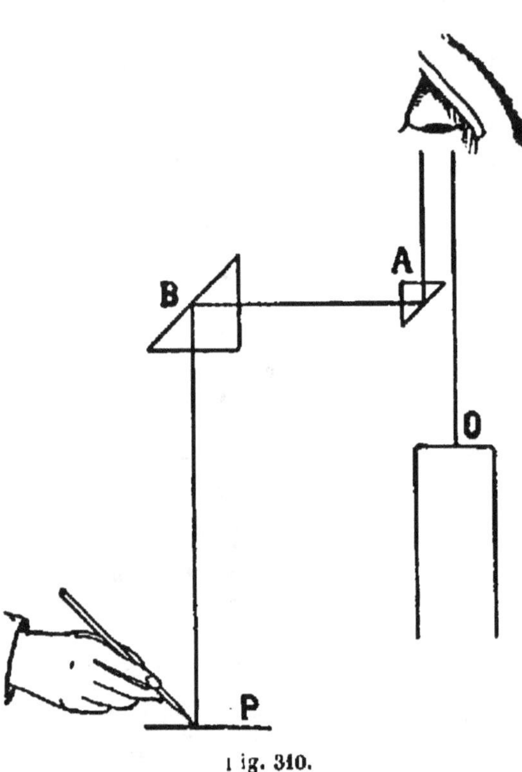

Fig. 310.

Mesure du grossissement.

On peut mesurer le grossissement des objets en plaçant sur le porte-objet un micromètre, c'est-à-dire une plaque de verre divisée en centièmes de millimètre. A l'aide de la chambre claire on superpose à l'image du micromètre celle d'une échelle en millimètres. Ceux-ci sont vus tels qu'ils sont, sans amplification, car les deux réflexions successives n'ont pas changé leur grandeur, tandis que les divisions du micromètre sont vues agrandies dans le microscope. Alors supposons que

deux divisions du micromètre (objet $= \frac{2}{100}$ de mm) forment une image

qui recouvre trois divisions de l'échelle (image $= 3^{mm}$), nous aurons

$$\text{Grossissement} = \frac{\text{Image}}{\text{Objet}} = \frac{3}{\frac{2}{100}} = \frac{300}{2} = 150$$

Usages du microscope.

Le microscope est employé en physique, en chimie, en botanique, en médecine. Il sert à l'examen bactériologique. Il est employé pour examiner la texture de l'acier, etc.

358. — Lunette astronomique. — La lunette astronomique sert à donner des images amplifiées d'objets éloignés, en particulier des astres (de là son nom).

La lunette astronomique est composée d'un oculaire et d'un objectif, qui sont deux lentilles convergentes dont l'axe principal de l'une se confond avec l'axe principal de l'autre.

L'objectif doit présenter la plus grande surface possible, de manière à recevoir un faisceau lumineux important, car la plupart des objets éloignés n'envoient qu'une très faible lumière. Certains objectifs ont jusqu'à

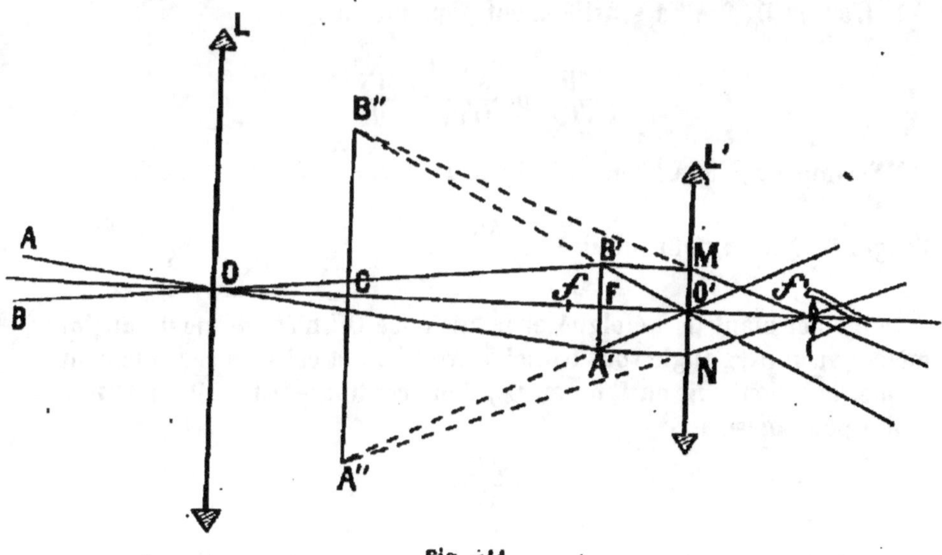

Fig. 311.

un mètre de diamètre. La distance focale est augmentée proportionnellement. La lunette a une longueur appropriée.

Pour diminuer les aberrations qui nuisent à la netteté de l'image, l'objectif est constitué par un système achromatique (lentille divergente accolée à une lentille convergente).

Supposons que de l'objet (un astre non représenté évidemment sur la figure), arrivent les rayons lumineux AB (fig. 311). Supposons encore que ces deux rayons partent de deux points opposés de l'astre. Ils passent par le centre optique O de l'objectif L. Nous pouvons alors les considérer comme deux axes secondaires, sur lesquels se forme l'image réelle, renversée et très petite. Elle se forme sensiblement dans le plan focal de l'objectif L, c'est-à-dire à son foyer F. Représentons-la par A'B'. L'oculaire L' à court foyer, jouant le rôle d'une loupe, donne de l'image A'B' une image virtuelle A″B″. Elle est droite par rapport à A'B', mais renversée par rapport à l'objet.

Mise au point.

La mise au point est faite en déplaçant un peu l'oculaire, de manière que l'image A″ B″ soit placée à la distance minimum de la vision distincte.

Grossissement.

Le grossissement est le rapport du diamètre apparent de l'objet visé dans la lunette, au diamètre apparent du même objet vu à l'œil nu. Appelons F la distance focale de l'objectif et f celle de l'oculaire. Supposons que l'œil de l'observateur soit placé au foyer f' de l'oculaire.

1° L'angle B″ f' A″ a sensiblement pour mesure

$$\frac{A''B''}{f'C} \text{ ou } \frac{MN}{O'f'} = \frac{MN}{f}$$

MN étant égal à A'B' et O'f' étant la distance focale f de l'oculaire,

l'angle B″ f' A″ a pour mesure $\dfrac{A'B'}{f}$

2° L'objet étant très éloigné et la distance Of' n'étant que de quelques mètres au plus, l'angle sous lequel on voit l'objet est très sensiblement le même, que l'œil soit en f' ou en O : donc cet angle est AOB ou A'OB'.

Il a pour mesure

$$\frac{A'B'}{OF}$$

Or OF est sensiblement égal à la distance focale F de l'objectif, puisque l'image réelle A'B' se forme sensiblement au foyer F de l'objectif. L'angle AOB a alors pour mesure

$$\frac{A'B'}{F}$$

Le rapport des deux diamètres apparents est donc mesuré par l'expression

$$\frac{\dfrac{A'B'}{f}}{\dfrac{A'B'}{F}} = \frac{F}{f}$$

C' st-à-dire que **le grossissement d'une lunette astronomique est égal au quotient de la distance focale de l'objectif par la distance focale de l'oculaire.**

Réticule.

La lunette astronomique sert non seulement à observer les astres, mais aussi à repérer la direction d'un astre par rapport à l'observateur. Elle sert aussi à mesurer l'angle que font entre elles deux directions.

Une *ligne de visée* est fixée alors à la lunette elle-même. Cette ligne est déterminée par la droite qui joint le centre optique de l'oculaire au point de croisement de deux fils d'araignée tendus perpendiculairement l'un à l'autre, dans un diaphragme (fig. 312). Le diaphragme est placé

Fig. 312.

dans le plan focal de l'objectif, là où se forme l'image réelle de l'objet.

L'œil qui observe un astre, doit voir son image coïncider avec le point O du réticule. Cette coïncidence se produit lorsque l'astre est exactement dans le prolongement de la droite qui joint le centre optique de l'oculaire au point de croisement des fils du réticule : cette droite s'appelle **l'axe optique de la lunette.**

Champ.

Le champ d'une lunette astronomique est l'angle dans lequel l'objet doit être situé pour être vu dans l'instrument. Il diminue avec le grossissement.

La lunette est munie d'un diaphragme placé dans le plan focal de l'objectif. Il intercepte les rayons qui ne tomberaient pas sur l'oculaire. Le champ est donc limité par un cône, qui a pour sommet le centre optique de l'objectif et pour base l'ouverture du diaphragme.

Chercheur.

Les lunettes les plus puissantes ont un champ très faible. Il est alors difficile de trouver l'astre cherché, puisqu'on ne peut voir aucun astre voisin. On remédie à cet inconvénient, au moyen d'une petite lunette C appelée *chercheur*, fixée sur la grande lunette (fig. 313). Le chercheur grossit moins, mais la largeur de son champ permet d'embrasser dans une visée plusieurs astres voisins, qui servent de repère.

Fig. 313. — Lunette astronomique.

357. — Lunette terrestre. — La lunette astronomique donnant une image renversée, ne serait pas commode pour les observations

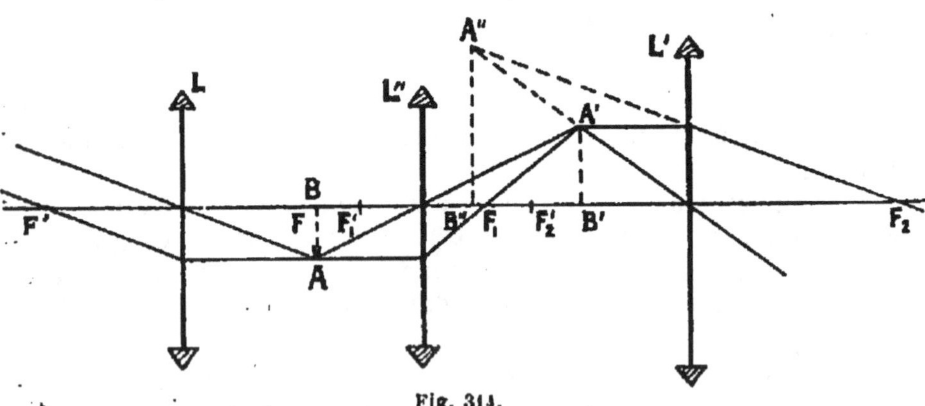

Fig. 314.

terrestres. Aussi pour ces observations-là, on lui substitue la lunette terrestre ou *longue-vue*, qui redresse l'image.

La lunette terrestre est en somme une lunette astronomique où, entre l'objectif et l'oculaire, on a intercalé un système de lentilles appelé *véhicule*. Le véhicule redresse les images.

La lunette terrestre est composée d'un objectif L (fig. 314), d'un oculaire L′ et du véhicule L″, que nous supposerons n'être qu'une seule lentille. L'objectif L donne une image réelle AB sensiblement située dans son plan focal; le véhicule L″ donne de l'image AB une autre image A′B′, droite par rapport à l'objet; l'oculaire L′ enfin, jouant le rôle de loupe relativement à A′B′ donne de cette dernière image, une image agrandie A″B″, par conséquent droite par rapport à l'objet.

358. — **Lunette de Galilée.** — Comme la lunette astronomique, la lunette de Galilée sert à augmenter le diamètre apparent des

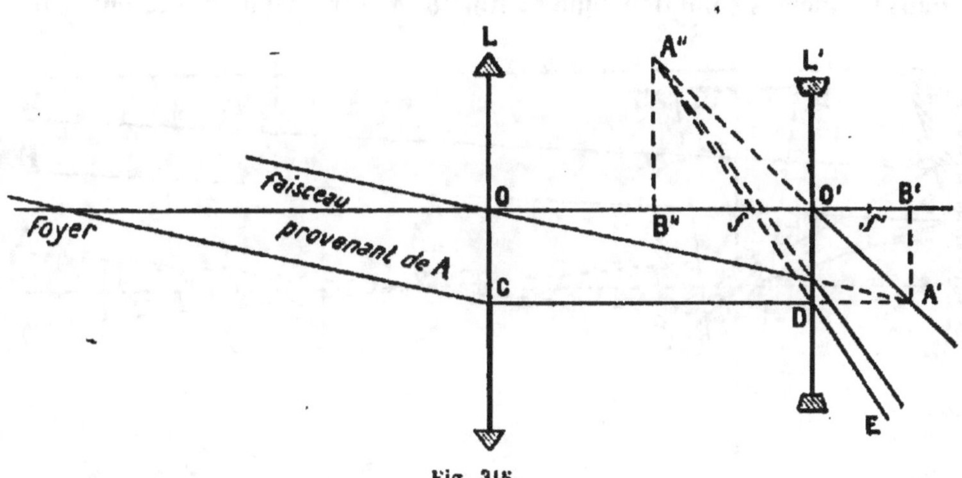

Fig. 315.

objets très éloignés. Si l'image qu'elle donne est moins nette, elle est du moins droite. Cette lunette a, d'autre part, l'avantage d'être très courte et d'offrir un large champ.

La lunette de Galilée se compose d'un objectif convergent L qui donnerait d'un objet très éloigné une image renversée et réelle A′B′ (fig. 315), puis d'un oculaire divergent L′ dont la distance focale O′f est moindre que la distance O′B′. Cette lentille donne de A′B′ une image A″B″ virtuelle et droite par rapport à l'objet. En effet, si nous considérons le rayon AC provenant du point A et passant par le foyer de l'objectif, ce rayon se réfracte en CD, parallèlement à l'axe principal; au point D le

rayon va diverger en DE, comme s'il venait du foyer f de l'oculaire. La
droite O'A' rencontre la droite DE en A" qui est l'image du point A.

359 — Lorgnette-jumelle. — La lorgnette-jumelle est employée pour grossir les objets peu éloignés. Elle se compose de deux
lunettes de Galilée réunies par deux traverses. Elles sont mises au point
simultanément pour les deux yeux de la manière suivante.

Chaque oculaire, dans les deux lunettes, est fixé à un tube à coulisse.
Les deux tubes à coulisse montent et descendent ensemble au moyen
d'un bouton moleté que l'on fait circuler le long d'une tige creusée d'un
pas de vis, placée entre eux. Les tubes à coulisse étant solidaires du
bouton moleté suivent ses mouvements.

360. — Télescope de Newton. — Le télescope s'emploie
dans les mêmes conditions que la lunette astronomique; il présente sur

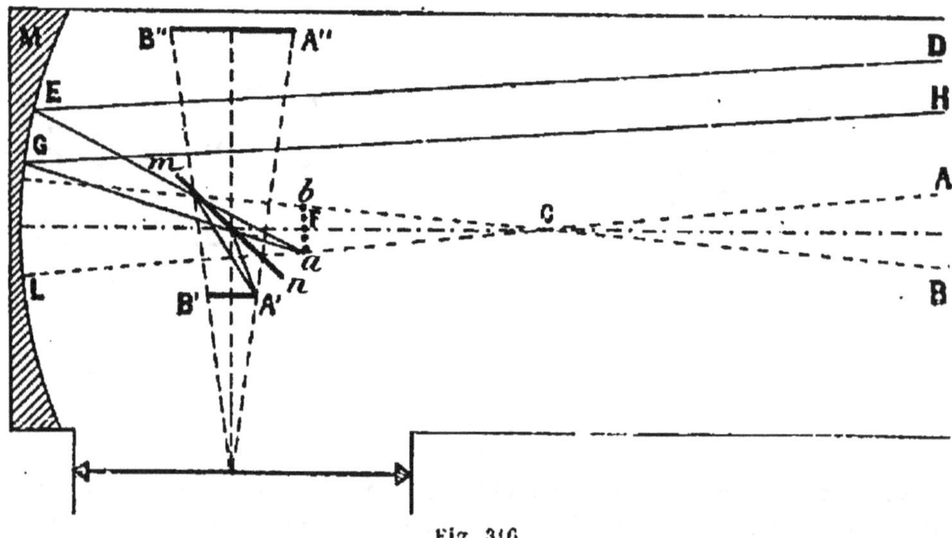

Fig. 316.

celle-ci l'avantage de donner des images sans traces d'irisation, avantage obtenu en remplaçant l'objectif lentille de la lunette par un miroir.
Malgré cet avantage et grâce au perfectionnement apporté dans l'a-
chromatisme des objectifs, on ne construit plus guère de télescopes.

Le miroir M (fig. 316) en verre argenté, donnerait d'un objet éloigné
AB, une petite image a b située sensiblement dans son plan focal F; mais
les rayons réfléchis sur M sont interceptés par un petit miroir m n

incliné à 45° sur l'axe. Alors l'image n'est pas formée en a b : elle est renvoyée latéralement en A'B'. Celle-ci, réelle, est égale et symétrique de a b. Enfin cette image A'B' est amplifiée en A" B" par une lentille faisant fonction de loupe, placée sur le côté de l'instrument.

Le miroir m n est assez petit pour qu'il n'intercepte qu'une petite partie du faisceau lumineux incident; l'emplacement de la lentille a été choisi pour la même raison.

Le grossissement est représenté par la même expression que dans la lentille astronomique. Si F est la distance focale du miroir M et f la distance focale de la lentille, on a

$$\text{grossissement} = \frac{F}{f}$$

Le télescope de Newton a été perfectionné par Foucault. Dans celui-ci, le miroir affecte la forme parabolique qui supprime l'aberration de sphéricité.

VINGT-TROISIÈME LEÇON

OPTIQUE (*suite*)

Ondes lumineuses. — Diffraction. — Phénomènes d'interférences. Polarisation de la lumière.

Ondes lumineuses

361. — Nature de la lumière. — On ne connaît pas la nature de la lumière. On constate que la lumière est due à quelque chose de périodique, qui se propage, voilà tout.

Après les travaux du physicien français Fresnel, on a admis que la lumière se propage par des mouvements ondulatoires analogues, — mais d'un ordre de grandeur incomparablement plus grand, — aux mouvements ondulatoires de l'air, qui produisent le son. Mais si la production du son est due à la vibration de l'air, il ne peut en être ainsi pour la lumière, car elle se propage non seulement dans l'air, mais encore dans le vide.

On a émis alors l'hypothèse qu'il existe une matière impondérable, répandue partout, depuis les espaces interplanétaires jusqu'à l'intérieur des corps. On l'a nommée *éther*. Les molécules des corps lumineux, dans un état de vibrations extraordinairement rapides, créeraient dans l'éther des ondes successives, comme des chocs répétés sur la paroi d'un verre empli d'eau, font naître une série d'ondes à la surface du liquide.

Les vibrations lumineuses sont transversales, c'est-à-dire perpendiculaires à la direction de la propagation. Elles se propagent comme les ondes liquides provoquées par la chute d'une pierre dans l'eau.

L'observation montre que les rayons lumineux se croisent dans l'espace sans se gêner mutuellement les uns les autres.

La lumière blanche n'est pas due à une vibration unique, mais à la réunion de vibrations de fréquences différentes. Ces vibrations, comme nous l'avons dit, qui portent le nom de *radiations*, sont de sept couleurs différentes, toujours disposées dans le même ordre : rouge, orangé, jaune, vert, bleu, indigo, violet.

Un faisceau de lumière blanche est dû à la superposition des radiations monochromatiques ou simples. L'œil est impressionné en même temps par toutes les radiations.

La vitesse de propagation de la lumière est la même pour toutes les radiations.

Chacune des radiations qui, groupées, composent la lumière blanche, a une longueur d'onde différente, infiniment petite, inférieure à un micron, de l'ordre du millième de millimètre. Ainsi la longueur d'onde de la radiation rouge est environ de $0\mu 64$; celle de la radiation violette est de $0\mu 4$. Les longueurs d'onde des radiations comprises entre le rouge et le violet sont représentées par des nombres intermédiaires.

Au moyen de la formule (n. 232)

$$V = F\lambda$$

nous pouvons déterminer F, nombre de vibrations par seconde, de la radiation rouge, par exemple.

$$F = \frac{V}{\lambda}$$

Or V est la vitesse de la lumière, 300 000 kilomètres par seconde, on a alors, en évaluant V et λ en mètres

$$F = \frac{300\ 000\ 000}{0,000\ 000\ 64} = \frac{300}{64} \times 10^{11} = 470 \text{ trillions environ}$$

Du rouge au violet le nombre de vibrations par seconde augmente environ de 470 trillions à 750 trillions.

362. — Diffraction.

— Nous avons dit que la lumière se propage en ligne droite. C'est exact pour le faisceau qui suit une voie libre, mais si la lumière rencontre un obstacle qu'elle peut traverser par un

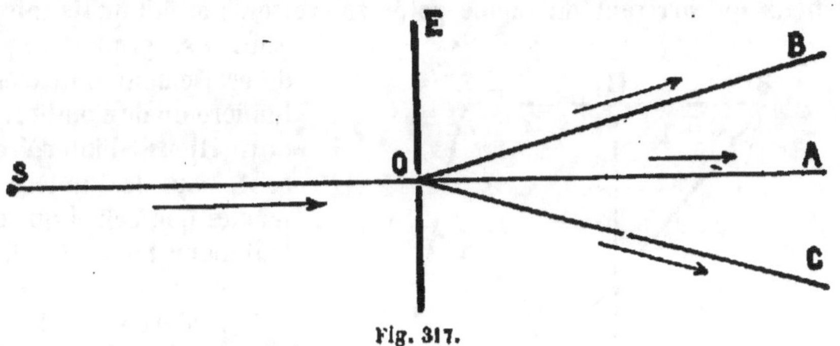

Fig. 317.

petit orifice, ce n'est pas un rayon rectiligne qui se propage après que la lumière a passé par l'orifice. La lumière est alors déviée dans toutes les directions. On l'appelle, dans ce cas, **lumière diffractée.**

Soit une source lumineuse S (fig. 317) qui éclaire un écran E. Considérons le rayon SO qui franchit l'écran par le petit orifice O. Ce n'est pas un rayon rectiligne OA, qui va faire suite à SO, mais un faisceau qui, à partir de O, s'étale comme un cône BOC avec O pour sommet.

La diffraction de la lumière a pour cause son mode de propagation par ondes.

Soit une cuvette pleine d'eau présentant deux compartiments A,B, (fig. 318), séparés par une cloison C. A la surface du liquide la cloison est percée d'un orifice R. A l'aide d'un diapason vibrant, frappons périodiquement le centre K de

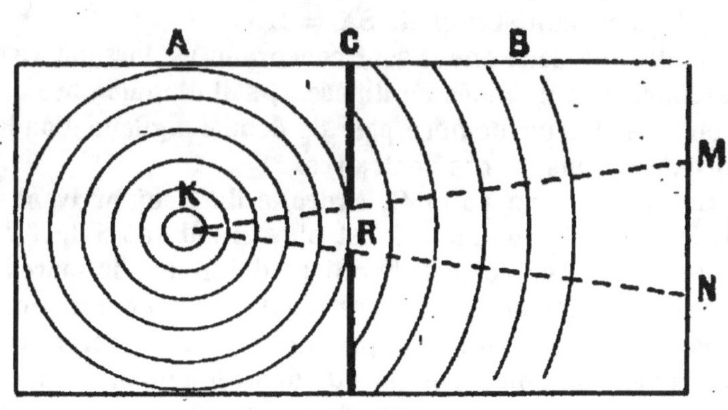

Fig. 318.

la surface liquide du compartiment A. Il se produit des ondes successives qui arrivent à l'orifice R. Ces ondes franchissent l'orifice; mais au
lieu d'être limitées par l'angle MKN, qui a pour ouverture l'orifice R,
elles se forment dans le compartiment B comme s'il n'y avait point de
cloison et comme si elles émanaient du point K.

363. — Phénomènes d'interférences. — Deux rayons

lumineux qui arrivent au même point se croisent; on dit qu'ils interfè-
rent. Il se produit au point de croisement un excès de lumière ou de l'ombre. Les conditions d'interférence sont, pour la lumière, les mêmes que celles qui existent pour les ondes liquides et les ondes sonores.

Considérons deux sources lumineuses S et S' (fig. 319) dont les faisceaux sont reçus sur un écran E qui leur est parallèle. Joignons S et S' et du milieu B de SS', abaissons une perpendiculaire BA sur E.

Au point A les ondes se propagent avec des mouvements périodiques con-

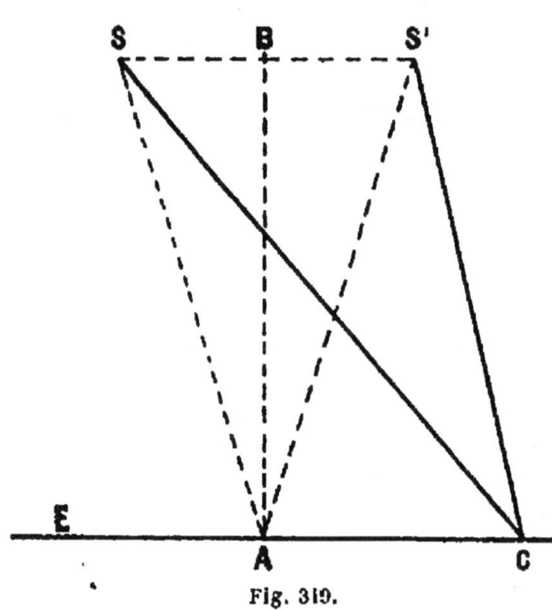

Fig. 319.

cordants, puisque, parties concordantes de S et de S', elles parcourent
le même chemin. En effet, SA = S'A.

On dit que deux ondes sont concordantes, lorsque les distances qu'elles
parcourent sont égales ou diffèrent, soit d'un nombre entier de longueur
d'onde, soit d'un nombre pair de demi-longueur d'onde; elles sont dis-
cordantes dans les cas contraires.

Considérons un point C, à droite de A où arrivent des ondes parties
de S et de S'. Comme SC est plus grand que S'C, il y a alors entre les
ondes différence de marche. Si la différence de marche de deux rayons
qui interfèrent au point C est égale à un nombre entier de longueurs
d'onde, il y a éclairement produit en C. Au contraire, si la différence
est égale à un nombre impair de demi-longueur d'onde, il y a obscurité.
Il en résulte qu'on voit en A une frange brillante et alternativement

à droite et à gauche de ce point, des franges claires et obscures.

Nous retrouvons là quelque chose d'analogue à ce que nous avons dit à propos des interférences des ondes liquides : quand le relief d'une onde d'un système d'ondes liquides se rencontre avec le relief d'une onde de l'autre système, l'eau s'élève à une hauteur égale à la somme des deux reliefs; si le relief d'une onde rencontre au contraire le creux d'une autre onde, le relief et le creux s'annulent.

Expérience d'Young.

L'expérience du physicien anglais Young montre bien le phénomène d'interférences.

Perçons de deux petits trous rapprochés un carton, et regardons par les trous une pièce de monnaie d'argent exposée au soleil. La pièce est vue comme une tache lumineuse (fig. 320) constituée par des raies alternativement brillantes et obscures. Ce sont les franges dont nous venons de parler dues aux rayons lumineux qui interfèrent parce que les deux faisceaux lumineux issus de chaque trou empiètent l'un sur l'autre. La frange brillante centrale est la plus vive.

Fig. 320.

Si l'on masque un trou et qu'on regarde la pièce par l'autre trou unique, la pièce est vue uniformément éclairée. C'est qu'il ne se produit plus d'interférences, car il n'y a plus qu'un seul faisceau lumineux.

Soit S une source lumineuse (fig. 321) placée devant le carton C percé

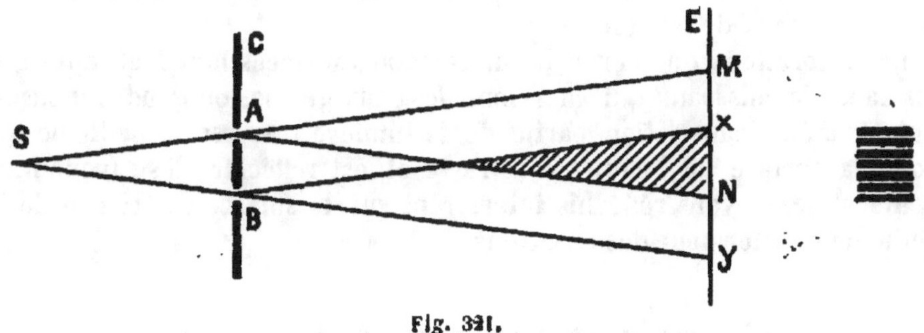

Fig. 321.

en A et B. Les trous A et B sont par conséquent éclairés. Aussi un faisceau lumineux part-il de chacun de ces trous et peut être recueilli sur un écran E. On voit sur la figure que le faisceau MAN empiète nettement sur lé faisceau XBY : aussi on constate que l'écran présente en XN des raies alternativement brillantes et sombres, que nous avons figurées à droite de la figure.

Anneaux de Newton. — Les interférences de la lumière produisent non seulement des raies brillantes et des raies obscures, mais encore des colorations. Les colorations sont dues à la différence de marche des rayons incidents et des rayons réfléchis, lorsque les rayons incidents tombent sur une lame mince. Ce phénomène est aisément réalisé au moyen d'une plaque de verre A (fig. 322) sur laquelle on place une lentille plan-convexe B, la convexité du côté de la plaque. Une lame d'air de faible épaisseur, se trouve alors intercalée entre la plaque et la lentille, et son épaisseur augmente du centre à la circonférence de la lentille.

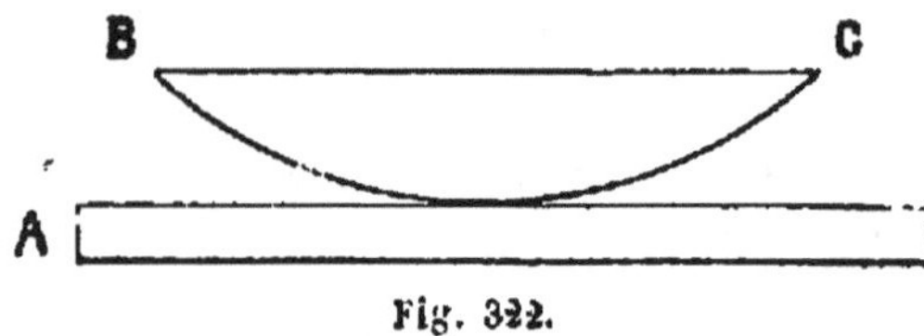

Fig. 322.

En regardant à travers la lentille, on voit autour d'un centre noir des anneaux irisés. La couleur la plus rapprochée du centre est le rouge ; les autres couleurs s'étagent ensuite jusqu'au violet. La gamme du spectre recommence et ainsi de suite.

Il en est ainsi parce que la lumière qui tombe sur la surface BC n'est pas toute réfléchie ; une partie traverse la lentille, se réfracte et se réfléchit. Les rayons réfléchis, à cause de la réfraction qui a eu lieu, présentent une différence de marche avec les rayons incidents avec lesquels ils interfèrent. Il en résulte des anneaux colorés auxquels on a donné le nom d'anneaux de Newton.

Les colorations que l'on voit sur certaines surfaces liquides, telles que les eaux de ruisseaux qui charrient des eaux grasses ou goudronneuses, ont la même cause. Une partie de la lumière traverse la pellicule qui voile la surface de l'eau, s'y réfracte et est réfléchie ; les rayons incidents et les rayons réfléchis interfèrent sur la surface extérieure de la pellicule et y forment des irisations.

Polarisation de la lumière

364. — Définitions. — Certains corps cristallisés sur lesquels tombe un faisceau lumineux, ne se comportent pas de la même manière que le verre. Ils ont une propriété optique diffé-rente. Ils sont bi-réfringents. Tels sont le spath d'Islande (carbo-nate de calcium cristallisé : cal-

Fig. 323.

cite), le quartz, la tourmaline. Lorsqu'un rayon tombe sur un fragment de spath, on observe une double réfraction (fig. 323).

Le spath se présente sous la forme d'un rhom-boèdre, c'est-à-dire d'un solide limité par six faces en losange. Ces losanges sont groupés par trois, de manière que le rhomboèdre pa-raît être dû à l'association de deux trièdres. La diagonale A B (fig. 324) est l'axe du cristal. Le plan mené normalement à la face d'inci-dence, qui passe par l'axe A B est nommé *section principale*.

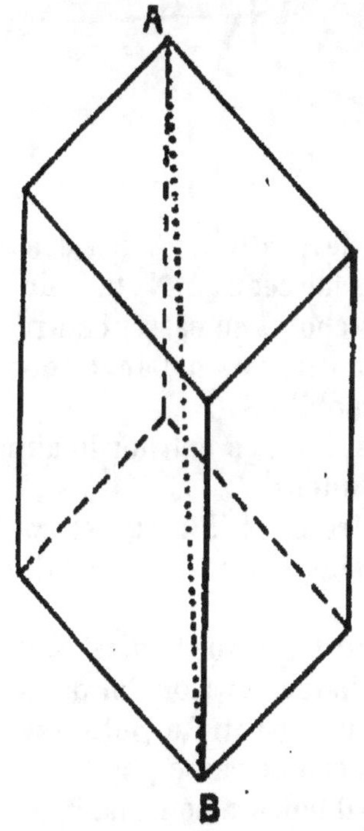

Fig. 324.

365. — Polarisation. — Recevons sur une face d'un cristal de spath un faisceau lumineux R (fig. 325). Supposons que la section principale soit dans la position verticale SP. Le faisceau R se divise en deux faisceaux égaux en intensité : l'un appelé **faisceau ordinaire**, dévié en I, suivant les lois de la réfraction ; l'autre nommé **faisceau extraordinaire**, dévié en I′, mais restant dans le plan de la section principale.

Si la source de lumière est un point, on peut recevoir sur un écran deux images superposées, qui sont deux petits disques. On leur donne le nom **d'image ordinaire** et **d'image ex-traordinaire**, selon qu'elles sont produites par l'un ou l'autre faisceau.

Les faisceaux lumineux issus de la réfraction d'un faisceau incident possèdent des propriétés différentes de celle de la lumière naturelle. Supposons qu'au moyen d'un écran E on arrête le faisceau extraordinaire I′, et que l'on fasse au contraire tomber le faisceau ordinaire I sur un second spath S'P', disposé comme le premier. Le faisceau I subit dans la section principale S'P' la même double réfraction que le faisceau initial R : il se divise en deux parties égales en intensité M N. Si les faisceaux M N étaient dus à la lumière naturelle, qui a produit le faisceau R, ils pourraient donner sur un écran deux images superposées. De plus, si

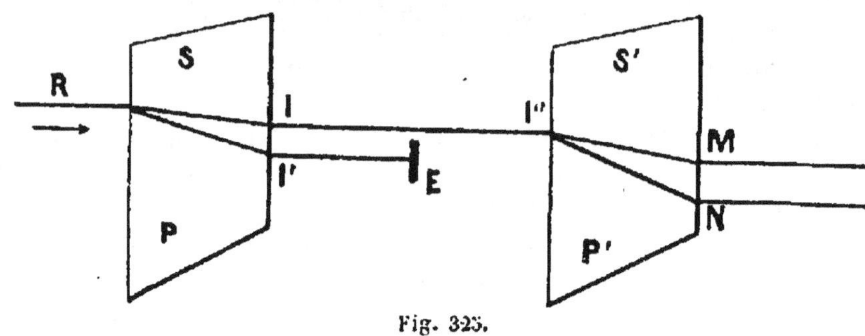

Fig. 325.

l'on faisait tourner sous un angle quelconque le spath S'P', les deux images conserveraient la même intensité. Mais les faisceaux M N étant dus à la lumière qui a déjà traversé le spath S P, les choses se passent autrement. Les images données par M N varient d'intensité selon l'angle que fait la section principale S'P' avec la section immobile S P.

Lorsque les sections S P et S'P' sont parallèles, l'image extraordinaire est nulle et l'image ordinaire a son maximum d'intensité.

Lorsque les sections sont perpendiculaires entre elles, l'image extraordinaire a, au contraire, son maximum d'intensité et l'image ordinaire est nulle.

On conclut de ces expériences que la lumière du faisceau II″ n'est plus, après avoir traversé le spath S P, de la lumière naturelle : on lui donne le nom de **lumière polarisée**. On appelle par suite **plan de polarisation** du faisceau II′, le plan qui contient ce faisceau et passe par la section principale du spath S P, lorsque l'image ordinaire a son maximum d'intensité.

On peut inversement arrêter au moyen d'un écran le faisceau ordinaire I et faire tomber le faisceau extraordinaire I′ sur le spath S'P'. Le faisceau I′ se divise également en deux faisceaux d'égale intensité, qui donneront deux images : une image ordinaire et une image extraordinaire. Dans ce cas, lorsque les deux sections principales sont perpendiculaires entre elles, l'image ordinaire atteint son maximum d'intensité et l'image extraordinaire est nulle. Au contraire, si les sections sont parallèles, l'image ordinaire est nulle et l'image extraordinaire est au maximum d'intensité.

Le premier spath porte le nom de **polariseur**, le second celui **d'analyseur**. Ils le sont inversement l'un ou l'autre, selon la place qu'ils occupent.

La lumière réfléchie par une surface de verre est aussi partiellement polarisée; il en est de même de la lumière réfractée dans une lame transparente.

Nicol.

Pour n'avoir pas à s'occuper du faisceau que l'on veut supprimer, on emploie un *prisme de Nicol*, nommé simplement *nicol*. C'est un spath scié perpendiculairement à sa section principale; puis les deux morceaux sont recollés avec du baume du Canada. Le faisceau qui tombe convenablement sur un tel spath est d'abord réfracté doublement; mais le faisceau ordinaire, grâce à la pellicule de baume, éprouve la réflexion totale et est rejeté au dehors.

566. — Pourquoi se produit la polarisation. — La polarisation de la lumière se produit parce que les vibrations des molécules de l'éther sont transversales au lieu d'être longitudinales. Si les

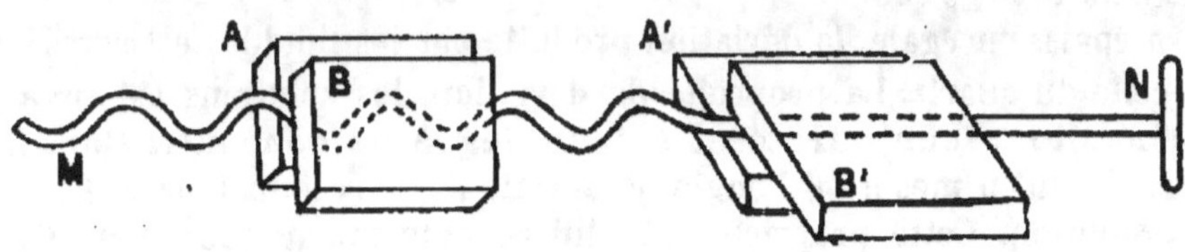

Fig. 326.

vibrations étaient longitudinales, le phénomène d'un nicol convenablement orienté, qui laisse passer ou non la lumière serait inexplicable.

En effet, lorsqu'on frappe sur le bout M (fig. 326) d'un caoutchouc attaché par l'autre bout N, il vibre. Mais comment vibre-t-il? Il vibre transversalement. En effet, rapprochons du caoutchouc deux plaques verticales AB, les vibrations ne s'arrêtent pas, tandis que si l'on dispose les plaques horizontalement en A'B', les vibrations cessent.

Il faut bien admettre alors ceci : les vibrations sont perpendiculaires au faisceau lumineux. Mais le plan dans lequel elles se produisent, appelé **plan de vibration, change sans cesse.**

Le plan de vibration d'un faisceau de lumière polarisée est celui qui,

passant par le faisceau, contient en même temps les **vibrations des molécules de l'éther**.

367. — Polarisation rotatoire. — Un cristal de quartz taillé

en lame mince et perpendiculairement à son axe a la propriété de dévier
d'un certain angle le faisceau de lumière polarisée qui le traverse.

Lorsqu'un faisceau de lumière monochromatique est dirigé sur deux
nicols croisés, il est éteint à la sortie du nicol analyseur. Mais si l'on
intercale entre les deux nicols une lame de quartz taillée comme il est
dit ci-dessus, la lumière n'est plus éteinte : elle sort du second nicol.
Si l'on fait tourner le second nicol d'un angle α, le faisceau est de nouveau éteint. C'est donc qu'en traversant le quartz, le faisceau venant du
nicol polariseur avait dévié du même angle α dans le quartz. On en
conclut que le quartz a fait tourner le plan de polarisation de la lumière.
On dit alors que le quartz possède un **pouvoir rotatoire**. La rotation
est proportionnelle à l'épaisseur de la lame.

Les solutions de certaines substances, telles que celles de glucose, de
saccharose et l'acide tartrique, l'essence de térébenthine, etc., ont la propriété de dévier d'un certain angle la lumière polarisée: Certains corps,
comme le saccharose, dévient à droite : on les appelle **dextrogyres;**
d'autres, comme l'essence de térébenthine, dévient à gauche : on les
nomme **lévogyres**.

A épaisseur égale, la déviation produite par les liquides est supérieure
à celle du quartz. La propriété de déviation des solutions est **proportionnelle à leur pureté et à leur degré de concentration**. Il en
résulte qu'en mesurant l'angle de déviation, on reconnaît la richesse de
la solution. Cette propriété est utilisée notamment pour connaître la
valeur en sucre des sucres industriels.

VINGT-QUATRIÈME LEÇON

OPTIQUE (*suite*)

Photographie. — Photographie des couleurs. — Stéréoscope. — Lanterne de projection. — Cinématographe.

Photographie

La photographie a pour but de reproduire les images des objets. Ce résultat est obtenu :

1° Par l'action chimique de la lumière. La lumière a la propriété de décomposer certaines substances telles que le chlorure et le bromure d'argent;

2° Par la formation d'une image dans la *chambre noire*.

368. — Chambre noire. — Lorsque, par un petit orifice pratiqué dans le volet d'une chambre obscure, arrive un faisceau de lumière,

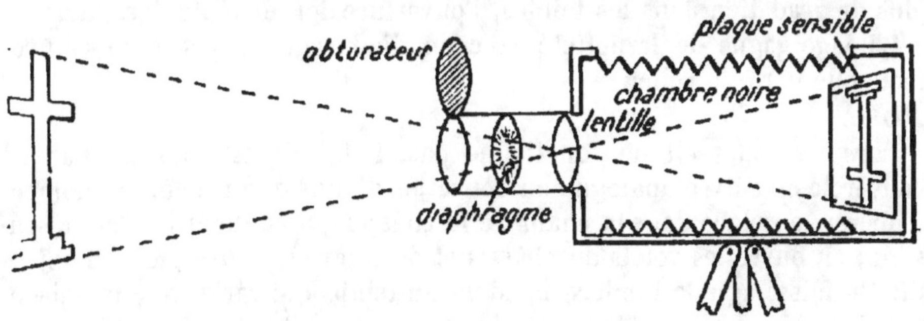

Fig. 327. — Chambre noire.

l'image des objets extérieurs se forme sur un écran. Si l'on place une lentille devant l'orifice, l'image est plus nette et a plus d'éclat.

La chambre noire (fig. 327) est constituée essentiellement par une lentille convergente, qui est l'*objectif*.

L'objectif est placé à l'orifice d'une caisse à soufflet. Le soufflet permet de faire varier la distance de l'écran placé au fond de la caisse, à l'objectif qui est en face. L'objet est reproduit par une image **réelle et renversée** sur l'écran.

: L'*écran* est une plaque de verre recouverte d'une substance sensible à la lumière. On lui donne le nom de *plaque sensible*. La plaque sensible est mise dans la chambre noire à l'abri de la lumière, dans un *châssis à volets*.

L'objectif est muni d'un *diaphragme*, qui permet de mesurer la quantité de lumière entrant dans la chambre. Le diaphragme élimine les rayons obliques qui rendent l'image un peu confuse. En général, le diaphragme est formé de lamelles superposées partiellement comme des écailles de poisson et disposées en cercle. Selon qu'elles se recouvrent plus ou moins, elles font varier l'ouverture de l'orifice. Le diaphragme est, à l'aide d'un dispositif spécial, manœuvré de l'extérieur.

369. — Obtention du cliché négatif.

Mise au point.

Mettre au point, c'est examiner, après que le sujet a été placé convenablement, si l'image se produit bien sur la plaque de verre dépoli, qui est au fond de la chambre noire. L'opérateur, pour cela, se couvre la tête d'un voile noir pour que la lumière ne pénètre pas. Il tire ou resserre le soufflet jusqu'à ce que l'image soit nette.

Le diaphragme est manœuvré. Si l'on doit avoir plus de clarté avec plus de gradation dans les teintes, l'ouverture doit être plus grande.

L'image gagne de la netteté avec un diaphragme à petite ouverture; mais elle perd du relief.

Pose.

Lorsque l'appareil ne fonctionne pas, l'objectif est masqué par un couvercle en cuivre analogue au couvercle d'une boîte ronde. Au moment d'opérer, on place dans la chambre le châssis qui contient la plaque sensible; on ouvre les volets du châssis et on enlève le couvercle de l'objectif. On laisse agir la lumière pendant un temps qui varie avec la saison, avec la substance sensible de la plaque, avec la distance de l'objet, avec l'état de l'atmosphère, etc.

On peut photographier à la lumière artificielle : lumière électrique, flamme de magnésium, etc.

Plaque sensible.

Selon la substance employée, la sensibilité de la plaque est plus ou moins grande. Le plus souvent la plaque est enduite d'une émulsion de bromure d'argent dans de la gélatine.

Quelle que soit la substance dont une plaque sensible est recouverte, elle ne doit être manipulée qu'à la *lumière rouge*. Car les radiations de couleurs diverses que nous connaissons ne sont pas les seules radiations solaires : il en existe d'invisibles, dont les unes, radiations infra-rouges, ont seulement des propriétés calorifiques, et les autres, radiations ultra-violettes, des propriétés chimiques. Les rayons rouges et infra-rougès étant sans action sur les sels d'argent, on préparera donc la plaque sensible et on ne la manipulera ensuite que dans un cabinet obscur, éclairé par une lanterne garnie de verres rouges.

Développement.

On ne distingue après la pose aucune image sur la plaque. On la fait apparaître au moyen du *développement*. C'est une opération fondée sur l'action des réducteurs énergiques; par exemple l'acide pyrogallique. L'argent mis en liberté paraît noir, par conséquent toutes les parties fortement éclairées de l'objet, deviennent noires sur la plaque; au contraire, les parties de l'objet faiblement éclairées sont légèrement teintées et les parties non éclairées du tout apparaissent incolores. On obtient ainsi un *cliché négatif* (fig. 327 *bis*), appelé ainsi parce qu'il est en quelque sorte la négation de l'objet.

Fig. 327 *bis*. — Cliché négatif.

A la dissolution du réducteur dans laquelle on ajoute certaines substances, on donne le nom de *révélateur* : il montre, révèle en effet l'image qui était invisible.

Le développement doit être effectué à la lumière rouge.

Fixage.

Lorsque le développement est achevé, on élimine les sels d'argent qui ont résisté à l'action de la lumière, en plongeant la plaque dans un bain d'hyposulfite de sodium. L'argent s'y dissout. On lave ensuite jusqu'à ce qu'il ne reste plus trace d'hyposulfite et on laisse sécher.

370. — Épreuves positives. — A l'aide du seul cliché négatif, on tire autant d'épreuves positives que l'on veut, sur des papiers spéciaux. Ces papiers sont généralement recouverts d'une mince couche de gélatine imprégnée de chlorure d'argent, additionné, lui, d'un sel d'argent soluble, par exemple du citrate d'argent.

Voici comment on procède :

On a un *châssis-presse* dont une face est en verre et l'autre en bois; on introduit dans ce châssis le cliché négatif, verre contre verre, et au-dessous de la gélatine sèche le papier sensible, gélatine contre gélatine; puis on presse le tout.

Cela fait, on expose le châssis à la lumière, du côté du verre, naturellement. La lumière traverse le verre et les parties transparentes du cliché qui est au-dessous. Alors celui-ci noircit les parties correspondantes du papier.

Les régions du papier qui se rapportent aux régions noires du cliché, restent au contraire blanches. Il en résulte ce que l'on appelle un *positif* (fig. 327 *ter*). Les détails de l'image sont de la sorte remis en valeur.

Lorsque le tirage est assez « venu », on retire la feuille de papier; on la lave à l'eau pure et on procède au *virage*.

Si l'on fixait l'épreuve positive ainsi obtenue, celle-ci prendrait une teinte brune rougeâtre peu agréable. On modifie d'une manière heureuse cette teinte en plongeant le positif dans un bain de chlorure d'or au millième, auquel on a ajouté une petite quantité d'un sel alcalin : carbonate de sodium, par exemple. L'or se substitue à l'argent.

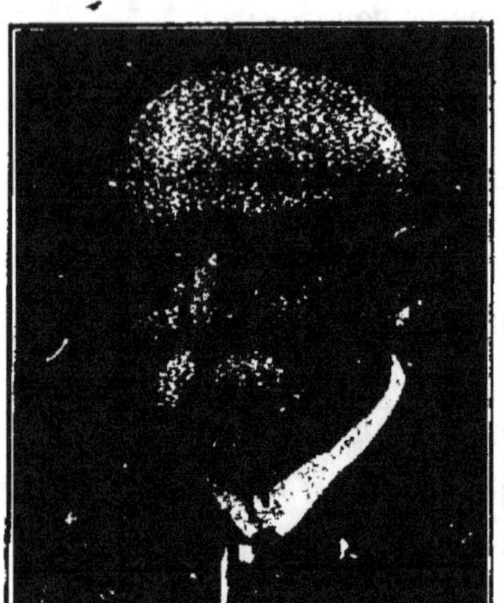

Fig. 327 *ter*. — Positif.

On lave ensuite dans une solution d'hyposulfite de sodium, pour dissoudre ce qu'il pourrait rester du sel d'argent non altéré. On lave encore à grande eau et on laisse sécher.

PHOTOGRAPHIE DES COULEURS

Lorsqu'on examine l'image d'un objet projetée par l'objectif sur la plaque de verre dépolie de la chambre noire, elle apparaît avec tout l'éclat de ses couleurs. Mais l'épreuve photographique ordinaire ne reproduit que la forme et le modelé de l'objet, les couleurs qui en fai-

saient le charme ont disparu. Aussi l'on a cherché de plusieurs manières à obtenir des images photographiques colorées.

371. — Procédé Lippmann.

371. — Procédé Lippmann. — Ce procédé est fondé sur les
phénomènes d'interférences de la lumière produits par les lames minces.
L'appareil se compose d'une chambre noire munie d'un objectif très
lumineux. Le châssis est construit de manière qu'une couche de mercure
versée derrière la plaque, y est immobilisée et forme miroir. Le mercure
est en contact avec la couche sensible (gélatine ou albumine), qui doit
être très transparente

Pendant la pose, les rayons émis par les différents points de l'objet
viennent faire sur la plaque sensible une image réelle, colorée, comme
cela se passe sur la glace dépolie, pendant la mise au point. Mais par
suite de la réflexion sur le mercure, il se produit dans l'épaisseur de la
couche sensible des interférences entre les rayons directs et les rayons
réfléchis : il se forme des *maxima* et des *minima*. Sur les régions où il y
a eu maxima, le développement opéré à la manière ordinaire, déposera
des pellicules d'argent; là où il y a eu minima, l'effet photographique
étant nul, il ne restera après le fixage que de la gélatine ou albumine.

Les lames minces ainsi déposées dans la couche sensible seront naturellement éloignées les unes des autres d'une demi-longueur d'onde de
chaque lumière rouge, jaune, vert, bleu, etc., qui leur aura donné naissance; elles seront capables par conséquent de reproduire ces mêmes
couleurs par réflexion. Aussi quand on dispose le cliché sur un fond noir
et qu'on le regarde à la lumière diffuse, on voit du rouge, du jaune, du
vert, etc., là où les lames minces sont distantes les unes des autres
d'une demi-longueur d'onde du rouge, du jaune, du vert, etc. Ces couleurs sont d'autant plus brillantes que le nombre des lames minces est
plus considérable dans chaque région du cliché. Dans une couche de un
dixième de millimètre d'épaisseur, il peut y en avoir de 3500 à 5000
pour le rouge ou pour le violet.

En raison des difficultés d'exécution et de la longueur du temps de
pose, le procédé Lippmann est resté seulement une intéressante curiosité
scientifique.

372. — Procédé Cros et Ducos du Hauron.

372. — Procédé Cros et Ducos du Hauron. — Ce pro-
cédé est fondé sur ce fait que toutes les couleurs peuvent être obtenues
par un mélange convenable de deux ou trois des couleurs dites fonda-
mentales : **rouge, bleu, jaune.**

Un mélange de

rouge et jaune	donne	l'orangé
jaune et bleu	—	le vert
rouge et bleu	—	le violet

C'est ainsi, par exemple, que les imprimeurs de cartes géographiques, pour teindre une région en vert, l'impriment d'abord en jaune, puis impriment du bleu sur le jaune.

Il suffira donc d'obtenir trois épreuves photographiques avec teintes et demi-teintes correspondantes aux diverses couleurs de l'objet : l'une rouge, l'autre bleue, la troisième jaune et de les superposer bien exactement. De cette superposition résultera une image, qui reproduira les couleurs de l'objet.

On produit d'abord les négatifs qui serviront au tirage des positifs colorés.

Négatifs.

Une plaque transparente colorée en vert arrête les radiations rouges; colorée en rouge, elle arrête les radiations bleues; colorée en violet, elle arrête les radiations jaunes. Si l'on prend alors trois clichés d'un objet diversement coloré, en ayant soin d'interposer entre l'objet et la plaque sensible une lame de verre colorée, soit en vert, soit en rouge, soit en violet, il arrivera ceci :

1° — **L'écran vert** laissera passer les radiations jaunes, les radiations bleues, les radiations vertes (mélange de jaune et de bleu), partiellement les radiations violettes (mélange de rouge et de bleu) et les radiations orangées (mélange de rouge et de jaune). La plaque sera impressionnée aux endroits correspondants, tandis qu'elle n'aura pas subi l'action des radiations franchement rouges.

Au développement, les parties impressionnées deviendront plus ou moins noires, suivant la porportion de radiations qui seront passées. Au contraire, les parties de la plaque qui correspondaient aux radiations rouges et aux radiations mixtes violettes et orangées retenues, resteront totalement ou plus ou moins transparentes.

Nous obtiendrons ainsi un négatif pour images rouges.

2° — **L'écran rouge** filtrera, si l'on peut dire, la lumière de la même façon. Il laissera passer les rouges, les jaunes, les orangés (mélange de rouge et de jaune), partiellement les verts (mélange de jaune et de bleu) et les violets (mélange de rouge et de bleu), tout cela, au développement, viendra en noir ou en demi-teintes, tandis qu'aux radiations bleues arrêtées, correspondront des parties franchement claires.

Nous aurons ainsi un cliché négatif pour images bleues.

3° — L'écran violet laissera passer les radiations rouges, les bleues, les violettes (mélange de rouge et de bleu) et les vertes (mélange de jaune et de rouge). Tout cela, au développement viendra en noir ou en demi-teintes, tandis que les radiations jaunes arrêtées seront représentées par des clairs.

Nous aurons ainsi un négatif pour images jaunes.

Positifs.

Si après cela, par des procédés spéciaux, on tire avec ces trois négatifs, sur des pellicules transparentes, trois positifs colorés : le premier en rouge, le second en bleu, le troisième en jaune, il suffira de superposer les trois pellicules bien exactement, pour que la superposition de ces trois images monochromes reproduise les couleurs de l'objet.

Ce procédé présente de grandes difficultés d'exécution. Aussi on chercha à supprimer la superposition. Le problème fut résolu par les frères Lumière au moyen d'une plaque autochrome.

373. — Procédé Lumière. — La plaque autochrome Lumière utilisée pour la photographie des couleurs, est une plaque de verre enduite d'abord sur une face d'une substance poisseuse incolore, capable de retenir des grains d'amidon colorés dont on la saupoudre.

Les grains d'amidon extrêmement ténus, au point que l'œil ne peut les distinguer les uns des autres (il en faut 6 à 7000 pour couvrir la surface de 1^{mm2}) ont été préalablement colorés, les uns en **rouge-orangé**, les autres en **vert**, les derniers en **bleu-violet**. Ils sont ensuite mélangés en proportions convenables de manière que l'ensemble ne présente aucune couleur dominante. Après cela, au moyen d'une machine spéciale, on les répartit bien également sur la plaque de verre, du côté de la face poisseuse, qu'on saupoudre enfin d'une poussière de charbon très fine pour remplir les intervalles qui pourraient rester entre les grains. Afin de mieux assurer l'adhérence des grains colorés et de la poussière de charbon à la substance poisseuse, on soumet la plaque à un laminage et on la recouvre définitivement d'une mince couche de vernis bien transparent et imperméable pour protéger les grains colorés contre l'action de l'eau pendant le développement.

Tous ces petits grains colorés formeront des écrans, que les rayons lumineux, suivant leur coloration, pourront traverser totalement ou en partie. Quand on regarde par transparence, à la lumière du jour, la plaque ainsi préparée, elle paraît presque blanche ou plutôt grise, à cause d'un peu d'absorption de lumière, qu'on ne peut empêcher. Les rayons rouges-orangés, verts et bleus-violets qui la traversent, vus

simultanément, puisqu'ils viennent de points très rapprochés, se combinent ensemble pour donner une résultante blanche. Si la plaque ne présentait que deux des couleurs choisies au lieu de trois, il résulterait de l'association de ces deux couleurs, non pas la sensation du blanc, mais celle d'une couleur.

Supposons que, par un artifice quelconque, on, masque le rouge-orangé, il reste le vert et le bleu-violet, qui donnent la sensation du bleu. Si l'on masque le vert, le rouge-orangé et le bleu-violet donnent la sensation du rouge. Enfin, lorsque c'est le bleu-violet qui disparaît, le rouge-orangé et le vert donnent la sensation du jaune. Lorsque l'obturation n'est que partielle, il en résulte toutes espèces de teintes.

L'obturation des grains colorés se fait d'une manière automatique par la seule action des radiations émises par l'objet dont on veut reproduire l'image colorée. Dans un laboratoire très peu éclairé par une lumière rouge foncé, on commence par recouvrir la couche des grains colorés d'une émulsion photographique au bromure d'argent; puis, lorsque la plaque est sèche, on la place dans le châssis ordinaire, le côté verre tourné vers l'objectif, le côté émulsion reposant sur un carton noir pour le préserver de toute rayure.

Avant de procéder à la pose, il faut avoir soin de munir l'objectif d'un écran spécial plus ou moins jaune afin d'atténuer l'action trop vive des rayons violets. Sans cette précaution, toutes les couleurs du cliché présenteraient des teintes violacées.

Après avoir mis au point sur verre dépoli retourné, on procède à la pose qui doit être un peu plus longue que d'habitude, puisque les rayons lumineux ont à traverser après l'objectif l'écran jaune, la plaque de verre, le vernis et les grains colorés avant d'agir sur la couche sensible. On développe ensuite à la manière ordinaire dans un laboratoire aussi peu éclairé que possible. Seuls les rayons qui ont traversé les grains colorés, ont impressionné plus ou moins les différentes parties de la plaque sensible. Aux endroits atteints, le développement produit par réduction du bromure d'argent un dépôt d'argent gris noir plus ou moins abondant, qui voilera plus ou moins les grains traversés.

Supposons qu'après cela on fixe l'image à la manière accoutumée, l couche opalescente de bromure d'argent non réduit va disparaître e les grains qui n'ont pas été traversés par les radiations demeureror seuls translucides, les autres étant voilés par le dépôt d'argent. Dès lor la plaque regardée par transparence présentera une image dont l couleurs seront complémentaires de celles de l'objet.

Couleur complémentaire du bleu : rouge-orangé
>>   du rouge : vert
>>   du jaune : bleu-violet.

Mais, si au lieu de passer la plaque à l'hyposulfite après le premier développement, on la lave et on la met dans un bain de permanganate de potassium acidulé, capable de dissoudre le dépôt d'argent sans altérer les parties de bromure d'argent qui, n'ayant pas été atteintes par la lumière, ont échappé à l'action du développateur, alors les grains colorés qui étaient voilés redeviendront visibles par transparence. Qu'on porte après cela la plaque à la lumière du jour, puis qu'on la remette dans le bain de développement, ce seront alors les parties de bromure d'argent que la lumière n'a pas touchées pendant la pose dans la chambre noire et que le premier développement a épargnées, qui vont venir en noir dans cette opération faite en pleine lumière. Ces parties seront de la sorte couvertes d'un voile, qui empêchera de voir par transparence les grains colorés que telle ou telle radiation lumineuse n'a pu traverser pendant la pose.

Qu'on regarde maintenant par transparence la plaque après ces divers traitements, la lumière ne pourra traverser que les grains dont les couleurs correspondent justement à celles de l'objet; c'est-à-dire aux couleurs dont les radiations ont pu les traverser et impressionner la plaque pendant la pose. Tous les autres resteront désormais masqués par l'argent déposé dans le dernier développement. L'association des radiations qui traversent les grains donne à l'image les couleurs mêmes de l'objet.

Pour le mieux faire saisir, appliquons ces données à un cas très simple, à la photographie du drapeau français par exemple (fig. 328), qui ne présente que trois couleurs. Faisons subir au cliché toutes les opérations décrites ci-dessus.

A la pose dans la chambre noire, les radiations venues de la partie bleue, côté de la hampe, traversent les grains verts et les grains bleus-violets, non les rouges-orangés.

Les radiations venues de la partie blanche traversent tous les grains colorés.

Les radiations venues de la partie rouge traversent les grains rouges-orangés, les grains bleus-violets, non les verts.

Au premier développement, tous les grains colorés seront masqués par le dépôt d'argent réduit, sauf les rouges dans les parties voisines de la hampe et les verts dans la partie la plus éloignée.

Après avoir passé par le bain d'hyposulfite, la plaque présente une image négative du drapeau :

le rouge   remplace le   bleu
»   noirâtre   »   »   blanc
»   vert   »   »   rouge

Mais si au lieu de fixer la plaque après le premier développement, on la soumet à l'action du permanganate de potassium, celui-ci dissout le voile d'argent réduit, et les couleurs qui étaient masquées offrent maintenant libre passage à la lumière.

A ce moment, il ne reste donc d'émulsion sensible que derrière les éléments rouges-orangés (en face du bleu du drapeau) et derrière les éléments verts (en face du rouge du drapeau).

A la pleine lumière du jour, qui agit sur le reste de l'émulsion sensible, épargné pendant la pose, procédons à un nouveau développement. Il donne les résultats suivants :

1° En face du bleu du drapeau, les grains verts et les grains bleus-violets sont débarrassés de leur voile, tandis que les rouges-orangés, au contraire, restent masqués. Alors la partie du cliché correspondant aux grains verts et bleus-violets, paraît colorée en bleu.

2° En face du blanc du drapeau, les grains rouges-orangés, les verts et les bleus-violets, couverts au premier développement, sont maintenant découverts et traversés par la lumière qui donne une résultante blanche.

3° En face du rouge du drapeau, les grains rouges-orangés et les grains bleus-violets sont délivrés de leur voile, tandis que les grains verts sont masqués par le dépôt d'argent. L'association du rouge-orangé et du bleu-violet fait paraître rouge la partie du cliché qui correspond à ces couleurs.

REMARQUE.

Lorsque l'objet présente des teintes multiples et variées, la complication est évidemment bien plus grande ; mais toujours pour un point quelconque, la couleur sera la résultante des radiations qui, dans ce point, parviendront à traverser totalement ou partiellement les écrans colorés [1].

---

1. Des renseignements précis sont donnés dans un agenda annuel publié par les Établissements Lumière et Jougla, pour l'exécution de la photographie des couleurs. On trouvera dans ces établissements, qui sont sans conteste les instaurateurs de cette magnifique application de l'énergie lumineuse, tous les appareils et tous les produits nécessaires. (Union photographique industrielle, Rue de Rivoli, 82, à Paris).

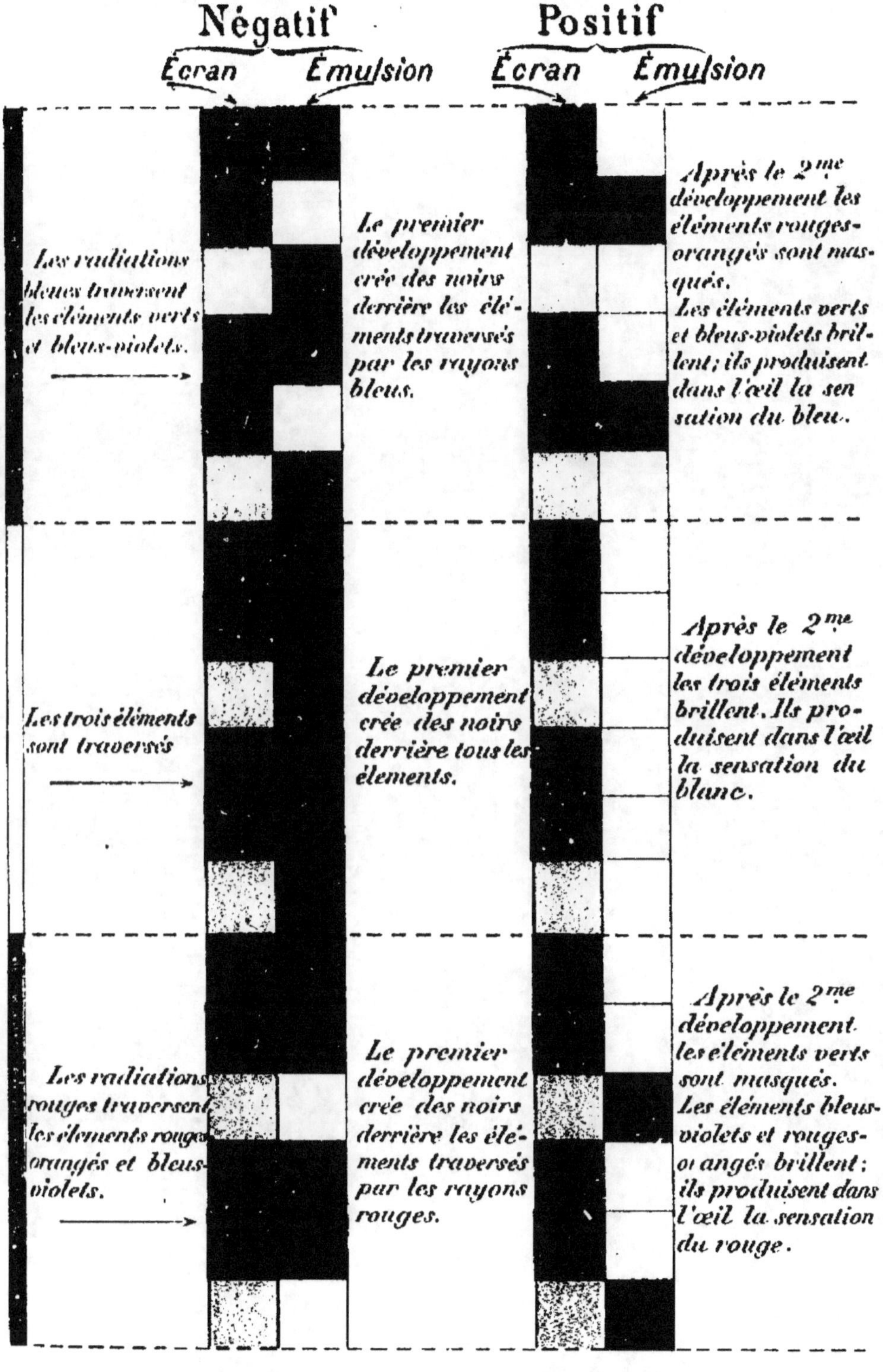

Négatif

Écran   Émulsion

Positif

Écran   Émulsion

Les radiations bleues traversent les éléments verts et bleus-violets.

Le premier développement crée des noirs derrière les éléments traversés par les rayons bleus.

Après le 2me développement les éléments rouges-orangés sont masqués.
Les éléments verts et bleus-violets brillent; ils produisent dans l'œil la sensation du bleu.

Les trois éléments sont traversés

Le premier développement crée des noirs derrière tous les éléments.

Après le 2me développement les trois éléments brillent. Ils produisent dans l'œil la sensation du blanc.

Les radiations rouges traversent les éléments rouges-orangés et bleus-violets.

Le premier développement crée des noirs derrière les éléments traversés par les rayons rouges.

Après le 2me développement les éléments verts sont masqués.
Les éléments bleus-violets et rouges-orangés brillent; ils produisent dans l'œil la sensation du rouge.

Fig. 328 Drapeau français

STÉRÉOSCOPE

374. -- Généralités. — Nous avons dit n° 351, que la sensation du relief est due à la vision simultanée, par les deux yeux à la fois, de l'image vue par l'œil gauche et de l'image vue par l'œil droit. Or la photographie qui ne donne que des images planes ne peut pas réaliser ce fait. Mais si l'on exécute deux photographies avec deux objectifs séparés l'un de l'autre, d'une distance égale à la distance moyenne de nos deux yeux, on a un double cliché qui donne deux images côte à côte analogues à celles que voient nos yeux. Le stéréoscope les fond pour ainsi dire en une seule, qui donne alors la sensation du relief.

Le stéréoscope est formé essentiellement de deux portions de lentilles biconvexes LL' (fig. 329) que l'on applique devant les yeux. Les deux images II' sont grossies et se superposent en S, dans la partie médiane du champ visuel. La superposition donne l'impression du relief.

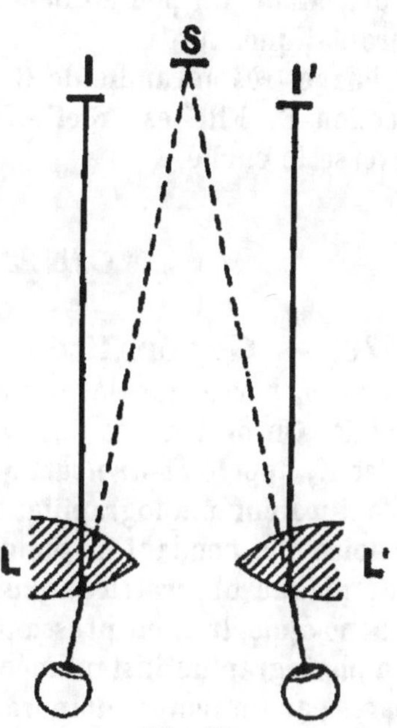

Fig. 329.

LANTERNE DE PROJECTION

375. — Généralités. — La lanterne de projection est une application de la lentille convergente, qui donne une image d'autant plus grande, que l'objet est plus rapproché du plan focal.

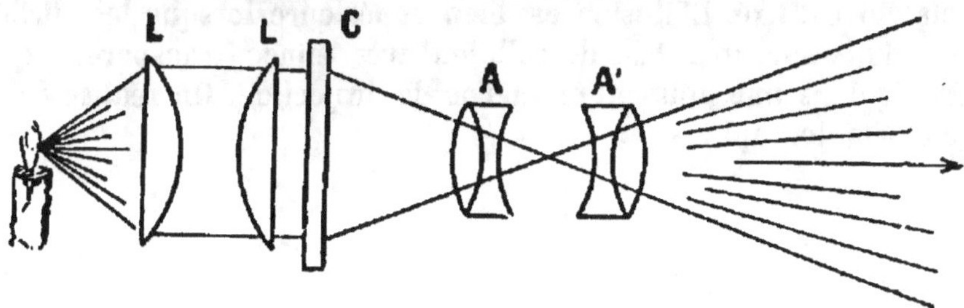

Fig. 330.

La lanterne projette sur un écran blanc éloigné, l'image réelle d'un dessin coloré reproduit sur une plaque de verre. L'objet est fortement éclairé par une lampe électrique à arc, un bec auer, etc. (fig. 330). La lumière est concentrée sur l'objet par un *condensateur* formé de deux lentilles plan-convexe LL'. Le cliché transparent C est placé près du condensateur. Un peu au delà se trouve l'objectif formé de deux lentilles achromatiques A A'.

L'image très agrandie de C est projetée sur un écran éloigné dans la direction D. Elle est réelle et renversée. Pour qu'elle soit droite, on renverse le cliché.

CINÉMATOGRAPHE

376. — Généralités. — Certaines photographies sont dites instantanées, parce que la durée de pose est moindre qu'une fraction de seconde. On obtient les *instantanés* au moyen d'un couvercle spécial de l'objectif, appelé *obturateur*, qui fonctionne très rapidement.

L'obturateur photographique ne laisse entrer la lumière dans la chambre noire que pendant un temps aussi court qu'on le désire. Il se compose d'une plaque obturatrice, que l'on déclenche au moyen d'un ressort, au moment opportun, en pressant une poire à air comprimé.

La photographie instantanée permet de prendre des clichés successifs, séparés par un temps moindre d'un dixième de seconde, qui est le temps pendant lequel les impressions-lumineuses persistent sur la rétine. Alors si l'on photographie de cette manière une troupe au passage, par exemple, on pourra à l'aide d'une centaine de clichés pris successivement de dixième de seconde en dixième de seconde, et en faisant, dans de certaines conditions, passer ces clichés sous les yeux du spectateur, lui donner l'illusion des mouvements de la troupe. Cette illusion est obtenue en faisant passer successivement les clichés derrière une fente où le regard du spectateur est fixé. L'illusion est bien supérieure lorsque les clichés sont reproduits sur un ruban de celluloïd très mince, transparent, que l'on déroule dans une puissante lanterne de projection. On réalise de la sorte le cinématographe.

VINGT-CINQUIÈME LEÇON

ÉLEOTRICITÉ STATIQUE

Électrisation, charge électrique. — Électroscope. — Cylindre de Faraday.
— Unité d'électricité. — Distribution de l'électricité, pouvoir des pointes. — Champ électrique. — Unités de mesures électriques. — Potentiel électrique. — Travail électrique.

Électrisation, charge électrique

377. — Définitions. — On n'a pas pu encore définir d'une
manière précise ce qu'est l'électricité. Ce mot vient du grec *electron*, qui
signifie ambre. Les Anciens avaient remarqué que l'ambre frotté attire
les corps légers. Pendant longtemps on a pensé que l'électricité était un
fluide ; puis après avoir constaté que l'électricité est une forme de l'énergie, on a supposé qu'elle se manifeste comme la lumière au moyen de
vibrations de l'éther. Il y aurait une certaine parenté entre les radiations électriques et les radiations lumineuses.

L'électricité, en somme, est un agent physique qui se manifeste par
des phénomènes d'attraction et de répulsion. C'est une forme de l'énergie.

378. — Électrisation par frottement. — Lorsqu'on frotte
une baguette de verre,
d'ambre, de soufre, d'é-
bonite (caoutchouc
durci dont sont formés
certains porte-plumes),
de résine, etc., avec un
chiffon de laine, elle
acquiert temporaire-
ment la propriété d'at-
tirer les corps légers
tels que des fragments
de papier, des barbes
de plume, de la moelle

Fig. 331.

de sureau, des petites feuilles d'aluminium, etc. (fig. 331). On dit que la baguette est **électrisée**; que la propriété d'attraction qu'elle a acquise est due à l'électricité.

379. — Deux espèces d'électricité. — Pour mettre mieux en évidence les premiers phénomènes électriques, on se sert du *pendule électrique* (fig. 332). Il est formé d'une petite balle en moelle de sureau suspendue à un fil de soie, qui est lui-même attaché à une petite potence en verre.

Frottons un bâton de verre avec du drap et approchons-le du pendule : la boule se précipite sur le bâton de verre, puis s'en écarte aussitôt.

Qu'est-il arrivé?

La boule s'est chargée d'une partie de l'électricité du verre, puis elle a été repoussée.

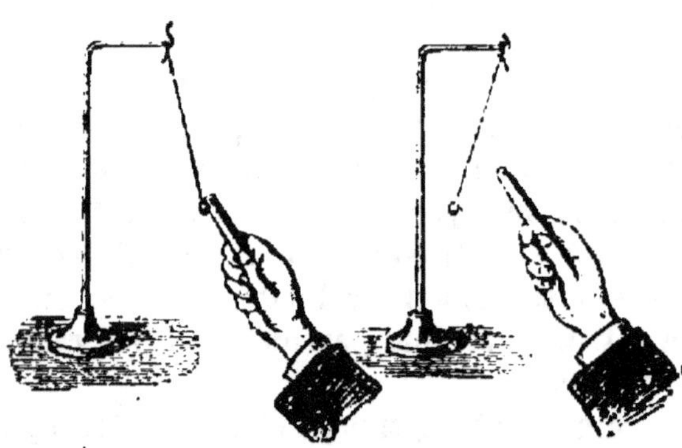

Fig. 332.

On peut recommencer l'expérience avec la résine, l'ébonite... On constate toujours le même phénomène.

Mais si de la boule chargée de l'électricité du verre et repoussée par celui-ci, on approche un bâton de résine électrisé, on voit la boule se précipiter sur la résine, s'y attacher un instant, puis être repoussée.

En recommençant ces expériences, on constate qu'un corps électrisé quelconque ou bien attire l'électricité du verre ou bien la repousse. |On en conclut que

1° **Il y a deux espèces d'électricité** : l'électricité qui ressemble à celle du verre et qu'on appelle *vitreuse* ou électricité **positive** (on la désigne par le signe +), et l'électricité qui ressemble à celle de la résine, qu'on apppelle *résineuse* ou **négative** (on la désigne par le signe —);

2° **Deux électricités de même nom se repoussent;**

3° **Deux électricités de noms contraires s'attirent.**

380. — Bons et mauvais conducteurs. — Certains corps comme les métaux, le charbon de cornue, le sol, sont bons conducteurs de l'électricité; d'autres tels que le verre, la paraffine, le caoutchouc, le soufre, la soie, sont mauvais conducteurs de l'électricité. Prenons

une baguette de verre et frottons l'un de ses bouts avec un chiffon de laine; le bout frotté attire une balle de moelle de sureau; l'autre bout ne l'attire point. C'est que l'électricité ne s'est pas écoulée sur la baguette. Aussi on dit que le verre est mauvais conducteur de l'électricité. Prenons maintenant une baguette de cuivre emmanchée d'un bout dans une poignée en caoutchouc. Frottons le bout libre. Présentons à une balle de moelle de sureau un point de la baguette éloigné de bout frotté. La balle est attirée. C'est que l'électricité s'est écoulée sur toute la surface de la baguette de cuivre. Le cuivre est, lui, bon conducteur de l'électricité.

Enlevons la poignée et recommençons l'expérience. Cette fois, la baguette de cuivre n'attire plus du tout la balle sur aucun de ses points. C'est que lorsque la baguette était munie de caoutchouc, celui-ci, mauvais conducteur, arrêtait l'électricité sur la baguette; le corps humain, bon conducteur, permet au contraire à l'électricité de s'écouler à mesure dans le sol.

Les corps mauvais conducteurs de l'électricité sont appelés des **isolants**.

381. — Développement simultané des deux électricités sur deux corps frottés l'un contre l'autre. —

Lorsqu'on frotte deux corps de substances différentes l'un contre l'autre, **les deux électricités apparaissent en quantités égales. L'une** des deux substances s'électrise **positivement, l'autre négativement.** On le montre au moyen d'un plateau de bois recouvert de drap et d'un plateau de verre, que l'on frotte l'un contre l'autre, en les tenant par des manches isolants. Le verre se charge d'électricité positive, le drap d'électricité négative. En effet, en approchant d'une balle de sureau électrisée positivement le plateau de verre, il la repousse; au contraire, le drap l'attire.

Le phénomène se produit toutes les fois que les deux corps frottés sont de nature différente : l'un s'électrise positivement, l'autre négativement.

382. — État neutre des corps. — De ce que l'électrisa-

tion simultanée et différente se produit sur deux corps de substances non semblables, frottés l'une contre l'autre, on admet que tous les corps sont chargés à la fois de **quantités égales d'électricité positive et d'électricité négative.** On dit alors qu'ils sont **à l'état neutre.**

383. — Électrisation par contact. — Un corps neutre mis

en contact avec un corps électrisé, s'électrise lui-même en prenant une partie de l'électricité du corps électrisé. C'est ce qui est arrivé dans les expériences ci-dessus du pendule.

384. — L'électricité se porte à la surface des corps conducteurs.

Fig. 333.

— Un corps conducteur plein ou creux ne se charge d'électricité **qu'à sa surface extérieure.** Il reste à l'état neutre à l'intérieur. On le constate avec une sphère creuse S montée sur un pied en verre qui l'isole (fig. 333). Après avoir électrisé la sphère, introduisons par une ouverture qui y est ménagée, un *plan d'épreuve.* C'est un petit disque métallique C de 1cm² environ de surface, monté au bout d'un manche isolant. Retirons le plan d'épreuve et présentons-le devant une balle de sureau; la balle reste immobile. Approchons maintenant le plan d'épreuve de la surface extérieure de la sphère et remettons-le en présence de la balle : celle-ci est attirée. C'est donc que le plan d'épreuve n'a été électrisé qu'à la surface extérieure seule de la sphère.

ÉLECTROSCOPE, CYLINDRE DE FARADAY, MESURE DES QUANTITÉS D'ÉLECTRICITÉ

385. — Électroscope.

— L'électroscope est un instrument très sensible permettant de reconnaître si un corps est électrisé. Il se compose (fig. 334) d'une caisse métallique munie d'une fenêtre de verre. Au sommet de la caisse se trouve une tubu-

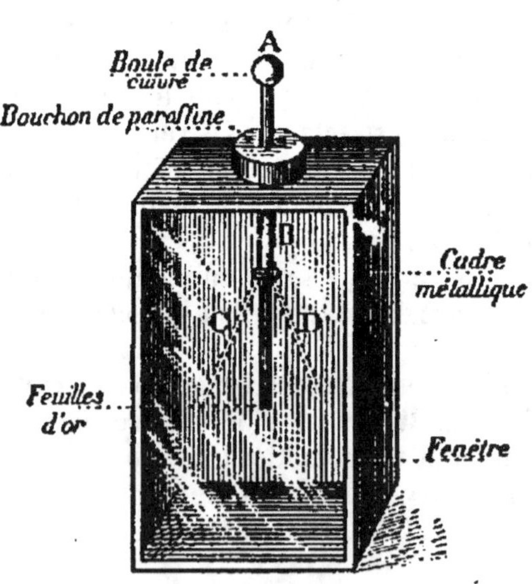

Fig. 334. — Électroscope.

lure garnie d'un bouchon en paraffine, à travers lequel passe une tige
de laiton AB, terminée à sa partie supérieure A par une boule. A la
partie inférieure B de la tige sont suspendues face à face deux petites
feuilles d'or ou d'aluminium C et D, très' minces et par conséquent
extrêmement légères. La caisse protège les feuilles d'or des agitations
de l'air. Quand on met un corps électrisé en contact avec la boule A,
la tige et les feuilles s'électrisent; celles-ci étant chargées de la même
électricité se repoussent, et leur écart, mesuré sur un cadran gradué,
est d'autant plus grand que l'électrisation est plus forte.

L'électroscope a de multiples usages.

386. — Cylindre de Faraday. — C'est un cylindre métal-

lique A (fig. 335) creux et profond, reposant sur un isolant P, par
exemple une plaque de paraffine.

Si l'on introduit à l'intérieur de ce cylindre une boule métallique B
chargée d'électricité et qu'on lui fasse tou-
cher la paroi *intérieure* dudit cylindre,
toute l'électricité de la boule se porte sur
la surface *extérieure* du cylindre, car
nous savons que dans les corps bons conducteurs, l'électricité réside sur la surface extérieure. D'ailleurs, en retirant le
corps B du cylindre, on peut, à l'aide
de l'électroscope, constater qu'il est à
l'état neutre.

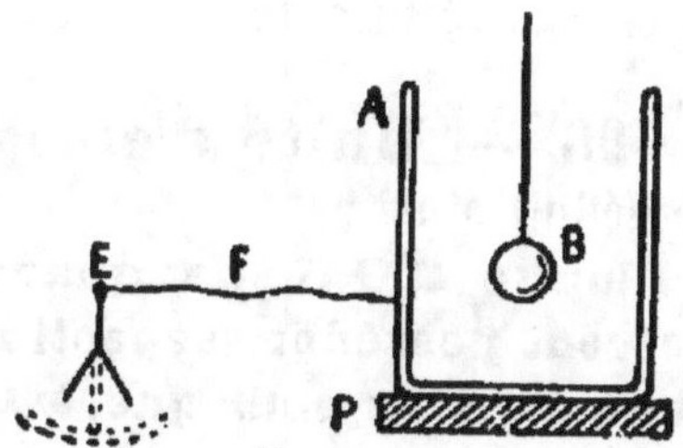

Fig. 335. — Cylindre de Faraday.

387. — Mesure d'une quantité d'électricité. — Faisons

communiquer l'électroscope E (fig. 335) avec le cylindre de Faraday par
un fil long et fin F; puis, commençons par graduer l'appareil. Pour cela,
la boule B étant hors du cylindre, mettons-la en contact avec une source
d'électricité rigoureusement constante. La boule prend une certaine
charge que nous pouvons considérer comme égale à *l'unité*. Introduisons
une première fois la boule à l'intérieur du cylindre et faisons-lui toucher
la paroi : elle se décharge; son électricité passe sur la surface extérieure du cylindre, sur le fil et sur les feuilles de l'électroscope, qui
prennent un certain écart α 1. Recommençons : c'est-à-dire retirons la
boule du cylindre, mettons-la en contact avec la même source d'électricité et introduisons-la de nouveau dans le cylindre en lui faisant
toucher la paroi. Elle se décharge; le cylindre prend alors une charge
double et les feuilles prennent un nouvel écart α 2. Ce qui ne signifie

pas que α 2 soit double de α 1. En continuant ainsi, nous aurons gradué l'appareil.

Si l'on veut maintenant mesurer la charge d'un conducteur électrisé, il faut l'apporter dans le cylindre, lui faire toucher la paroi et noter l'écart des feuilles de l'électroscope. Supposons que cet écart soit égal à α 5. Le conducteur avait alors une charge égale à 5 unités. Mais nous dirons que la charge est + 5 si le conducteur est chargé positivement et — 5 s'il est chargé négativement.

REMARQUE.

Si dans le cylindre on introduit successivement ou simultanément deux charges + 5 et — 5, les feuilles de l'électroscope ne bougent pas : elles restent verticales. Cela prouve que les deux quantités d'électricité se neutralisent.

Si l'on introduit une charge + 5 et une charge — 2, l'écart des feuilles indique une charge égale à 5 — 2 = 3, et de plus on constate que cette charge résultante est positive. Si on introduit deux charges — 5 et + 2, la charge résultante est — 3.

588. — Unité d'électricité. — *L'unité théorique* d'électricité se définit ainsi :

L'unité C.G.S. de quantité d'électricité est la charge que doivent posséder respectivement deux petites boules identiques et sans poids pour que, à 1^{cm} l'une de l'autre elles se repoussent avec une force d'une dyne.

Cette unité étant trop faible, on utilise dans la pratique l'un de ses multiples qui vaut trois milliards d'unités C.G.S. ou 3×10^9. On donne le nom de **coulomb** à cette unité pratique.

Le coulomb est une charge colossale par rapport à celle qu'on accumule sur les conducteurs isolés. En effet, deux corps chargés respectivement d'un coulomb et placés à 100^m se repoussent avec une force de 90 tonnes environ. Mais au point de vue de la quantité d'électricité qui s'écoule en 1 seconde dans les fils, le coulomb n'est pas considérable. Il s'écoule le plus souvent plusieurs coulombs en 1 seconde.

589. — Loi de Coulomb. — Cette loi, analogue à celle de la gravitation, et découverte expérimentalement par le physicien français Coulomb, s'énonce ainsi : **Deux corps électrisés s'attirent ou se repoussent proportionnellement à leurs quantités d'électricité et en raison inverse du carré de leurs distances.**

De sorte que si l'on désigne par F la force attractive ou répulsive, par

K une constante, par q et q' les quantités l'électricité qui recouvrent les deux corps, par d leur distance, on a l'égalité

$$F = K \frac{q\,q'}{d^2}$$

Or, par définition, quand

$$q = q' = \text{l'unité C.G.S. de quantité d'électricité}$$

et que $\qquad d = 1^{cm}$

on a $\qquad F = 1 \text{ dyne}$

Il en résulte que la formule précédente devient

$$1 = K \times \frac{1}{1}$$

D'où $\qquad K = 1$

Alors avec les unités adoptées, la loi de Coulomb se traduit par la formule

$$F = \frac{q\,q'}{d^2} \text{ dynes}$$

DISTRIBUTION DE L'ÉLECTRICITÉ
POUVOIR DES POINTES

Nous avons vu que, sur les corps mauvais conducteurs, l'électricité demeure localisée sur la partie intérieure ou extérieure où elle a été développée, et que sur les corps bons conducteurs, elle se porte toujours à la surface extérieure où elle se répartit de différentes façons, comme nous allons le vérifier.

390. — Distribution de l'électricité à la surface des bons conducteurs. — Cette étude se fait à l'aide du plan d'épreuve et du cylindre de Faraday muni d'un électroscope gradué.

Soit un corps électrisé A (fig. 336) et isolé; en un des éléments M de sa surface extérieure, on applique le plan d'épreuve E : l'électricité localisée en M passe sur la surface extérieure du plan d'épreuve. En enlevant ce dernier, on emporte la quantité d'électricité que l'on mesure avec le cylindre de Faraday.

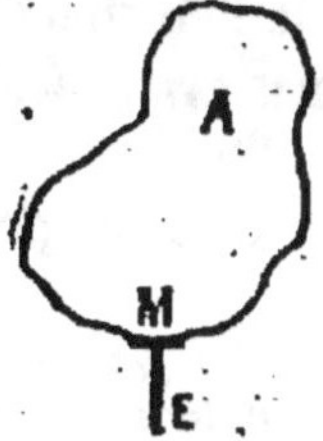

Fig. 336.

En procédant ainsi, on vérifie que sur les corps bons conducteurs l'électricité s'accumule sur les parties saillantes. Les figures (337

Fig. 337.

Fig. 338.

Fig. 339.

338 et 339) montrent en pointillé une représentation graphique de la distribution de l'électricité.

591. — Pouvoir des pointes. — L'électricité ne se maintient à la surface extérieure des corps bons conducteurs que par la grande résistance de l'air qui est un isolant[1]; mais cette résistance n'est pas indéfinie. L'expérience montre, en effet, que si l'accumulation vers les pointes est trop grande, l'électricité s'échappe. Ainsi quand on met une pointe sur une machine statique (fig. 340) qui débite de l'électricité d'une manière continue, celle-ci s'échappe par la pointe et se répand sur les molécules d'air voisines. Celles-ci étant chargées de la même électricité que la pointe, sont repoussées : d'où le *vent électrique*, sensible à la main ou sur la flamme d'une bougie.

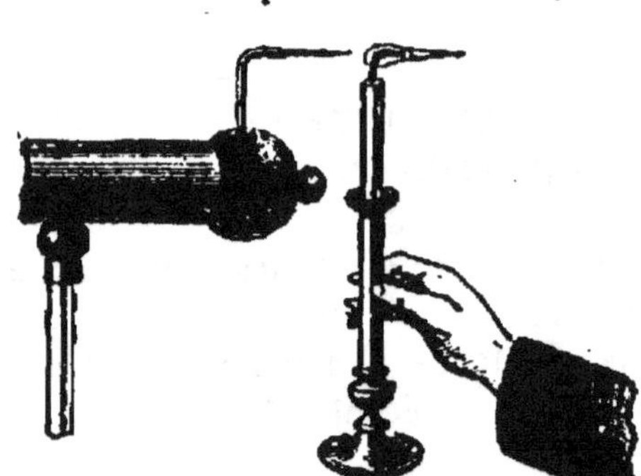

Fig. 340. — Vent électrique.

C'est donc le déplacement de l'air qui produit le vent; la déperdition de l'électricité est la cause de ce déplacement.

REMARQUE.

L'expérience ne réussit bien que si la pointe débite de l'électricité positive. C'est pour éviter la perte de l'électricité que toutes les machines

---

1. Si l'air sec est un bon isolant, il n'en est pas de même de l'air humide : ainsi certaines expériences qui réussissent très bien par un temps sec, ne peuvent se faire par un temps humide, à moins que l'on ait, pendant quelques heures, à l'aide d'un poêle allumé, desséché l'air de la salle.

présentent des surfaces arrondies. Nous verrons plus tard l'utilité du pouvoir des pointes dans le paratonnerre.

Unités de mesures électriques

592. — Unité pratique de quantité : coulomb. — Le coulomb est la quantité d'électricité qui, traversant un voltamètre, est nécessaire pour mettre en liberté $\dfrac{1}{96\,600}$ de gramme d'hydrogène (96 600 coulomb pour 1 gramme).

593. — Unité pratique d'intensité : ampère. — La quantité d'électricité qui, par seconde, est censée traverser une section quelconque d'un fil conducteur, marque l'intensité du courant; elle est **constante.** Lorsque le courant est plus ou moins intense, il met en liberté la quantité ci-dessus d'hydrogène en plus ou moins de temps. S'il la met en liberté en 1 seconde, on dit que le courant a une intensité de 1 ampère.

Un courant de 1 ampère est donc celui qui débite 1 coulomb par seconde.

Pour évaluer de grandes quantités d'électricité, on emploie l'unité appelée *ampère-heure.*

1 ampère-heure $= 60$ minutes $\times 60$ secondes $= 3600$ coulombs.

594. — Unité pratique de résistance : ohm. — La résistance est dépendante de la nature du conducteur et elle est proportionnelle à la longueur dudit conducteur et inversement proportionnelle à sa section. **L'ohm est la résistance opposée par une colonne de mercure à la température $0°$ de $106^{cm}3$ de longueur et 1 millimètre carré de section.**

On exprime encore la valeur de la résistance-unité de la manière suivante : on dit que c'est celle d'un conducteur sur lequel circule un courant de 1 ampère lorsque la différence de potentiel à ses extrémités est de 1 volt.

$$\frac{1 \text{ volt}}{1 \text{ ampère}} = 1 \text{ ohm}$$

595. — Unité pratique de force électromotrice :

volt. — La force électromotrice d'une source d'électricité se mesure par la différence de potentiel aux pôles de la source. Les expressions *différence de potentiel, différence de pression électrique, tension, voltage,* ont toutes la même signification.

On dit qu'un courant a une **force électromotrice de 1 volt lorsque son intensité est de 1 ampère et sa résistance de 1 ohm.**

A un courant de résistance de 1 ohm, il faut donc une force électromotrice de 1 volt pour obtenir 1 coulomb par seconde.

396. — Unité de puissance : watt. — Un courant qui fournit une énergie de **1 joule par seconde a une puissance de 1 watt.**

Rappelons que 1 erg est le travail de 1 dyne déplaçant son point d'application de 1 centimètre et que le joule vaut 10 000 000 d'ergs.

Le watt-seconde est égal à $\dfrac{1}{9,81}$ kilogrammètre, soit $0^{\text{kilogrammètre}}102$.

Un cheval-vapeur étant égal à 75 kilogrammètres, vaut, en chiffres ronds $75 \times 9,81 = 736$ joules, c'est-à-dire 736 watts puisque le watt est 1 joule par seconde.

L'unité pratique de travail électrique est le watt-heure. Puisque 1 heure = 60 minutes $\times$ 60 secondes, 1 watt-heure = 3600 joules.

Les compagnies qui fournissent l'énergie électrique, prennent pour unité de consommation l'hectowatt-heure qui vaut 100 watt-heures ou 360 000 joules.

Champ électrique

397. — Définitions. — D'une manière générale, on appelle *champ d'un corps* tout l'espace où se fait sentir l'action attractive ou répulsive de ce corps.

Ainsi le **champ terrestre** comprend tout l'espace où s'exerce l'action de la Terre. Théoriquement ce champ est illimité et s'étend jusqu'aux étoiles; mais l'attraction qu'exerce la Terre sur les étoiles ou réciproquement, est si faible qu'on l'a négligée dans les calculs astronomiques. Il n'en est pas de même pour les attractions entre la Terre et la Lune, le Soleil, les planètes.

On appelle **champ électrique d'un corps électrisé tout l'espace où se fait sentir son action attractive ou répulsive sur un autre**

corps électrisé. Théoriquement cet espace est illimité à moins qu'il ne soit enveloppé par des conducteurs.

Supposons une petite boule, sans masse, chargée de $+ 1$ coulomb, positive et placée en un point B (fig. 341) du champ du corps électrisé A. Cette boule est sollicitée par une certaine force F. Par définition, **l'intensité du champ électrique du corps A au point B est caractérisée en grandeur, direction et sens, par la force F.** Non pas que le champ en B soit la force F; c'est l'intensité du champ qui est mesurée par la force F.

Si la boule B est libre de se déplacer, elle parcourt une certaine ligne (indiquée en pointillé), qu'on ap-

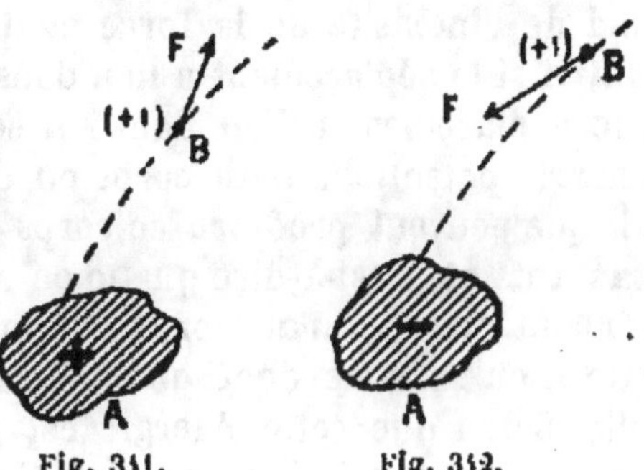

Fig. 341. Fig. 342.

pelle **ligne de force,** passant par le point B du champ. En chacun de ses points la force F lui est tangente. Si le corps électrisé A est sphérique les lignes de force sont normales à la surface.

Lorsque le corps A est électrisé positivement, les lignes de force partent du corps; elles y aboutissent, au contraire, s'il est électrisé négativement (fig. 342).

Le champ est nul à l'intérieur d'un conducteur.

Cette propriété fondamentale peut être mise en évidence, par exemple, au moyen d'un cylindre métallique C (fig. 343), ouvert aux deux bouts. Plaçons à l'intérieur un double pendule P à fil de lin (le lin est conducteur) et un autre P' à l'extérieur. Si l'on électrise le cylindre à l'aide d'une machine statique, les boules du pendule P' à l'extérieur, divergent tandis que les boules du pendule P à l'intérieur restent immobiles.

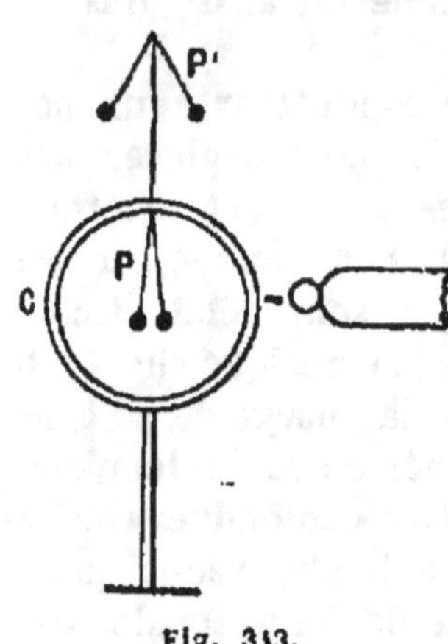

Fig. 343.

REMARQUE.

En particulier, le champ d'un corps électrisé placé dans une salle se trouve limité aux murs de la salle.

Potentiel électrique

398. — **Définitions.** — Nous savons qu'une force accomplit du travail lorsque son point d'application se déplace et que ce travail dépend de l'intensité de la force et du chemin parcouru. Le travail est **positif** si le déplacement a lieu dans le sens de la force; il est **négatif** si le déplacement a lieu dans un sens opposé. Nous savons aussi que l'énergie potentielle d'un corps ou d'un système est la quantité de travail que peuvent produire ce corps ou ce système **en vertu de leur état actuel**, c'est-à-dire quand on ne leur fournit rien.

Quand on dit qu'un corps ou un système sont aptes à produire du travail, on exprime donc qu'ils possèdent une certaine énergie potentielle. Selon que cette énergie est plus ou moins grande, on dit que leur **potentiel** est plus ou moins élevé.

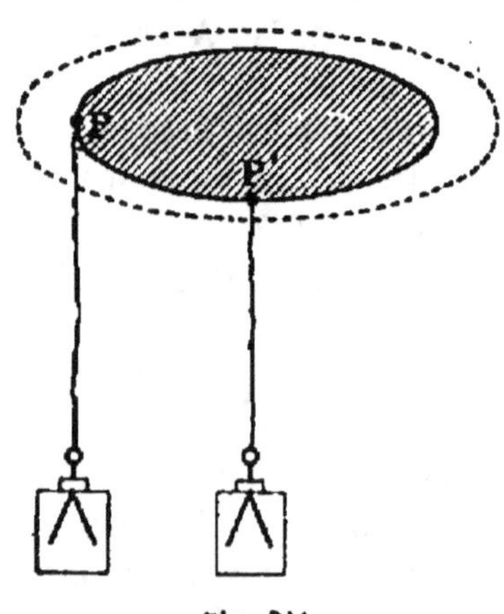

Fig. 344.

L'électricité est également apte à produire du travail, et cette aptitude a reçu également le nom de **potentiel**. Selon que l'aptitude est plus ou moins grande, le potentiel électrique est aussi plus ou moins élevé.

Pour amener un conducteur à un potentiel déterminé, il faut déplacer des charges électriques également déterminées. Le potentiel d'un conducteur est donc caractérisé par son « état électrique »; c'est-à-dire par quelque chose qui permet d'apprécier la charge de ce conducteur. Mais de même que la température ne doit pas être confondue avec la quantité de chaleur, le potentiel ne doit pas être confondu avec la quantité d'électricité. En effet, prenons un conducteur de forme ovale (fig. 344). Chargeons-le d'électricité. Nous savons que l'électricité s'accumulant sur les parties saillantes, il y a davantage d'électricité au point P qu'au point P'. Et pourtant si l'on met les points P et P' en communication avec deux électroscopes semblables, la divergence des feuilles est la même. La divergence constante est obtenue ainsi en n'importe quel point du conducteur : elle caractérise le potentiel du conducteur.

Voici un autre moyen de prouver qu'il ne faut pas confondre le poten-

tiel avec la quantité d'électricité. Chargeons de la même quantité d'électricité, trois cylindres creux A, B, C (fig. 345) de capacités différentes,
en plongeant, successivement dans chacun d'eux une boule conductrice, chargée identiquement chaque fois. Chaque cylindre possède un double pendule électrique. On constate que les pendules s'écartent de plus en plus du cylindre A au cylindre C à mesure que diminue

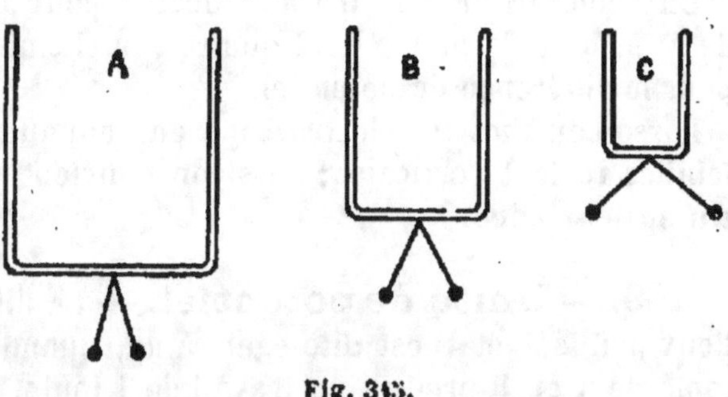

Fig. 345.

leur capacité. Il faut en conclure que les cylindres A, B, C, bien qu'ayant reçu une même charge, n'ont pas le même état électrique, c'est-à-dire qu'ils n'ont pas le même potentiel.

399. — Différence de potentiel entre deux points d'un champ électrique.

— Puisque pour amener un conducteur à un potentiel déterminé, il faut déplacer une charge électrique déterminée également, c'est-à-dire accomplir du travail, on caractérise mieux le potentiel d'un conducteur en exprimant le travail dépensé.

Soient A et B (fig. 346) deux points placés sur une ligne de force d'un champ électrique, une masse chargée de + 1 coulomb en A, et F la force électrique qui sollicite cette masse. Si celle-ci est transportée de A en B, la force F qui a produit ce déplacement a lieu dans le sens de la flèche F; le travail est dit **moteur** ou **positif**. Donc au point A la masse + 1·coulomb avait de l'énergie en réserve ou comme l'on dit de l'**énergie potentielle**. Si, au contraire, le déplacement a lieu en sens opposé à la force F (fig. 347), le travail est **résistant** ou **négatif**.

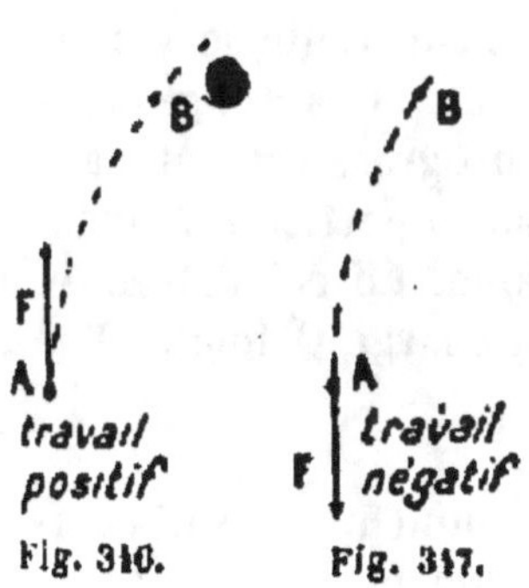

Fig. 346.   Fig. 347.

Par convention, la différence de potentiel entre A et B est mesurée par le travail effectué par F pour transporter la quantité d'électricité + 1 coulomb de A en B. La différence de potentiel est **positive** ou **négative** suivant que le travail est moteur ou résistant. Si la différence de potentiel est positive, on dit que le potentiel en A est supérieur au potentiel en B. Au contraire, si la différence de potentiel est négative, on dit que le potentiel en A est inférieur au potentiel en B.

On démontre que le travail effectué pour transporter $+$ 1 coulomb de A en B est le même quel que soit le chemin suivi; il en est de même pour la différence de potentiel.

Lorsqu'on met un électroscope en communication avec la Terre, les feuilles restent verticales; aussi on convient de dire que le **potentiel du sol est zéro**.

400. — Unité de potentiel.

— La différence de potentiel entre deux points A et B est dite égale à *un*, quand le transport de $+$ 1 coulomb de A en B produit un travail de 1 joule. Cette unité a reçu le nom de **volt** (du nom du physicien italien Volta).

401. — Travail électrique.

— Cherchons le travail correspondant à l'écoulement de Q coulombs sous une chute de potentiel de V volts. Nous dirons :

```
1 coulomb tombant de. 1 volt produit un travail de 1 joule
Q        »          »        1 »            »          V joules
Q        »          »        V »            »          QV joules
```

On a donc

$$\text{Travail électrique} = QV \text{ joules.}$$

402. — Énergie électrique d'un conducteur.

— Quand un conducteur A (fig. 348) de charge Q coulombs et de potentiel V volts

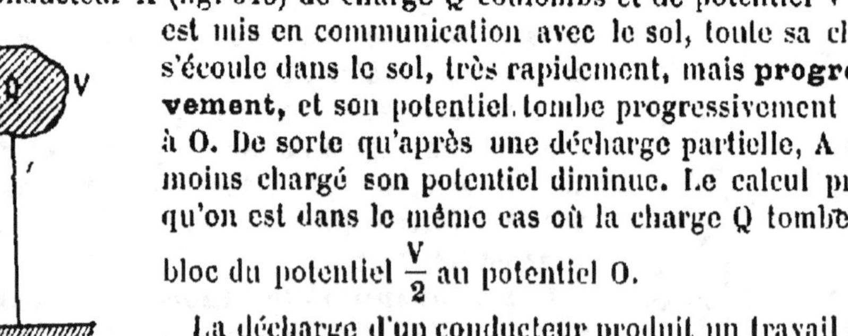

Fig. 348.

est mis en communication avec le sol, toute sa charge s'écoule dans le sol, très rapidement, mais **progressivement**, et son potentiel tombe progressivement de V à 0. De sorte qu'après une décharge partielle, A étant moins chargé son potentiel diminue. Le calcul prouve qu'on est dans le même cas où la charge Q tombe d'un bloc du potentiel $\dfrac{V}{2}$ au potentiel 0.

La décharge d'un conducteur produit un travail comparable au travail accompli par une masse d'eau contenue dans un vase d'une certaine hauteur et qui s'écoule par un robinet (fig. 348 *bis*). Considérons la couche supérieure C et la couche inférieure C', cette dernière en face du robinet. L'eau de la couche C tombant de la hauteur du niveau du liquide fournit un travail égal à CC', tandis que le travail fourni par la couche C' est nul. Toutes les couches intermédiaires de C en C' fournissent, elles, de haut en bas un travail de moins en moins grand. De telle sorte que si l'on faisait la somme du travail produit par les couches liquides de C à C', on trouverait que le travail moyen est égal au produit du poids de l'eau par la moitié de la hauteur CC'.

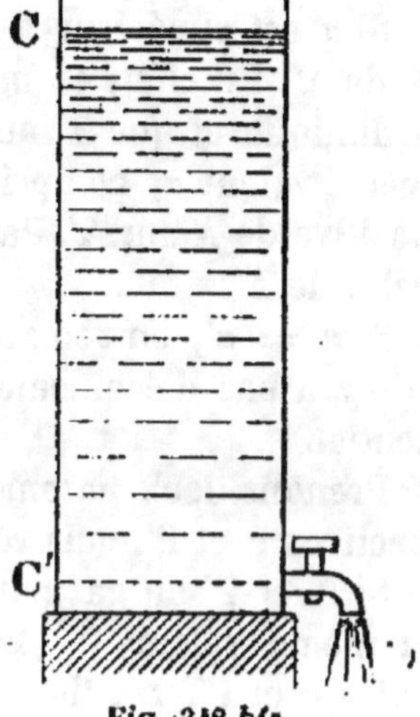

Fig. 348 bis.

Appelons le niveau supérieur h. Le niveau inférieur étant zéro, le niveau moyen est $\frac{h}{2}$

Si le poids du liquide est P, le travail accompli T est

$$T = \frac{1}{2} P h$$

Mais P est égal au produit de la masse m du liquide par l'accélération g (n° 20). On a alors

$$T = \frac{1}{2} m g h$$

Le même raisonnement s'applique à un conducteur qui, chargé d'une certaine masse électrique, perd sa charge lorsqu'il est mis en communication avec le sol. L'électricité au niveau électrique V, le plus élevé, a son plein effet; l'électricité au niveau du sol (potentiel zéro) a un effet nul. De sorte qu'on a

Énergie du conducteur $A = Q \times \frac{V}{2}$ joules.

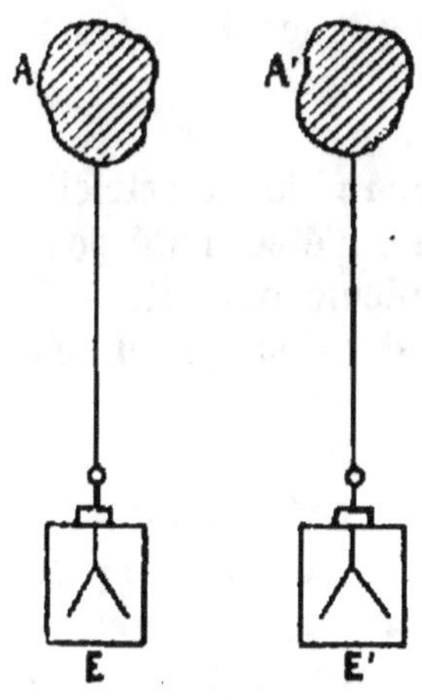

Fig. 349.

Pour qu'un conducteur produise du travail, il faut donc que son potentiel diminue. Et cela se produit justement lorsque le conducteur est mis en communication avec le sol. Cela a lieu également si deux conducteurs à potentiels différents sont réunis. Le travail accompli est proportionnel à la chute de potentiel et à la capacité électrique du conducteur.

403. — Comparaison des potentiels de deux conducteurs.

— Soient A et A' (fig. 349) deux conducteurs mis en communication avec des électroscopes E et E' semblables, et soient α et α' les angles d'écarts des feuilles.

Examinons plusieurs cas.

Cas où A et A' sont chargés positivement.

Si α est supérieur à α', le potentiel V de A est supérieur au potentiel V' de A'. En effet, en mettant A et A' en communication, on constate que α diminue et que α' augmente jusqu'à ce que les écarts prennent une même valeur α_1, comprise entre α et α'. Il s'est donc écoulé de l'électricité positive de A sur A'. Par conséquent, le potentiel de A est plus élevé que cel.. de A'

Si $\alpha = \alpha'$, on remarque qu'en réunissant A et A', rien n'est changé; il n'y a pas d'écoulement d'électricité. Alors A et A' ont le même potentiel.

Prenons deux gazomètres G et G' contenant du gaz aux pressions respectives P et P', puis réunissons-les par un tube.

Si $P > P'$ du gaz passe de G en G' jusqu'à ce que la pression prenne la même valeur P_1 dans les deux gazomètres; P_1 étant intermédiaire entre P et P'. D'ailleurs, l'écoulement de G vers G' a lieu quelles que soient les quantités de gaz contenues respectivement dans G et dans G'.

Si $P = P'$ il n'y a pas d'écoulement de gaz.

C'est par comparaison avec les gaz que le potentiel électrique est parfois appelé **pression** ou **tension électrique**.

On peut faire une comparaison analogue avec des vases R et R' contenant un liquide à des hauteurs H et H' et mis ensuite en communication. Les niveaux s'égalisent. C'est pourquoi le potentiel électrique prend encore le nom de **niveau électrique**.

Cas où A et A' sont chargés négativement.

Si α est supérieur à α' on constate encore qu'en mettant R et R' en communication, α diminue et α' augmente jusqu'à ce que les deux écarts prennent une valeur intermédiaire α_1.

Voici comment on peut expliquer ce résultat :

A' est chargé négativement, mais il possède encore de l'électricité neutre en quantité infinie; alors une certaine quantité d'électricité positive $+ q$ est passée de A' sur A, neutralisant la même quantité $- q$ d'électricité négative. Donc de l'électricité est passée de A' sur A, et cela parce que A' avait un potentiel plus élevé que A.

Si $\alpha = \alpha'$ il n'y a pas échange d'électricité.

Cas où A est chargé positivement et A' négativement.

On constate que quels que soient les angles α et α', de l'électricité positive passe de A sur A'. Donc le potentiel de A est supérieur à celui de A'.

En résumé, **l'électricité positive s'écoule d'un conducteur qui a un certain potentiel sur un conducteur à potentiel plus faible.**

404. — Des conducteurs réunis entre eux prennent le même potentiel. — Cela résulte des expériences précédentes.

La différence de potentiel entre deux conducteurs produit donc un mouvement d'électricité.

Tous les phénomènes électriques dépendent des différences de potentiels.

VINGT-SIXIÈME LEÇON

ÉLECTRICITÉ STATIQUE (*suite*)

Électrisation par influence. — Applications de l'influence. — Écrans électriques. — Électricité atmosphérique. — Capacité, condensation. — Électromètre à quadrants. — Bouteille de Leyde. — Condensateur en feuillets.

Électrisation par influence

105. — Électrisation par influence. — Tout conducteur placé dans un champ électrique s'électrise et modifie le champ autour de lui.

Le corps électrisé créant le champ électrique s'appelle **l'influençant;** le corps soumis à l'action du champ électrique s'appelle **l'influencé.**
Influence sur un conducteur isolé.

Soit A (fig. 350) un conducteur électrisé positivement. Approchons-le d'un autre conducteur isolé B, à l'état neutre et portant des pendules. On voit immédiatement ceux-ci diverger, sauf celui qui se trouve dans une certaine région E, appelée région neutre. Avec le plan d'épreuve on peut constater que sur l'extrémité N, la plus rapprochée de A, se trouve de l'électricité négative et sur l'extrémité opposée P, se trouve de l'électricité positive.

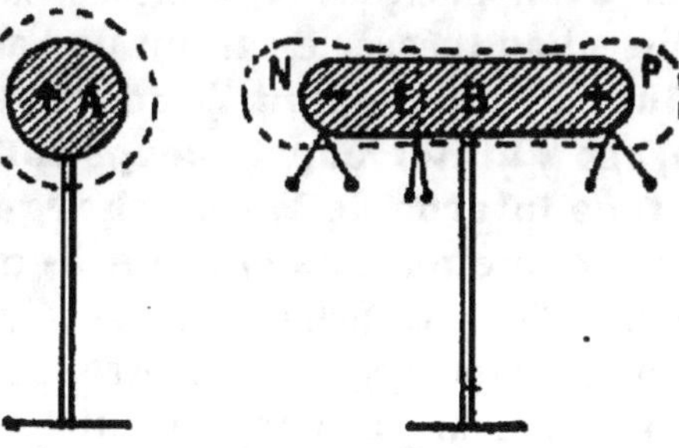

Fig. 350.

Il est facile d'expliquer ce résultat.

Sous **l'influence** du champ électrique de A, de l'électricité neutre de B s'est trouvée décomposée en parties égales : l'électricité positive étant repoussée par A et l'électricité négative étant au contraire attirée. D'ailleurs, avec le plan d'épreuve on peut constater que la distribution sur A et B est telle que les traits pointillés l'indiquent.

D'autre part, les deux charges d'électricité de noms contraires en B sont bien égales en valeur absolue, car si l'on éloigne suffisamment le conducteur influençant A ou qu'on le décharge, les pendules retombent et B revient à l'état neutre.

Enfin, si l'on met B en communication avec le sol, en le touchant du doigt, par exemple, **en n'importe quel point**, son électricité positive s'échappe (fig. 350 *bis*) tandis que l'électricité négative, retenue par l'électricité positive de A reste en N. Les pendules de la région P tombent, ceux de la région N restent écartés. Alors en éloignant B, l'électricité négative se répand uniformément sur tout le conducteur et tous les pendules divergent. On a donc chargé négativement et par influence un conducteur B avec un autre conducteur chargé positivement.

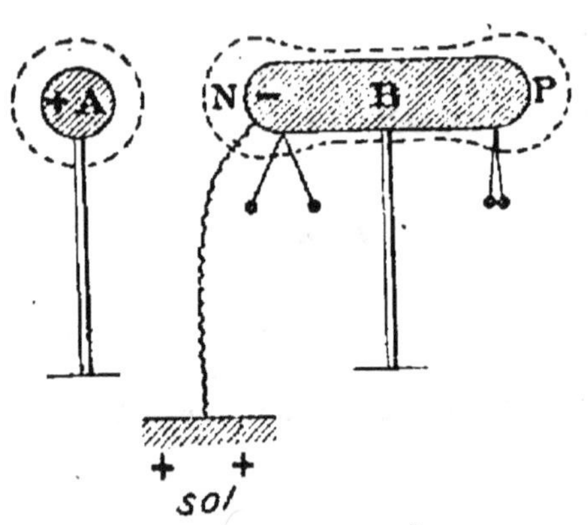

Fig. 350 *bis*.

Le corps influencé entoure le corps influençant.

Dans les phénomènes précédents, les deux charges P et N développées sur B sont égales en valeur absolue, mais non égales à la charge du corps A influençant. Il en est autrement quand le corps influencé B entoure l'influençant A; dans ce cas, les quantités développées sur B obéissent au théorème suivant de Faraday :

Quand l'influençant A possédant une charge + q, par exemple, est à l'intérieur du corps influencé B, il se développe sur la surface interne de B une charge égale à — q et sur sa surface externe une charge égale à + q.

Pour vérifier ce principe on se sert du cylindre de Faraday (fig. 351), communiquant avec un électroscope E. On introduit à l'intérieur une boule A isolée et chargée d'une quantité + q. Aussitôt que la boule a dépassé les bords du cylindre, les feuilles de E divergent et leur divergence reste *constante*, quelle que soit la position de A à l'intérieur du cylindre.

L'électricité de la boule A a décomposé par influence de l'électricité neutre du cylindre en deux quantités égales et de signes contraires :

— q' qui est sur la surface interne et + q' qui se répand sur la surface externe.

Il reste à vérifier que la quantité + q' est égale à la quantité + q.

Pour cela on met A en contact avec le cylindre et l'on observe que la divergence des feuilles reste la même. Que s'est-il passé ?

La boule et le cylindre ne formant plus qu'un conducteur, l'influence de A a cessé et toute sor électricité est passée à l'ex-térieur du cylindre; les charges + q' et — q' se recombinent. Comme la divergence reste la même on en conclut que la charge + q est égale à la charge + q'.

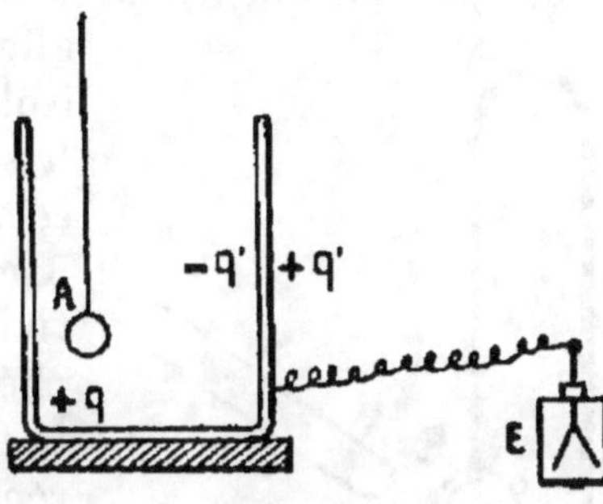

Fig. 351.

406. — Écrans électriques. — L'influence d'un corps élec-trisé ne s'exerce qu'au travers des isolants comme l'air, le verre, l'ébo-nite... Elle est nulle à travers les parois conductrices dans les deux cas suivants :

1° Quand l'influençant est à l'extérieur et l'influencé à l'intérieur d'une enceinte conductrice pleine ou simplement grillagée, **isolée ou non.**

Pour le vérifier, il suffit de se rappeler l'expérience du cylindre ou encore l'expérience où Franklin se mettait à l'intérieur d'une cage sur laquelle il faisait éclater de fortes étincelles électriques sans qu'il en ressentît le moindre effet.

2° Quand l'influençant est à l'intérieur et l'influencé à l'extérieur d'une enceinte conductrice pleine ou simplement grillagée, mais **communi-quant avec le sol.**

Pour le vérifier, il suffit de répéter l'expérience précédente du cylindre de Faraday, que **l'on fait communiquer avec le sol** : l'action de la boule A sur l'électroscope E extérieur est nulle, que cet électroscope communique ou non avec le cylindre.

En résumé, les corps bons conducteurs peuvent constituer des **écrans électriques absolus** moyennant les deux conditions précédentes.

En particulier, les parois d'une salle protègent complètement de l'influence les corps intérieurs vis-à-vis des corps extérieurs et vice-versa.

407. — Applications de l'influence.

Attraction des corps légers.

C'est par l'influence qu'on explique l'attraction des corps légers. En 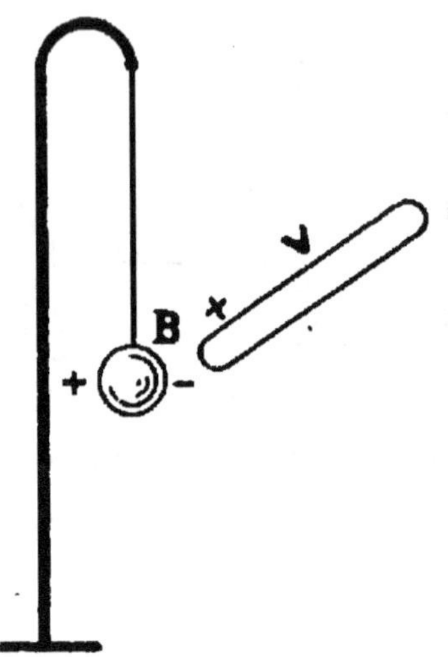 effet, présentons à une balle de sureau B isolée (fig. 352), un bâton de verre V électrisé; l'électricité positive de celui-ci décompose de l'électricité neutre de la boule B en deux quantités égales en valeur absolue; l'électricité négative étant plus rapprochée du bâton V que l'électricité positive, la force attractive est supérieure à la force répulsive (Loi de Coulomb); donc la boule se précipite du côté du verre.

Reconnaissance de la nature de l'électricité d'un corps électrisé par l'électroscope..

Nous avons dit que l'électroscope sert à savoir si un corps est électrisé, à mesurer les charges électriques et à reconnaître si le potentiel d'un corps est supérieur, égal ou inférieur au potentiel d'un autre corps. Nous allons voir comment il sert à reconnaître aussi la nature de l'électricité

Fig. 352.

L'expérience a deux phases principales :

1° Charge de l'électroscope par une électricité connue.

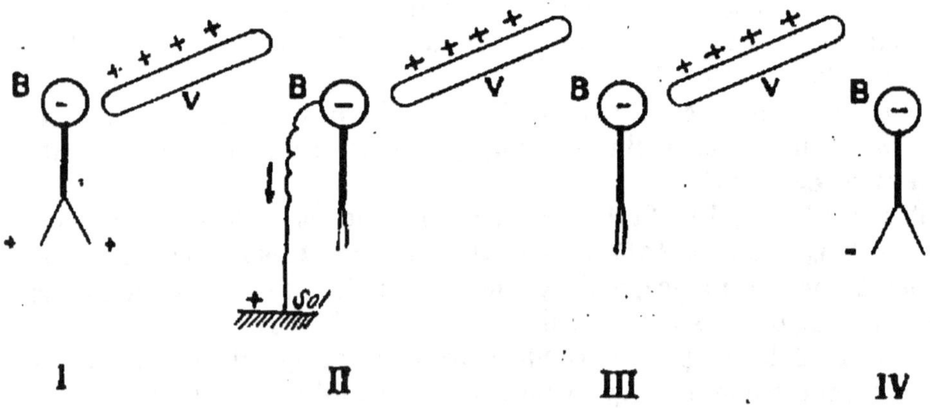

Fig. 353.

Supposons qu'on veuille charger l'électroscope d'électricité négative.

On approche de la boule B de l'électroscope (fig. 353) un bâton de verre V frotté avec du drap (I); de l'électricité neutre de l'électroscope se trouve décomposée par influence en électricité négative qui est attirée par l'électricité positive du verre, et en électricité positive repoussée vers les feuilles qui divergent.

On met, en y posant le doigt, la boule de l'électroscope en communication avec le sol (II); l'électricité positive est rejetée dans le sol; l'électricité négative reste dans la boule, retenue par l'électricité du verre. Les feuilles retombent verticalement.

On supprime la communication avec le sol (III); rien ne change.

On éloigne le bâton de verre (IV); alors l'électricité négative de la boule se répand dans tout l'électroscope et les feuilles divergent.

2° NATURE DE L'ÉLECTRICITÉ D'UN CORPS ÉLECTRISÉ.

On approche de loin et lentement de la boule de l'électroscope un corps M chargé d'une électricité inconnue X. Si les feuilles se rapprochent, c'est que l'électricité négative des feuilles se retire de celles-ci pour aller sur la boule; c'est donc que cette électricité négative est attirée par de l'électricité positive : alors l'électricité X est positive.

Au contraire, si ces feuilles divergent davantage, c'est que l'électricité négative des feuilles augmente; c'est l'électricité négative de la boule qui, repoussée, vient s'ajouter à celle des feuilles : donc l'électricité X est négative.

REMARQUE.

Nous avons dit qu'on approche de loin et lentement le corps M de la boule de l'électroscope. En effet, dans le cas où M est chargé positivement, en l'approchant lentement de la boule, l'électricité négative des feuilles est attirée et l'on voit les feuilles se rapprocher graduellement. Elles viennent même se toucher, puis elles s'écartent de nouveau et même parfois davantage qu'elles n'étaient au début de l'expérience. Il en est ainsi parce que lorsque M a attiré toute l'électricité négative des feuilles dans la boule, son influence continuant à se faire sentir décompose de l'électricité neutre de l'électroscope en électricité négative qui se porte sur la boule et en électricité positive qui va dans les feuilles et les fait diverger. Si l'on approchait M rapidement, les feuilles n'auraient pas le temps de se rapprocher et l'on n'observerait que la divergence finale. Or, cela nous amènerait à conclure faussement que M est chargé négativement.

Électricité atmosphérique

PARATONNERRE

408. — Champ électrique atmosphérique. — Pour étudier l'état électrique de l'atmosphère on peut se servir de l'électroscope dont la boule est reliée par un conducteur à une longue tige verticale terminée par une pointe et dressée dans l'air (fig. 354). On voit alors les feuilles diverger, et **par un temps serein** on reconnaît que les feuilles sont chargées positivement; il en est de même de l'atmosphère. En effet, celle-ci décompose l'électricité neutre de l'électroscope, attire vers la pointe l'électricité de nom contraire et repousse vers les feuilles l'électricité de même nom.

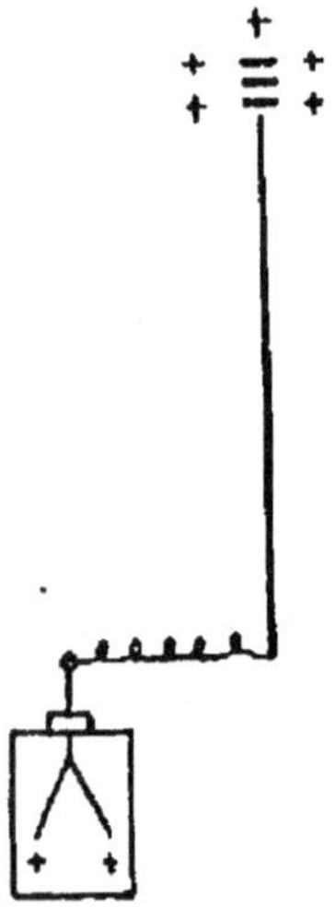

On a vérifié qu'en un point de l'atmosphère, le champ électrique est très variable, même par un beau temps, et à fortiori par un temps orageux. De plus, le potentiel augmente avec la hauteur : il peut varier de 10 à 1000 volts par mètre.

Le genre d'expériences précédentes fut fait pour la première fois en 1752 par Dalibard en France, et par Franklin en Amérique. Ce dernier se servait d'un cerf-volant à cadre métallique. Un an après, le physicien français de Romas en utilisant un cerf-volant muni d'une corde rendue très conductrice par un fil de cuivre, obtint des étincelles longues de plus d'un mètre et capables de foudroyer.

Fig. 354.

409. — Tonnerre. Éclair. Foudre. — En employant l'électroscope ci-dessus on a reconnu que, par les temps d'orage, les nuages sont chargés les uns positivement, les autres négativement. Alors si deux nuages A et B (fig. 355) chargés d'électricité de noms contraires se rapprochent à une distance convenable, leurs électricités se combinent en produisant une étincelle considérable et un formidable bruit. L'étincelle est l'*éclair* et le bruit est le *tonnerre*.

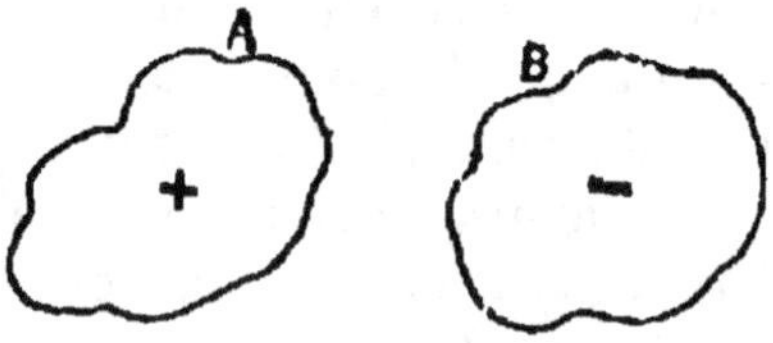

Fig. 355.

Quand l'étincelle jaillit entre un nuage A (fig. 356) et un point du sol, chargés d'électricité de noms contraires, on dit que la foudre « tombe ». Et, dans ce cas, un promeneur C, dans le voisinage, est foudroyé.

On voit souvent au crépuscule des journées chaudes de l'été des nappes lumineuses qui embrasent l'horizon, et qu'on appelle des « éclairs de chaleur ». Ces nappes lumineuses sont dues à la réflexion par les nuages supérieurs de l'atmosphère, d'orages éloignés, qui éclatent plus bas que l'horizon, qu'on ne peut voir ni entendre.

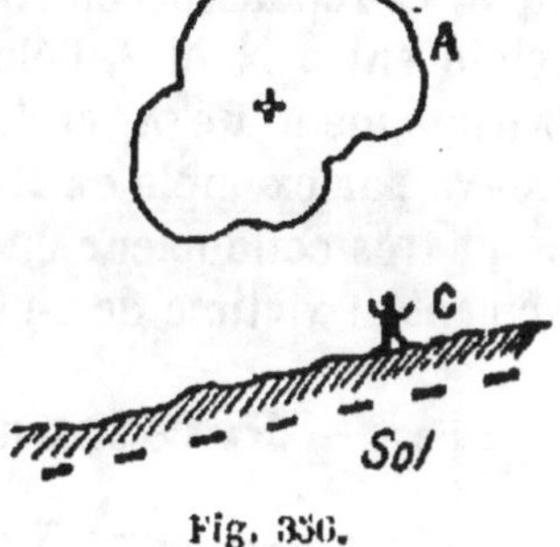

Fig. 356.

410. — Effets de la foudre. — Les effets de la foudre sont, considérablement amplifiés, ceux que produisent les étincelles de nos machines électriques : la foudre fond et volatilise les métaux bons conducteurs; brise les corps mauvais conducteurs tels que les arbres, les murs; tue ou paralyse les hommes et les animaux. Elle produit des effets chimiques; par exemple, quand la foudre « tombe », on constate dans le lieu atteint une forte odeur d'ozone.

La foudre éclate surtout sur les points élevés : les grands arbres, les

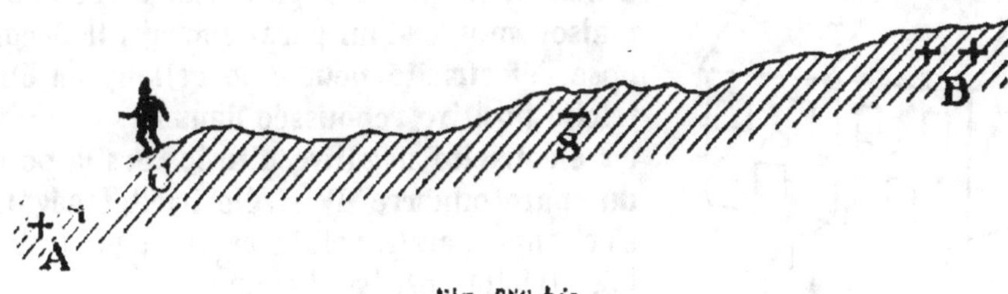

Fig. 356 bis.

hautes cheminées, les clochers. Elle choisit les meilleurs conducteurs. C'est pour cela qu'il est dangereux de se mettre à l'abri de la pluie sous un arbre au moment d'un orage. Si la foudre le frappe, elle l'abandonne aussitôt pour le corps de l'homme, meilleur conducteur que l'arbre. Il est très dangereux, pendant un orage, de se préserver de la pluie avec un parapluie à monture métallique.

Choc en retour.

On a vu quelquefois des personnes tuées indirectement par la foudre. Supposons un nuage N (fig. 356 *bis*), chargé positivement, dans le voisinage du sol, qui est à l'état neutre. Il attire l'électricité négative du sol, en S, et repousse l'électricité positive vers A et B. Alors si la foudre éclate entre N et S, l'électricité du sol n'étant plus repoussée revient brusquement de A et de B vers S. Si, dans ce cas, une personne se trouve par exemple en O, sur le chemin du retour de l'électricité, en un point très conducteur du sol, elle peut être atteinte plus ou moins gravement et victime de ce retour violent d'électricité.

411. — Paratonnerre.

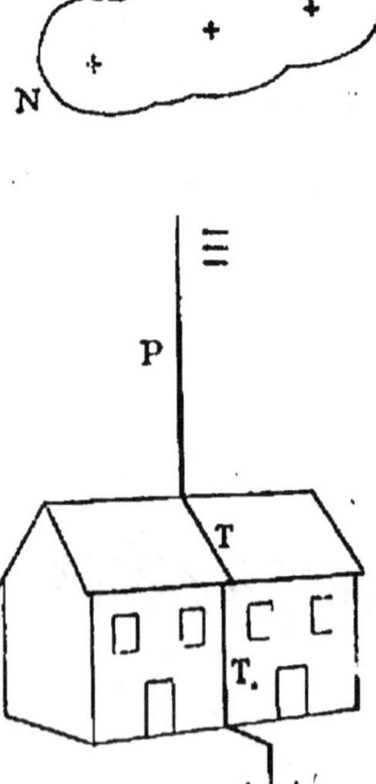

Fig. 357. — Paratonnerre.

— C'est un appareil destiné à préserver les édifices des effets de la foudre et cela de deux manières : 1° en diminuant les coups de foudre ; 2° en les rendant inoffensifs.

Le paratonnerre est fondé sur le pouvoir des pointes. Il formé d'une tige de fer à pointe effilée P (fig. 357), de 5 à 10 mètres de hauteur, qui surmonte la toiture de l'édifice à protéger. Le pied de la tige est mis en communication avec une tringle TT qui descend le long du toit et de la muraille et s'enfonce dans une citerne remplie d'eau, où elle se divise en plusieurs branches.

Lorsqu'un nuage N chargé par exemple d'électricité positive passe au-dessus de la maison munie d'un paratonnerre, il décompose l'électricité neutre de celle-ci en électricité positive repoussée dans le sol en C et en électricité négative attirée vers la pointe du paratonnerre P. L'électricité négative s'échappe par la pointe et vient neutraliser l'électricité positive du nuage.

Si, par hasard, la foudre éclate sur une maison munie d'un paratonnerre, comme l'électricité suit les corps bons conducteurs, elle suivra la tringle du paratonnerre pour s'écouler dans le sol et ne produira rien à l'intérieur de l'édifice.

REMARQUE.

Un paratonnerre ne protège que l'espace circulaire, dont il occupe le centre, dont le diamètre est à peu près égal au double de sa hauteur. Aussi on place plusieurs paratonnerres sur le même édifice lorsque celui-ci a une surface trop grande.

Pour être d'une efficacité absolue, le paratonnerre doit être formé d'une sorte de cage métallique entourant l'édifice et communiquant avec le sol. Il joue alors le rôle d'écran (n° 406). C'est ce que l'on fait aujourd'hui pour les monuments et pour les magasins d'explosifs. Les tringles sont reliées chacune à un bouquet de pointes métalliques (fig. 358), fixées à la toiture.

Fig. 358.

Capacité, Condensation

CAPACITÉ

412. — Définition. — L'expérience prouve que si l'on introduit sur un même conducteur isolé des charges q, 2q, 3q... son potentiel prend des valeurs v, 2v, 3v... On en conclut que **le potentiel d'un conducteur isolé est proportionnel à sa charge.** Ce qui se traduit par l'une des formules :

$$\frac{Q}{V} = C \text{ ou } Q = CV$$

Q désigne la charge du conducteur, V son potentiel et C une certaine constante inhérente au conducteur, mais variant d'un conducteur à l'autre et qu'on appelle capacité du conducteur. Donc **la capacité d'un conducteur isolé est le rapport constant qui existe entre sa charge et son potentiel.** Tout ce que nous venons de dire se vérifie aisément à l'aide du cylindre de Faraday mis en communication avec un électroscope.

413. — Unité de capacité. — Si dans la formule $Q = CV$ on fait $Q = 1$ coulomb et $V = 1$ volt, elle devient

$$1^c = C \times 1^v$$

d'où l'on tire $C = 1$

L'unité de capacité est donc celle d'un conducteur qui, sous une charge de 1 coulomb, prend un potentiel de 1 volt. On l'appelle farad.

Le farad est une unité considérable. Aussi se sert-on le plus souvent du **microfarad**, que, par abréviation on désigne par la lettre grecque μ (mu) suivie de la lettre f (μ f). Il vaut un millionième de farad.

414. — Énergie d'un conducteur. — Nous avons déjà trouvé (n° 402) la formule

$$\text{Énergie d'un conducteur} = \frac{1}{2}\, QV$$

D'autre part, comme

$$Q = CV$$

On peut alors écrire

$$\text{Énergie d'un conducteur} = \frac{1}{2}\, CV^2$$

415. — Principe de la méthode des mesures des capacités. — Soit C la capacité inconnue d'un conducteur et V son potentiel, facilement mesurable par l'électroscope ; sa charge Q est alors égale à $C \times V$.

Soit, d'autre part, C' la capacité connue d'un second conducteur, par exemple d'une sphère, dont on détermine facilement la capacité à l'aide de son rayon.

Supposons le second conducteur à l'état neutre et mettons-le en communication avec le premier. Les deux conducteurs réunis n'en forment plus qu'un seul de capacité $C + C'$ et de charge Q. Notons le nouveau potentiel V_1. Nous avons la formule

$$Q \text{ ou } CV = (C + C')\, V_1$$

d'où
$$CV - CV_1 = C'V_1$$

et
$$C = \frac{C'V_1}{V - V_1}$$

Or, dans le second membre, tout est connu, donc on connaîtra C.

CONDENSATION

La capacité d'un conducteur isolé est constante, mais il n'en est plus de même quand ce conducteur est soumis à l'influence de conducteurs voisins.

416. — Définition. — Un condensateur est un ensemble de deux conducteurs séparés par un isolant et permettant de condenser sur ces conducteurs, avec une source de potentiel déterminé, beaucoup plus d'électricité que s'ils étaient séparés.

Les deux conducteurs sont appelés les *armatures* du condensateur; l'isolant formé par l'air, le verre, le mica, l'ébonite... est le *diélectrique*.

Théorie de la condensation.

1° Prenons un conducteur quelconque A (fig. 359) isolé, que nous

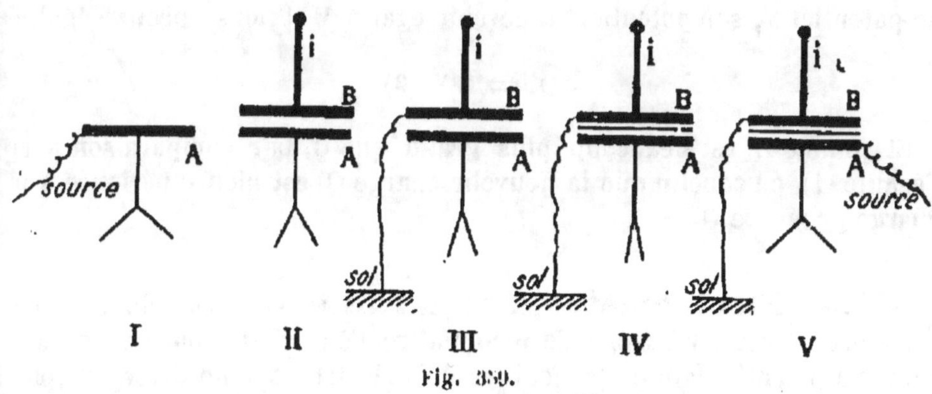

Fig. 359.

faisons communiquer d'une part avec un électroscope (le conducteur peut être la boule ou le plateau d'un électroscope), et d'autre part avec une source de potentiel V déterminé par l'angle de divergence des feuilles (I).

Le conducteur A de capacité C va prendre une charge déterminée par la formule

$$Q = CV \quad (1)$$

2° Supprimons la communication avec la source d'électricité et approchons de A au moyen d'un manche isolant I, un second conducteur B d'abord isolé; nous voyons les feuilles de l'électroscope se rapprocher

(II) d'autant plus petit que B est plus près de A. Donc le potentiel de A diminue et devient V' sans que sa charge Q ait changé.

L'égalité (1) subsistant toujours et le facteur V du second membre ayant diminué, il faut bien que le premier facteur C ait augmenté et soit devenu C'. On a donc

$$Q = C'V' \quad \text{avec} \quad \begin{cases} V' < V \\ C' > C \end{cases} \quad (2)$$

3° Quand on met B en communication avec le sol, les feuilles se rapprochent encore (III). Donc la capacité augmente.

4° Cette capacité de A augmente encore très sensiblement, quand, entre A et B, on intercale un isolant solide (IV). En résumé, pour augmenter le plus possible la capacité d'un conducteur A il suffit d'en approcher le plus possible un autre conducteur B, communiquant avec le sol et de les séparer par un diélectrique solide.

5° Si maintenant (V) nous mettons A en communication avec la source de potentiel V, son potentiel va devenir égal à V et nous aurons l'égalité

$$Q' = C'V \quad (3)$$

Et comme C' est beaucoup plus grand que C, par comparaison avec l'égalité (1), on conclut que la nouvelle charge Q' est bien supérieure à la charge primitive Q.

417. — Electromètre à quadrants. — Avec l'électroscope ordinaire, il est impossible de reconnaître l'électricité fournie par une source à potentiel faible : les feuilles de l'électroscope ne divergent pas. On se sert alors d'un appareil imaginé par Lord Kelvin. Il se compose de quatre segments égaux d'un cercle, ou quadrants 1, 2, 3, 4 (fig. 360), qui forment le couvercle d'une boîte. Les quadrants diamétralement opposés, sont réunis deux à deux par des fils conducteurs : 1 à 3 et 2 à 4. Les fils sont reliés l'un au pôle positif, l'autre au pôle négatif d'un nombre pair de piles associées entre elles. Le groupe des piles, est mis en communication avec le sol par l'élément situé au milieu. De cette manière, les quadrants opposés sont portés à des potentiels égaux :

$$1 \text{ et } 3 \text{ potentiel} + V = 2 \text{ et } 4 \text{ potentiel} - V$$

Une aiguille AA en forme de 8, en aluminium est suspendue libre-

ment dans l'intérieur de la boîte, au-dessous des quadrants par un fil
attaché à son centre O. C'est un double fil de cocon sans torsion F F.

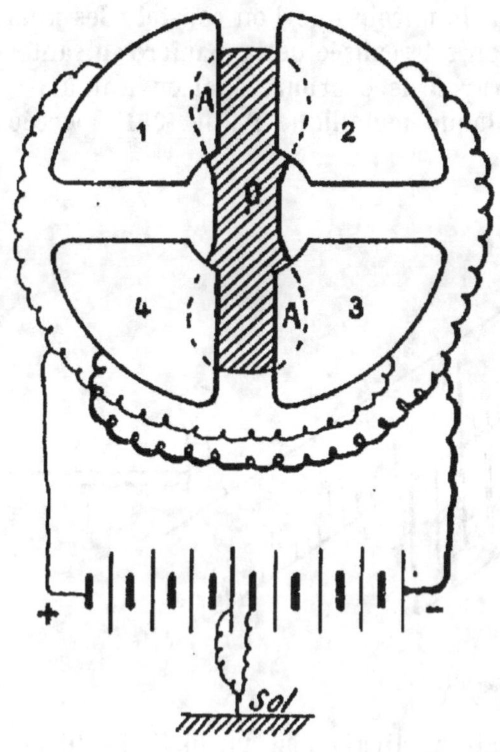

Fig. 360.

Cette suspension a l'avantage de ramener constamment l'aiguille dans
sa position normale, qui est celle représentée sur la figure, lorsque l'appareil est au repos.

A la partie inférieure de l'aiguille, est soudée une tige en platine,
qui traverse librement le fond de la boîte; son extrémité plonge dans
un bain d'acide sulfurique K. A la tige est fixé un petit miroir M.

Comme chaque paire de quadrants est chargée de la même quantité
d'électricité contraire, l'aiguille, également influencée par l'une et par
l'autre, reste au repos. Mais si par l'intermédiaire du bain sulfurique
on met la tige en contact avec un conducteur chargé, par exemple,
d'électricité positive, l'aiguille par conséquent s'électrise positivement.
Alors elle est repoussée par les quadrants 1 et 3 positifs, et attirée au
contraire par les quadrants 2 et 4 négatifs. Elle s'écarte alors de sa
position d'équilibre. Elle fait un certain angle avec le plan qui, passant

par son centre, la coupe longitudinalement en deux, de A en A, et lui est perpendiculaire. Le miroir M, tournant avec l'aiguille, fait par rapport à sa première position, exactement le même angle.

C'est à l'aide de l'angle fait par le miroir que l'on constate les plus petites déviations. Cette constatation est réalisée de la manière suivante.

Le miroir est concave et a un rayon de courbure égal environ à 1^m. A cette distance se trouve une plaque métallique P (fig. 361), percée

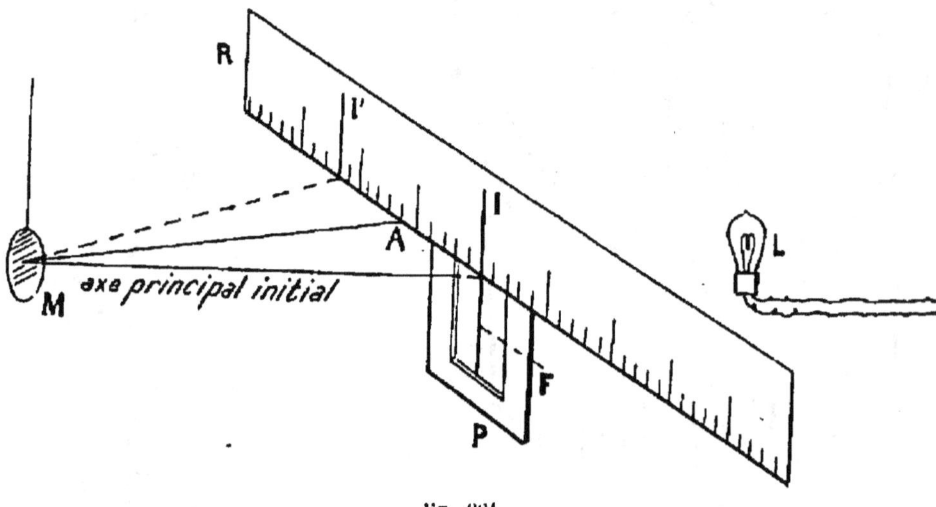

Fg. 361.

d'une fenêtre dans laquelle est tendu verticalement un fil F. Le fil est perpendiculaire à l'axe du miroir et son extrémité supérieure est placée exactement en face du centre du miroir M. Une lampe électrique L, derrière la plaque, éclaire le fil.

L'image I du fil se forme dans ces conditions, dans son prolongement supérieur. Elle est reçue sur une règle transparente horizontale graduée R. Lorsque le miroir est dévié, l'image dévie aussi. Supposons que l'axe principal du miroir dévié ait pris la direction MA : l'image se formera par conséquent en I' puisque les rayons réfléchis tournent d'un angle IMI' double de l'angle de rotation IMA (Principe des miroirs tournants). La moitié de l'angle IMI' donne donc la déviation de l'aiguille.

La règle R est transparente parce que l'observateur est placé du côté de la lampe L.

Bouteille de Leyde

La bouteille de Leyde est un condensateur pratique.

418. — Description. — C'est une bouteille
en verre réalisant le diélectrique du condensateur. Les
deux armatures A et B (fig. 362) sont formées par
deux feuilles de papier d'étain (papier dont on se sert
pour envelopper le chocolat), collées l'une à l'intérieur l'autre à l'extérieur. Une tige métallique terminée extérieurement par une boule est plongée à l'intérieur de la bouteille dans une petite masse de
clinquant (feuilles de cuivre très minces). De cette
manière, le contact est assuré.

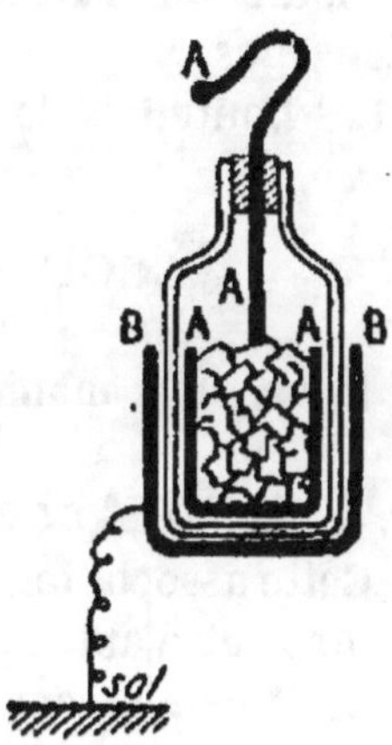

Fig. 362. — Bouteille
de Leyde.

Charge.

Pour charger la bouteille on la prend à la main par la partie B recouverte d'étain. Elle se trouve ainsi, par le corps de l'opérateur, en communication avec le sol. On approche ensuite la boule d'une machine
électrique chargée.

L'armature intérieure se charge d'électricité positive qui lui donne
le même potentiel que celui de la machine; l'armature extérieure se
charge par influence d'une quantité égale d'électricité négative, puisque
l'armature extérieure (corps influencé) entoure l'armature intérieure
(corps influençant).

Décharge.

La bouteille est déchargée au
moyen d'un excitateur CC' (fig. 363).
C'est une espèce de compas métallique dont les branches sont terminées par des boules et qu'on tient
au moyen de manches isolants. Si,
d'une bouteille chargée, on approche un excitateur de manière qu'une
branche soit près de la boule de la
bouteille et que l'autre branche touche la feuille d'étain B, une étincelle

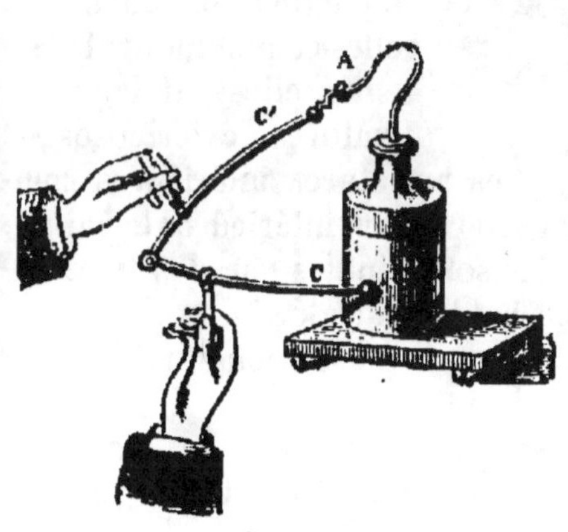

Fig. 363.

jaillit entre la boule de la bouteille et la boule de l'excitateur. Et la bouteille se décharge instantanément.

On peut décharger lentement la bouteille en la plaçant sur un isolant et en touchant alternativement avec le doigt l'armature extérieure et la boule de l'armature intérieure. On n'obtient ainsi que de petites décharges.

Les bouteilles de grande dimension portent le nom de *jarres*.

ACCOUPLEMENT DES BOUTEILLES DE LEYDE

Il y a deux manières principales d'accoupler les bouteilles.

419. — Accouplement en batterie ou surface.

Cette association consiste à réunir d'une part toutes les armatures extérieures et d'autre part toutes les armatures intérieures.

Si C est la capacité d'une bouteille et s'il y a N bouteilles, la capacité de la batterie est NC. En effet, les surfaces des armatures sont devenues N fois plus grandes.

Les bouteilles sont placées les unes auprès des autres (fig. 364) dans une caisse en bois tapissée intérieurement d'une feuille d'étain. Toutes les bouteilles se touchent : elles communiquent alors entre elles par leurs armatures extérieures et

Fig. 364.

la feuille d'étain qui tapisse la caisse. Les armatures intérieures communiquent entre elles au moyen de tiges verticales intérieures terminées chacune par une boule. Toutes les boules sont réunies par des tiges horizontales qui viennent se souder à une boule centrale.

La feuille d'étain qui tapisse l'intérieur de la caisse communique avec une chaîne extérieure T, qui traîne sur le sol.

La capacité C d'une batterie est égale à la somme des capacités c, c', c'' des bouteilles, si celles-ci, de nombre n sont identiques, on a

$$C = nc$$

Calculons l'énergie T que possède la batterie. Appelons nc sa capacité, Q sa charge, et V son potentiel.

D'après la formule vue au n° 414, on a

$$T = \frac{1}{2} QV \quad (1)$$

or

$$Q = nc\, V$$

d'où

$$V = \frac{Q}{nc}$$

Remplaçons V par sa valeur dans (1) nous aurons

$$T = \frac{1}{2} Q \times \frac{Q}{nc}$$

ou

$$T = \frac{1}{2} \frac{Q^2}{nc}$$

420. — Accouplement en série ou cascade. — On

associe les bouteilles de la manière suivante : L'armature extérieure de la première bouteille est mise en communication avec l'armature intérieure de la deuxième (fig. 365); l'armature extérieure de la seconde communique avec l'armature intérieure de la troisième et ainsi de suite.

L'armature intérieure de la première bouteille communique avec la source d'électricité de potentiel V; l'armature extérieure de la dernière bouteille communique avec le sol de potentiel zéro.

L'armature intérieure de la première bouteille prend une certaine charge positive Q, au potentiel V; mais par influence la charge + Q développe dans l'armature extérieure une charge — Q à un certain potentiel V'.

L'armature intérieure de la seconde

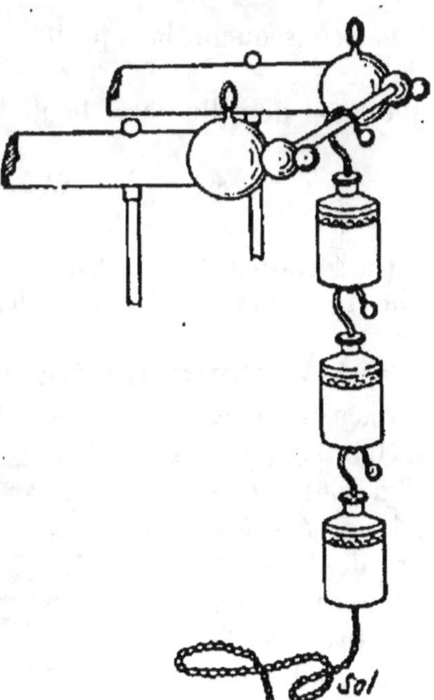

Fig. 365.

bouteille, communiquant avec l'armature extérieure de la première, a le même potentiel V' que cette dernière. D'autre part, puisque dans l'ensemble de ces deux armatures il s'est développé extérieurement une charge — Q, il doit se développer intérieurement une charge $+$ Q. Et ainsi de suite.

La capacité C d'une batterie de n bouteilles associées en cascade est n fois plus petite que la capacité d'une bouteille. Elle est

$$\frac{C}{n}$$

En appelant C la capacité commune de chaque bouteille, on a pour la 1re bouteille $\qquad Q = C\,(V - V')$
» $\quad$ 2e $\quad$ » $\qquad Q = C\,(V' - V'')$
» $\quad$ 3e $\quad$ » $\qquad Q = C\,(V'' - 0)$

Ajoutons membre à membre

$$3\,Q = C\,V$$

$$Q = \frac{C}{3}\,V$$

Par conséquent, la capacité $\frac{C}{3}$ de l'ensemble des trois bouteilles n'est que le $\frac{1}{3}$ de celle d'une bouteille et son énergie est

$$W = \frac{1}{2} \cdot \frac{C}{3}\,V^2$$

L'association en cascade n'a donc d'autre intérêt que de permettre une chute de potentiel élevé, irréalisable avec une seule bouteille.

421. — Condensateur en feuillets. — Ils sont généralement

formés de lames d'étain 1, 2, 3... (fig. 366) parallèles, séparées par des feuilles de mica ou de papier paraffiné. Toutes les lames d'étain

Fig. 366.

d'ordre impair communiquent ensemble; il en est de même de toutes les feuilles d'ordre pair.

Ces condensateurs qui offrent une très grande surface sous un faible volume, et par conséquent une très grande capacité électrique, sont souvent utilisés. Par exemple dans la bobine de Ruhmkorff.

VINGT-SEPTIÈME LEÇON

ÉLECTRICITÉ STATIQUE (*suite*)

**Electrophore. — Machine de Ramsden. – Machine de Wimshurst.
— Effets des décharges électriques.**

Machines d'électricité

Les générateurs d'électricité se partagent en trois classes :

1° **Les machines d'électricité statique** qui transforment de l'énergie mécanique et donnent de *faibles quantités* d'électricité, mais à *haut potentiel* ;

2° **Les piles** qui transforment de l'énergie chimique en énergie électrique et donnent de *grandes quantités* d'électricité à un *très faible potentiel* ;

3° **Les machines d'induction** qui transforment de puissantes énergies mécaniques (vapeur, chutes d'eau....) en énergie électrique et donnent généralement de grandes quantités d'électricité à un potentiel variable de 0 à des milliers de volts. Ce sont les machines électriques industrielles par excellence.

MACHINES D'ÉLECTRICITÉ STATIQUE

122. — Les machines d'électricité statique décomposent de l'électricité neutre en électricité positive et électricité négative en quantités égales : l'électricité positive se porte sur un conducteur appelé le **pôle positif** de la machine ; l'électricité négative se porte sur un second conducteur, le **pôle négatif**. Parfois l'un des pôles communique avec le sol, où l'électricité correspondante s'écoule.

On distingue parfois les machines *à frottement* et les machines *à influence*; en réalité, l'influence joue un rôle dans toutes ces machines.

423. — Électrophore. — La plus simple des machines électriques est *l'électrophore* joint au cylindre de Faraday.

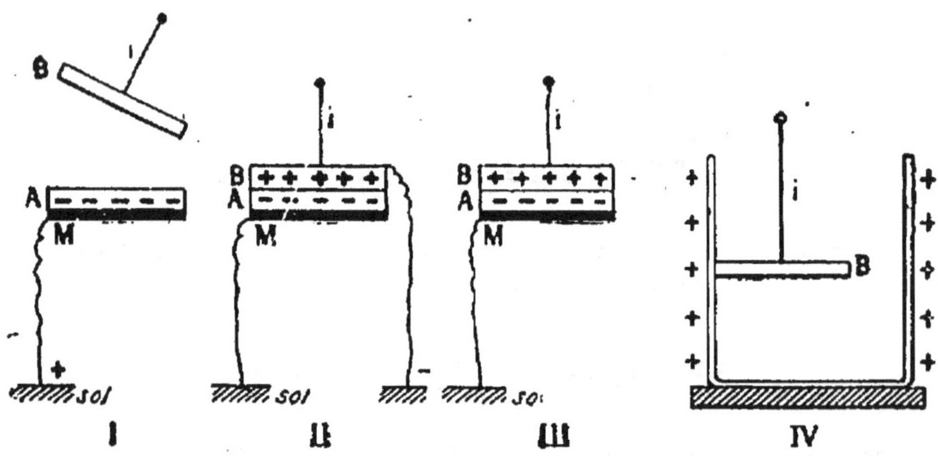

Fig. 367. — Électrophore.

L'électrophore se compose d'un disque d'ébonite A (fig. 367) ou d'un gâteau de résine coulé dans un moule métallique M communiquant avec le sol, et d'un plateau léger B, que l'on fait aujourd'hui en aluminium, muni d'un manche isolant I.

On bat l'ébonite avec une peau de chat; l'électricité neutre est décomposée en électricité positive qui s'écoule dans le sol et en électricité négative qui reste dans l'ébonite (I). On applique le plateau B sur le disque A (II) en mettant un doigt sur B pour le faire communiquer avec le sol. Par influence, l'électricité neutre de B est décomposée en électricité négative, qui est repoussée dans le sol et en électricité positive qui est retenue dans B.

On supprime la communication de B avec le sol (III), et en prenant le plateau par le manche isolant, on le transporte à l'intérieur d'un cylindre de Faraday C, dont on lui fait toucher la paroi (IV). Toute l'électricité positive du plateau B passe à l'extérieur du cylindre.

Si l'on recommence l'expérience un très grand nombre de fois (A conserve son électricité très longtemps), on peut accumuler, du moins théoriquement, une grande charge sur le cylindre. Mais, en réalité, la charge du cylindre se perd peu à peu dans l'air ambiant.

C'est le travail que l'on effectue pour séparer les plateaux A et B, chargés d'électricité de noms contraires, qui est transformé en énergie électrique.

En soulevant le plateau B et en approchant ensuite le doigt de B, on peut tirer une petite étincelle.

424. — Machine de Ramsden. — La machine de Ramsden (fig. 368 et 369) se compose d'un grand disque de verre DD, qu'à l'aide d'une manivelle on fait tourner entre deux paires de coussinets C C, en crin, recouverts de cuir. Les coussinets communiquent avec le sol par une chaîne reliée aux montants en bois. Suivant le diamètre horizontal, le plateau passe entre deux mâchoires MM en cuivre, garnies intérieurement de pointes. Enfin, les mâchoires sont reliées à de grands cylindres creux en cuivre B. (Plus ces cylindres sont grands, plus leur capacité est grande; on les fait souvent communiquer avec l'armature intérieure d'une ou plusieurs bouteilles de Leyde, dont l'armature extérieure est au sol).

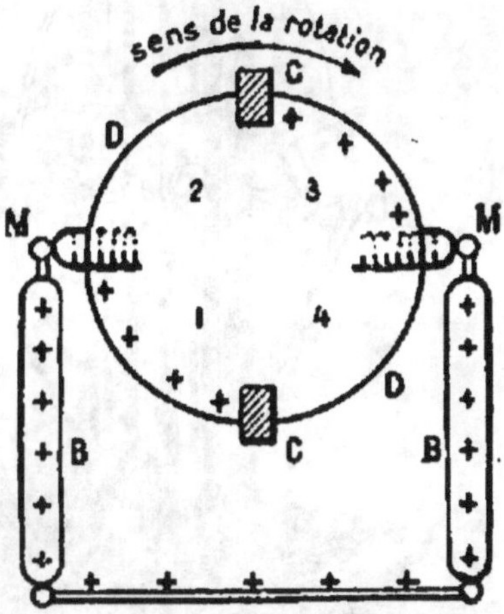

Le diamètre des coussins et celui des mâchoires divisent le disque D en quatre quadrants 1, 2, 3, 4.

Fig. 369. — Machine de Ramsden.

Quand on fait tourner le disque d'un quart de tour, dans le sens de la flèche, les quadrants 1 et 3 se chargent d'électricité positive, tandis que les quadrants 2 et 4 restent à l'état neutre. En continuant la rotation, l'électricité positive des quadrants 1 et 3 en passant devant les mâchoires, décompose l'électricité neutre des cylindres B : la négative est attirée par les pointes et passe sur le disque; la positive est repoussée sur les cylindres B. Il s'ensuit que la partie du disque qui vient de traverser une mâchoire est ramenée à l'état neutre. Le disque continuant sa rotation, se charge de nouveau et de l'électricité positive va s'accumuler dans les cylindres.

Pendant la rotation, les coussinets s'électrisent négativement, mais comme ils communiquent avec le sol, cette électricité négative s'écoule dans le sol.

425. — Machine de Wimshurst. - La machine de Wims-

hurst se compose de deux plateaux identiques et parallèles A,B (fig. 370)
en verre ou en ébonite, tournant sur le même axe au moyen d'une

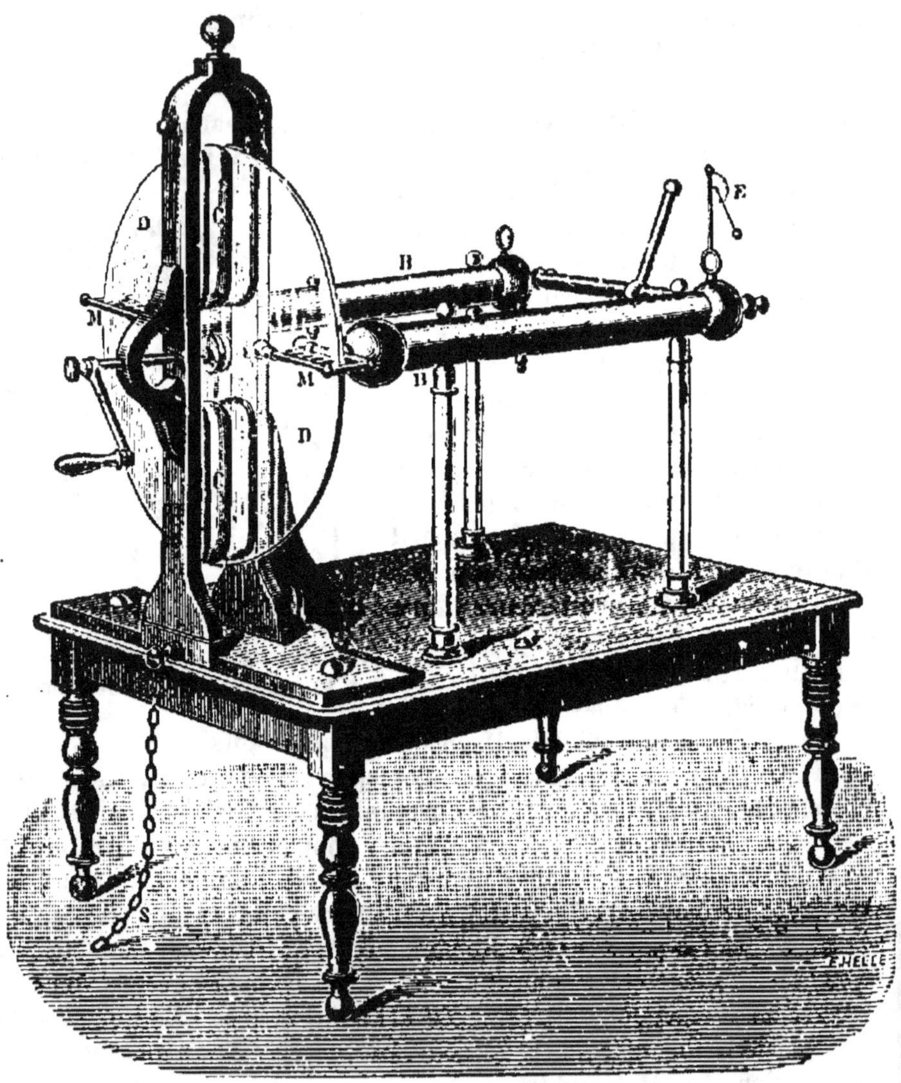

Fig. 369. — Machine de Ramsden.

manivelle. Chaque plateau est monté par son centre sur une poulie dans
la gorge de laquelle s'engage une courroie qui passe sur l'arbre de la
manivelle. Les plateaux tournent en sens contraire, parce que l'une

des deux courroies au lieu de présenter comme l'autre deux lignes parallèles, forme un huit.

Chaque plateau porte collées sur sa surface externe et près du bord, de petites pièces minces d'étain. Placées près les unes des autres aux extrémités de nombreux diamètres, elles forment comme une couronne sur le plateau.

Lorsque les plateaux tournent, deux pièces d'étain diamétralement opposées sont mises en communication, pendant un court instant,

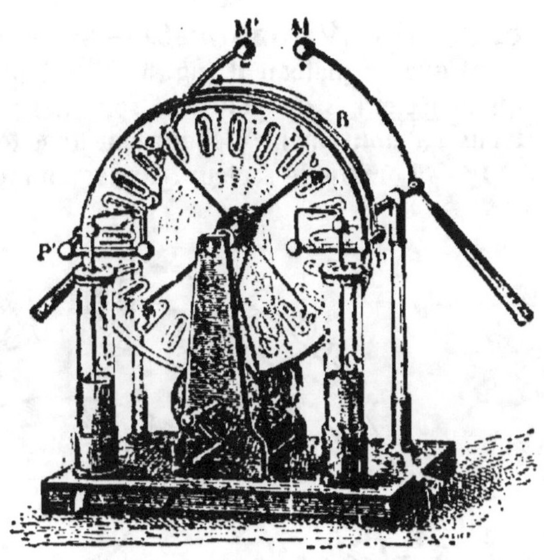

Fig. 370. — Machine de Wimshurst.

par un conducteur diamétral armé à chacune de ses extrémités d'un balai métallique. Chaque plateau possède son conducteur diamétral avec ses balais. Les deux conducteurs sont inclinés l'un à droite, l'autre à gauche, d'environ 15° sur la verticale, de manière à se croiser.

Aux deux extrémités de leur diamètre horizontal, les plateaux passent entre deux peignes PP', en forme de fer à cheval.

Les peignes sont réunis à deux axes métalliques terminés par des boules de cuivre MM'. Ce sont les pôles de la machine. Ces arcs, articulés près des peignes, sont manœuvrés par des manches isolants; ils sont disposés de manière que les boules MM' sont écartées ou rapprochées à volonté.

La capacité des pôles est augmentée par deux bouteilles de Leyde CC', dont les armatures extérieures communiquent entre elles, et les armatures intérieures sont reliées aux pôles de la machine.

La machine de Wimshurst est autoexcitatrice, c'est-à-dire qu'elle s'amorce d'elle-même lorsqu'on la met en mouvement. Il suffit pour cela de rapprocher les boules MM' jusqu'au contact, puis de faire tourner les plateaux. Dès qu'on entend un petit bruissement on écarte un peu les boules : aussitôt des étincelles jaillissent entre elles.

428 *bis*. — Théorie du fonctionnement de la ma-

chine de Wimshurst. — Supposons pour la clarté du raisonnement que le plateau B (fig. 371), soit plus grand que le plateau A et
qu'un secteur S du plateau A soit chargé positivement.. Mettons les plateaux en mouvement. Ils tournent dans le sens des flèches.

1° — Lorsque le secteur S arrive en face du balai b, il se produit une

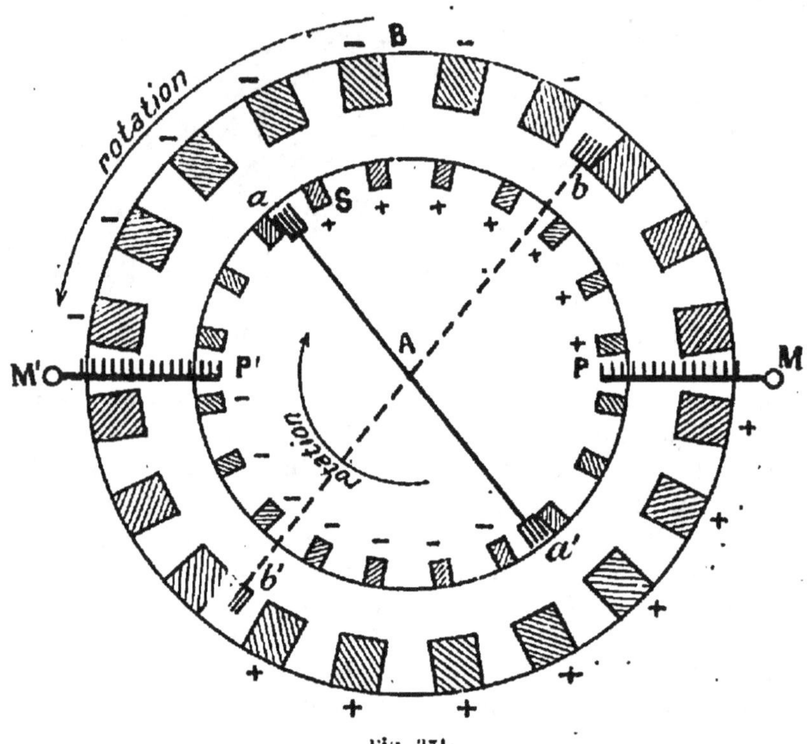

Fig. 371.

décomposition par influence à travers les plateaux; de l'électricité négative s'écoule par le balai b, qui charge négativement les secteurs de B
successivement en contact avec lui.

2° — Lorsque les secteurs de B chargés positivement arrivent en face
du balai a' il se produit une décomposition : a' se charge d'électricité
négative et a d'électricité positive.

3° — Lorsque les secteurs de B chargés négativement arrivent en face
du balai a, il se produit une décomposition : a se charge d'électricité
positive et a' d'électricité négative.

Si l'on suppose maintenant, que c'est un secteur de B qui est chargé positivement, nous pouvons tenir le même raisonnement pour le plateau A. Il résulte de ces considérations qu'à un moment donné les secteurs de B sont électrisés négativement de b en P' et positivement de b' en P. Les secteurs de A sont électrisés positivement de a en P et négativement de a' en P'.

Les secteurs de A et de B chargés positivement se déchargent lorsqu'ils traversent le peigne P : l'électricité négative des pointes du peigne les neutralise et l'électricité positive s'accumule au pôle M. — Les secteurs de A et de B chargés négativement se déchargent lorsqu'ils traversent le peigne P' : l'électricité positive des pointes les neutralise et l'électricité négative s'accumule au pôle M'.

Au fur et à mesure que les plateaux tournent, la différence de potentiel entre les pôles augmente; elle peut dépasser 100 000 volts.

Usage de la machine de Wimshurst.

La machine de Winshurst est employée en médecine dans le traitement de certaines maladies (dans ce cas, on enlève les condensateurs).

La machine peut produire du travail car elle est réversible. Dans ce cas, on emploie deux machines : la première, mise en marche par un moteur transforme du travail en énergie électrique; la seconde transforme l'énergie électrique en travail.

Machine de Wimshurst sans secteurs métalliques.

Un important perfectionnement a été apporté à la machine de Wimshurst. Des plateaux d'ébonite ont été substitués aux plateaux de verre et les secteurs d'étain ont disparu.

Une vitesse plus considérable de rotation peut être imprimée aux plateaux d'ébonite et alors le débit d'électricité est augmenté. Les plateaux sont, en effet, soumis à certains efforts de flexion qui peuvent les briser. L'ébonite, en raison de sa souplesse et de sa faible densité peut, sans danger, tourner cinq fois plus vite que le verre.

On a démontré que l'électricité peut demeurer sur un diélectrique : elle peut exister par conséquent à la surface d'un isolant. D'après cela, le fonctionnement d'une machine sans secteurs s'explique comme celui d'une machine à secteurs, partant de l'hypothèse qu'une région d'un plateau a une charge négative qu'on peut lui communiquer en la touchant avec un morceau d'ébonite frotté avec une peau de chat. Par influence, il se développe sur une région voisine de l'autre plateau, une charge positive. Les plateaux, comme dans la machine à secteurs, sont divisés en quatre quadrants; deux quadrants opposés, sur chaque plateau, portent des charges de signes contraires.

La machine sans secteurs doit être amorcée tandis que la machine à secteurs s'amorce toute seule. Pour amorcer la machine sans secteurs, on n'a qu'à toucher un plateau du bout du doigt.

REMARQUE GÉNÉRALE.

Les machines statiques sont des générateurs d'électricité au même titre que les piles et les dynamos, mais elles ne peuvent pas être employées dans l'industrie. Si leur *voltage*, en effet, est élevé : 10 000 volts, par exemple, leur débit est toujours très faible. C'est-à-dire qu'il s'écoule par seconde une fraction très petite de coulomb, par exemple 0,001.

Calculons la puissance d'une telle machine. Nous dirons

$1^{coulomb}$ tombant de 1^{volt} produit (par définition) 1^{joule}

$$0,001^{c} \quad _{''} \quad 10\,000^{v} \text{ produisent} \quad \frac{10\,000}{0,001} = 10 \text{ joules.}$$

La puissance est alors $10^{joules\ secondes}$ ou $10^{watts} = \dfrac{10}{736}$

EFFETS DES DÉCHARGES ÉLECTRIQUES

L'énergie potentielle d'un condensateur produit par la décharge des effets divers : lumineux, calorifiques, chimiques, mécaniques, physiologiques.

426. — **Effets lumineux.** — *L'étincelle électrique* est un effet lumineux. Si l'on rapproche suffisamment deux conducteurs chargés d'électricités contraires ou simplement à des potentiels différents, l'attraction mutuelle des deux électricités peut vaincre la résistance de l'air. Dans ce cas, les deux électricités se combinent en produisant un trait de feu et en faisant entendre un petit bruit sec. L'étincelle est due à l'échauffement, par la décharge, de l'air interposé entre les deux conducteurs. Elle résulte d'une transformation d'énergie électrique en lumière et en chaleur.

Si les conducteurs présentent deux surfaces assez rapprochées, il se produit souvent, non pas une étincelle, mais une lueur homogène, violacée, qu'on appelle *effluve*.

La longueur de l'étincelle, que l'on appelle encore **distance explo-**

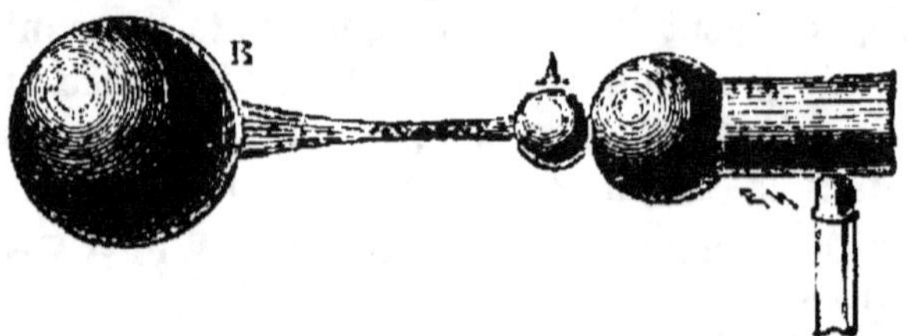

Fig. 372.

sive, croît avec la différence de potentiel des conducteurs ; sa grosseur dépend de la quantité d'électricité qui se combine à travers l'air interposé entre les conducteurs. Si les conducteurs ont une grande capacité électrique, l'étincelle se présente sous la forme d'un cordon

Fig. 373.

rectiligne de A à B (fig. 372) ; à mesure que la capacité diminue, le cordon devient grêle et sinueux et même ramifié (fig. 373).

La durée de l'étincelle est très courte. Comme nous le verrons plus loin, les décharges réalisées dans les gaz raréfiés (tubes de Geissler) donnent lieu à des phénomènes lumineux ; la couleur de la lumière produite varie avec le gaz. On éclaire aujourd'hui certains grands édifices par un procédé fondé sur ce phénomène (lumière au néon).

427. — Effets calorifiques. — L'étincelle électrique enflamme certaines matières éminemment combustibles, telles que les poudres de fourneaux de mines, pour faire sauter des blocs de rocher ou de maçonnerie. Une décharge électrique échauffe jusqu'à le fondre, un fil métallique qui relie les boules d'un excitateur.

428. — Effets chimiques. — La décharge électrique transforme l'oxygène de l'air en ozone. Dans une salle où l'on fait marcher une machine de Wimshurst, on perçoit bientôt une odeur particulière due à l'ozone produit en petite quantité par les étincelles répétées de l'appareil.

429. — Effets mécaniques. — Les effets mécaniques se manifestent sur les corps mauvais conducteurs de l'électricité. Si l'on interpose une lame de verre C (fig. 374) entre la pointe d'un conducteur A relié à une ma-

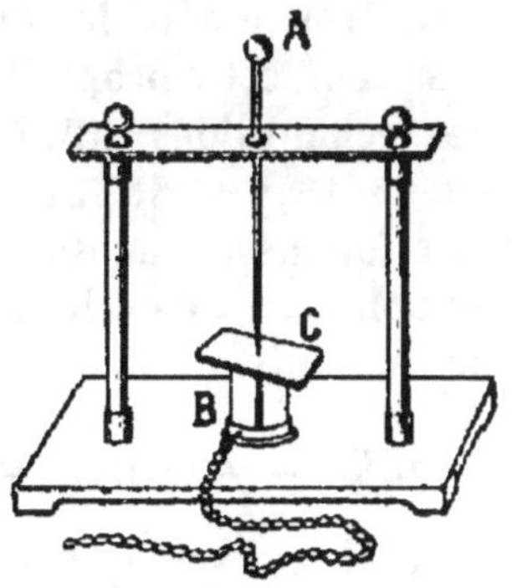

Fig. 374.

chine électrique et la pointe B en communication avec le sol, la décharge peut percer le verre.

430. — Effets physiologiques. — Lorsqu'on approche la main d'un conducteur chargé, une étincelle jaillit entre le conducteur et la main. On éprouve la sensation d'une piqûre. Si l'on place une main sur l'armature extérieure d'une bouteille de Leyde chargée et que de l'autre main on touche la boule, on éprouve une commotion assez forte. On ne pourrait pas sans danger faire cette expérience avec une caisse de bouteilles accouplées.

La médecine utilise l'électricité statique pour le traitement de certaines maladies.

VINGT-HUITIÈME LEÇON

MAGNÉTISME

Aimants. — Masse magnétique. — Loi de Coulomb. — Magnétisme terrestre. — Champ magnétique d'un aimant. — Déclinaison magnétique. — Inclinaison magnétique.

Aimants

431. — Aimants naturels. — On donne le nom d'*aimants* à tout corps possédant la propriété **d'attirer le fer.**

On trouve dans le sol certains échantillons d'oxyde de fer (Fe^3O^4) qui possèdent cette propriété; plongés dans la limaille de fer, celle-ci y adhère. Ces échantillons qui, à cause de leur propriété, sont appelés **oxydes magnétiques de fer**, forment des **aimants naturels**; on les trouvait autrefois assez nombreux dans les environs de la ville de *Magnésie* en Asie Mineure; d'où le nom de **magnétisme** donné au chapitre de l'étude des aimants.

432. — Aimants artificiels. — Si l'on frotte avec un aimant naturel un barreau d'acier (l'acier est du fer avec environ $\frac{1}{10\,000}$ de carbone), celui-ci acquiert des propriétés magnétiques; on a un **aimant artificiel**.

133. — Pouvoir attractif des aimants. — Les aimants

attirent non seulement le fer, mais encore le nickel et le cobalt. Leur pouvoir attractif s'exerce à travers certaines substances telles que le verre, le carton, le bois...

134. -- Pôles des aimants. — Si l'on plonge un barreau

aimanté dans la limaille de fer, celle-ci s'attache sous forme de houppe (fig. 375) autour de deux centres voisins des extrémités mais non sur la région moyenne. On a donné le nom de **pôles** aux deux

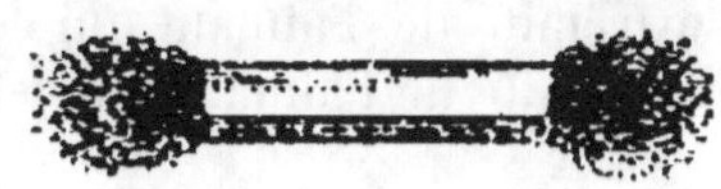

Fig. 375. — Aimant.

points voisins des extrémités où la propriété attractive est la plus forte.

135. — Distinction des pôles par l'action de la Terre.

— Au point de vue de l'attraction de la limaille de fer, rien ne distingue les deux pôles d'un aimant; l'expérience suivante va cependant nous montrer que ces pôles sont différents.

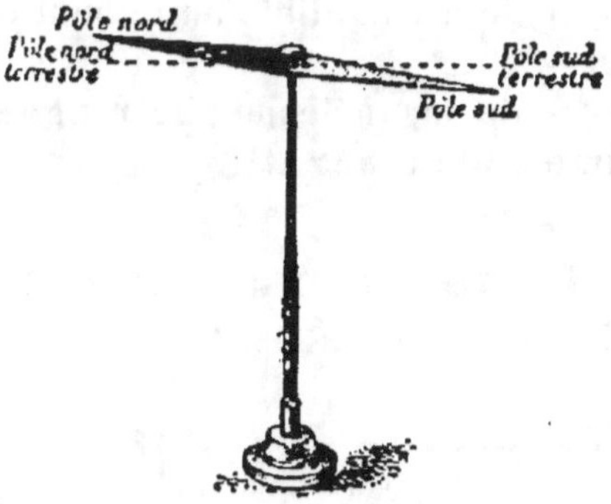

Soit une aiguille aimantée (fig. 376), qui est un aimant aplati et découpé en forme de losange. Plaçons l'aiguille sur un pivot où elle jouit de la plus grande mobilité. Aussitôt elle s'oriente : elle prend sensiblement la direction nord sud. Quels que soient les dérangements qu'on lui imprime, la même pointe de l'aiguille revient toujours vers le sud et l'autre vers le nord. Pour les reconnaître on bleuit celle qui se présente vers le nord. La pointe qui **regarde le nord** est le **pôle nord**; la pointe qui **regarde le sud** est le **pôle sud**.

Fig. 376. — Aiguille aimantée.

136. — Les pôles d'un aimant sont inséparables. —

Est-il possible d'isoler les pôles d'un aimant? Non.

En effet, brisons un aimant AB (fig. 377) en deux : les deux moitiés CD et EF présentent également chacune deux pôles où la limaille adhère. Chaque moitié se comporte comme le premier aimant AB. Si l'on

Fig. 377.

brise encore en deux chacune des deux moitiés, on obtient quatre aimants qui ont chacun les mêmes propriétés que l'aimant AB.

On peut inférer de ce phénomène qu'un aimant est composé d'un nombre considérable de petits aimants assemblés dans le même sens; c'est-à-dire que tous les pôles sud sont dirigés vers l'extrémité de l'aimant qui est le pôle sud, et tous les pôles nord vers l'extrémité de l'aimant qui est le pôle nord.

437. — Action réciproque des pôles de deux aimants. — Deux pôles de même nom se repoussent; deux pôles de noms contraires s'attirent.

Pour vérifier cette loi, il suffit de présenter tour à tour à chaque pôle d'une aiguille aimantée mobile, le même bout d'un barreau aimanté. On constate que ce bout attire toujours la même pointe de l'aiguille et repousse constamment l'autre. Si l'on présente à l'aiguille l'autre bout du barreau, c'est le contraire qui se passe.

On admet alors qu'il y a deux espèces de magnétisme : **le magnétisme nord ou positif, le magnétisme sud ou négatif.**

438. — Masse magnétique. Unité de masse magnétique. — Considérons un barreau aimanté SN (fig. 378) long et léger; plaçons-le sur le plateau d'une balance très sensible et faisons la tare.

Dans le plan vertical contenant SN plaçons un autre barreau S_1N_1 de manière que les pôles soient l'un au-dessus de l'autre; par exemple à 1^{cm}. Si les

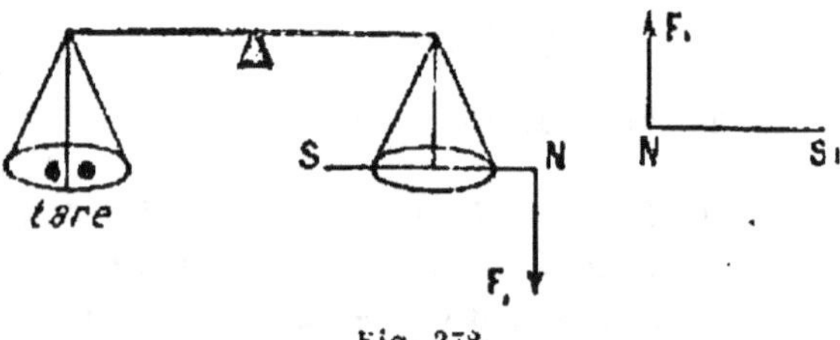

Fig. 378.

deux barreaux sont assez longs, nous pouvons supposer négligeables les actions de S sur N_1 et S_1 et de S_1 sur N et S; seules les deux actions répulsives des pôles nord sont à considérer. En ajoutant des poids du côté de la tare nous pourrons mesurer la force répulsive F_1.

En remplaçant le barreau N_1S_1 par un autre barreau N_2S_2, nous aurons une autre force répulsive F_2.

Si $F_1 > F_2$, nous dirons par convention que la **masse du magnétisme** N_1 est supérieure à celle de N_2.

Si $F_1 = F_2$, nous dirons que les deux pôles N_1 et N_2 ont la même **masse magnétique**.

Les masses magnétiques sont donc des quantités mesurables à l'aide de forces. Pour les mesurer, il faut faire choix d'une unité :

L'unité de masse magnétique est celle d'un pôle nord, qui, placé à 1ᶜᵐ d'un pôle identique le repousse avec une force de 1 dyne.

439. — Loi de Coulomb. — L'expérience prouve que **l'action mutuelle de deux pôles est proportionnelle à leurs masses magnétiques et inversement proportionnelle au carré de leur distance.**

$$F = K\,\frac{m\,m'}{d^2} \quad (1)$$

Or, par définition, quand $d = 1^{cm}$ et quand $m = m' = 1$ on a

$$F = 1 \text{ dyne.}$$

Donc la formule (1) devient

$$1 = K\,\frac{1 \cdot 1}{1^2}.$$

D'où

$$K = 1$$

Par conséquent, la force F d'attraction ou de répulsion entre deux pôles est donnée par la formule

$$F = \frac{m\,m'}{d^2} \text{ dynes.}$$

440. — Champ magnétique d'un aimant. — On appelle champ magnétique d'un pôle tout l'espace où se fait sentir l'action attractive ou répulsive de ce pôle sur le fer. Pour mettre ce champ en évidence, on peut faire les expériences suivantes :

1° Une aiguille aimantée placée dans le champ magnétique d'un aimant s'oriente différemment, selon les positions de l'aimant.

2° Plaçons une feuille de papier rigide sur un aimant droit et saupoudrons lentement le papier de limaille de fer. Donnons maintenant quelques secousses à la feuille. Aussitôt la limaille se groupe pour former ce qu'on appelle un **spectre magnétique** (fig. 379). Chaque élément de limaille, aimanté par influence, se comporte comme une petite aiguille aimantée et s'oriente. Il en résulte que la limaille dessine des lignes courbes nombreuses et serrées au voisinage des pôles, moins nombreuses et espacées dans la zone neutre. Ces courbes marquent les li-

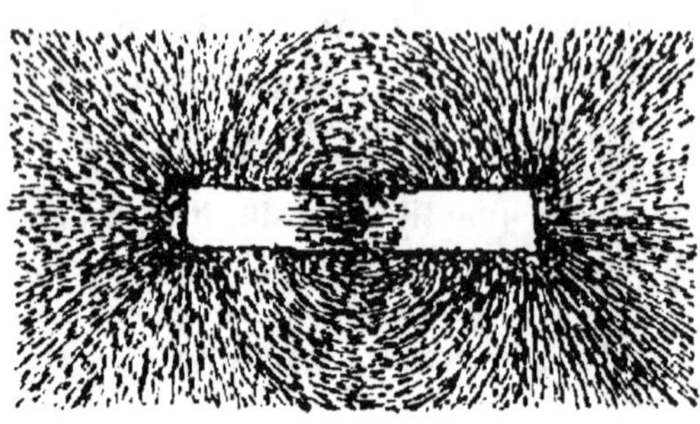

Fig. 379. -- Spectre magnétique.

gnes de force. On admet que les lignes de force se dirigent, à l'extérieur de l'aimant, du pôle nord vers le pôle sud. **Les lignes de force rentrent par le pôle sud, à l'intérieur de l'aimant, et sortent par le pôle nord.**

L'ensemble des lignes de force qui partent d'un pôle, est nommé **flux magnétique.**

Si l'on plaçait une petite aiguille aimantée mobile, dans la région des lignes de force et successivement sur plusieurs points, la direction de l'aiguille marquerait celle des lignes de force ou plus exactement l'aiguille serait tangente aux lignes de force.

441. -- Intensité du champ magnétique. -- Par définition, l'intensité d'un champ magnétique en un point est mesurée en grandeur, direction et sens par la force qui s'exerce sur l'unité de pôle nord placée en ce point. (L'unité de pôle, c'est l'unité de masse magnétique).

Donc en un point d'un champ magnétique l'intensité est égale à l'unité, quand l'unité de pôle est sollicitée par une force de 1 dyne. On donne à l'unité de champ le nom de **gauss** (nom d'un physicien allemand).

Si, en un point, l'unité de pôle est sollicitée par une force de H dynes, l'intensité du champ en ce point est de H gauss.

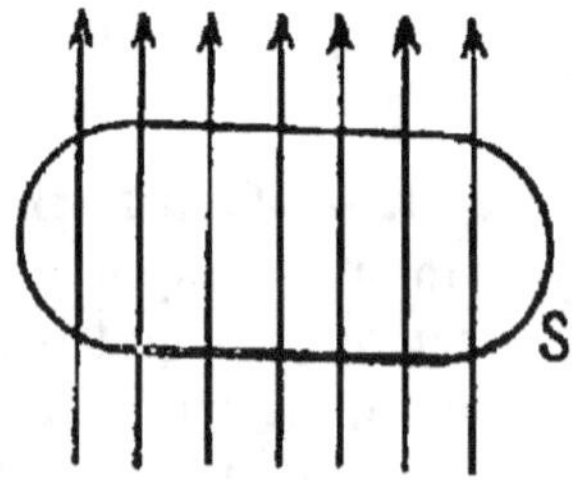

Fig. 380.

441 *bis*. -- Valeur du flux magnétique. -- Considérons un champ uniforme d'intensité H gauss (fig. 380)

et dont les lignes de force traversent normalement une surface S. Par convention, la valeur du flux — puisque le flux est l'ensemble des lignes de force — est le produit H de l'intensité du champ par la surface S.

$$\text{Flux} = H\,S.$$

L'unité de flux est le flux qui traverse normalement une surface de 1^{cm2} dans un champ d'intensité égale à 1 gauss.

142. — Perméabilité magnétique.

— Le flux magnétique d'un aimant sort toujours par le pôle nord et rentre par le pôle sud, et il accomplit toujours le chemin extérieur de circuit qu'il forme ainsi, par la voie la plus perméable.

Considérons un aimant en fer à cheval N S (fig. 381). Représentons son flux magnétique par un ensemble de lignes de force; elles se dirigent du pôle nord au pôle sud.

Si, par un morceau de fer doux appelé *contact*, on réunit les pôles, les lignes de force se concentrent et passent par le contact, parce que le fer est plus perméable au flux que l'air.

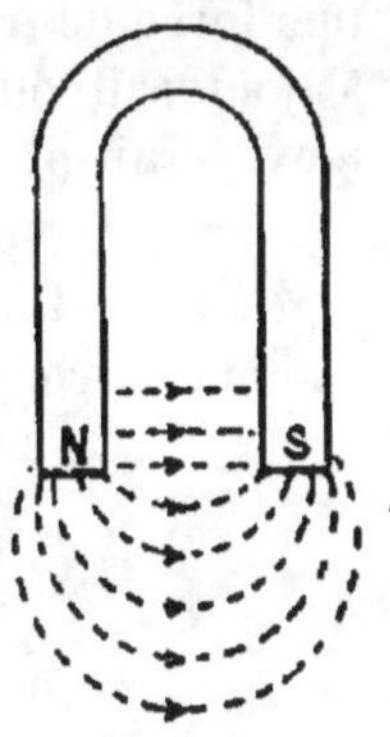

Fig. 381.

Magnétisme terrestre

143. — Champ magnétique terrestre.

— Si l'on suspend un barreau non aimanté par son centre de gravité, il reste immobile dans toutes les positions qu'on lui donne; mais un barreau aimanté suspendu de la même manière, après quelques oscillations, tourne toujours vers le nord la même extrémité; c'est-à-dire s'oriente. Le barreau aimanté est donc soumis à d'autres forces que celles de la pesanteur. Ces forces sont attribuées à l'action magnétique terrestre.

L'action terrestre n'est pas le fait d'une force unique, car celle-ci pourrait se décomposer en deux autres forces : l'une horizontale et l'autre verticale.

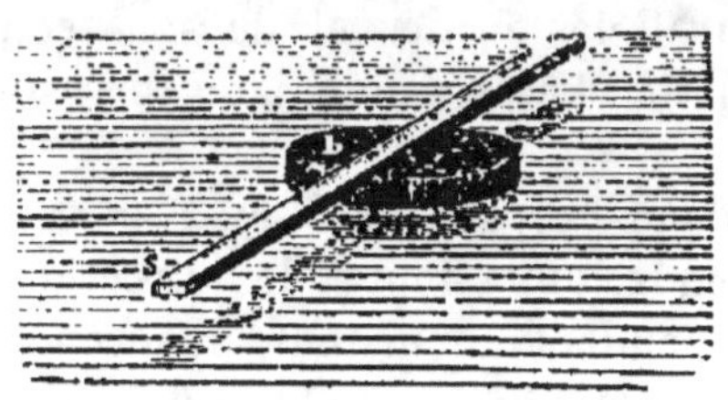

Fig. 382.

Il n'y a pas de composante horizontale.

En effet, si l'on place un barreau aimanté N S (fig. 382) sur une rondelle en liège flottant à la surface d'une eau tranquille, la rondelle tourne sur elle-même et s'oriente de manière que le pôle nord N du barreau regarde le nord, et le pôle sud S regarde le sud; mais la rondelle ne subit aucune translation dans le sens horizontal.

Il n'y a pas de composante verticale.

En effet, plaçons dans le plateau d'une balance très sensible un barreau non aimanté et faisons la tare. Aimantons ensuite le barreau et replaçons-le sur le plateau de la balance; l'équilibre n'est pas rompu. Si une force de translation verticale s'exerçait sur le barreau aimanté, elle s'ajouterait ou se retrancherait au poids dudit barreau et l'équilibre n'existerait plus. Il n'en est rien.

444. — Couple terrestre. — Si le barreau aimanté se comporte comme un corps qui pivote sans subir de déplacement, c'est donc qu'il

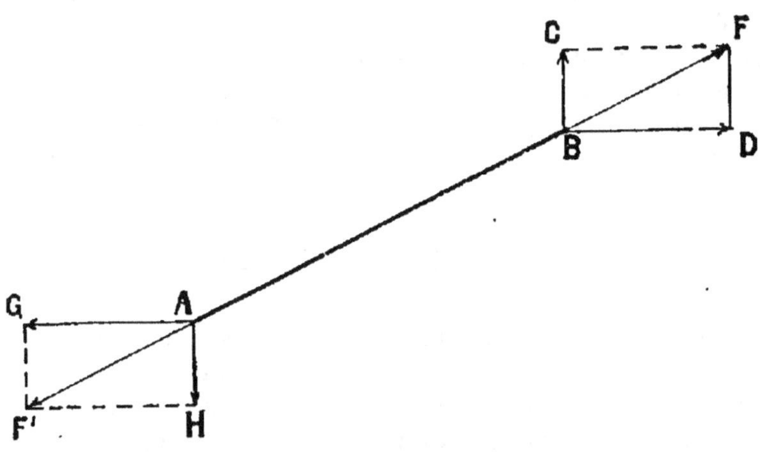

Fig. 383.

est soumis à l'action de deux forces parallèles égales et de sens contraires; c'est-à-dire à un couple. L'action du champ magnétique terrestre est donc seulement **directrice**.

Supposons qu'on puisse suspendre dans l'espace par son centre de gravité un barreau aimanté. Il peut prendre alors toutes les directions, puisqu'il est libre. Après avoir oscillé pendant un instant, il prendra une position définitive qui donnera la direction du couple terrestre.

Soit AB (fig. 383) cette position d'équilibre.

Les forces BF et AF' du couple magnétique terrestre sont forcément en ligne droite avec le barreau AB, sans quoi celui-ci ne serait pas en équilibre. Le plan vertical contenant AB, s'appelle le **plan méridien magnétique**.

Si l'on recommence l'expérience sur divers points rapprochés, le barreau reste dans la même position. On en conclut que les lignes de force du champ terrestre sont parallèles.

Décomposons la force BF en deux : l'une verticale BC, l'autre horizontale BD ; décomposons également AF' en AH verticale et AG horizontale. Nous avons alors deux couples : l'un vertical formé par BC et AH, l'autre horizontal formé par BD et AG. Le couple vertical tend à faire tourner le barreau de manière à l'incliner par rapport à l'horizon ; mais on peut annuler son effet en rendant une moitié du barreau AB plus pesante que l'autre, de manière que le barreau se tienne toujours horizontal. Alors le barreau n'obéira plus qu'à la direction du couple horizontal et sera en équilibre lorsqu'il se trouvera dans la direction des forces du couple ; c'est-à-dire lorsqu'il sera dans le plan méridien magnétique.

DÉCLINAISON MAGNÉTIQUE

445. — Définition. — On appelle **déclinaison magnétique d'un lieu, l'angle dièdre formé par le méridien magnétique et le méridien géographique du lieu.**

On peut encore dire que la déclinaison est mesurée par le rectiligne du dièdre précédent ; c'est-à-dire par l'angle formé par les méridiennes géographique O N (fig. 384) et magnétique O M.

La déclinaison magnétique du lieu L est donc mesurée par l'angle MON.

La déclinaison est orientale si le pôle nord de l'aiguille se tourne vers l'est du méridien géographique ; elle est occidentale lorsque le pôle nord se tourne vers l'ouest du méridien.

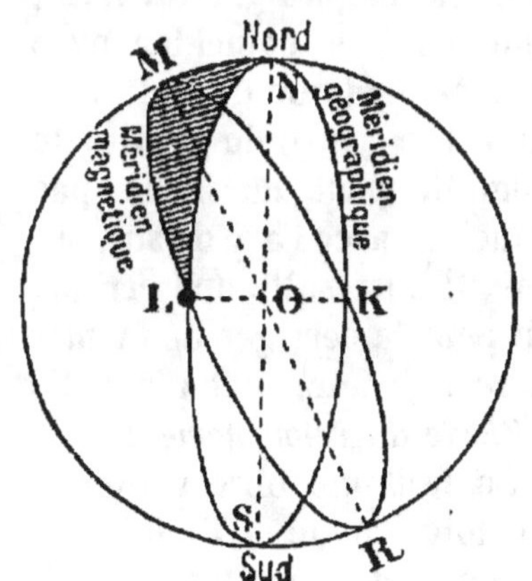

Fig. 384.

446. — Mesure de la décli-naison. Boussole de déclinaison. — La déclinaison est me-surée à l'aide d'une *boussole*. Celle-ci est formée d'une aiguille aimantée qui se meut horizontalement sur un cercle gradué (fig. 385) au moyen d'un artifice de construction, la pointe nord de l'aiguille ne plonge pas au-dessous de l'horizon.

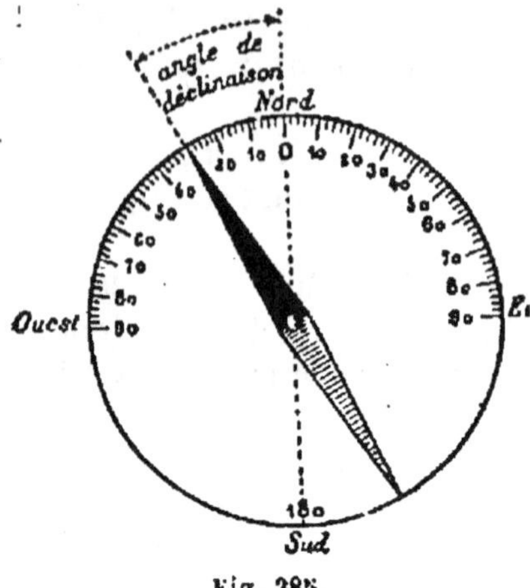

Fig. 385.

Pour connaître la déclinaison en un lieu donné, on place la boussole de manière que la ligne 0° — 180° soit dans la direction nord sud astronomique; la pointe nord de l'aiguille (pointe bleue) s'arrête sur la division qui donne l'angle de déclinaison.

Il existe des tables des angles de déclinaison des points principaux du globe. Supposons que l'angle de déclinaison du point où l'on se trouve soit de 30° à l'ouest. Pour connaître la direction du nord, on placera la boussole de manière que la ligne 0° — 180° fasse avec l'aiguille un angle de 30° à l'ouest.

447. — Causes d'erreurs dans la mesure de la déclinaison.

— L'axe géométrique de l'aiguille, c'est-à-dire la ligne des pointes AB (fig. 386), qui est la ligne de visée, peut ne pas coïncider avec l'axe magnétique de ladite aiguille; le centre de gravité de l'aiguille peut aussi ne pas coïncider avec l'axe de suspension. Il en résulte une erreur. On peut la corriger de la manière suivante, qu'on appelle *méthode du retournement*.

On fait une observation et on note l'angle AON fait par la ligne des pointes de l'aiguille, avec la ligne sud nord. On retourne ensuite l'aiguille, de manière que la face qui était au-dessous se trouve maintenant au-dessus. L'aiguille fait avec la

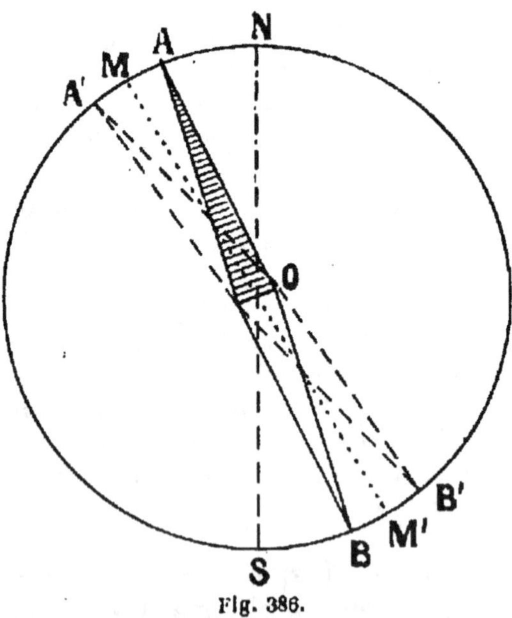

Fig. 386.

ligne sud nord un nouvel angle A'ON, que l'on note encore. S'il en est ainsi, c'est que la ligne des pôles passe par la bissectrice MM' de l'angle formé par les deux positions de AB et A'B' de l'aiguille.

La déclinaison exacte MON est donc la moyenne arithmétique des deux angles observés.

$$MON = \frac{AON + A'ON}{2}$$

Dans un même lieu, la déclinaison présente avec le temps certaines variations : 1° Elle varie d'un siècle à l'autre; 2° elle varie d'une année à l'autre; 3° il y a même des variations diurnes, à la vérité très faibles, à moins que le temps ne soit orageu . Par un temps d'orage, l'aiguille aimantée a des écarts brusques, parfois considérables. En 1580, la déclinaison à Paris était de 11°,30'; elle demeura orientale jusqu'en 1666 où elle devint nulle; puis elle fut occidentale. Elle augmenta jusqu'en 1814 où, de 22°, 34 elle fut maxima. A partir de ce moment, elle diminue en restant occidentale. En 1916, elle était de 13°, 9.

D'autre part, la déclinaison, à une même époque, n'est pas la même aux différents points du globe. On construit des tables et des cartes, qui donnent la déclinaison pour chaque point. Ces tables sont très utiles aux marins.

448. — Boussole d'arpenteur.

— Elle est analogue à la boussole de déclinaison, mais le cercle sur lequel se déplace l'aiguille est gradué de 0 à 360°, en allant du nord à l'est. La ligne 0-180° ou ligne nord-sud, est la **ligne de foi**. Parallèlement à la ligne 0-180° se trouve un viseur ou lunette, qui se déplace autour d'un axe horizontal. Deux niveaux à bulle d'air placés perpendiculairement entre eux, sur le cercle gradué, permettent d'obtenir l'horizontalité de celui-ci. Enfin, la boussole est portée par un support à

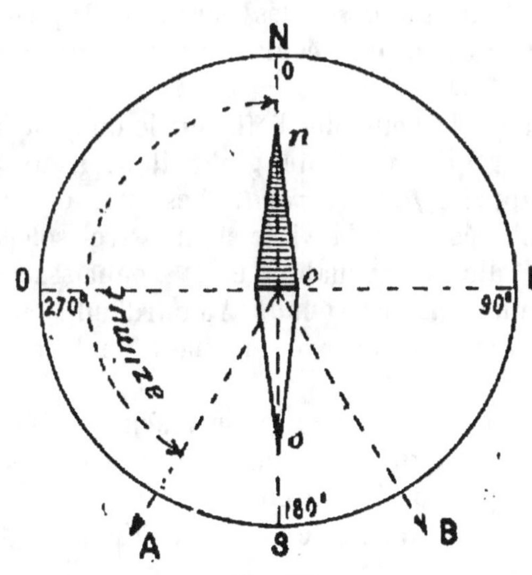

Fig. 387.

trois branches, où un *genou à coquilles* permet de la déplacer dans tous les sens.

En arpentage, on appelle **azimut** ou **orientement** d'une direction CA, par exemple (fig. 387), l'angle que fait la direction nord CN avec la direction CA; cet angle étant compté du nord vers l'ouest, de 0 à 360°.

La boussole sert à obtenir la valeur d'un angle horizontal ACB. Pour cela on établit l'instrument de manière que son centre soit sur la verticale du sommet de l'angle et que le cercle gradué soit horizontal, la ligne de foi 0-180° étant au-dessous de l'aiguille NS. On fait ensuite tourner de droite à gauche la boussole autour de son axe vertical jusqu'à ce que l'on voie dans la lunette la direction CA. L'aiguille est restée immobile dans la direction SN; le zéro de la graduation est venu sur CA : alors le nombre de la graduation venu sur CN donne l'azimut de la direction CA, c'est-à-dire l'angle NCA. On continue à tourner jusqu'à ce que l'on voie la direction CB; on lit l'azimut NCB. La différence des deux azimuts donne l'angle ACB.

449. — Boussole marine.

— La boussole marine, appelée *compas*, sert aux navigateurs à maintenir le navire dans la direction qu'il doit suivre. Elle est semblable à la boussole de déclinaison. Elle est suspendue de telle manière (système Cardan) qu'elle conserve toujours la position horizontale, quelles que soient les oscillations du navire. Le pivot qui reste également constamment vertical, est situé au centre d'une boîte sur les parois de laquelle est tracée une ligne fixe, dirigée dans l'axe du navire; c'est la **ligne de foi**.

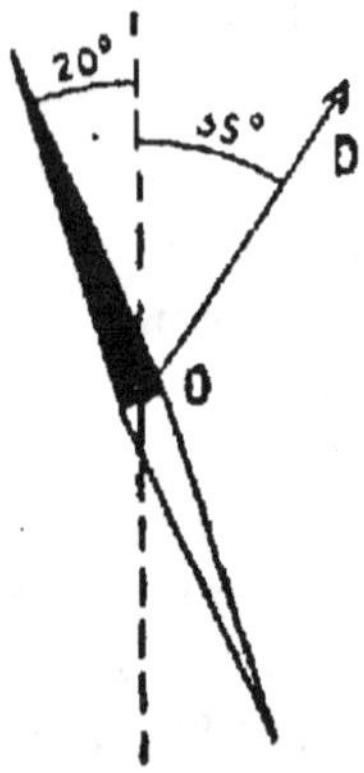

Pour se servir de la boussole, l'officier de quart doit d'abord savoir en quel point du globe il se trouve: c'est ce qu'on appelle *faire le point*. C'est une opération délicate qui nécessite la visée d'un astre (soleil, lune, planète, étoile remarquable) et la connaissance exacte de l'heure par rapport à un méridien connu. (Aujourd'hui, deux fois par jour, l'heure exacte de Paris est envoyée du haut de la tour Eiffel par télégraphie sans fil.)

Fig. 388.

Connaissant le point O (fig. 388) où il se trouve, le marin, à l'aide d'une carte qu'il a sous les yeux, saura quelle direction OD il faut donner à son navire pour atteindre le port où il doit entrer.

Supposons que la direction OD fasse un angle de 35° à l'est avec la ligne sud nord et qu'au point O la table des déclinaisons ait une valeur de 20° à l'ouest. On donnera alors au navire une direction telle que sa ligne de foi fasse un angle de 35° + 20° = 55° avec la direction sud nord de l'aiguille.

INCLINAISON MAGNÉTIQUE

450. — Définition. — Une aiguille aimantée suspendue librement par son centre de gravité, s'oriente dans le plan du méridien magnétique, et son pôle nord, dirigé vers le nord terrestre, s'abaisse dans notre région, au-dessous du plan horizontal qui passe par le centre de gravité de l'aiguille. Au contraire, le pôle sud de l'aiguille, dirigé vers le sud terrestre, se relève au-dessus du même plan horizontal. L'angle que fait la pointe nord de l'aiguille avec l'horizontale (fig. 389) est **l'angle d'incli-**

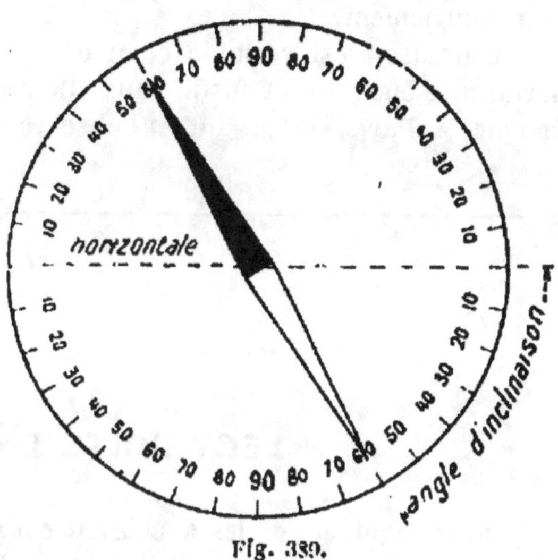

Fig. 389.

naison. Il se compte à partir de l'horizon de 0° à + 90° quand la pointe nord est au-dessous de l'horizon, et de 0° à — 90° quand elle se trouve au-dessus.

451. — Mesure de l'inclinaison. Boussole d'inclinaison. — L'inclinaison est mesurée au moyen de l'aiguille aimantée, suspendue par son centre de gravité dans un plan vertical où elle se meut librement, en regard d'un cercle vertical gradué V V' (fig. 390). Celui-ci est monté sur un autre cercle horizontal H H'. Le cercle

Fig. 390. — Boussole d'inclinaison.

vertical est orienté de manière qu'il fasse avec le méridien géographique du lieu, un angle égal à la déclinaison dudit lieu : l'aiguille se trouve alors dans le méridien magnétique et l'angle qu'elle fait avec l'horizon est l'inclinaison magnétique du lieu.

En raison des causes d'erreur analogues à celles qui se produisent pour la déclinaison, on obtient une observation exacte par la méthode de retournement.

L'inclinaison est variable comme la déclinaison, d'abord en un lieu suivant les époques, et ensuite aux différents points du globe à une même époque. A Paris, depuis qu'on l'observe, elle a diminué.

VINGT-NEUVIÈME LEÇON

ÉLECTRICITÉ DYNAMIQUE

Piles à liquide. — Piles à courant constant. — Piles sèches. — Piles thermo-électriques.

452. — Dans les phénomènes électriques précédemment étudiés, l'électricité restait le plus souvent localisée sur les corps, c'est-à-dire restait *au repos;* c'est pourquoi on donne le nom d'*électricité statique* à cette partie de l'étude de l'électricité.

Dans ce qui suit, nous étudierons surtout l'électricité en mouvement; on appelle *électricité dynamique* cette partie de l'électricité.

En réalité, quand en électricité statique on charge ou l'on décharge les conducteurs, l'électricité est en mouvement. Il n'y a pas alors une démarcation très nette entre l'électricité statique et l'électricité dynamique; elles diffèrent surtout par le mode de production de l'énergie électrique.

Dans les machines statiques, on transforme de l'énergie mécanique en énergie électrique; dans les machines dynamiques, on transforme soit de l'*énergie chimique* (piles), soit de l'*énergie mécanique ou calorifique* (dynamos) en énergie électrique.

Piles à liquide

453. — Les piles à liquide sont des générateurs d'électricité qui transforment de l'énergie chimique en énergie électrique.

L'origine du mot pile vient de ce que la première pile, imaginée par le physicien italien Volta en 1794, était formée d'une série de rondelles de cuivre, de zinc et de drap imbibé d'eau acidulée, empilées les unes sur les autres. Chaque rondelle de cuivre était soudée à une rondelle de zinc et chaque groupe de deux semblables rondelles, séparé d'un groupe suivant par une rondelle de drap.

454. — Élément de Volta. — Il est formé d'un vase V (fig. 391) contenant de l'eau acidulée par l'acide sulfurique, d'une lame de zinc et d'une lame de cuivre plongeant dans le liquide, et enfin de deux fils de cuivre P, N, attachés aux parties supérieures des deux lames. Le liquide porte le nom d'**électrolyte**, les deux lames sont les **électrodes** de la pile; enfin, les deux fils de cuivre P, N sont appelés respectivement le **pôle positif** et le **pôle négatif**. Voici pourquoi :

En mettant P et N en communication avec les armatures d'un condensateur, par exemple avec les plateaux d'un électroscope condensateur

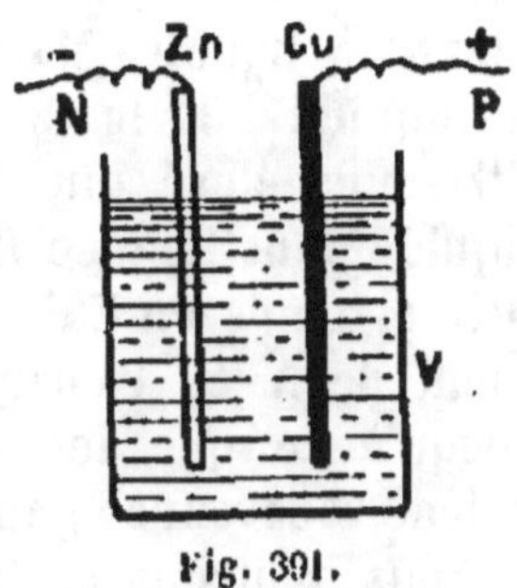

Fig. 391.
Élément de Volta.

(fig. 392), on vérifie que le plateau qui est en communication avec le pôle P se trouve chargé **positivement**, tandis que l'autre est chargé **négativement.**

Si donc on réunit les deux pôles, de l'électricité s'écoule du pôle positif au pôle négatif à l'extérieur de la pile (fig. 393), et du pôle négatif au pôle positif à l'intérieur de la pile.

S'il n'y avait pas d'énergie dépensée à l'intérieur de la pile, les potentiels du cuivre et du zinc s'égaliseraient comme nous l'avons vu en électricité statique, et l'écoulement de l'électricité cesserait aussitôt. Mais il n'en est

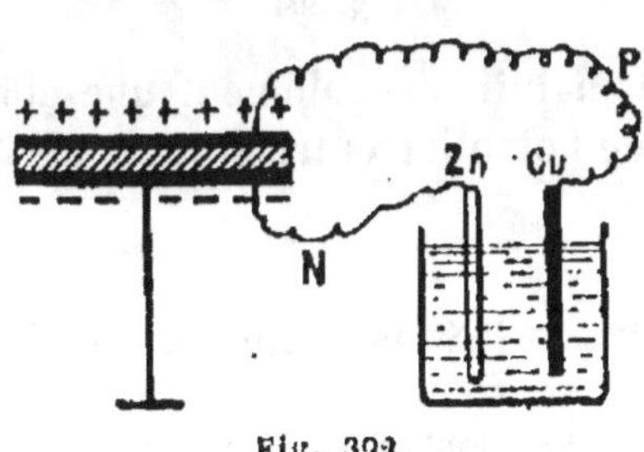

Fig. 392.

pas ainsi. Car nous verrons plus tard que chaque fois qu'un courant traverse un composé liquide ou électrolyte, celui-ci est décomposé. Ic l'acide sulfurique $SO^4 H^2$ est décomposé en hydrogène H^2, qui suit le

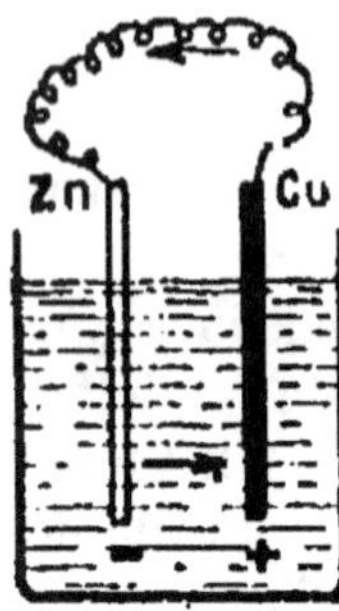

Fig. 393.

courant et se porte sur l'électrode positive, c'est-à-dire sur le cuivre; et SO^4 qui remonte le courant et se porte sur l'électrode négative, c'est-à-dire sur le zinc. Alors dans l'intérieur de la pile il se passe une **action électrique secondaire**, indépendante du courant. En effet, SO^4 en présence du zinc produit une réaction : il y a formation de sulfate de zinc $SO^4 Zn$, qui se dissout dans l'eau[1]. C'est précisément cette énergie chimique qui maintient la différence de potentiel entre les deux pôles de la pile et se transforme en énergie électrique.

Il existe une certaine analogie entre ces explications et l'expérience suivante. Considérons deux vases A, B (fig. 394) communiquant ensemble par le tuyau G et contenant de l'eau. Si les niveaux sont les mêmes dans chacun d'eux en CD et EF, il n'y a aucun écoulement de liquide. Mais si le niveau du liquide dans le vase A monte en C'D' plus élevé que le niveau du liquide dans le vase B descendu en même temps en E'F', il y a écoulement de A en B par le tuyau G, jusqu'à ce que les deux niveaux soient redevenus égaux.

Nous pouvons réaliser la différence de niveau à l'aide d'une pompe qui fait remonter l'eau de B en A. La pompe maintenant dans le vase A le niveau au-dessus de CD et en B le niveau au-dessous de EF, l'écoulement de A en B est alors

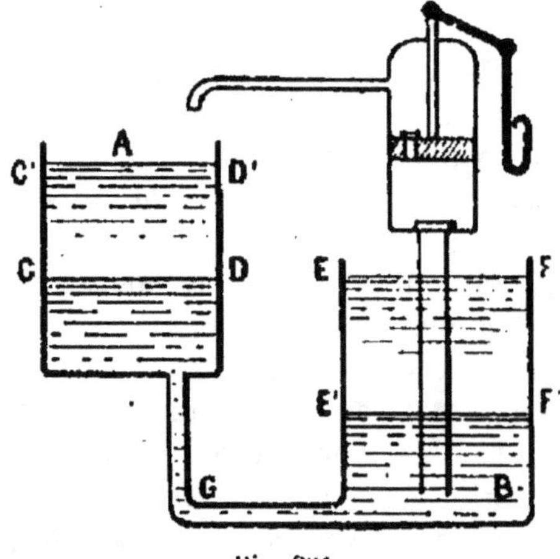

Fig. 394.

constant. Dans la pile, l'action chimique maintient également une différence de niveau électrique, c'est-à-dire de potentiel entre le pôle positif et le pôle négatif.

455. — Force électromotrice. — Nous avons vu au début

---

[1]. En réalité, les choses ne sont pas tout à fait aussi simples : SO^4 en présence de l'eau H^2O donne $SO^4 H^2$ avec dégagement d'oxygène O; celui-ci en présence du zinc produit de l'oxyde de zinc ZnO; enfin, ce dernier avec $SO^4 H^2$ donne du sulfate de zinc $SO^4 Zn$ et de l'eau H^2O.

de ce livre (Mécanique) qu'on appelle *force* toute cause capable de produire le mouvement d'une masse; par analogie, nous appellerons **force électromotrice** d'un générateur quelconque la cause capable de mettre l'électricité en mouvement, autrement dit de produire entre deux conducteurs une différence de potentiel. Comme la différence de potentiel dépend évidemment de la f.é.m. (force électromotrice), inversement la f.é.m. dépend de la différence de potentiel; la f.é.m. et la différence de potentiel se mesurent par le même nombre, en volts. On dit indifféremment qu'entre deux points la f.é.m. ou la différence de potentiel est, par exemple, de 8 volts.

456. — Propriété du zinc amalgamé.

— Il est de toute nécessité qu'une pile ne s'use que lorsqu'on veut se servir du courant, c'est-à-dire lorsqu'on **ferme** le circuit. Or, le zinc impur du commerce est attaqué par l'eau acidulée, que le circuit de la pile soit ouvert ou fermé.

$$SO^4 H^2 + Zn = SO^4 Zn + H^2$$

Tandis que le zinc *pur* ou le zinc impur **amalgamé**, c'est-à-dire allié avec du mercure, n'est attaqué qu'à circuit fermé.

457. — Polarisation de la pile.

— Il est facile de vérifier par exemple avec une sonnerie électrique) que le courant d'un élément de Volta s'affaiblit très rapidement. Cela tient à deux causes :

1° A la disparition de l'acide sulfurique dans l'eau;

2° Au dépôt d'hydrogène en bulles très petites sur la lame de cuivre. Cette dernière cause, qui est la plus importante, s'appelle **polarisation de la pile**. Son origine est facile à comprendre :

Au début, nous avons à l'intérieur de la pile l'ordre suivant :

Zinc — Eau acidulée — Cuivre.

Et après le passage du courant pendant quelque temps, l'ordre est

Zinc — Eau acidulée — Hydrogène — Cuivre.

De sorte qu'on peut dire que les deux électrodes sont actuellement en zinc et en hydrogène. De ce nouvel ordre, il naît un courant en sens inverse du premier, dû à une **force contre-électromotrice**.

Si l'on frotte avec une règle de bois ou une baguette de verre la lame de cuivre pour faire disparaître les bulles d'hydrogène, le courant redevient plus intense.

PILES A COURANT CONSTANT

458. — Pour empêcher la pile de se **polariser**, le seul procédé pratique connu est d'entourer l'électrode positive de la pile d'une substance capable d'entrer en combinaison avec l'hydrogène, sans attaquer le cuivre. Cette substance porte le nom de **dépolarisant**.

Les piles à courant à peu près constant sont nombreuses.

L'électrode négative est toujours une lame de zinc.

459. — **Pile Daniell**. — Deux liquides.

Dépolarisant : sulfate de cuivre.

Force électromotrice : 1 volt 1.

La pile Daniell se compose d'un vase V (fig. 395 et 396) en verre ou en terre imperméable contenant de l'eau acidu-

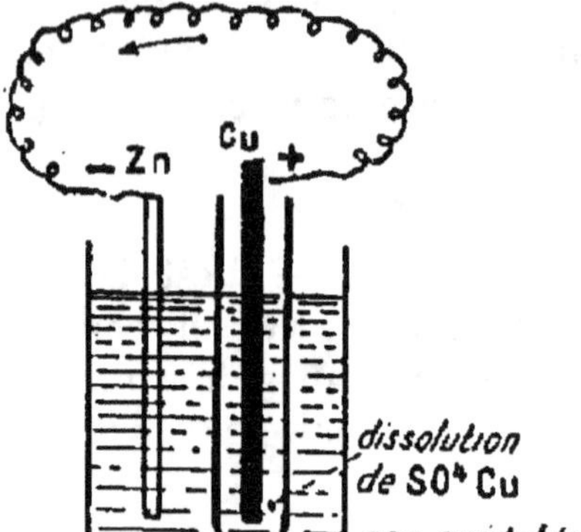

Fig. 395. — Pile Daniell.

lée par l'acide sulfurique. Dans ce vase plonge une feuille cylindrique de zinc Z fendue sur le côté; c'est l'électrode négative. Un vase en terre poreuse K est placé à l'intérieur du zinc; il est rempli d'une dissolution bleue de sulfate de cuivre SO⁴ Cu, dans laquelle baigne l'électrode positive en cuivre.

Le courant décompose l'acide sulfurique

$$SO^4 H^2 = SO^4 + H^2$$

SO⁴ et le zinc forment du sulfate de zinc SO⁴Zn soluble. L'hydrogène traverse le vase poreux pour se porter sur l'électrode positive, mais

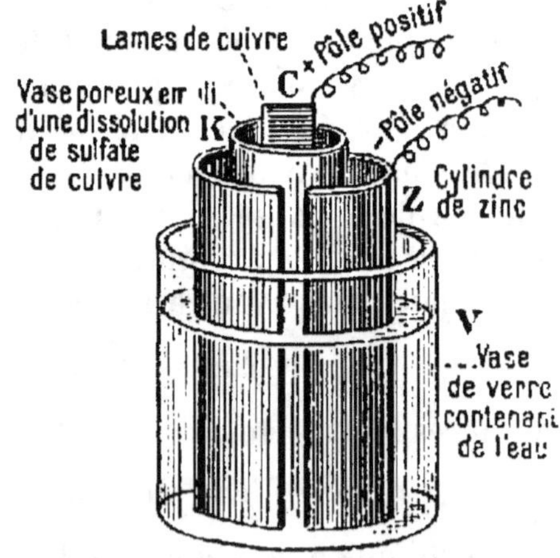

Fig. 396. — Pile Daniell.

rencontrant le sulfate de cuivre, celui-ci est décomposé : le cuivre est mis en liberté et il se forme de l'acide sulfurique

$$SO^4 Cu + H^2 = SO^4 H^2 + Cu$$

Le cuivre mis en liberté se dépose sur l'électrode positive, ce qui n'a aucun inconvénient. Remarquons d'autre part que l'acide sulfurique est renouvelé.

Il faut de temps en temps ajouter des cristaux de sulfate de cuivre à l'intérieur du vase poreux.

La constance du courant de cette pile est remarquable.

460. — Pile Bunsen. — Deux liquides.

Dépolarisant : acide azotique.

Force électromotrice : 1ᵛ, 8.

La pile Bunsen (fig. 397) ne diffère de la précédente qu'en ce que le

Fig. 397.

dépolarisant est de l'acide azotique et l'électrode positive une lame de charbon de cornue, car l'acide azotique attaque le cuivre.

Cette pile est composée d'un vase en grès F, qui contient de l'eau acidulée sulfurique. Dans ce vase est placé un cylindre fendu de zinc amalgamé Z, au centre duquel est mis encore un vase de porcelaine poreuse V, plein d'acide azotique. Une baguette de charbon de cornue C plonge dans l'acide.

L'hydrogène libéré par le courant attaque le polarisant et donne des vapeurs de peroxyde d'azote et de l'eau

$$AzO^3 + H = AzO^2 + H^2O$$

Cette pile laisse donc dégager des gaz nitrés désagréables à respirer et nuisibles à la santé. Mais comme sa f. é. m. est grande, il est avantageux de l'utiliser pendant un temps relativement court.

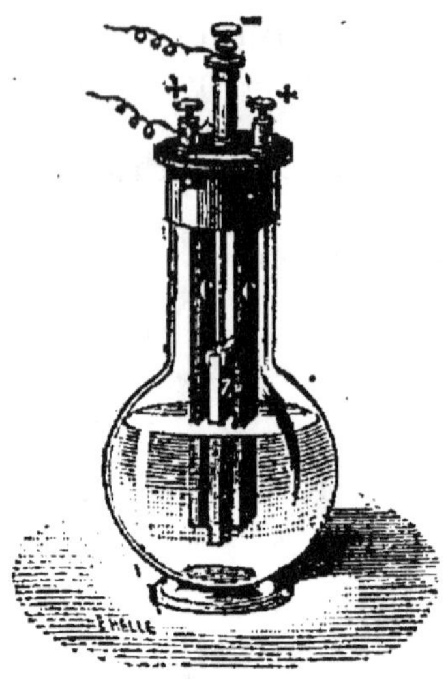

Fig. 398.

461. — Pile au bichromate. —

Dépolarisant : bichromate de potassium.

Force électromotrice : 2^v.

Dans cette pile (fig. 398), le vase poreux est supprimé et le dépolarisant est mêlé à l'eau acidulée (le bichromate de potassium, $Cr^2O^7K^2$, est un sel cristallisé d'aspect jaune-rougeâtre). L'électrode négative est toujours du zinc et l'électrode positive une lame de charbon de cornue.

L'hydrogène dégagé est supprimé par la réaction suivante :

$$Cr^2O^7K^2 + 4\,SO^4H^2 + 6\,H = \underset{\text{alun de chrome}}{SO^4K^2 + (SO^4)^3Cr^2} + 7\,H^2O$$

462. — Pile Leclanché. —

Dépolarisant : bioxyde de manganèse.

Force électromotrice : $1^v,5$.

Dans cette pile, appelée encore pile d'appartement (fig. 399), l'électrode est une lame de charbon de cornue, plongeant au milieu du dépolarisant. Celui-ci est du bioxyde de manganèse, corps solide noir; il est contenu dans un vase poreux. L'eau acidulée sulfurique est remplacée par une solution concentrée de chlorure d'ammonium (chlorhydrate d'ammoniaque, sel ammoniac $Az\,H^4Cl$). Voici les réactions qui se produisent :

Actions du courant :

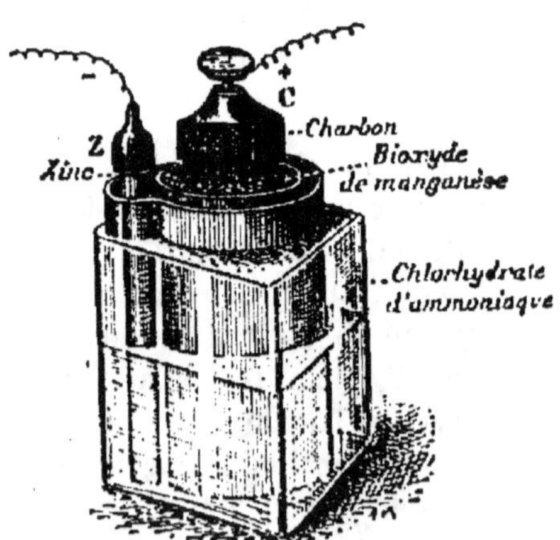

Fig. 399. — Pile Leclanché.

$$1°\qquad Az\,H^4Cl = Az\,H^4 + Cl = Az\,H^3 + H + Cl.$$

L'ammoniaque $Az\,H^3$ est soluble dans l'eau.

Actions secondaires :

$$2^{o} \qquad Zn + 2\,Cl = Zn\,Cl^{2}.$$

Le chlorure de zinc $Zn\,Cl^{2}$ est soluble dans l'eau.

$$3^{o} \qquad 2\,MnO^{2} + 2\,H = Mn^{2}O^{3} + H^{2}O.$$

Le bioxyde de manganèse MnO^{2} se transforme en oxyde manganique ou sesquioxyde $Mn^{2}O^{3}$.

Piles sèches

163. — Généralités. — On désigne sous le nom de pile sèche, une pile dont le liquide électrolytique est immobilisé à l'aide de certaines substances qui lui donnent une consistance gélatineuse. Le milieu liquide, on le voit, n'est pas supprimé et la substance qui l'immobilise doit être chimiquement indifférente envers l'électrolyte ; elle se comporte comme une éponge.

Les piles à dépolarisant solide se prêtent seules à l'immobilisation de l'électrolyte. Celle qui est la plus employée est la pile dont le dépolarisant est le bioxyde de manganèse. Cette pile est construite de la manière suivante :

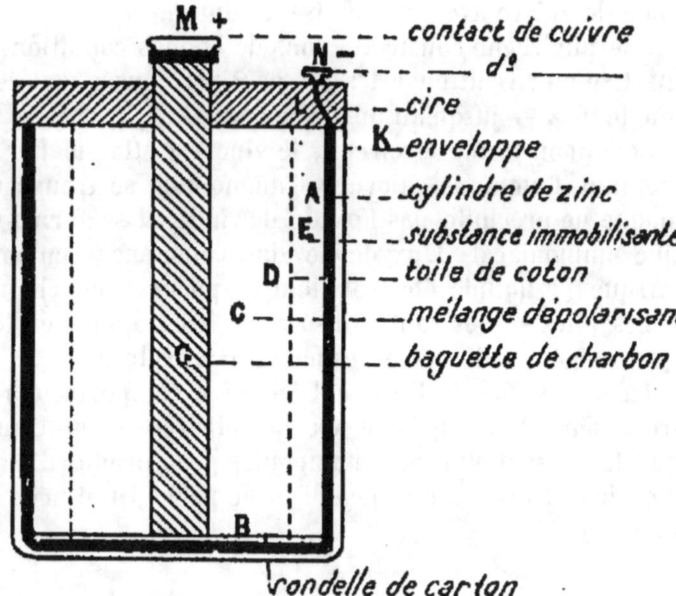

Fig. 409. — Pile sèche.

Le pôle négatif est formé par un cylindre de zinc A (fig. 409), clos à sa partie inférieure par une rondelle de zinc qui lui est soudée. Une rondelle de carton paraffiné B isole la rondelle de zinc.

Un second cylindre C formé du mélange intime de bioxyde de manganèse, de charbon, de céruse, de plombagine et de chlorure d'ammonium, constitue le dépolarisant. Il est entouré d'une toile de coton D à mailles larges. Le cylindre dépolarisant C est placé dans le cylindre de zinc, mais il ne le touche pas. On laisse un petit espace entre les deux cylindres, qu'on emplit de substance immobilisante E de l'électrolyte : fécule de pomme de terre, amidon, etc., mélangée avec du chlorure de zinc, du bichlorure de mercure et du chlorure d'ammonium saturé.

Le pôle positif est une baguette de charbon de cornue dressée au centre du cylindre C.

On chauffe au bain-marie. L'appareil est introduit ensuite dans une boîte un peu plus haute K où, dans l'espace supérieur, on verse une couche de cire chaude L.

Au charbon G qui traverse la cire, est attaché un contact de cuivre M. Un autre contact de cuivre N est mis en communication au moyen d'une lame de cuivre avec le cylindre de zinc A.

Une pile sèche construite dans de bonnes conditions est complètement inactive en circuit ouvert : elle peut par conséquent être conservée assez longtemps, — jusqu'au desséchement.

Lorsqu'on ferme le circuit, le zinc est attaqué par le chlorure d'ammonium. Comme le chlorure d'ammonium se trouve en excès, l'ammoniaque ne précipite pas l'oxyde de zinc : il se forme un oxychlorure de zinc ammoniacal. L'oxyde de zinc commence seulement à se déposer lorsque le liquide électrolytique s'appauvrit en chlorure d'ammonium.

Les piles sèches sont utilisées en télégraphie, en téléphonie et quelquefois pour l'allumage des moteurs à explosion.

La pile sèche destinée à l'éclairage comporte une petite batterie de trois éléments groupés en tension; elle fournit un courant de 4 volts $^1/_2$, qui, traversant une petite ampoule, peut produire un éclairage continu d'environ trois heures. Les piles de poche, destinées à l'éclairage, sont plates.

Piles thermo-électriques

464. — Généralités. — Volta avait remarqué que deux lames métalliques différentes soudées l'une à l'autre présentaient à une même température une différence de potentiel, mais très faible. Depuis, on a vérifié que cette différence de potentiel augmente quand l'écart des temzpératures des deux lames devient plus grand. On a construit sur ce principe des piles à très faible rendement, qui n'ont pas reçu d'autre application, que de mesurer, dans certains cas, des écarts de température.

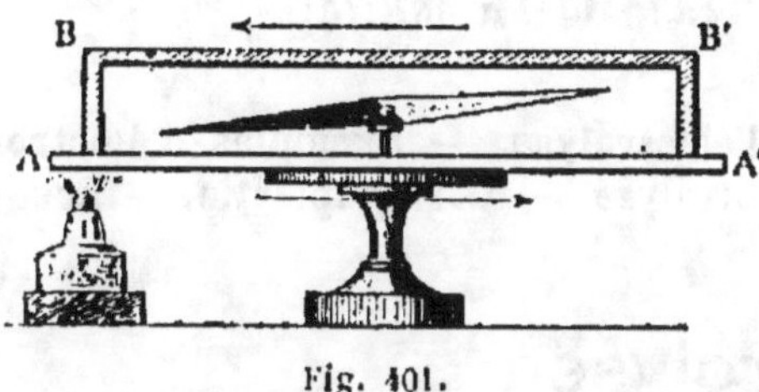

Fig. 401.

Voici comment on peut mettre en évidence le principe de ces piles. Prenons un circuit fermé constitué par une barre d'antimoine A A' (fig. 401) sur laquelle on a soudé une lame de bismuth coudée en B B', de manière à former un rectangle. Dès qu'on chauffe l'une des soudures, un courant prend naissance. On le constate en posant une aiguille aimantée dans le rectangle, qui a été orienté dans le méridien

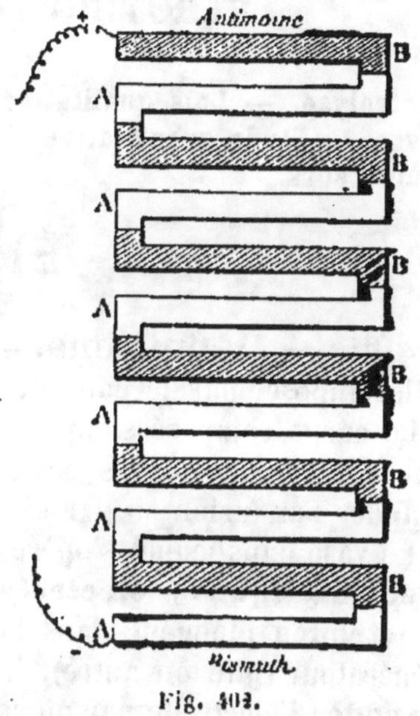

Fig. 402.

magnétique. L'aiguille est déviée de sa position. Une partie de la chaleur s'est transformée en énergie électrique.

Des courants thermo-électriques peuvent être produits dès lors par une série de lames de bismuth B et d'antimoine A (fig. 402) soudées alternativement les unes aux autres. Un fil est attaché à la première lame de bismuth; un autre fil est attaché à la dernière lame d'antimoine. Les deux fils sont reliés entre eux. Dès qu'un corps dont la température est supérieure à la température de l'appareil est mis en présence d'une des faces dudit appareil, un courant prend naissance dans le circuit.

TRENTIÈME LEÇON

ÉLECTRICITÉ DYNAMIQUE (*suite*)

Électrolyse. — Lois qualitatives de l'électrolyse. — Exemples d'électrolyse. — Étude quantitative de l'électrolyse. -- Galvanoplastie. — Accumulateurs.

Électrolyse

465. — Définitions. — L'électrolyse est l'opération qui consiste
à décomposer par le courant électrique un corps composé conducteur.

Le corps composé s'appelle **électrolyte**. Il doit être conducteur, ce
qui arrive pour les **sels**, les **acides** et les **bases liquides** ou rendues
liquides par fusion ou par dissolution dans l'eau.

Le vase dans lequel s'opère la décomposition porte le nom de **cuve
électrolytique** ou **électrolyseur**. Deux lames conductrices nommées
électrodes plongent dans l'électrolyte et sont reliées aux pôles d'un
générateur (pile ou autre). L'électrode qui amène le courant s'appelle
l'**anode**; l'électrode par où sort le courant est la **cathode**.

Les produits immédiats de la décomposition sont nommés les **ions**.

466. — Lois qualitatives de l'électrolyse. — 1° Les
**produits immédiats de la décomposition n'apparaissent jamais
au sein du liquide, mais seulement sur les électrodes.**

L'ion qui apparaît sur la cathode prend le nom de **cathion**; celui qui
apparaît sur l'anode est l'**anion**.

2° **Le métal de l'électrolyte suit le sens du courant, c'est-à-dire
apparaît sur la cathode; le reste de l'électrolyte (ou radical)
apparaît sur l'anode.**

Dans cette loi, l'hydrogène doit être regardé comme un métal; c'est
d'ailleurs ce que l'on fait en chimie. Ainsi

Dans le sulfate de cuivre SO^4Cu, le radical est SO^4, le métal Cu
  » l'acide sulfurique SO^4H^2 »   »   » H^2
  » la soude $Na\,OH$ » OH » Na
  » l'eau H^2O ou HOH »   » H

167. — Actions secondaires. — Après la décomposition effectuée par le courant, il se fait souvent au sein de l'électrolyte des réactions chimiques entre les produits de la décomposition d'une part et les électrodes ou le liquide de la dissolution d'autre part. Ces réactions auxquelles le courant électrique est étranger se nomment *actions secondaires*.

167 *bis*. — Théorie des ions. — On admet qu'un électrolyte est une dissolution qui contient des molécules entières et des molécules *ionisées*, c'est-à-dire séparées en deux parties appelées *ions*. Les ions sont chargés de masses électriques égales et de signes contraires. La somme des charges positives et négatives est égale à zéro : c'est ce qui explique pourquoi un électrolyte qui n'est traversé par aucun courant ne décèle aucune charge libre.

Dissolvons du chlorure de sodium, par exemple, pour former un électrolyte. En dehors des molécules entières $NaCl$, la dissolution contient aussi des ions Na et Cl séparés. Les ions Na sont chargés d'électricité positive, les ions Cl sont chargés d'électricité négative. Les ions Na, lorsque passe le courant se dirigent vers la cathode; les ions Cl vont à l'anode. En arrivant au contact des électrodes, les ions se déchargent et neutralisent par conséquent une charge égale et contraire que le générateur d'électricité renouvelle aussitôt. De cette manière, les électrodes reçoivent sans cesse des masses électriques de signes contraires; les ions sont les véhicules de l'électricité. Lorsque les ions se sont déchargés, redevenus libres, ils passent à l'état d'éléments chimiques et se déposent sur les électrodes. D'autres molécules de l'électrolyte se dissocient pour former d'autres ions et ainsi de suite.

EXEMPLES D'ÉLECTROLYSE

Nous avons déjà vu des exemples d'électrolyse et

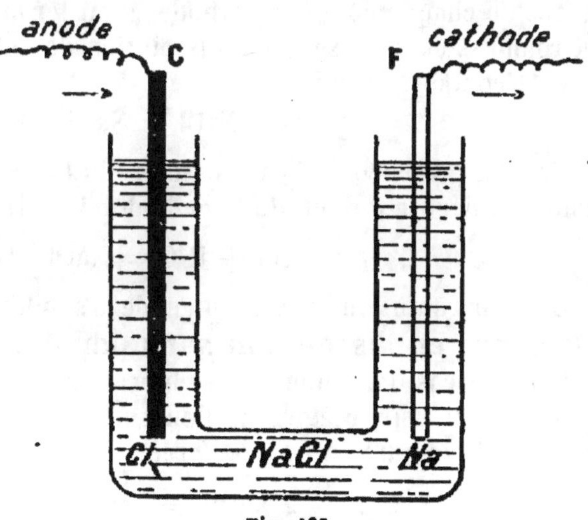

Fig. 403.

d'actions secondaires dans l'étude des piles; en voici quelques autres.

468. — Électrolyse des chlorures alcalins. — Dans l'électrolyse des chlorures alcalins, chlorure de sodium, chlorure de potassium, nous distinguerons trois cas.

Chlorure fondu par la chaleur.

Dans un creuset ressemblant à la lettre U (fig. 403) fondons par la chaleur du chlorure de sodium ; prenons pour cathode une lame de fer F et pour anode une lame de charbon C. Le sel est décomposé.

$$NaCl = Na + Cl$$
cathode   anode

Le chlore se dégage autour de l'anode et le sodium se rassemble autour

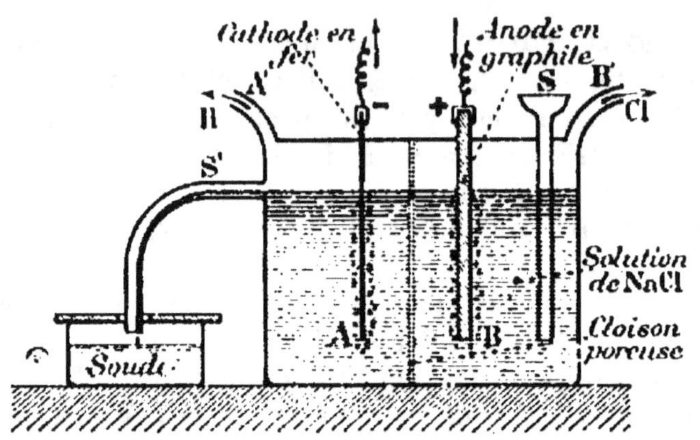

Fig. 404. — Préparation industrielle du chlore et de la soude par électrolyse.

de la cathode. On prépare ainsi le sodium et le chlore.

Chlorure en dissolution avec paroi poreuse.

Dans un vase séparé en deux par une cloison poreuse (fig. 404) plongeons de chaque côté une cathode A en fer et une anode B en graphite, et remplissons le vase d'une dissolution de chlorure de sodium. Le courant décompose le sel :

$$NaCl = Na + Cl$$

Mais en présence de l'eau, il se produit une action secondaire : de la soude se dépose autour de la cathode et de l'hydrogène se dégage.

$$Na + H^2O = NaOH + H$$

On prépare ainsi industriellement de la soude, de l'hydrogène et du chlore.

Chlorure en dissolution sans paroi poreuse.

Dans ce cas, la soude et le chlore qui se sont formés comme nous venons de le voir, réagissent l'un sur l'autre et il se forme de l'hypochlorite de sodium ou *eau de Javel*

$$2\ Cl + 2\ NaOH = NaCl + ClONa + H^2O$$
eau de Javel

On a ainsi une préparation industrielle d'un produit très employé.

469. — Électrolyse du sulfate de cuivre. — Le courant produit la décomposition suivante :

$$SO^4Cu = SO^4 \text{ (à l'anode)} + Cu \text{ (à la cathode)}.$$

Le cuivre se dépose sur la cathode et augmente le poids de celle-ci : SO^4 se dégage sur l'anode et y provoque des réactions différentes selon que l'anode est attaquable ou non.

Cas où l'anode est inattaquable.

On a l'action secondaire suivante :

$$SO^4 + H^2O = SO^4H^2 + O$$

Il se forme en présence de l'eau de l'acide sulfurique et de l'oxygène qui se dégage autour de l'anode.

Cas où l'anode est attaquable.

Si l'on suppose qu'elle est en cuivre, on a :

$$SO^4 + Cu = SO^4Cu$$

Le sulfate de cuivre est alors régénéré au détriment de l'anode. Tout se passe comme si le courant transportait le cuivre de l'anode à la cathode.

Le *cuivrage,* la *dorure,* l'*argenture,* le *nickelage,* etc., sont des opérations analogues qui s'effectuent en électrolysant des sels de cuivre, d'or, d'argent, de nickel.

470. — Électrolyse du sulfate de sodium dissous. — Dans un tube en U (fig. 405) mettons une dissolution concentrée de sulfate de sodium, et plongeons dans chaque branche

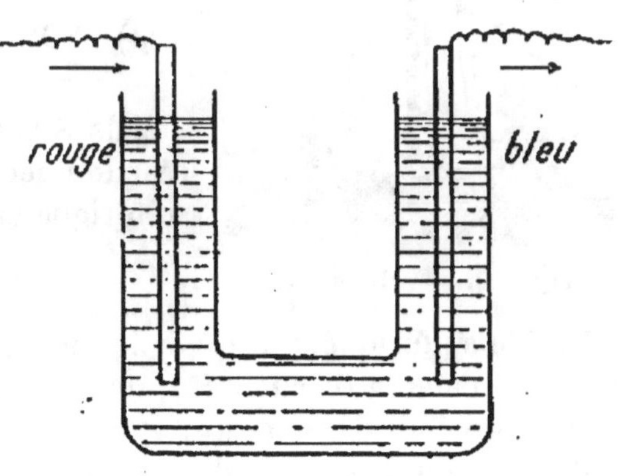

Fig. 405.

une électrode en platine (corps inattaquable). Autour des électrodes, versons une petite quantité de dissolution bleue de tournesol. Faisons passer ensuite le courant. Il se produit la décomposition suivante :

$$SO^4Na^2 = SO^4 + Na^2$$
$$\text{anode} \qquad \text{cathode}$$

Puis des actions secondaires :

autour de l'anode $\qquad SO^4 + H^2O = SO^4H^2 + O$

autour de la cathode $\qquad Na^2 + 2\,H^2O = 2\,NaOH + 2\,H$

Il y a donc dégagement d'oxygène et d'hydrogène. L'acide sulfurique SO^4H^2 fait rougir la teinture de tournesol à l'anode, tandis que la soude NaOH rend plus vive sa couleur bleue à la cathode.

471. — Électrolyse de l'eau.

— Dans l'expérience de l'électrolyse de l'eau, la cuve électrolytique qui a une forme particulière (fig. 406) prend le nom de **voltamètre**. Les électrodes sont en platine. Le fond du voltamètre est traversé par deux fils reliés aux pôles d'une pile. Les deux bouts qui plongent dans l'eau sont attachés aux électrodes recouvertes chacune par une éprouvette. L'eau ne laissant pas passer l'électricité, on la rend conductrice en y ajoutant un peu d'acide sulfurique. Le courant décompose l'acide sulfurique :

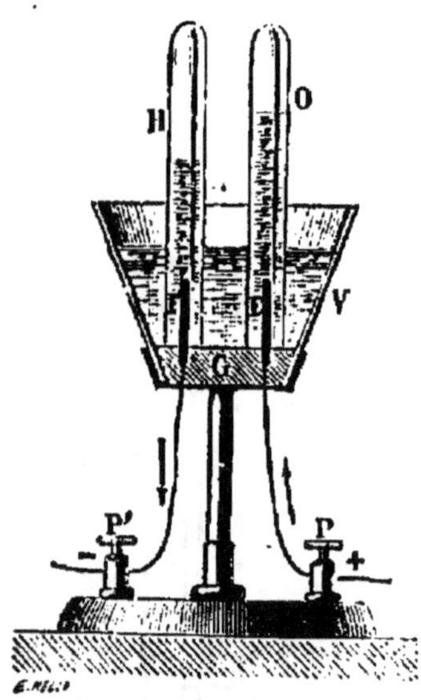

Fig. 406. — Voltamètre.

$$(1) \quad SO^4H^2 = SO^4 + H^2$$
$$\qquad\qquad \text{à l'anode} \quad \text{à la cathode}$$

Mais SO^4 en présence de l'eau donne une réaction secondaire : il se forme de l'acide sulfurique et l'oxygène se dégage.

$$(2) \quad SO^4 + H^2O = SO^4H^2 + O$$

L'acide sulfurique qui a été décomposé par la réaction (1) est donc régénéré dans la réaction (2); de sorte que, finalement, c'est comme si l'eau seule était décomposée.

On recueille à la cathode un volume d'hydrogène double du volume d'oxygène recueilli à l'anode. C'est justement la composition en volumes de l'eau. L'électrolyse de l'eau est une préparation industrielle de l'hydrogène et de l'oxygène.

ÉTUDE QUANTITATIVE DE L'ÉLECTROLYSE

172. — Intensité d'un courant. — L'effet ou l'intensité d'une chute d'eau dépend évidemment de son débit, c'est-à-dire du nombre de mètres cubes d'eau qui s'écoulent en une seconde dans une section droite. De sorte que l'intensité de la chute peut être mesurée par ce nombre de mètres cubes.

De même l'intensité d'un courant dépend de la quantité d'électricité qui s'écoule par seconde dans une section droite du circuit. Elle peut se mesurer par le nombre de coulombs qui s'écoulent en une seconde dans la section du circuit.

Un courant a une intensité égale à l'unité, quand dans la section droite du circuit il s'écoule un coulomb par seconde. Nous avons vu précédemment que cette unité s'appelle **ampère**. S'il s'écoule 2, 3, 4... coulombs par seconde, on dit que l'intensité du courant est de 2, 3, 4... ampères.

173. — Loi de Faraday. — La masse de métal de l'électrolyte mise en liberté à la cathode par un courant, est proportionnelle à l'intensité du courant, au temps pendant lequel circule le courant et au poids atomique du métal; elle est inversement proportionnelle à la valence.

Cette loi se résume dans la formule

$$M = K \frac{ait}{n} \text{ ou } K \frac{aq}{n}$$

où K est une constante, a est le poids atomique du métal, n sa valence, i est l'intensité du courant, t le temps en secondes pendant lequel circule le courant.

Or i étant l'intensité du courant, cela signifie qu'il s'écoule i coulombs par seconde dans une section droite du circuit; pendant t secondes, il s'en écoule une quantité.

$$q = it$$

Vérifions cette loi.

1° — Il est évident et facile de vérifier que pour un courant constant, la masse de métal mise en liberté dans un électrolyte est proportionnelle au temps.

2° — Faisons passer un courant d'intensité I dans un voltamètre V_1

contenant de l'eau acidulée. Bifurquons le courant principal en deux autres identiques, passant par des voltamètres identiques V_2 et V_3 à eau acidulée. Il est bien évident que le courant principal d'intensité I va se

bifurquer en deux courants d'intensités égales et égales chacune à $\dfrac{I}{2}$.

De plus, on remarque que si dans le voltamètre V_1 on recueille 24^{cm3} d'hydrogène, dans chacun des deux autres on recueille 12^{cm3}. Cela prouve que le poids d'hydrogène mis en liberté est proportionnel à l'intensité du courant.

3° — Mettons dans un même circuit plusieurs cuves électrolytiques, contenant, par exemple, de l'eau acidulée, de l'azotate d'argent, du sulfate de cuivre, du chlorure d'or et du chlorure de platine. Rappelons les données suivantes :

	Hydrogène	Argent	Cuivre	Or	Platine
Poids atomique	1	108	64	197	195
Valence	1	1	2	3	4
Équivalent chimique	1	108	$\dfrac{64}{2}$	$\dfrac{197}{3}$	$\dfrac{195}{4}$

On vérifie que, dans les cuves électrolytiques, pour 1 gr. d'hydrogène mis en liberté,

il y a 108 gr. d'argent

$\dfrac{64}{2}$ gr. de cuivre

$\dfrac{197}{3}$ gr. d'or

$\dfrac{195}{4}$ gr. de platine

Donc la loi de Faraday se trouve bien vérifiée.

Détermination de la constante K.

Dans la formule

$$M = K \frac{aq}{n} \qquad (1)$$

Supposons que a représente le poids atomique de l'hydrogène, c'est-à-dire que $a = 1$ (alors $n = 1$); et que $q = 1$ coulomb.

Nous savons qu'un coulomb est la quantité d'électricité qui libère $\dfrac{1 \text{ gr.}}{96600}$ d'hydrogène.

Il s'ensuit que par définition du coulomb

le premier membre M est égal à $\dfrac{1}{96600}$

Alors la formule devient

$$\frac{1}{96600} = \mathrm{K}\,\frac{1 \times 1}{1}$$

d'où

$$\mathrm{K} = \frac{1}{96600}$$

APPLICATIONS DE L'ÉLECTROLYSE

GALVANOPLASTIE

474. — **Généralités.** — La galvanoplastie repose sur l'électrolyse. Elle a pour but de modeler un métal au moyen de la décomposition par le courant électrique d'une de ses combinaisons; le métal d'un sel métallique, mis en liberté se précipite sur la surface d'un objet choisi.

Proposons-nous, par exemple, de reproduire en cuivre la face d'une médaille quelconque.

Il faut d'abord prendre un moule en creux de la médaille. On choisit ordinairement la gutta-percha, qui est inattaquable par les bains. On la ramollit et on la pétrit dans l'eau bouillante : on l'applique ensuite sur la médaille où on la soumet à une forte pression. Ensuite, on rend l'empreinte conductrice en l'enduisant de plombagine avec une brosse douce.

Le moule M obtenu ainsi, est suspendu au fil négatif : il sera

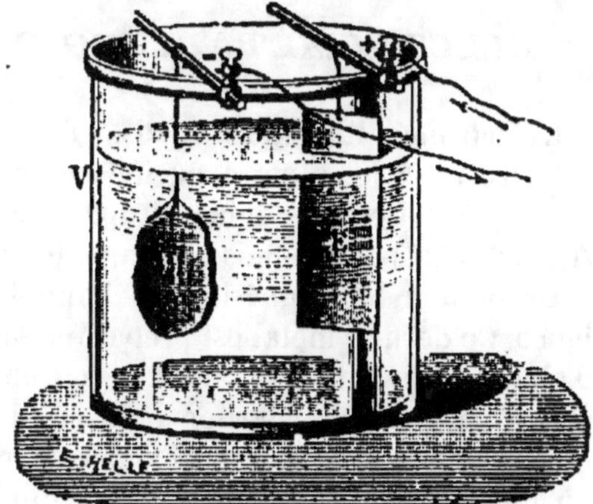

Fig. 407.

la cathode (fig. 407); l'anode est une lame de cuivre E. Le tout baigne dans une dissolution de sulfate de cuivre.

Le courant décompose $SO^4\,Cu$ en Cu qui se porte sur le moule, et SO^4 qui se rend à l'anode et la dissout peu à peu pour reformer $SO^4\,Cu$.

Le poids du cuivre dissous à l'anode est égal au poids du cuivre fixé sur le moule. La quantité de métal fixé est proportionnelle à l'intensité du courant et à la durée de l'opération.

Le bain employé pour le nickelage est une dissolution de sulfate double de nickel et d'ammonium.

Le bain employé pour l'argenture est une dissolution de cyanure d'argent dans le cyanure de potassium.

Le bain de dorure est constitué par une dissolution de cyanure double d'or et de potassium.

FABRICATION DES PRODUITS CHIMIQUES PAR ÉLECTROLYSE

L'industrie prépare aujourd'hui un certain nombre de produits chimiques par électrolyse. On fabrique ainsi l'oxygène et l'hydrogène depuis qu'on a pu éviter l'attaque des électrodes; l'électrolyte est une solution alcaline, les électrodes sont en plomb et en charbon.

On fabrique par électrolyse le fluor, le chlore, la soude, la potasse, l'hypochlorite de sodium appelé eau de Javel, le chlorure de calcium, les chlorates de potassium et de sodium employés à la préparation des explosifs, etc.

ÉLECTROMÉTALLURGIE PAR ÉLECTROLYSE

L'électrométallurgie est réalisée de deux manières différentes : 1° par l'électrolyse : le minerai purifié et dessous est soumis à l'électrolyse; 2° par réduction : le minerai après traitement convenable est, en présence de charbon, soumis à la haute température de l'arc électrique, 3500°.

On obtient le magnésium et l'aluminium par électrolyse dite à voie ignée. Ce dernier métal est préparé en décomposant une certaine quantité d'alumine dissoute dans de la cryolithe fondue. On place dans un creuset en fer garni de charbon de la cryolithe dans laquelle plonge l'anode en charbon; la cathode également en charbon vient au fond du creuset qu'elle traverse. On fait passer le courant : la cryolithe fond. On ajoute alors de l'alumine.

Les principaux métaux qu'on peut préparer par l'électrolyse à voie humide, c'est-à-dire par un traitement électrolytique du minerai dissous, sont le cuivre, l'argent, l'or et l'étain.

On fabrique aujourd'hui au moyen de l'électrolyse des tubes en cuivre non soudés.

ACCUMULATEURS

175. — Définitions. — Les accumulateurs sont des appareils qui servent :

1° A transformer pendant la charge de l'énergie électrique en énergie chimique ;

2° Inversement à transformer pendant la décharge l'énergie chimique acquise en énergie électrique.

176. — Polarisation des électrodes. — Plongeons dans l'eau acidulée sulfurique deux plaques d'un même métal non attaquable par l'acide. Nous ne constituons pas ainsi une pile, car dans une pile les deux électrodes A, C (fig. 408) doivent être de nature différente, mais un voltamètre. Faisons passer le courant. On a

Décomposition due au courant :

$SO^4H^2 = SO^4 + (H^2$ à la cathode).

Action secondaire :

$SO^4 + H^2O = SO^4H^2 + (O$ à l'anode).

Au début, l'hydrogène se fixe sur la cathode C et l'oxygène sur l'anode A ; puis quand les plaques sont saturées, les gaz se

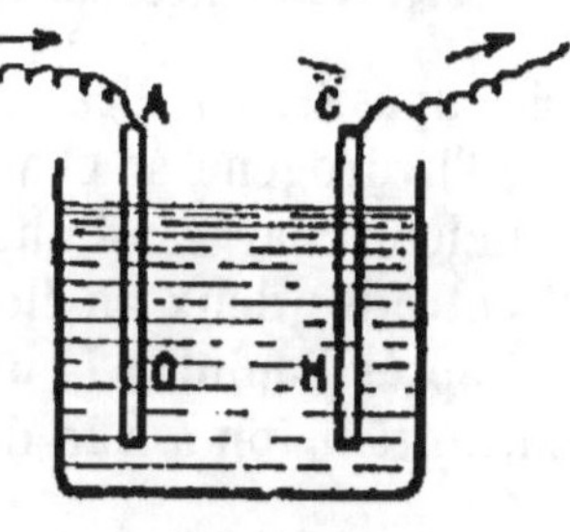

Fig. 408.

dégagent en dehors du voltamètre. En plaçant dans le courant un ampèremètre, on constate que l'intensité du courant diminue.

Coupons le courant et réunissons les deux électrodes à un galvanomètre. Nous constaterons que le nouveau circuit, qui n'est plus relié à la pile, est parcouru par un courant de **sens contraire** au premier courant. Nous avons donc transformé le voltamètre en une véritable pile ; autrement dit, nous avons de cette manière établi des **pôles** : de là le nom de **polarisation** donné à ce fait.

177. — Accumulateurs. — En répétant l'expérience précédente sur les différents métaux usuels, l'ingénieur Planté a trouvé que c'est le plomb qui se polarise le mieux ou, si l'on veut, qui emmagasine le mieux l'énergie électrique sous forme d'énergie chimique. De plus, par un heureux hasard, la **pile secondaire** avec électrodes en plomb a une f.é.m. très grande : elle est de $2^v 1$.

Pour avoir un accumulateur de grande capacité, on emploie des lames de plomb très larges comme électrodes. Ce résultat est obtenu en mettant dans un bac en verre des lames plates disposées parallèlement et le plus près possible, sans se toucher (fig. 409). Les lames de rang impair sont reliées ensemble et forment une électrode; les lames de rang pair sont reliées ensemble et forment l'autre électrode.

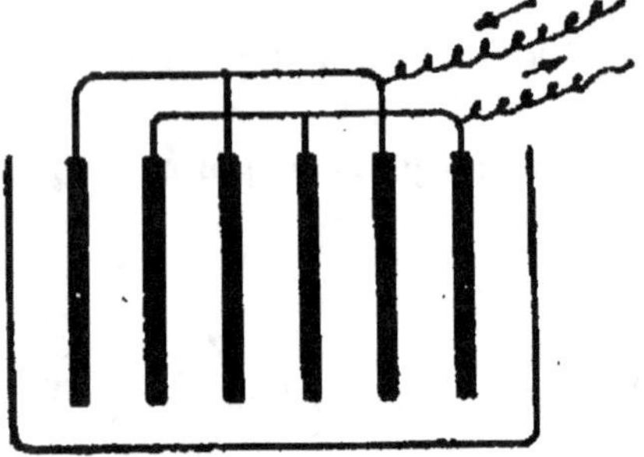

Fig. 409. — Accumulateur.

Les plaques ou électrodes sont ordinairement formées de grilles rigides de plomb antimonié (plomb allié à de l'antimoine), auxquelles on a incorporé une pâte formée de minium $Pb^3 O^4$ pour l'électrode positive et de litharge PbO pour l'électrode négative.

A la charge, le minium est suroxydé par l'oxygène provenant de la décomposition de l'eau et transformé en bioxyde PbO^2; la litharge réduite par l'hydrogène se change en *plomb spongieux*. Il y a donc dans l'accumulateur chargé : d'une part PbO^2 et d'autre part du plomb spongieux; et entre les deux un électrolyte $SO^4 H^2$.

D'après l'opinion la plus généralement admise aujourd'hui de la *double sulfatation,* on a à la décharge

$$PbO^2 + Pb + 2 SO^4 H^2 = 2 SO^4 Pb + 2 H^2 O$$

et l'inverse à la charge

$$2 SO^4 Pb + 2 H^2 O = PbO^2 + Pb + 2 SO^4 H^2$$

Les calories fournies pendant la décharge sont transformées en énergie chimique.

L'appareil peut donner de 20 000 à 40 000 coulombs par kilogramme de plaques. Comme la chute de potentiel est de 2 volts environ, l'énergie disponible est de 40 000 à 80 000 joules par kilogramme de plaques.

Les accumulateurs sont des sources d'électricité très utiles pour la traction de certaines voitures automobiles et des sous-marins. Ils servent de *régulateur* dans les usines électriques. En effet, quand l'énergie produite devient supérieure à l'énergie consommée, le surplus sert à charger une batterie d'accumulateurs; au contraire, si l'énergie du générateur vient à faiblir, la batterie donne l'appoint. Cette batterie porte le nom de *batterie-tampon.*

TRENTIÈME ET UNIÈME LEÇON

ÉLECTRICITÉ DYNAMIQUE (*suite*)

Résistance. — Loi d'Ohm. — Courants dérivés. — Accouplement des générateurs. — Mesure des résistances.

Résistance. Loi d'Ohm

178. — Considérations hydrauliques. — Soit deux réservoirs A et B (fig. 410) situés à des hauteurs H et H' différentes et réunis par un tube T quelconque. Supposons qu'ils contiennent un même li-
quide s'écoulant à plein dans le tube T de A vers B. On conçoit que l'intensité du courant d'eau (c'est-à-dire le nombre de litres qui s'é-
coulent par seconde dans une section droite) est pro-
portionnelle à la différence H—H' des niveaux et inver-
sement proportionnelle à la résistance R du tube T. Quant à cette résistance R, elle doit être proportionnelle à la longueur du tube, en raison inverse de sa section,

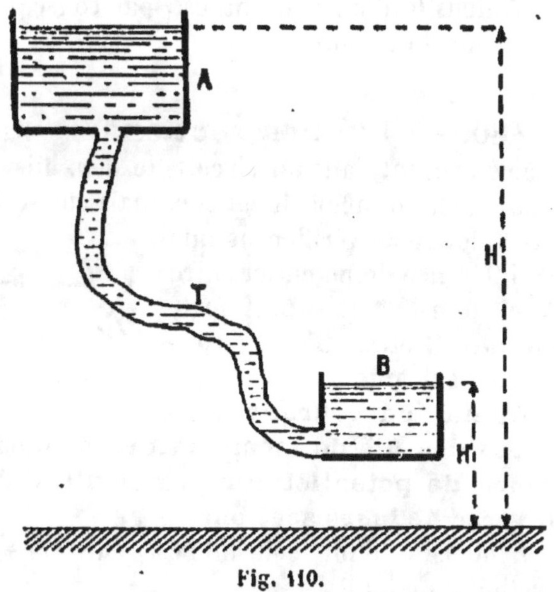

Fig. 110.

et dépend enfin de l'état des parois du tube.

Nous allons trouver les mêmes analogies pour les courants parcou-
rant les conducteurs.

RÉSISTANCE DES CONDUCTEURS

479. — Loi des longueurs. — Considérons un courant constant traversant un fil homogène et d'égales sections droites. Prenons sur

ce fil des longueurs égales AB, BC, CD (fig. 411). Nous vérifierons que la différence de potentiel **entre deux points consécutifs** est toujours la même :

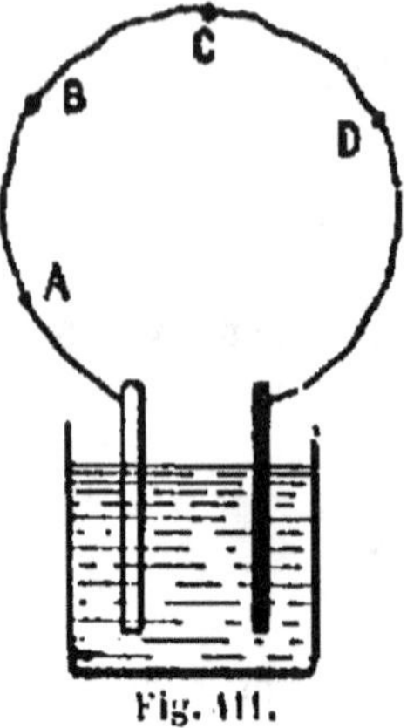
Fig. 411.

$$V_A - V_B = V_B - V_C = V_C - V_D$$

mais que le potentiel diminue dans le sens du courant[1]. Ensuite, nous constaterons que les différences de potentiel entre A et C, entre A et D sont respectivement double et triple de celle qui existe entre A et B. D'où la conclusion suivante :

Dans un fil homogène parcouru par un courant, la différence de potentiel entre deux points est proportionnelle à la longueur du fil qui sépare ces deux points.

L'intensité d'un courant est, par conséquent, en raison inverse de la longueur du circuit.

480. — Loi des sections.

— Faisons maintenant passer un même courant dans un circuit de deux fils AB et BC (fig. 412) de même substance, de même longueur, mais de sections différentes, s et 5 s par exemple. Nous vérifierons que a différence de potentiel entre A et B est 5 fois plus forte qu'entre B et C. D'où la conclusion suivante :

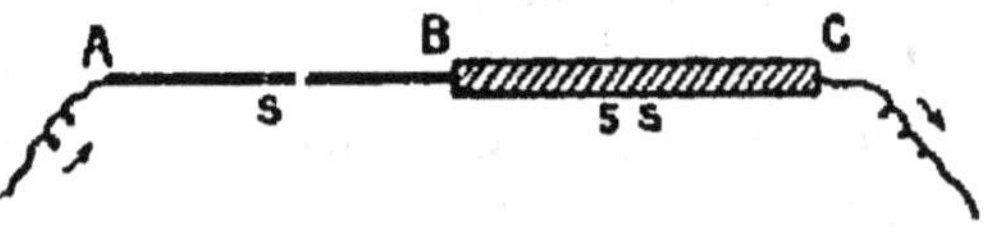

Fig. 412.

Quand un courant traverse des fils de même nature et de même longueur, la différence de potentiel aux extrémités de ces fils est en raison inverse de leurs sections.

L'intensité d'un courant est, par conséquent, proportionnelle à la section du circuit.

481. — Loi des conductibilités.

— Enfin, il est facile de vérifier que si un courant traverse des fils de même longueur et de

1. La différence de potentiel entre deux points A et B peut se faire en mettant A en communication avec le sol : alors on est sûr que le potentiel du point A est nul puisque le potentiel du sol est zéro; puis en mettant le point B en communication avec un électroscope.

même section, mais de substances différentes, la différence de potentiel à leurs extrémités n'est pas la même.

L'intensité d'un courant est donc encore proportionnelle à une constante qui dépend de la nature du fil.

482. — Formule de la résistance.

— Puisque pour un courant traversant un fil AB (fig. 413), le potentiel diminue de A vers B, c'est-à-dire dans le sens du courant, **il faut bien admettre que les conducteurs offrent une certaine résistance à l'écoulement de l'électricité.** S'il en était autrement, le potentiel serait le même en tous les points du conducteur. **Cette résistance étant proportionnelle à la longueur l du fil traversé, en raison inverse de sa section s et dépendante de la nature du fil,** si on la désigne par R, on a la formule

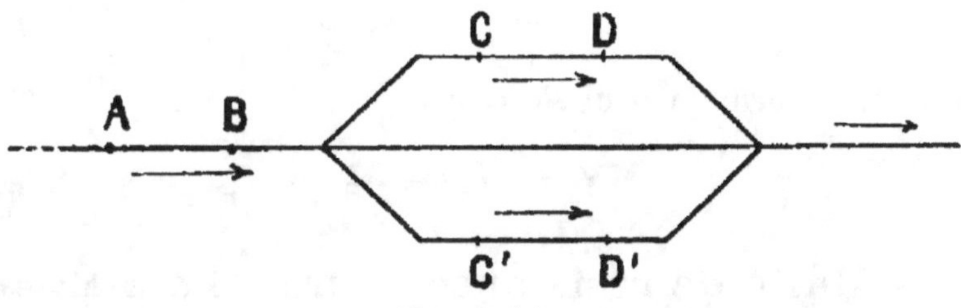

Fig. 413.

$$R = \rho \frac{l}{s}$$

ρ est une constante qui dépend de la substance du conducteur; on l'appelle **résistance spécifique** du conducteur. Nous déduirons encore que la différence de potentiel en deux points d'un conducteur est **proportionnelle à la résistance entre ces deux points.**

483. — Loi d'Ohm pour une portion de circuit. —

Considérons un circuit unique se bifurquant en deux fils identiques au

Fig. 413 bis.

premier (même nature, même section), puis prenons des longueurs égales AB, CD et C′D′ sur ces fils (fig. 413 bis).

Ces portions ont donc même résistance. On constate qu'on a

$$V_C - V_D = V_{C'} - V_{D'} = \frac{V_A - V_B}{2}$$

D'autre part, il est évident que si l'intensité du courant unique est I, les intensités des deux courants particls sont égales et égales à $\frac{I}{2}$; c'est-à-dire que s'il s'écoule 8 coulombs par seconde dans une section droite de AB, il s'en écoule 4 dans chacune des sections de CD et de C'D'. D'où la conclusion : **la différence de potentiel entre deux points d'un même conducteur est proportionnelle à l'intensité du courant qui le traverse.**

En réunissant ce résultat avec ceux obtenus au n° précédent et en désignant par V et V' les potentiels en deux points d'un conducteur homogène, par K une certaine constante à déterminer, par ρ une constante dépendant de la nature du fil, par l sa longueur et s sa section, par I l'intensité du courant, nous avons les formules générales

$$R = \rho \, \frac{l}{s} \quad (1)$$

$$V - V' = KRI \quad (2)$$

Ces égalités traduisent la loi d'Ohm pour une portion de circuit.

Simultanément le physicien allemand Ohm l'a découverte par le calcul et le physicien français Pouillet l'a vérifiée (1827).

Pour déterminer la constante K de la formule (2), convenons que $V - V' = 1$ volt, et $I = 1$ ampère : R sera égal à l'unité; alors la formule (2) devient

$$1 = K \cdot 1 \times 1$$

d'où
$$K = 1$$

donc la seconde formule peut s'écrire

$$V - V' = RI$$

484. — Unité de résistance. — L'unité de résistance est celle d'un conducteur qui, parcouru par un courant de 1 ampère, présente à ses extrémités une différence de potentiel de 1 volt. On l'appelle Ohm.

Comme étalon d'unité de résistance, on a pris une colonne de mercure (car le mercure peut toujours s'obtenir pur). On a trouvé qu'une colonne de mercure de 106^{cm}, 3 de hauteur et 1^{mm2} de section avait une résistance de 1 ohm.

485. — Interprétation de la résistance spécifique d'un conducteur. — Dans la formule

$$R = \rho\, \frac{l}{s}$$

faisons $l = 1^{cm}$ et $s = 1^{cm2}$, nous avons alors

$$R = \rho\, \frac{1}{1}$$

ou $$R = \rho$$

donc **la résistance spécifique ρ d'un conducteur est la résistance d'un fil homogène ayant 1^{cm} de longueur et 1^{cm2} de section :**

486. — Loi d'Ohm pour un circuit complet avec générateur. — Soit un générateur quelconque G (fig. 414), r sa résistance, E sa f. é. m. mesurée par la différence de potentiel entre ses bornes A et B **à circuit ouvert,** R la résistance du circuit extérieur, 1 l'intensité du courant.

Dans le circuit extérieur AMB, on a, d'après la première loi d'Ohm

$$V_A - V_B = Rl \ (1)$$

A l'intérieur du générateur et dans le sens du courant, la différence de potentiel n'est pas

$$V_B - V_A, \text{ mais } V_B - V_A + E$$

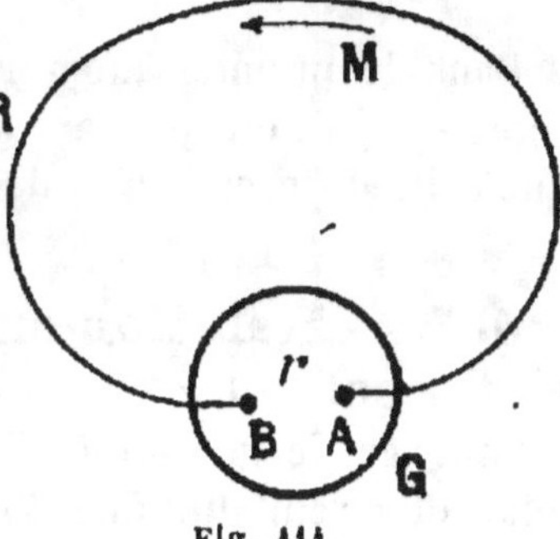

Fig. 414.

car ce générateur élève le potentiel de la quantité E. De sorte qu'en appliquant encore la première loi d'Ohm, on a

$$V_B - V_A + E = rl \ (2)$$

En ajoutant membre à membre les égalités (1) et (2) et simplifiant, il vient

$$E = (R + r)\, I$$

d'où $$I = \frac{E}{R + r}$$

R + r est la résistance totale du circuit.

REMARQUE I.

Entre les deux bornes A et B du générateur à **circuit ouvert**, la f. é. m. ou différence de potentiel est

$$E = (R + r)\,I = R\,I + r\,I$$

tandis qu'à **circuit fermé**, la différence de potentiel efficace est

$$V_A - V_B = RI$$

On en conclut que

Entre les deux bornes d'un générateur, la différence de potentiel à circuit ouvert est toujours supérieure à la différence de potentiel à circuit fermé.

REMARQUE II.

Si dans le circuit il y avait un autre générateur avec une f. é. m. égale à E et une résistance intérieure r', on aurait

$$E \pm E' = (R + r + r')\,I$$

Dans le premier membre on prendrait devant E' le signe $+$ ou le signe $-$, suivant que la f. é. m. du second générateur est de même sens que celle du premier ou de sens contraire.

487. — Relation entre la f. é. m., l'intensité et la résistance.

— L'intensité d'un courant augmente lorsque la force électromotrice de la source d'électricité augmente et quand la résistance totale du circuit diminue. **L'intensité est donc proportionnelle à la force électromotrice et en raison inverse de la résistance.** On voit qu'entre ces trois grandeurs : intensité, force électromotrice et résistance, il existe une relation.

Négligeons la résistance r du générateur. On a

$$I = \frac{E}{R}.$$

Supposons que dans un circuit, E = 20 volts, R = 4 ohms, l'intensité sera

$$I = \frac{20}{4} = 5\ \text{ampères.}$$

Si l'on dispose d'une force électromotrice E, il faudra pour obtenir une intensité I, choisir un conducteur dont la résistance R soit

$$R = \frac{E}{I}$$

Par exemple, si dans un circuit, E = 20 volts et I = 5 ampères, la résistance R sera

$$R = \frac{20}{5} = 4 \text{ ohms.}$$

Si l'on veut obtenir un courant d'intensité I avec un conducteur résistance R, il faut que la force électromotrice E soit

$$E = IR$$

Par exemple, si dans un circuit, le courant a une intensité de 5 ampères et le conducteur une résistance de 4 ohms, la force électromotrice E de la source sera

$$E = 5 \times 4 = 20 \text{ volts.}$$

Courants dérivés

488. — Supposons qu'un conducteur se bifurque en A (fig. 415) en plusieurs branches, qui se rejoignent au point B; le courant d'intensité I qui arrive en A se partage en trois autres courants d'intensités respectives i_1, i_2, i_3. On a évidemment

$$i_1 + i_2 + i_3 = I \quad (1)$$

Ce qui signifie que la somme des coulombs qui

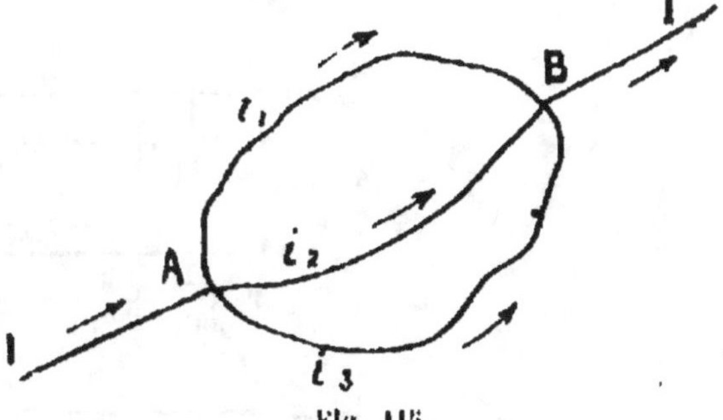

Fig. 415.

s'écoulent en 1 seconde dans les trois branches dérivées est égale au nombre de coulombs qui s'écoulent dans le même temps dans le conducteur unique.

D'autre part, comme au point A aucune résistance ne sépare les extrémités des trois branches dérivées, ces extrémités ont le même potentiel V; de même au point B les extrémités ont un même potentiel V'. Le potentiel V' est plus petit que V. Si donc on désigne par r_1, r_2, r_3 les résistances des trois branches, on a, en appliquant la loi d'Ohm à ces trois fils

$$V - V' = i_1 r_1 = i_2 r_2 = i_3 r_3 \quad (2)$$

En remarquant que

$$\frac{i_1}{\dfrac{1}{r_1}} = i_1 r_1$$

On peut écrire les égalités (1) ainsi :

$$\frac{i_1}{\dfrac{1}{r_1}} = \frac{i_2}{\dfrac{1}{r_2}} = \frac{i_3}{\dfrac{1}{r_3}}$$

Or, quand on a une suite de rapports égaux on obtient un rapport égal à chacun d'eux en divisant la somme des numérateurs par la somme des dénominateurs. Donc

$$\frac{i_1}{\dfrac{1}{r_1}} = \frac{i_2}{\dfrac{1}{r_2}} = \frac{i_3}{\dfrac{1}{r_3}} = \frac{i_1 + i_2 + i_3}{\dfrac{1}{r_1} + \dfrac{1}{r_2} + \dfrac{1}{r_3}} \text{ ou } \frac{I}{\dfrac{1}{r_1} + \dfrac{1}{r_2} + \dfrac{1}{r_3}}$$

ou

$$i_1 r_1 = i_2 r_2 = i_3 r_3 = \frac{I}{\dfrac{1}{r_1} + \dfrac{1}{r_2} + \dfrac{1}{r_3}}$$

D'où

$$i_1 = \frac{I}{r_1 \left(\dfrac{1}{r_1} + \dfrac{1}{r_2} + \dfrac{1}{r_3} \right)}$$

$$i_2 = \frac{I}{r_2 \left(\dfrac{1}{r_1} + \dfrac{1}{r_2} + \dfrac{1}{r_3} \right)}$$

$$i_3 = \frac{I}{r_3 \left(\dfrac{1}{r_1} + \dfrac{1}{r_2} + \dfrac{1}{r_3} \right)}$$

Ces égalités permettent de calculer i_1, i_2, i_3 quand on connaît I, r_1, r_2, r_3.

REMARQUE.

Proposons-nous de calculer en fonction de r_1, r_2, r_3, la résistance R

du fil unique qui remplacerait les trois dérivations précédentes, sans changer l'intensité I du courant principal ni la chute de potentiel V — V' entre A et B.

D'après la loi d'Ohm on a

$$V - V' = I R$$

Donc en considérant les égalités (2) ci-dessus, on peut écrire

$$IR = i_1 r_1 = i_2 r_2 = i_3 r_3$$

Ou

$$\frac{I}{\frac{1}{R}} = \frac{i_1}{\frac{1}{r_1}} = \frac{i_2}{\frac{1}{r_2}} = \frac{i_3}{\frac{1}{r_3}} \text{ égal aussi à } \frac{I}{\frac{1}{r_1} + \frac{1}{r_2} + \frac{1}{r_3}}$$

L'égalité des rapports extrêmes nous conduit à la relation importante suivante

$$\frac{1}{R} = \frac{1}{r_1} = \frac{1}{r_2} = \frac{1}{r_3}$$

Autrement dit, la résistance de trois dérivations égales vaut le tiers de l'une d'elles. D'une manière générale, **la résistance de n dérivations égales vaut la n° partie de l'une d'elles.**

Cela se conçoit d'ailleurs aisément d'après la loi des résistances. En effet, trois dérivations égales de section s chacune équivalent à un fil unique ayant une section 3 s, par conséquent la résistance de ce fil unique n'est que le tiers de celle de chaque dérivation.

Accouplement des générateurs

Quand on dispose de plusieurs générateurs : piles, accumulateurs ou dynamos, on peut, suivant l'effet à obtenir, les associer de différentes manières.

Nous supposerons tous les générateurs à accoupler identiques, avec une f. é. m. égale à e pour chacun, et une résistance intérieure r. Appelons R la résistance du circuit extérieur et n le nombre de générateurs.

489. — Accouplement en série ou en tension. — Cette disposition consiste à réunir le pôle positif d'un élément au pôle négatif de l'élément suivant. Un fil extérieur réunit le pôle négatif libre du premier élément au pôle positif libre du dernier élément (fig. 410).

Si l'on désigne par V le potentiel du pôle négatif du 1er élément, par suite de la f. é. m. de cet élément, le pôle positif prend un potentiel

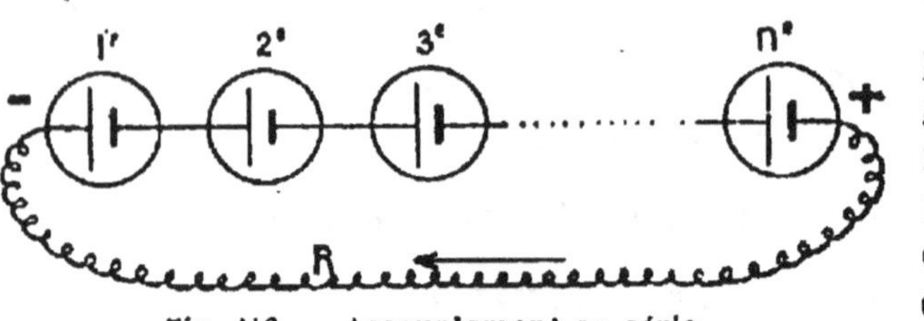

Fig. 416. — Accouplement en série.

V + e. C'est aussi le potentiel du pôle négatif du 2e élément; mais ce second élément produit une élévation de potentiel égale à e, de sorte que son pôle positif a un

potentiel V + 2 e, et ainsi de suite. Le pôle positif du ne élément a donc un potentiel V + ne. La différence de potentiel entre les pôles extrêmes est ne; c'est la force électromotrice du générateur complet.

D'autre part, les éléments étant mis bout à bout, leurs résistances s'ajoutent; de sorte que la résistance totale intérieure est n r.

En appliquant la loi d'Ohm pour un circuit fermé, on a la relation

$$I = \frac{ne}{R + nr}$$

Si la résistance intérieure r est très petite par rapport à la résistance extérieure R; c'est-à-dire si r est négligeable vis-à-vis de R, ce qui arrive généralement dans les accumulateurs, on a

$$I = \frac{ne}{R}$$

Alors, **l'intensité du courant est proportionnelle au nombre d'éléments**. Donc l'association en série est avantageuse.

Si, au contraire, R est négligeable vis-à-vis de r, la formule donne

$$I = \frac{ne}{nr} \text{ ou } \frac{c}{r}$$

L'intensité serait la même qu'avec un seul élément. Dans ce cas, l'accouplement en série est désavantageux.

490. — Accouplement en batterie ou en surface.

— Tous les pôles négatifs sont

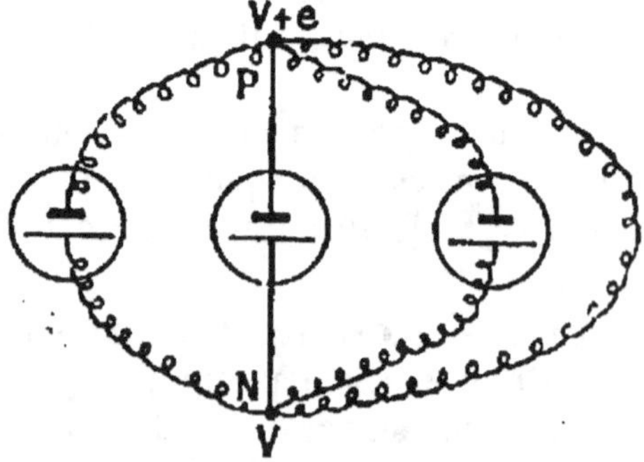

Fig. 417. — Accouplement en batterie.

réunis en un point N (fig. 417), qui a même potentiel V que chacun d'eux; tous les pôles positifs sont réunis au même point P, qui a même potentiel V + e que chacun d'eux. De cette manière, la différence de potentiel entre les deux points P et N est e.

La résistance intérieure de l'élément unique formé par la totalité des éléments partiels étant inversement proportionnelle à la surface des lames, est $\dfrac{r}{n}$.

En appliquant la loi d'Ohm on a

$$I = \frac{e}{R + \dfrac{r}{n}}$$

Si, contrairement à ce qu'on a supposé dans le premier cas, c'est R qui est négligeable vis-à-vis de r, la formule devient

$$I = \frac{e}{\dfrac{r}{n}} = \frac{ne}{r}$$

Donc l'intensité étant proportionnelle au nombre d'éléments, ce genre d'accouplement est avantageux.

491. — Accouplement mixte.

— Supposons que $n = p\,q$, ces deux expressions p et q étant évidemment des nombres entiers. Alors nous pourrons faire p séries de q éléments chacune et 1° : réunir tous les pôles positifs libres en un point P (fig. 418) et tous les pôles négatifs libres en un point N; 2° réunir par un circuit P et N.

Dans ce cas, la résistance de chaque série est qr et la résistance de leur ensemble est

$$\frac{qr}{p}$$

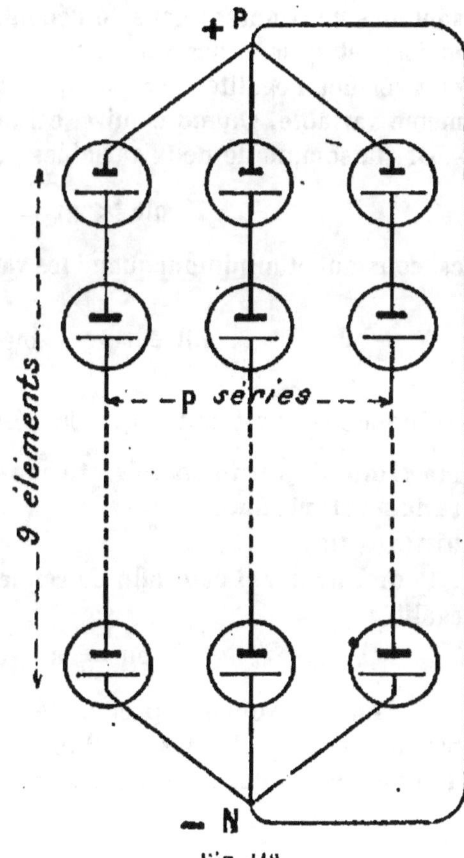

Fig. 418.

De plus, la f. é. m. de chaque série est

$$qe$$

et il en est de même pour l'appareil entier. De sorte qu'en appliquant la loi d'Ohm pour un circuit fermé, on a

$$I = \frac{qe}{R + \dfrac{qr}{p}}$$

ou en multipliant le numérateur et le dénominateur par p

$$I = \frac{pqe}{pR + qr} = \frac{ne}{pR + qr}$$

Dans le second membre, le numérateur ne est constant puisque n et e sont des constantes; dans le dénominateur, R et r sont des constantes, mais p et q sont des variables astreintes à rester des nombres entiers et à vérifier l'égalité n = pq. Il en résulte que le dénominateur est lui-même variable. Quand celui-ci est minimum, I est maximum.

Or, la somme de deux variables positives dont le produit

$$pR \times qr = pqRr = nRr$$

est constant et minimum quand les variables sont égales, c'est-à-dire quand

$$pR = qr \qquad \text{ou} \qquad R = \frac{rq}{p}$$

Comme $\dfrac{qr}{p}$ n'est autre que la résistance intérieure de la pile, **I est maximum quand la résistance extérieure est égale à la résistance intérieure.**

REMARQUE.

Pour calculer p et q afin de rendre I maximum, nous avons les deux égalités

$$pq = n \qquad \text{et} \qquad pR = qr$$

Si l'on trouve pour p et q des nombres décimaux, pratiquement on prendra pour p et q les nombres entiers se rapprochant le plus possible de ces valeurs décimales, mais tels cependant que pq = n.

MESURE DES RÉSISTANCES

492. — Boîte de résistances. — Pour avoir le poids d'un corps, on se sert généralement d'une balance et d'une boîte de poids; de

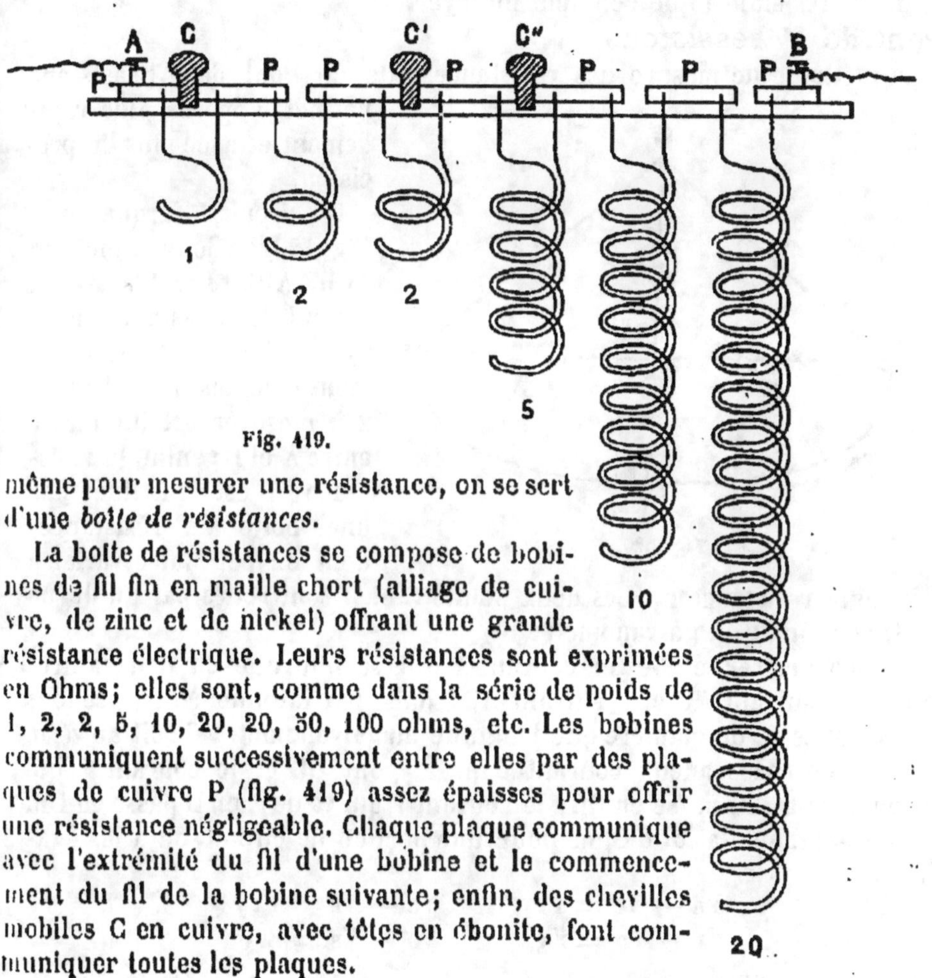

Fig. 419.

même pour mesurer une résistance, on se sert d'une *boîte de résistances.*

La boîte de résistances se compose de bobines de fil fin en maille chort (alliage de cuivre, de zinc et de nickel) offrant une grande résistance électrique. Leurs résistances sont exprimées en Ohms; elles sont, comme dans la séric de poids de 1, 2, 2, 5, 10, 20, 20, 50, 100 ohms, etc. Les bobines communiquent successivement entre elles par des plaques de cuivre P (fig. 419) assez épaisses pour offrir une résistance négligeable. Chaque plaque communique avec l'extrémité du fil d'une bobine et le commencement du fil de la bobine suivante; enfin, des chevilles mobiles C en cuivre, avec têtes en ébonite, font communiquer toutes les plaques.

Le courant arrive en A et sort en B. Quand toutes les chevilles sont en place, la boîte n'offre aucune résistance appréciable. Mais si aucune cheville n'est placée, la boîte offre une résistance de 1 + 2 + 2 + 5 + 10 + 20 = 40 ohms, car le courant doit traverser alternativement une plaque et une bobine. Si les trois chevilles C C' C" sont placées comme l'indique la figure, le courant trouve seulement une résistance de 32 ohms.

493. — Mesure des résistances.

— On intercale la résistance à mesurer dans un circuit où passe un courant invariable dont on détermine l'intensité, et l'on cherche par tâtonnements quelles sont les chevilles qu'il faut enlever pour que le courant reprenne son intensité primitive. Le nombre d'ohms représentés par les bobines correspondantes donne la résistance que l'on veut mesurer.

Pont de Wheaststone.

La méthode de mesure des résistances dite du Pont de Wheaststone permet d'opérer plus rapidement et avec plus de précision.

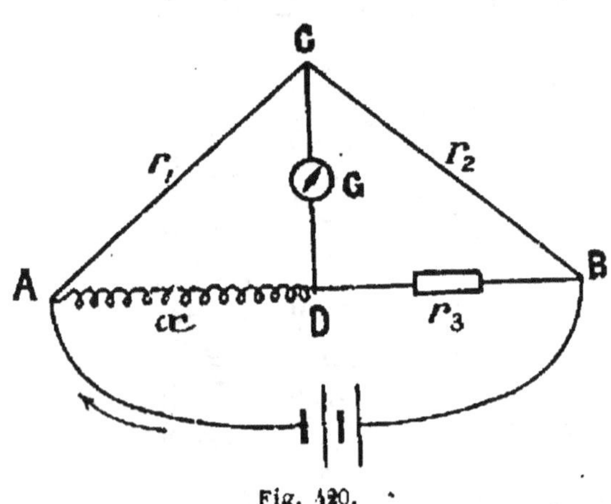

Fig. 420.

Un circuit bifurque en A (fig. 420) en deux branches : ACB, ADB. Les fils AC et CB ont des résistances r_1 et r_2 constantes et parfaitement connues; la résistance x à mesurer est intercalée entre A et D; enfin, la résistance DB est constituée par une boîte de résistances dont on peut faire varier à volonté la résistance r_3. Les deux points C et D sont reliés par un fil (un pont) contenant un galvanomètre G.

Faisons arriver en A un courant I qui se bifurque en deux autres courants i suivant AC et i' suivant AD; puis, par tâtonnements, prenons la résistance r_3 de manière que l'aiguille du galvanomètre G soit au zéro. Alors il ne passe aucun courant dans le pont CD et le courant i qui s'écoule dans AC passe en CB; le courant i' qui va de A en D passe en DB.

En appliquant la loi d'Ohm pour une portion de circuit, on a les égalités :

$$V_A - V_C = i\,r_1 \qquad V_C - V_B = i\,r_2$$
$$V_A - V_D = i'x \qquad V_D - V_B = i'r_3$$

Mais puisqu'il ne passe aucun courant dans le pont, c'est que les potentiels en C et D sont égaux et par conséquent

$$V_A - V_C = V_A - V_D \quad \text{et} \quad V_C - V_B = V_D - V_B$$

d'où les deux égalités

$$i\,r_1 = i'\,x$$
$$i\,r_2 = i'\,r_3$$

d'où encore en divisant membre à membre et en simplifiant

$$\frac{r_1}{r_2} = \frac{x}{r_3}$$

ou
$$x \cdot r_2 = r_1 \, r_3 \quad (1)$$

Donc quand il ne passe aucun courant dans le pont, le produit des résistances des deux côtés opposés du quadrilatère **A C B D** est égal au produit des résistances des deux côtés.

De l'égalité (1) on tire

$$x = \frac{r_1 \, r_3}{r_2}$$

En particulier, on peut prendre $r^1 = r_2$ et l'on a

$$x = r_3$$

494. — Rhéostat.

— Un rhéostat est un petit appareil formé généralement d'une série de ressorts à boudin en maillechort ABC... (fig. 421) placés sur un cadre et reliés entre eux électriquement. Au moyen d'une manette M pouvant se déplacer sur des plots P_1, P_2, P_3... disposés en arc de cercle, qui communiquent avec les ressorts, on augmente ou l'on diminue la résistance. En effet, on oblige ainsi le courant à traverser tous les ressorts ou un nombre quelconque d'entre eux.

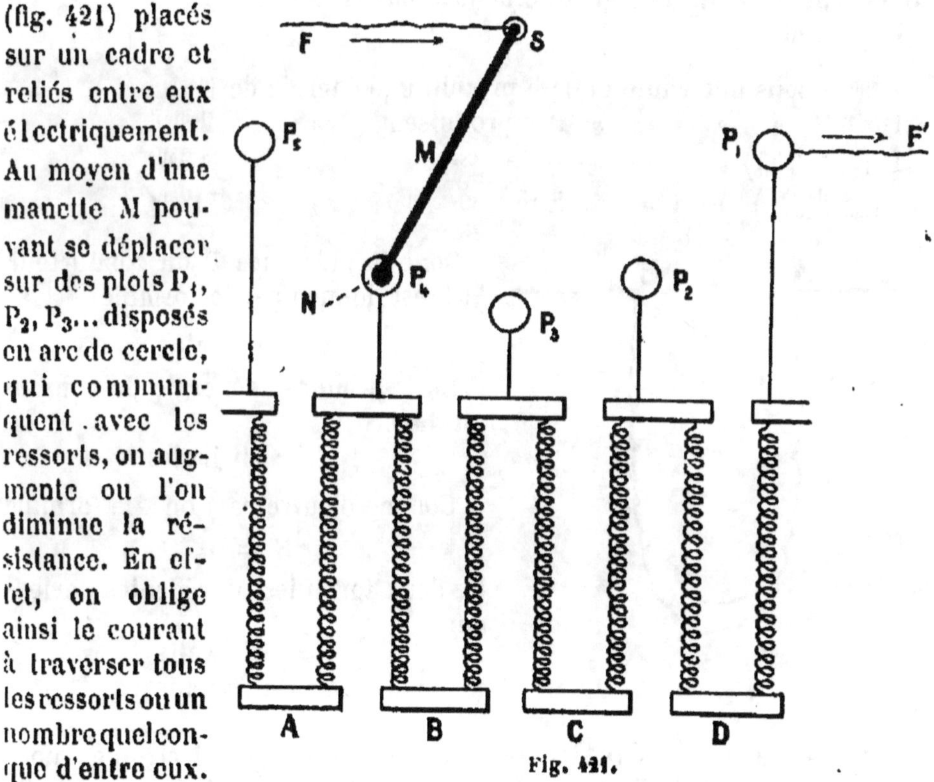

Fig. 421.

On conçoit qu'on peut donner au rhéostat des formes variées. En particulier, une boîte de résistances est un rhéostat.

TRENTE-DEUXIÈME LEÇON

ÉLECTRICITÉ DYNAMIQUE (*suite*)

Énergie électrique. — Loi de Joule. — Applications.

Énergie électrique

495. — Énergie d'un courant. — Soit un courant d'intensité I^a traversant un conducteur ACB (fig. 422) de résistance R et produisant entre A et B une chute de potentiel $V_A - V_B = E$ Volts. Ce courant possède une énergie que nous allons calculer.

Par définition

$1^{coulomb}$ sous une chute de 1^{volt} produit une énergie de 1^{Joule}

$I^{coulombs}$ » » » » 1^{volt} produisent » I^{Joules}

$I^a \left(\frac{coulomb}{par\ seconde} \right)$ » » » 1^{volt} » » I^a watts

$I \left(\frac{coulomb}{par\ seconde} \right)$ » » » E^{volts} » » EI^{watts}

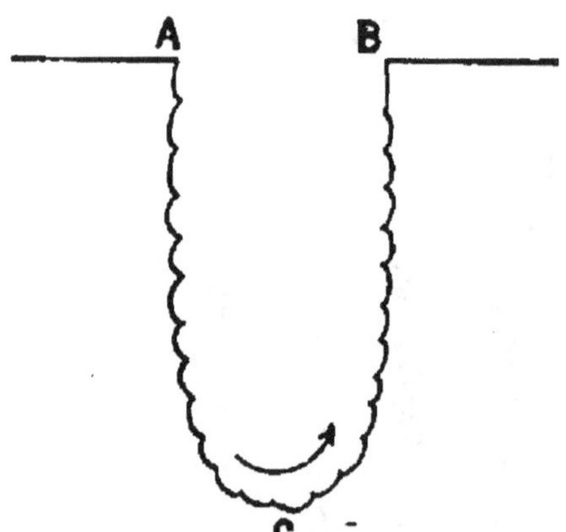

Fig. 422.

Donc la puissance P du conducteur ACB est donnée par la formule

$$P = EI \text{ watts}$$

En t secondes, l'énergie du courant est donc

$$W = EIt \text{ joules}$$

Comme d'autre part on a la formule

$$E = RI$$

les deux formules précédentes deviennent

$$P = RI^2 \text{ watts}$$
$$W = RI^2t \text{ joules}$$

496. — Loi de Joule. — L'usage des lampes électriques nous montre que l'énergie électrique peut se transformer en chaleur et ensuite en effet lumineux. D'autre part, nous avons montré qu'entre l'énergie

Wjoules dépensée et la chaleur Q calories produite (n° 196) nous avions la relation

$$\frac{W}{Q} = 4,18$$

D'où

$$W = 4,18 \times Q$$

et

$$Q = \frac{W}{4,18}$$

Remplaçons W par sa valeur trouvée au n° précédent et nous aurons la formule importante

$$Q = \frac{RI^2 t}{4,18} \text{ (calories-gramme)}$$

Cette formule traduit la loi de Joule qui s'énonce ainsi : **Le nombre de calories dégagées par un courant dans un conducteur est proportionnel à la résistance du conducteur et au carré de l'intensité du courant.**

Vérification.

Cette loi fut découverte expérimentalement par Joule, dans le but de vérifier la constante entre le travail dépensé et la chaleur produite.

Voici comment on pourrait répéter les expériences :

1°. — Dans des calorimètres identiques, contenant un liquide non

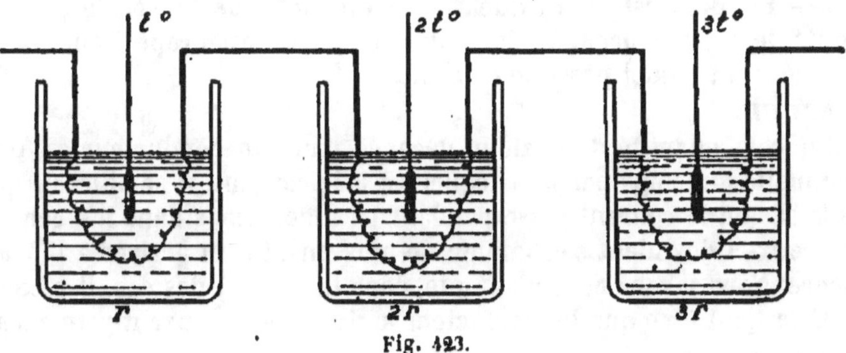

Fig. 423.

électrolysable (eau distillée, pétrole...) on fait plonger des fils de résistances respectives r, 2r, 3r,... (fig. 423) et l'on fait passer un courant. On constate des élévations de température de t°, 2t°, 3t°..... Donc les quantités de chaleur dégagées dans les calorimètres sont proportionnelles aux résistances.

2°. — Un courant principal d'intensité I (fig. 424) traverse un calorimètre représentant une certaine résistance; on fait une dérivation en deux branches égales, contenant chacune un calorimètre identique au premier. Les trois calorimètres offrent donc la même résistance. D'autre part, les courants qui traversent chacune des branches de la dérivation ont évidemment la même intensité, égale à la moitié de l'intensité du courant principal. Or, on constate que l'élévation de température de chacun des calorimètres des dérivations, sont égales et égales

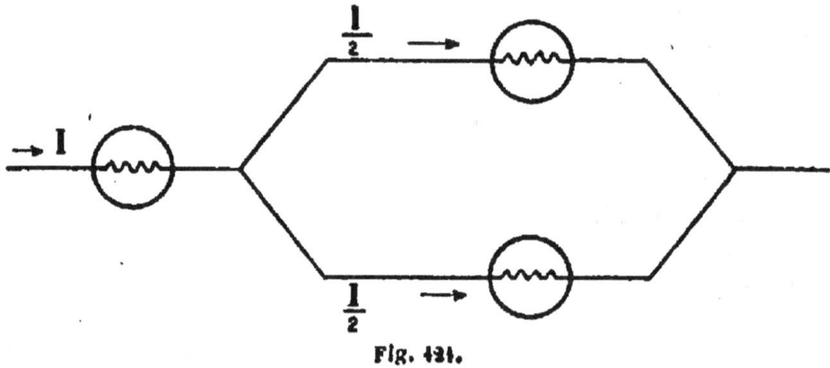

Fig. 424.

au quart de l'élévation de température dans le premier calorimètre. Donc les quantités de chaleur dégagées sont proportionnelles au carré des intensités des courants.

3°. — Enfin, il est bien évident et il est facile de le vérifier, que la quantité de chaleur dégagée dans un conducteur est proportionnelle au temps pendant lequel passe le courant.

REMARQUE.

Puisque la quantité de chaleur dégagée dans un conducteur est proportionnelle au temps pendant lequel passe le courant, il semblerait que, dans le cas où le courant passe pendant très longtemps dans les conducteurs, ceux-ci devraient s'échauffer de plus en plus et arriver à l'incandescence. Nous savons cependant que, dans la plupart des cas, il n'en est rien. Cela tient à ce que le conducteur arrive à perdre par rayonnement la chaleur qu'il reçoit du courant.

APPLICATIONS DE L'ÉNERGIE ÉLECTRIQUE

497. — **Effets lumineux.** — Pour produire des effets lumineux avec des conducteurs traversés par un courant, il faut y faire naître le plus de chaleur possible, arriver à l'incandescence sans les faire fondre. Donc, d'après la loi de Joule, il faut employer des conducteurs peu fusibles et ayant une grande résistance (petite section et grande résistance spécifique). Il faut aussi que les conducteurs choisis aient un grand pouvoir éclairant.

Deux appareils sont actuellement employés à l'éclairage par l'électricité : la lampe à incandescence, la lampe à arc.

Lampe à incandescence.

La lampe à incandescence (fig. 425) est ordinairement formée d'un filament de métal réfractaire tel que l'osmium ou d'un filament de cellulose pure, carbonisé en vase clos. Le filament est enfermé dans une ampoule où l'on a fait le vide. Le vide empêche la combustion du fil lorsqu'il rougit. Les extrémités du filament sont reliées à deux fils métalliques isolés l'un de l'autre et noyés dans une masse de plâtre à la base de l'ampoule. Lorsque le courant passe, le filament, en raison de sa grande résistance, est porté au rouge et devient alors éclairant.

A la longue le filament s'use; il dure environ 1 000 heures.

On construit des lampes dont les intensités lumineuses sont de 5, 10, 16, 25, 30, 50, 200, 500 bougies. Les plus employées sont celles de 16 bougies qui fonctionnent sous une différence de potentiel de 100 volts environ. Comme elles ont une résistance à chaud d'à peu près 200 ohms, le courant qui la traverse a une intensité

$$I = \frac{V - V'}{R} = \frac{100}{200} = 0^{\text{ampère}}5$$

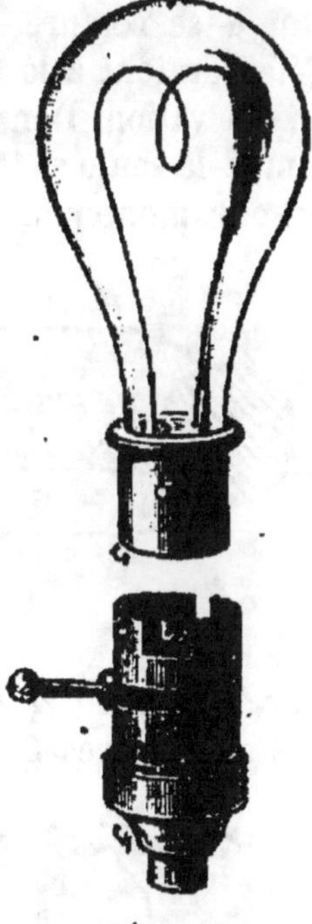

Fig. 425.

L'énergie absorbée par seconde est donc

$$P = EI = 100 \times 0,5 = 50 \text{ watts ou } \frac{50}{16} = 3 \text{ watts}$$

par bougie.

L'unité de consommation électrique est ordinairement l'hectowatt-heure c'est-à-dire

$$100 \times 60 \times 60 = 360\ 000 \text{ watts}$$

Ainsi à Paris l'électricité pour l'éclairage se paie à raison de 5 centimes l'hectowatt-heure. Autrement dit, pour une lampe qui consomme 1 hectowatt par seconde, on paye 5 centimes après 1 heure d'éclairage. Comme une lampe de 16 bougies ne consomme que 50 watts ou $0^{hwt}5$ par seconde, elle consomme pour

$$\frac{5}{0,5} = 10 \text{ centimes}$$

de lumière par heure.

LAMPES EN DÉRIVATION.

Si l'on intercalait plusieurs lampes dans le courant et qu'un filament vînt à se rompre, le courant serait interrompu et toutes les lampes s'éteindraient à la fois. On évite cet inconvénient en disposant les lampes en dérivation. Dans ce cas, lorsqu'un fil se rompt dans une lampe, cette lampe-là seule s'éteint.

Pour monter une série de lampes en dérivation, on établit deux fils

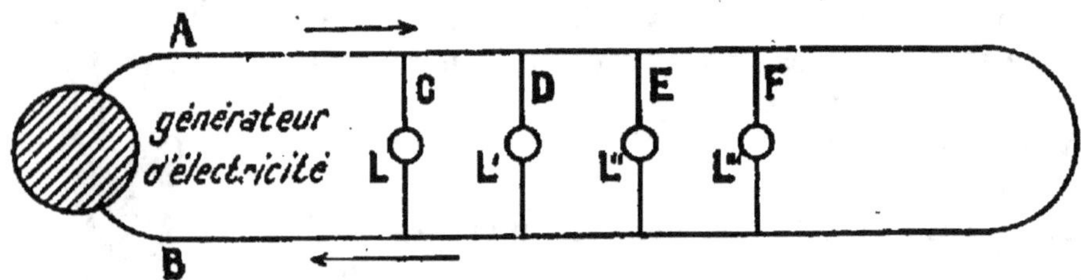

Fig. 426.

parallèles AB (fig. 426), aller et retour du courant; puis on dispose des fils secondaires C, D, E, F, qui vont de l'un à l'autre. Sur chacun de ces fils transversaux on monte une lampe L L' L" L'''. Un interrupteur placé sur le courant principal permet d'allumer et d'éteindre toutes les lampes à la fois; un interrupteur est placé aussi sur chacun de fils transversaux pour ne per-

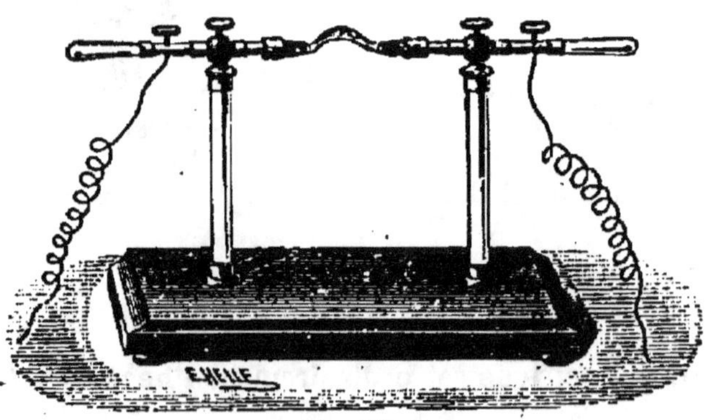

Fig. 427.

mettre l'éclairage que de telle lampe choisie.

Lampe à arc.

Lorsqu'on rapproche l'un de l'autre le pôle positif et le pôle négatif d'un conducteur, terminés chacun par un crayon de charbon, le courant passe sans qu'il se produise aucun phénomène. Mais si, le courant étant assez fort, on éloigne un peu l'un de l'autre les crayons, il se produit entre eux une étincelle affectant la forme d'une croissant. On l'appelle *l'arc voltaïque* (fig. 427).

La flamme aveuglante qui est produite ainsi (fig. 428) persiste tant que les charbons ne sont pas usés. L'u-sure les raccourcit lentement et éloigne par conséquent peu à peu l'une de l'autre les extrémités. Lorsque la distance est trop grande l'arc s'éteint.

L'arc voltaïque est utilisé pour l'éclairage.

La flamme est due à la combustion du charbon porté à une température extrêmement élevée : environ 3500°.

Le charbon positif s'use deux fois plus vite que le charbon négatif. La pointe du charbon positif se creuse, tandis que la pointe du charbon négatif devient mousse. Il en est ainsi parce que des particules de charbon sont transportées du crayon positif au crayon néga-tif.

Fig. 428.

Il résulte de cette observation que si la lampe est placée au-dessus de la tête, le charbon positif doit être le plus élevé, de manière que le pôle qui a le plus d'éclat soit tourné du côté de la personne éclairée.

On évite l'extinction de l'arc par un rapprochement automatique du crayon, au moyen d'un électro-aimant placé en dérivation. C'est un appareil fondé sur l'aimantation par les courants.

REMARQUE.

Lorsque le fil doit supporter une intensité de courant supérieure à celle pour laquelle sa section a été calculée, il s'échauffe à un point tel qu'il rougit et peut même fondre. Il en résulte que si des objets inflam-mables se trouvent dans son voisinage, il y a chance d'incendie. On évite ces accidents au moyen d'un **coupe-circuit**. C'est tout simplement une portion de fil formé d'un alliage fusible à basse température, intercalé dans le fil conducteur. Si l'échauffement est trop élevé, le coupe-circuit fond et le courant est interrompu.

Les chances d'incendie se présentent également lorsqu'il se produit ce que l'on appelle un **court-circuit**. Un court-circuit est en somme une étincelle qui éclate entre un point dénudé d'un fil conducteur et une pièce métallique voisine.

498. — Chauffage électrique.

— Le chauffage électrique est un procédé de luxe, mais il peut devenir avantageux. Les premiers appareils que l'on a construits pour ce mode de chauffage sont compo-

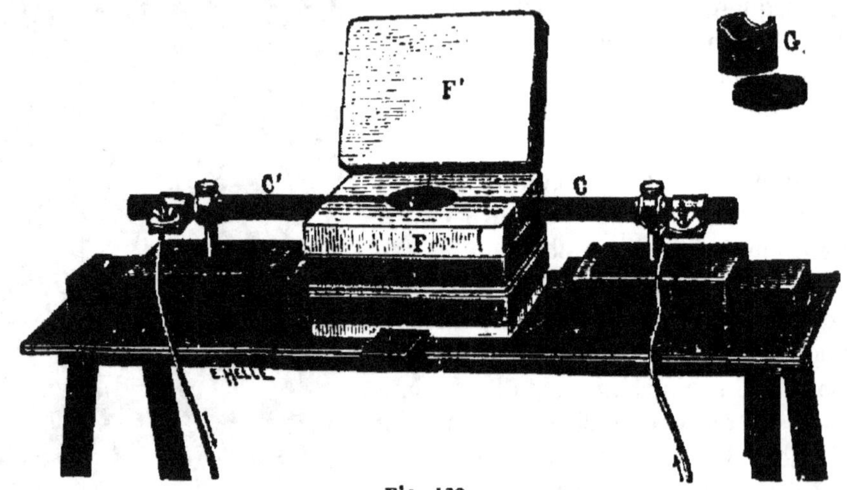

Fig. 429.

sés simplement d'un fil de maillechort enfermé entre deux plaques d'émail où il forme de nombreux méandres. Il rougit et échauffe les plaques.

Un appareil analogue est constitué par de petits lames de platine de moins d'un millième de millimètre d'épaisseur. Cet appareil a été appliqué non seulement au chauffage, mais même à la cuisson des aliments.

499. — Four électrique.

— La très haute température que donne le four électrique, 3500° environ, est utilisée pour l'obtention de certains corps simples tels que le phosphore, le chrome, le manganèse, ou la préparation de corps composés : carbure de calcium. On obtient aussi l'acier en réduisant le minerai en présence de charbon de chaux et de silice. On commence même à appliquer le four électrique à la fabrication du verre. En soumettant du carbone à la chaleur violente de l'arc, on a obtenu des parcelles de diamant.

Le four électrique de laboratoire se compose de deux briques en terre réfractaire FF' superposées. La brique inférieure est creusée d'une cavité garnie d'un godet en charbon G. Dans deux rainures ménagées dans cette brique, sont disposés deux crayons de charbon CC', mobiles, qui peuvent être rapprochés à volonté. A ces crayons sont attachés deux conducteurs qui servent de véhicule au courant. Celui-ci est amené par des câbles métalliques capables de supporter une intensité de 1000 ampères.

TRENTE-TROISIÈME LEÇON

ÉLECTRICITÉ DYNAMIQUE (*suite*)

Électromagnétisme. — Solénoïdes. — Galvanomètre à aimant mobile. Shunt des galvauomètres.

Électromagnétisme

500. — Champ d'un courant rectiligne. — Prenons un fil vertical XY (fig. 430) parcouru par un courant de 10 ampères au moins et faisons-lui traverser un carton horizontal H. Saupoudrons autour du fil, sur le carton, de la limaille de fer et imprimons au carton quelques petites secousses. Nous voyons les grains de limaille s'orienter et se juxtaposer pour former des cercles ayant pour centre commun le point où le courant traverse le carton. Donc, un courant rectiligne crée un champ magnétique dont **les lignes de force sont des circonférences concentriques ayant leur plan perpendiculaire au fil et leurs centres sur le fil.**

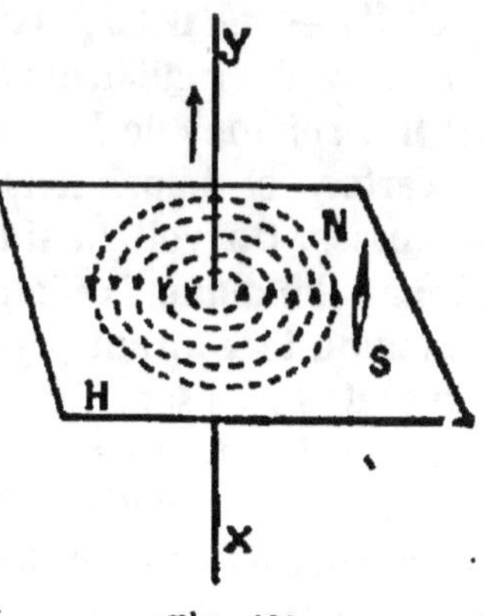

Fig. 430.

501. — Règle d'Ampère. — Si nous mettons sur le carton une petite aiguille aimantée, mobile autour d'un axe vertical, nous la voyons, sous l'influence du champ créé, s'orienter tangentiellement à une ligne de force; de plus, **le nord de l'aiguille se porte à la gauche du courant**. Nous supposons que le champ magnétique du courant est assez intense pour négliger l'action du champ magnétique terrestre.

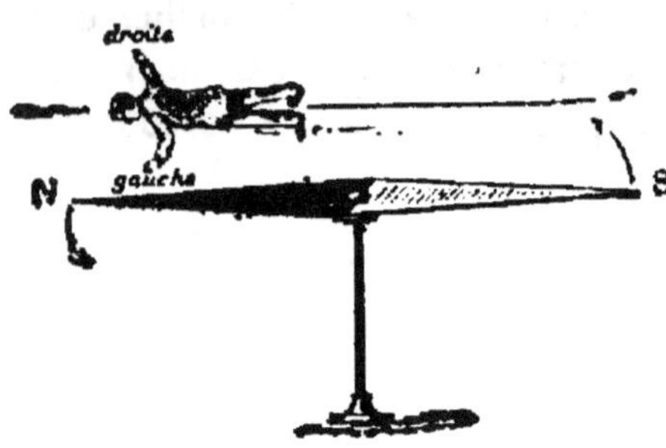

Fig. 431. — Règle d'Ampère.

Par gauche du courant on entend celle d'un observateur couché le long du fil (fig. 431) et regardant l'aiguille; le courant lui entrant par les pieds et sortant par la tête. Il faut conclure d'après cette expérience que les lignes de force ont aussi pour direction la gauche du courant.

On peut encore montrer l'action du champ magnétique d'un courant rectiligne de la manière suivante :

Soit SN (fig. 431) une aiguille aimantée, mobile autour d'un axe vertical. Au-dessus et parallèlement à l'aiguille (c'est-à-dire dans le plan du méridien magnétique terrestre), disposons un fil parcouru par un courant dans le sens indiqué par la flèche. Sous l'action du champ créé par le courant, le pôle nord N est sollicité par une force perpendiculaire au plan vertical dans lequel se trouvent la ligne NS de l'aiguille et le fil au-dessus, et dirigée en avant de la figure; le pôle sud est sollicité par une force égale parallèle, mais de sens contraire. Il en résulte que l'aiguille est déviée de sa position d'équilibre : **son pôle nord se porte à la gauche du courant.**

502. — Champ d'un courant circulaire. — Considérons un courant circulaire vertical (fig. 432) traversant un carton horizontal H. Projetons de la limaille de fer sur le carton et imprimons-lui de légères secousses. On voit la limaille s'orienter comme l'indique la figure. Autour des points où le courant perce le carton, les lignes de force sont fermées et s'élargissent peu à peu; vers le centre, elles sont à peu près parallèles entre elles et perpendiculaires au plan du courant. Enfin, les lignes de force sont dirigées vers la *gauche du courant.*

Fig. 432.

L'intensité H du champ magnétique au centre du courant circulaire est donnée par la formule

$$H = \frac{4\pi}{10} \times \frac{I}{d} \text{ gauss}$$

I étant l'intensité du courant et d le diamètre du circuit.

Pour une bobine plate contenant n spires, on a

$$H = \frac{4\pi}{10} \times \frac{nI}{d} \text{ gauss}$$

SOLÉNOÏDES

503. — Champ magnétique d'une bobine ou d'un solénoïde. — On réalise une bobine ou un solénoïde en enroulant un fil conducteur NS (fig. 433) en spires serrées sur un cylindre en verre.

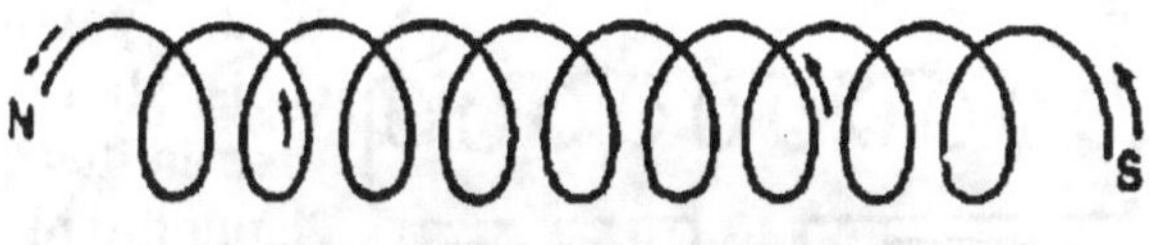

Fig. 433. — Solénoïde.

En faisant traverser un carton horizontal par les spires et en faisant passer un courant de quelques ampères, on obtient avec la limaille de fer un spectre analogue à celui de la fig. 434, où les points noirs sont les trous par lesquels passent les spires. A l'intérieur du solénoïde, le champ est sensiblement *uniforme;* c'est-à-dire que les lignes de force sont sensiblement parallèles et l'intensité est la même

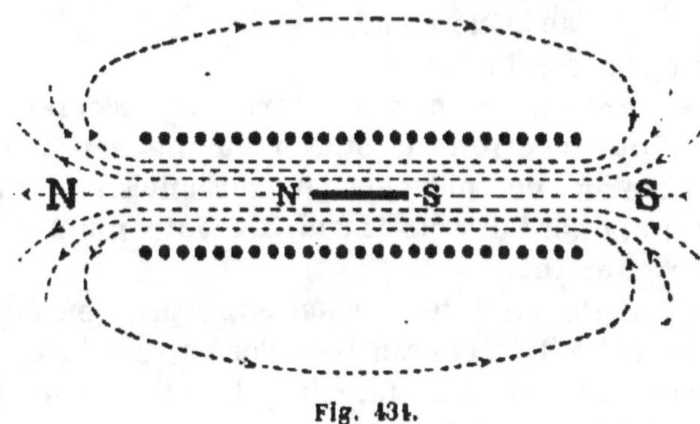

Fig. 434.

en tous les points. A l'extérieur, les lignes de force ont en éventail.

Le sens du champ est donné encore par la règle d'Ampère, c'est-à-dire qu'il est dirigé vers la gauche du courant, l'observateur étant couché sur les spires, regardant l'intérieur du solénoïde, le courant lui entrant par les pieds et lui sortant par la tête. On peut d'ailleurs le vérifier en plaçant un petit aimant mobile à l'intérieur du solénoïde ou aux extrémités.

Le courant entre par l'extrémité sud S et sort par l'extrémité nord N.

L'intensité du champ magnétique à l'intérieur de la bobine est donnée par la formule

$$H = \frac{4\pi}{10} \times n_1 I \text{ ou } 1,25\, n_1 I \text{ gauss}$$

504. — Un solénoïde est assimilable à un aimant.

— Pour le prouver, on réalise un solénoïde mobile autour d'un axe perpendiculaire à sa longueur (fig. 435). Pour cela, on suspend, par exemple, horizontalement un solénoïde SN à l'aide d'un fil de soie sans torsion F. Les extrémités du fil du solénoïde plongent dans du mercure contenu dans un vase isolé. Ce vase présente deux parties : l'une centrale C en bois dans laquelle plonge une des extrémités; l'autre annulaire V dans laquelle plonge l'autre extrémité. Enfin, deux fils conducteurs F′ et F″ plongent dans le mercure des deux vases : l'un F′ amenant le courant de quelques ampères, l'autre F″ le faisant écouler au générateur.

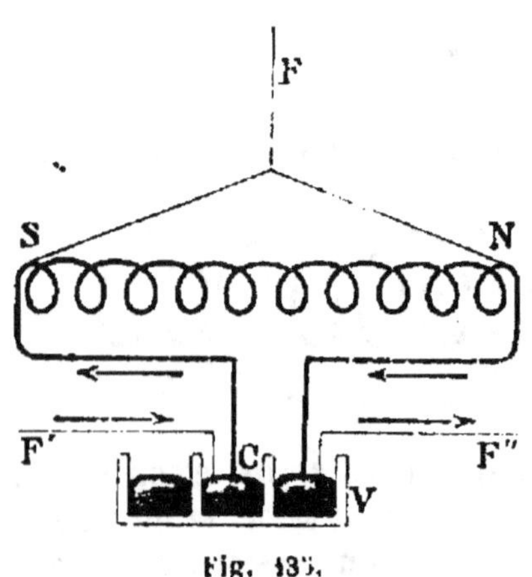

Fig. 435.

Lorsque le courant passe, on constate que

1° **Le solénoïde sous l'action du champ terrestre s'oriente comme un aimant dans la direction du sud nord magnétique.** On appelle **pôle nord** et **pôle sud** du solénoïde les extrémités qui sont respectivement tournées vers le nord et vers le sud. **Le pôle nord est toujours à la gauche du courant.**

On peut encore donner la règle suivante : quand en regarde en face le pôle nord d'un solénoïde, on voit le courant circuler en sens inverse des aiguilles d'une montre; en se mettant en face du pôle sud, le courant va dans le sens des aiguilles d'une montre.

2° **Deux pôles de même nom de deux solénoïdes se repoussent; deux pôles de noms contraires s'attirent.**

Pour le prouver il suffit de prendre à la main un solénoïde et d'approcher successivement ses pôles du pôle nord, par exemple, du solénoïde mobile de la figure 435.

3° **Deux pôles du même nom appartenant l'un à un solénoïde,** l'autre à un aimant se repoussent; deux pôles de noms contraires s'attirent.

4° Enfin les champs magnétiques d'un solénoïde et d'un aimant creux sont semblables.

GALVANOMÈTRE A AIMANT MOBILE

Définition. — Le galvanomètre est un instrument qui sert

1° A savoir si un courant passe dans un fil;

2° A reconnaître le sens d'un courant;

3° A évaluer rapidement l'intensité d'un courant.

505. — Principe du galvanomètre. —
Considérons une bobine B (fig. 436) en projection verticale, dont les courants circulaires sont dans le plan du méridien magnétique. Un petit barreau aimanté SN, suspendu à l'intérieur de la bobine par un fil de cocon sans torsion, peut tourner horizontalement. Représentons-le en projection horizontale (fig. 437). Si aucun courant ne passe dans la bobine, le barreau aimanté reste en SN, soumis

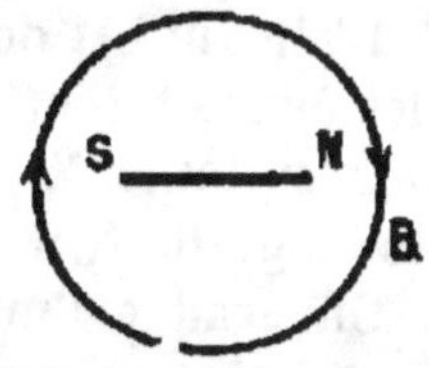

Fig. 436.

seulement à l'action du champ magnétique terrestre. Si q est la quantité de magnétisme au pôle nord, — q est la quantité de magnétisme au pôle sud. De sorte que si l'intensité du champ horizontal terrestre est de H gauss, l'aimant est soumis à deux forces

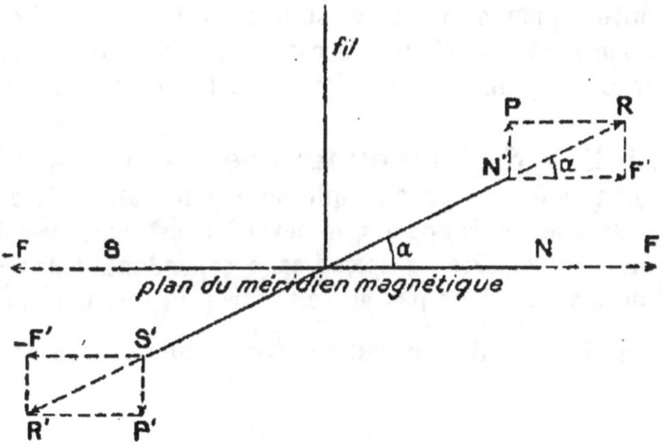

Fig. 437.

$$F = q\,H \quad \text{et} \quad -F = -q\,H$$

égales et directement opposées.

Mais si l'on fait passer un courant dans la bobine, on crée à l'intérieur do ladite bobine un champ magnétique perpendiculaire au plan des spires, c'est-à-dire perpendiculaire à l'aiguille et d'intensité

$$1,25 \times \frac{n\,I}{d}$$

en supposant la bobine *plate*. Il en résulte que les deux pôles sont sollicités par deux forces égales, parallèles et de sens contraires, perpendiculaires au plan méridien et ayant pour valeur

$$P \text{ ou } P' = q \times 1,25\,\frac{n\,I}{d}$$

Mais le barreau est en même temps soumis aux forces F et — F égales et directement opposées.

L'aimant est donc dévié et se tient en équilibre quand la résultante R des forces N'P et N'F' en N est dirigée suivant le barreau ; de même pour la résultante R' des forces S' — F' et S'P' en S. L'angle α de déviation de l'aiguille N S dépend de la valeur de l'intensité I du courant [1].

On gradue l'instrument en ampères une fois pour toutes en faisant passer des courants d'intensités variables soit dans un voltamètre soit dans un autre galvanomètre déjà étalonné.

Les déviations de l'aimant sont mesurées soit directement sur un cadran, soit indirectement par la méthode de Poggendorf ou du miroir tournant. Un petit miroir plan et vertical est fixé au fil qui soutient l'aimant. On fait tomber sur le miroir un faisceau lumineux. Or, on sait que si le miroir tourne d'un angle α, le rayon réfléchi tourne de 2 α.

506. — Sensibilité du galvanomètre. — La sensibilité du galvanomètre est d'autant plus grande que pour une valeur déterminée de l'intensité I du courant, l'angle α de déviation est plus grand.

1° On augmente alors le nombre de spires sans cependant dépasser une certaine limite, de manière à ne pas accroître trop la résistance, ce qui, d'après la formule $I = \dfrac{E}{R}$ diminuerait par trop l'intensité du courant à mesurer.

2° On diminue d en rapprochant le plus possible les spires de l'ai-

---

1. En effet, n d H étant des constantes, en appelant α l'angle de déviation, on a dans le triangle rectangle N F'R.

$$\operatorname{tg} \alpha = \frac{F'R}{NF'} = \frac{\text{force P}}{\text{force F}} \text{ ou } \frac{q \times 1,25\,\frac{nI}{d}}{q \times H} = 1,25 \times \frac{nI}{dH}$$

mant ; pour cela on réduit le diamètre du circuit.

3° On diminue l'action horizontale H du champ magnétique terrestre, ce qui se fait par deux moyens : d'abord on remplace l'aimant unique par un système de deux aimants parallèles NS et N' S' (fig. 438), presque identiques, parallèles, rivés l'un à l'autre à l'aide d'une tige, de manière que leurs pôles de noms contraires soient en regard l'un de l'autre. On a ainsi **un système presque astatique,** c'est-à-dire sur lequel l'action directrice de la terre est très faible. Chacun de ces aimants est entouré d'une bobine B et B' où un fil amenant le courant est enroulé sur chacune d'elles, comme l'indique la figure. De cette manière, les actions des champs magnétiques des deux bobines font tourner les aimants dans le même sens. Enfin, on place au-dessus de l'instrument un aimant s n, dit **aimant compensateur,** disposé de manière à diminuer l'action directrice du champ terrestre.

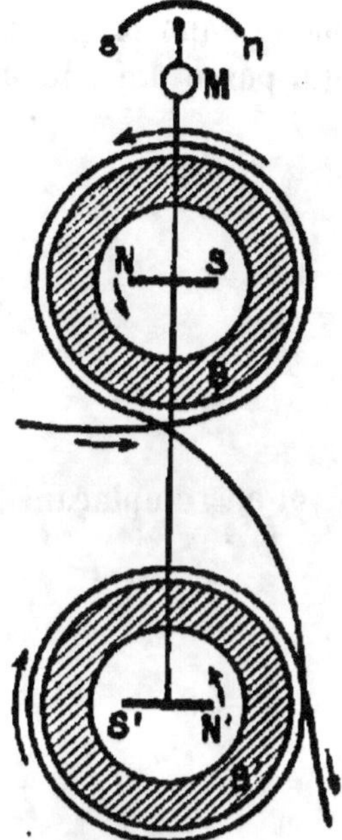

Fig. 438.
Galvanomètre de Lord Kelvin.

Ce dispositif réalise le galvanomètre de lord *Kelvin.* Il donne des déviations sensibles de l'aiguille pour des courants d'intensité de un millionième d'ampère.

Les déviations de l'aimant sont mesurées par une méthode spéciale dite de *réflexion,* au moyen du miroir M, qui réfléchit un faisceau de rayons lumineux venant former une image sur une échelle graduée.

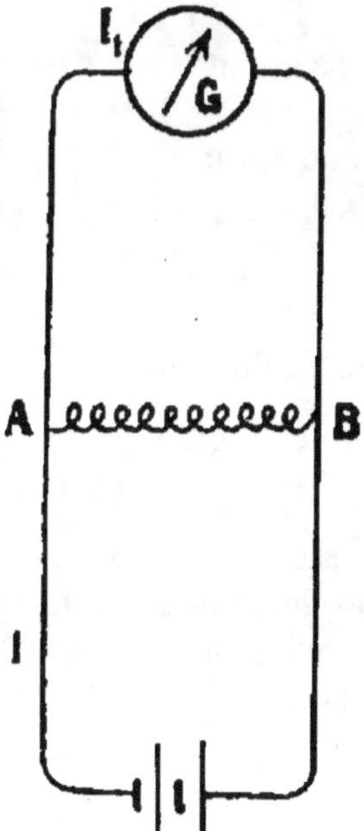

Fig. 439.

507. — Shunt des galvanomètres.

— Un galvanomètre sensible ne peut être employé à la mesure des courants intenses, car on risque de brûler les fils des bobines, et le rayon réfléchi dans la méthode des miroirs tournants s'écarte trop pour être observé. Alors lorsque le courant est trop fort, on en fait passer une grande partie dans une dérivation qu'on appelle *shunt.*

Soit le galvanomètre G (fig. 439) et le courant I à mesurer, trop fort.

On établit une dérivation AB. Appelons i_1 l'intensité du courant qui passe dans le galvanomètre de résistance G, et i_2 l'intensité du courant qui passe dans le shunt AB, de résistance s. On a

$$V_A - V_B = i_1\, G = i_2\, s$$

$$i_1 + i_2 = J$$

De la première égalité on tire

$$i_2 = i_1 + \frac{G}{s}$$

et en remplaçant i_2 dans la deuxième égalité on a

$$i_1 + i_1 \times \frac{G}{s} = I$$

d'où
$$i_1 \left(1 + \frac{G}{s}\right) = I$$

et
$$i_1 = \frac{I}{1 + \dfrac{G}{s}}$$

Si $\dfrac{G}{s} = 9$, c'est-à-dire si G est 9 fois plus grand que s, on a

$$i_1 = \frac{I}{10}$$

Donc dans le galvanomètre il ne passe que le dixième du courant.

Si $\dfrac{G}{s} = 99$, il ne passe dans le galvanomètre que le centième du courant.

En résumé, pour que dans le galvanomètre il ne passe que le dixième, le centième, le millième... du courant, il suffit que le shunt ait une résistance égale au neuvième, au quatre-vingt-dix-neuvième, au neuf cent quatre-vingt-dix-neuvième... de celle du galvanomètre.

TRENTE-QUATRIÈME LEÇON

ÉLECTRICITÉ DYNAMIQUE (*suite*)

Aimantation par les courants. — Électro-aimant. — Télégraphe électrique. — Action d'un champ magnétique sur un courant. — Galvanomètre à cadre mobile. — Galvanomètres industriels.

Aimantation par les courants

508. — Aimantation par un courant rectiligne. — Nous avons vu qu'en mettant près d'un aimant soit un barreau d'acier, soit un barreau de fer doux, ceux-ci placés dans le champ magnétique de l'aimant, s'aimantent eux-mêmes. Plus le flux qui les traverse est fort, plus leur aimantation est forte. Or, les courants créant autour d'eux des champs magnétiques, on conçoit qu'en mettant près d'eux des barreaux d'acier ou de fer doux, ceux-ci s'aimanteront.

Nous savons qu'un courant rectiligne crée tout autour du fil un champ magnétique (n° 500), dont les lignes de force sont des cercles ayant leurs plans perpendiculaires au fil et leurs centres sur le fil. Si donc nous plaçons une aiguille d'acier dans un plan perpendiculaire au courant, cette aiguille, traversée par des lignes de force, s'aimantera.

Les lignes de force entrent par le pôle sud et sortent par le pôle nord. Autrement dit, le nord est à la gauche du courant.

Si l'aiguille est en fer doux, l'aimantation n'est que temporaire : elle cesse avec le courant ; si elle est en acier, elle conserve à peu près son aimantation.

Nous venons de dire que lorsque le courant cesse, le fer doux se désaimante ; ce n'est pas tout à fait exact : il conserve pendant un certain temps un peu d'aimantation, qu'on appelle **magnétisme rémanent**.

509. — Aimantation par un solénoïde. — Les solénoïdes ayant des champs magnétiques beaucoup plus intenses que les courants rectilignes, servent de préférence à produire l'aimantation. De plus, comme c'est à l'intérieur du solénoïde que le flux magnétique est le plus uniforme et le plus intense, les barreaux sont placés à l'intérieur.

Les pôles de l'aimant sont évidemment ceux du solénoïde, le pôle nord à la gauche du courant.

Plaçons un barreau NS (fig. 440) dans un tube de verre sur lequel est enroulé un fil faisant partie d'un

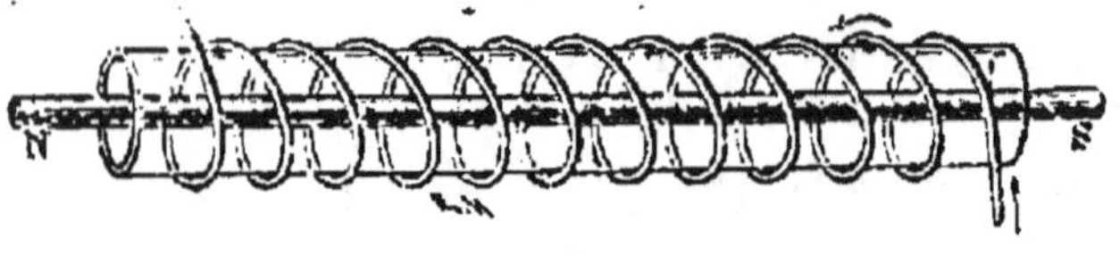

Fig. 440.

circuit. Faisons passer le courant dans le sens indiqué par les flèches. Le barreau est alors aimanté : son pôle sud en S, son pôle nord en N.

510. — Saturation.

— A l'intérieur d'un solénoïde long, l'intensité du champ est

$$H = 1,25\ n_1\ I \text{ gauss}$$

donc l'aimantation est proportionnelle à l'intensité du courant et au nombre des spires par centimètre de longueur. Cependant il n'en est pas tout à fait de même quand I devient trop grand; l'expérience prouve qu'un barreau atteint un maximum d'aimantation. On dit qu'il est saturé.

511. — Perméabilité du fer.

— L'intensité du champ magnétique d'une bobine sans fer à l'intérieur est donnée par la formule

$$H = 1,25\ n_1\ I \text{ gauss}$$

Mais lorsqu'un barreau de fer remplit la bobine, le barreau s'aimante et augmente considérablement l'intensité du champ qui devient

$$H' = H \times p = 1,25\ n_1\ I \times p$$

p est le coefficient de perméabilité du fer; il est variable d'un échantillon de fer à un autre; il dépend aussi de l'intensité H du champ de la bobine.

Ainsi on a les moyennes suivantes :

Champ intérieur d'une bobine sans fer	0,01 gauss	1 gauss	2	2000	50
Avec un barreau de fer l'intensité devient	200 fois plus grande	1450	2400	5	320

Ce tableau montre que si le champ intérieur d'une bobine sans fer est de 2 gauss, avec une barre de fer, l'intensité devient 2400 fois plus grande ou égale à 4800 gauss. Mais l'intensité n'augmente pas avec H.

Rappelons que dans une bobine le flux est égal au produit de l'intensité du champ par la section droite de la bobine.

$$\text{Flux} = HS.$$

Lorsque dans un champ magnétique dans l'air, formé de lignes de force parallèles, on introduit un cylindre de fer doux E (fig. 441), les lignes de force se concentrent pour traverser le cylindre. C'est que le fer doux a une plus grande perméabilité magnétique que l'air.

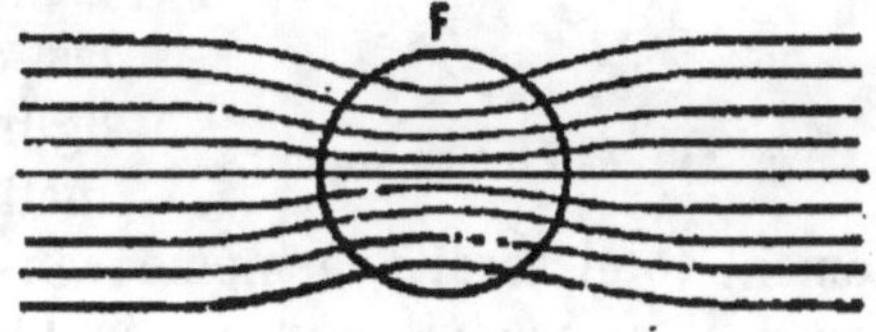

Fig. 441.

512. — Points consé-

quents. — Un barreau d'acier qui a été aimanté dans un solénoïde est un aimant. Il attire par conséquent à chacune de ses extrémités la limaille de fer. Si le barreau a été aimanté par un solénoïde où le fil a

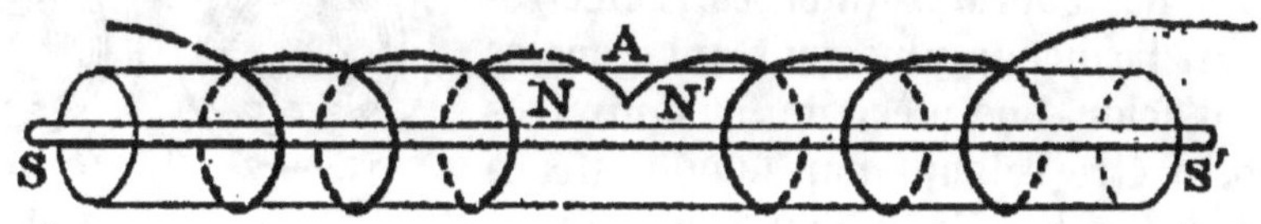

Fig. 442.

changé de sens, au point A, par exemple (fig. 442), on a formé alors en réalité deux aimants juxtaposés bout à bout avec pôles nords N N' en regard, chacun à la gauche du courant et pôles sud S S' aux extrémités. Le point A est appelé *point conséquent*. Il existe autant de points conséquents qu'il y a de changements de sens du fil.

ÉLECTRO-AIMANT

513. — Un électro-aimant est formé d'une bobine à noyau de fer doux. Le noyau n'est aimanté que pendant le passage du courant dans la bobine; c'est donc un aimant temporaire à la volonté de l'opérateur. Lorsque le courant passe, le pôle nord et le pôle sud sont déterminés

aux extrémités du noyau par la règle d'Ampère. Aussi les pôles changent de noms si le courant change de sens.

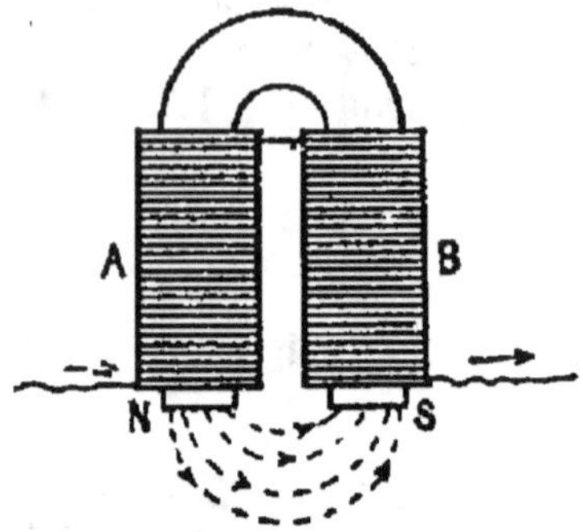

Fig 443. — Électro-aimant.

La forme la plus usuelle de l'électro-aimant est celle en *fer à cheval*; les deux branches du fer à cheval s'engagent dans deux bobines A et B (fig. 443) sur lesquelles s'enroule un même fil de cuivre recouvert de soie isolante. Les enroulements du fil doivent être inverses dans les deux bobines, comme le montre la figure (444), de manière que si l'on remettait le noyau en ligne droite, l'enroulement total serait de même sens tout le long du barreau. De cette façon, il se produit aux extrémités du fer à cheval un pôle nord et un pôle sud.

Les deux pôles portent le nom d'*armatures* de l'électro-aimant.

Le flux magnétique sort du pôle nord, traverse l'air, rentre par le pôle sud, traverse le noyau et sort de nouveau par le pôle nord.

Grâce à des courants intenses, l'électro-aimant est beaucoup plus puissant que les aimants d'acier. Une pièce de fer doux très lourde peut être retenue par simple attraction par les pôles NS, lorsque le courant passe.

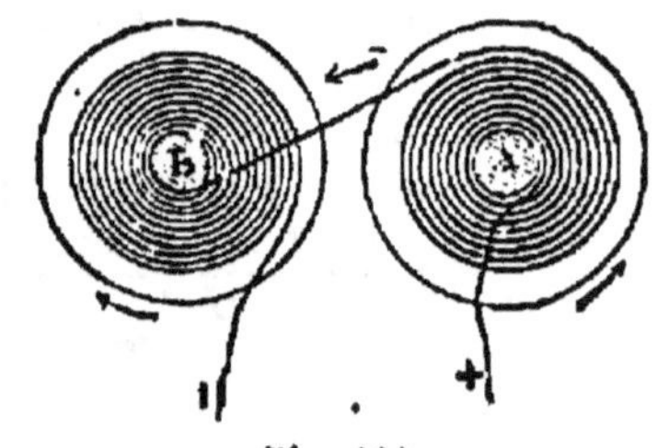

Fig. 444.

La puissance d'un électro-aimant est proportionnelle à sa dimension et au nombre de spires du fil enroulé; elle a sa limite à la saturation de l'aimant.

APPLICATIONS DES ÉLECTRO-AIMANTS

514. — En raison de leur aimantation au passage du courant et de leur désaimantation aussitôt que le courant cesse, par conséquent de leur faculté d'attirer et d'abandonner successivement une pièce de fer doux, les électro-aimants ont reçu de nombreuses applications, dont la principale est la télégraphie électrique.

515. — Sonnerie électrique. — Une sonnerie électrique se composé d'un électro-aimant DC (fig. 445), fixé à la paroi verticale d'une boîte en bois surmontée d'un timbre. Un marteau en fer doux mobile est fixé à son pied A. Le courant qui vient d'une pile, passe dans l'électro-aimant, en sort, entre au pied A du marteau, le suit et retourne à la pile par la tige B sur laquelle s'appuie le marteau.

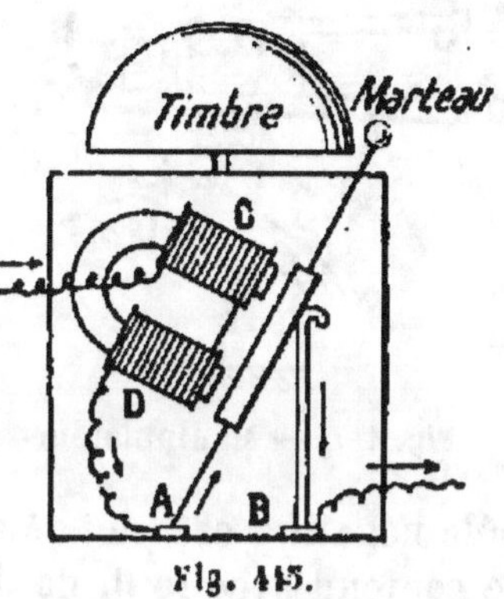

Fig. 445.

Lorsque le courant passe, l'électro-aimant est aimanté. Alors il attire le marteau et celui-ci frappe le timbre. Mais dès que le marteau est attiré, le contact entre le marteau et la tige B n'existe plus, et le courant est interrompu : l'électro-aimant est par conséquent désaimanté et le marteau retombe. Mais la chute du marteau rétablit le courant et les mêmes mouvements recommencent. Les mouvements d'allée et venue du marteau sont si rapprochés, que l'appareil a reçu le nom de *sonnerie à trembleur*.

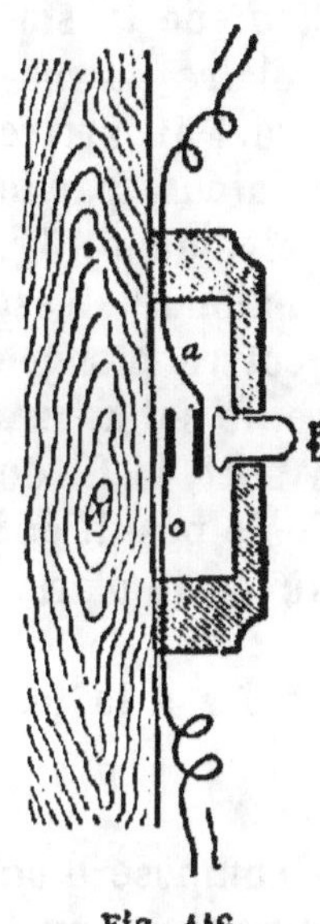
Fig. 446.

Pour mettre une sonnerie en marche, et l'arrêter à volonté, le fil conducteur est coupé. Ses deux bouts a et c (fig. 446) sont reliés à un bouton P qui les tient éloignés l'un de l'autre, et les met en contact lorsqu'il est pressé. Dans ce cas, le circuit est fermé.

TÉLÉGRAPHE ÉLECTRIQUE

516. — Le télégraphe électrique est un appareil qui transporte presque instantanément à de grandes distances un courant électrique capable de mettre un mécanisme spécial en mouvement et par conséquent de transmettre la pensée à l'aide de signaux.

517. — Principe du télégraphe Morse. — L'ensemble des appareils télégraphiques se compose d'un *fil de ligne* qui relie entre eux deux postes. Dans chaque poste se trouve une *pile*, un *manipulateur* pour transmettre les dépêches et un *récepteur* pour le recevoir. Chaque poste est muni en outre d'une sonnerie électrique pour appeler à l'appareil.

Au poste de départ, le fil du pôle positif de la pile est fixé à la borne D du manipulateur (fig. 447); le fil du pôle négatif est attaché à une plaque de cuivre plongée dans le sol. Le fil de ligne réunit le manipulateur de la station du départ au récepteur de la station d'arrivée, par l'intermédiaire du manipulateur de ce poste auquel il arrive d'abord. Ce fil va du manipulateur, par le fil Z, à l'électroaimant du récepteur (fig. 448). A sa sortie de l'électro-aimant, il est attaché à une plaque de cuivre plongée dans le sol. De cette manière, le sol assure la continuité du circuit. En effet, le fil du pôle négatif y est plongé au poste de départ, et le fil du pôle positif qui se confond avec le fil de ligne, y est plongé à son tour, au poste d'arrivée, à sa sortie de l'électro-aimant.

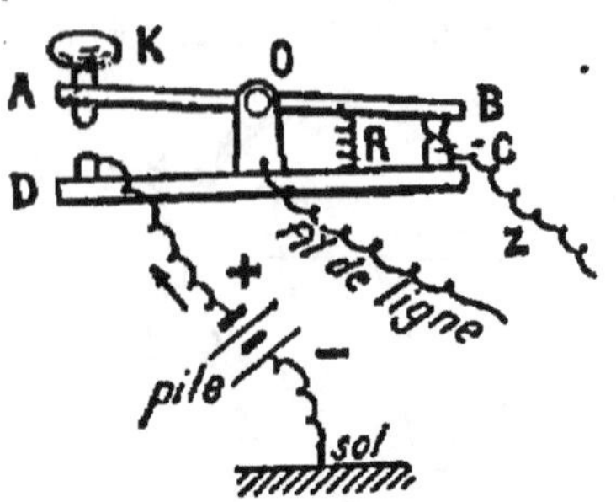

Fig. 447. — Manipulateur.

La même disposition existe à chaque station, qui est alors à la fois poste de départ et poste d'arrivée.

518. — Manipulateur.

— Le manipulateur se compose d'un levier AB (fig. 447) mobile autour du point O, armé de deux pointes en A et en B, dont l'une est surmontée d'un bouton K. Un ressort antagoniste R maintient en repos la pointe A au-dessus de la borne D, et la pointe B en contact, au contraire, avec la borne C.

L'appareil est mis en communication par son support O avec le fil de ligne, qui doit porter au loin la dépêche; il est relié par la borne D au pôle positif d'une pile. Le fil du pôle négatif est dirigé dans le sol.

Appuyons sur le bouton K. Dès que la pointe A touche la borne D, le courant qui vient de la pile passe sur le fil de ligne. Il se manifeste aussitôt

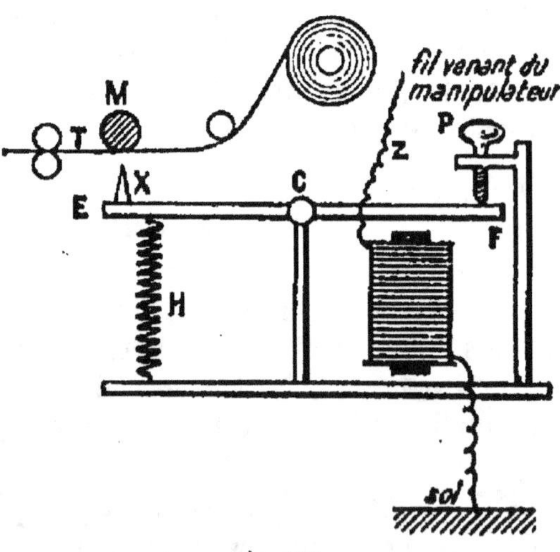

Fig. 448.

au récepteur du poste d'arrivée, par le chemin OBCZ du manipulateur immobile à ce poste. Cessons d'appuyer sur le bouton K : le levier se relève, le contact est supprimé entre la pointe A et la borne D, et le courant est interrompu.

Nous pouvons donc, au moyen de pressions successives sur le bouton K, produire des courants plus ou moins espacés et d'une durée plus ou moins longue. On arrive de cette manière à représenter les lettres d'un alphabet spécial.

519. — Récepteur. — Le récepteur se compose d'un levier en fer doux EF (fig. 448), mobile autour du point C. Il est maintenu horizontalement par le ressort antagoniste H d'une part, et par la vis P de l'autre. Un électro-aimant est placé au-dessous de l'extrémité F du levier. L'autre extrémité du levier est munie d'une pointe X.

L'électro-aimant est en communication avec le fil de ligne, par le fil Z. Celui-ci vient de la borne C du manipulateur. La confusion des courants est impossible, car lorsqu'on abaisse la pointe A du manipulateur, la pointe B se relève et le fil Z devient momentanément inutile.

La pointe X est placée en face d'une molette M, petite rondelle imprégnée d'encre. Une bande de papier se déroule d'un dévidoir. Elle est entraînée par deux cylindres TT, qui tournent en sens contraires, au moyen d'un appareil d'horlogerie. La pointe X appuie sur la bande de papier, contre la molette M, et selon la durée du passage du courant, le levier est attiré par l'armature de l'électro-aimant. Alors la pointe X trace sur la bande de papier des points ou des traits de lon-

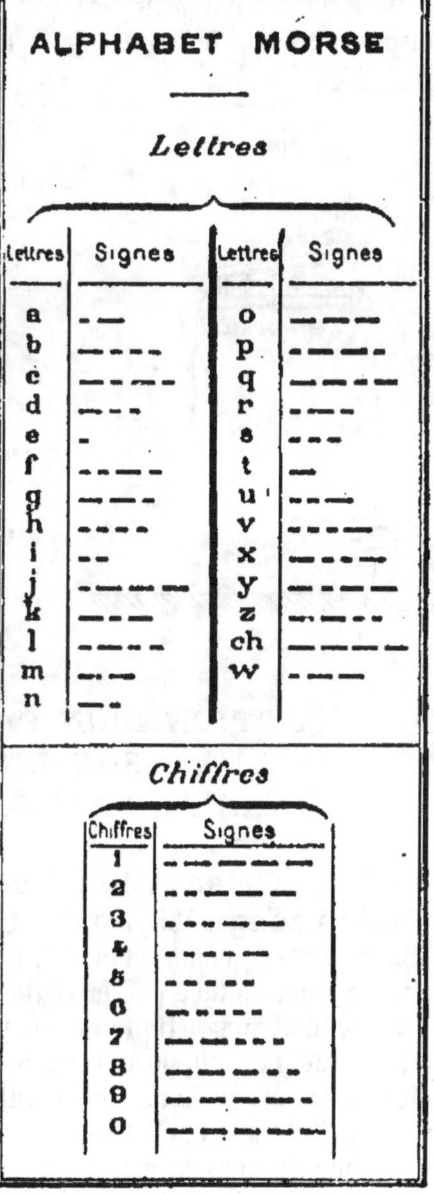

Fig. 449.

gueurs variables, dont les combinaisons représentent les lettres de l'alphabet (fig. 449).

Dans le même poste se trouvent le manipulateur et le récepteur disposés comme le montre la figure (450).

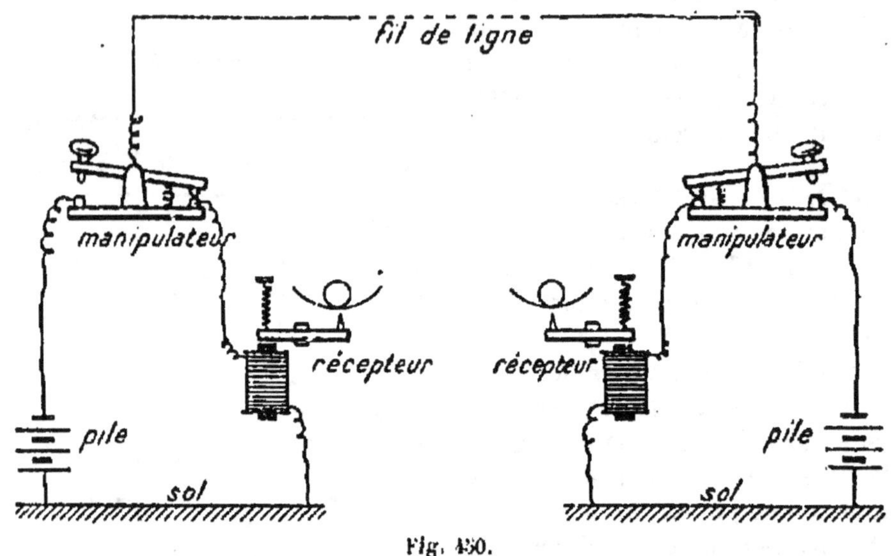

Fig. 450.

ACTION D'UN CHAMP MAGNÉTIQUE
SUR UN COURANT
GALVANOMÈTRE A CADRE MOBILE

520. — Orientation d'un courant sous l'action d'un champ magnétique. — Un courant fermé est assimilable à un aimant plat ou, comme l'on dit, à un **feuillet magnétique**, dont la face nord est déterminée par la règle d'Ampère.

Un feuillet magnétique est une lame très mince que l'on suppose traversée perpendiculairement en tous ses points par des aimants infiniment petits, tous les pôles nord sont tournés vers la même face et tous les pôles sud vers la face opposée.

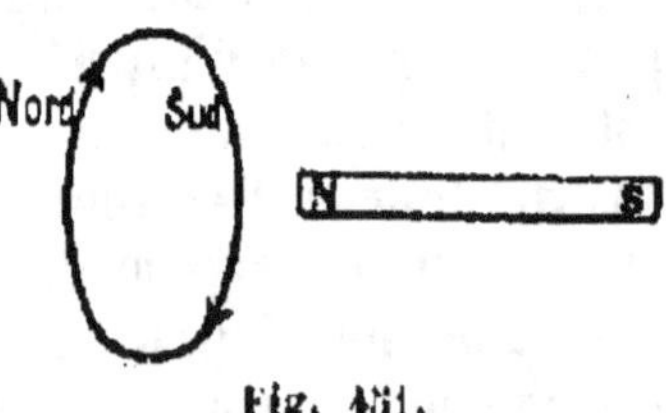

Fig. 451.

Si un courant fermé est assimilable à un feuillet magnétique, il doit subir l'action d'un aimant placé dans son voisinage et se comporter comme un feuillet magnétique. En effet, en mettant un courant fermé (fig. 451) en face d'un aimant N S, le sens du courant étant tel que le pôle sud soit en face du pôle nord de l'aimant, le courant est attiré par l'aimant puisque deux pôles de noms contraires s'attirent.

521. — Règle de Laplace. — *Laplace*

a prouvé par le calcul que « la force F qui agit sur un élément AB (fig. 452) d'un courant placé perpendiculairement aux lignes de force du champ H, est perpendiculaire à ces lignes, et dirigée vers la gauche de l'observateur d'Ampère placé dans le courant qui le parcourt des pieds à la tête, et regardant dans la direction du champ H ».

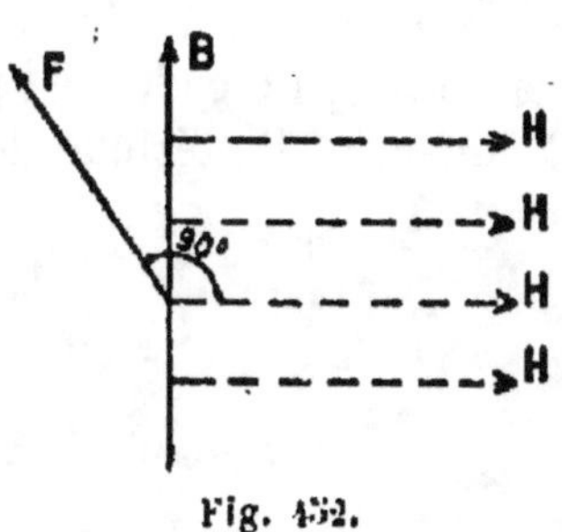

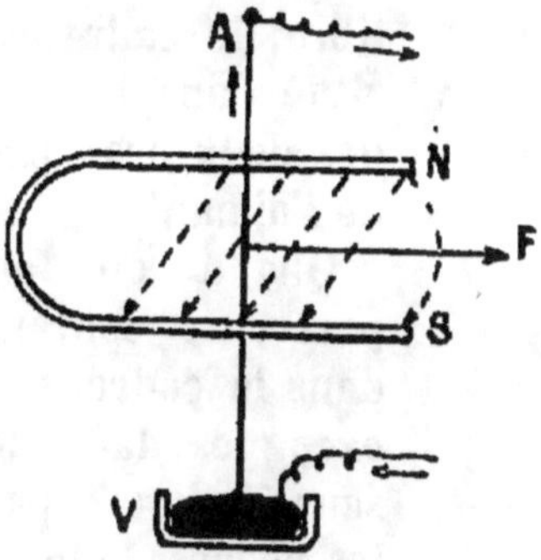

Fig. 452.

La direction de la force F fait avec la direction d'une ligne de force H, en arrière du plan de la figure un angle de 90°. Pour le vérifier, on prend un aimant en fer à cheval N S (fig. 453) dont les branches sont placées horizontalement. Entre ses branches le flux est sensiblement uniforme et va du nord au

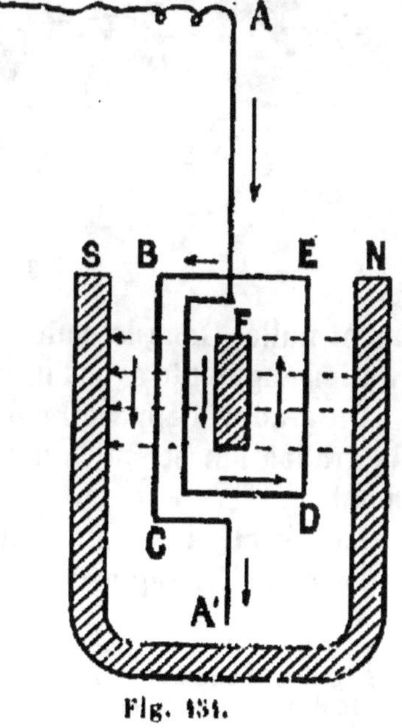

Fig. 453.

sud. Un fil de cuivre mobile autour du point A pend verticalement entre les deux branches de l'aimant et plonge par son extrémité dans du mercure contenu dans un vase isolant V. On fait passer un courant dans le fil de cuivre, par exemple de bas en haut. On voit alors le fil se déplacer dans la direction de la flèche F, qui est bien la direction indiquée par la règle d'Ampère. En intervertissant le sens du courant, le fil se déplace dans le sens contraire à la flèche F.

522. — Galvanomètre à cadre mobile de d'Arsonval. —

Il se compose d'un cadre BCDE léger (fig. 454) sur lequel est enroulé un circuit. Le cadre est maintenu verticalement

Fig. 454.

entre deux fils d'acier tendus AA' qui continuent le circuit d'un côté et de l'autre. Le cadre est placé entre les pôles NS d'un fort aimant en fer à cheval. A l'intérieur du cadre se trouve un cylindre en fer doux F qui s'aimante par influence et accroît de la sorte le champ magnétique, ce qui augmente en même temps la sensibilité de l'appareil. Dans la position d'équilibre, le cadre est situé dans le plan des deux branches de l'aimant.

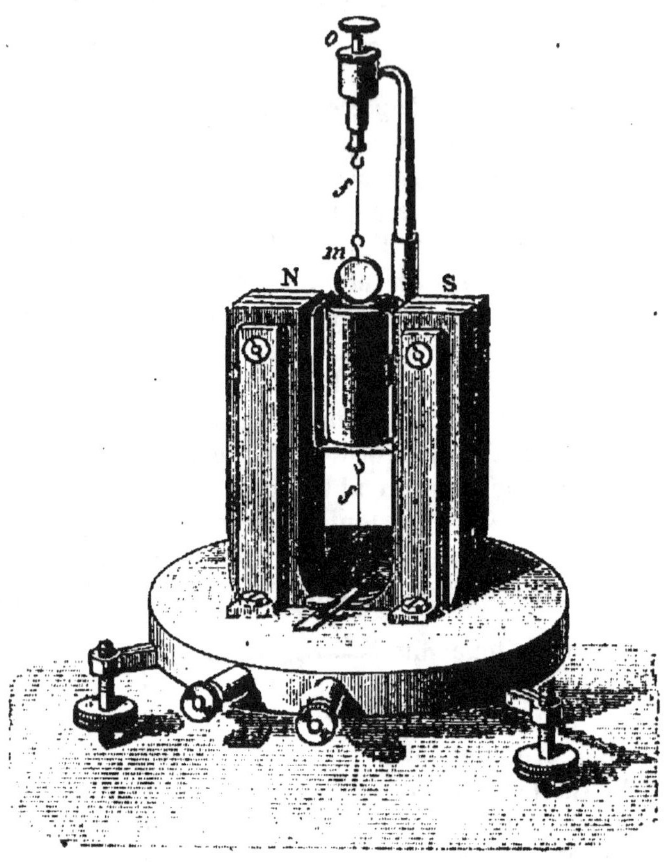

Fig. 455.

Quand on fait passer le courant dans le cadre, par exemple dans le sens indiqué par les flèches de la figure, le côté ED, d'après la règle de Laplace, se porte en avant du plan de la figure et le côté BC en arrière. La résultante des actions sur BE et CD est sensiblement nulle. Donc le cadre est dévié de sa position d'équilibre [1]. La déviation augmente avec l'intensité du courant.

On gradue l'appareil comme le galvanomètre à aimant mobile, mais la graduation se fait sur une règle horizontale placée devant l'instrument.

La déviation est lue au moyen d'un petit miroir m (fig. 455).

La caractéristique de ce galvanomètre est d'éviter les oscillations et

---

1. On peut encore expliquer la déviation et son sens en regardant le cadre comme un feuillet magnétique.

de prendre immédiatement la position d'équilibre; mais il est un peu moins sensible que le galvanomètre de lord Kelvin.

GALVANOMÈTRES INDUSTRIELS

523. — Ampèremètre. — L'ampèremètre est un galvanomètre à résistance faible qui sert à mesurer l'intensité d'un courant. Il se place **sur le courant.** Sa résistance est faible afin de ne pas affaiblir l'intensité du courant que l'on veut mesurer.

L'ampèremètre de *Deprez-Carpentier* se compose d'une palette de fer doux *a b* (fig. 450) mobile, placée dans le champ magnétique de deux forts aimants NS, N′ S′. Aimantée par influence, la palette s'oriente parallèlement à la ligne des pôles des aimants, qui passe entre NN′ et SS′. Les extrémités s'engagent dans deux bobines B, B′ à gros fils, inclinées sur la ligne des pôles des aimants. (Les bobines sont très rapprochées : la figure les éloigne pour la clarté.) C'est sur le fil de ces bobines qu'on fait passer le courant à mesurer.

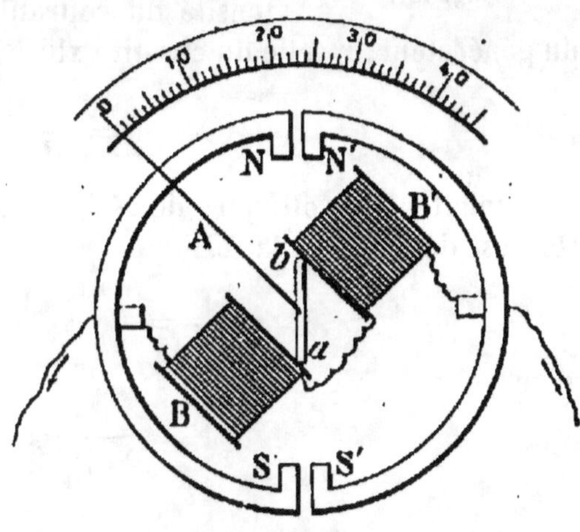

Fig. 450. — Ampèremètre Deprez-Carpentier.

Lorsque le courant passe, il tend à amener la palette parallèlement à l'axe des bobines. Donc la palette prend une certaine position d'équilibre entre la direction NS et l'axe commun des bobines, la position étant d'autant plus rapprochée de cet axe que le courant est plus fort. Une aiguille A, solidaire de la palette, marque sur un cercle extérieur le nombre d'ampères du courant.

L'ampèremètre se gradue comme nous l'avons dit pour le galvanomètre. La plupart du temps l'ampèremètre est shunté; alors il est gradué avec son shunt. Si celui-ci est au $\frac{1}{100}$ et que l'instrument marque 10 ampères, en réalité l'ampèremètre n'est traversé que par un courant de $\frac{10}{100} = \frac{1}{10}$ d'ampère.

524. — Voltmètre. — Les voltmètres sont des galvanomètres qui servent à mesurer les différences de potentiels entre les deux pôles d'un générateur d'électricité, ou la différence de potentiels entre deux points A et B (fig. 457) d'un circuit fermé.

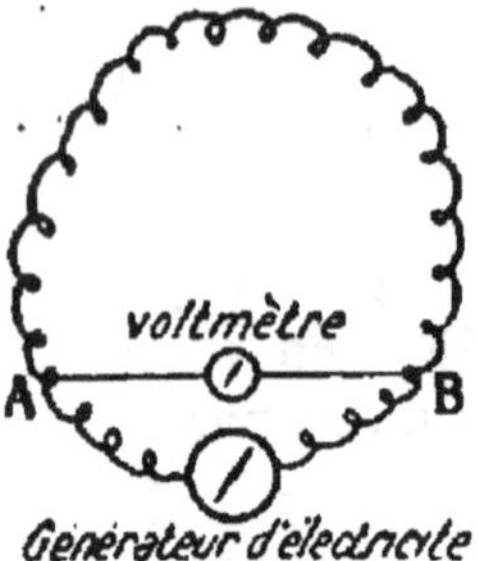

Fig. 457.

Les voltmètres doivent être **placés en dérivation** et avoir une grande résistance, afin de n'être traversés que par un très faible courant; de sorte que le courant primitif continue à traverser presque totalement le fil de ligne.

En effet, soit E la f. é. m. du générateur, I l'intensité du courant (sans voltmètre) R la résistance du générateur, r celle du circuit extérieur. On a

$$ I = \frac{E}{R + r} $$

En mettant le voltmètre de résistance v, la résistance r' de la dérivation est donnée par la formule

$$ \frac{1}{r'} = \frac{1}{r} + \frac{1}{v} = \frac{v + r}{v\,r} $$

d'où

$$ r' = \frac{v\,r}{v + r} = \frac{r}{1 + \dfrac{r}{v}} $$

Donc l'intensité du nouveau courant est

$$ I' = \frac{E}{R + r'} = \frac{E}{1 + \dfrac{r}{1 + \dfrac{r}{v}}} $$

mais $\dfrac{r}{v}$ étant très petit puisque nous supposons v très grand par rapport à r, on a encore sensiblement (en négligeant $\dfrac{r}{v}$)

$$ I' = \frac{E}{R + r} $$

ou sensiblement I' = I

Pour graduer le voltmètre en volts, il faut d'abord connaître sa résistance v et faire passer entre ses bornes des courants d'intensités connues. On a alors

$$ \text{Différence de potentiel} = v \times I $$

Par exemple si $v = 100$ ohms et que $i = \dfrac{1}{100}$ d'ampère on aura

$$\text{Différence de potentiel} = 100 \times \frac{1}{100} = 1 \text{ volt}$$

On peut encore graduer un voltmètre par comparaison avec un autre voltmètre déjà étalonné.

On donne ordinairement aux voltmètres une résistance de 100 ohms par volt. Si, par exemple, l'appareil doit servir jusqu'à 200 volts, sa résistance sera de $100 \times 200 = 20\,000$ ohms.

TRENTE-CINQUIÈME LEÇON

ÉLECTRICITÉ DYNAMIQUE (*suite*)

Induction. — Loi de Lenz. — Courants de Foucault. — Force électromotrice d'induction.

Induction

525. — Définitions. — Un circuit fermé placé dans un champ magnétique est traversé par le flux. Lorsqu'on fait varier le flux, il se développe dans le circuit un courant, nommé **courant induit**, qui ne dure que pendant la variation du flux.

Le flux dont les variations font naître un courant induit, est nommé le **flux inducteur**.

Le flux dû au courant induit est appelé le **flux induit**.

Ce sont les variations du flux inducteur, avons-nous dit, qui font naître un courant induit, par conséquent si le flux inducteur reste constant il ne se produit point de flux induit, puisque dans ce cas il ne naît aucun courant.

Cette manière de produire des courants et par conséquent une *force électromotrice d'induction* sans générateur, a été découverte par le physicien anglais Faraday. Par leurs applications industrielles, les courants induits ont pris une très grande importance.

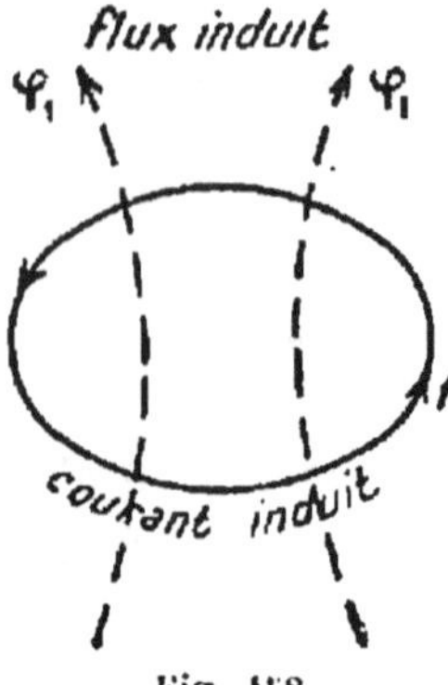

Fig. 458.

526. — Loi de Lenz. — Le sens des courants induits est indiqué par une règle donnée par le physicien russe Lenz.

1° Lorsque le flux inducteur croît, le flux induit est dirigé en sens contraire.

2° Lorsque le flux inducteur décroît, le flux induit est dirigé dans le même sens.

Autrement dit, le sens du courant est tel que l'action de son flux s'oppose à la variation du flux inducteur.

Deux flux de même sens s'attirent; deux flux de sens contraire se repoussent.

Quand on connaît le sens du flux induit, dans le circuit, on connaît, en appliquant la règle d'Ampère, le sens du courant induit : la direction du flux induit est à la gauche du courant, comme le montre la figure 458.

On détermine aussi le sens du courant par la règle du tire-bouchon, donnée par le physicien anglais Maxwell. Considérons un champ magnétique dont le sens des lignes de force est marqué par les flèches F (fig. 459), et un circuit fermé C, placé dans ledit champ. Faisons tourner le tire-bouchon T de manière qu'il s'enfonce dans le sens des lignes de force.

Lorsque le flux qui traverse le circuit C diminue, le courant induit a le sens de la rotation du tire-bouchon, comme l'indiquent les flèches AA.

Lorsque le flux augmente, au contraire, le courant induit est inverse à la rotation du tire-bouchon; il est dirigé dans le sens des flèches BB.

527. — Vérification expérimentale de la loi de Lenz.

Induction par un aimant.

Désignons le flux inducteur par la lettre grecque φ (phi) et le flux induit par φ_1.

Prenons une bobine B (fig. 460), à fil long et fin, fermée sur un galvanomètre G, dont l'aiguille est au zéro. Le circuit n'est traversé par aucun courant. Introduisons rapidement à l'intérieur de la bobine un

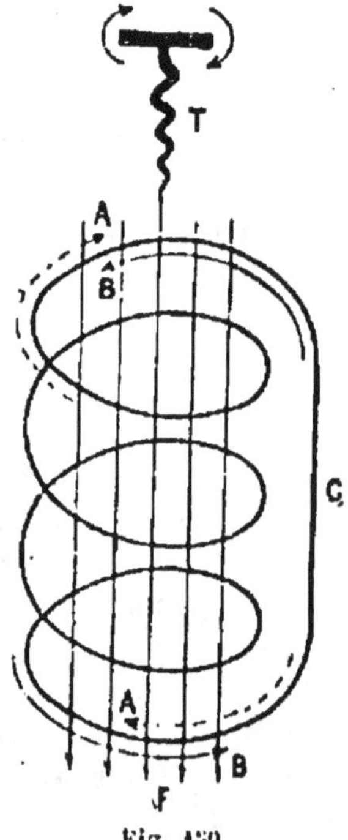

Fig. 459.

aimant SN. L'aiguille du galvanomètre part dans un certain sens, puis revient au zéro après quelques oscillations. Donc la bobine B a été traversée par un courant au moment où l'on a introduit l'aimant; puis le courant a cessé. Or, en supposant qu'on ait introduit le pôle nord de l'aimant, le sens de déviation de l'aiguille du galvanomètre indique que, dans la bobine, le courant a le sens des flèches f_1; ce courant crée un flux qui, d'après la règle d'Ampère, a le sens φ_1. Comme φ_1 est de sens contraire au flux φ inducteur, la loi de Lenz est bien vérifiée.

D'après la direction des flux φ et φ_1 le nord N de l'aimant et celui de la bobine sont en regard l'un de l'autre, et il y a répulsion : le courant induit s'oppose donc au mouvement qui lui donne naissance.

Quand on retire l'aimant, le déplacement de l'aiguille indique un courant induit de sens f_2 contraire à f_1 : donc le flux induit φ_2 a le même sens que le flux inducteur φ : la loi de Lenz se trouve encore vérifiée. Dans ce cas, le nord de l'aimant est en regard du sud de la bobine et il y a attraction. Le courant induit s'oppose encore à l'éloignement de l'aimant.

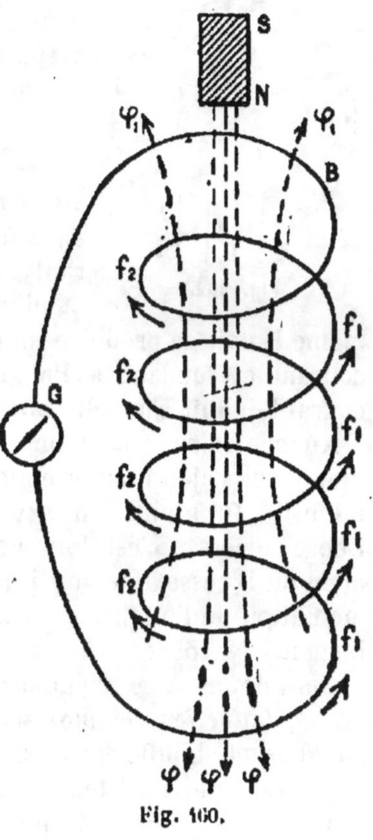

Fig. 100.

Comme une bobine se comporte comme un aimant, on peut répéter les expériences précédentes en introduisant ou en retirant dans la bobine fixe B une autre bobine.

Induction par l'établissement ou la suppression d'un courant.

Plaçons bout à bout ou l'une dans l'autre deux bobines : l'une B (fig. 401) est fermée sur un galvanomètre G; l'autre A peut être à volonté fermée sur une pile P grâce à un interrupteur I. Quand on ferme le courant dans A on crée un flux inducteur ana-

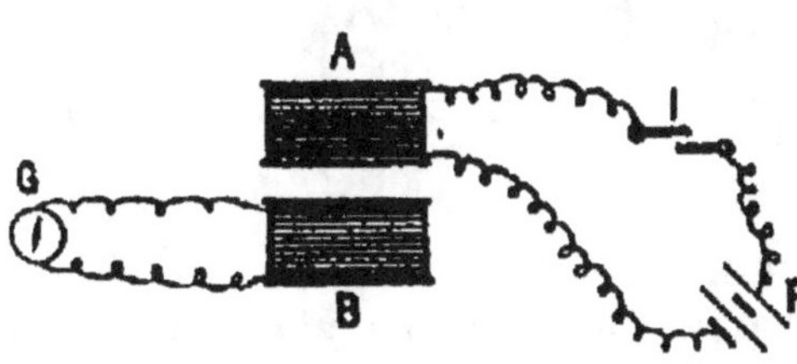

Fig. 401.

logue à celui de l'aimant SN dans le cas précédent : alors la bobine B est traversée par un flux et l'on vérifie comme dans le paragraphe précédent la loi de Lenz.

Quand on interrompt le courant, on observe un phénomène inverse.

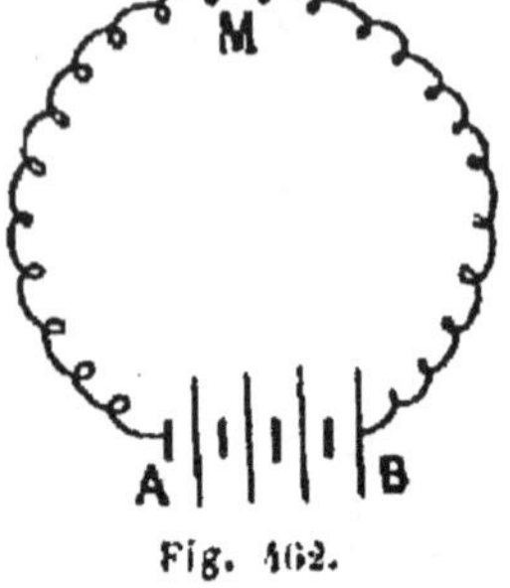

Fig. 462.

528. — Induction d'un courant sur lui-même ou self induction. — Lançons dans un circuit AMB (fig. 462) un courant. Ce courant crée un champ magnétique qui va en augmentant à partir de zéro. Alors dans le circuit même il doit se produire un courant induit de sens contraire au premier courant et tendant à l'augmentation de l'intensité de ce dernier. Ce courant induit s'appelle **courant induit de fermeture**.

Au contraire, quand on rompt le courant, il se produit un courant induit qui s'ajoute au premier courant et augmente par conséquent son intensité. On a ainsi un **extra-courant de rupture** ou **d'ouverture**. Chose curieuse, c'est donc au moment où un courant s'établit et au moment où il cesse que son intensité devient plus grande. Mais cette augmentation de l'intensité ne dure qu'un instant très court.

On a donné à ce phénomène le nom de *self induction* (le mot self vient de l'anglais et signifie *lui-même*).

On constate l'existence de ces courants de la manière suivante :

Soit le circuit ABCD (fig. 463) qui comprend un solénoïde C et un interrupteur I. Établissons une dérivation en BD portant une lampe à incandescence. Au moment de l'établissement du courant, lorsque l'interrupteur est fermé, la lampe, pendant un court instant brille d'un vif éclat; puis son éclat s'atténue; son éclairement est normal. Ouvrons maintenant l'interrupteur I. Aussitôt, pendant un court instant encore, la lampe brille davantage et s'éteint.

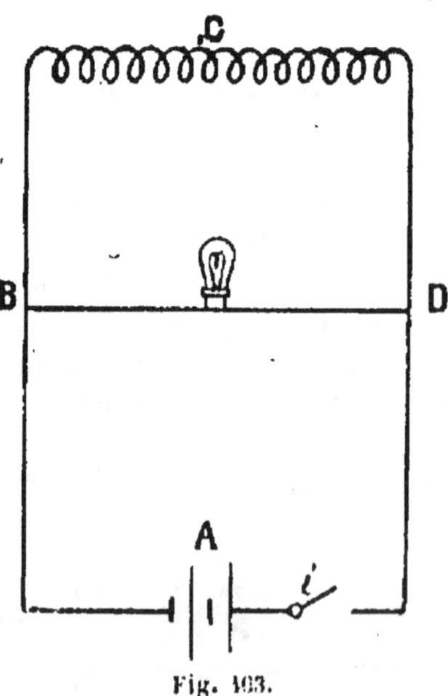

Fig. 463.

Si l'éclairement de la lampe est avivé au moment de l'établissement du courant et au moment de sa rupture, c'est bien parce qu'à chacune de ces deux phases il est créé un extra-courant de fermeture et un extra-courant d'ouverture, qui augmentent momentanément l'intensité du courant principal.

329. — Courants de Foucault.

Les courants induits se produisent non seulement dans les conducteurs qui peuvent être des fils, mais dans tout conducteur métallique quelconque, déplacé dans un champ magnétique ou traversé par un flux magnétique variable. Ces courants induits, en raison de la loi de Lenz s'opposent au mouvement qui leur a donné naissance.

Suspendons un disque de cuivre D (fig. 464) entre les pôles N S d'un puissant électro-aimant en non activité et faisons tourner rapidement ce disque autour de son axe A. Faisons passer maintenant un courant intense dans l'électro-aimant. Aussitôt le disque s'arrête. Il faut faire même un certain effort pour le faire tourner désormais.

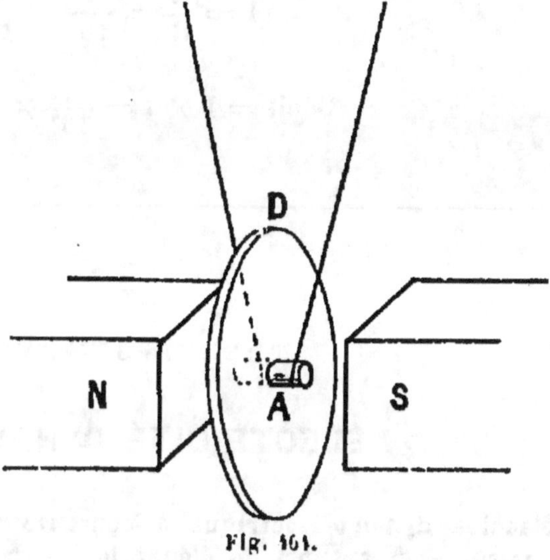

Fig. 464.

Il en est ainsi parce que des courants induits sont nés dans le disque et que ces courants tendent à s'opposer au mouvement qui leur a donné naissance. On a donné à ces courants le nom de *courants de Foucault* (Physicien français). Ils sont nuisibles parce qu'ils sont une source de perte d'énergie. On les évite dans les machines dynamo-électriques en construisant l'induit non en métal plein, mais creux.

330. — Force électromotrice d'induction.

On appelle f.é.m. d'induction, la f.é.m. du générateur qui entretiendrait dans le circuit un courant d'intensité I. Si l'on appelle E la f.é.m. d'induction, R la résistance de l'induit, I l'intensité du courant, on a

$$E = RI$$

On prouve que la f.é.m. d'induction est proportionnelle à la variation

du flux et en raison inverse de la durée de cette variation. Ile est donnée par la formule

$$E = \frac{1}{10^8} \times \frac{\varphi}{t} \text{ volts}$$

φ désigne l'augmentation ou la diminution du flux pendant le temps t.
On aura donc

$$I = \frac{E}{R} = \frac{1}{10^8} \times \frac{\varphi}{tR} \text{ ampères}$$

$$\text{Débit} = I \times t = \frac{1}{10^8} \times \frac{\varphi}{R} \text{ coulombs.}$$

TRENTE-SIXIÈME LEÇON

ÉLECTRICITÉ DYNAMIQUE (*suite*)

Machine dynamo-électrique à courants continus. — Machine multipo-
laire. — Transport de l'énergie. — Machine magnéto-électrique. —
Téléphonie. — Bobine de Ruhmkorff.

APPLICATIONS DES PHÉNOMÈNES D'INDUCTION

551. — Une machine d'induction est un appareil capable de produire
un courant sur un circuit fermé, par le mouvement d'un autre circuit
placé dans le champ magnétique d'un puissant aimant. Les variations du
flux produisent le courant.

La machine d'induction a pour but de transformer de l'énergie mécanique en énergie électrique, et réciproquement de l'énergie électrique en
énergie mécanique.

Le champ électrique est produit soit par un aimant, dans ce cas la
machine est dite *magnéto-électrique;* soit par un électro-aimant, alors
on la nomme *dynamo-électrique.*

Il existe deux sortes de machines : les machines à *courants continus* et
les machines à *courants alternatifs.*

Machine dynamo-électrique
de Gramme à courants continus

532. — Description. — La machine de Gramme (fig. 465) se compose essentiellement de trois parties : *l'inducteur*, *l'induit* et le *collecteur*.

Inducteur.

L'inducteur est un électro-aimant puissant et trapu EE (fig. 465). Il

Fig. 465. — Machine dynamo-électrique.

est creusé de manière à présenter une cavité cylindrique dans laquelle est logé l'induit. Il crée entre ses pôles NS (fig. 466) un champ magnétique intense et sensiblement uniforme.

Induit.

L'induit est un anneau de fer doux sur lequel est enroulé de place en

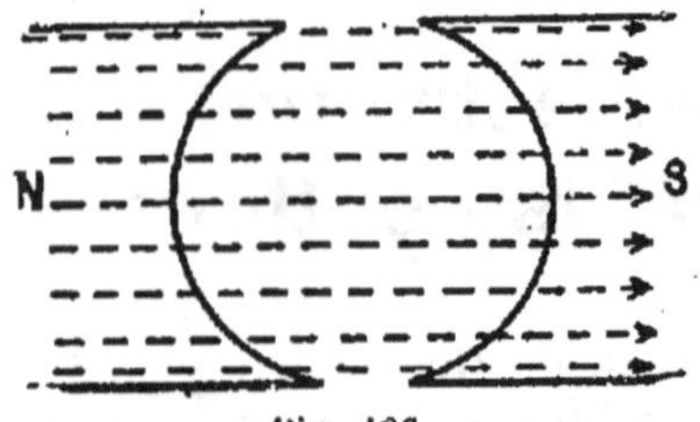

Fig. 466.

place, dans le même sens, un très grand nombre de fois, un fil de cuivre. Il y forme des petites bobines séparées ABCD..... (fig. 467). C'est sur le fil de ces bobines que se développent les courants induits.

L'anneau est mobile autour d'un arbre de rotation horizontal auquel il est relié. I est logé entre les pôles de l'électro-aimant dans la cavité cylindrique qu'il occupe tout entière. L'intervalle, entre l'anneau et les pôles de l'électro-aimant, appelé *entrefer*, doit être aussi faible que possible; plus il est réduit, plus le flux est renforcé.

En raison de la grande perméabilité du fer doux, presque toutes les lignes de force (fig. 468) qui sortent du pôle nord, se bifurquent pour

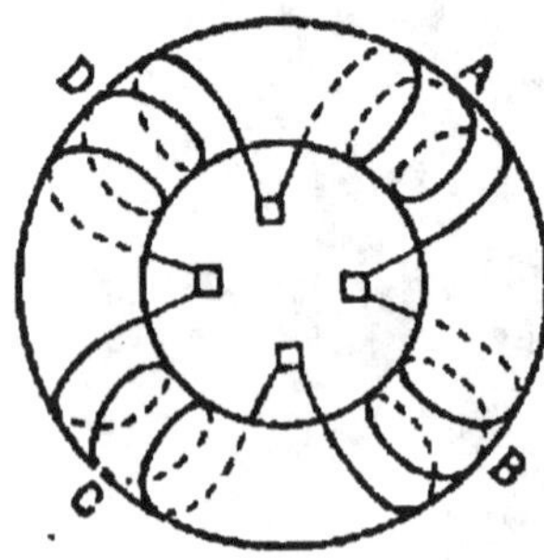

Fig. 467.

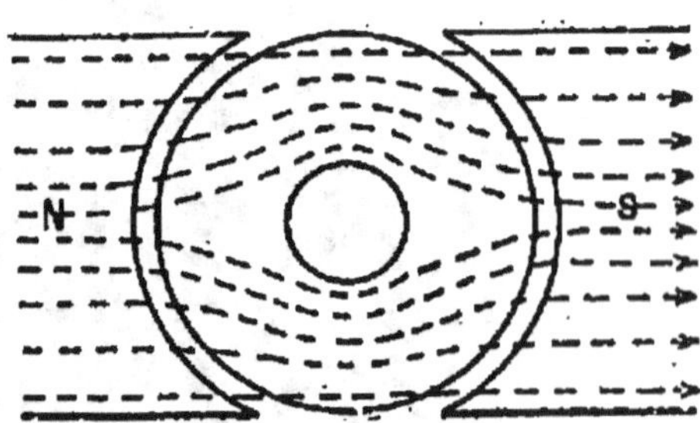

Fig. 468.

passer par l'anneau et rentrer ensuite dans le pôle sud. **Aucune ligne de force ne traverse l'espace vide compris dans la circonférence intérieure de l'anneau.**

L'anneau est formé de plaques de tôle isolées les unes des autres par un vernis, ou d'une série de fils de fer également isolés.

Collecteur.

Le collecteur comprend une série de lames de cuivre isolées les unes des autres et placées en génératrices sur l'arbre de rotation. Il y a autant de lames que de bobines. Les lames du collecteur et les bobines de l'anneau sont en communication (fig. 469) de la manière suivante : l'extrémité du fil qui termine la bobine A et l'extrémité du fil qui commence la bobine B sont fixées à une lame; l'extrémité du fil qui termine la bobine B et l'extrémité du fil qui commence la bobine C sont fixées à la lame suivante et ainsi de suite. De cette manière, les bobines et les lames forment un circuit continu. Le courant est recueilli par des palettes de cuivre RS (fig. 469) appelées *balais*, qui s'appuient successivement sur les lames de cuivre à mesure que tourne l'arbre. Les balais sont reliés au fil de ligne.

553. — Machine fonctionnant comme génératrice.

— Nous avons remarqué que, par suite de la grande perméabilité du fer doux, les lignes de force du champ magnétique se bifurquent et passent par l'anneau pour aller du pôle nord au pôle sud de l'électro-aimant. La concentration des lignes de force dans l'anneau est la même, que l'anneau tourne ou qu'il soit immobile. Faisons tourner l'anneau soit au moyen d'une machine à vapeur, soit au moyen d'un moteur à gaz ou à essence, soit au moyen d'une turbine. Considérons une seule spire de l'une des bobines et voyons ce qui se passe pendant une rotation complète.

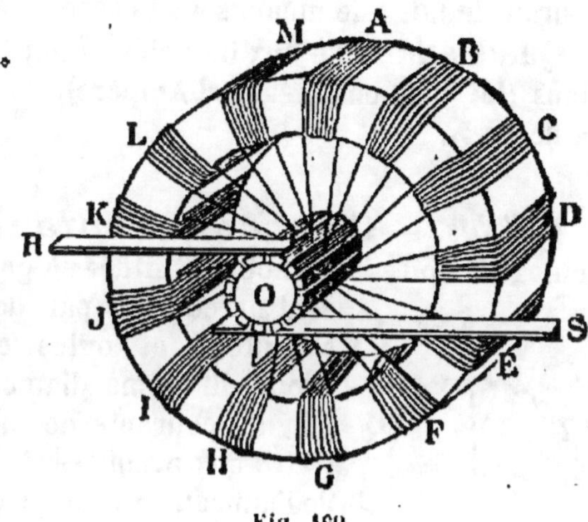

Fig. 469.

Menons deux diamètres perpendiculaires entre eux NS et XY (fig. 470), dont l'un NS est dirigé dans le sens du champ. Ils divisent l'anneau en quatre quadrants 1, 2, 3, 4. Supposons que l'anneau tourne dans le sens de la flèche F.

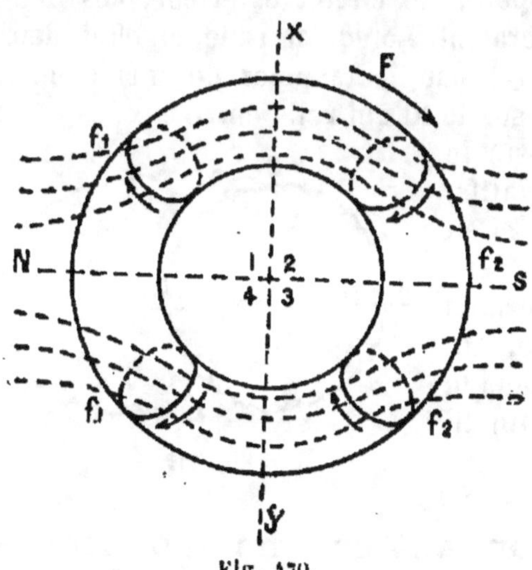

Fig. 470.

Quadrant 1. Le flux inducteur qui traverse la spire augmente : il se développe alors dans celle-ci, conformément à la loi de Lenz, un courant dont le flux est contraire au flux inducteur. Donc, d'après la règle d'Ampère, le courant a le sens de la flèche f_1.

Quadrant 2. Le flux inducteur diminue. Pour les mêmes considérations que ci-dessus, le courant induit a le sens de la flèche f_2.

Quadrant 3. Le flux inducteur augmente, mais comme l'orientation de la spire change, c'est-à-dire qu'elle présente l'autre face au flux, le courant induit a le même sens encore que la flèche f_2.

Quadrant 4. Le flux inducteur diminue. Pour les mêmes considérations (loi de Lenz, règle d'Ampère), le courant induit a le sens de la flèche f_1.

553 *bis*. — Captage du courant. — D'après ce qui précède, toutes les spires des bobines situées à gauche du diamètre XY (fig. 471),

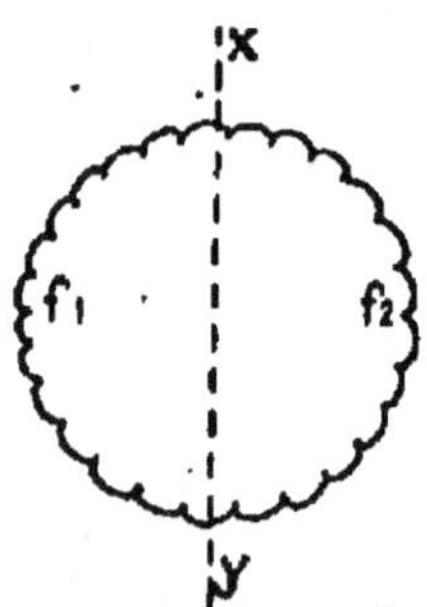

Fig. 471.

sont parcourues par des courants de même sens qui s'ajoutent; et toutes les spires des bobines situées à droite du même diamètre sont parcourues également par des courants de même sens, mais de sens contraire aux premiers. Il en résulte que les deux moitiés de l'anneau se comportent comme deux piles associées en batterie. Et, à cause de la symétrie de l'appareil, les deux courants f_1 et f_2 sont égaux en intensité.

S'il n'y avait point de circuit extérieur, ces deux courants s'annuleraient. Lorsqu'on relie, en effet, deux piles AB (fig. 472) par leurs pôles de même nom, aucun courant ne circule, mais si sur le fil qui relie entre eux les pôles positifs, on attache un fil F, et si sur le fil qui relie entre eux les pôles négatifs, on attache l'autre extrémité du fil F, on crée ainsi un circuit extérieur CFD, sur lequel circule le courant. Les courants s'ajoutent au lieu de se détruire. On procède d'une manière analogue dans la dynamo en attachant aux balais un fil qui constitue le circuit extérieur.

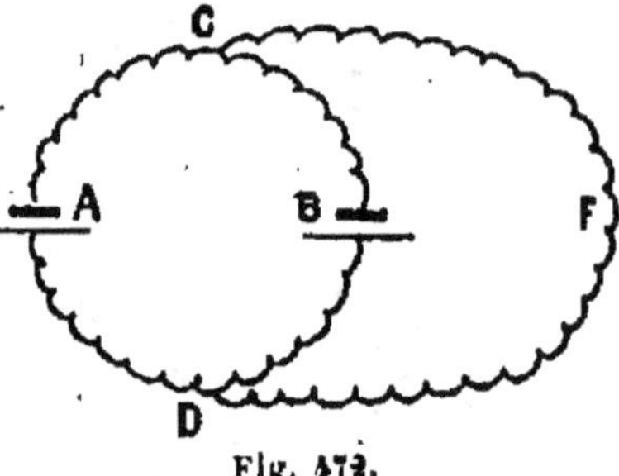

Fig. 472.

534. — Machine fonctionnant comme motrice. — La machine dynamo-électrique est reversible; c'est-à-dire qu'elle transforme de l'énergie électrique en énergie mécanique; au lieu d'être mise en marche par un moteur, elle devient elle-même motrice.

On lance un courant dans les balais et l'arbre tourne.

Lorsque le courant arrive par le balai B (fig. 473) et que le balai B′ est en communication avec le pôle négatif de la source d'électricité, l'anneau tourne dans le sens des flèches FF′.

Considérons, en effet, une spire ABCD (fig. 474) située dans le quadrant 1. La partie extérieure seule AB de cette spire est traversée par le champ magnétique de l'électro-aimant, et les lignes de force H entrent perpendiculairement à AB. Il en résulte que l'observateur d'Ampère couché sur AB, de manière que le courant entre par les pieds et sorte par la tête, et regardant dans le sens du champ H, a sa gauche tangentielle à l'anneau. Alors comme l'indique la loi de Laplace (n° 374), l'élément de courant AB est

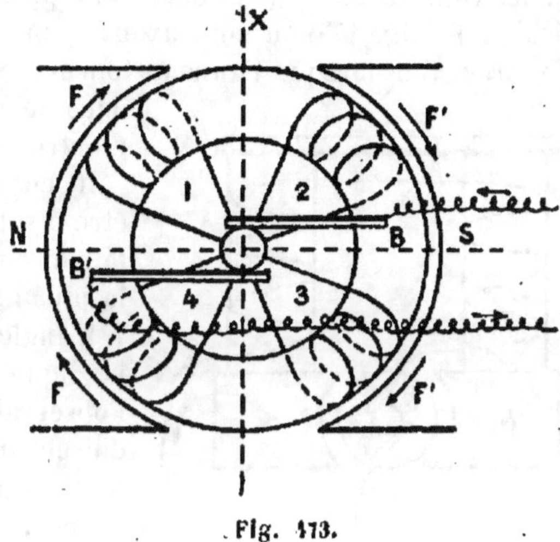

Fig. 473.

soumis à une force F perpendiculaire au plan ABCD et dirigée vers la gauche de l'observateur.

Il en est de même pour toutes les spires à gauche du diamètre XY (fig. 473). Au contraire, en vertu de la même loi, pour les spires à droite de XY,

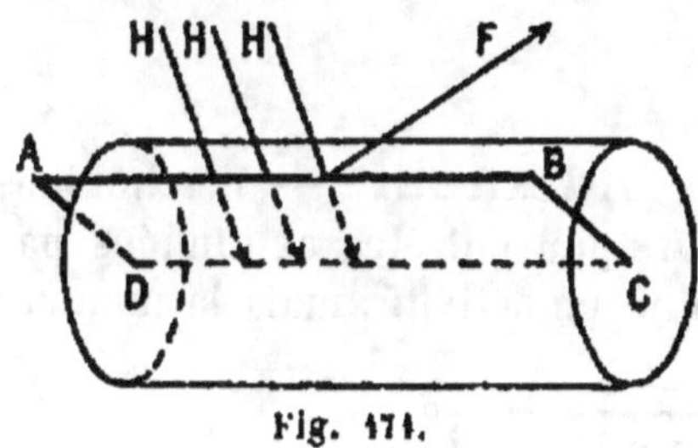

Fig. 474.

les forces électro-magnétiques F' sont dirigées vers le bas.

En conséquence, toutes les] forces qui agissent sur les spires tendent à faire tourner l'anneau dans le même sens.

La vitesse de l'anneau s'accélère jusqu'à ce que le travail résistant soit égal au travail moteur.

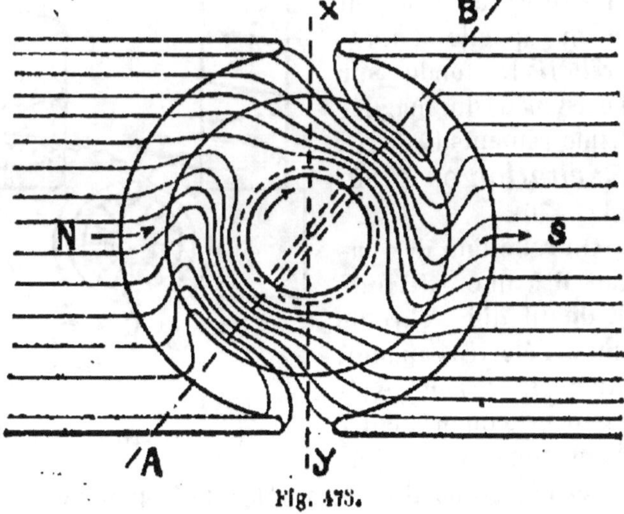

Fig. 475.

535. — Calage des balais. — Les balais chargés de recueillir les courants doivent occuper une place qui n'est pas celle de la verticale XY, (fig. 475) où nous avons supposé que se concentrent les lignes de force. Car lorsque l'anneau tourne, les lignes de force s'infléchissent dans le sens de la rotation, comme le montre la figure.

Il en résulte que les balais doivent être disposés aux deux points A et B où la concentration des lignes de force est la plus accusée.

L'angle que doit faire la ligne AB avec la ligne des pôles est déterminé par l'observation des étincelles qui se produisent au collecteur. On déplace dans le sens de la rotation le collier qui supporte les balais, jusqu'à ce que les étincelles disparaissent presque totalement.

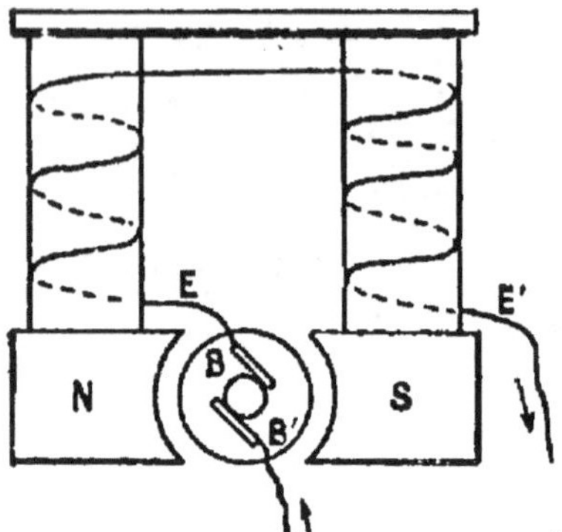

Fig. 476. — Excitation en série.

536. — Excitation du champ inducteur. — Les bobines de l'électro-aimant qui sont les inducteurs peuvent être actionnées par un accumulateur ou par une autre machine en activité; mais la manière la plus simple est d'actionner la machine par elle-même, moyen qu'on appelle l'*auto-excitation*, fondé sur l'existence du magnétisme rémanent.

Excitation en série (fig. 476).

On relie l'un des balais B à une extrémité E du fil qui s'enroule sur l'électro-aimant. Alors le circuit extérieur est compris entre l'autre extrémité E' du

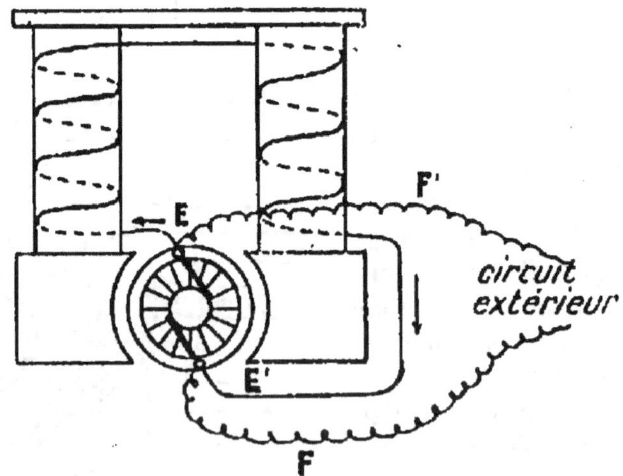

Fig. 477. — Excitation en dérivation.

fil et l'autre balai B'. Les pôles de la machine sont B' et E'.

Excitation en dérivation (fig. 477).

Le fil enroulé sur l'électro-aimant a ses extrémités E et E′ attachées chacune à l'un des balais. Deux autres fils F et F′ partent des balais pour constituer le circuit extérieur. C'est dans ce cas une dérivation seulement du courant produit, qui circule sur le fil inducteur.

Excitation Compound (fig. 478).

Dans les dynamos Compound, les branches de l'électro-aimant sont garnies des deux enroulements précédents : l'un en série, l'autre en dérivation sur le fil induit. Dans ce cas, la différence de potentiels aux balais est constante.

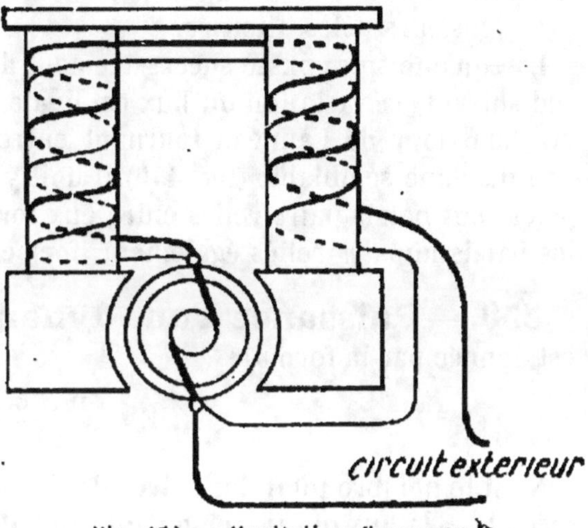

Fig. 478. — Excitation Compound.

537. — Machines multipolaires. — La f.é.m. d'une dynamo augmentant avec le nombre des spires, le nombre de tours par seconde

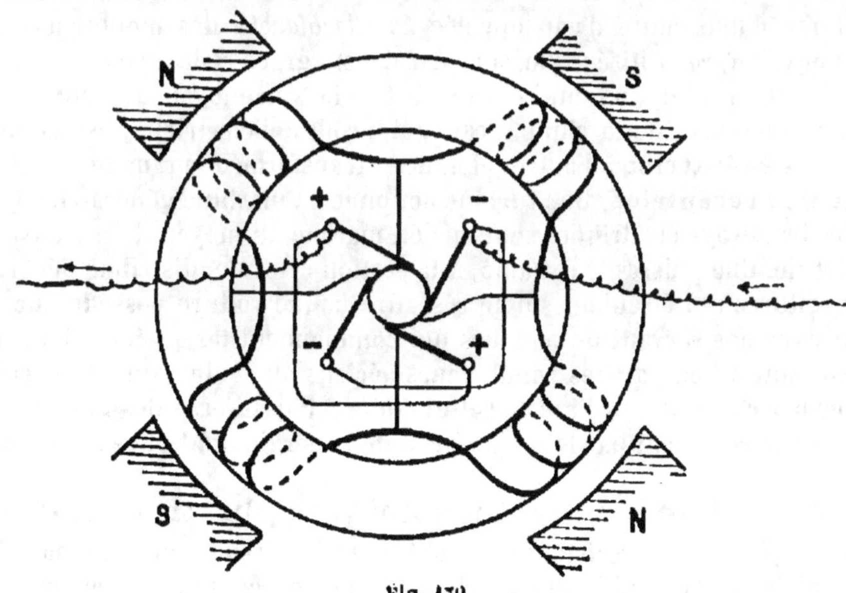

Fig. 479.

de l'induit, le flux utile qui traverse l'induit, il est nécessaire d'avoir un électro-aimant puissant et une grande vitesse. Au lieu d'augmenter les dimensions de l'anneau, on produit simplement le champ magnétique avec plusieurs pôles alternés.

Lorsqu'une spire passe successivement devant un pôle nord et un pôle sud suivant, la variation du flux est égale à celle qui se produirait dans un demi-tour de l'anneau tournant entre deux pôles seulement. Dans une machine semblable (fig. 479) il doit y avoir autant de balais que de pôles. Les balais pairs reliés entre eux forment un pôle de la machine, les balais impairs reliés également, forment l'autre pôle.

538. — Puissance d'une dynamo. — La f.é.m. d'une dynamo est donnée par la formule

$$E = \frac{n\,N\,\varphi}{10^8} \text{ volts}$$

N est le nombre total des spires de l'anneau, n le nombre de tours par seconde, φ le flux qui traverse l'anneau entier.

La division par 10^8 donne la force en volts, parce que le volt est égal à 10^8 unités C. G. S.

TRANSPORT DE L'ÉNERGIE

539. — Généralités. — La dynamo a révolutionné l'industrie. La force d'une chute d'eau appelée *houille blanche* des montagnes, qui ne pouvait être utilisée que sur place, est, grâce à la dynamo, transportée aujourd'hui au loin. Le transport se fait au moyen de deux dynamos : l'une, près de la chute d'eau qui produit l'électricité, est la **machine génératrice**; l'autre éloignée, transformée en moteur est la **machine réceptrice**. Une turbine actionne la machine génératrice.

Les tramways électriques sont mis en marche au moyen d'un transport d'énergie. Une puissante dynamo, à la station centrale, distribue l'énergie aux voitures qui circulent sur le réseau. Chaque voiture possède une ou deux dynamos servant de moteurs qui commandent les essieux. La prise du courant a lieu par des conducteurs aériens ou souterrains. Des trains même marchent aujourd'hui de cette manière (Paris-Versailles). La plupart des usines reçoivent par le même procédé l'énergie dont elles ont besoin.

540. — Conditions économiques du transport de l'énergie. — La résistance opposée par le circuit entre la machine génératrice et la machine réceptrice est une source de dépense considé-

rable, qui, si l'on ne pouvait y remédier, serait un obstacle au transport de l'énergie. Cette résistance occasionne en pure perte un développement de chaleur égal à RI^2 (Loi de Joule). En augmentant la section du fil, on pourrait évidemment diminuer la résistance R; mais dans ce cas le prix du fil deviendrait considérable et le coût de l'installation rendrait le procédé impossible. Il vaut donc mieux diminuer I^2. Or diminuer I^2, c'est diminuer EI, l'énergie disponible, et cela, en augmentant la force électromotrice E.

Pour rendre RI^2, par exemple 100 fois plus petit, il suffit de rendre I, 10 fois plus petit ou, — comme l'énergie disponible EI est constante, — de rendre E 10 fois plus grand. Il en découle ce principe important : le prix du transport de l'énergie électrique est d'autant moins élevé que le voltage est plus haut.

Nous verrons plus loin qu'avec un *transformateur* intercalé entre la machine génératrice et la machine réceptrice, on résout aisément la difficulté. Lorsque la génératrice fournit au transformateur un courant alternatif primaire d'intensité élevée I et de force électromotrice faible E, le transformateur restitue à la réceptrice un courant alternatif secondaire d'intensité faible I' et de force électromotrice élevée E'. On a

Fig. 180. — Machine magnéto-électrique.

$$E I = E'I'$$

MACHINE MAGNÉTO-ÉLECTRIQUE

541. — Description. — La première machine magnéto-électrique Gramme avait pour but, dans les laboratoires, d'être une source d'électricité toujours prête à entrer en activité.

La magnéto se compose de deux parties essentielles (fig. 480) : une partie fixe qui est l'inducteur et une partie mobile qui est l'induit. — L'inducteur est un aimant fixe dont les pièces polaires NS creusées cylindriquement embrassent l'induit. L'induit est un anneau de Gramme. On le fait tourner au moyen d'une manivelle M engrenée sur l'arbre de l'anneau. La rotation de l'anneau dans le champ magnétique de l'aimant fait naître des courants induits que l'on recueille au collecteur G par les balais B B. Un courant induit naît dans chaque spire de l'anneau, car le flux qui traverse chaque spire varie sans cesse.

Téléphonie

542. — Définition. — La téléphonie est l'ensemble des procédés employés pour transmettre la parole à distance entre deux stations. On parle à la station S dans un *transmetteur;* on écoute à la station S' dans un *récepteur.* La communication est établie par un courant électrique dans un fil qui relie les deux stations.

Le téléphone, dû au physicien américain Graham Bell, est une petite machine magnéto-électrique.

Il existe deux appareils de téléphonie : le *téléphone magnétique* de Bell (sans pile), et le *téléphone à pile* ou *microphone* de Hughes.

543. — Téléphone magnétique. — Dans le téléphone magnétique, le transmetteur et le récepteur sont identiques. C'est un petit appareil qui se compose d'un pavillon P (fig. 481), au fond duquel est encastrée une plaque mince de fer doux F. Près de la plaque est placé le pôle nord d'un aimant NS entouré d'une bobine B.

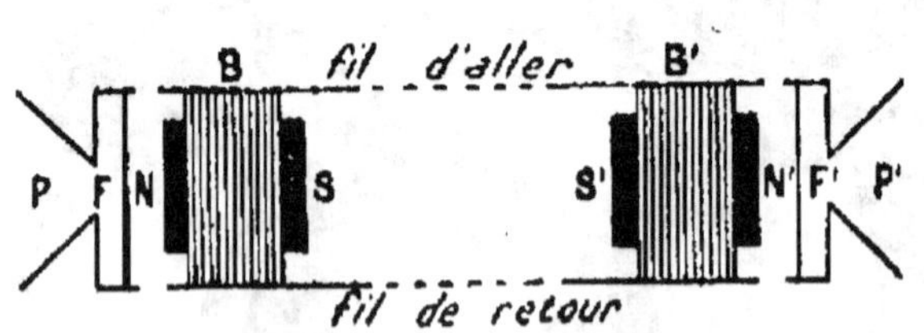

Fig. 481. — Téléphone magnétique

Les deux appareils sont reliés par un fil d'aller et un fil de retour en cuivre (ce métal diminue la résistance).

Lorsqu'on parle dans le pavillon P la plaque F vibre à l'unisson de la voix. Elle modifie par conséquent le flux de l'aimant. Les variations du flux produisent dans la bobine B des courants induits tantôt dans un sens, tantôt dans l'autre, qui passent dans la bobine B'. Ils y modifient le flux de l'aimant N' S' et les variations du flux font vibrer la plaque F'. En appliquant l'oreille au pavillon P', l'on perçoit des sons semblables aux sons émis devant le pavillon P : c'est-à-dire qu'on entend distinctement les paroles prononcées.

Ce qui se passe ainsi n'est autre chose, en somme qu'un transport d'énergie. L'énergie mécanique des vibrations sonores communiquée à la plaque F est transformée par les variations du flux en énergie électrique : courants induits. Dans le récepteur, l'énergie électrique est à son tour transformée en énergie mécanique : vibrations de la plaque.

544. — Microphone de Hughes.

— Les courants d'induction qui parcourent la ligne étant toujours très faibles, le téléphone magnétique ne peut transmettre la parole au delà de quelques centaines de mètres. Pour la transmission à grande distance, on remplace le transmetteur Bell par le microphone de Hughes.

Le microphone se compose essentiellement d'un crayon de charbon C (fig. 182), qui repose par ses extrémités dans deux alvéoles creusées dans deux supports S S' également en charbon.

Les extrémités de la baguette C sont très mobiles dans leurs contacts. Les supports S S' sont fixés à une mince planchette de sapin

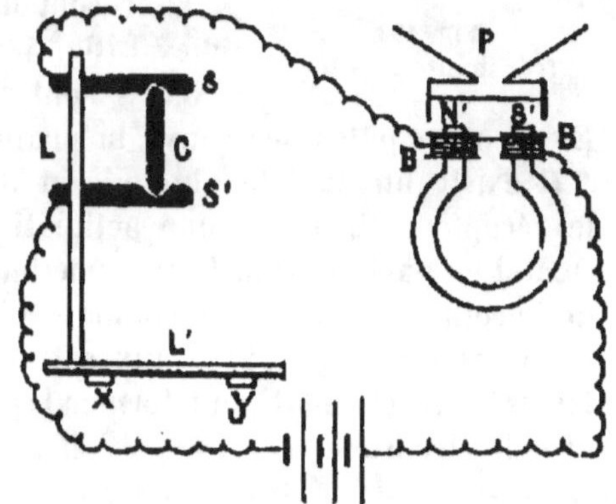

Fig. 182. — Microphone de Hughes.

L, dressée verticalement sur une autre planchette horizontale L'.

Le courant venu d'une pile traverse le dispositif en charbon, se rend ensuite au récepteur et revient à la pile.

Lorsqu'on parle devant la planchette, elle vibre; ses vibrations sont transmises au crayon qui oscille alors dans ses alvéoles et modifie par conséquent ses contacts et sa résistance. Il en résulte qu'au récepteur il se produit des variations d'intensité du courant, qui font vibrer la plaque. Les vibrations de la plaque reproduisent les sons émis au voisinage du microphone. Cet instrument est très sensible : on perçoit au récepteur le tic-tac d'une montre placée sur la planchette horizontale.

On soustrait le microphone à toute vibration accidentelle en l'isolant sur des pieds de caoutchouc X Y.

545. — Transmetteur Ader. — Avec un seul crayon de charbon il se produit souvent au récepteur un bruit particulier, désagréable, qu'on appelle « bruit de friture »; on évite cet inconvénient en se servant du téléphone Ader, qui n'est qu'une modification de celui de Hughes.

Le transmetteur est composé de 6 à 12 crayons A, B, C... au lieu d'un.

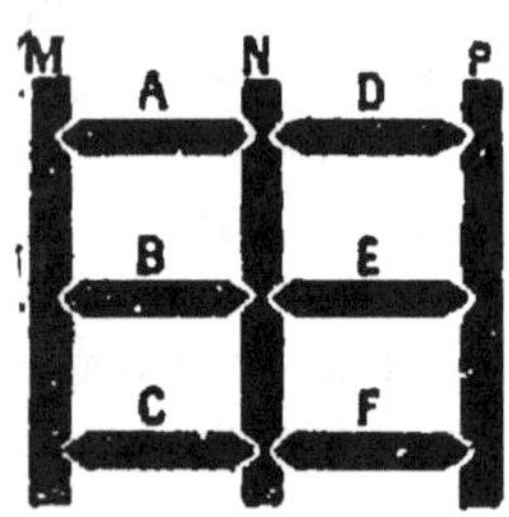

Fig. 183.
Transmetteur Ader.

Ils reposent de la même manière sur des supports en charbon (fig. 183) M, N, P.

Le dispositif en charbon est appliqué à la face inférieure d'une planchette en sapin qui, extérieurement, ressemble à un pupitre. C'est au-dessus de cette planchette que l'on parle. Les vibrations de la planchette sont communiquées au charbon.

Le récepteur est formé d'un aimant en fer à cheval (fig. 482) dont les deux branches des pôles N' et S' sont entourées chacune d'une bobine BB. En face des pôles se trouve la plaque vibrante au fond du pavillon P.

Il existe un modèle plus récent de cet appareil. Le transmetteur et le récepteur fixés sur une petite tige, sont tenus à la fois à la main. Quand on parle devant le transmetteur, le récepteur se trouve à hauteur de l'oreille. L'aimant est composé d'anneaux métalliques superposés où les pôles sont développés aux extrémités d'un même diamètre. Là deux lames se recourbent pour former les noyaux de deux bobines en relation avec le circuit.

546. — Microphone pour grandes distances. — La résistance du dispositif en charbon constitue, sur les lignes courtes, la plus grande partie de la résistance totale du circuit. Or, c'est justement parce que les variations de résistance des charbons représentent la plus grande partie de la résistance totale du circuit, que la transmission des sons peut avoir lieu. Si la résistance des charbons n'est qu'une fraction peu importante de la résistance totale, autrement dit si la ligne de communication entre le transmetteur et le récepteur est une grande distance, les courants sont trop faibles pour actionner le récepteur. Cet inconvénient est supprimé en intercalant dans le circuit un *transforma-*

teur. Cet appareil dont nous parlerons bientôt, transforme un couran de faible potentiel en un courant à haut potentiel. Il se compose essentiellement d'un noyau de fer doux AB (fig. 484) sur lequel sont enroulées quelques spires d'un fil gros et court CD. Sur cette bobine à gros fil est enroulée un deuxième bobine EG à fil fin très long, formant par consé-

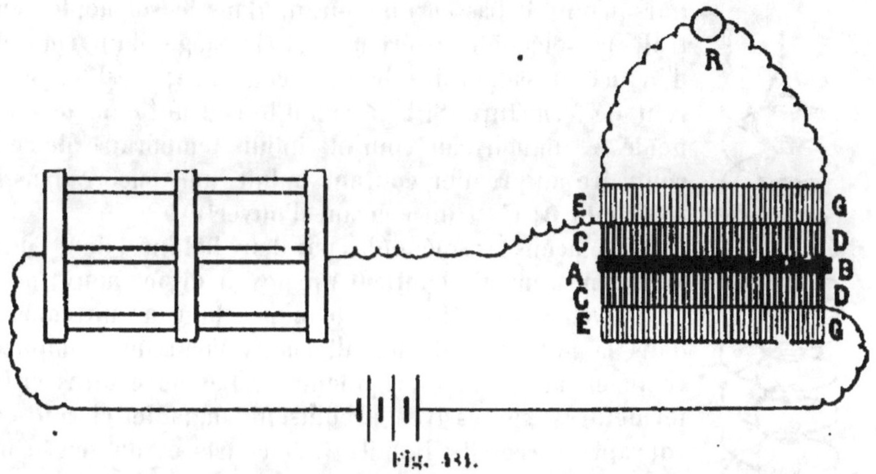

Fig. 484.

quent un grand nombre de spires. (La figure représente le transformateur coupé en deux selon l'axe de AB). Le fil gros CD est relié au conducteur qui vient du transmetteur; le fil fin et long est relié au conducteur qui va au récepteur R.

Les variations d'intensité développées dans le fil inducteur CD par les vibrations du transmetteur, font naître dans le conducteur qui part de EG des courants de haut voltage qui impressionnent convenablement le récepteur.

REMARQUE.

En télégraphie électrique, la terre sert de retour, il ne peut en être de même pour le téléphone : un fil de retour est nécessaire pour celui-ci. Les courants qui circulent dans le sol empêcheraient toute communication. Le fil qui sert de retour est en cuivre, métal meilleur conducteur que le fer.

Bobine de Ruhmkorff

547 — Définitions. — La bobine de Ruhmkorff est une bobine d'induction qui sert à obtenir un courant induit à très haut potentiel, à l'aide d'un courant primaire à faible potentiel, mais à grand débit. On lui donne quelquefois pour cette raison, le nom de *transformateur* qui devrait être plutôt réservé aux instruments analogues, changeant comme nous le verrons plus loin, les caractéristiques d'un courant alternatif.

Soit un solénoïde A (fig. 485) placé à l'intérieur d'un solénoïde B.

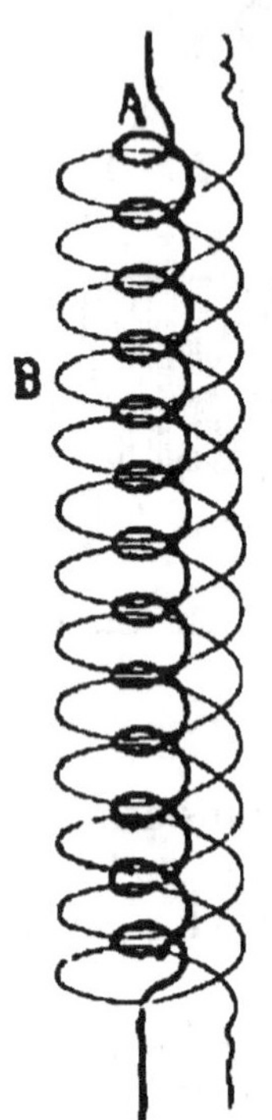

Lorsqu'on fait passer un courant dans le solénoïde central, le solénoïde extérieur est le siège d'un courant d'induction temporaire de sens contraire; c'est un courant de fermeture. Si l'on rompt le courant dans le solénoïde A, un nouveau courant induit temporaire de sens contraire au premier courant induit, naît encore dans le solénoïde B; c'est un courant d'ouverture.

Remplaçons les solénoïdes par deux bobines, dont l'une, la bobine centrale contient un noyau de fer doux; puis, au moyen d'un artifice quelconque, lançons un courant dans la bobine centrale, alternativement interrompu et remis en activité très rapidement. Les ouvertures et les fermetures successives produisent dans le circuit des courants successifs induits très courts et de sens contraires. Le noyau de fer doux condense les lignes de force du champ magnétique de la bobine centrale et il en résulte un accroissement du flux.

La force électromotrice d'induction est proportionnelle à la durée des alternatives de fermeture et d'ouverture du circuit inducteur et à la brusquerie de la rupture. La force électromotrice de l'extra-courant d'ouverture est plus forte que la force électromotrice de l'extra-courant de fermeture. A cause de la faiblesse relative de la force

Fig. 485.

électromotrice de fermeture, il ne se produit d'étincelles qu'au moment de l'ouverture. Dans ces conditions, le courant est semblable à un courant direct. Le courant secondaire possède donc un pôle positif et un pôle négatif bien déterminés.

548. — Description de la bobine de Ruhmkorff. —

La bobine se compose d'un faisceau de fils de fer doux F (fig. 486) isolés les uns des autres par du vernis. Autour du faisceau s'enroule un gros fil de 2 à 3ᵐᵐ de diamètre, de manière à former seulement deux ou trois couches de spires. C'est le fil inducteur, le **primaire** de la bobine. Il est enfermé dans un manchon en caoutchouc durci.

Le circuit induit ou **secondaire** de la bobine, est un fil de cuivre très fin, recouvert de soie, enroulé sur le manchon de caoutchouc où il fait plusieurs dizaines de milliers de tours.

L'induction est fournie par le circuit intérieur au moyen d'une ouverture et d'une fermeture qui se succèdent rapidement. Ces mouvements sont obtenus par un interrupteur à trembleur analogue à une sonnerie électrique, où l'électro-aimant serait remplacé par le faisceau de fer doux F. Le courant arrive d'une pile par un fil f attaché au support d'une vis V. La vis est en contact avec une lame d'acier très flexible R, à la-

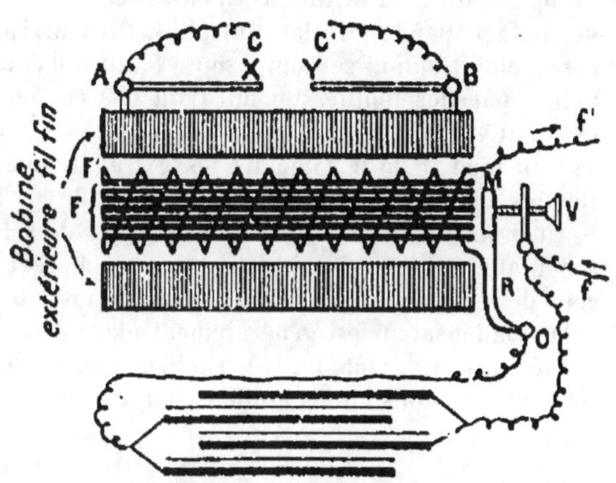

Fig. 186. — Bobine d'induction.

quelle est fixé un marteau M, en face du faisceau F. Le fil F' attaché au gros fil du primaire ramène le courant.

Établissons le courant. Il entre dans la bobine intérieure, en sort et retourné à la pile. Aussitôt le marteau M est attiré par le faisceau F, aimanté temporairement; mais le marteau quittant la vis, le courant est interrompu et l'aimantation du faisceau cesse. Alors le marteau reprend sa place. Au moment où il touche la vis, le courant est rétabli et le marteau, attiré de nouveau par le faisceau encore aimanté, frappe de nouveau le faisceau F, puis l'abandonne et ainsi de suite.

Les deux extrémités du circuit induit ou secondaire arrivent aux bornes AB qui portent des tiges métalliques; c'est entre les extrémités XY de ces tiges qu'éclatent les étincelles d'induction. Avec une bobine de grandes dimensions, on obtient des étincelles de plus de 50 centimètres. Aux bornes AB on attache des conducteurs pour recueillir les courants induits. Si l'on prend dans chaque main l'extrémité d'un conducteur, on reçoit une vive commotion. La commotion peut être mortelle avec de grosses bobines.

549. — Condensateur de Fizeau. — Au moment de la rupture du circuit, une étincelle due à la self-induction du primaire jaillit

entre le marteau M et l'extrémité de la vis V (fig. 486). Il est alors avantageux de diminuer le plus possible la durée de ces étincelles pour rendre l'interruption plus brusque et par conséquent augmenter la f. é. m. de l'induit. On évite ainsi d'autre part la détérioration des appareils de contact, par le fait des étincelles. On y arrive par l'emploi d'un condensateur. Celui-ci se compose de feuilles d'étain séparées les unes des autres par des feuilles de mica ou des cartons enduits de résine. Les extrémités des feuilles d'étain paires (fig. 486) sont réunies à un fil attaché au pied O de la lame B; les extrémités des feuilles impaires sont réunies à un autre fil attaché au support de la vis V.

Au moment de la rupture, le courant de self-induction du primaire s'ajoutant au courant principal, viendra charger le condensateur. L'étincelle de rupture sera donc plus faible et aussi plus courte.

Le condensateur est généralement placé dans le socle de la bobine.

Avec des interrupteurs très rapides, comme les interrupteurs électrolytiques que nous allons étudier tout à l'heure, on se passe de condensateur.

550. — Interrupteur de Foucault. — Lorsqu'on emploie

Fig. 487. — Interrupteur de Foucault.

une bobine puissante, les étincelles de self-induction sont telles que le condensateur de Fizeau ne suffit plus. On fait usage, dans ce cas, d'un interrupteur spécial : celui de Foucault, par exemple.

L'interruption est produite entre une pointe de platine mobile et un bain de mercure (fig. 487) dans lequel s'enfonce la tige, qui en sort pour s'y enfoncer de nouveau et ainsi de suite. Le mouvement de va et vient est obtenu à l'aide d'un dispositif à trembleur. La surface du mercure est recouverte d'une couche d'huile de pétrole, qui est un liquide isolant.

L'armature de fer $c\,l$ est fixée à un ressort vertical a. En C se trouve un petit marteau et en l une pointe en platine p, qui plonge dans un godet de mercure. Le marteau c communique avec l'un des pôles de la pile, le ressort a communique avec le primaire de la bobine. Lorsque ces deux cas sont réalisés, le courant passe. Alors le marteau c est attiré par le faisceau de la bobine primaire et l'armature bascule autour du point a : la pointe p émerge en conséquence du mercure. Il en résulte que le circuit est rompu. Mais dès que le courant cesse le ressort agit et il ramène la pointe dans le mercure; le marteau est de nouveau attiré, la pointe émerge de nouveau et ainsi de suite. Une légère étincelle se produit; elle est sans inconvénient à cause du liquide isolant.

551. — Interrupteur Wehnelt ou interrupteur électrolytique

— Cet interrupteur est analogue à un voltamètre. Il se compose d'une cuve en verre (fig. 488) contenant de l'eau acidulée, dans laquelle plongent deux électrodes : l'une, la cathode, est une lame de plomb C; l'autre, l'anode, est un fil de platine A. Le fil est entouré d'un petit tube en verre, qu'il ne dépasse à son extrémité en S, à laquelle il est soudé, que d'un demi-millimètre environ.

Avec un courant de 60 volts au moins, le fil de platine, lorsque le courant passe, est fortement échauffé en S : il rougit et s'entoure alors d'une gaine de vapeur, qui interrompt le courant; au-

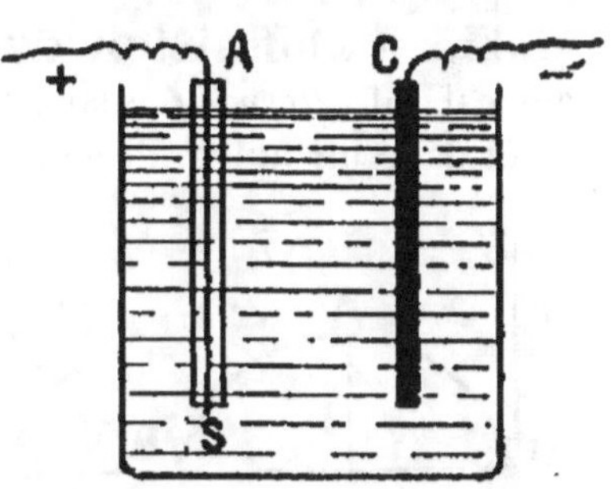

Fig. 488.
Interrupteur de Wehnelt.

trement dit, il est polarisé. Mais aussitôt que le courant est interrompu, l'enveloppe gazeuze se condense et le courant se rétablit. Le phénomène recommence.

Les interruptions se produisent au nombre de deux à trois mille par seconde. Avec cet appareil, un condensateur est inutile.

552. — Usages de la bobine de Ruhmkorff. — La bobine rend de grands services; elle a de nombreuses applications. On l'emploie en médecine pour le traitement par les courants de haute fréquence; elle est indispensable pour la production des rayons X; elle est nécessaire dans la télégraphie sans fil. La bobine peut remplacer avantageusement les machines électrostatiques, par exemple, pour les décharges dans les gaz raréfiés. C'est à l'aide de la bobine d'induction qu'on produit l'*allumage* dans les moteurs à gaz et à pétrole. C'est la même bobine qui sert en chimie à actionner les eudiomètres; etc.

TRENTE-SEPTIÈME LEÇON

ÉLECTRICITÉ DYNAMIQUE (*suite*)

Courants alternatifs. — Courants polyphasés. — Transformateurs.
— Magnétos à courants alternatifs. — Courants de haute fréquence.

Courants alternatifs

553. — Définition d'un courant alternatif. —Un courant est dit *alternatif* quand il parcourt un circuit tantôt dans un sens, tantôt dans un autre. Prenons deux axes de coordonnées rectangulaires

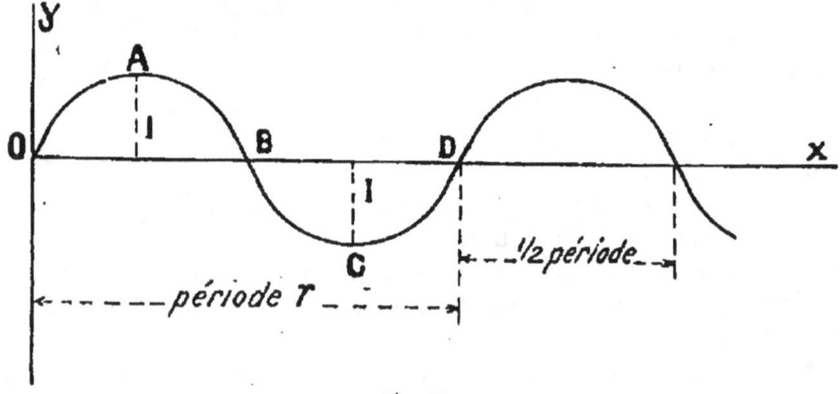

Fig. 489.

(fig. 489) : l'un OX qui est l'axe des temps, l'autre OY qui est l'axe des intensités. Le courant allant dans un sens a une intensité qui part de zéro (origine o des coordonnées); elle augmente et atteint une valeur maxima I (point A); puis diminue et devient nulle (point B). Ensuite, le courant allant en sens contraire, son intensité est regardée comme négative; elle repasse par les mêmes valeurs absolues que tout à l'heure, et ainsi de suite.

La **période** du courant alternatif est le temps T que s'écoule entre deux passages consécutifs du courant par la même intensité (en valeur algébrique).

La **fréquence** du courant est le nombre F de périodes par seconde. On a donc la relation

$$F . T = 1^{\text{seconde}}$$

d'où

$$F = \frac{1}{T}$$

554. — Principe des machines d'induction à courants alternatifs. — Ces machines s'appellent encore des **alternateurs**.

Considérons un aimant NS (fig. 490) situé dans le plan de la figure et mobile autour d'un axe O passant par son centre; l'axe étant perpendiculaire au plan de la figure. Cet aimant est placé au-dessus d'une bobine B que ses pôles, lorsque l'aimant tourne sur l'axe, viendront alternativement effleurer.

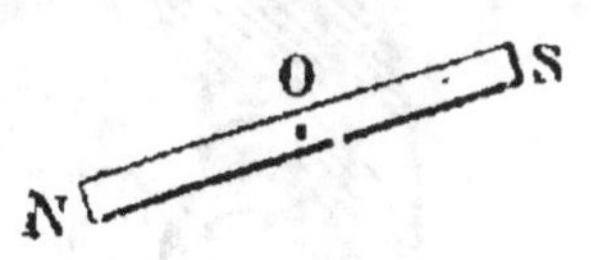

Lorsque le pôle N s'approche de la bobine, le flux qui traverse celle-ci va en augmentant. Donc, d'après la loi de Lenz (n° 526) il se produit dans B un courant dont le flux est de sens contraire à celui de l'aimant. Quand le pôle N s'éloigne, le phénomène inverse se produit et la bobine est traversée par un courant de sens contraire au premier; et ainsi de suite. Si la bobine B est fermée sur un galvanomètre G, on verra son aiguille osciller dans les deux sens, pourvu que les mouvements de rotation ne soient pas trop rapides. Dans le cas d'une rotation très rapide,

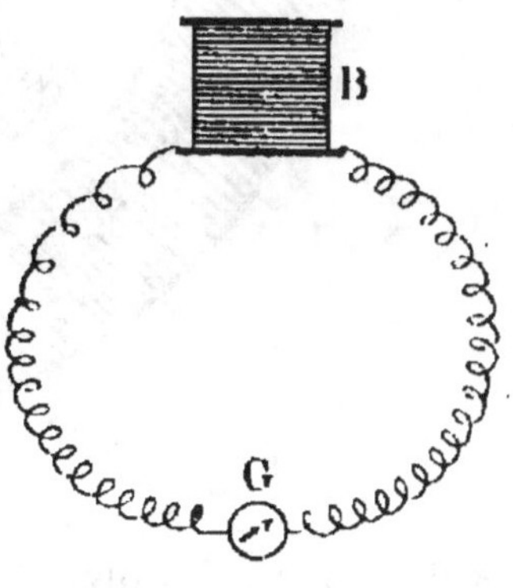

Fig. 490.

l'aiguille n'aurait pas le temps de se déplacer ni dans un sens ni dans l'autre.

La période du courant alternatif est la durée de rotation de l'aimant et la fréquence est le nombre de tours à la seconde.

REMARQUE.

Au lieu de faire tourner l'aimant, on pourrait faire tourner la bobine. Au lieu d'employer une seule bobine et un seul aimant, on peut employer n bobines et n aimants.

554 *bis*. — Alternateur industriel à induit fixe.
Inducteur.

L'inducteur mobile est formé par un volant en acier doux, portant des

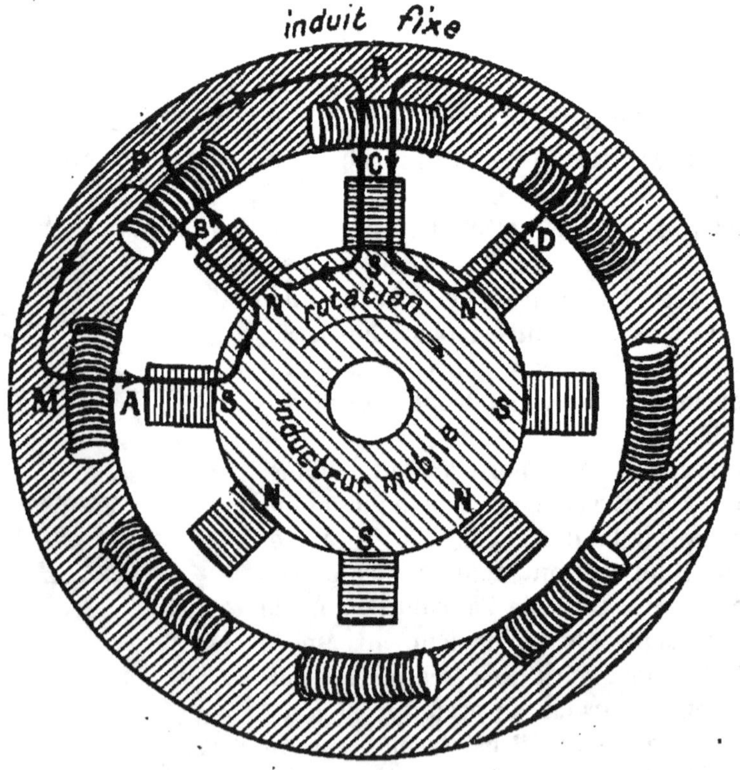

Fig. 491.

saillies A, B, C... (fig. 491), qui sont les noyaux d'électro-aimants. D'un électro-aimant à l'électro-aimant suivant l'enroulement du fil de cuivre est en sens contraire de manière à former des pôles alternés. Un même courant continu fourni par *l'excitatrice* (petite dynamo ou accumulateur) parcourt les bobines des électro-aimants.

Induit.

L'induit fixe est une couronne enveloppant l'inducteur. Il est formé de plaques de fer superposées et rivées les unes aux autres. Des encoches sont ménagées dans l'intérieur de la couronne pour permettre l'enroulement d'un fil et former autant de bobines M, P, R... (fig. 491) qu'il y a d'électro-aimants dans l'inducteur. D'une bobine à la bobine suivante, l'enroulement du fil est de sens contraire. Les deux extrémités du fil aboutissent aux bornes de l'alternateur.

Fonctionnement.

Supposons que les bobines de l'induit soient en face des électro-aimants correspondants de l'inducteur. Le flux magnétique se dirige d'un pôle N à un pôle S voisin, à travers l'inducteur et l'induit. Deux bobines consécutives sont parcourues par des courants de sens contraires; mais comme l'enroulement du fil sur ces deux bobines est de sens contraire, il s'ensuit que tout l'induit est au même instant parcouru par un courant de même sens. Celui-ci change quand une bobine passe d'un pôle nord devant le pôle sud suivant et vice versa.

En désignant par s la section d'un électro-aimant, par H l'intensité de son champ magnétique, le flux qui traverse la bobine en face est, par exemple, $+ Hs$. Quand l'inducteur a tourné durant le temps t toujours très faible, de manière à rétablir de nouveau la correspondance des bobines et des électro-aimants, le flux qui traverse la bobine considérée est $— Hs$ et la variation de flux est

$$Hs — (— Hs) = 2Hs$$

La f. é. m. moyenne du courant d'induction est alors pour une bobine

$$\frac{1}{10^8} \cdot \frac{2Hs}{t}$$

Si, à un moment donné, la f. é. m. est de 100 volts pour une bobine, elle sera, aux bornes de la machine, s'il y a 20 bobines

$$20 \times 100 = 2000 \text{ volts}$$

555. — Différentes formes des alternateurs industriels. — Les alternateurs se composent seulement de deux pièces essentielles : un inducteur et un induit; le collecteur est inutile.

Alternateur de Gramme.

Afin d'obtenir l'alternance des pôles d'un électro-aimant N à l'électro-aimant suivant S (fig. 492), on enroule le même fil, en sens contraire

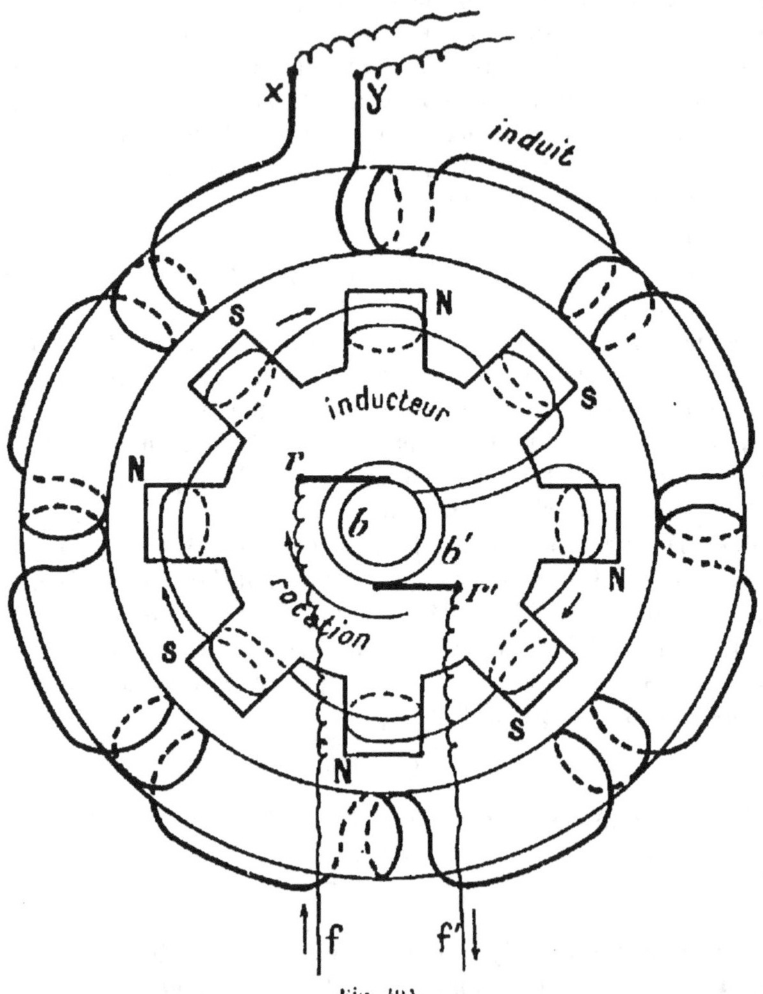

Fig. 492.

comme le montre la figure. On lance dans ce fil un courant toujours de même sens, produit par une dynamo auxiliaire à courants continus. Ce courant arrive par un fil f attaché à un ressort r, qui frotte sur une bague métallique b, puis va de la bague aux bobines des électro-aimants. Il s'écoule des bobines des électro-aimants sur une autre bague b' où un ressort r' qui frotte sur cette bague, le fait passer sur le fil de retour f'.

Sur les bobines de l'induit, égales en nombre aux pôles de l'inducteur, un fil est enroulé d'une bobine à l'autre en sens contraire, comme le montre la figure. Les extrémités du fil XY sont réunis au fil de ligne.

L'alternateur que nous venons de décrire, dans lequel le nombre des pôles de l'inducteur est égal au nombre des bobines de l'induit est dit *monophasé*.

Alternateur volant.

L'alternateur volant (fig. 493) est semblable à l'alternateur dont nous

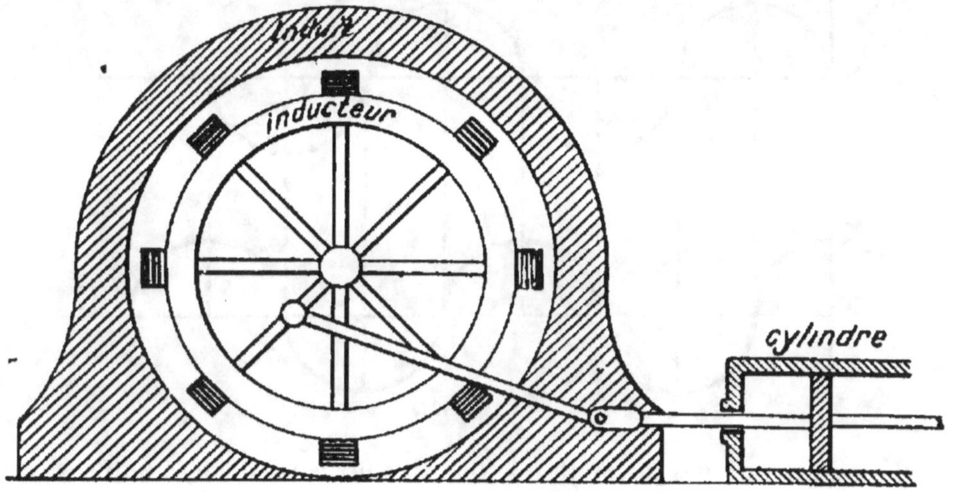

Fig. 493.

venons de parler. La bielle, d'une machine à vapeur, au moyen d'une manivelle, actionne directement l'inducteur qui sert de volant.

La durée de rotation de l'inducteur est égale à celle de l'allée et du retour du piston; elle n'est donc jamais très petite : elle est, par exemple, de 1 seconde. Alors pour peu que la fréquence soit un peu élevée, il faut multiplier le nombre des électro-aimants sur l'inducteur, c'est chose très facile, car on donne aux roues qui constituent l'appareil, un diamètre de 4 à 8 mètres.

Turbo-alternateur.

L'alternateur est commandé dans ce cas par l'arbre d'une turbine. Comme les turbines à vapeur ont une grande vitesse de rotation, si l'inducteur est actionné par une turbine à vapeur, il faut lui donner un diamètre faible afin d'éviter les chances de rupture dues à l'effet de la force centrifuge, mais alors on allonge les bobines dans le sens de l'arbre de rotation.

556. — Courants polyphasés. — On appelle courants polyphasés des courants périodiques alternatifs de même période et de même intensité maxima, mais qui ont une différence de phase; c'est-à-dire pour lesquels les intensités zéro, par exemple, n'ont pas lieu au même

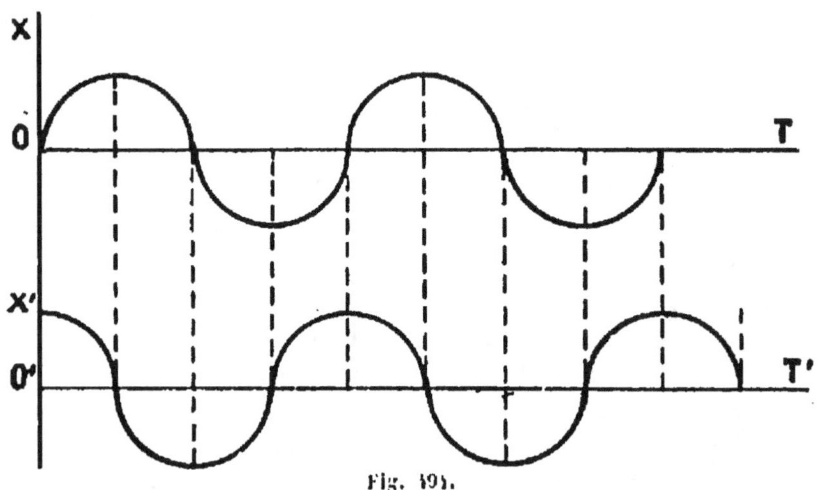

Fig. 491.

instant, mais à des intervalles de temps égaux à une demi, à un tiers..... de période.

Considérons deux courants alternatifs de même intensité maxima et même période; si leur différence de phase est d'un quart de période, ce sont des courants *diphasés*.

Voici ce qu'il faut entendre par là : soient OT et O'T' (fig. 491) les axes des temps, OX et O'X' les axes des intensités. Traçons des sinusoïdes représentatives des variations des intensités : quand le premier courant, à un instant donné possède une intensité nulle, le second courant possède son intensité maxima en valeur absolue et vice versa.

Dans les courants *triphasés*, la différence de phase est égale à un tiers de période; il y a trois courants.

557. — Alternateurs à courants triphasés. — L'expérience prouve que les alternateurs à courants polyphasés sont ceux qui se prêtent le mieux aux applications industrielles.

On obtient un alternateur triphasé en triplant tout simplement sur l'induit le nombre des bobines par pôle inducteur. On a alors trois séries de bobines avec 3 fils différents :

1° La série ABCD (fig. 495) constituée par un même fil, dont l'enroulement, comme il a été dit, change de sens à chaque bobine, de A en B, de B en C et de C en D. Les deux extrémités de ce fil sont reliées à des fils de ligne.

2° La série 1, 2, 3, 4 constituée également par un même fil, dont l'enroulement change aussi de sens d'une bobine à l'autre. Les deux extrémités de ce fil sont re-' encore à des fils de ligne.

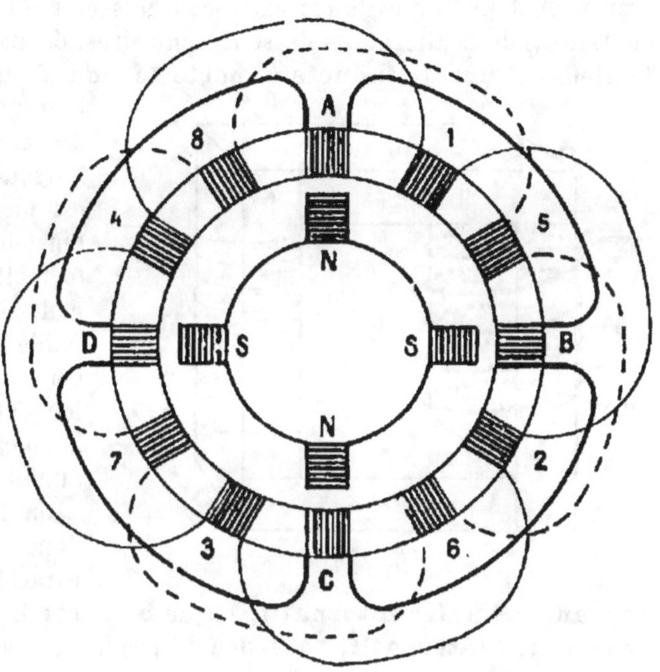

Fig. 495.

3° La série 5, 6, 7, 8, semblable aux deux précédentes ; les extrémités du fil reliées également à des fils de ligne.

Chaque série de bobine ayant un fil pour transmettre le courant au moteur et un autre pour le ramener au générateur, nous sommes en présence de six fils. Mais, comme on pourrait le démontrer, trois fils suffisent pour établir la transmission. On supprime les trois fils de retour et l'un des trois fils d'aller sert de retour aux deux autres.

Transformateurs

558. — Un transformateur est analogue à une bobine de Ruhmkorff. Nous avons vu que, dans la bobine de Ruhmkorff, la fermeture et la rupture du courant de la pile donnent naissance à des courants alternativement de mêmes sens et de sens contraires. L'un augmente l'intensité du courant de la pile, mais l'autre la diminue. Il s'ensuit que les courants induits dans la bobine ne sont pas égaux en intensité. C'est pourquoi un seul de ces courants franchit les électrodes de la bobine. Le transformateur, lui, évite les extra-courants et réalise au contraire des courants induits alternatifs de sens contraires, égaux en intensité et en tension. Le **circuit inducteur** porte le nom de **circuit primaire**;

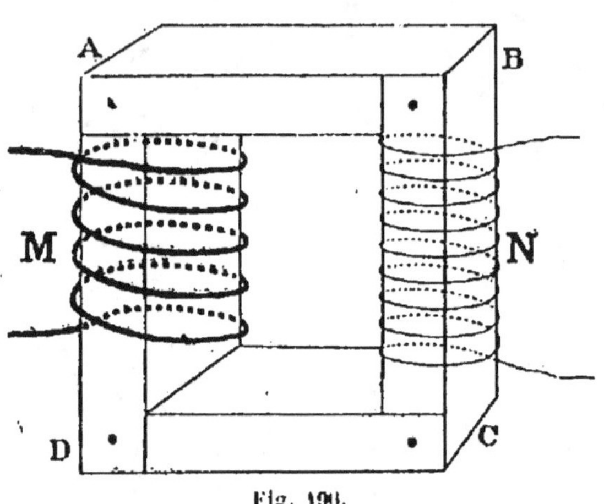

le **circuit induit, celui de circuit secondaire.** Lorsque le circuit primaire est un fil gros et court la tension du courant de transformation est plus élevée, mais son intensité est plus faible; au contraire, si le courant primaire est le fil long et fin, l'intensité est augmentée, mais la tension diminue.

Un transformateur sert donc à changer les deux caractéristiques E et I d'un

Fig. 190.

courant primaire alternatif, en deux autres E' et I' d'un **courant secondaire alternatif,** sans que l'énergie du courant soit sensiblement modifiée.

Le transformateur est tout simplement un anneau rectangulaire ABCD (fig. 490) sur lequel on a enroulé le fil gros et court d'une bobine M d'un côté, et de l'autre côté le fil long et fin d'une bobine N. L'anneau est construit avec des lames de tôle mince, vernissées pour qu'elles soient isolées entre elles : on évite de cette manière les courants de Foucault. Les lames de tôle ont la forme de règles larges. Elles sont en même nombre à chacun des quatre côtés de l'anneau et les bouts sont superposés alternativement; de cette façon, les quatre côtés sont dans le même plan. On enfile les bobines avant de boulonner les angles.

Les tôles minces, en fer doux, constituent un noyau. Les bobines servent indistinctement, l'une de bobine inductrice primaire, l'autre de circuit induit secondaire.

Lorsqu'on fait arriver   e le gros fil, qui sera alors bobine inductrice primaire, un courant alternatif de faible tension et de grande intensité, il développe dans le noyau un flux à variations périodiques, qui produit

dans la bobine secondaire de fil fin des forces électromotrices proportionnelles au nombre des spires. L'intensité du courant est au contraire
faible. Mais en même temps, la variation du flux dans le primaire détermine aussi une force électromotrice, proportionnelle également au nombre des spires du fil primaire.

— Le calcul et l'expérience sont d'accord pour prouver que la f.é.m. des
deux courants est proportionnelle aux nombres de tours n et n' des
deux fils primaire et secondaire.

$$\frac{E'}{E} = \frac{n'}{n}$$

Par exemple, si n = 200, n' 6000 et E 100 volts, on a

$$\frac{E'}{100} = \frac{6000}{200} = 30$$

d'où $E' = 100 \times 30 = 3000$ volts

D'autre part, si I = 20 ampères, la formule

$$E'I' = EI$$

donne $\qquad 3000 \times I' = 100 \times 20$

d'où $\qquad I' = \frac{2}{3}$ d'ampère.

Selon que le gros fil sert de courant primaire ou secondaire, le transformateur augmente le voltage et réduit l'intensité ou augmente l'intensité
et réduit le voltage.

L'utilité des transformateurs est considérable.

Magnéto à courants alternatifs

559. — La magnéto à courants alternatifs a pour but de produire
les étincelles d'*allumage* dans les moteurs à explosion. Elle se compose
de trois appareils essentiels : l'inducteur, l'induit et la bougie.

Inducteur.

L'inducteur est un aimant en forme de fer à cheval A (fig. 198). A chaque
pôle NS est rapporté une masse de fer doux F F' creusée circulairement,
pour concentrer les lignes de force. Dans l'espace circulaire libre tourne
l'induit T.

Induit.

L'induit est une pièce de fer doux T en forme de double t (fig. 498) sur laquelle on a enroulé bout à bout d'abord quelques spires d'un gros

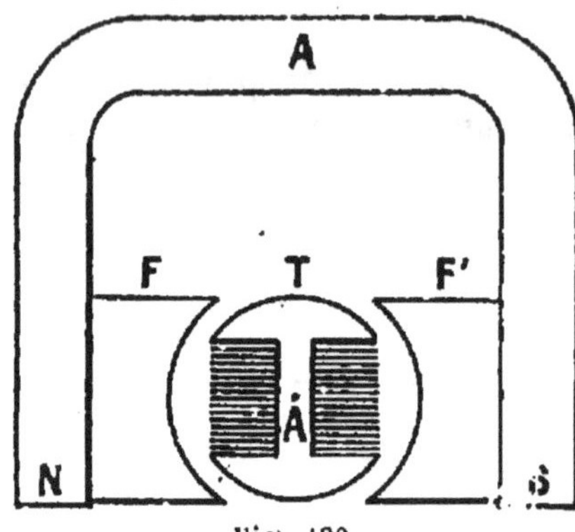

Fig. 498.

fil qui sera le primaire et de très nombreuses spires d'un fil fin, qui sera le secondaire.

L'induit tourne sur son axe A perpendiculaire au plan de la figure.

Lorsque l'induit tourne, il naît dans le fil primaire un courant alternatif, car les lignes de forces parallèles du champ magnétique de l'aimant sont alternativement coupées par les spires de l'induit. Le flux, périodiquement variable, est nul lorsque les spires SP sont parallèles aux lignes de force (fig. 499); il est au contraire maximum lorsque les spires sont perpendiculaires aux lignes de force (fig. 500).

Chaque cas se présente deux fois pendant la rotation complète de l'induit et par suite le courant change deux fois de sens.

Bougie.

La bougie est constituée par une tige d'acier A (fig. 501) entourée d'une matière isolante B, porcelaine ou mica. Le tout est enfermé dans une armature métallique C.

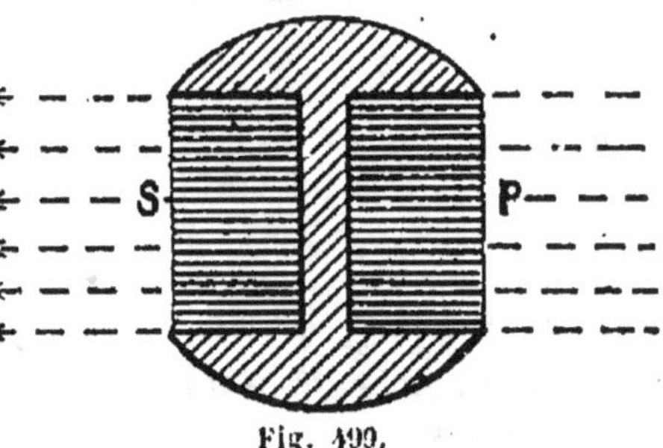

Fig. 499.

La tige A communique à sa partie supérieure avec l'atmosphère, par une prise de courant P; elle est terminée à sa partie inférieure par une pointe en nickel N écartée convenablement d'une autre pointe M fixée à l'armature. C'est entre l'espace M N qu'éclate l'étincelle. Le courant

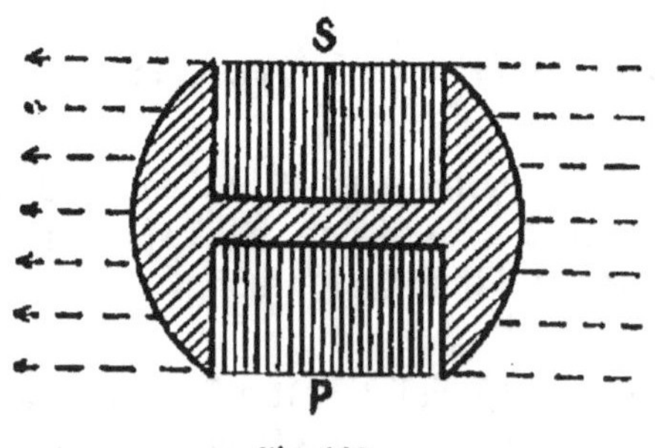

Fig. 500.

entre en P, suit B, N, M K et sort par le châssis R.

Étincelle d'allumage.

L'étincelle d'allumage éclate en MN. Elle est d'autant plus forte que la tension du courant est plus élevée. On augmente la tension du courant au moyen de ruptures et ce sont les ruptures qui produisent en même temps l'étincelle. Les ruptures sont obtenues au moment où le courant est maximum, c'est-à-dire à des intervalles réguliers, au moyen de cames (saillies d'engrenage destinées à transmettre le mouvement). Alors le courant secondaire ne dure que le temps de la rupture : il tombe du maximum à zéro. Cette brusque variation détermine dans le fil secondaire un nouveau courant induit à haute tension, qui est transmis à la bougie et une étincelle éclate.

La rupture est commandée par la magnéto elle-même, au moyen d'un dispositif spécial qui, coupant le courant chaque fois qu'il est maximum, donne deux étincelles par rotation complète de l'induit.

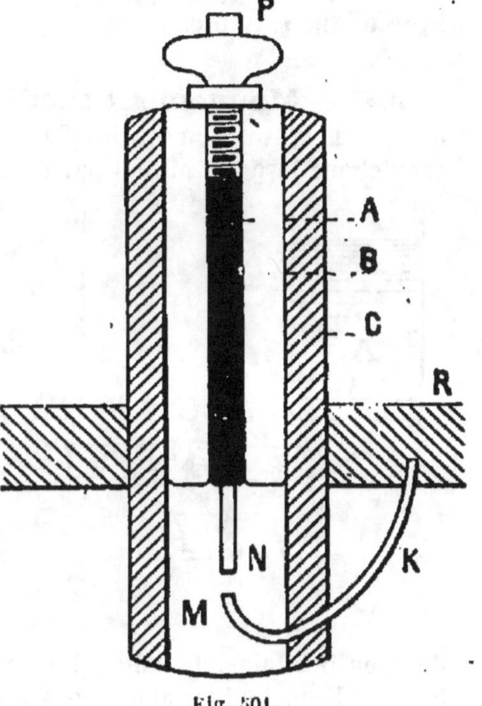

Fig. 501.

On peut supprimer l'allumage en réunissant les bornes de l'interrupteur : le courant change de chemin.

Courant de haute fréquence

560. — Maximum de la fréquence dans les alternateurs. — On conçoit qu'on ne peut augmenter au delà d'une certaine limite le nombre des pôles d'un alternateur; d'autre part, le nombre de tours à la seconde ne peut guère être supérieur à 50 sans risquer la rupture de l'alternateur, sous l'influence de la force centrifuge. Pour ces raisons, les alternateurs industriels ont une fréquence variant entre 10 et 100 périodes par seconde; et certains alternateurs de laboratoire atteignent seulement une fréquence de 1 000 périodes.

Pour obtenir des fréquences très élevées, de l'ordre des millions, on est obligé d'abandonner les alternateurs et d'employer une nouvelle méthode dont le principe sera facilement compris grâce à l'analogie hydraulique suivante.

561. — Mouvement oscillatoire d'un liquide. — Considérons deux vases A et B (fig. 502) communiquant par un tube de caoutchouc large et offrant par conséquent peu de résistance à l'écoule-

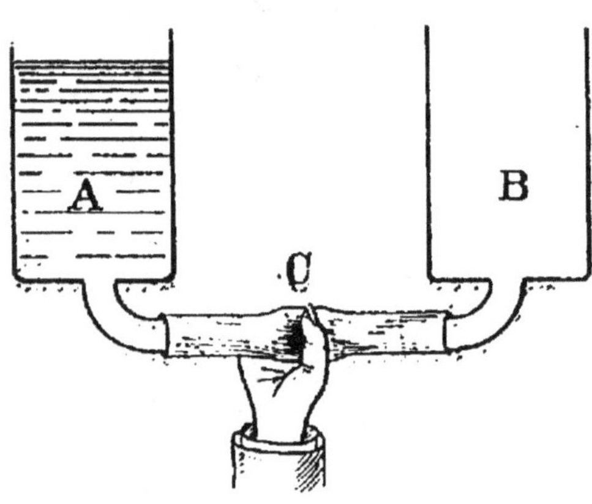

Fig. 502.

ment de l'eau d'un vase dans l'autre. Pressons le tube en C de manière à interrompre la circulation, et versons de l'eau en A jusqu'à un certain niveau. En desserrant *brusquement* le tube, l'eau descend en A et monte en B. Elle atteint en B le même niveau qu'elle a en A et même le dépasse un peu, à cause de l'énergie acquise. Le mouvement se produit ensuite en sens contraire, c'est-à-dire de B en A, puis se fait encore

de A en B et ainsi de suite. Il se produit donc un mouvement oscillatoire de l'eau dont les amplitudes vont rapidement en diminuant, à cause des frottements des molécules liquides les unes contre les autres et contre les parois du vase.

Si l'on desserrait *lentement* le tube de caoutchouc, le liquide en s'écoulant éprouverait une grande résistance en C et le niveau de B deviendrait égal à celui de A sans oscillations.

562. — Décharge électrique oscillante. — On produit des décharges électriques oscillantes analogues au mouvement oscillatoire des liquides, mais d'une très grande fréquence.

Les extrémités du fil secondaire d'une bobine de Ruhmkorff R communiquent d'abord avec un *éclateur* AB (fig. 503); puis avec les armatures intérieures de deux condensateurs C, C, (bouteilles de Leyde par exemple). Les armatures extérieures sont reliées entre elles par un solénoïde S, appelé *bobine de self-induction*.

Quand la différence de potentiel entre A et B devient suffisamment grande pour la distance AB, une étin-
celle éclate entre
A et B. Le filet d'air
qui sépare A et B
est alors assimila-
ble à un conduc-
teur et si sa résis-
tance n'est pas trop
grande, des cou-
rants oscillatoires
de très haute fré-
quence s'établis-
sent entre A et B.
Celle de deux ar-
matures des con-
densateurs qui était
d'abord positive
devient négative,
puis redevient po-
sitive et ainsi de
suite. Les change-
ments de signe se

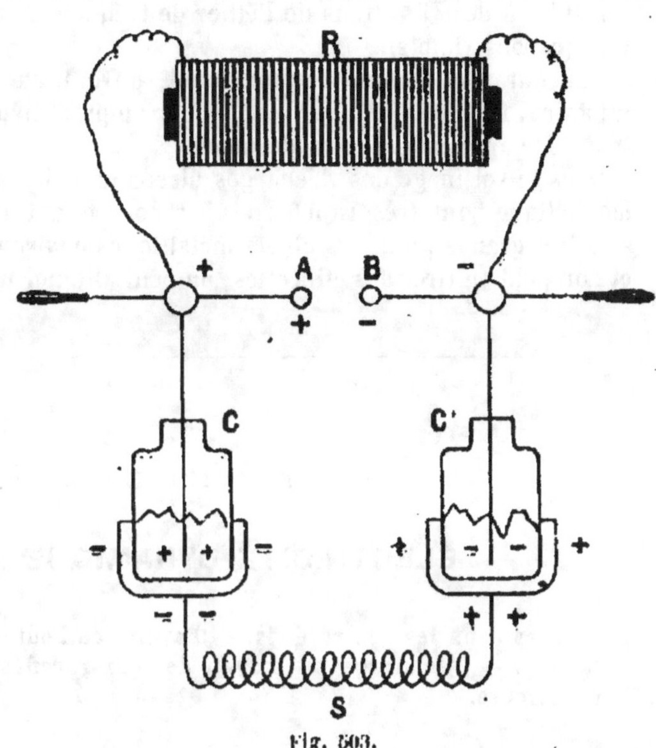

Fig. 503.

succèdent à intervalles si rapprochés qu'on ne voit pas la succession des
étincelles dans un sens puis dans l'autre : on ne perçoit qu'une étincelle
unique. Les décharges oscillantes vont jusqu'au million. En passant
rapidement une feuille de papier entre A et B, elle est percée de petits
trous voisins très fins. Ce sont les traces d'autant d'étincelles.

503. — Effets des courants de haute fréquence. —
Si l'on vient à toucher le self S on ne ressent aucune douleur, quoique
le corps soit traversé par des courants dont le voltage est extraordinairement élevé : par exemple 50 000 volts. De tels courants à faible fréquence
seraient foudroyants. On explique ce phénomène en admettant que les
nerfs sensitifs ne sont pas excitables sous des fréquences qui dépassent
le nombre de 50 000. D'ailleurs, nous savons que les nerfs auditifs ne sont
plus excités quand les vibrations sonores ont une fréquence supérieure
à 40 000; que les nerfs optiques, dans des conditions normales, sont in-

sensibles à des vibrations de l'éther de fréquence supérieure à 700 trillons (rayons violets).

Les courants de haute fréquence ont souvent, au contraire, une action salutaire; ils diminuent souvent, par exemple, l'hypertension artérielle. D'où leur application en médecine.

Dans le voisinage des décharges électriques, les variations du champ magnétique sont très rapides et par conséquent les effets d'induction sont très grands : tous les objets métalliques environnants sont électrisés et l'on peut en tirer des étincelles; on peut allumer une lampe électrique.

TRENTE-HUITIÈME LEÇON

ÉLECTRICITÉ DYNAMIQUE *(suite)*

Décharges dans les gaz raréfiés. — Rayons cathodiques. — Rayons X. — Radium. — L'éclairage au moyen des gaz raréfiés. — Lampe à vapeur de mercure.

Décharges dans les gaz raréfiés

564. — Généralités. — Nous savons que si, dans deux conducteurs rapprochés, on établit une différence de potentiel suffisante, il se produit une décharge électrique sous la forme d'une étincelle. L'étincelle n'est pas seulement dépendante de la distance qui sépare les deux conducteurs : son existence est liée encore à la pression de l'air ou du gaz qui baignent les conducteurs. Aussi lorsque la décharge a lieu dans un gaz raréfié, en tube clos par exemple, la décharge donne lieu non pas à une étincelle mais à une luminosité du gaz.

565. — Tubes de Geissler. — Un tube de Geissler est un tube de verre soudé à la lampe aux deux bouts, qui contient un gaz plus ou moins raréfié. Chaque bout du tube est traversé, dans la soudure, par un fil de platine, dont l'extrémité, à l'intérieur du tube, constitue de chaque côté une électrode. L'autre extrémité extérieure du fil, à chaque bout du tube, est reliée à un circuit dont la source est une pile. Une bobine d'induction est intercalée dans le circuit. Prenons un tube semblable (fig. 504) mais rempli d'air, que nous pouvons obtenir à des pressions différentes, au moyen d'une prise P soudée au tube et reliée à une machine pneumatique. Voyons ce qui se passe lorsqu'on fait circuler le courant.

1° Lorsque l'air du tube est à une pression un peu plus faible que la pression de l'air extérieur, la décharge traverse le tube et va d'une électrode à l'autre sous la forme d'un ou plusieurs filaments lumineux plus ou moins ondulés.

2° Abaissons dans le tube la pression jusqu'à 4 ou 5 centimètres de mercure : la décharge se manifeste maintenant sous la forme d'une lueur rougeâtre et continue, qui emplit le tube. On lui donne le nom de *colonne positive*.

3° Réduisons la pression à 1 centimètre environ. La colonne

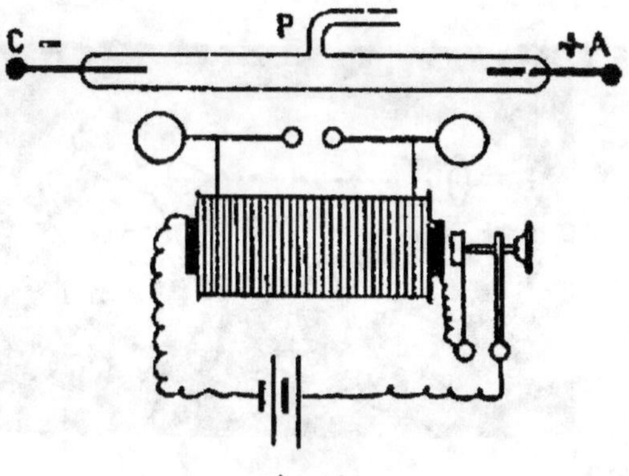

Fig. 504.

positive n'est plus homogène : elle est divisée en disques ou tranches parallèles alternativement brillantes et obscures. On dit qu'elle est *stratifiée*. La colonne est refoulée vers l'anode A; elle laisse entre elle et la cathode C un espace obscur.

La cathode est entourée d'une gaine lumineuse; l'anode présente un point brillant.

4° Abaissons encore la pression jusqu'à $\frac{1}{10}$ de millimètre. La gaine lumineuse qui entourait la cathode, l'abandonne et se change en un disque brillant isolé entre deux espaces obscurs. En même temps, la colonne se concentre de plus en plus vers l'anode et peu à peu disparaît.

Les tubes de Geissler, de formes diverses, sont remplis chacun d'un gaz différent, qui donne à la lueur une coloration particulière. L'hydrogène donne une coloration rouge, le gaz carbonique une coloration bleuâtre. La lueur est plus brillante dans les parties étroites d'un tube, que dans les parties larges.

Rayons cathodiques

566. — Tubes de Crookes. — Lorsqu'on pousse la pression jusqu'à un millième de millimètre, la décharge ne produit plus aucune luminosité du gaz renfermé dans le tube; mais la paroi du verre devient fluorescente dans la région située en face de la cathode : elle est illuminée d'une belle couleur verte. La cathode semble émettre des rayons qui cheminent en ligne droite dans le tube et frappent la région devenue fluorescente. Ces rayons ont été nommés *rayons cathodiques*.

Un corps solide, qu'il soit isolant ou conducteur, arrête les rayons cathodiques comme un écran.

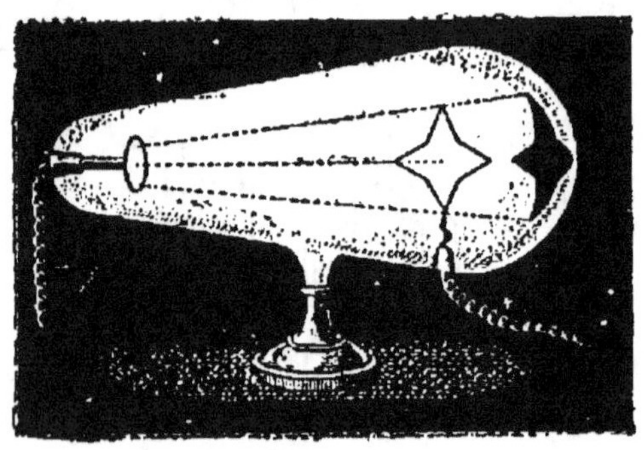

Fig 35   Tube de Crookes.

Plaçons dans un tube de Crookes, en face de la cathode, une étoile en aluminium (fig. 505); on voit l'ombre de l'étoile se peindre en noir sur le fond fluorescent de la paroi du tube.

Les rayons cathodiques illuminent vivement certains corps tels que la craie et le diamant, placés sur leur chemin.

REMARQUE.

L'existence des rayons cathodiques est expliquée de la manière suivante : Le gaz raréfié contenu dans l'ampoule serait composé de particules qui, au moment de la décharge se divisent en deux ions. Les ions se chargent les uns positivement, les autres négativement. Les ions négatifs repoussés alors par la cathode constitueraient les rayons cathodiques.

Rayons de Rontgen ou rayons X

567. — Généralités. — Le physicien Rontgen ayant enfermé un tube de Crookes en activité dans une boîte en carton, s'aperçut qu'une plaque de platino-cyanure de baryum placée dans le voisinage de la boîte, était devenue fluorescente. Ce n'était pas évidemment la

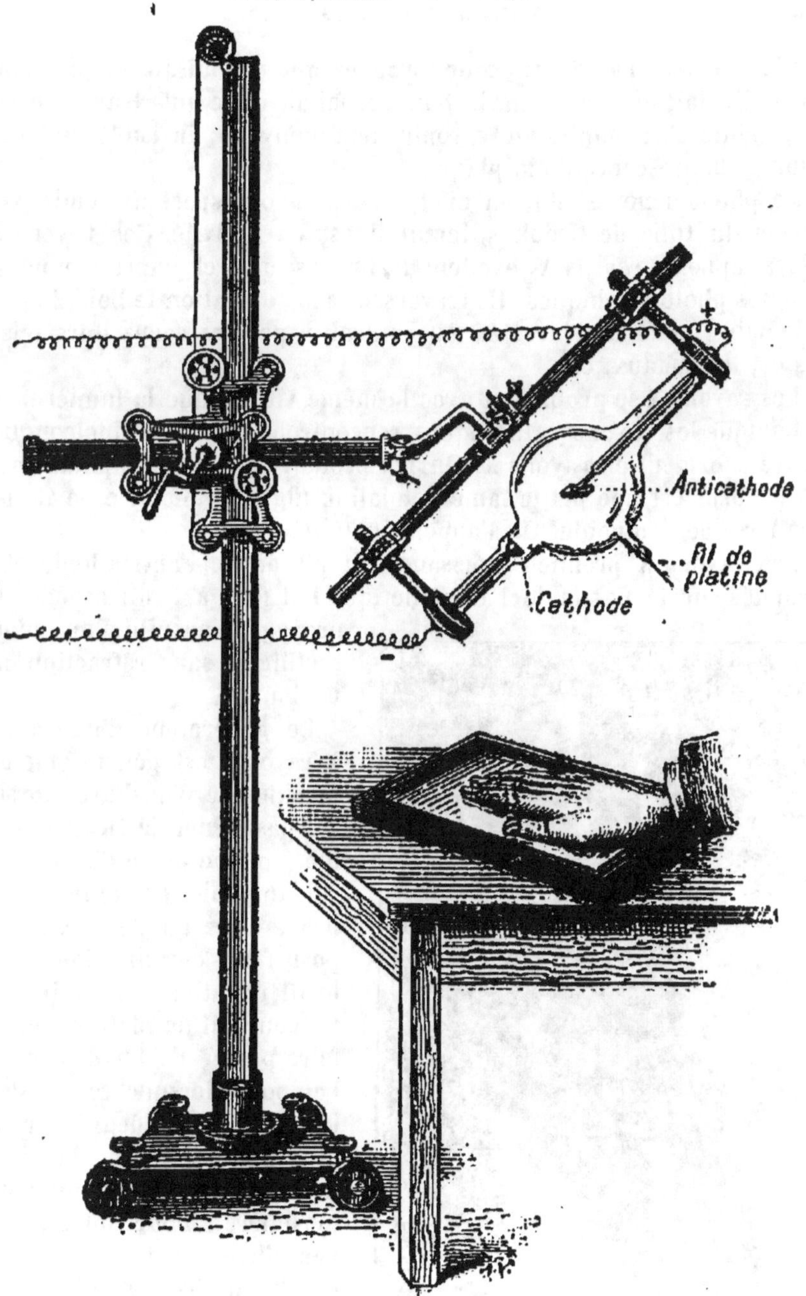

Fig. 303. — Ampoule à rayons X.

lumière émise par le tube de Crookes qui produisait le phénomène, puisqu'il était enfermé dans la boîte. Il fallait donc qu'à travers le carton de la boîte s'accomplît un rayonnement nouveau, invisible, qui provoquait la fluorescence de la plaque.

Ce phénomène est dû, en effet, à des rayons spéciaux, émis par les parois du tube de Crookes, lorsqu'il est en activité. Ces rayons invisibles, appelés *rayons X*, excitent la fluorescence et impressionnent des plaques photographiques. Ils traversent sans déviation le bois, le papier, les chairs, mais sont arrêtés, au contraire, par les corps durs tels que les os, les métaux, etc.

Les rayons X se propagent avec la même vitesse que la lumière.

Lorsque les rayons cathodiques rencontrent un corps quelconque, ils se transforment en rayons X. On les produit dans une ampoule spéciale où le corps est une petite lame de platine (fig. 506) inclinée de 45 degrés sur l'axe de l'ampoule. On l'appelle *anticathode*.

Les rayons X prennent naissance au niveau de l'anticathode et sont projetés sur la partie de l'ampoule, qui fait face à l'anticathode. Ils se propagent ensuite d'une manière rectiligne sans réfraction ni réflexion.

Le générateur d'une ampoule à rayon X est généralement une machine de Wimshurst, lorsqu'on n'a pas l'énergie électrique fournie par une usine d'électricité.

L'ampoule présente trois tubes : dans l'un est soudé le fil positif du circuit; dans l'autre, le fil négatif; dans le troisième, un court fil de platine qui sert à faire passer de l'hydrogène dans l'ampoule lorsque ce gaz devient trop raréfié. Le degré normal de la raréfaction de l'hydrogène doit être de un millionième d'atmosphère. Pour introduire un peu d'hydrogène dans l'ampoule, on chauffe le fil de platine à une flamme de gaz ou d'alcool : de l'hydrogène provenant de la com-

Fig. 507.

bustion, traverse le fil de platine, qui, porté au rouge, est devenu poreux.
Les rayons X rendent de grands services à la chirurgie.

568. — Radioscopie, radiographie. — La radioscopie et
la radiographie sont des procédés d'application des propriétés des
rayons X. Si l'on intercale la main ouverte entre une ampoule et un
écran de platino-cyanure de baryum, on voit sur l'écran l'ombre de la
main (fig. 507). Cette ombre présente des parties obscures, qui dessinent
les os, et des parties claires qui limitent les chairs. On a ainsi la *radioscopie*.

Remplaçons l'écran fluorescent par une plaque photographique, après
l'avoir enveloppée dans un papier noir qui la soustrait à l'action de la
lumière, mais laisse passer les rayons, et appliquons la main sur la
plaque (fig. 506). Après un temps convenable d'exposition, la plaque est
impressionnée; c'est-à-dire qu'elle reproduit l'image de la main. On a
une photographie où les os et les chairs sont visibles. Voilà la *radiographie*.

568 *bis*. — Action physiologique des rayons X. —
Les radiographes sont exposés avec les rayons X à des dangers graves.
Après quelques mois d'exercice, il peut arriver que leurs cheveux et
leurs ongles pour le moins deviennent fragiles et tombent. La peau
peut être aussi atteinte, et les tissus sous-jacents. Combien d'opérateurs,
au début de l'application des rayons X, ont perdu des doigts et même la
vue. Aujourd'hui, ils prennent de sévères précautions : ils opèrent à
l'aide d'un écran, se couvrent les yeux d'un masque à lunettes et mettent
des gants de caoutchouc.

Le radium

569. — Généralités. — Le *radium* est un métal rare alcalino-
terreux. Il existe dans la *pechblende*, minerai d'oxyde d'uranium. La
pechblende se trouve surtout en Bohème et en Suède. Les procédés
d'extraction du radium sont longs et compliqués. D'ailleurs, on ne l'obtient pas à l'état métallique, mais seulement sous la forme de sels :
chlorure et bromure. L'obtention de quelques centigrammes de bromure
de radium nécessite le traitement d'une tonne de minerai, de cinq
tonnes de produits chimiques et de cinquante tonnes d'eau.

Le chlorure et le bromure de radium étant solubles on les convertit en sulfate de radium insoluble, qui peut, lui, être employé, dès lors en chirurgie.

Les sels de radium sont lumineux dans l'obscurité; ils provoquent la phosphorescence : un écran de platino-cyanure de baryum placé à deux mètres d'un fragment de sel, s'illumine, et plus on rapproche l'écran du sel, plus son éclat augmente. Les sels de radium émettent aussi de la chaleur. Ce sont des substances *radioactives*. La *radioactivité* est la propriété d'un corps d'être soumis à une désagrégation spontanée et constante de ses éléments. La radioactivité du radium impressionne les plaques photographiques; elle ionise l'air, c'est-à-dire le rend bon conducteur de l'électricité; elle traverse les substances organiques et inorganiques.

C'est à la suite de la découverte des rayons X que le physicien H. Poincaré ayant suggéré l'idée que les corps fluorescents étaient probablement capables d'émettre des rayons identiques, plusieurs savants orientèrent leurs travaux de ce côté. Edmond Becquerel avait signalé que les sels d *uranium* étaient fluorescents, son fils H. Becquerel vérifia avec cette substance l'hypothèse de Poincaré et, chose importante, il acquit la certitude que la fluorescence n'était pour rien dans l'émission des rayons X. En conséquence, l'uranium est donc radioactif en dehors de toute illumination. Tous les composés de l'uranium sont radioactifs.

Mᵐᵉ Curie, physicienne française remarquable, rechercha à son tour si la radioactivité (le mot est d'elle) est une propriété exclusive de l'uranium ou si elle appartient aussi à d'autres substances. Elle trouva que le *thorium* (autre métal rare que l'on emploie dans la confection des manchons pour bec auer), produit également des rayons pénétrants. Elle étudiait en même temps des minéraux d'uranium. Elle s'aperçut un jour qu'un échantillon de ce minerai se montrait quatre fois plus actif que les échantillons étudiés précédemment par elle. E le en conclut que ce phénomène devait être dû à la présence d'un autre corps plus actif que l'uranium et, aidée de son mari, physicien lui-même, elle chercha à isoler ce corps. Ses recherches, couronnées de succès, donnèrent un résultat stupéfiant. La radioactivité du corps décelé par elle, auquel on donna le nom de *radium*, est en effet deux millions de fois supérieure à celle de l'uranium.

La radioactivité du radium se manifeste par l'émission de rayons invisibles et pénétrants de trois sortes, accompagnés d'un gaz radioactif dit *émanation*.

Les rayons, désignés par les trois lettres grecques α β γ, ne sont pas semblables. Lorsqu'ils sont dirigés sur un corps organique, les deux premiers sont les moins pénétrants : ils ne traversent que quelques couches de cellules. Au contraire, les rayons γ ont un pouvoir de pénétration considérable. Les métaux, selon leur épaisseur et selon le rayon, offrent une résistance inégale à leur pénétration. L'argent et le plomb ne laissent passer que des rayons γ et en nombre réduit selon l'épaisseur des plaques.

Nous avons parlé des dangers des rayons X pour l'opérateur, le danger n'est pas moindre pour lui lorsqu'il fait agir le radium. On rapporte que le savant Becquerel ayant emporté dans sa poche, un tube de verre contenant un sel de radium, éprouva d'abord une vive cuisson sur la peau située au voisinage du tube; puis la peau se tuméfia et il se forma une ulcération qui guérit difficilement. Cet effet de la radioactivité du radium, de ronger les chairs, est utilisé par la chirurgie. Mais dans ce cas, les rayons qui offrent, comme nous venons de le dire, des différences de pénétration dans certains cas, sont filtrés convenablement. Les filtres sont des lames d'argent ou de plomb de un dixième de millimètre d'épaisseur. Lorsque le chirurgien doit agir à la surface du tissu, il emploie un appareil à nu avec lequel il opère rapidement; il utilise ainsi les rayons α et β seulement, de faible pénétration. Si le chirurgien doit agir au contraire sur un point profond, il se sert d'un appareil dont l'enveloppe qui constitue le filtre, ne laisse passer que les rayons γ.

Le gaz *émanation* émis par le radium, a la propriété de rendre radioactifs les corps avec lesquels il est en contact. L'*émanation* rend lumineuses les parois d'un récipient qui contient un sel de radium. Le savant anglais W. Ramsay a montré que l'émanation d'un sel de radium donne naissance à un corps simple, l'*hélium*, gaz que l'analyse spectrale a trouvé dans le soleil. Or, la science dit que la transmutation des corps simples est impossible. Ajoutons que le radium dégage spontanément de l'énergie sans rien perdre de son poids. Cela est en contradiction aussi avec les lois actuelles fondamentales de la physique et de la chimie. N'est-ce pas troublant?

L'éclairage
au moyen des gaz raréfiés

570. — Énergie lumineuse. — Il a semblé jusqu'à une date récente que l'éclairage ne pouvait être réalisé que par la combustion, ou qu'en portant certains corps à une haute température. Et l'on pensait avec raison que l'intensité de l'éclairage dépend de la température du corps éclairant. Or, la lumière fatigue d'autant plus la vue, que la température du corps éclairant est élevée. On n'a pu éviter cet inconvénient qu'en entourant d'un globe translucide la source lumineuse. Mais on perd de cette façon environ quarante pour cent de la lumière produite.

Au lieu de diviser l'énergie dépensée en chaleur et en lumière, on a cherché à la concentrer totalement sur la lumière. Le ver luisant qui brille d'un si vif éclat pendant certaines nuits d'été, ne fait pas autre chose : il répand de la *lumière froide*. Le savant américain Moore pensa le premier que puisque la décharge électrique produit dans les gaz raréfiés des phénomènes lumineux, bien que le tube reste relativement froid, la solution du problème devait être de ce côté. Il remarqua que lorsque les radiations qui agissent sur notre œil, se trouvent toutes dans le spectre visible, le rendement lumineux du gaz avec lequel on opère est meilleur; c'est le cas de l'azote. Si, au contraire, la plupart des radiations sont dans le spectre invisible, c'est-à-dire en deçà du rouge et au delà du violet, le rendement lumineux est faible; c'est le cas de l'hydrogène.

571. — Éclairage à l'azote.

L'éclairage Moore est réalisé ainsi : de longs tubes de verre d'un diamètre de 3 à 4^{cm} sont disposés près du plafond; ils sont recourbés où cela est nécessaire. Ces tubes sont remplis d'azote à la pression de $\frac{1}{10}$ de millimètre de mercure. Les électrodes, scellées à chaque bout du tube, d'une longueur de 15 à 20^{cm} chacune, sont en graphite. La lampe est installée sur le secondaire d'un transformateur qui élève la tension.

L'azote donne une lumière jaune d'or.

Le gaz carbonique produit une lumière se rapprochant de celle du jour.

Avec l'air, on a une lumière rose.

572. — Éclairage au néon.

Jusque vers l'année 1910, les tubes lumineux contenaient un gaz usuel. Depuis que l'on est parvenu à liquéfier de grandes masses d'air, on isole en même temps un gaz rare de l'air, le néon, dont le spectre est riche en raies lumineuses. On extrait le néon par distillation fractionnée de l'air liquide.

Les tubes sont remplis de néon à la pression de $\frac{1}{10}$ de millimètre. La lampe est installée comme le tube Moore sur le secondaire d'un transformateur qui élève la tension. Les électrodes, de 20^{cm} de longueur, sont en cuivre. Les tubes peuvent avoir au plus 5 mètres de long. Un tube à néon dure 1000 heures.

La lumière au néon est rouge. Le spectre présente de belles raies rouges et jaunes, mais aucune radiation au delà : ni bleu ni violet. On peut atténuer ce défaut en plaçant un tube à vapeur de mercure près du tube à néon.

La lumière au néon est excellente pour la vue dont elle augmente l'acuité.

L'éclairage
par la lampe à vapeur de mercure

573. — Généralités. — La lampe à vapeur de mercure se compose d'un tube en verre (fig. 508) renflé à son extrémité C. Dans cette partie renflée se trouve une petite quantité de mercure qui constitue la cathode. Un fil F' en communication avec le mercure est soudé à l'extré-

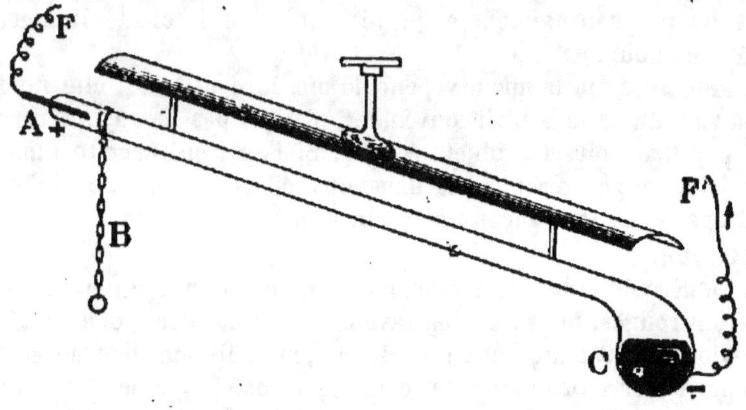

Fig. 508.

mité du tube. L'anode, en fer, est soudée à l'autre extrémité A du tube ; elle communique avec un fil F.

Le tube est suspendu au plafond où il se maintient dans une position oblique, l'extrémité renflée en bas.

Le courant est amené par le fil F lorsque le circuit est fermé ; il sort par le fil F'.

Pour amorcer la lampe, on ferme le circuit et, au moyen de la chaînette

B, on fait basculer la lampe. On la laisse reprendre d'elle-même sa position. Un filet de mercure s'écoule de la cathode à l'anode et produit un court-circuit, qui dure tant que la lampe est dans une position symétrique de celle de la figure. Lorsque la lampe reprend sa position, le filet de mercure se brise et un arc jaillit entre la brisure. La vapeur métallique formée s'échauffe, devient conductrice et l'arc emplit tout le tube.

Pendant que la lampe fonctionne, on peut voir à la surface du mercure de la cathode un petit cratère; c'est de ce cratère, où le métal est désagrégé, que celui-ci se volatilise. Le mercure se condense dans les parties plus froides du tube et redescend vers la cathode.

L'amorçage de l'arc a pour but de produire l'*ionisation* de la vapeur de mercure. Lorsqu'un gaz est rendu conducteur, on dit qu'il est *ionisé*. On admet que des molécules sont brisées par l'étincelle en corpuscules ou *ions* positifs et négatifs.

Comme la désagrégation du mercure et par suite l'ionisation ne se produisent qu'à la cathode, la lampe ne peut fonctionner que sur courant continu. On peut tout de même employer les courants alternatifs, mais avec un dispositif spécial pour annuler les constants changements de sens de ces courants.

Les lampes couramment employées ont une intensité lumineuse de 500 à 1200 bougies.

La lumière de la lampe à vapeur de mercure est fixe; elle ne fatigue pas la vue. Elle a le seul inconvénient, n'ayant pas de rayons rouges, de faire paraître noirs les objets rouges. Si l'on rend à cette lumière les radiations rouges en plaçant dans un réflecteur R, une étoffe rouge (teinte par l'éosine), l'inconvénient disparaît.

REMARQUE.

La lumière de la lampe à vapeur de mercure donne un spectre exempt de rayons rouges, mais riche en rayons violets et ultra-violets. Les rayons ultra-violets sont dangereux pour la vue, mais ils sont heureusement arrêtés par le verre ordinaire, par conséquent par la lampe elle-même.

Les rayons ultra-violets ont un autre effet : ils détruisent les microbes et empêchent le développement de leurs spores. Or, si ces rayons sont arrêtés par le verre ordinaire, ils traversent le quartz. On a alors fabriqué des lampes en quartz transparent, qui servent à stériliser l'eau simplement exposée à leur lumière.

On a remarqué encore que les rayons de la lampe en verre ordinaire ont une action curieuse sur les plantes : elles deviennent plus vigoureuses, la coloration des fleurs est plus intense, la germination des graines est plus rapide.

TRENTE-NEUVIÈME LEÇON

ONDES ÉLECTRIQUES

Excitateur de Hertz. — Télégraphie sans fil. — Détecteurs d'ondes.

Ondes électriques

574. — Toute source sonore ou lumineuse donne lieu à des mouvements vibratoires. Les étincelles oscillantes produites par des courants alternatifs ont la même propriété : elles créent des ondes électriques qui se propagent ensuite comme un mouvement vibratoire.

La vitesse de propagation des ondes électriques est égale à celle de la lumière : 300 000 kilomètres par seconde. Ces ondes sont capables de se réfracter et d'interférer, comme les ondes lumineuses.

575. — **Excitateur de Hertz**. — En diminuant la capacité des condensateurs C, C (fig. 503) dans l'appareil qui sert à produire des décharges oscillantes, et en supprimant la self-induction de la bobine S, on augmente la fréquence. Les extrémités du secondaire de la bobine (fig. 509) sont reliées à des tiges qui portent chacune un condensateur A et B (plaques ou boules métalliques) et chacune une boule de décharge C, D. Des étincelles oscillantes

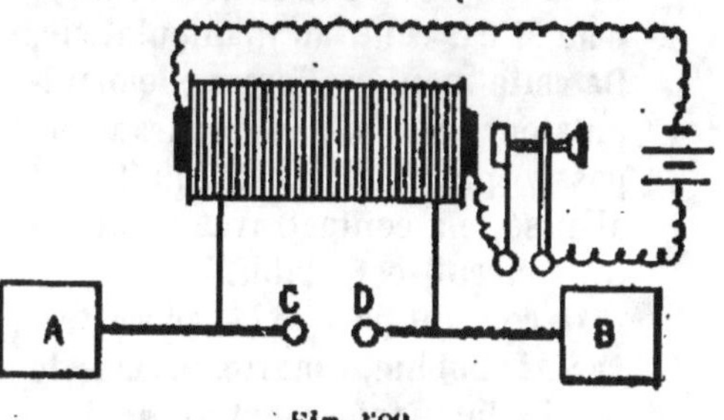

Fig. 509.

éclatent d'une manière continue entre les boules C et D. L'espace d'éclatement CD est le centre d'oscillations électriques qui se propagent successivement et sans interruption dans tous les sens, même à travers les murs.

Avec cet appareil, la fréquence va jusqu'au milliard.

Télégraphie sans fil

576. — **Cohéreur**. — Le physicien français *Ed. Branly* a montré que si, dans un circuit qui comprend un galvanomètre G (fig. 510), on

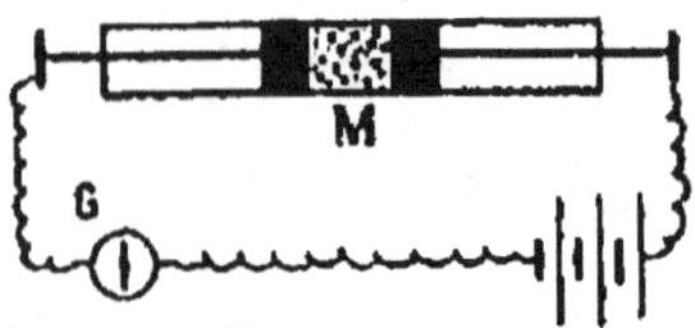

Fig. 510. — Cohéreur.

intercale une petite masse de limaille métallique M, légèrement comprimée dans un tube, entre deux pistons conducteurs, le courant est arrêté par la limaille. Il en est ainsi parce que celle-ci offre une résistance considérable. Mais dès que la limaille est traversée par une onde électrique sa résistance cesse ou du moins est diminuée de telle manière que le courant est établi. On le constate au galvanomètre.

Pour rendre à la limaille sa résistance et interrompre de nouveau le courant, un faible choc sur le tube suffit.

577. — Poste transmetteur. — Un poste transmetteur de télégraphie sans fil comprend essentiellement une source électrique E, un éclateur, un manipulateur Morse et une antenne A. L'éclateur est muni de boules B, B au lieu de plaques.

Le pôle positif de la source d'électricité E (fig. 511) est relié à la bobine de Ruhmkorff; le pôle négatif à la borne S du manipulateur. Le pied de la vis V en contact avec le marteau M est relié au manipulateur. De cette manière, lorsque le manipulateur est levé le courant ne passe pas; mais lorsqu'il est abaissé, en contact avec la borne S, le circuit est établi.

Le courant part de la source, traverse la bobine, le marteau, la vis, le manipulateur et revient à la source.

Lorsque le courant passe, des étincelles oscillantes éclatent entre les boules *bb*. Des courants alternatifs se manifestent dans l'antenne A et provoquent dans l'espace environnant des ondes électriques. Ces ondes qui se propagent jusqu'à quelques centaines de kilomètres, vont affecter le cohéreur du poste récepteur.

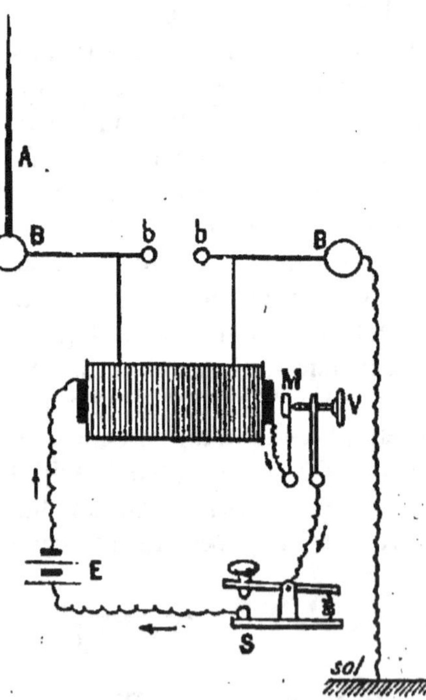

Fig. 511. — Poste transmetteur.

L'émission des ondes dure tant que le courant passe : par conséquent les émissions sont longues et brèves à la volonté de l'opérateur.

578. — Poste récepteur. — Le courant chargé d'actionner le

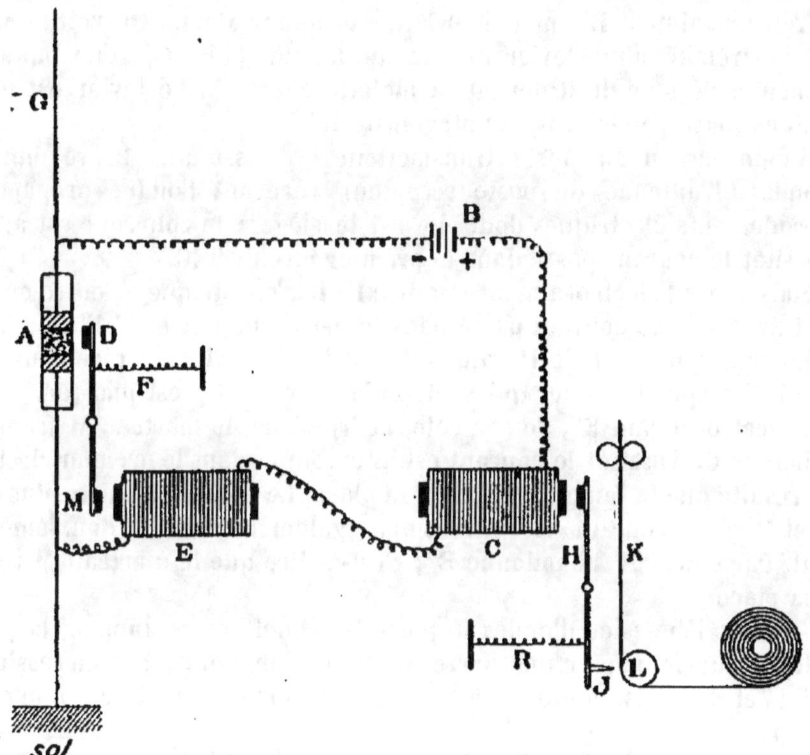

Fig. 512. — Poste récepteur.

récepteur Morse devant être assez fort, ne doit pas passer par le cohéreur qui est un appareil trop sensible. Alors on dispose deux circuits : l'un pour le cohéreur, l'autre pour le récepteur.

Le premier circuit dépendant d'une petite source d'électricité S (fig. 512), comprend le cohéreur C et un électro-aimant de relais E.

Le deuxième circuit dépendant d'une source d'électricité S' plus importante que S, comprend deux électro-aimants E' et E".

Entre l'électro-aimant E du premier circuit et l'électro-aimant E' du deuxième circuit, se trouve une lame d'ébonite (non conductrice) mobile autour de O' et maintenue en place par un ressort antagoniste R'. A l'extrémité F de la lame est fixée une petite masse de fer doux, pouvant être attirée par E lorsque le courant passe.

Du point O' à l'autre extrémité F' la lame est garnie d'une enveloppe de cuivre ; aussi lorsque F est attiré par E, F' entre en contact avec la borne M, qui est à l'une des extrémités du fil de l'électro-aimant E'.

L'électro-aimant E' appartient à un récepteur Morse. On voit la pointe P à l'extrémité d'un levier mobile autour du point O". Une bande de papier se déroule de B devant la molette encrée X. Le levier est maintenu en place par le ressort antagoniste R".

Supposons qu'au poste transmetteur on fasse une brève émission d'ondes. L'antenne du poste récepteur recevant l'onde, propage les ébranlements électriques dont elle est le siège : le cohéreur est affecté. Aussitôt le courant passe dans le premier circuit SEC.

Mais alors l'électro-aimant E attire F ; il s'ensuit que F' entre en contact avec M et le courant passe dans le deuxième circuit S' E' O' E".

En conséquence, l'électro-aimant E' attire le levier du récepteur et la pointe P frappe le papier qui se déroule : Un point y est marqué.

L'électro-aimant E", de son côté, attire M' et le marteau M frappe le cohéreur C. Aussitôt le courant est interrompu dans le premier circuit. Il en résulte que la lame F revient à sa place. Le contact n'existe plus entre F' et M et le courant est interrompu également dans le deuxième circuit. Par suite, M' abandonne E" ; c'est-à-dire que le marteau M revient à sa place.

Lorsque l'émission d'ondes au poste transmetteur est longue, la pointe P trace sur le papier une barre au lieu d'un point. La succession de points et de traits, conforme à un alphabet Morse, permet de lire le radio-télégramme.

Le tube à limaille de Branly n'est plus sensible au delà de 1000 kilomètres environ ; on emploie alors d'autres appareils.

579. — Détecteurs d'ondes. — Le détecteur d'ondes, c'est-à-dire le collecteur, l'organe de réception des ondes, l'appareil qui les décèle au passage, est, pour les distances qui n'excèdent par 1 000 kilomètres, le cohéreur de Branly, mais pour enregistrer les ondes au delà de cette distance, comme par exemple d'Europe en Amérique, par-dessus l'Atlantique, le tube à limaille est insuffisant. On a recours alors à des détecteurs électrolytiques et à des détecteurs à cristaux.

Détecteur électrolytique.

Le détecteur électrolytique est un voltamètre semblable à l'interrupteur de Wehnelt. Il se compose d'un récipient contenant de l'eau acidulée dans laquelle plongent deux électrodes AC (fig. 513). L'une, la cathode est une lame de plomb ou de platine C; l'autre, l'anode est un fil fin de platine A. Ce fil est entouré d'un petit tube de verre, qu'il ne dépasse à son extrémité, en S que d'un demi-millimètre environ. L'appareil est intercalé dans un circuit auxiliaire qui comprend une pile; il est soumis cons-tamment à l'application d'une force électro-motrice d'environ 1 à 2 volts. Sur les fils PN on dispose en dérivation le détecteur électrolytique au poste récepteur (fig. 514), comme le radio-conducteur de Branly.

Tant que le détecteur n'est affecté par aucune onde électrique le fil S reste polarisé, mais dès qu'un train

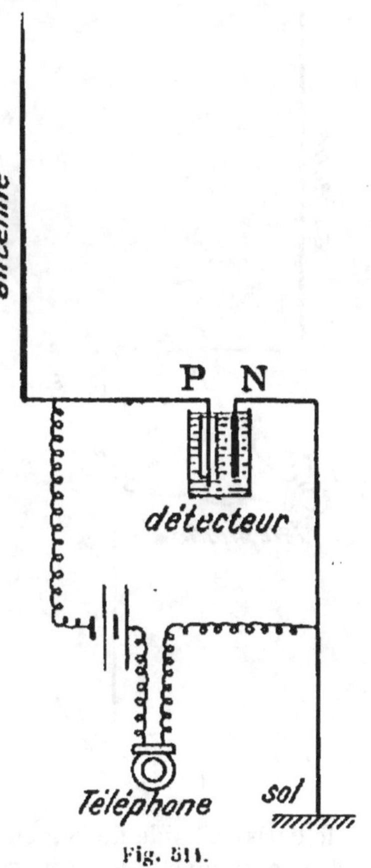

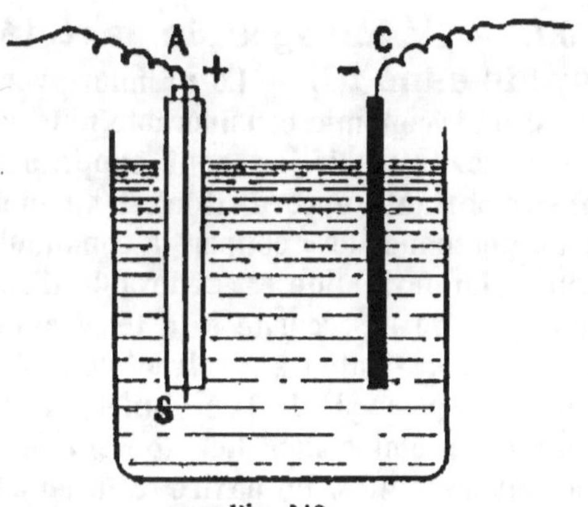

Fig. 513.

Fig. 514.

d'ondes l'enveloppe, la dépolarisation cesse et l'on entend un son à un téléphone que l'on a placé dans le circuit. Quand les ondes électriques ne se manifestent plus, la polarisation de S revient et ainsi de suite. On *entend* au téléphone l'alphabet au lieu de le *lire*. Si l'émission des ondes est brève, le son est court; si l'émission est longue, le son est long.

Détecteur à cristaux.

Le détecteur à contacts solides, dit détecteur à cristaux, est tout sim-plement un fragment de galène cristallisée G (fig. 515), (sulfure de plomb) disposé de manière qu'une arête vive *naturelle, non une cassure,* soit en léger contact avec une pointe de platine P. Un téléphone, comme dans le cas précédent, est associé au circuit. Chose curieuse, bien qu'il n'y ait point de pile, chaque fois que le détecteur est affecté par une onde électrique, un courant se manifeste et l'on entend un son au téléphone.

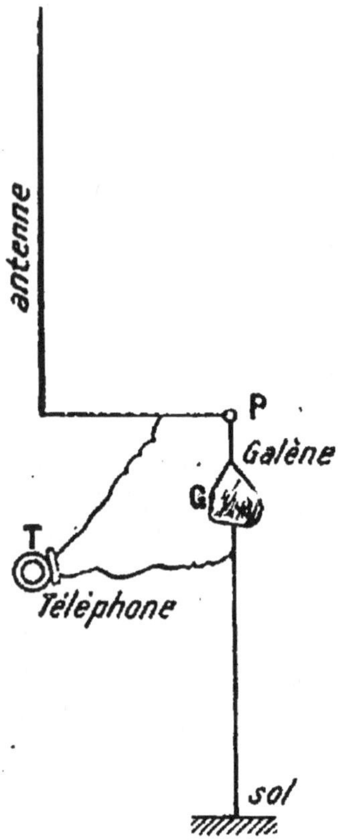

La sensibilité des détecteurs à cristaux est bien supérieure à celle des autres détecteurs, mais ils se dérèglent facilement, car le point de contact du fil de platine avec l'arête n'est pas quelconque : elle se détermine par tâtonnements.

Dans les installations de télégraphie sans fil, on utilise souvent simultanément deux détecteurs : l'un à cristaux, très sensible, l'autre électrolytique pour permettre de régler le premier.

antenne
P
Galène
G
T
Téléphone
sol

Fig. 315.

880. — Avantages de la télégraphie sans fil.

— Le premier avantage est une économie considérable puisque les fils de transmission sont supprimés. Chose importante encore, il n'est au pouvoir de personne de « couper la communication ». La navigation est redevable d'une grande part de sa sécurité à la télégraphie sans fil. Les navigateurs reçoivent deux fois par jour du poste de la Tour Eiffel à Paris l'heure du premier méridien (observatoire de Paris) à l'aide de laquelle ils « font le point ». Un navire est-il en détresse, il appelle le secours par la télégraphie sans fil installée à son bord.

Pour assurer le secret de certaines correspondances, il y aurait avantage à pouvoir diriger les ondes électriques dans une direction unique, d'un poste à un autre. Pour atteindre ce but il faudrait utiliser un projecteur, comme on le fait pour les ondes lumineuses. Mais les ondes lumineuses ont une longueur d'onde de valeur moyenne $0^{mm},0005$: alors on peut en recevoir un grand nombre sur un petit projecteur, tandis que les ondes électriques utilisées en télégraphie sans fil, ont une longueur minimum de 300^m; il faudrait, pour les diriger des miroirs ayant des centaines de kilomètres de diamètre.

TABLE DES MATIÈRES

PHYSIQUE

NOTIONS PRÉLIMINAIRES

Pages.

Matière. — Corps. — Corps vivants, Corps bruts. — Les trois états des corps.. 1 à 7

NOTIONS DE MÉCANIQUE

Mouvement. — Poids d'un corps, masse. — Forces. — Force vive. — Force centrifuge et force centripète. — Conservation du travail......................... .... 8 à 23

Leviers. — Machines simples. — L'énergie. — Unités C.G.S.... 24 à 34

PESANTEUR

Définition. — Centre de gravité. — Équilibre. — Chute des corps. — Balances. — Pendule................................. 35 à 50

Pression. — Propriétés générales des liquides. — Vases communiquants. — Capillarité. — Dialyse, diffusion, osmose. — Principe de Pascal. — Pressions exercées par les liquides. — Principe d'Archimède............................... ... 51 à 63

Densités. — Aréomètres.................................... 64 à 78

Statique des gaz. — Pression atmosphérique. — Baromètres. — Aérostats. — Aéroplanes................................... 78 à 86

Compressibilité des gaz. — Manomètre. — Machine pneumatique. — Pompe à mercure. — Trompes. — Siphon. — Pompes. — Pompe centrifuge. — Roues hydrauliques. — Turbine hydraulique. — Air comprimé................................... 86 à 110

500   TABLE DES MATIÈRES.

Pages.

CHALEUR

Dilatation. — Thermomètres. — Coefficient de dilatation des corps solides. — Coefficient de dilatation des liquides. — Coefficient de dilatation des gaz...................................... 110 à 123

Calorimétrie. — Changement d'état. — Vaporisation............ 123 à 136

Évaporation. — Ébullition. — Chaleur de vaporisation. — Condensation des vapeurs. — Détente. — Air liquide. — Distillation.. 136 à 148

Propagation de la chaleur. — Équivalent mécanique de la calorie. — Hygrométrie. — Météorologie. — Appareils de chauffage.. 149 à 168

Machine à vapeur. — Moteur à explosion..................... 169 à 182

Mouvement vibratoire. — Ondes liquides. — Ondes sonores. — Résonance.. 182 à 193

ACOUSTIQUE

Production et propagation du son. — Vitesse du son. — Réflexion du son. — Qualités d'un son......................... 193 à 203

Sons musicaux. — Gamme. — Accords. — Vibrations transversales des cordes. — Son fondamental, harmoniques. — Renforcement des sons. — Timbre des sons. — Tuyaux sonores. — Phonographe... 203 à 218

OPTIQUE

Lumière. — Corps transparents, corps translucides, corps opaques. — Ombres. — Vitesse de la lumière. — Intensité de la lumière. — Photométrie. — Réflexion de la lumière. — Miroirs plans.. 219 à 235

Miroirs sphériques concaves. — Miroirs sphériques convexes... 236 à 254

Réfraction de la lumière. — Prismes........................ 255 à 267

Lentilles. — Principe fondamental. — Formation d'une image dans une lentille convergente. — Relation donnant dans une lentille convergente la position de l'image. — Formation d'une image dans une lentille divergente. — Relation donnant dans une lentille divergente la position et la grandeur de l'image. — Convergence d'une lentille.............................. 268 à 281

Pages.

Dispersion de la lumière. — Spectroscope. — Phosphorescence.
— Vision .... 282 à 297

Instruments d'optique. — Loupe. — Microscope composé. —
Lunette astronomique. — Lunette terrestre. — Lunette de
Galilée. — Télescope de Newton .... 298 à 311

Ondes lumineuses. — Diffraction — Polarisation de la lumière.. 311 à 320

Photographie. — Photographie des couleurs. — Stéréoscope. —
Lanterne de projection. — Cinématographe.................. 321 à 332

ÉLECTRICITÉ STATIQUE

Électrisation, charge électrique. — Électroscope, cylindre de
Faraday. — Distribution de l'électricité, pouvoir des pointes.
— Unités de mesures électriques. — Champ électrique. —
Potentiel électrique....................................... 333 à 349

Électrisation par influence. — Électricité atmosphérique. — Capacité, condensation. — Électromètre à quadrants. — Bouteille de Leyde.. 349 à 366

Machines d'électricité. — Machine de Ramsden. — Machine de
Wimshurst. — Effets des décharges électriques .... 367 à 376

Magnétisme. — Aimants. — Masse magnétique. — Magnétisme
terrestre. — Déclinaison magnétique. — Boussole d'arpenteur.
— Inclinaison magnétique.................................. 373 à 387

ÉLECTRICITÉ DYNAMIQUE

Piles à liquide. — Piles à courant constant. — Piles sèches. —
Piles thermo-électriques................................... 388 à 397

Électrolyse. — Applications de l'électrolyse, galvanoplastie, accumulateurs .... 398 à 408

Résistance. — Loi d'Ohm. — Courants dérivés. — Accouplement des générateurs. — Mesure des résistances........... 409 à 423

Énergie électrique. — Applications de l'énergie électrique...... 424 à 430

Électromagnétisme. — Galvanomètre à aimant mobile.......... 431 à 438

Aimantation par les courants. — Électro-aimant. — Télégraphe
électrique. — Action d'un champ magnétique sur un courant.

Pages.

— Galvanomètre à cadre mobile. — Ampéremètre. — Volt-
mètre .... 439 à 451

Induction .... 451 à 456

Applications des phénomènes d'induction. — Machine dynamo-
électrique. — Transport de l'énergie. — Machine magnéto-
électrique. — Téléphonie. — Bobine de Ruhmkorff............ 456 à 474

Courants alternatifs. — Transformateurs. — Magnéto à courants
alternatifs. — Courants de haute fréquence.................... 474 à 487

Décharges dans les gaz raréfiés. — Rayons cathodiques. —
Rayons X. — Le radium. — L'éclairage au moyen des gaz
raréfiés. — L'éclairage par la lampe à vapeur de mercure... 488 à 498

Ondes électriques. — Télégraphie sans fil.................... 499 à 503

www.ingramcontent.com/pod-product-compliance
Lightning Source LLC
LaVergne TN
LVHW020242060726
842525LV00001B/122